电气信息类基础课系列

"十四五"职业教育国家规划教材

# 电工与电子技术

主　编　刘陆平　肖祖铭
副主编　易　群　吴龙龙
参　编　闵祥娜　付　麟
主　审　万晓云　吴昌华

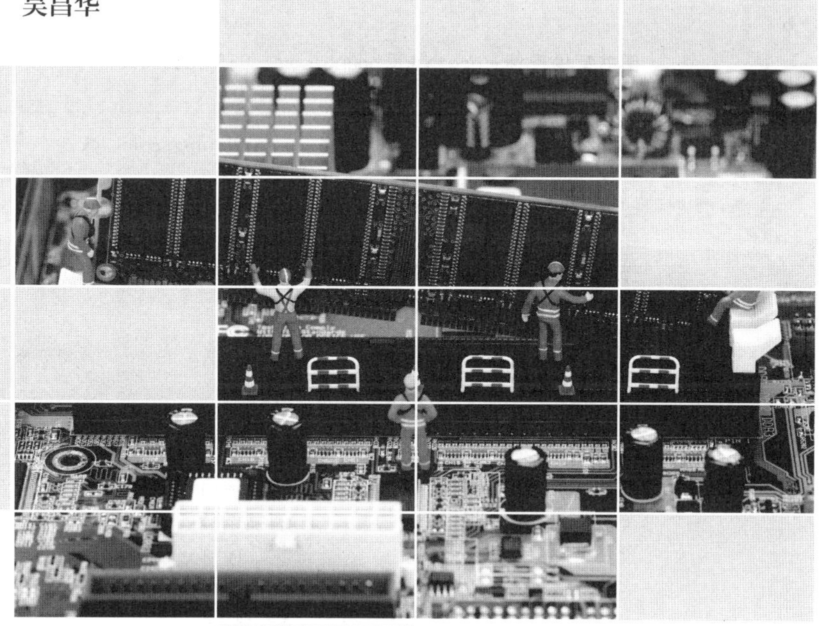

北京师范大学出版集团
BEIJING NORMAL UNIVERSITY PUBLISHING GROUP
北京师范大学出版社

**图书在版编目(CIP)数据**

电工与电子技术/刘陆平，肖祖铭主编．—北京：北京师范大学出版社，2024.7

(“十四五”职业教育国家规划教材)

ISBN 978-7-303-28039-1

Ⅰ．①电… Ⅱ．①刘… ②肖… Ⅲ．①电工技术-高等职业教育-教材 ②电子技术-高等职业教育-教材 Ⅳ．①TM ②TN

中国版本图书馆 CIP 数据核字(2022)第 142846 号

**图书意见反馈**：gaozhifk@bnupg.com 010-58805079

营销中心电话：010-58806880 58801876

出版发行：北京师范大学出版社 www.bnupg.com

北京市西城区新街口外大街 12-3 号

邮政编码：100088

印　　刷：天津中印联印务有限公司

经　　销：全国新华书店

开　　本：787 mm×1092 mm 1/16

印　　张：21

字　　数：400 千字

版 印 次：2024 年 7 月第 1 版第 2 次印刷

定　　价：47.50 元

策划编辑：周光明　　责任编辑：周光明

美术编辑：焦　丽　　装帧设计：焦　丽

责任校对：陈　民　　责任印制：马　洁　赵　龙

# 内容简介

本教材是根据高职高专培养技术应用型人才的特点，并考虑到目前多数高职高专院校的非电少学时专业的教学计划而编写的。本教材内容共七个部分，包括直流电路及其应用，交流电路及其应用，磁路、变压器和交流电动机及其应用，放大电路及其应用，直流电源及其应用，组合逻辑电路的分析及实践，时序逻辑电路的分析及实践。

本教材在编写过程中，本着"培养能力，精选内容，打好基础"的精神，注重基础性和应用性，理论联系实际，侧重培养应用能力。使学生在"做中学、学中做"，既能动脑，又能动手，经过实践的锻炼迅速成长为高技能型人才。各模块的要求明确，语言力求简练流畅，还有一些知识点与重点难点的视频，有些习题附有答案，以便读者自学。为贯彻落实习近平新时代中国特色社会主义思想进教材，本教材也增加了思政融合的内容，可加强对学生进行爱国主义教育，便于教师既教书又育人。

本教材适用于高等职业院校、高等专科学校、成人高校机械设计制造及其自动化、数控技术、机电一体化工程、模具设计与制造等非电少学时专业使用，也可供工程技术人员参考。

数字资源使用方法：

1. 扫码登录。已注册过京师E课的用户直接登录，未注册的用户用手机扫码注册后登录。

2. 登录成功后，弹出激活弹框，输入随书所附激活码(ah4RGfkQ)进行激活。

3. 激活后，即可使用。

4. 每本书只需要激活一次，无论从书籍、章节还是资源激活。如果是已激活商品，登录后扫码即可查看。

在登录不过期时，再次扫描不需要重新登录。

PPT课件

# 前言

本教材是以习近平新时代中国特色社会主义思想为指导，根据高职高专培养技术应用型人才的特点，并考虑到目前多数高职高专院校的非电少学时专业的教学计划而编写的。习近平主席在二十大报告中指出，教育是国之大计、党之大计。培养什么人、怎样培养人、为谁培养人是教育的根本问题。本教材以就业为导向、坚持人才培养与行业需求紧密对接，体现“岗位需求引导、行企标准跟进、三方考核评价”高度融合和推进职普融通、产教融合、科教融汇，优化职业教育类型定位。紧密结合“校企合一、产学一体”各具专业特色的合格人才培养模式为原则，充分体现高等职业教育特点，符合教育部对高等职业教育人才培养的要求，反映教学改革的最新成果，体现模块式的课程改革与教材建设理念，实现以职业素质与职业活动逻辑过程相结合的课程体系改革方案。

本教材全面贯彻党的教育方针、落实立德树人根本任务、培养德智体美劳全面发展的社会主义建设者和接班人，着眼于坚持以人民为中心发展教育，加快建设高质量教育体系，发展素质教育，促进教育公平。本教材突出了高等职业教育注重实际技术和能力培养的特点，着力于培养既能动脑又能动手的应用型人才。保证基础理论以够用为度，强调方法应用，以培养学生分析问题、解决问题的能力，经过实践的锻炼迅速成长为高技能型人才。教材为学生学习后续专业课程打下基础，也为从事有关工作和继续深造做好准备。

本教材作者都是师德良好、专业精湛的双师型教师。主编刘陆平，本科和工程硕士，教授、工程师、高级电工和电工考评员，高级“双师型”教师；其他参编人员硕士有80%，副教授40%，高级实验师20%，讲师40%，工程师40%，双师型教师60%。

为达到深化教育领域综合改革，加强教材建设和管理，完善学校管理和教育评价体系，本教材编写原则如下。

(1)按照本课程的教学要求，我们在编写中始终结合高等职业学校的人才培养目标，明确教材自身的层次和定位；根据高等职业教育的特点，本书在编写中贯穿科学的教学方法，体系设计更加科学、合理，以满足职业能力培养要求；同时，编者们研究同类经典教材，博采众长，在继承的基础上勇于创新。

(2)教材内容在符合教育部教学指导委员会制定的教学基本要求的基础上，充分反映电工电子技术学科的新发展、新要求，增加新技术、新知识、新工艺的介绍，减少陈旧内容。教材内容注重教学案例的介绍，增加实训教学的比例；尽量反映课程建设最新成果；文字简练，篇幅与学时对应；通俗易懂，做到易教易学。

本教材的特点如下。

(1)视频讲解与思政融合。本教材每个部分都有一些知识点与重点难点的视频讲解，有些习题附有答案，以便读者自学。教材每个部分也增加了“塑人阅读”栏目等思政融合的内容，可加强对学生进行爱国主义教育，便于教师既教书又育人。

(2)适应性强。本书内容密切结合教育部颁布的“电工与电子技术”课程的教学基本要求，力求做到注重基础性和应用性，理论联系实际，侧重培养应用能力；教材注重培养学生分析、解决问题的能力；同时突出应用性，培养学生将电工与电子技术应用于本专业和发展本专业的能力。

(3)模块改革，培养能力。本教材在教学内容安排中，先介绍电路中普遍适用的规律，再介绍不同类型电路的特殊规律；先一般后特殊，先简单后复杂；循序渐进，利于教学。学习本书教材注重学生在“做中学、学中做”，既能动脑，又能动手，经过实践的锻炼迅速成长为高技能型人才。本教材还含有实用的综合实训内容，加强实务训练，注重技能培养，从而达到了解流程、熟悉实务、掌握技能的目标，使学生理解职业过程。

(4)精选内容，打好基础。本教材内容简练，重点突出，层次分明，每个部分分成若干个模块，每个模块又分成若干个任务，每个任务包括任务内容、任务目标和任务的相关知识，这有利于发挥学生的主动性，培养学生自己探取知识的能力，从而提高教学效果。

本教材主编为刘陆平和肖祖铭，副主编为易群和吴龙龙，参编为闵祥娜和付麟。各位老师的编写内容为：江西交通职业技术学院闵祥娜编写了第一部分模块1和模块2；江西交通职业技术学院付麟编写了第一部分模块3；江西交通职业技术学院刘陆平编写了第二部分、第三部分和第四部分；景德镇学院肖祖铭编写了第五部分；江西交通职业技术学院易群编写了第六部分；江西交通职业技术学院吴龙龙编写了第七部分。全书图表由刘陆平和肖祖铭负责统稿，全书由刘陆平负责定稿。

江西昌泰高速公路有限责任公司万晓云和江西方兴科技有限公司吴昌华担任主审，万晓云主审了第一部分、第二部分和第三部分，吴昌华主审了第四部分、第五部分、第六部分和第七部分。参编单位江西交通职业技术学院、景德镇学院，主审单位江西昌泰高速公路有限责任公司、江西方兴科技有限公司的各位领导对本书的编写和出版给予了大力支持，在此表示衷心的感谢。

由于电工与电子技术学科发展迅速，课程改革日益深入，虽然我们精心组织，谨慎编写，但作者水平有限，加之时间比较仓促，误漏之处在所难免，请广大师生和其他读者批评指正。

编　者

# 目 录

## 第一部分 直流电路及其应用



## 第二部分 交流电路及其应用

## 第三部分　磁路、变压器和交流电动机及其应用



## 第四部分　放大电路及其应用

## 第五部分 直流电源及其应用

## 第六部分　组合逻辑电路的分析及实践



## 第七部分　时序逻辑电路的分析及实践

# 第一部分　直流电路及其应用

## 模块1　简单直流电路分析

电路与电路模型

### 任务1.1　电路与电路模型

**任务内容**

电路的组成及作用、电路模型。

**任务目标**

使学生对电路的组成及作用、电路模型的概念有一定的了解。

**相关知识**

#### 1.1.1　电路

电路就是为了满足某种实际需要，由一些实际元器件(如电阻器、蓄电池、电容器、晶体管、集成元件等)按一定方式相互连接构成的电流通路。

1. 电路的组成

实际电路的组成方式很多，结构形式多种多样。任何一个完整的实际电路，无论结构是十分简单，还是非常复杂，通常都是由电源、负载和连接电路三个部分组成。

(1)电源。它是提供电能或信号的装置，将各种非电能转化成电能。常见的电源有干电池、蓄电池、发电机和各种信号源等。

(2)负载。它是各种用电设备的总称。与电源相反，负载是将电能转化成其他形式的能。家用电器、电动机等都是负载。

(3)连接电路。它是连接电源和负载的部分，用来传输电能和传递电信号。

2. 电路的作用

电路在日常生活、生产和科学研究工作中得到了广泛应用。在收录机、电视机、录像机、音响设备、计算机、通信系统和电力网络中我们都可以看到各种各样的电路。这些电路的形式多种多样，但就其作用而言，可以归为以下两类。

(1)电能的传输和转换。例如，电力网络将电能从发电厂输送到各用电单位，供各种电气设备使用。

(2)电信号的传输和处理。例如，电视接收天线将所接收到的含有声音和图像信息的高频电视信号，通过高频传输线送到电视机中，这些信号经过选择、变频、放大和检波等处理，恢复出原来的声音和图像信息，在扬声器发出声音并在屏幕上呈现图像。

### 1.1.2 电路模型

构成电路的常用元器件有电阻器、二极管、晶体管、电容、电感、变压器、电动机、电池等。这些实际元器件的电磁特性往往十分复杂，但就其电磁现象按性质可分为四类：消耗电能、供给电能、存储电场能量和存储磁场能量。为了便于对实际电路进行分析和数学描述，我们将实际的元件理想化，即在一定的条件下突出主要电磁性质，忽略次要方面，将它近似成理想电路元件。例如，一个白炽灯的主要电磁特性为电阻特性(即消耗电能)，但当电流流过时还会产生磁场，又表现出电感特性。

需要注意的是：具有相同的主要电磁性能的实际电路部件，在一定条件下可用同一模型表示。同一实际电路部件在不同的工作条件下，其模型可以有不同的形式。如在直流情况下，一个线圈的模型可以是一个电阻元件；在较低频率下，就要用电阻元件和电感元件的串联组合来表示；在较高频率下，还应考虑到导体表面的电荷作用，即电容效应，所以其模型还需要包含电容元件。

由理想的电路元件所组成的电路，就是实际电路的电路模型，简称电路。实际电路的电路模型取得恰当，对电路的分析和计算结果就与实际情况接近；模型取得不恰当，则会造成很大误差，有时甚至导致自相矛盾的结果。如果模型取得太复杂就会造成分析的困难；如果取得太简单，又不足以反映所需求解的真实情况。

例如，根据手电筒的电路，如图 1-1 电路所示，其电路模型如图 1-2 电路所示。图中用一个理想电压源 $U_S$ 和一个电阻 $R_0$ 串联组合模拟干电池的电磁特性，建立它的电路模型。实际小灯泡在电流通过时，除发光外还会产生磁场，兼有电感的性质，但它主要的电磁性质是耗电，所以，在忽略其次要因素后，可用一个电阻来取代，建立模型。建模时应依据不同的条件和精度要求，用理想电路元件将实际电路设备的主要电磁性质及功能充分反映出来。一般情况下，本课程分析的电路均指电路模型，元件均指理想电路元件。

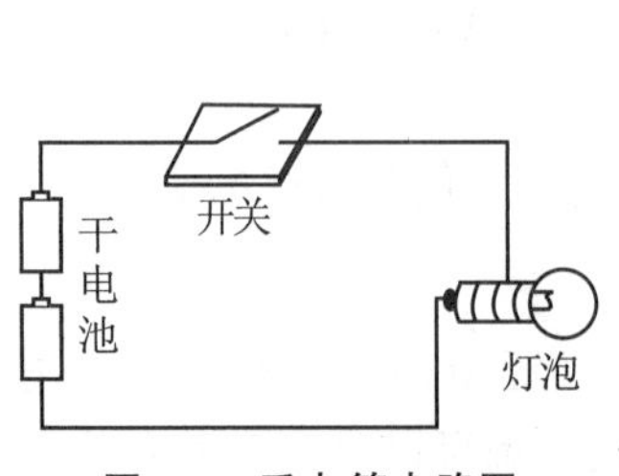


**图 1-1 手电筒电路图**

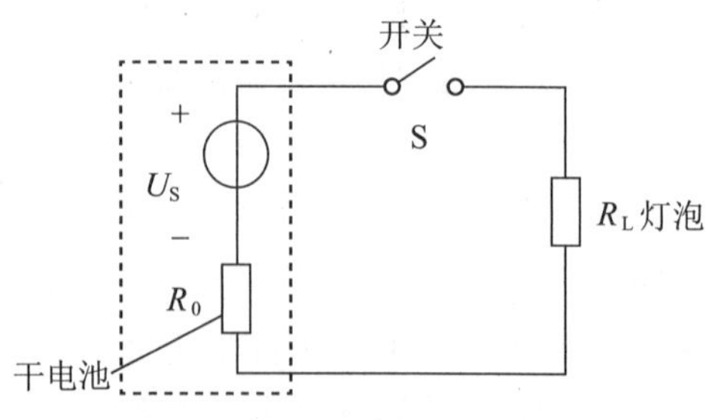


**图 1-2 手电筒电路模型**

# 任务 1.2 电路中的基本物理量

电路中的基本物理量

**任务内容**

电路的电流和电压及其参考方向，功率和电能。

**任务目标**

使学生熟练掌握电路中的基本物理量及其参考方向。

**相关知识**

## 1.2.1 电流

带电粒子(电子、离子等)的定向运动，形成电流。

1. 电流的大小

电流的大小由电流强度来衡量，电流强度是指单位时间内通过导体横截面的电荷量。电流强度简称为电流，当电流的量值和方向随着时间按周期性变化的电流，称为交流电流，简称交流。常用英文小写字母 $i$ 表示，即

$$i=\frac{\mathrm{d}q}{\mathrm{d}t} \tag{1-1}$$

当电流的量值和方向都不随时间变化时，称为直流电流，简称直流。直流电流常用英文大写字母 $I$ 表示，即

$$I=\frac{q}{t} \tag{1-2}$$

在国际单位制中，电流的单位是安培(A)，常用的电流单位还有千安(kA)、毫安(mA)、微安($\mu$A)等。它们之间的换算关系为

$$1\text{kA}=10^3\text{A}，1\text{mA}=10^{-3}\text{A}，1\mu\text{A}=10^{-6}\text{A}$$

2. 电流的方向

规定正电荷的运动方向为电流的实际方向。在简单直流电路中，我们可以很容易地确定出电流的实际方向，但在复杂的电路中，电流的实际方向很难判断；而且在交流电路中，电流的实际方向是随时间变化的。因此，在分析与计算电路时，我们可任意规定某一方向作为电流的假定方向，称为参考方向。电流参考方向的表示有以下两种。

(1)用箭头表示：箭头的指向为电流的参考方向，如图 1-3(a)。

(2)用双下标表示：如 $i_{\mathrm{ab}}$，电流的参考方向由 $a$ 指向 $b$，如图 1-3(b)。

如图 1-3(c)用 $i_{\mathrm{ba}}$ 表示其参考方向由 $b$ 指向 $a$，显然 $i_{\mathrm{ab}}=-i_{\mathrm{ba}}$。

参考方向是任意选定的，而电流的实际方向是客观存在的。因此，所选定的电流参考方向并不一定就是电流的实际方向。当选定电流的参考方向与实际方向一致时，$i>0$，如图 1-4(a)所示；当选定电流的参考方向与实际方向相反时，$i<0$，如图 1-4(b) 所示。

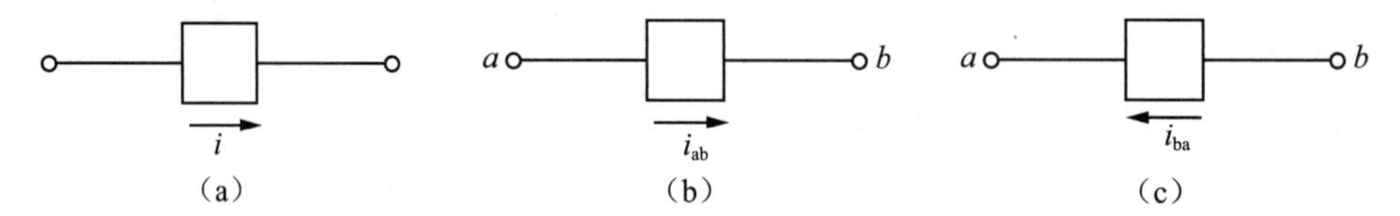


图 1-3 电流参考方向的表示方法

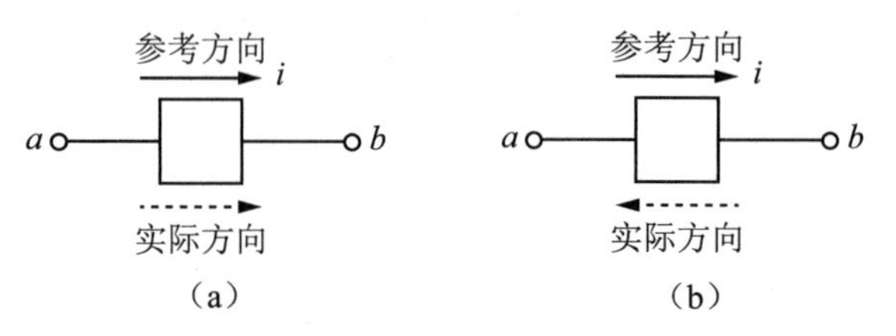


图 1-4 电流的参考方向与实际方向的关系

## 1.2.2 电压

1. 电压的大小

单位正电荷从 $a$ 点移至 $b$ 点时电场力所做的功称为 $a$、$b$ 两点间的电压，用字母 $u_{ab}$ 表示，即

$$u_{ab}=\frac{dw_{ab}}{dq} \tag{1-3}$$

式中，$dq$ 为由 $a$ 点移动到 $b$ 点的电荷量，$dw_{ab}$ 为移动过程中电荷电能的变化量。通常直流电压用大写字母 $U$ 表示。

在国际单位制中，电压的单位是伏特(V)，常用的电压单位还有千伏(kV)、毫伏(mV)和微伏(μV)。它们之间的换算关系为

$$1kV=10^3V，1mV=10^{-3}V，1\mu V=10^{-6}V$$

2. 电压的方向

由于复杂的直流电路很难判断电压的实际方向，而交流电路中电压的实际方向是随时间而变化的，因此为了判断电压的实际方向，与电流一样也需要引入参考方向。电压参考方向的表示方法有三种。

(1)用正负极性表示：如图 1-5(a)所示，正极指向负极的方向就是电压的参考方向；

(2)用箭头表示：如图 1-5(b)所示，箭头的指向为电压的参考方向，由 $a$ 至 $b$ 的方向就是电压的参考方向；

(3)用双下标表示：如图 1-5(c)所示，$U_{ab}$ 表示电压的参考方向由 $a$ 至 $b$。

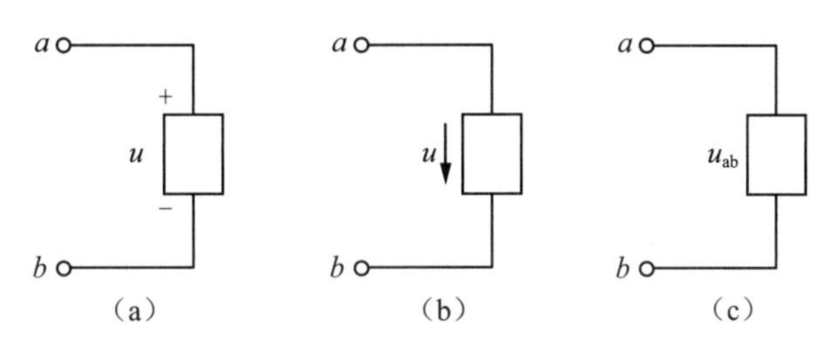


图 1-5　电压的参考方向

当电压的实际方向与它的参考方向一致时，电压值为正，即 $u>0$，如图 1-6(a) 所示；反之，当电压的实际方向与它的参考方向相反时，电压值为负，即 $u<0$，如图 1-6(b) 所示。

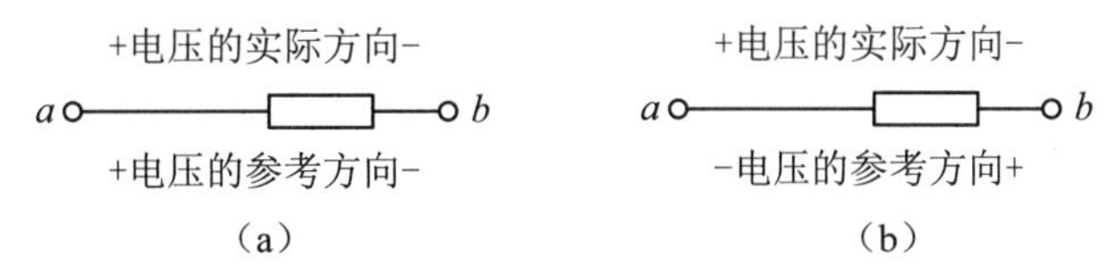


图 1-6　电压的参考方向与实际方向的关系

3. 使用参考方向需要注意的几个问题

(1)参考方向是人为规定的电流、电压数值为正的方向，在分析电路前必须先选定电压和电流的参考方向。

(2)参考方向一经选定，必须在图中相应位置标注(包括方向和符号)，在计算过程中不得任意改变。

(3)参考方向可以任意选定而不影响计算结果，因为参考方向不同时，其表达式只是相差一负号，但实际方向不变，最后得到的实际结果仍然相同。

(4)电流的参考方向和电压的参考方向可以分别独立地设定。对于一个电路元件，当它的电压和电流的参考方向选为一致时，通常称为关联参考方向，如图 1-7(a)所示。当一个电路元件的电压和电流的参考方向选为相反时，通常称为非关联参考方向，如图 1-7(b)所示。但为了分析方便，常使同一个元件的电流参考方向与电压参考方向一致。

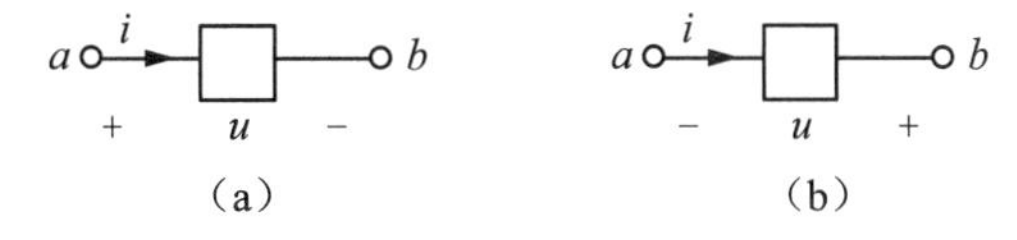


图 1-7　电流和电压的参考方向

### 1.2.3　功率和电能

在电路的分析和计算中，电能和功率的计算是十分重要的。一方面，电路在工作时总伴随有其他形式能量的相互交换；另一方面，电气设备和电路部件本身都有功率的限制，在使用时要注意其电流值或电压值是否超过额定值，过载会使设备或部件损坏，或是不能正常工作。

1. 功率

传送转换电能的速率叫电功率，简称功率，用字母 $p$ 或 $P$ 表示。功率 $p$、电能 $w$ 和电路中电压、电流的关系是(电压、电流为关联参考方向）为

$$p=\frac{\mathrm{d}w}{\mathrm{d}t}=u\frac{\mathrm{d}q}{\mathrm{d}t}=ui \tag{1-4}$$

直流时为

$$P=UI \tag{1-5}$$

如果电压电流为非关联参考方向，则两式带负号，即

$$p=-ui \tag{1-6}$$

直流时为

$$P=-UI \tag{1-7}$$

功率的国际单位为瓦[特]，符号为 W。常用的功率单位还有 kW(千瓦)、MW(兆瓦)。它们之间的换算关系为

$$1\mathrm{kW}=10^3\mathrm{W},\ 1\mathrm{MW}=10^6\mathrm{W}$$

功率为正值时，说明这部分电路吸收(消耗)功率；若为负值时，则说明这部分电路提供(产生)功率。根据能量守恒定律可得：在任意时刻、任意闭合电路中所有负载吸收功率的总和等于所有电源提供功率的总和。

**[例 1-1]** 图 1-8 所示为直流电路，$U_1=4\mathrm{V}$，$U_2=-8\mathrm{V}$，$U_3=6\mathrm{V}$，$I=4\mathrm{A}$，求各元件接受或发出的功率 $P_1$、$P_2$ 和 $P_3$，并求整个电路的功率 $P$。

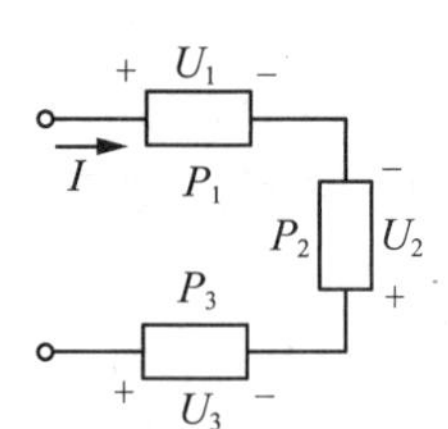


**图 1-8　例 1-1 图**

**解：** 元件 1 的电压、电流为关联参考方向，

$$P_1=U_1I=4\times4=16(\mathrm{W})(吸收\ 16\mathrm{W})$$

元件 2 和元件 3 的电压、电流为非关联参考方向，

$P_2=-U_2I=-(-8)\times4=32(\mathrm{W})$(吸收 32W)，$P_3=-U_3I=-6\times4=-24(\mathrm{W})$(提供 24W)

整个电路的功率为：$P=16+32-24=24(\mathrm{W})$。

**[例 1-2]** 图 1-9 所示为一闭合电路，$I=1\mathrm{A}$，$U_1=10\mathrm{V}$，$U_2=6\mathrm{V}$，$U_3=4\mathrm{V}$，求各元件功率，并分析电路的功率平衡关系。

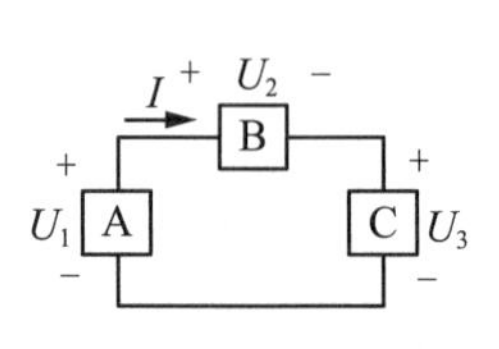


**图 1-9　例 1-2 图**

**解：** 元件 A：非关联方向，$P_1=-U_1I=-10\times1=-10(\mathrm{W})$，$P_1<0$，产生 10W 功率，电源。

元件 B：关联方向，$P_2=U_2I=6\times1=6(\mathrm{W})$，$P_2>0$，吸收 10W 功率，负载。

元件 C：关联方向，$P_3=U_3I=4\times1=4(\mathrm{W})$，$P_3>0$，吸收 4W 功率，负载。

整个电路的功率为：$P_1+P_2+P_3=-10+6+4=0$，功率平衡。

2. 电能

从 $t_1$ 到 $t_2$ 时间内，电路吸收(消耗)的电能为：

$$W=\int_{t_1}^{t_2}P\mathrm{d}t \tag{1-8}$$

直流时为：
$$W=P(t_2-t_1) \tag{1-9}$$

电能的SI单位为焦[耳]，符号为J。在实用上还采用kW·h(千瓦小时)作为电能的单位，它等于功率1kW的用电设备在1h(3600s)内消耗的电能，也称1度电，$1\mathrm{kW\cdot h}=1000\mathrm{W}\times3600\mathrm{s}=3.6\times10^6\mathrm{J}=3.6\mathrm{MJ}$。电能表俗称电度表。

**[例1-3]** 有220V，100W灯泡一个，其灯丝电阻是多少？每天用5h，一个月(按30天计算)消耗的电能是多少度？

**解**：灯泡灯丝电阻为：$R=\dfrac{U^2}{P}=\dfrac{220^2}{100}=484(\Omega)$。

一个月消耗的电能为：$W=Pt=100\times10^{-3}\times5\times30=15(\mathrm{kW\cdot h})$

电源

## 任务1.3 电路元件及电路的三种工作状态

### 任务内容

电阻、电感和电容元件的定义及其电压与电流关系，电源的分类及其互相转化和电路的三种工作状态。

### 任务目标

使学生熟练掌握电路元件的定义及其使用方法和电路的三种工作状态的特点。

### 相关知识

几种基本的理想电路元件如下。

1. 理想电阻元件($R$)：具有消耗电能的性质，是个耗能元件。
2. 理想电容元件($C$)：具有存储电场能量的性质，是个储能元件。
3. 理想电感元件($L$)：具有存储磁场能量的性质，是个储能元件。
4. 理想电源：具有将其他形式的能量转变成电能的性质，包含理想电压源($U_S$)和理想电流源($I_S$)。

理想电路元件(简称元件)是组成电路的基本单元，本节主要讨论电阻、电感、电容和电源等两端元件的概念及其电压、电流间的关系。

#### 1.3.1 电阻元件

电阻器、电灯、电炉、扬声器等器件是消耗电能的，反映其主要特性的电路模型是理想电阻元件(简称电阻)。

## 1. 定义

一个两端元件，当任一瞬间，它的电压 $u$ 和流过它的电流 $i$ 两者之间的关系是由 $u$-$i$ 平面上的特性曲线来决定的，此两端元件就称为电阻。如图 1-10 所示，其中图 1-10(a)为电阻的图形符号。

如果该曲线是过原点的直线，即$\frac{u}{i}=R=$常数，则称该电阻为线性电阻，如图 1-10(b)所示。否则称为非线性电阻，如图 1-10(c)所示。

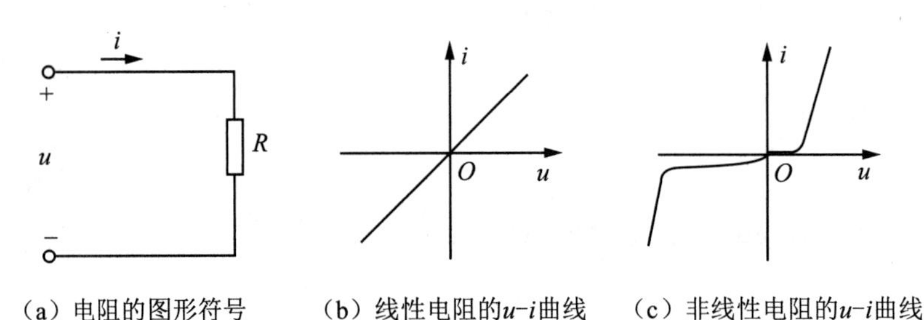


（a）电阻的图形符号　（b）线性电阻的$u$-$i$曲线　（c）非线性电阻的$u$-$i$曲线

**图 1-10　电阻元件**

本书除特别说明外，电阻均指线性电阻。

2. 电压与电流关系

对于线性电阻，电压、电流间的关系符合欧姆定律，即

$$u=Ri \quad 或 \quad i=u/R=Gu \tag{1-10}$$

式中，$G=\frac{1}{R}$称为电导，单位为西门子(S)。

3. 电阻串联与电导并联

(1)电阻串联。

图 1-11 为电阻串联及其等效电阻电路。电阻串联的特点是，各电阻流过同一电流，总电压等于各电阻上电压之和，电阻上的分压与其电阻的大小成正比，就好比在工作中坚持多劳多得，鼓励勤劳致富一样。其关系式如表 1-1 所示。

**表 1-1　电阻串联与电导并联电路的关系式**

| 连接方式<br>项目 | 串联 | 并联 |
|---|---|---|
| 等效电阻或等效电导 | $R=R_1+R_2$ | $G=G_1+G_2$ |
| 电压与电流关系 | $i=\frac{u}{R}$ | $u=\frac{i}{G}$ |
| 分压或分流公式 | $u_1=\frac{R_1}{R}u$，$u_2=\frac{R_2}{R}u$ | $i_1=\frac{G_1}{G}i$，$i_2=\frac{G_2}{G}i$ |
| 功率比 | $\frac{P_1}{P_2}=\frac{R_1}{R_2}$ | $\frac{P_1}{P_2}=\frac{G_1}{G_2}$ |

(2)电导并联。

图 1-12 为两个电导并联及其等效电导电路。电导并联的特点是各电导两端加的是同一电压，其关系式如表 1-1 所示。

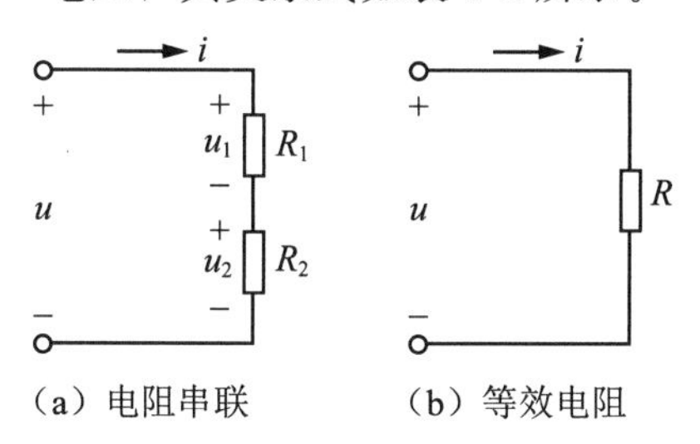

(a) 电阻串联　(b) 等效电阻

图 1-11　电阻串联及其等效电阻

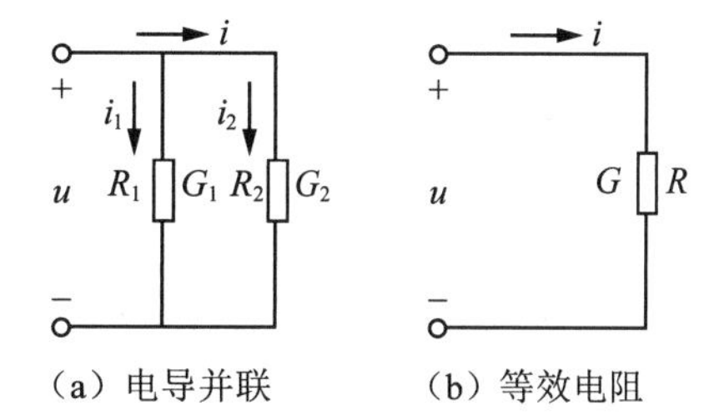

(a) 电导并联　(b) 等效电阻

图 1-12　电导并联及其等效电阻

## 1.3.2　电感元件

用导线绕制的线圈(有空心线圈和铁心线圈等)通过电流时将产生磁通 $\Phi$，因此它是存储磁场能量的元件，它的近似化电路模型为理想电感元件(简称电感)。

1. 定义

一个二端元件，当任意瞬间，它所流经的电流 $i$ 和它的磁通链 $\psi$ 两者之间的关系是由 $i-\psi$ 平面的一条曲线决定的，此二端元件称为电感。图形符号如图 1-13 所示。

若该曲线为过原点的直线，即 $\frac{\psi}{i}=L=$ 常数，则该电感称为线性电感，否则，称为非线性电感。本书除特别说明外，电感均指线性电感。

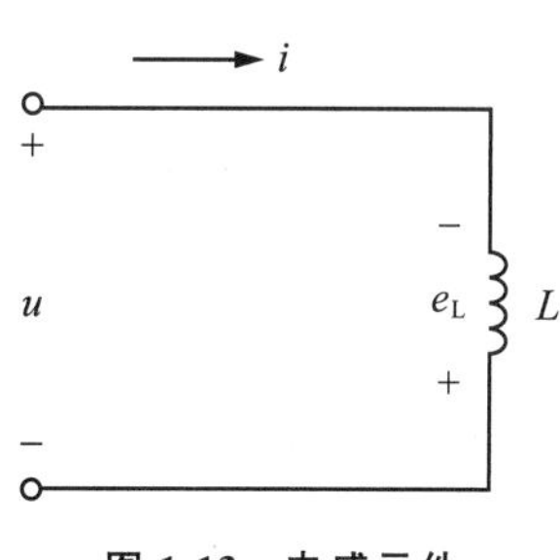

图 1-13　电感元件

2. 电压与电流关系

对于线性电感：$\psi=N\Phi=Li$，当电感中的磁通 $\Phi$ 或电流 $i$ 发生变化时，则电感中产生感应电动势 $e_L$。当电感中的电压与电流和电动势采用如图 1-13 所示的参考方向时，

$$e_L=-N\frac{d\Phi}{dt}=-\frac{d\psi}{dt}=-L\frac{di}{dt} \tag{1-11}$$

$$u=-e_L=L\frac{di}{dt} \tag{1-12}$$

由上式可见，电感的端电压与电流的变化率成正比。当流过电感的电流为恒定的直流电流时，其端电压 $u=0$，故在直流电路中电感可视为短路。

3. 磁场能量

当 $i_0=0$ 时，电感在 $t$ 时刻存储的磁场能量为

$$W_{\mathrm{L}}=\int_{0}^{t}P\,\mathrm{d}t=\int_{0}^{t}ui\,\mathrm{d}t=\int_{0}^{i}Li\,\mathrm{d}i=\frac{1}{2}Li^{2} \tag{1-13}$$

式(1-13)表明，当流过电感的电流增大时，磁场能量增大，电感从电源吸收电能转换为磁能；当电流减小时，磁场能量减小，电感释放出能量，磁能转换为电能还给电源。

### 1.3.3 电容元件

两块金属极板间介以绝缘材料组成的电容器，加上电压后，两极板上能存储电荷，在介质中建立电场。所以电容器是能存储电场能量的元件。其近似化电路模型为理想电容元件(简称电容)。

1. 定义

一个两端元件，在任一瞬间，它所存储的电荷 $q$ 和端电压 $u$ 两者之间的关系由 $q$-$u$ 平面上的一条曲线来决定的，此两端元件称为电容。其图形符号如图 1-14 所示。

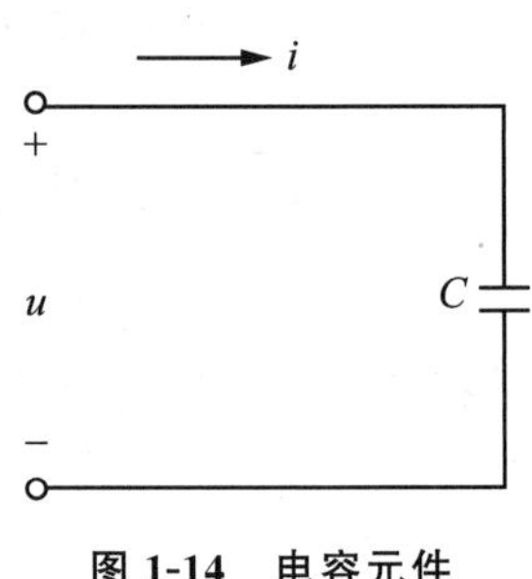

**图 1-14 电容元件**

如果电容的 $q$-$u$ 曲线为通过原点的直线，即 $\frac{q}{u}=C=$ 常数，则该电容称为线性电容，否则称为非线性电容，本书除特别说明外，电容均指线性电容。

2. 电压与电流关系

对于线性电容，$C$ 为常数，$q=Cu$。

当电容的电压和电流采用如图 1-14 所示的关联方向时，两者的关系为

$$i=\frac{\mathrm{d}q}{\mathrm{d}t}=C\,\frac{\mathrm{d}u}{\mathrm{d}t} \tag{1-14}$$

上式可见，电容的电流与其两端电压的变化率成正比。当电容两端加恒定的直流电压时，其电流 $i=0$，故在直流电路中，电容可视为开路。

3. 电场能量

当 $u_{0}=0$ 时，电容在 $t$ 时刻存储的电场能量为

$$W_{\mathrm{C}}=\int_{0}^{t}p\,\mathrm{d}t=\int_{0}^{t}ui\,\mathrm{d}t=\int_{0}^{u}Cu\,\mathrm{d}u=\frac{1}{2}Cu^{2} \tag{1-15}$$

式(1-15)表明，当电容上的电压增大时(电容充电)，电场能量增大，电容从电源吸收能量，将电能转换为电场能；当电压减小时(电容放电)，电场能量减小，电容放出能量，将电场能量转换为电能还给电源。

### 1.3.4 电压源、电流源及等效变换

电阻、电感、电容在电路中不能提供能量或信号，它们被称为无源元件。电源则是在电路中提供能量或信号的元件，它们被称为有源元件。理想的有源元件包括理想电压源和理想电流源。

1. 电压源

(1)理想电压源。如果一个二端元件，接到任一电路后，该元件两端均能保持其规定的电压的 $u_s$ 时，则此二端元件称为理想电压源，又称恒压源，如图 1-15(a)所示。

在时间 $t$ 时，理想电压源在 $u$-$i$ 平面的特性(称伏安特性)是一条平行于 $i$ 轴的直线，它与 $u$ 轴的交点即此时的 $u_s$ 值，如图 1-15(b)所示。如果 $u_s$ 是与时间 $t$ 无关的常数，即 $u_s=U_s$ 为定值，则称该理想电压源为直流恒压源。

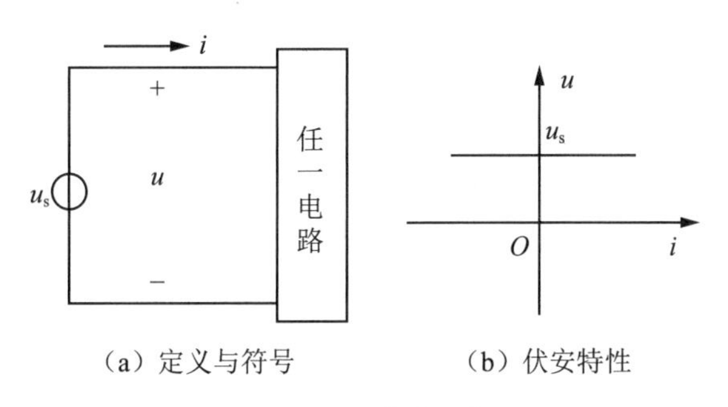

(a) 定义与符号　　(b) 伏安特性

**图 1-15　理想电压源**

(2)理想电压源的特点：

①恒压源的端电压 $u_s$ 为定值或一定的时间函数，与流过它的电流 $i$ 无关。

②流过它的电流 $i$ 不是由恒压源本身决定的，主要由与之连接的外电路决定，即随外电路的改变而改变。

③若恒压源的电压值等于零，则该恒压源实际上就是短路，其伏安特性与 $i$ 轴重合。

(3)实际电压源。一个实际电压源可用一个恒压源 $U_s$ 与一个内阻 $R_0$ 串联的电路模型表示，该电路模型称为电压源模型(简称电压源)，如图 1-16(a)所示。由图可得

$$U=U_s-IR_0 \tag{1-16}$$

其伏安特性(又称外特性)曲线，如图 1-16(b)所示。

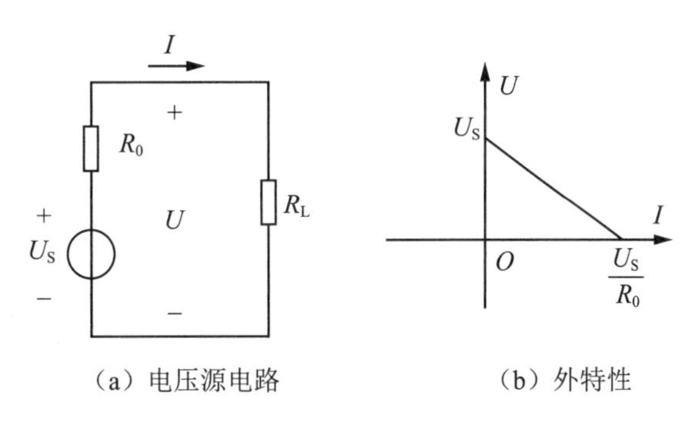

(a) 电压源电路　　(b) 外特性

**图 1-16　电压源**

2. 电流源

(1)理想电流源。如果一个二端元件，接到任一电路后，该元件流入电路的电流均

能保持其规定的值 $i_s$ 时，则此二端元件称为理想电流源，又称恒流源，如图 1-17(a)所示。

在 $t$ 时刻理想电流源在 $i$-$u$ 平面的特性曲线(伏安特性)，是一条平行于 $u$ 轴的直线，它与 $i$ 轴的交点即此时的 $i_s$ 值，如图 1-17(b)所示。

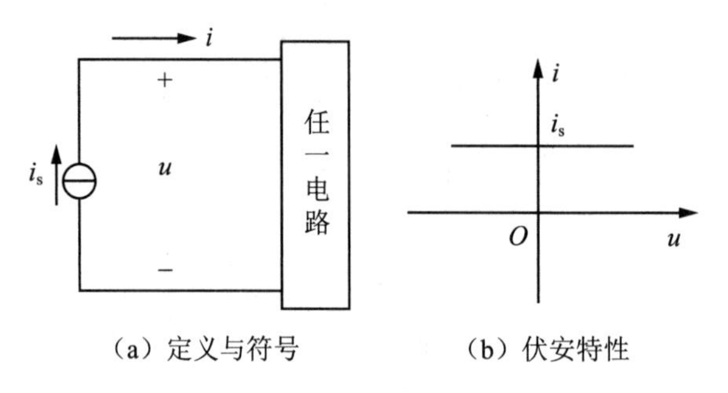


(a) 定义与符号　　(b) 伏安特性

**图 1-17　理想电流源**

如果 $i_s$ 是与时间 $t$ 无关的常数，即 $i_s=I_s$ 为定值，则称该理想电流源为直流恒流源。

(2)理想电流源的特点：

①恒流源的电流 $i_s$ 为定值或一定的时间函数，与其端电压 $u$ 无关。

②其端电压 $u$ 不是由恒流源本身决定的，主要由与之连接的外电路决定的，即随外电路的改变而改变。

③若恒流源的电流恒等于零(即 $i_s=0$)，则恒流源就是开路，其伏安特性与 $u$ 轴重合。

(3)实际电流源。实际电流源可以用一个恒流源 $I_S$ 与内导 $G_0$(或内阻 $R_0$)并联的电路模型表示，该电路模型称为电流源模型(简称电流源)，如图 1-18(a)所示。由图可得

$$I=I_S-UG_0 \tag{1-17}$$

令其外特性如图 1-18(b)所示。

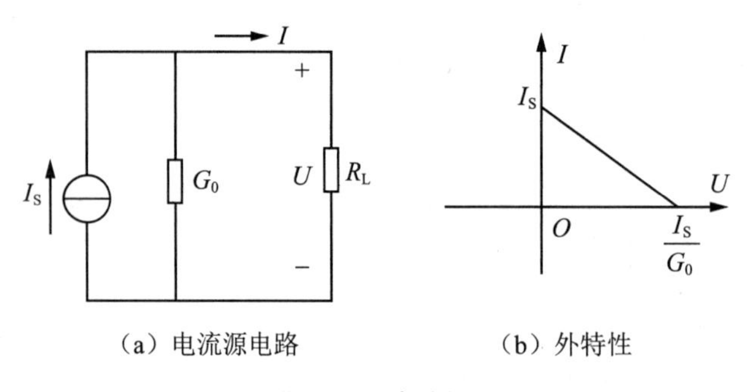


(a) 电流源电路　　(b) 外特性

**图 1-18　电流源**

3. 电压源和电流源的等效变换

电压源和电流源之间，当其外特性相同，即对外电路等效的前提下，两种模型间

可以互换。由图 1-16(b)和图 1-18(b)可知，当外特性相同时，即有

当 $I=0$ 时：　$U=U_S=\dfrac{I_S}{G_0}$，

当 $U=0$ 时：　$I=I_s=\dfrac{U_s}{R_0}$。

可得两种模型(如图 1-19 所示)互换时，参数间的关系如下。

$$\begin{cases} U_S=\dfrac{I_S}{G_0} \\ R_0=\dfrac{1}{G_0} \end{cases} \quad 或 \quad \begin{cases} I_S=\dfrac{U_S}{R_0} \\ G_0=\dfrac{1}{R_0} \end{cases}$$

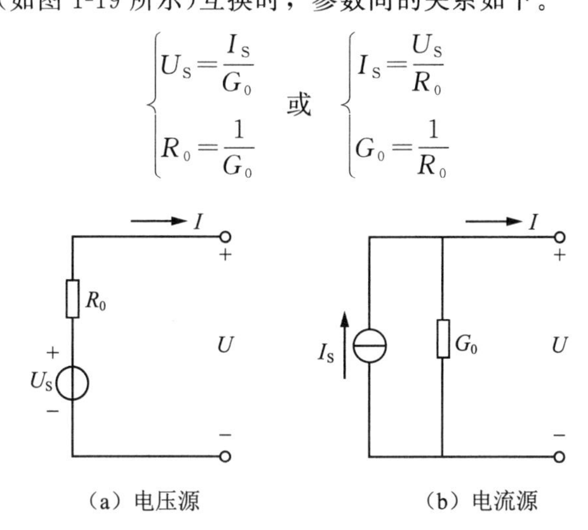


**图 1-19　电压源与电流源等效互换**

互换时还要注意两种模型的极性必须一致，要特别强调的是，等效是对外电路而言的，前提是外特性一致，而两种模型本身(即内部)的工作状态并不相同。例如，电压源开路时，功耗为零，电流源开路时，功耗全部消耗在内阻上。而电流源短路时，功率为零，电压源短路时功耗全部消耗在内阻上。

另外，恒压源和恒流源间不能等效互换，但在电路分析时，可将与恒压源串联的电阻或与恒流源并联的电阻看成其内阻，进行等效互换。

[**例 1-4**] 电路及参数如图 1-20(a)所示，试求图中的电流 $I$。

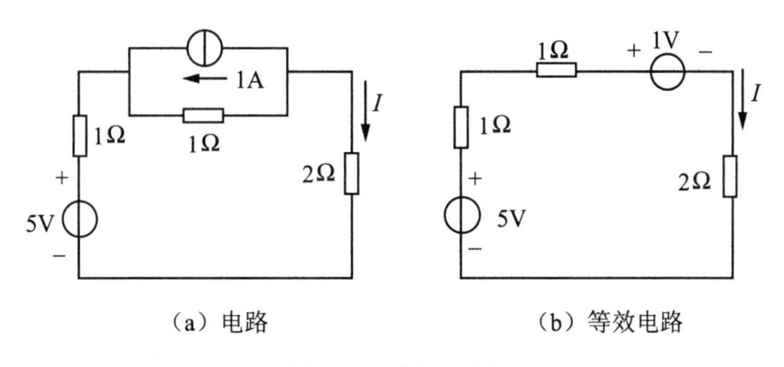


**图 1-20　例 1-4 图**

**解：** 利用等效变换将图 1-20(a)等效变换为图 1-20(b)所示电路，则可得

$$I=\frac{5-1}{1+1+2}=1(\mathrm{A})$$

## 1.3.5 电路的三种工作状态

电源有开路、有载和短路三种工作状态，现以直流电路为例进行讨论。

1. 电源有载工作状态

如图 1-21(a)所示 $E$ 为电源的电动势，$R_0$ 为电源的内阻，当电源与负载 $R_L$ 接通时

$$I=\frac{E}{R_0+R_L},\ U=IR_L=E-IR_0$$

电源输出功率，即负载获得功率为：$P=UI$。

若电源额定输出功率 $P_N=U_NI_N$，当电源输出功率 $P=P_N$ 时称满载，当 $P<P_N$ 时称为轻载。当 $P>P_N$ 时称为过载，过载会导致电气设备的损害，应注意防止。

2. 电源开路

当图 1-21(a)中，$a$、$b$ 两点断开时($R_L=\infty$)，电源处于开路(空载)状态，如图 1-21(b)所示。开路的特点是开路处电流等于零，故图 1-21(b)中电源电流 $I=0$，其端电压(称开路电压 $U_0$)$U=U_0=E$，电源输出功率 $P=0$。

3. 电源短路

当图 1-21(a)中 $a$、$b$ 两点间由于某种原因被短接($R_L=0$)时，电源处于短路状态，如图 1-21(c)所示。短路的特点是，短路处电压为零。故如图 1-21(c)中电源的端电压 $U=0$，此时电源的电流(称为短路电流 $I_S$)$I=I_S=\frac{E}{R_0}$很大，电源的输出功率 $P=0$，电源产生的功率全部消耗在内阻上而造成过热而损伤或毁坏，故应尽力防止或采用保护措施。

开路和短路也可以发生在电路的任意两点之间，其共同特点是，开路处电流为零，短路处电压为零。

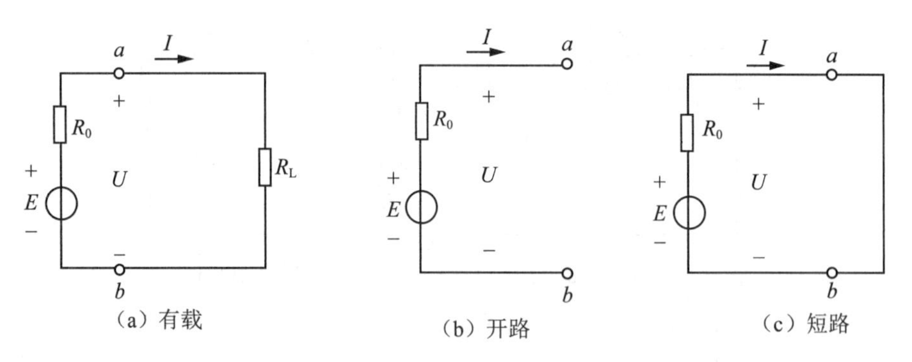


图 1-21 电源的三种工作状态

### 1.3.6 电气设备的额定值

各种电气设备在运行时，所允许通过的电流、所承受的电压以及所输入或输出的功率，都有一定的限额，若超过这个限额，设备会遭到损毁或缩短使用寿命。例如，若发电机线圈中的电流过大，线圈就会因过热而损坏绝缘；再如，电容器若承受过高电压，两极板之间的介质就会被击穿。各种仪器仪表所测量的电流、电压和功率值等，这些使用限额叫作额定值。

# 模块 2　电路基本定律及分析方法

基尔霍夫定律

## 任务 2.1　基尔霍夫定律及电位的计算

**任务内容**

基尔霍夫电流定律和基尔霍夫电压定律及电位的计算。

**任务目标**

使学生熟练掌握基尔霍夫电流定律和基尔霍夫电压定律的内容及其应用方法及电位的计算方法。

**相关知识**

基尔霍夫定律包括电流定律（KCL）和电压定律（KVL），不仅可运用于简单电路，也适用于复杂电路，它反映了电路中所有支路电流和电压的约束关系，是分析电路的重要定律。

### 2.1.1 名称介绍

1. 支路

电路中通过同一电流的分支称为支路。图 1-22 电路中有 *acb*、*adb* 和 *ab* 三条支路。其中，*acb* 和 *adb* 叫有源支路；*ab* 叫无源支路。

2. 节点

电路中三条或三条以上支路的连接点叫节点。图 1-22 电路中，共有 *a*、*b* 两个节点。

3. 回路

由一条或多条支路组成的闭合路径叫回路。在图 1-22 电路中，共有三个回路：*abca*、*adba*、*cbdac*。

4. 网孔

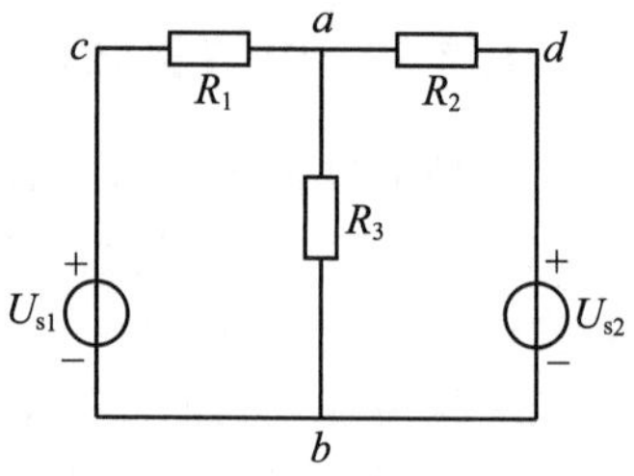

网孔是回路的一种特殊形式。将电路画在平面上，在回路内部不另含有支路的回路称为网孔。在图 1-22 电路中，共有两个网孔：$abca$、$adba$。

图 1-22　名称介绍电路图

### 2.1.2　基尔霍夫电流定律

在任一瞬时，流入电路中任一节点的支路电流之和等于流出该节点的支路电流之和，这就是基尔霍夫电流定律简称 KCL。它是电流连续性的一种表现形式，即

$$\sum I_{入}=\sum I_{出} \tag{1-18}$$

如图 1-23 所示，电路中的一个节点 $a$，流入节点的电流为 $i_1$、$i_3$ 和 $i_4$，流出节点的电流为 $i_2$ 和 $i_5$，则 $i_1+i_3+i_4=i_2+i_5$，或 $i_1+i_3+i_4-i_2-i_5=0$。

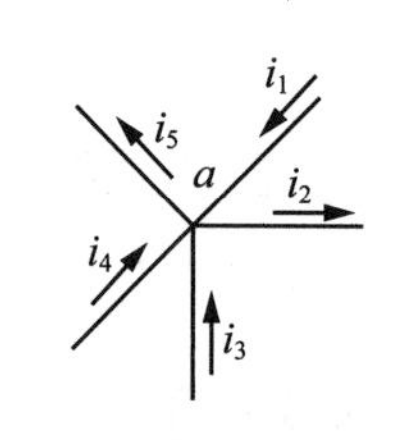


图 1-23　说明 KCL 的电路

基尔霍夫电流定律也可以描述为：任何一个瞬时，流入任何电路任一节点的各个支路电流的代数和为零。其数学表达式为

$$\sum i=0 \tag{1-19}$$

对于直流电路为

$$\sum I=0 \tag{1-20}$$

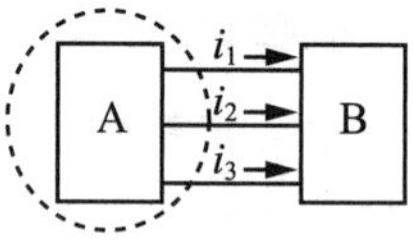

KCL 不仅适于电路的任一节点，还可以推广到电路的任一假设的封闭面。如图 1-24 所示，电路 A 中有 3 条支路与电路的其余部分连接，其流出的电流为 $i_1$、$i_2$ 和 $i_3$，则

$$i_1+i_2+i_3=0$$

图 1-24　KCL 应用于假设的封闭面

**［例 1-5］** 如图 1-25 电路中，已知 $I_a=1\text{mA}$，$I_b=10\text{mA}$，$I_c=2\text{mA}$，求电流 $I_d$？

**解：** 根据基尔霍夫电流定律的推广应用，流入图示的闭合回路的电流代数和为零，即

$$I_a+I_b+I_c+I_d=0$$

所以

$$I_d=-(I_a+I_b+I_c)=-13\text{mA}$$

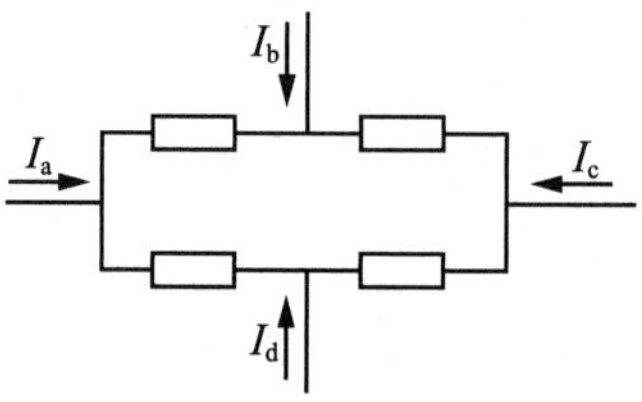

图 1-25　例 1-5 图

### 2.1.3　基尔霍夫电压定律

任一时刻，沿任一电路的任一回路绕行一周，各段电压的代数和为零，这就是基尔霍夫电压定律简称 KVL。电压参考方向与回路绕行方向一致时，该电压项前取正号，否则取负号。其数学表达式为

$$\sum u=0 \tag{1-21}$$

对于直流电路为

$$\sum U=0 \tag{1-22}$$

如图 1-26 所示，沿回路 1-2-3-4-1 顺时针绕行一周，则 $U_2+U_3+U_4-U_6=0$。

KVL 方程还可以推广到电路中的假想回路，如图 1-27 所示的假想回路 *abca*，其中 *ab* 段未画出支路，设其电压为 $u$，则：$u+u_1-u_s=0$，或 $u=u_s-u_1$。

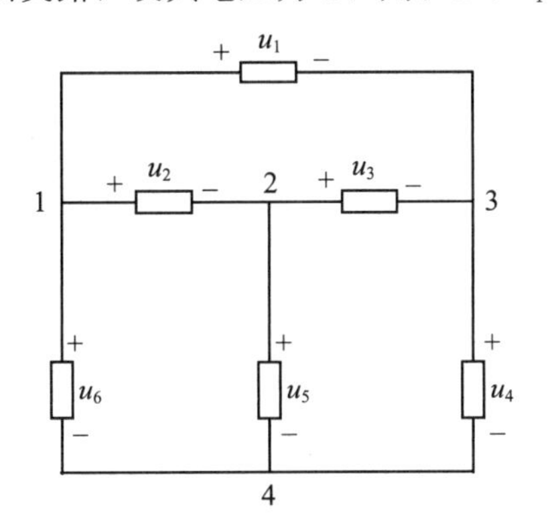

图 1-26　KVL 的电路图

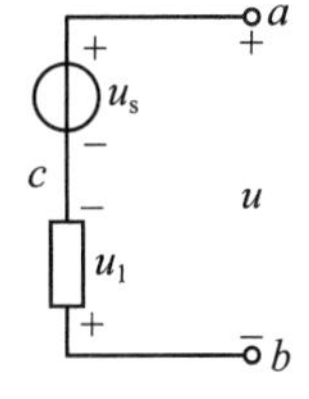

图 1-27　KVL 应用于假设的回路

即电路中任意两点间的电压等于这两点间沿任意路径各段电压的代数和。

［**例 1-6**］如图 1-28 所示电路，求 $u_1$ 和 $u_2$。

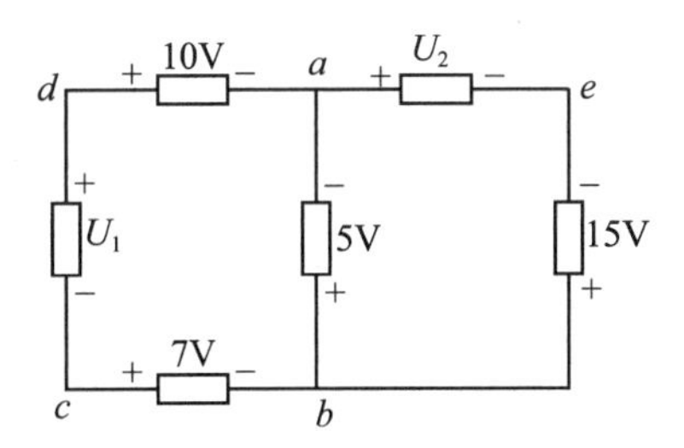

图 1-28　例 1-6 图

**解：** 沿回路 *abcda* 顺时针绕行一周，$10-5-7-U_1=0$，$U_1=-2\text{V}$。

沿回路 *aeba* 顺时针绕行一周，$U_2-15+5=0$，$U_2=10\text{V}$。

由此可见，KCL 规定了电路中任一节点的电流必须服从的约束关系，KVL 规定了电路中任一回路的电压必须服从的约束关系。这两个定律仅与元件的相互连接方式有关，而与元件的性质无关，这种约束称为拓扑约束。无论元件是线性的还是非线性的，电路是直流的还是交流的，KCL 和 KVL 总成立。

## 2.1.4　电路中电位的概念及计算

在电路中任意选一点作为参考点，把其他各点到参考点的电压称为各点的电位，用大写字母 $V$ 表示，如 $V_a$ 和 $V_b$。电位的单位与电压电位相同，用伏特(V)表示。

参考点可以任意选择，常选择大地、设备外壳或接地点作为参考点。一个电路只能选一个参考点，并规定参考点电位为零，故参考点又叫做零电位点。参考点在电路图中常用“⊥”符号表示。若某点电位为正，说明该点电位比参考点高；若某点电位为负，说明该点电位比参考点低。在进行电路分析时，使用电位的概念可以使电路的分析大为简化，电路图清晰明了，便于分析计算。

如图 1-29 所示。参考点为 $O$，已知 $a$，$b$ 两点的电位分别为 $V_a$ 和 $V_b$，则此两点间的电压等于对应两点电位之差，即

$$U_{ab}=V_a-V_b \tag{1-23}$$

关于电位的计算，应注意：

1. 电位值是相对的，参考点选取不同，电路中各点的电位也将随之改变；

2. 电路中两点间的电压值是固定的，不会因参考点的不同而改变，即与零电位参考点的选取无关。

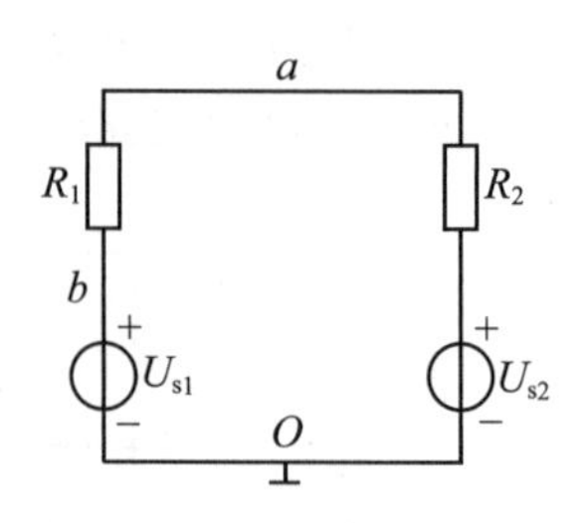

**图 1-29　电压与电位的关系**

借助电位的概念可以简化电路图，在电路中，当电位参考点选定后，电路常可以不画电源部分，而是在端点标以电位值。图 1-30 电路可简化为图 1-31(a)和(b)所示电路。

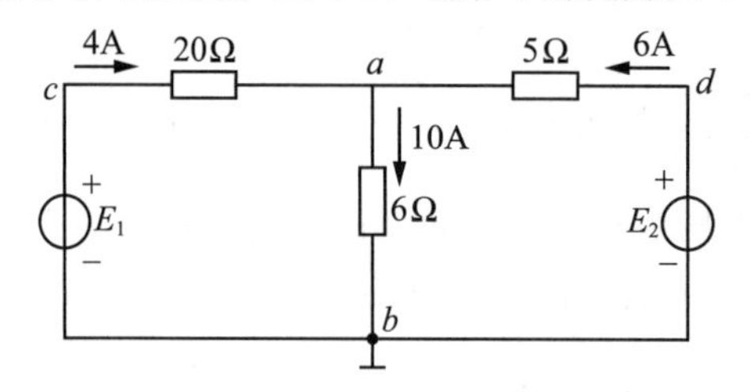

**图 1-30　电路举例**

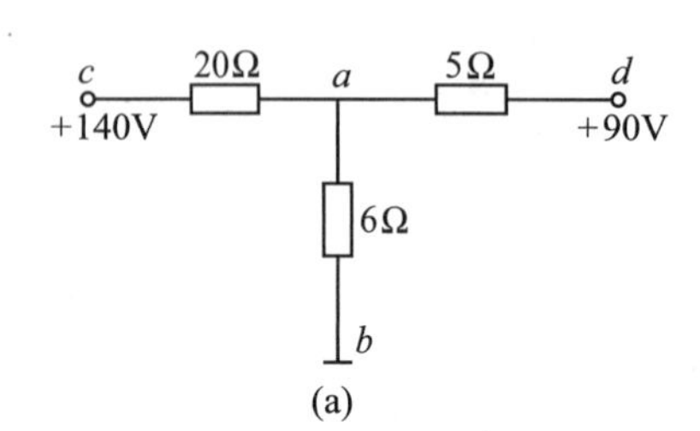

(a)

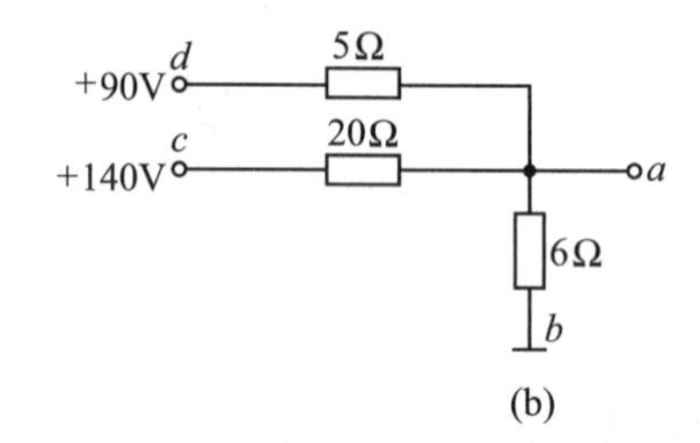

(b)

**图 1-31　图 1-30 的简化电路图**

支路电流法

## 任务 2.2　电路分析方法

### 任务内容

支路电流法、叠加原理、节点电压法和戴维南定理的分析方法。

### 任务目标

使学生熟练掌握支路电流法、叠加原理、节点电压法和戴维南定理分析方法的内容及其应用方法。

**相关知识**

## 2.2.1 支路电流法

支路电流法是以支路电流为变量，运用基尔霍夫结点电流定律和回路电压定律列方程，然后联立求解的方法，它是电路分析最基本的方法，一般步骤如下。

1. 若电路有 $m$ 条支路，确定各个支路电流的参考方向，并在图中标出。

2. 根据 KCL 列节点电流方程，$n$ 个节点的电路可列出$(n-1)$个独立方程。

3. 根据 KVL 列回路电压方程。选定 $m-(n-1)$个回路，为保证所列方程为独立方程，每次选取回路时最少应包含一条前面未曾用过的新支路，最好选用网孔作回路。

4. 联立求解 $m$ 个方程式，即可求出 $m$ 条支路电流。

**[例 1-7]** 图 1-32 中，若 $R_1=R_2=R_3=2\Omega$，$U_{S1}=6V$，$U_{S2}=2V$，求各支路电流。

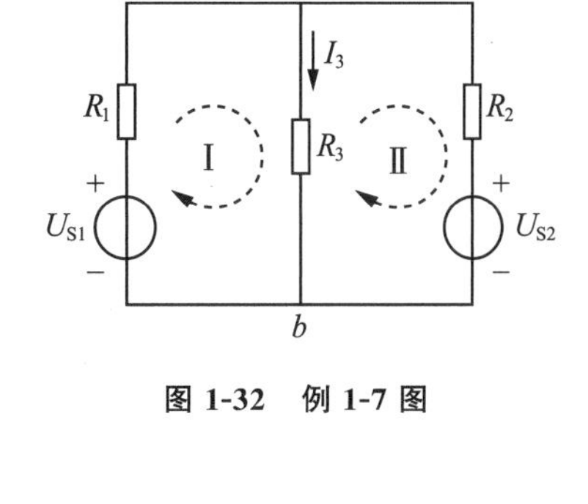


**图 1-32　例 1-7 图**

**解：** 如图 1-32 所示电路，共有 3 条支路，2 个结点，2 个网孔。

根据 KCL 列结点电流方程，对结点 $a$：$I_1+I_2-I_3=0$。

在图 1-32 中有 2 个网孔，标出网孔的绕行方向如图所示。

对网孔Ⅰ：$R_1I_1+R_3I_3-U_{S1}=0$，

对网孔Ⅱ：$-R_2I_2-R_3I_3+U_{S2}=0$。

将已知数据代入结点电流方程式和网孔电压方程式可得

$$\begin{cases} I_1+I_2-I_3=0 \\ I_1+I_3=3 \\ I_2+I_3=1 \end{cases}$$

解之得

$$\begin{cases} I_1=\dfrac{5}{3}\text{A} \\ I_2=-\dfrac{1}{3}\text{A} \\ I_3=\dfrac{4}{3}\text{A} \end{cases}$$

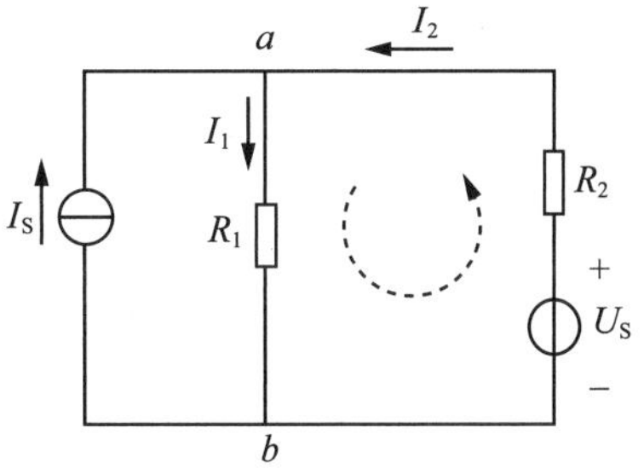

**图 1-33　例 1-8 图**

**[例 1-8]** 试用支路电流法求图 1-33 中的电流 $I_1$ 和 $I_2$。

**解：** 图 1-33 中共有 3 条支路，其中一条支路的电流为 $I_s$，故只需列两个独立方程。$I_1$ 和 $I_2$ 的正方向和所选回路绕行方向如图 1-33 所示。

根据 KCL 由结点 $a$：$I_1-I_2=I_s$。

根据 KVL 由右边网孔：$R_1I_1+R_2I_2=U_S$，

联立求解得：$I_1=\dfrac{U_S+R_2I_S}{R_1+R_2}$，$I_2=\dfrac{U_S-R_1I_S}{R_1+R_2}$。

### 2.2.2 叠加原理

叠加原理的内容是：在线性电路中，任一支路的电流(或电压)都是电路中各个电源单独作用时在该支路产生的电流(或电压)的代数和。所谓电源单独作用，即令其中一个电源作用，其余电源为零(恒流源以开路代替，恒压源以短路代替)。如图 1-34 (a)中所示电路的支路电流 $I_1$ 和 $I_2$ 是电路中恒流源 $I_S$ 单独作用[如图 1-34 (b)所示]和恒压源 $U_S$ 单独作用[如图 1-34 (c)所示]时，在该支路产生的电流的代数和。

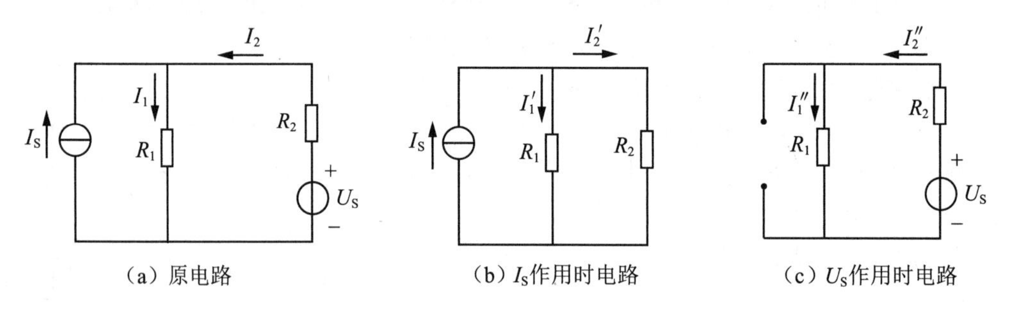


**图 1-34　叠加原理**

由图 1-34(b)可得：$I_1'=\dfrac{R_2}{R_1+R_2}I_S$，$I_2'=\dfrac{R_1}{R_1+R_2}I_S$，

由图 1-34 (c)可得：$I_1''=I_2''=\dfrac{U_S}{R_1+R_2}$，

则

$$I_1=I_1'+I_1''=\frac{R_2}{R_1+R_2}I_S+\frac{U_S}{R_1+R_2}=\frac{U_S+R_2I_S}{R_1+R_2}$$

$$I_2=I_2''-I_2'=\frac{U_S}{R_1+R_2}-\frac{R_1}{R_1+R_2}I_S=\frac{U_S-R_1I_S}{R_1+R_2}$$

图 1-34 (a)所示电路与图 1-33 完全一样，用叠加原理计算出的 $I_1$ 和 $I_2$ 与用支路电流法计算的结果也完全相同，验证了叠加原理。由此可见，利用叠加原理可将含有多个电源的电路分析，简化成若干单电源的简单电路分析。

利用叠加原理时应注意以下几点。

(1)叠加原理仅适用于线性电路。电路中电压、电流可叠加，但功率不可叠加。

(2)电源单独作用时，只能将不作用的恒压源短路、恒流源开路，电路的结构不变。

(3)叠加时，如果各电源单独作用时，电流(或电压)分量的参考方向与总电流(或电压)的参考方向一致时，前面取正号，不一致时取负号。

[**例 1-9**] 图 1-35(a)所示电路中，已知：$R_1=R_2=R_3=2\Omega$，$U_{S1}=6V$，$U_{S2}=2V$。试用叠加原理计算各支路电流。

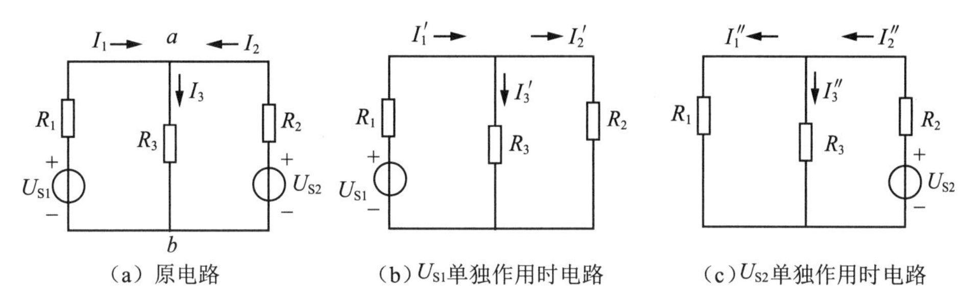


（a）原电路　　（b）$U_{S1}$单独作用时电路　　（c）$U_{S2}$单独作用时电路

**图 1-35　例 1-9 图**

**解：**(1)求各电源单独作用时各支路电流分量。

当 $U_{S1}$ 单独作用时，如图 1-35（b)所示。

$$I_1'=\frac{U_{S1}}{R_1+R_2/\!/R_3}=2\text{A},\ I_2'=\frac{R_3}{R_2+R_3}I_1'=1\text{A},\ I_3'=\frac{R_2}{R_2+R_3}I_1'=1\text{A}$$

当 $U_{S2}$ 单独作用时，如图 1-35（c)所示。

$$I_2''=\frac{U_{S2}}{R_2+R_1/\!/R_3}=\frac{2}{3}\text{A},\ I_1''=\frac{R_3}{R_1+R_3}I_2''=\frac{1}{3}\text{A},\ I_3''=\frac{R_1}{R_1+R_3}I_2''=\frac{1}{3}\text{A}$$

(2)叠加可得

$$I_1=I_1'-I_1''=\frac{5}{3}\text{A},\ I_2=I_2''-I_2'=-\frac{1}{3}\text{A},\ I_3=I_3'+I_3''=\frac{4}{3}\text{A}$$

## 2.2.3　节点电压法

图 1-36 所示为两个节点多条支路的电路，设 $a$、$b$ 两节点间的电压为 $U$，其参考方向如图所示，由 $a$ 指向 $b$。

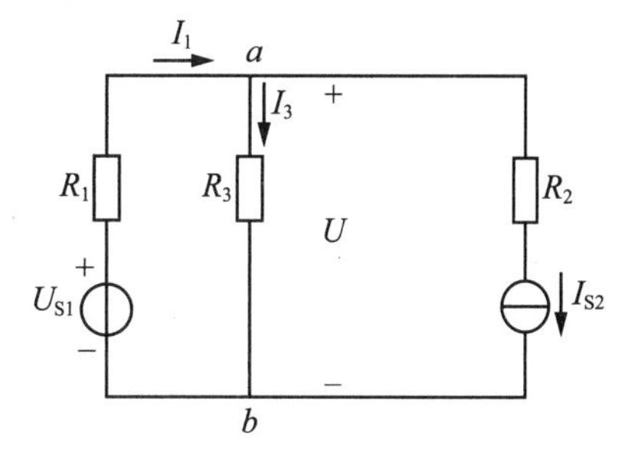


**图 1-36　节点电压法**

则，由节点 $a$ 可得

$$I_1-I_{S2}-I_3=0 \tag{1-24}$$

其中
$$\begin{cases} I_1=\dfrac{U_{S1}-U}{R_1} \\ I_3=\dfrac{U}{R_3} \end{cases} \tag{1-25}$$

将式(1-25)代入式(1-24)得　$$\frac{U_{S1}-U}{R_1}-I_{S2}-\frac{U}{R_3}=0$$

节点间电压为
$$U=\frac{\dfrac{U_{S1}}{R_1}-I_{S2}}{\dfrac{1}{R_1}+\dfrac{1}{R_3}} \tag{1-26}$$

注意：式(1-26)中不含 $R_2$，即与恒流源串联的电阻对 $U$ 无影响。

对两个节点的电路，由(式 1-26)先求出两节点的电压，再代入式(1-25)求各支路电流，这种方法称为节点电压法。

在求两点间电压时，在式(1-26)中，分子实质上是流入节点 $a$ 的所有电流源的代数和(流入该节点的前面取正号，流出该节点的前面取负号)，分母为连接到 $a$、$b$ 两点的各支路电导之和(但与恒流源串联的电阻除外)。因此，两节点间的电压，又可写为

$$U=\frac{\sum \frac{U_S}{R}}{\sum \frac{1}{R}}=\frac{\sum I_S}{\sum G} \tag{1-27}$$

式(1-27)又称为弥尔曼(J-Millman)定理。

[**例 1-10**] 图 1-36 所示电路，已知：$R_1=R_2=R_3=1\Omega$，$U_{S1}=3V$，$I_{S2}=1A$。求 $I_1$ 和 $I_3$。

**解：** $U=\dfrac{\dfrac{U_{S1}}{R_1}-I_{S2}}{\dfrac{1}{R_1}+\dfrac{1}{R_3}}=\dfrac{3-1}{1+1}=1(V)$，$I_1=\dfrac{U_{S1}-U}{R_1}=\dfrac{3-1}{1}=2(A)$，$I_3=\dfrac{U}{R_3}=1(A)$。

[**例 1-11**] 图 1-37 所示电路中，已知：$U_{S1}=3V$，$U_{S2}=U_{S3}=6V$，$R_1=1\Omega$，$R_2=2\Omega$，$R_3=3\Omega$，$R_4=6\Omega$。求电流 $I$。

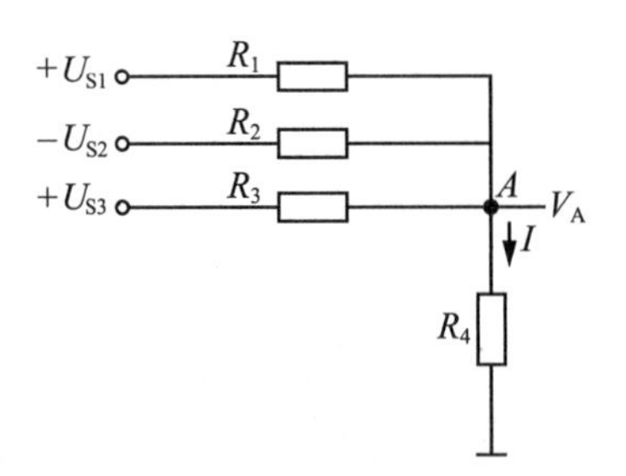


**图 1-37　例 1-11 图**

**解：** $V_A=\dfrac{\sum I_S}{\sum G}=\dfrac{\dfrac{U_{S1}}{R_1}-\dfrac{U_{S2}}{R_2}+\dfrac{U_{S3}}{R_3}}{\dfrac{1}{R_1}+\dfrac{1}{R_2}+\dfrac{1}{R_3}+\dfrac{1}{R_4}}=\dfrac{3-3+2}{1+\dfrac{1}{2}+\dfrac{1}{3}+\dfrac{1}{6}}=1(V)$，$I=\dfrac{V_A}{R_4}=\dfrac{1}{6}(A)$。

### 2.2.4　戴维南定理

戴维南定理的内容是：任何一个线性有源二端网络 N，如图 1-38(a)所示，总可以用一个恒压源 $U_s$ 和一个内阻 $R_0$ 串联电路来等效代替，如图 1-38(b)所示。其中恒压源的电压 $U_S$ 等于该二端网络的开路电压 $U_0$[如图 1-38 (c)]所示；内阻 $R_0$ 等于该有源二端网络中所有的电源皆为零值时，所得无源二端网络 $N_0$[如图 1-38 (d)所示]的等效电阻 $R_{ab}$。

戴维南定理常用于求电路中某一支路的电流(或电压)。

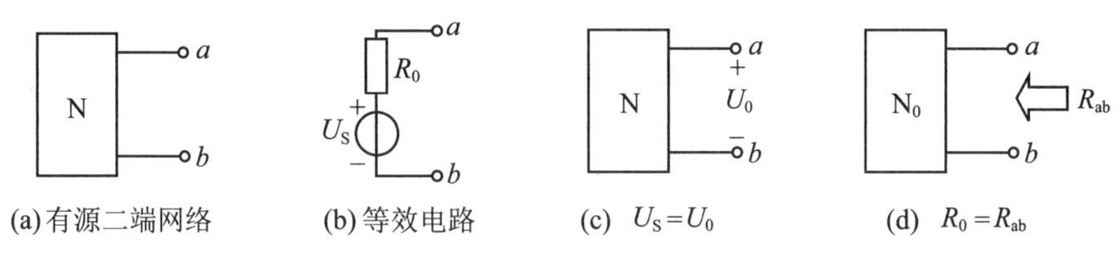

(a)有源二端网络　(b)等效电路　(c) $U_S=U_0$　(d) $R_0=R_{ab}$

**图 1-38　戴维南定理电路图**

[**例 1-12**] 图 1-39(a)所示电路中，已知 $R_1=R_2=R_3=R_4=1\Omega$，$I_{S1}=4A$，$U_{S2}=2V$。求通过 $R_4$ 支路的电流 $I$。

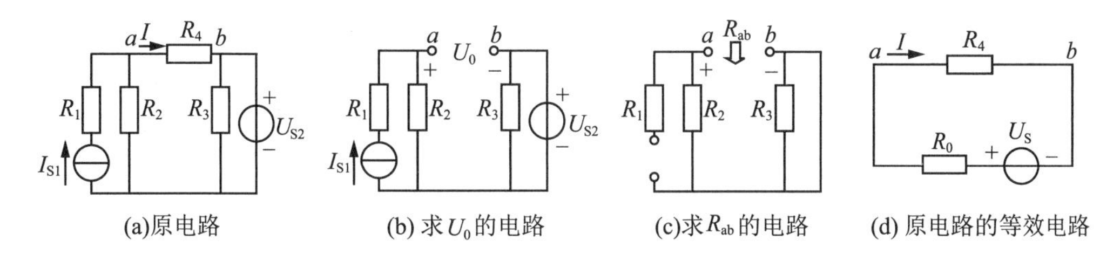

(a)原电路　(b) 求 $U_0$ 的电路　(c)求 $R_{ab}$ 的电路　(d) 原电路的等效电路

**图 1-39　例 1-12 图**

**解：**(1)断开所求支路，求有源二端网络的开路电压 $U_0$[如图 1-39 (b)所示]。

$$U_0=I_{S1}R_2-U_{S2}=4\times1-2=2(V)$$

(2)令所有电源为零，得无源二端网络如图 1-39(c)所示，求电阻 $R_{ab}=R_2=1\Omega$。

(3)做出如图 1-39(b)中所示的戴维南等效电路，$U_S$ 极性应与 $U_0$ 一致($a$ 端为高电位端，$b$ 端为低电位端)，接上被断开支路[如图 1-39(d)所示]，$U_S=U_0=2V$，$R_0=R_{ab}=1\Omega$，则

$$I=\frac{U_S}{R_0+R_4}=\frac{2}{1+1}=1(A)$$

由本例可见，与恒流源串联的电阻 $R_1$ 和与恒压源并联的电阻 $R_3$，对计算 $I$ 并无影响。

[**例 1-13**] 求图 1-40(a)和图 1-40(b)所示电路的等效电路。

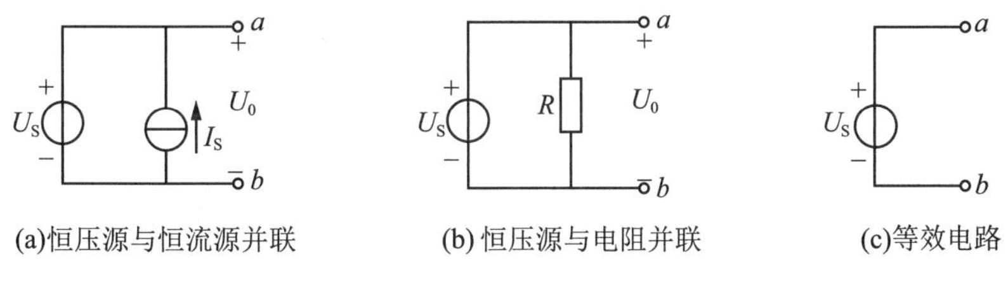

(a)恒压源与恒流源并联　(b) 恒压源与电阻并联　(c)等效电路

**图 1-40　例 1-13 图**

**解：**根据戴维南定理，图 1-40(a)和图 1-40(b)中有源二端网络的开路电压均为

$$U_0=U_S$$

令上述有源二端网络中电源均为零，求得其等效电阻 $R_0=R_{ab}=0$，故图 1-40(a)和

图 1-40(b)的等效电路如图 1-40(c)所示。可见，恒压源与恒流源(或电阻)并联，可等效为恒压源。

# 模块 3　直流电路实训及操作

## 任务 3.1　电工工具和仪器仪表的使用

### 任务内容

电工工具和仪器仪表的常规使用方法。

### 任务目标

使学生熟练掌握常用电工工具和仪器仪表的结构和万用表的使用方法。

### 相关知识

#### 3.1.1　实训器件

常用电工工具(钢丝钳、尖嘴钳、剥线钳、电工刀、螺丝刀、活动扳手、电烙铁、冲击钻等)和常用仪器仪表(万用表、调压器、钳形电流表、直流电流表、交流电流表、交流电压表、直流电压表、电度表、兆欧表等)。

#### 3.1.2　实训内容

1. 在实训室结合实物详细介绍常用电工工具的结构、演示使用方法与注意事项，然后分组让学生实际操作训练(如用电表测试电源，用剥线钳剥几截导线绝缘，练习电烙铁上锡和焊接等)。

2. 介绍电压表、电流表和调压器的结构、演示使用方法与注意事项，然后分组让学生实际操作训练。

(1)将调压器的输入端与电源相连，调压器的输出端和交流电压表、交流电流表、白炽灯、开关等相连成一简单交流电路。接通电源总开关及电路开关，转动调压器手柄使其输出由小到大变化，观察交流电压表、交流电流表读数和白炽灯的变化情况并记录。改变交流电压表和交流电流表的挡位，重复刚才的实训，观察交流电压表和交流电流表读数指针变化情况是否和前面一样并做好记录。

(2)将直流电源、直流电压表、直流电流表、白炽灯、开关等连成一简单直流电路

(直流电压表和直流电流表应注意其正负极性)。接通电源总开关及电路开关，调整直流电源由小到大变化，观察交流电压表、交流电流表读数和白炽灯的变化情况并记录。改变直流电压表和直流电流表的挡位，重复刚才的实训，观察直流电压表和直流电流表读数指针变化情况是否和前面一样并做好记录。

3. 介绍钳形电流表与兆欧表的结构、演示使用方法与注意事项，然后分组让学生实际操作训练。

(1)将一台三相鼠笼式异步电动机接线盒拆开，取下所有接线桩之间的连接片，使三相绕组各自独立。用兆欧表测量三相绕组之间、各相绕组与机座之间的绝缘电阻，将测量结果记入表 1-2 中。

(2)恢复有关接线柱之间的连接片，使三相绕组按出厂要求连接，将其接入三相交流电路通电运行。用钳形电流表测量其起动电流和转速达额定值后的空载电流并记入表 1-3 中。人为断开一相电源(如取下某相熔断器)，用钳形电流表测量缺相运行电流。测量时间要尽量短，测量完立即关断电源并记入表 1-3 中。

4. 详细介绍万用表(着重指针式万用表，如 500 型万用表，适当介绍数字万用表)的结构、演示使用方法与注意事项，然后分组让学生实际操作训练。

(1)用万用表测量实验室电源或插座的交流电压。

(2)用万用表测量直流稳压电源的输出电压和几个电池(1.5V、9V 等)的电动势。

(3)用万用表测量几个电阻元件(如日光灯、电炉、电烙铁、电熨斗等)的电阻，判断日光灯、电炉、电烙铁、电熨斗等日用电器的通断情况。

(4)用万用表(电阻挡测量)黑表棒接电解电容器(如洗衣机常用的 10μF、4μF 电容)的正极，红表棒接电解电容器的负极。若万用表指针偏转后，能慢慢返回“∞”处，则此电容器良好；若万用表指针不动，则此电容器已开路；若万用表指针偏转后，不能返回“∞”处，则此电容器漏电。

**表 1-2　兆欧表使用的数据**

| 电动机 | | | 兆欧表 | | 绝缘电阻(MΩ) | | | | | |
|---|---|---|---|---|---|---|---|---|---|---|
| 型号 | 功率 | 接法 | 型号 | 规格 | U-V | U-W | V-W | U-地 | V-地 | W-地 |
| | | | | | | | | | | |

**表 1-3　钳形电流表使用的数据**

| 钳形电流表 | | 起动电流 | | 空载电流 | | 缺相运行电流 | | | |
|---|---|---|---|---|---|---|---|---|---|
| 型号 | 规格 | 量程 | 读数 | 量程 | 读数 | 量程 | 读数 | | |
| | | | | | | | U 相 | V 相 | W 相 |
| | | | | | | | | | |

### 3.1.3　实训注意事项

使用万用表测量时应注意以下几点。

1. 测量前，必须将两个“功能/量程”开关旋至所需的正确位置。
2. 测量电流时，万用表应串接于被测电路。
3. 测量电压时，万用表应并接于被测电路。
4. 测量电阻时，应先将“功能/量程”开关旋至合适挡位，并进行“Ω”调零。
5. 测量直流电压和电流时，表笔极性勿弄错。
6. 绝对禁止用万用表的电流挡和电阻挡去测量电压。

### 3.1.4　实训报告与思考题

1. 为什么测量电流时万用表应串接于被测电路中，测量电压时万用表应并接于被测电路中。

2. 认真完成实训报告，在实训报告中应有相关步骤和所测数据。

## 任务 3.2　基尔霍夫定律的验证

**任务内容**

通过实验验证基尔霍夫电流定律和基尔霍夫电压定律的内容。

**任务目标**

使学生巩固所学理论和加深对电流、电压参考方向的理解及熟练掌握双路直流稳压电源的使用方法。

**相关知识**

### 3.2.1　实验器材

双路直流稳压电源、直流毫安表、直流电压表、直流电路单元板。

### 3.2.2　实验内容

1. 实验前先熟悉电流插头的结构，将电流插头的两端接至直流数显毫安表的“+、−”两插孔上。

2. 按图连接电路，设定三条支路的电流参数方向，如图 1-41 所示。

3. 调节两组直流稳压电源，使其输出电压分别为 6V 和 12V。

4. 分别将两组直流电源插入电路，令 $E_1=6\text{V}$，$E_2=12\text{V}$。

5. 将电流插头分别插入三条支路的三个电流插座中，读取电流值，将所测得的数据做好记录。

6. 改变 $E_1$、$E_2$ 值，使其分别为 10V 和 4V，再重复测量 $I_1$、$I_2$、$I_3$ 值，将所测得的数据做好记录。

7. 用直流数显电压表分别测量两路电源及其电阻元件上的电压值，将所测得的数据做好记录。

### 3.2.3 实训注意事项

1. 测量的所有电压值均以数显电压表测量读数为准。
2. 防止电源两端碰线短路。

### 3.2.4 实训报告与思考题

1. 根据图 1-41 中的电路参数，计算出待测电流 $I_1$、$I_2$、$I_3$ 的值，并与实验测量数据进行比较，验证基尔霍夫 KCL 定律的正确性。

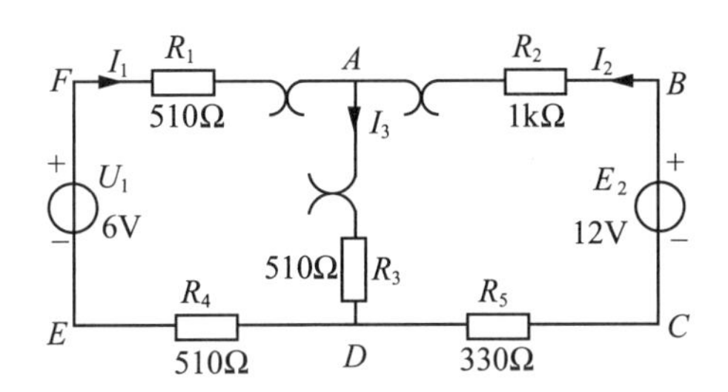


**图 1-41**

2. 根据图中的电路参数，计算出待测电压 $U_{R1}$、$U_{R2}$、$U_{R3}$、$U_{R4}$、$U_{R5}$ 的值，并与实验测量数据进行比较，验证基尔霍夫 KVL 定律的正确性。

## 习题

1-1　如图 1-42 所示，当 $U=-150V$ 时，试写出 $U_{AB}$ 和 $U_{BA}$ 各为多少伏。

[答案：－150V，150V]

1-2　如图 1-43 所示，已知元件的吸收功率 $P=30W$，求元件的端电压。若元件的提供功率 $P=30W$，元件的端电压又是多少？[答案：5V，－5V]

**图 1-42　习题 1-1 图**　　**图 1-43　习题 1-2 图**

1-3　如图 1-44 所示，根据 KVL 找出 $U_{AB}$ 与 $I$ 的关系式。

[答案：(a)$U_{AB}=U_S+IR$；(b)$U_{AB}=U_S-IR$；(c)$U_{AB}=-U_S+IR$；(d)$U_{AB}=-U_S-IR$]

1-4　如图 1-45 所示电路中，已知电流源电流 $I_s=1A$，电压源电压 $U_s=6V$，电阻 $R=10\Omega$，试求电流源的端电压是多少？电压源和电流源的功率分别为多少？[答案：16V，6W，－16W]

1-5 如图 1-46 所示电路中，五个元件代表电源或负载。今测得 $I_1=-4A$，$I_2=6A$，$I_3=10A$，$U_1=140V$，$U_2=-90V$，$U_3=60V$，$U_4=-80V$，$U_5=30V$。

(1)判断哪些元件是电源，哪些是负载。[答案：1、2是电源；3、4、5是负载]

(2)计算各元件的功率，并说明电源发出的功率和负载吸收的功率是否平衡。[答案：$-560\text{W}$，$-540\text{W}$，$600\text{W}$，$320\text{W}$，$180\text{W}$，平衡]

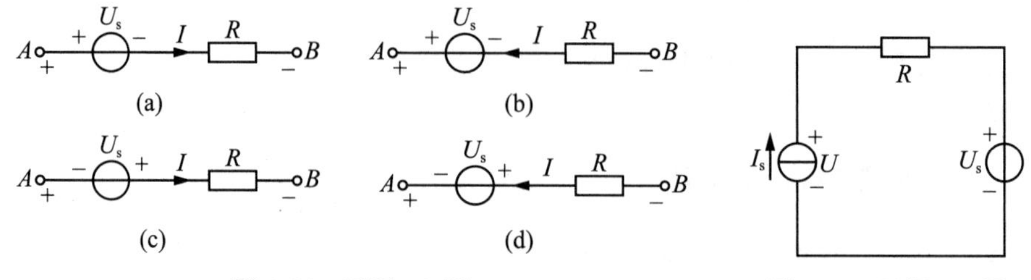


图 1-44　习题 1-3 图　　　　图 1-45　习题 1-4 图

1-6　在图 1-47 所示电路中，已知 $I_1=0.01\text{A}$，$I_2=0.3\text{A}$，$I_5=9.61\text{A}$。试求电流 $I_3$、$I_4$ 和 $I_6$。[答案：0.31A，9.3A，9.6A]

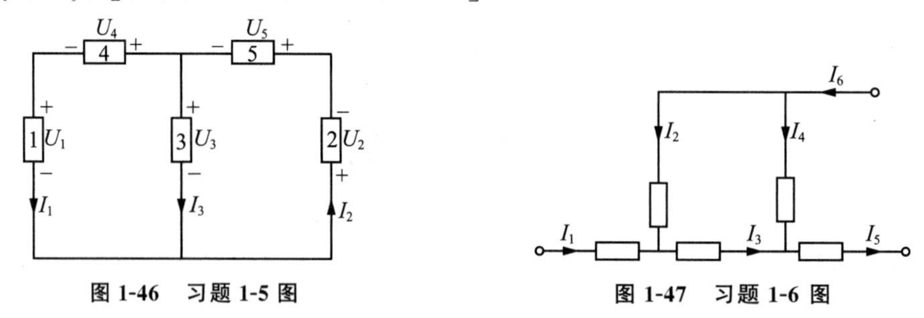


图 1-46　习题 1-5 图　　　　图 1-47　习题 1-6 图

1-7　有一闭合回路如图 1-48 所示，各支路的元件是任意的，已知 $U_{AB}=5\text{V}$，$U_{BC}=-4\text{V}$，$U_{DA}=-3\text{V}$。试求 $U_{CD}$ 和 $U_{CA}$。[答案：2V，$-1\text{V}$]

1-8　如图 1-49 所示，已知 $U_{AB}=10\text{V}$，$U_{CB}=20\text{V}$，$U_{AD}=15\text{V}$，以 $A$ 为参考点，试求 $A$、$B$、$C$、$D$ 四点电位。若以 $C$ 为参考点，上述各点电位又是多少？

[答案：0，$-10\text{V}$，10V，$-15\text{V}$；$-10\text{V}$，$-20\text{V}$，0，$-25\text{V}$]

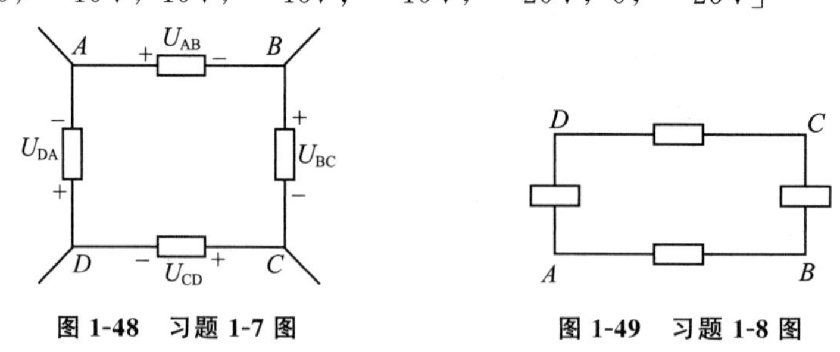


图 1-48　习题 1-7 图　　　　图 1-49　习题 1-8 图

1-9　求图 1-50 所示电路中 $B$ 点电位。[答案：1V]

1-10　求图 1-51 所示电路中 $A$ 点的电位。[答案：5V]

1-11　如图 1-52 所示电路中，已知 $U_{s1}=3\text{V}$，$U_{s2}=1\text{V}$，$R_1=R_2=R_3=1\Omega$。试用支路电流法求各支路的电流。[答案：$I_1=\frac{5}{3}\text{A}$，$I_2=-\frac{1}{3}\text{A}$，$I_3=\frac{4}{3}\text{A}$]

1-12　如图 1-53 所示电路中，已知 $I_s=1\text{A}$，$U_{s1}=2\text{V}$，$U_{s2}=6\text{V}$，$R_1=4\Omega$，$R_2=$

6Ω。试用支路电流法求 $I_1$ 和 $I_2$。[答案：$I_1=1A$，$I_2=0$]

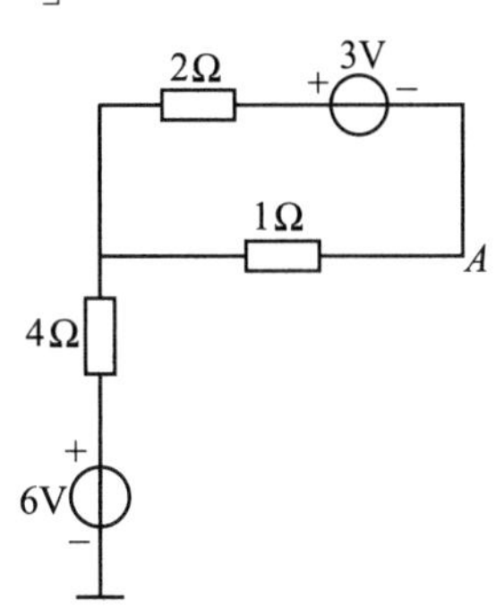


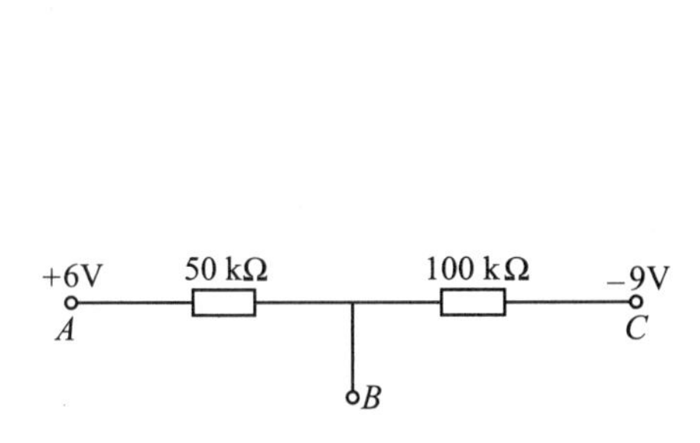


图 1-50　习题 1-9 图

图 1-51　习题 1-10 图

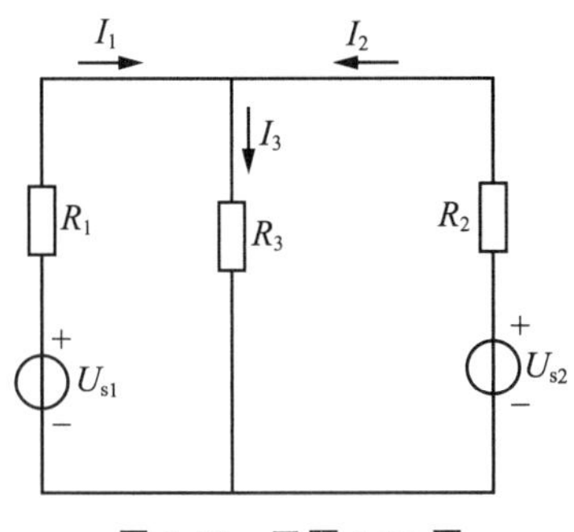


图 1-52　习题 1-11 图

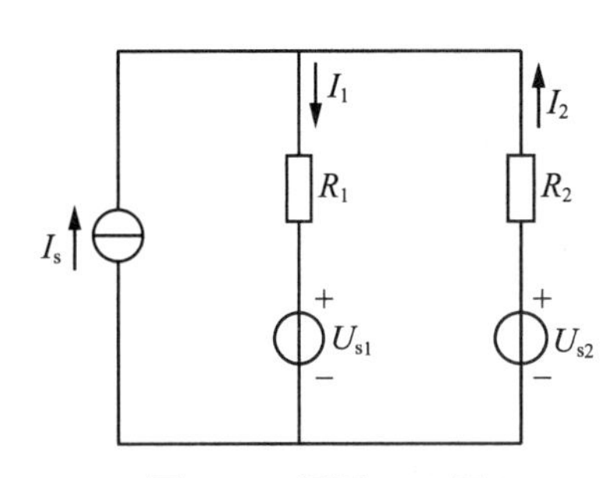


图 1-53　习题 1-12 图

1-13　如图 1-54 所示电路中，已知 $U_s=16V$，$R_1=R_2=R_3=R_4$，$U_{ab}=12V$。若将理想电压源短接后，试用叠加原理再求 $U_{ab}=?$ [答案：$U_{ab}=8V$]

1-14　如图 1-55 所示电路中，已知 $I_s=7A$，$U_s=21V$，$R_1=1Ω$，$R_2=2Ω$，$R_3=3Ω$，$R_4=4Ω$，试用叠加原理求图中的电流 $I$。[答案：$I=6A$]

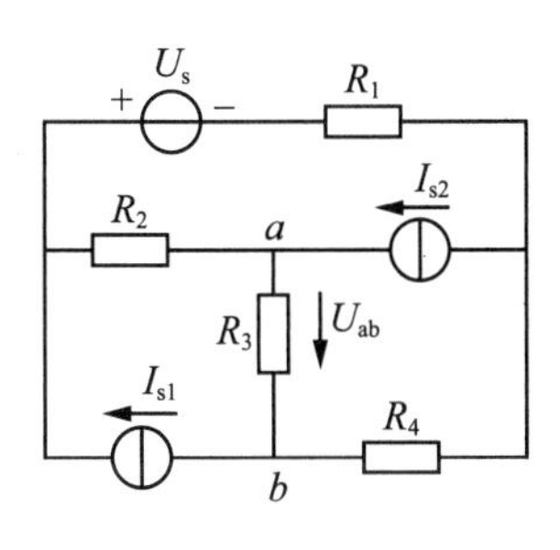


图 1-54　习题 1-13 图

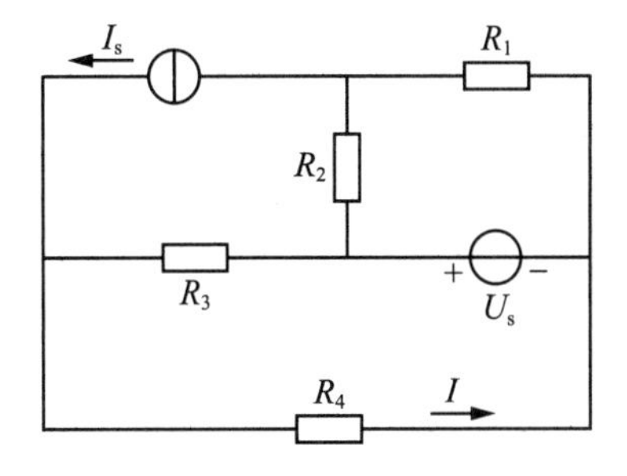


图 1-55　习题 1-14 图

1-15　如图 1-56 所示电路中，已知 $U_{s1}=20V$，$U_{s2}=10V$，$R_1=R_2=R_3=2Ω$。试用节点电压法求图中各支路电流。[答案：$I_1=5A$，$I_2=0$，$I_3=5A$]

1-16　用节点电压法求如图 1-57 中 $A$ 点的电位 $V_A$。[答案：$V_A=-3V$]

1-17　如图 1-58 所示电路中，已知 $U_{s1}=15V$，$U_{s2}=13V$，$U_{s3}=4V$，$R_1=R_2=R_4=R_5=1Ω$，$R_3=11Ω$。试用戴维南定理求图中 $R_3$ 的电流。[答案：$I=1A$]

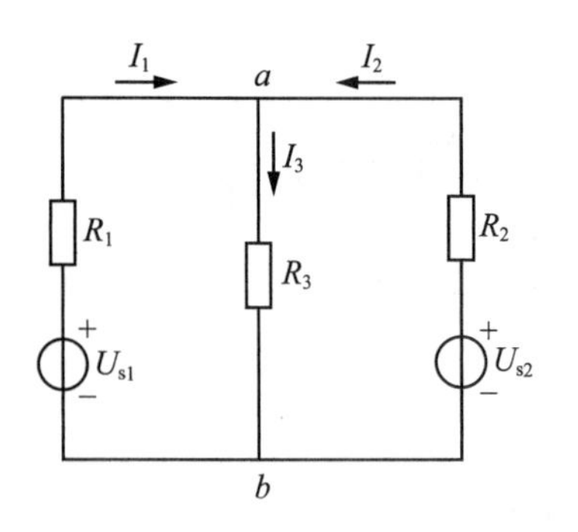


图 1-56　习题 1-15 图

图 1-57　习题 1-16 图

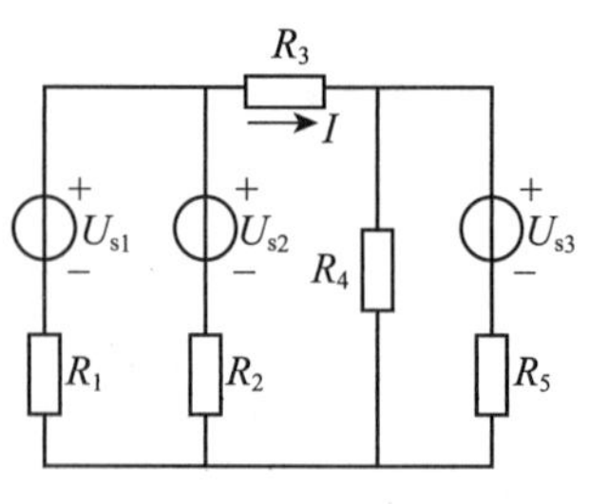


图 1-58　习题 1-17 图

1-18　试求如图 1-59 所示各个电路的戴维南等效电路。[答案：(a)$U_s=9V$，$R_0=2\Omega$；(b)$U_s=12V$，$R_0=1.5\Omega$]

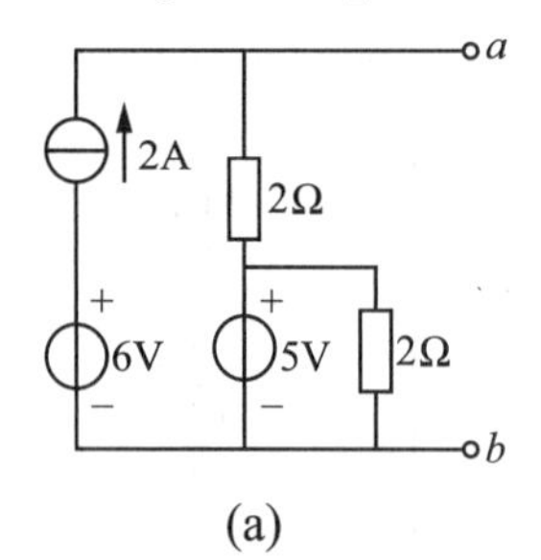


(a)

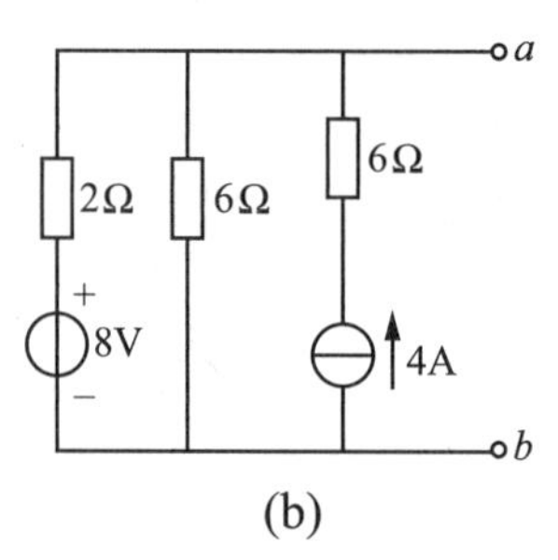


(b)

图 1-59　习题 1-18 图

1-19　如图 1-60 所示电路中，已知 $U_s=120V$，$I_s=4A$，$R_1=2\Omega$，$R_2=5\Omega$，$R_3=20\Omega$。试用叠加原理、节点电压法和戴维南定理求图中的电流 $I$。[答案：$I=-4A$]

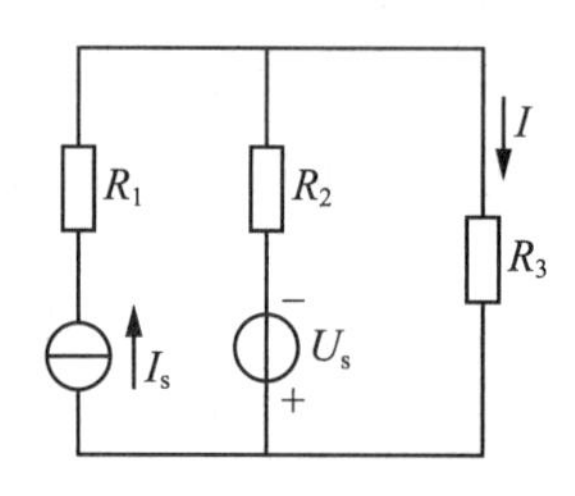


图 1-60　习题 1-19 图

## 塑人阅读

"两弹一星"功勋奖章获得者——陈芳允

著名核物理学家——邓稼先

二十大精神学习：实施科教兴国战略，强化现代化建设人才支撑

# 第二部分　交流电路及其应用

## 模块 1　正弦交流电的认识

正弦交流电的基本概念、重点难点

### 任务 1.1　正弦交流电的基本概念

**任务内容**

正弦交流电的定义、三要素、参数及相量表示法。

**任务目标**

使学生对正弦交流电的定义、三要素、参数及相量表示法有较熟的了解。

**相关知识**

大小和方向随时间做周期性变化并且在一个周期内的平均值为零的电压、电流和电动势统称为交流电，工程上所用的交流电主要指正弦交流电。以电流、电压为例，其数学表达式为

$$i=I_{m}\sin(\omega t+\psi_{i}) \tag{2-1}$$

$$u=U_{m}\sin(\omega t+\psi_{u}) \tag{2-2}$$

其波形如图 2-1 所示。

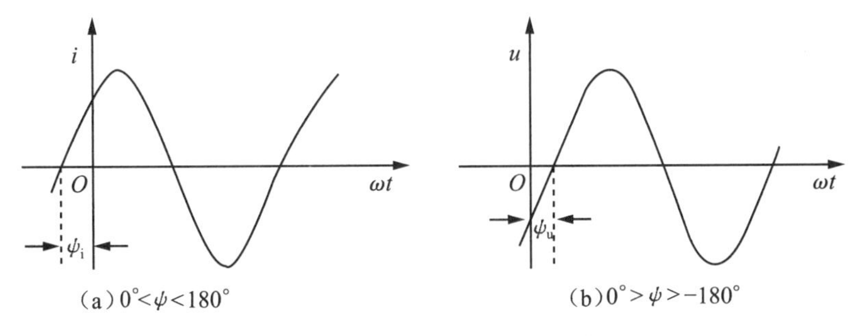


(a) $0°<\psi<180°$　　(b) $0°>\psi>-180°$

图 2-1　$i$ 和 $u$ 相位不等的正弦量波形图

式中 $i$、$u$ 称为瞬时值，$I_m$、$U_m$ 称为最大值，$\omega$ 称为角频率，$\psi_i$、$\psi_u$ 称为初相位或初相角。最大值、角频率和初相位一定，则正弦交流电与时间的函数关系也就一定，所

以它们是确定正弦交流电的三要素。

### 1.1.1 交流电的周期、频率和角频率

交流电变化一个循环所需要的时间称为周期，用 $T$ 表示，单位是秒(s)。单位时间内，即每秒内完成的周期数称为频率，用 $f$ 表示，单位是赫兹(Hz)。$T$ 与 $f$ 互为倒数的关系，即

$$f=\frac{1}{T} \tag{2-3}$$

正弦交流电变化一周期的角度为 360°，即变化了 $2\pi$ 弧度，所以 $\omega T=2\pi$。故角频率与周期、频率的关系为

$$\omega=\frac{2\pi}{T}=2\pi f \tag{2-4}$$

$\omega$ 的单位是 rad/s(弧度每秒)。

我国的工业标准频率是 50Hz，美国的工业标准频率为 60Hz。某些领域需要采用其他的频率，如机械工业用的高频加热设备频率为 200kHz～300kHz，无线电通信的频率为 30kHz～$3\times10^4$MHz。

### 1.1.2 交流电的瞬时值、最大值和有效值

交流电的瞬时值是随时间变化的，表示某时刻的大小，通常用小写字母 $i$、$u$、$e$ 来表示；最大值又称幅值，它是瞬时值中最大的值，它与时间无关，反映了正弦量变化的大小，用 $U_m$、$I_m$ 和 $E_m$ 表示。

瞬时值、最大值只是一个特定瞬间的数值，不能用来计量交流电，交流电通常是用有效值来计量。交流电的有效值是用热效应相同的直流电的数值来定义的，即在阻值相同的两个电阻元件中，分别通入直流电和交流电。如果在相同的时间内，这两个电流所产生的热量相同，则交流电流的大小可用直流电流的大小 $I$ 来表示，把直流电流 $I$ 称为交流电流的有效值。根据这一定义

$$\int_0^T i^2 R\,dt=RI^2T$$

由此求得有效值与瞬时值的关系为

$$I=\sqrt{\frac{1}{T}\int_0^T i^2\,dt} \tag{2-5}$$

数学分析表明，正弦交流电的最大值和有效值之间存在如下的数量关系为

$$I=\frac{I_m}{\sqrt{2}}=0.707I_m \tag{2-6}$$

同理，正弦交流电压和电动势的有效值与它们的最大值的关系为

$$U=\frac{U_m}{\sqrt{2}}=0.707U_m \tag{2-7}$$

$$E=\frac{E_{\mathrm{m}}}{\sqrt{2}}=0.707E_{\mathrm{m}} \tag{2-8}$$

有效值都是用大写的字母表示。日常工作所说的交流电压380V、220V是指正弦电压的有效值，测量仪表测量得到的交流电压和电流值、电气设备铭牌上的交流电压和电流值均指有效值。

### 1.1.3　交流电的相位、初相位和相位差

交流电在不同的时刻具有不同的$(\omega t+\psi)$值，交流电也就变化到不同的数值。所以$(\omega t+\psi)$代表了交流电的变化进程，称为相位或相位角。$\psi$是$t=0$时的相位，称为初相位，它反映了正弦量计时起点初始值的大小和变化趋向。在进行交流电路的分析和计算时，同一个电路中所有的电流、电压和电动势只能有一个共同的计时起点。因而只能任选其中某一个的初相位为零的瞬间作为计时起点。这个初相位被选为零的正弦量称为参考量，这时其他各量的初相位就不一定等于零。

在正弦电路中，电压和电流的频率是相同的，但初相位不一定相同，如图2-2所示。把两个同频率正弦量的相位角之差或初相位之差称为相位差，用$\varphi$表示。

$$\varphi=(\omega t+\psi_{\mathrm{u}})-(\omega t+\psi_{\mathrm{i}})=\psi_{u}-\psi_{\mathrm{i}}$$

可见，相位差也就是初相位之差。初相位不同，即相位不同，说明它们随时间变化的步调不一致。例如，当时$0°<\varphi<180°$，波形如图2-2(a)所示，$u$总要比$i$先经过相应的最大值或零值，这时就称$u$在相位上超前$i$一个$\varphi$角，或称$i$在相位上滞后$u$一个$\varphi$角。当电压和电流的初相位相同，即$\varphi=0°$时，波形如图2-2(b)所示，这时称$u$与$i$相位相同。当电压和电流的初相位相反，即$\varphi=180°$时，波形如图2-2(c)所示，这时称$u$与$i$相位相反。当$\varphi=90°$时，波形如图2-2(d)所示，称$u$与$i$正交。

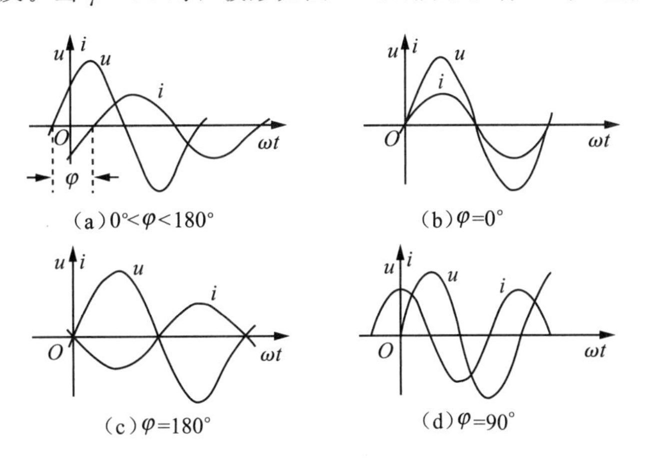


图2-2　同频率正弦量的相位关系

[**例2-1**] 已知正弦电压$u=141\sin(100\pi t-30°)$V，求：(1)它的幅值、相位和初相位？(2)角频率、频率和周期各为多少？(3)当$t=0$s和$t=0.01$s时，电压的瞬时值各为多少？

**解**：(1)幅值为 $U_m=141\text{V}$；相位为$(100\pi t-30°)$；初相位为 $\psi_u=-30°$。

(2)角频率为 $\omega=100\pi\ \text{rad/s}=314\ \text{rad/s}$；频率为 $f=\dfrac{\omega}{2\pi}=50\text{Hz}$；周期为，$T=\dfrac{1}{f}=0.02\text{s}=20\text{ms}$。

(3)$t=0$ 时，$u=141\sin(100\pi\times0-30°)=141\sin(-30°)=-70.5(\text{V})$。

$t=0.01\text{s}$ 时，$u=141\sin(100\pi\times0.01-30°)=141\sin(\pi-30°)=70.5(\text{V})$。

[**例 2-2**] 已知正弦电压 $u=311\sin(314t+60°)\text{V}$，求它的幅值、有效值和频率。

**解**：$U_m=311\text{V}$；$U=\dfrac{U_m}{\sqrt{2}}=\dfrac{311}{\sqrt{2}}=220(\text{V})$；$f=\dfrac{\omega}{2\pi}=\dfrac{314}{2\times3.14}=50(\text{Hz})$。

## 任务 1.2　正弦交流电的相量表示法

正弦交流电的相量表示法

### 任务内容

正弦交流电的旋转矢量和相量表示法、相量图及两个正弦交流电的加减方法。

### 任务目标

使学生熟练掌握正弦交流电的相量表示法和两个正弦交流电的加减方法。

### 相关知识

如前所述，一个正弦量可以用解析式表示，也可以用波形图来表示。由于在进行交流电路的分析和计算时，经常需要将几个同频率的正弦量进行加减等运算，这时若用三角函数运算或作波形图都不够方便。因此正弦交流电常用旋转矢量来表示，这样可以把繁琐的三角运算简化成矢量形式的代数运算。

以正弦电压 $u=U_m\sin(\omega t+\psi_u)$为例，在图 2-3(a)所示的复平面坐标中，从原点出发作一矢量 $Oa$，使其长度等于正弦交流电压的最大值 $U_m$，矢量与横轴的夹角等于正弦交流电压的初相位 $\psi$，矢量以角速度 $\omega$ 逆时针方向旋转。这样旋转矢量在任一瞬间与横轴的夹角就是正弦交流电的相位 $\omega t+\psi$，而旋转矢量在纵轴上的投影就是对应瞬时的正弦交流电压的瞬时值。例如，当 $t=0$ 时，旋转矢量在纵轴上的投影为 $u_0$，相当于图 2-3(b)中电压波形的 $a$ 点；当 $t=t_1$ 时，矢量与横轴的夹角为 $\omega t_1+\psi$，此时矢量在纵轴上的投影相当于波形图的 $b$ 点；当 $t=t_2$ 时，矢量与横轴的夹角为 $\omega t_2+\psi$，此时矢量在纵轴上的投影相当于波形图的 $c$ 点；如果矢量继续旋转下去，就可以得出电压的波形图。

由此可见，一个正弦量可以用一个旋转矢量表示，矢量以角速度 $\omega$ 沿逆时针方向旋转。对于这样的矢量不可能也没必要把它的每一个瞬间的位置都画出来，只要画出它的起始位置即可。因此，一个正弦量只要它的最大值和初相位确定后，表示它的矢量就可确定。为了与一般的空间矢量相区别，我们把表示正弦交流电的矢量称为相量。并用大写字母上加黑点的符号来表示，如正弦电流和电压的幅值相量用$\dot{I}_m$、$\dot{U}_m$表示，有效值相量用$\dot{I}$、$\dot{U}$表示。

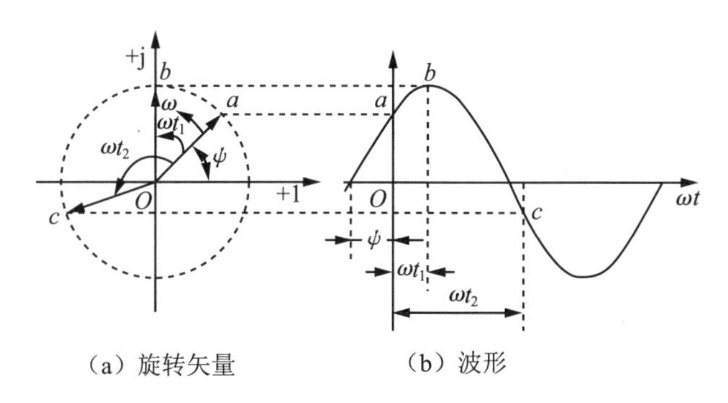

（a）旋转矢量　（b）波形

**图 2-3　正弦量的旋转矢量表示法**

同频率的几个正弦量的相量，可以画在同一个图上，这样的图叫作相量图。例如，有两个同频率的正弦量为

$$u=60\sin(\omega t+60°)\text{V},\ i=30\sin(\omega t+30°)\text{A}$$

它们的相量图如图 2-4 所示。从图中可以看出电压相量$\dot{U}$比电流相量$\dot{I}$超前$\varphi$角。另外用相量图可方便地进行同频率的正弦量的求和或求差运算。

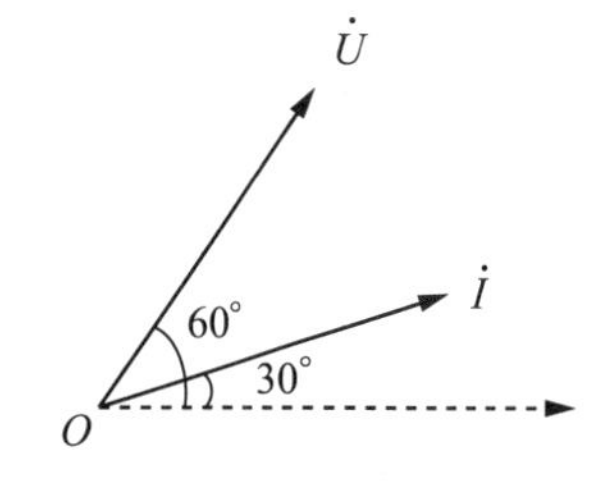

**图 2-4　相量图**

［**例 2-3**］已知$i_1=40\sqrt{2}\sin(\omega t+60°)\text{A}$，$i_2=30\sqrt{2}\sin(\omega t-30°)\text{A}$，求$i=i_1+i_2$。

**解：** 画出$i_1$、$i_2$的相量图，如图 2-5 所示。用矢量合成方法作平行四边形，求出两相量的合成矢量。定量分析采用正交分解法求解。其公式为

$$I=\sqrt{(\sum I_x)^2+(\sum I_y)^2}=\sqrt{(I_1\cos\psi_1+I_2\cos\psi_2)^2+(I_1\sin\psi_1+I_2\sin\psi_2)^2}\quad(2\text{-}9)$$

$$\varphi=\arctan\frac{\sum I_y}{\sum I_x}\quad(2\text{-}10)$$

因两个正弦量间的相位差为 90°，可以直接用勾股弦定律求解合成量的大小。

$$I=\sqrt{I_1^2+I_2^2}=\sqrt{30^2+40^2}=50(\text{A})$$

$I_2$与$I$相量之间的夹角$\theta=\arctan\dfrac{40}{30}=53.1°$。

由相量图可知，$I$相量的初相位$\varphi=53.1°-30°=23.1°$。

因此，$i=i_1+i_2=50\sqrt{2}\sin(\omega t+23.1°)\text{A}$。

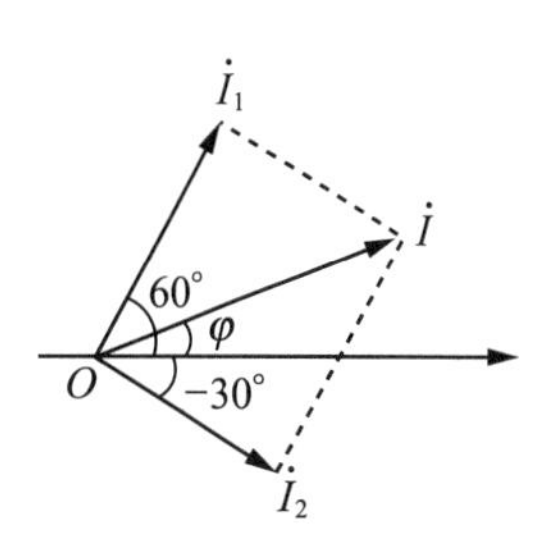

**图 2-5　例 2-3 的相量图**

在实际问题中遇到的都是有效值，故把相量图中各个相量的长度缩小到原来的$\frac{1}{\sqrt{2}}$，这样，相量图中每个相量和长度不再是最大值，而是有效值，这种相量叫有效值相量。

# 模块 2　单相正弦交流电路及分析方法

## 任务 2.1　单一参数的正弦交流电路

单一参数的正弦交流电路

### 任务内容

单一参数 $R$、$L$ 和 $C$ 正弦交流电路的特点及参数。

### 任务目标

使学生熟练掌握单一参数 $R$、$L$ 和 $C$ 正弦交流电路的特点及参数。

### 相关知识

在交流电路中，负载元件除了有像白炽灯、电烙铁、电炉等电阻元件外，还有电感、电容元件。这些电路元件由相应的参数 $RLC$ 来表示。为了便于分析，常将实际元件理想化，即在一定条件下突出其主要的电磁性质，忽略其次要因素。电阻元件具有消耗电能性质(电阻性)，其他电磁性质均可忽略；同样，电感元件具有存储磁场能量的性质(电感性)，电容元件具有存储电场能量的性质(电容性)，忽略其电磁性质。可见，电阻元件是耗能元件，而电感和电容元件都是存储能元件。

### 2.1.1　纯电阻电路

1. 电压和电流的关系

在图 2-6(a)所示的电阻电路中，选择电流为参考量，即设

$$i=I_m\sin(\omega t+\psi_i)$$

电压 $u$ 和电流 $i$ 的参考方向一致为关联方向，则根据欧姆定律有

$$u=iR=RI_m\sin(\omega t+\psi_i)=U_m\sin(\omega t+\psi_u) \tag{2-11}$$

可见，电压也是正弦量。比较上面 $i$ 和 $u$ 两函数表达式可知，电阻两端的电压和通过电阻的电流之间有如下关系。

(1)电压和电流的频率相同，相位相同。

(2)电压的幅值(有效值)与电流的幅值(有效值)之间的关系，符合欧姆定律。

$$U_m = RI_m \text{ 或 } U = IR \tag{2-12}$$

(3)电压和电流的相量关系为

$$\dot{U} = R\dot{I} \tag{2-13}$$

波形图和相量图如图 2-6(b)和(c)所示。

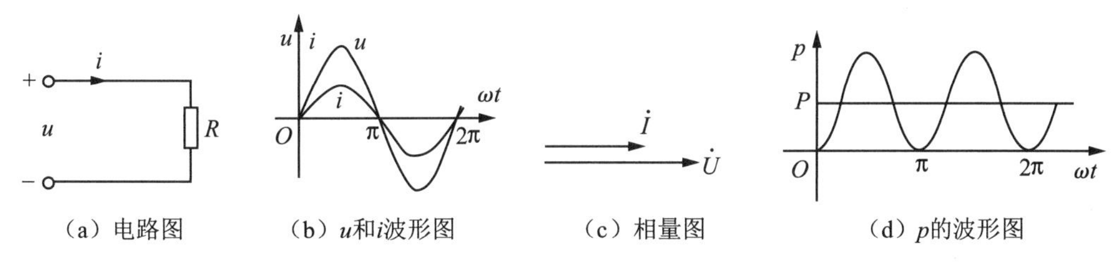


（a）电路图　（b）$u$和$i$波形图　（c）相量图　（d）$p$的波形图

**图 2-6　纯电阻电路**

2. 瞬时功率和平均功率

在任意瞬间，电压瞬时值 $u$ 和电流瞬时值 $i$ 的乘积称为瞬时功率，用小写字母 $p$ 表示。

$$p = ui = U_m I_m \sin^2 \omega t = 2UI\sin^2 \omega t = UI(1-\cos 2\omega t) \tag{2-14}$$

上式表明，$p$ 是由两部分组成，第一部分是常数 $UI$，第二部分是 $UI\cos 2\omega t$。它的波形图如图 2-6(d)所示。它虽然随时间不断变化，但始终为正值，这说明电阻是耗能元件。工程上常取瞬时功率在一个周期内的平均值来表示电路所消耗的功率，这个平均值称为平均功率，又称有功功率，大写字母 $P$ 表示为

$$P = \frac{1}{T}\int_0^T p\,\mathrm{d}t = \frac{UI}{T}\int_0^T (1-\cos 2\omega t)\,\mathrm{d}t = UI$$

有功功率与电压、电流的有效值之间的关系为

$$P = UI = I^2 R = \frac{U^2}{R} \tag{2-15}$$

可见，当正弦电压和电流用有效值表示时，电阻元件消耗的有功功率表达式与直流电路具有相同的形式。

[**例 2-4**] 一只电熨斗的额定电压 $U_N = 220\text{V}$，额定功率 $P_N = 500\text{W}$，把它接到 220V 的工频交流电源上工作，求电熨斗这时的电流和电阻值。如果连续使用 1h，它所消耗的电能量是多少？

**解**：接到 220V 工频交流电源上工作时，电熨斗工作于额定状态，这时的电流就等于额定电流，由于电熨斗可看成纯电阻负载，故

$$I_N = \frac{P_N}{U_N} = \frac{500}{220} = 2.27(\text{A}),\ R = \frac{U}{I} = \frac{220}{2.27} = 97(\Omega),\ W = Pt = 500 \times 1 = 0.5(\text{kW}\cdot\text{h})$$

## 2.1.2　纯电感电路

1. 电压和电流的关系

在生产和生活中所接触到的变压器线圈、电机线圈、继电器线圈等都属于电感元

件。电感在电路中的图形符号和字母符号如图 2-7(a)所示。电感元件的电压与电流为关联参考方向时，设通过电感线圈中的电流为

$$i=I_{m}\sin\omega t$$

则

$$u=L\frac{di}{dt}=L\frac{d(I_{m}\sin\omega t)}{dt}=\omega LI_{m}\cos\omega t=U_{m}\sin\left(\omega t+\frac{\pi}{2}\right)$$

式中

$$U_{m}=I_{m}\omega L \text{ 或 } U=I\omega L \tag{2-16}$$

$$\varphi=\psi_{u}-\psi_{i}=90^{\circ} \tag{2-17}$$

电流与电压的波形图和相量如图 2-7(b)(c)所示。由上面 $i$ 和 $u$ 两函数表达式可知，电感的电压与电流之间有如下关系。

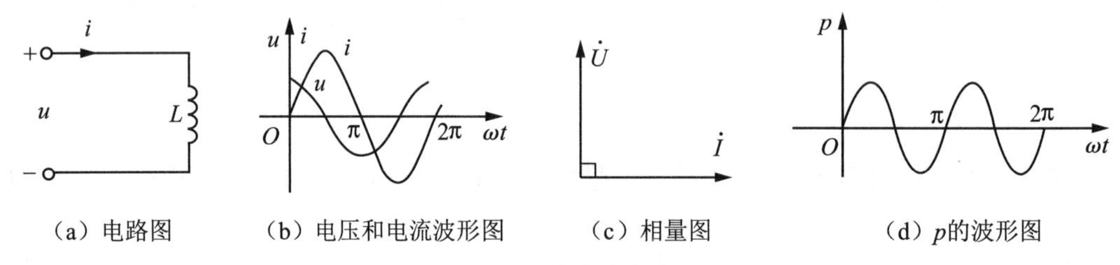


(a) 电路图 (b) 电压和电流波形图 (c) 相量图 (d) $p$的波形图

**图 2-7 纯电感电路**

(1)电压与电流的频率相同，电压在相位上超前于电流 90°，即电流在相位上滞后于电压 90°。

(2)电压的幅值(有效值)与电流的幅值(有效值)之间的关系为

$$U_{m}=X_{L}I_{m} \text{ 或 } U=X_{L}I \tag{2-18}$$

(3)电压和电流的相量关系为 $\dot{U}=jX_{L}\dot{I}$ 。

式中，$X_{L}=\omega L=2\pi fL$，$X_{L}$ 称为电感的电抗，简称感抗，单位也是欧姆(Ω)。电压一定时，$X_{L}$ 越大，则电流越小，所以 $X_{L}$ 是表示电感对电流阻碍作用大小的物理量。$X_{L}$ 的大小与 $L$ 和 $f$ 成正比，$L$ 越大，$f$ 越高，$X_{L}$ 就越大。

2. 瞬时功率和无功功率

电感的瞬时功率 $p=ui=U_{m}I_{m}\cos\omega t\sin\omega t=UI\sin2\omega t$ (2-19)

瞬时功率的波形曲线如图 2-7(d)所示，可见瞬时功率随时间按正弦规律变化，其幅值为 $UI$，角频率为电流(或电压)角频率的 2 倍。当 $p>0$ 时，电感元件从电源取用电能并转换成磁场能；$p<0$ 时，电感元件将存储的磁场能转换成电能送回电源。瞬时功率的这一特点，一方面说明电感并不消耗电能，它是一种储能元件，故平均功率(有功功率)为零，即

$$P=\frac{1}{T}\int_{0}^{T}p\,dt=\frac{UI}{T}\int_{0}^{T}\sin2\omega t\,dt=0$$

另一方面说明电感与电源之间有能量往返互换，故引入无功功率 $Q$ 来衡量其能量交换的最大程度，即无功功率 $Q$ 等于瞬时功率 $p$ 的幅值

$$Q=UI=I^{2}X_{L}=\frac{U^{2}}{X_{L}} \tag{2-20}$$

无功功率的量纲虽与有功功率相同，但为了区别，其单位不用瓦(W)，而用乏(var)。

**[例 2-5]** 把一个 0.2H 的电感元件接到 220V、50Hz 的交流电源上工作，求：(1)线圈的感抗；(2)通过线圈中的电流 $I$，无功功率 $Q$；(3)若把电源频率改为 500Hz，其他条件不变，问 $X_L$、$I$ 和 $Q$ 又为多少？

**解**：(1)接 220V 工频电源时，$X_L=2\pi fL=2\times3.14\times50\times0.2=62.8(\Omega)$。

(2)$I=\dfrac{U}{X_L}=\dfrac{220}{62.8}=3.5(\text{A})$，$Q=UI=220\times3.5=770(\text{var})$。

(3)接 220V，500Hz 电源时，$X_L=2\pi fL=2\times3.14\times500\times0.2=628(\Omega)$，

$$I=\frac{U}{X_L}=\frac{220}{628}=0.35(\text{A}),\ Q=UI=220\times0.35=77(\text{var})。$$

可见，在电压有效值一定时频率越高，电流就越小，即阻碍电流的作用越大。在电子技术中常利用电感线圈对高频电流阻碍能力强这一特性制成扼流器。

### 2.1.3　纯电容电路

1. 电压和电流的关系

在两块金属板间以介质(如云母、陶瓷、绝缘纸、电解质等)间隔就构成了电容器。电容器在电路中的图形符号和字母符号如图 2-8(a)所示。

电容具有存储电能的作用，在电容两极板上施加电压，电压正负极板上存储的电荷分别为 $+q$ 和 $-q$，则有

$$C=\frac{q}{U} \tag{2-21}$$

式中，$C$——电容元件的参数，称为电容量，简称电容。单位是法拉[F]。

$q$——电容两极板上的电荷，单位是库仑[C]。

$u$——电容两电极间电压，单位是伏特[V]。

工程上电容器的电容量均很小，法拉(F)太大，常用微法(μF)和皮法(pF)。在电压、电流关联参考方向时，电容两端加上交流电，当电压 $u$ 增大时，极板上的电荷 $q$ 增加，电容充电；电压 $u$ 减小时极板上的电荷 $q$ 减少，电容放电。根据电流的定义

$$i=C\frac{\mathrm{d}u}{\mathrm{d}t} \tag{2-22}$$

电容中流过的电流 $i$ 与其端电压变化率 $\dfrac{\mathrm{d}u}{\mathrm{d}t}$ 成正比，只有电容元件两端电压变化时，电路中才会有电流。当电容两端加上直流电时，因电压不变，则 $\dfrac{\mathrm{d}u}{\mathrm{d}t}=0$，电容上电流为零，相当于开路；当电压变化时，电路中就有电流；电压变化越快，电流就越大。

图 2-8(a)所示，若选择电压 $u$ 为参考量，即设 $u=U_m\sin\omega t$，
则在图示关联参考方向下，

$$i=C\frac{\mathrm{d}u}{\mathrm{d}t}=C\frac{\mathrm{d}(U_m\sin\omega t)}{\mathrm{d}t}=\omega CU_m\cos\omega t=I_m\sin\left(\omega t+\frac{\pi}{2}\right) \tag{2-23}$$

电压和电流的波形图和相量如图 2-8(b)(c)所示。由上面 $i$ 和 $u$ 两函数表达式可知，

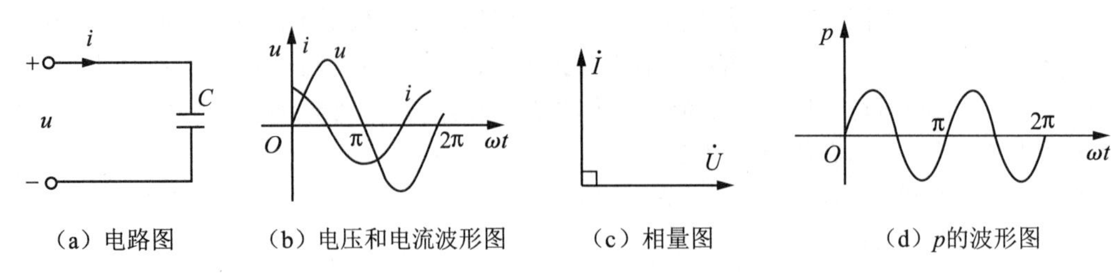


（a）电路图　（b）电压和电流波形图　（c）相量图　（d）p的波形图

**图 2-8　纯电容电路**

电容的电压与电流之间有如下关系。

(1)电压与电流的频率相同，电压在相位上滞后于电流 90°，即电流在相位上超前于电压 90°。

(2)电压的幅值(有效值)与电流的幅值(有效值)之间的关系为

$$U_m = X_C I_m，或 U = X_C I \tag{2-24}$$

(3)电压和电流的相量关系为，$\dot{U} = -jX_C \dot{I}$ 。　(2-25)

式中，$X_C = \dfrac{1}{\omega C} = \dfrac{1}{2\pi f C}$，$X_C$ 称为电容的电抗，简称容抗，单位也是欧姆(Ω)。电压一定时，$X_C$ 越大，则电流越小，所以 $X_C$ 是表示电容对电流阻碍作用大小的物理量。$X_C$ 的大小与 $C$ 和 $f$ 成反比，$C$ 越大，$f$ 越高，$X_C$ 就越小。

2. 瞬时功率和无功功率

电容的瞬时功率　$p = ui = U_m I_m \cos\omega t \sin\omega t = UI \sin 2\omega t$　(2-26)

瞬时功率曲线如图 2-8(d)所示，可见瞬时功率随时间按正弦规律变化，其幅值为 $UI$，角频率为电流(或电压)角频率的 2 倍。当 $p>0$ 时，这时电容在充电，电容元件从电源取用电能并转换成电场能；$p<0$ 时，这时电容在放电，电容元件将存储的电场能转换成电能送回电源。瞬时功率的这一特点，一方面说明电容并不消耗电能，它也是一种储能元件，故平均功率(有功功率)为零，即

$$P = \frac{1}{T}\int_0^T p\,dt = \frac{UI}{T}\int_0^T \sin 2\omega t\,dt = 0$$

另一方面说明电感与电源之间有能量往返互换，故引入无功功率 $Q$ 来衡量其能量交换的最大程度。即无功功率 $Q$ 等于瞬时功率 $p$ 的幅值

$$Q = UI = I^2 X_C = \frac{U^2}{X_C} \tag{2-27}$$

无功功率的单位为乏(var)。

[**例 2-6**] 今有一只 47μF、额定电压为 20V 的无极性电容器，试问：(1)能否接到 20V 的交流电源上工作？(2)将两只这样的电容器串联后接于工频 50Hz、20V 的交流电源上，电路的电流和无功功率是多少？(3)将两只这样的电容器并联后接于工频 1000Hz、10V 的交流电源上，电路的电流和无功功率又是多少？

**解：**(1)由于交流电源电压 20V 指的是有效值，其最大值为 $U_m = \sqrt{2}U = 1.414 \times 20 = 28.28$(V)

超过了电容器的额定电压 20V，故不可以接到 20V 的交流电源上。

(2)两只这样的电容器串联接在工频 50Hz、20V 的交流电源上工作时，串联等效电容及其容抗分别为，$C=\dfrac{C_1C_2}{C_1+C_2}=23.5(\mu\text{F})$，$X_C=\dfrac{1}{2\pi fC}=135.5(\Omega)$，所以，$I=\dfrac{U}{X_C}=0.15(\text{A})$，$Q=UI=3(\text{var})$。

(3)两只这样的电容器并连接在工频 1000Hz、10V 的交流电源上工作时，

$$C=C_1+C_2=(47+47)\mu\text{F}=94\mu\text{F}$$

$X_C=\dfrac{1}{2\pi fC}=1.69\Omega$，所以，$I=\dfrac{U}{X_C}=5.92\text{A}$，$Q=UI=59.2\text{var}$。

*RLC* 串联的正弦交流电路

## 任务 2.2　*RLC* 串联的正弦交流电路

**任务内容**

用相量法分析 *RLC* 串联电路；交流电路中有功功率、无功功率、视在功率和功率因数的概念及计算方法。

**任务目标**

使学生对 *RLC* 串联的正弦交流电路及应用有较熟的了解。

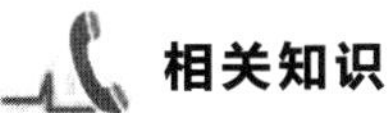

**相关知识**

实际的交流电路往往是由电阻、电感和电容组合而成的，图 2-9(a)是电阻、电感、电容元件组成的串联电路，简称 *RLC* 串联电路。因流过三个元件的电流是相同的，故以电流作为参考正弦量。

### 2.2.1　*RLC* 串联电路的电压、电流和阻抗

1. 电压和电流的关系

电路如图 2-9(a)所示，当电路两端加上正弦交流电压 $u$ 时，电路中将产生正弦交流电流 $i$，同时在各元件上分别产生电压 $u_R$、$u_L$、$u_C$。设电流为 $i=I_m\sin\omega t$，根据基尔霍夫电压定律，可得 $u=u_R+u_L+u_C$，由于各电压与电流为同频率，故画出相量图如图 2-9(b)所示。

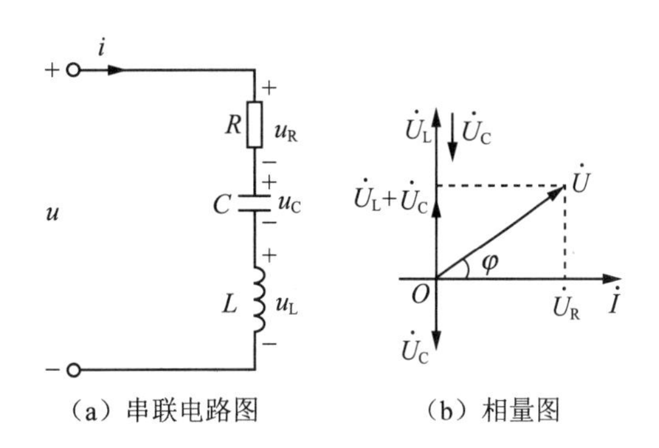


(a) 串联电路图　　(b) 相量图

图 2-9　*RLC* 串联电路及其相量图

$$\dot{U}=\dot{U}_R+\dot{U}_L+\dot{U}_C=R\dot{I}+jX_L\dot{I}-jX_C\dot{I}=[R+j(X_L-X_C)]\dot{I}=(R+jX)\dot{I}$$

式中，$X=X_L-X_C$，称为串联交流电路的电抗。令

$$Z=R+jX \tag{2-28}$$

$Z$ 称为交流电路的复数阻抗，简称阻抗。串联交流电路的电压与电流的相量关系为

$$\dot{U}=Z\dot{I} \tag{2-29}$$

根据 $u_R$、$u_L$、$u_C$ 与电流 $i$ 的相位关系，可求得总电压 $U$ 的大小为

$$U=\sqrt{U_R^2+(U_L-U_C)^2}=\sqrt{U_R^2+U_X{}^2}=I\sqrt{R^2+(X_L-X_C)^2} \tag{2-30}$$

总电压 $U$ 与电流 $I$ 之间的相位差为

$$\varphi=\arctan\frac{U_L-U_C}{U_R}=\arctan\frac{U_X}{U_R}=\arctan\frac{X_L-X_C}{R} \tag{2-31}$$

则电压的瞬时值表达式为

$$u=U_m\sin(\omega t+\varphi)=1.414U\sin(\omega t+\varphi)$$

可见，$RLC$ 串联电路中，电压 $U$、$U_R$、$U_X$ 的关系为一个直角三角形，称为电压三角形，如图 2-10(a)所示。

特别注意的是，串联电路中电路总电压有效值不等于各元件电压有效值的代数和，即

$$U\neq U_R+U_L+U_C$$

2. 阻抗

由各元件电压与电流有效值的关系 $\dot{U}=Z\dot{I}$ 可得，阻抗模 $|Z|$(大小)为

$$|Z|=\sqrt{R^2+(X_L-X_C)^2}=\sqrt{R^2+X^2} \tag{2-32}$$

$|Z|$ 单位也是欧姆，具有阻碍电流的作用。

另外，由 $\varphi=\arctan\dfrac{U_L-U_C}{U_R}=\arctan\dfrac{X_L-X_C}{R}$ 得知，

当 $X_L>X_C$，即 $\varphi>0$，则电流 $i$ 比电压 $u$ 滞后 $\varphi$ 角，称电路呈电感性；

当 $X_L<X_C$，即 $\varphi<0$，则电流 $i$ 比电压 $u$ 超前 $\varphi$ 角，称电路呈电容性；

当 $X_L=X_C$，即 $\varphi=0$，则电流 $i$ 与电压 $u$ 同相位，称电路呈电阻性，此时电路处于串联谐振状态。

由以上分析可知，$RLC$ 串联电路的阻抗模、电阻、电抗也可组成一个和电压三角形相似的直角三角形，称为阻抗三角形，如图 2-10(b)所示。

### 2.2.2 *RLC* 串联电路的功率

1. 瞬时功率

$RLC$ 串联电路的瞬时功率 $p$ 为

$$p=ui=U_mI_m\sin(\omega t+\varphi)\sin\omega t=UI\cos\varphi-UI\cos(2\omega t+\varphi) \tag{2-33}$$

2. 有功功率

由于电阻上要消耗电能，有功功率 $P$ 为

$$P=U_{R}I=UI\cos\varphi \tag{2-34}$$

3．无功功率

电感元件与电容元件要与电源之间进行能量互换，用无功功率 $Q$ 来衡量其能量互换的规模，无功功率 $Q$ 为

$$Q=U_{L}I-U_{C}I=(U_{L}-U_{C})I=U_{X}I=UI\sin\varphi \tag{2-35}$$

4．视在功率

电压与电流有效值的乘积称为视在功率，用 $S$ 表示，单位是伏安(V · A)，视在功率可视为有功功率和无功功率的综合值，它的大小反映了电源设备的负载能力。例如，交流发电机和变压器等供电设备的容量可用视在功率表示，即

$$S=UI \tag{2-36}$$

5．功率因数

有功功率与视在功率之比，称为电路的功率因数，用 $\cos\varphi$ 表示。它是由电路的参数决定的，即

$$\cos\varphi=\frac{R}{|Z|}=\frac{U_{R}}{U}=\frac{P}{S} \tag{2-37}$$

有功功率、无功功率和视在功率三者的关系为

$$S=\sqrt{P^{2}+Q^{2}} \tag{2-38}$$

有功功率、无功功率和视在功率三者的关系也是一个直角三角形，称为功率三角形，如图 2-10(c)所示。

总之，在 $RLC$ 串联电路中，存在三个相似三角形，即电压三角形、阻抗三角形、功率三角形，分别如图 2-10(a)、图 2-10(b)和图 2-10(c)所示。

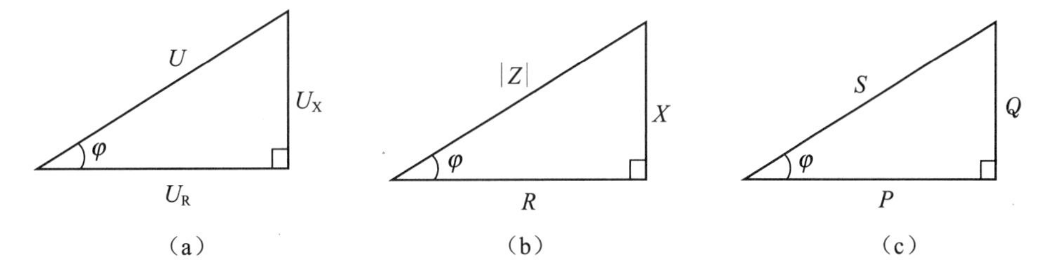


**图 2-10　电压三角形、阻抗三角形、功率三角形**

**[例 2-7]** 在 $RLC$ 串联电路中，设电源电压 $u$ 的频率为 50Hz，电流 $I=10\text{A}$，$U_{R}=80\text{V}$，$U_{L}=180\text{V}$，$U_{C}=120\text{V}$。求：(1)电源电压 $U$；(2)电压与电流的相位差 $\varphi$ 和 $u$；(3)计算电路中有功功率 $P$、无功功率 $Q$ 和视在功率 $S$，电路的功率因数 $\cos\varphi$。

**解：** (1)$U=\sqrt{U_{R}^{2}+(U_{L}-U_{C})^{2}}=\sqrt{80^{2}+(180-120)^{2}}=100(\text{V})$。

(2)$\varphi=\arctan\dfrac{U_{L}-U_{C}}{U_{R}}=\arctan\dfrac{180-120}{80}=36.9°$，$u=100\sqrt{2}\sin(\omega t+36.9°)(\text{V})$。

(3)$P=U_{R}I=80\times10=800\text{W}$，$Q=(U_{L}-U_{C})I=(180-120)\times10=600(\text{var})$。

$S=\sqrt{P^{2}+Q^{2}}=\sqrt{800^{2}+600^{2}}=1(\text{kV}\cdot\text{A})$，$\cos\varphi=\dfrac{U_{R}}{U}=\dfrac{P}{S}=0.8$。

RL与C并联的正弦交流电路

# 任务 2.3　*RL* 与 *C* 并联的正弦交流电路

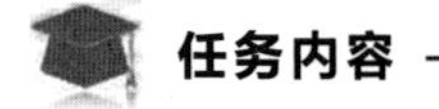

## 任务内容

用相量法分析 *RL* 与 *C* 并联电路；提高功率因数的意义及其应用。

## 任务目标

使学生对 *RL* 与 *C* 并联的正弦交流电路及应用有较熟的了解。

## 相关知识

交流电路中的荧光灯、电动机等电器中都有电感，这种电感线圈中还存在电阻，故可等效成电阻与电感相串联的电路模型。由于电感的存在，电感和电源之间存在能量交换，使得其线路损耗增大。为了减小线路损耗，常在感性负载两端并联适当容量的电容，使电容和电感就近交换能量，从而减小线路损耗。

### 2.3.1　电压与电流的关系

*RL* 与 *C* 并联电路如图 2-11(a)所示，从图中可以看出，并联电路的电压相同，所示可选择电压 $u$ 为参考量，设 $u=U_{\mathrm{m}}\sin\omega t$，电容支路电流 $i_{\mathrm{C}}$ 比电压 $u$ 超前 90°，电感支路电流 $i_{\mathrm{L}}$ 比电压 $u$ 滞后 $\varphi_1$ 角。它们的大小分别是

$$I_{\mathrm{C}}=\frac{U}{X_{\mathrm{C}}},\ I_{\mathrm{L}}=\frac{U}{\sqrt{R^2+X_{\mathrm{L}}^2}},\ \varphi_1=\arctan\frac{U_{\mathrm{L}}}{U_{\mathrm{R}}}$$

（a）并联电路图　　（b）相量图

**图 2-11　*RL* 与 *C* 并联电路及其相量图**

画出各支路电流 $i_{\mathrm{L}}$、$i_{\mathrm{C}}$、总电流 $i$ 的相量 $\varphi$，如图 2-11(b)所示，并用相量法求得总电流 $\dot{I}=\dot{I}_{\mathrm{C}}+\dot{I}_{\mathrm{L}}$，其大小为

$$I=\sqrt{(I_L\cos\varphi_1)^2+(I_L\sin\varphi_1-I_C)^2} \tag{2-39}$$

电源电压 $u$ 与总电流 $i$ 的相位差：$\varphi=\arctan\dfrac{I_L\sin\varphi_1-I_C}{I_L\cos\varphi_1}$。 (2-40)

由上两式，可见：

当 $I_L\sin\varphi_1>I_C$，即 $\varphi>0$，则电流 $i$ 比电压 $u$ 滞后角 $\varphi$，称该电路呈电感性；

当 $I_L\sin\varphi_1<I_C$，即 $\varphi<0$，则电流 $i$ 比电压 $u$ 超前角 $\varphi$，称该电路呈电容性；

当 $I_L\sin\varphi_1=I_C$，即 $\varphi=0$，则电流 $i$ 与电压 $u$ 同相位，称该电路呈电阻性，此时电路处于并联谐振。

### 2.3.2 电路的功率

在整个电路中，只有电阻消耗有功功率，所以有

$$P=U_RI_R=UI\cos\varphi=UI_L\cos\varphi_1 \tag{2-41}$$

电路中总无功功率 $Q$ 等于各支路中无功功率的代数和。电感与电容在进行能量交换的过程中，一个放出能量时，另一个吸收能量，二者无功功率符号相反。通常电感无功功率为正，电容无功功率为负，则有

$$Q=UI\sin\varphi=Q_L-Q_C=UI_L\sin\varphi_1-UI_C \tag{2-42}$$

视在功率 $S$ 为

$$S=UI=\sqrt{P^2+Q^2} \tag{2-43}$$

### 2.3.3 提高功率因数意义

由于 $P=UI\cos\varphi$，当电源电压 $U$、负载功率 $P$ 不变时，提高功率因数 $\cos\varphi$，就可减小电流 $I$，即减小线路和发电机绕组的功率损耗，而荧光灯、电动机等电感均为感性负载，而且它们的功率因数往往比较低，为提高电路的功率因数，常在负载两端并联电容 $C$ 来提高功率因数，对感性负载进行补偿。

由前面分析可知，在 $RL$ 电路中，并联电容器 $C$ 前后有功功率不变，即

$$P=UI\cos\varphi=UI_L\cos\varphi_1$$

因为，$I_C=I_L\sin\varphi_1-I\sin\varphi=\dfrac{P}{U\cos\varphi_1}\sin\varphi_1-\dfrac{P}{U\cos\varphi}\sin\varphi=\dfrac{P}{U}(\tan\varphi_1-\tan\varphi)$，$I_C=U\omega C$

所以，
$$C=\frac{P}{2\pi fU^2}(\tan\varphi_1-\tan\varphi) \tag{2-44}$$

式中，$P$ 为负载的有功功率(W)，$U$ 为负载的端电压(V)，$\omega$ 为电源的角频率(rad/s)，$\varphi_1$ 为并联 $C$ 前的负载功率因数角，$\varphi$ 为并联 $C$ 后的负载功率因数角。

并联电容后补偿了电路无功功率的大小为

$$Q_C=\omega CU^2=P(\tan\varphi_1-\tan\varphi) \tag{2-45}$$

必须指出，感性负载并联电容后，由于电容器不消耗有功功率，则整个电路的有功功率 $P$ 不变，对感性负载的工作情况无任何影响。

提高功率因数的另一个意义还在于能充分发挥电源的潜能，推进生态优先、节约

集约、绿色低碳发展。例如，容量为1000kV·A的变压器，如果 $\cos\varphi=0.95$，能提供有功功率为950kW的负载使用，而在 $\cos\varphi=0.7$ 时，只能提供700kW给负载使用。

［**例2-8**］有一电感性负载的额定电压为220V、额定功率为10kW，功率因数 $\cos\varphi_1=0.6$，接在220V、50Hz的电源上。如果将功率因数提高到 $\cos\varphi=0.95$，试计算与负载并联的电容 $C$ 的大小和补偿的无功功率 $Q_C$。

**解**：因为 $\cos\varphi_1=0.6$，即 $\varphi_1=53°$，$\cos\varphi=0.95$，即 $\varphi=18°$，则

$$C=\frac{P}{2\pi fU^2}(\tan\varphi_1-\tan\varphi)=\frac{10\times10^3}{2\times3.14\times50\times220^2}(\tan53°-\tan18°)=658(\mu\text{F})$$

$$Q_C=\omega CU^2=P(\tan\varphi_1-\tan\varphi)=10\times10^3(\tan53°-\tan18°)\approx10(\text{kvar})$$

## 任务2.4　正弦交流电路中的谐振

### 任务内容

分析正弦交流电路中的串联谐振的条件、特点及应用，以及正弦交流电路中的并联谐振的条件、特点及应用。

### 任务目标

使学生对正弦交流电路中的串并联谐振及应用有较熟的了解。

### 相关知识

一方面，谐振现象在工业生产中有广泛的应用，如用于高频淬火、高频加热以及收音机、电视机中。另一方面，谐振时会在电路的某些元件中产生较大的电压或电流致使元件受损，在这种情况下又要注意避免工作在谐振状态。什么是谐振呢？在有电感、电容的电路中，当电源的频率和电路的参数符合一定的条件时，电路总电压与总电流的相位相同，整个电路呈电阻性，这种现象称为谐振。谐振的实质就是电容中的电场能与电感中的磁场能相互转换，此增彼减，完全补偿。电场能和磁场能的总和时刻保持不变，电源不必与负载往返转换能量，只需供给电路中电阻所消耗的电能。

### 2.4.1　串联谐振

1. 串联谐振的条件

如图2-12(a)所示 $RLC$ 串联电路中，由于电压与电流的相位差 $\varphi=\arctan\dfrac{X_L-X_C}{R}$，当 $\varphi=0$ 时，电路产生谐振，因而产生串联谐振的条件是：$X_L=X_C$，即，$\omega L=\dfrac{1}{\omega C}$。

改变 $f$(即改变 $\omega$)或者 $C$、或者 $L$ 均可以满足上式，使电路产生谐振，谐振角频率和谐振频率分别用 $\omega_0$、$f_0$ 表示，由上式求得

$$\omega_0=\frac{1}{\sqrt{LC}} \quad 或 \quad f_0=\frac{1}{2\pi\sqrt{LC}} \tag{2-46}$$

$RLC$ 串联谐振电路的相量图如图 2-12(b)所示。

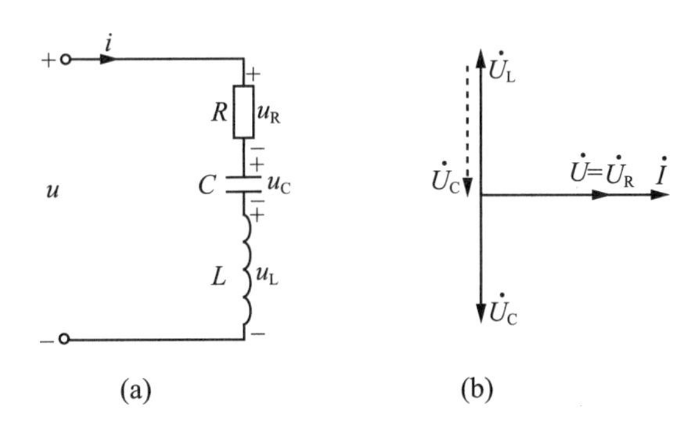


**图 2-12 *RLC* 串联谐振电路及其相量图**

2. 串联谐振的特点

(1)谐振时电路的阻抗为最小，且为纯电阻，即，$Z=R$。 (2-47)

(2)电流最大，其值为 $I_0=\dfrac{U}{|Z|}=\dfrac{U}{R}$。 (2-48)

(3)电阻两端电压 $U_R$ 等于总电压 $U$；电感和电容两端的电压相等 $U_L=U_C$，其大小为总电压 $U$ 的 $Q$ 倍。即，$U_L=U_C=QU$。 (2-49)

式中，$Q$ 称为串联谐振电路的品质因数，其值为 $Q=\dfrac{\omega_0 L}{R}=\dfrac{1}{\omega_0 CR}$。 (2-50)

3. 串联谐振的应用

由于串联谐振有可能出现高电压，故又称为电压谐振，在电力工程中，这种高电压可能击穿电容器或电感器的绝缘，因此，要避免电压谐振的产生。在通信工程中恰好相反，由于其工作信号比较微弱，往往利用电压谐振来获得比较高的电压。

在收音机中，常利用串联谐振电路来选择电台信号，这个过程叫调谐，图 2-13 是它的等效电路。

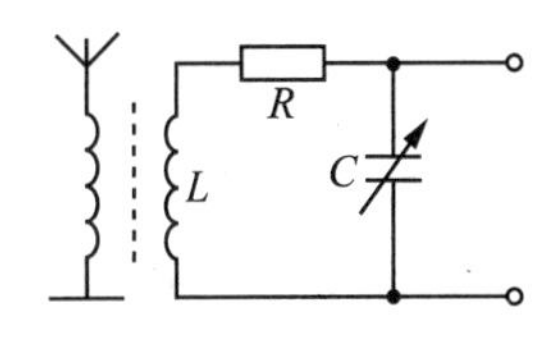


**图 2-13 收音机谐振电路**

当各种不同频率的电波信号在天线上产生感应电流时，电流经过线圈原边感应到线圈副边 $L$。如果 $LC$ 回路对某一信号频率发生谐振时，回路中该信号的电流最大，则在电容器两端产生一个高于该信号电压 $Q$ 倍的电压 $U_C$，调节可变电容器，使某一频率的信号发生串联谐振，从而使该频率的信号在输出端产生较大输出电压，以起到选择收听该信号的目的。而对于其他频率的信号，因为没有发生谐振，在回路中电流很小，从而被抑制掉。

## 2.4.2 并联谐振

1. 并联谐振的条件

以图 2-14(a)所示的 $RLC$ 并联电路来说明并联谐振的条件与特点，电路的总阻抗为$\frac{1}{|Z|}=\sqrt{\left(\frac{1}{R}\right)^2+\left(\frac{1}{X_L}-\frac{1}{X_C}\right)^2}$，当$\frac{1}{X_L}=\frac{1}{X_C}$时，$|Z|=R$，电路呈电阻性，电路的这种状态叫做并联谐振。因此，并联谐振的条件是 $X_L=X_C$，即 $\omega_0 L=\frac{1}{\omega_0 C}$。

其谐振频率为 $\omega_0=\frac{1}{\sqrt{LC}}$或 $f_0=\frac{1}{2\pi\sqrt{LC}}$。 (2-51)

$RLC$ 并联谐振电路的相量图如图 2-14(b)所示。

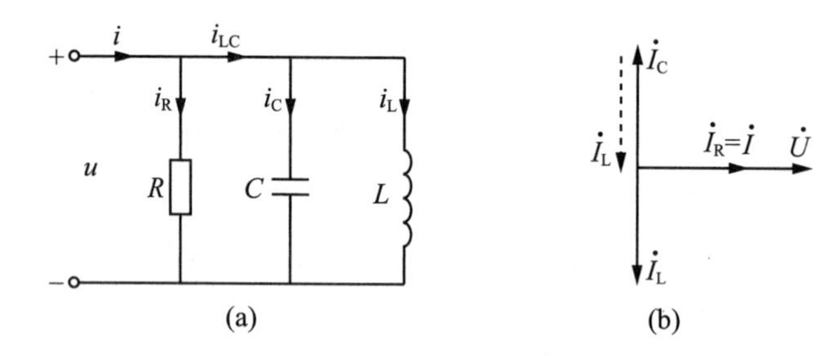


图 2-14 *RLC* 并联谐振电路及其相量图

2. 并联谐振的特点

(1)因 $X_L=X_C$，则有 $Z=R$，故电路的阻抗最大，且为纯电阻。

(2)在电源电压 $U$ 一定时，总电流为最小，其值为 $I_0=\frac{U}{|Z|}=\frac{U}{R}$。 (2-52)

(3)电感和电容上的电流相等，其大小为总电流的 $Q$ 倍，即 $I_L=I_C=Q\,I_0$。

(2-53)

式中，$Q$ 称为并联谐振电路的品质因数，其值为 $Q=\frac{R}{\omega_0 L}=\omega_0 CR$。 (2-54)

并联谐振又叫电流谐振，总电流 $I_0$ 即是通过电阻的电流。

3. 并联谐振的应用

并联谐振电路在通信工程中也有广泛的应用。图 2-15 所示是由包括有 $f_0$ 的多频率信号电源、固定内阻 $r_0$ 和 $L$、$C$ 回路所组成的电路。若要使 $L$、$C$ 回路两端得到频率为 $f_0$ 的信号电压，则必须调节回路中的电容 $C$，使 $L$、$C$ 回路在频率 $f_0$ 处谐振，这样 $L$、$C$ 回路对 $f_0$ 信号呈现的阻抗最大，并呈电阻性。根据串联电路的特点可知，各电阻上的电压分配是与电阻的大小成正比的，故 $f_0$ 信号的电压将在 $L$、$C$ 回路两端有最大值，而其他频率信号的电压，由于 $L$、$C$ 回路失谐后的阻抗小于谐振时的阻抗，故它两端所分配的电压将小于 $f_0$ 信号的电压。因此，可在 $L$、$C$ 回路两端得到所需要的信号电压。

[**例 2-9**] 如图 2-15 所示电路中，外加电压含有 800Hz 和 2000Hz 两种频率的信号，若要滤掉 2000Hz 的信号，使电阻 $R$ 上只有 800Hz 的信号，若 $L=12\text{mH}$，$C$ 值应是多少?

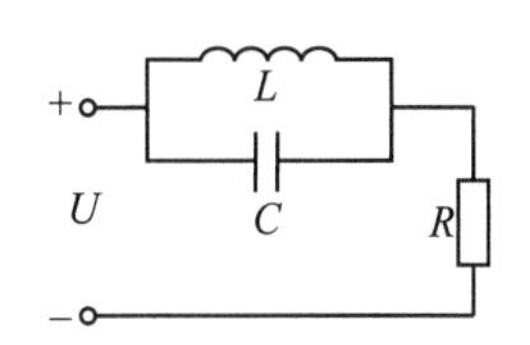

**图 2-15　并联谐振的应用**

**解**：只要使 2000Hz 的信号在 $LC$ 并联电路上产生并联谐振，$LC$ 回路的阻抗为最大，该信号便无法通过，从而使 $R$ 上只有 800Hz 的信号，由谐振频率的公式求得

$$C=\frac{1}{(2\pi f)^2L}=\frac{1}{(2\times3.14\times2000)^2\times0.012}=0.53(\mu\text{F})$$

# 模块 3　三相正弦交流电路及分析方法

三相电源的认识

## 任务 3.1　三相电源的认识

**任务内容**

三相对称正弦交流电源的产生、连接方式和特点。

**任务目标**

使学生对三相对称正弦交流电源及分析方法有较熟的了解。

**相关知识**

### 3.1.1　三相对称电动势

三相正弦交流电是由三相交流发电机产生的，三相交流发电机的原理图如图 2-16 所示。定子铁心的内圆周表面有冲槽，冲槽内嵌有三个相同尺寸和匝数的绕组，它们的始端分别标为 A、B、C，末端分别标为 X、Y、Z，三个绕组在空间的位置彼此相隔 120°。磁极是转子，当转子在原动机的带动下，以均匀速度转动时，则每相定子绕组依次切割磁力线，定子绕组中产生频率相同、幅值相等和相位互差 120° 的三相正弦电动势 $e_A$、$e_B$ 及 $e_C$。三个电动势的参考方向由定子绕组的末端指向始端。

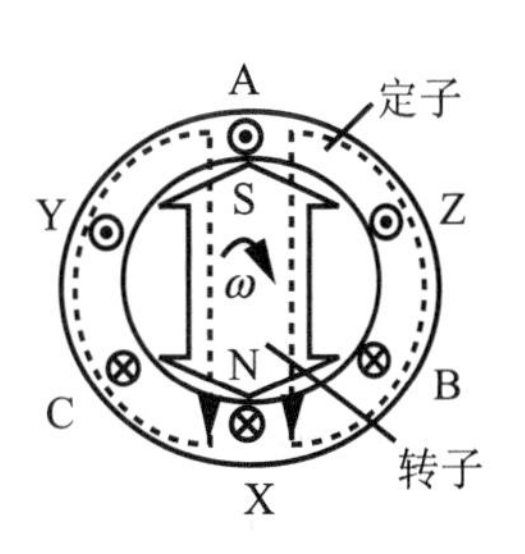

**图 2-16　三相交流发电机的原理图**

假定三相发电机的初始位置如图 2-16 所示，产生的电动势

幅值为 $E_m$，频率为ω，$E$ 是有效值。如果以 A 相为参考电动势，则可得出

$$\begin{cases} e_A = E_m \sin\omega t \\ e_B = E_m \sin(\omega t - 120°) \\ e_C = E_m \sin(\omega t + 120°) \end{cases} \tag{2-55}$$

用相量可表示为

$$\begin{cases} \dot{E}_A = E \angle 0° \\ \dot{E}_B = E \angle -120° \\ \dot{E}_C = E \angle 120° \end{cases} \tag{2-56}$$

式(2-55)的正弦波形图和式(2-56)的相量图如图 2-17 所示。

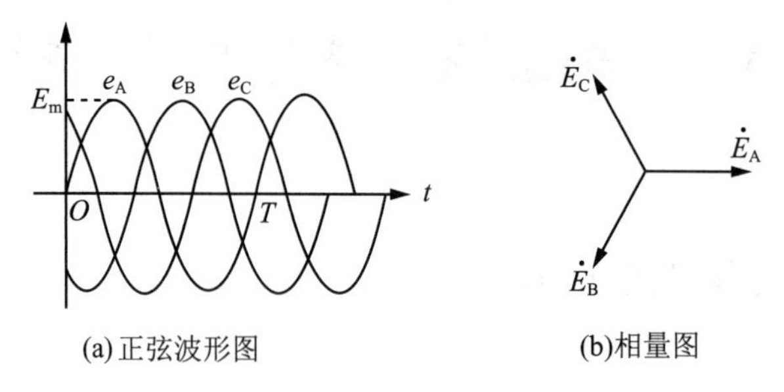


(a) 正弦波形图　　(b)相量图

图 2-17　正弦波形和相量图

通常，我们把幅值相等、频率相同、相位彼此互差 120°的三相电动势称为三相对称电动势。而把幅值相等、频率相同、相位彼此互差 120°的三相交流电动势、电压和电流统称为对称三相交流电。从正弦波形图和相量图中可得到这样的结论：三相对称电动势在任一时刻的和为零，即

$$e_A + e_B + e_C = 0 \tag{2-57}$$

或

$$\dot{E}_A + \dot{E}_B + \dot{E}_C = 0 \tag{2-58}$$

三相交流电出现正幅值(或相应零值)的顺序称为相序。图 2-17 中三相交流电中的相序为 $A \to B \to C$，称为正序(或顺序)。若相序为 $C \to B \to A$，则称为逆序(或反序)。本书中若无特别说明，相序均为正序。

### 3.1.2　三相电源的星形连接

三相电源向负载供电时，发电机的三相定子绕组必须进行恰当的连接。把三相定子绕组的末端连在一起，这个连接点称为中性点或零点，用 N 表示，如图 2-18 所示。这种连接形式称为三相电源的星形连接。

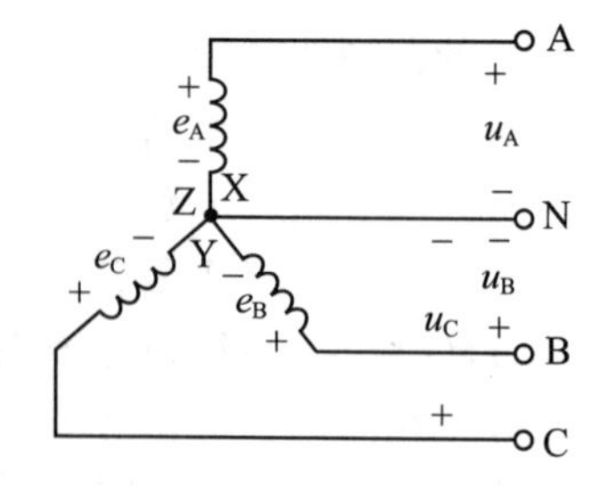


图 2-18　三相电源的星形连接

从中性点引出的导线称为中性线或零线，从始端 A、B、C 引出的三根导线称为相线或端线，俗称火线。

相线与中性线间的电压，即每相定子绕组始端与末端之间的电压称为相电压，分别用 $u_A$、$u_B$、$u_C$ 表示，参考方向由相线指向中性线。

$$\begin{cases} u_A = -e_A \\ u_B = -e_B \\ u_C = -e_C \end{cases} \tag{2-59}$$

所以，$u_A$、$u_B$、$u_C$ 三个相电压的幅值相等，频率相同，相位彼此互差 120°，称之为三相对称电压，任一时刻三个线电压的代数和为零，相电压的有效值用 $U_P$ 表示。

$$\begin{cases} u_A = \sqrt{2}U_P\sin\omega t \\ u_B = \sqrt{2}U_P\sin(\omega t - 120^\circ) \\ u_C = \sqrt{2}U_P\sin(\omega t + 120^\circ) \end{cases} \tag{2-60}$$

相线与相线之间的电压，即任意两始端的电压称为线电压，分别用 $u_{AB}$、$u_{BC}$、$u_{CA}$ 表示，根据 KVL 定律，可得到

$$\begin{cases} u_{AB} = u_A - u_B \\ u_{BC} = u_B - u_C \\ u_{CA} = u_C - u_A \end{cases} \tag{2-61}$$

用相量表示为

$$\begin{cases} \dot{U}_{AB} = \dot{U}_A - \dot{U}_B \\ \dot{U}_{BC} = \dot{U}_B - \dot{U}_C \\ \dot{U}_{CA} = \dot{U}_C - \dot{U}_A \end{cases} \tag{2-62}$$

三相电源星形连接时相电压和线电压的相量图如图 2-19 所示。

从相量图中很容易得到

$$\begin{cases} \dot{U}_{AB} = \sqrt{3}\dot{U}_A \angle 30^\circ \\ \dot{U}_{BC} = \sqrt{3}\dot{U}_B \angle 30^\circ \\ \dot{U}_{CA} = \sqrt{3}\dot{U}_C \angle 30^\circ \end{cases} \tag{2-63}$$

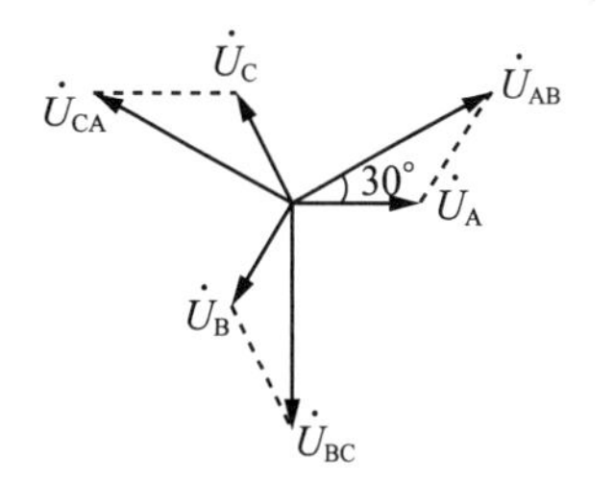


**图 2-19　相电压和线电压相量图**

由于 $\dot{U}_A$、$\dot{U}_B$、$\dot{U}_C$ 是三相对称电压，所以，$\dot{U}_{AB}$、$\dot{U}_{BC}$、$\dot{U}_{CA}$ 也是大小相等、频率相同，相位彼此互差 120°的三相对称电压，任一时刻三个线电压的代数和为零，线电压的有效值可用 $U_l$ 表示。三个线电压的下标不能改变，否则就不是三相对称电压。

三相电源星形连接时，可引出四根导线，称为三相四线制，可以给负载提供相电压和线电压两种电压，$U_l = \sqrt{3}U_P$。

三相负载星形
连接电路分析

## 任务3.2 三相交流电路分析及功率

### 任务内容

三相负载的连接方式和特点，三相正弦交流电路的分析方法与功率的计算。

### 任务目标

使学生熟练掌握三相负载的连接方式和特点、三相正弦交流电路分析方法及功率的计算。

### 相关知识

#### 3.2.1 负载星形连接的三相交流电路

在三相四线制电路中，根据负载额定电压的大小，负载的连接形式有两种：星形连接和三角形连接。

如图2-20所示，将三相负载的末端连接在一起，用N′表示，与三相电源的中性点N相连，三相负载的首端分别接到三根火线上，这种连接形式称为三相负载的星形连接，每相负载的阻抗为$Z_A$、$Z_B$、$Z_C$。此时每相负载的额定电压等于电源的相电压。

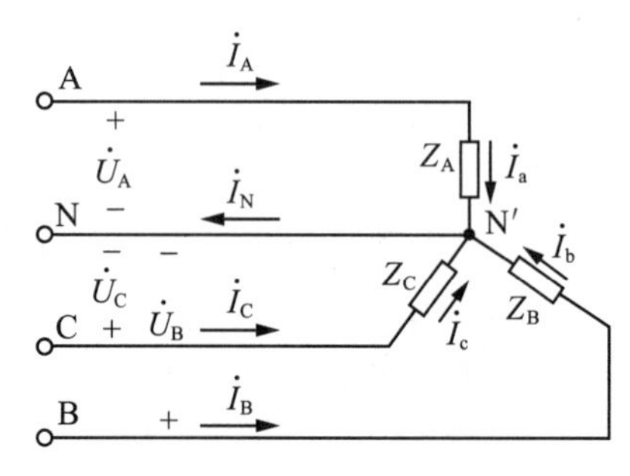


图2-20 三相负载的星形连接

三相电路中流过火线的电流$i_A$、$i_B$、$i_C$称为线电流，其有效值用$I_l$表示；流过负载的电流$i_a$、$i_b$、$i_c$称为相电流，其有效值用$I_P$表示。显然

$$\begin{cases} i_A = i_a \\ i_B = i_b \\ i_C = i_c \end{cases} \tag{2-64}$$

当$Z_A=Z_B=Z_C=Z$时，称为三相对称负载。由三相对称负载组成的三相电路称为三相对称电路，否则为三相不对称电路。

1. 三相负载对称的负载星形连接的三相交流电路

三相负载对称，即$Z_A=Z_B=Z_C=Z=|Z|\angle\varphi$。以电源A相相电压为参考相量，可得

$$\dot{U}_A=U_P\angle 0°,\dot{U}_B=U_P\angle -120°,\dot{U}_C=U_P\angle 120°$$

则有
$$\dot{I}_A=\frac{\dot{U}_A}{Z_A}=\frac{U_P\angle 0^\circ}{|Z|\angle\varphi}=\frac{U_P}{|Z|}\angle-\varphi$$

$$\dot{I}_B=\frac{\dot{U}_B}{Z_B}=\frac{U_P\angle-120^\circ}{|Z|\angle\varphi}=\frac{U_P}{|Z|}\angle-120^\circ-\varphi$$

$$\dot{I}_C=\frac{\dot{U}_C}{Z_C}=\frac{U_P\angle 120^\circ}{|Z|\angle\varphi}=\frac{U_P}{|Z|}\angle 120^\circ-\varphi$$

可见：$\dot{I}_A$、$\dot{I}_B$、$\dot{I}_C$ 幅值相等，频率相同，相位彼此互差 120°，称之为三相对称电流，其电压、电流相量图如图 2-21 所示。此时，$\dot{I}_N=\dot{I}_A+\dot{I}_B+\dot{I}_C=0$，中性线中没有电流通过，可以去掉中线性，如图 2-22 所示，这就是三相三线制供电电路。在实际生产中，三相负载(如三相电动机)一般都是对称的，因此，三相三线制电路在工业生产中较常见。

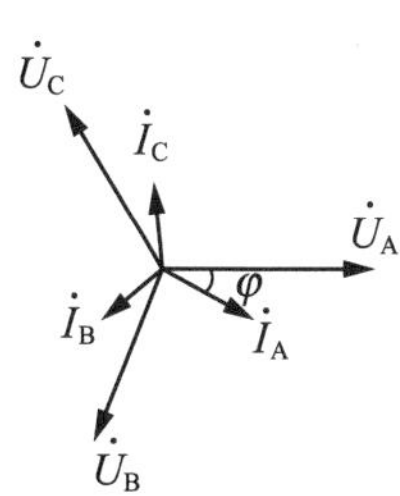


图 2-21　对称负载的电压、电流相量图

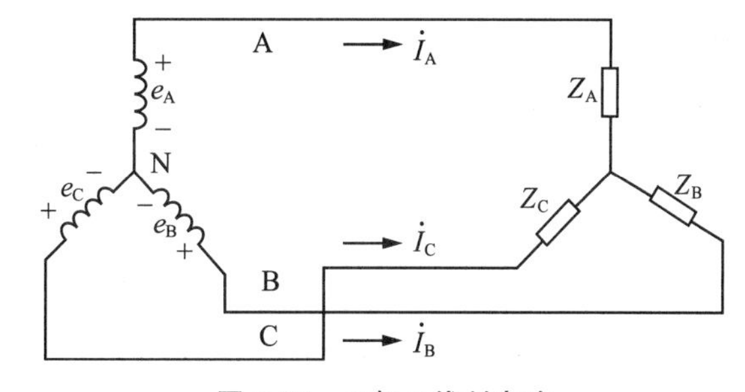


图 2-22　三相三线制电路

由于对称负载的电压和电流都是对称的，因此在负载对称的三相电路中，只需要计算一相电路即可。

［**例 2-10**］图 2-22 所示星形连接的三相对称负载，每相负载的电阻 $R=3\Omega$，感抗 $X_L=4\Omega$。电源电压对称，设 $u_{AB}=380\sqrt{2}\sin(\omega t+30^\circ)\text{V}$，试求各线电流。

**解**：因为对称负载，只需计算一相(如 A 相)即可，$U_A=\frac{U_{AB}}{\sqrt{3}}=\frac{380}{\sqrt{3}}=220(\text{V})$。

$u_A$ 比 $u_{AB}$ 滞后 30°，即 $u_A=220\sqrt{2}\sin\omega t\,\text{V}$，A 相线电流：$I_A=\frac{U_A}{|Z_A|}=\frac{220}{\sqrt{3^2+4^2}}=44(\text{A})$。

$i_A$ 比 $u_A$ 滞后 $\varphi$ 角，即 $\varphi=\arctan\frac{X_L}{R}=\arctan\frac{4}{3}=53^\circ$，所以，$i_A=44\sqrt{2}\sin(\omega t-53^\circ)(\text{A})$。

因为电流对称，其他两相的电流则为

$$i_B=44\sqrt{2}\sin(\omega t-53^\circ-120^\circ)=44\sqrt{2}\sin(\omega t-173^\circ)(\text{A})$$
$$i_C=44\sqrt{2}\sin(\omega t-53^\circ+120^\circ)=44\sqrt{2}\sin(\omega t+67^\circ)(\text{A})$$

2. 三相负载不对称的负载星形连接的三相交流电路

在三相负载不对称的情况下，对于三相电路的计算，应每相电路分别计算。以电源 A 相相电压为参考相量有

$$\dot{U}_A=U_P\angle 0°,\ \dot{U}_B=U_P\angle -120°,\ \dot{U}_C=U_P\angle 120°$$

则
$$\begin{cases}\dot{I}_A=\dfrac{\dot{U}_A}{Z_A}=\dfrac{U_P\angle 0°}{|Z_A|\angle\varphi_A}=\dfrac{U_P}{|Z_A|}\angle -\varphi_A\\ \dot{I}_B=\dfrac{\dot{U}_B}{Z_B}=\dfrac{U_P\angle -120°}{|Z_B|\angle\varphi_B}=\dfrac{U_P}{|Z_B|}\angle -120°-\varphi_B\\ \dot{I}_C=\dfrac{\dot{U}_C}{Z_C}=\dfrac{U_P\angle 120°}{|Z_C|\angle\varphi_C}=\dfrac{U_P}{|Z_C|}\angle 120°-\varphi_C\end{cases}$$

中性线中的电流可按图 2-20 所示参考方向，根据基尔霍夫定律得

$$\dot{I}_N=\dot{I}_A+\dot{I}_B+\dot{I}_C \tag{2-65}$$

**[例 2-11]** 如图 2-23 所示，已知三相电源的线电压 $\dot{U}_{AB}=380\angle 30°$V，阻抗 $Z_A=20\angle 37°\Omega$，$Z_B=20\angle 30°\Omega$，$Z_C=20\angle 53°\Omega$。求各线电流和中性线电流。

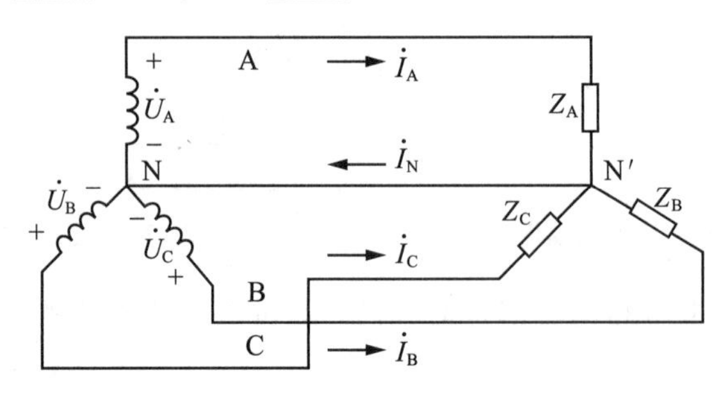


**图 2-23 例 2-11 图**

**解：** 在负载不对称的情况下，每相负载单独计算。显然，每相负载两端的电压与对应的电源相电压相等。因为 $\dot{U}_{AB}=380\angle 30°$V，则

$\dot{U}_A=220\angle 0°$V，$\dot{U}_B=220\angle -120°$V，$\dot{U}_C=220\angle 120°$ V

$$\dot{I}_A=\frac{\dot{U}_A}{Z_A}=\frac{220\angle 0°}{20\angle 37°}=11\angle -37°(\text{A})$$

$$\dot{I}_B=\frac{\dot{U}_B}{Z_B}=\frac{220\angle -120°}{20\angle 30°}=11\angle -150°(\text{A})$$

$$\dot{I}_C=\frac{\dot{U}_C}{Z_C}=\frac{220\angle 120°}{20\angle 53°}=11\angle 67°(\text{A})$$

$$\begin{aligned}\dot{I}_N&=\dot{I}_A+\dot{I}_B+\dot{I}_C=11\angle -37°+11\angle -150°+11\angle 67°\\&=3.56-j2=4.1\angle -29.5°(\text{A})\end{aligned}$$

负载不对称而且没有中性线时，负载两端的电压就不对称，则必将引起有的负载两端电压高于负载的额定电压；有的负载两端电压却低于负载的额定电压，负载无法正常工作。中性线的作用在于使星形连接的不对称负载的两端电压对称。不对称负载的星形连接一定要有中性线，这样各相相互独立，一相负载短路或开路，对其他相无影响，如照明电路。因此，中性线(指干线)上不能接入熔断器或闸刀开关。

### 3.2.2　负载三角形连接的三相交流电路

如图 2-24 所示的连接为三相负载的三角形连接。在此连接形式中，负载的额定电压等于电源线电压。当 $Z_{AB}=Z_{BC}=Z_{CA}=Z$ 时，称为三相负载对称，否则，三相负载不对称。

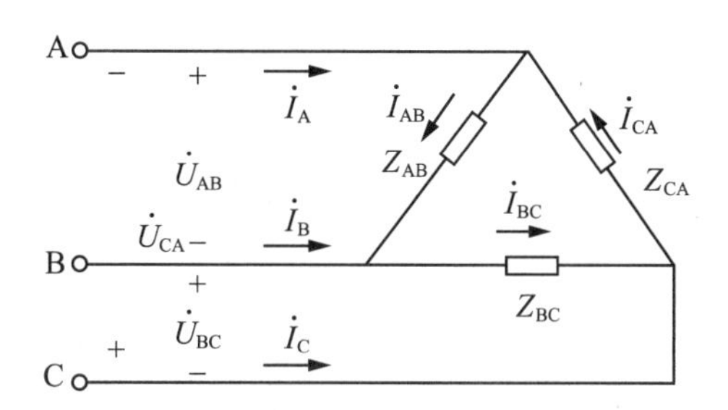


图 2-24　三相负载的三角形连接

1. 三相负载对称的负载三角形连接的三相交流电路

三相负载对称时，即：$Z_{AB}=Z_{BC}=Z_{CA}=Z=|Z|\angle\varphi$。以电源线电压 $\dot{U}_{AB}$ 为参考相量，即

$$\dot{U}_{AB}=U_l\angle 0°,\quad \dot{U}_{BC}=U_l\angle -120°,\quad \dot{U}_{CA}=U_l\angle 120°$$

则相电流为

$$\dot{I}_{AB}=\frac{\dot{U}_{AB}}{Z_{AB}}=\frac{U_l\angle 0°}{|Z|\angle\varphi}=\frac{U_l}{|Z|}\angle -\varphi$$

$$\dot{I}_{BC}=\frac{\dot{U}_{BC}}{Z_{BC}}=\frac{U_l\angle -120°}{|Z|\angle\varphi}=\frac{U_l}{|Z|}\angle -120°-\varphi$$

$$\dot{I}_{CA}=\frac{\dot{U}_{CA}}{Z_{CA}}=\frac{U_l\angle 120°}{|Z|\angle\varphi}=\frac{U_l}{|Z|}\angle 120°-\varphi$$

显然，$\dot{I}_{AB}$，$\dot{I}_{BC}$，$\dot{I}_{CA}$ 也是三相对称电流。根据基尔霍夫电流定律，可得到三个线电流

$$\begin{cases} \dot{I}_A = \dot{I}_{AB} - \dot{I}_{CA} = \sqrt{3}\dot{I}_{AB}\angle -30^\circ \\ \dot{I}_B = \dot{I}_{BC} - \dot{I}_{AB} = \sqrt{3}\dot{I}_{BC}\angle -30^\circ \\ \dot{I}_C = \dot{I}_{CA} - \dot{I}_{BC} = \sqrt{3}\dot{I}_{CA}\angle -30^\circ \\ I_l = \sqrt{3}I_P \end{cases} \tag{2-66}$$

相量图如图 2-25 所示。

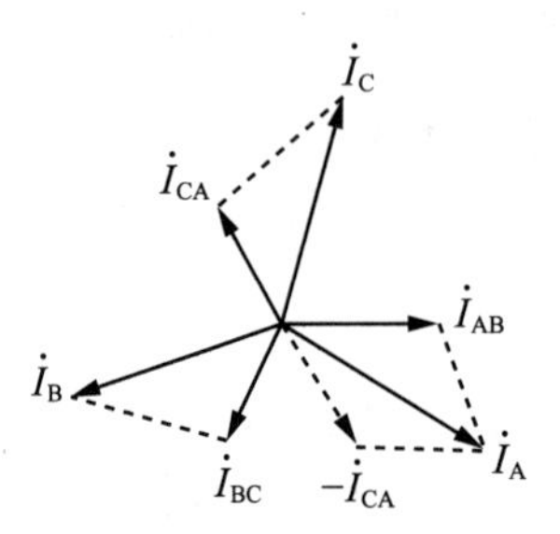


**图 2-25　线电流和相电流的相量图**

［**例 2-12**］图 2-24 所示负载对称的三角形连接电路，已知线电压 $\dot{U}_{AB}=380\angle 0^\circ$V，各相负载阻抗相同，均为 $Z=20\angle 37^\circ\Omega$。求：电路中的相电流以及线电流。

**解**：由于是三相对称电路，因此，相电流是对称的，线电流也是对称的。

$$\dot{I}_{AB}=\frac{\dot{U}_{AB}}{Z}=\frac{380\angle 0^\circ}{20\angle 37^\circ}=19\angle -37^\circ(\text{A}),\ \dot{I}_{BC}=19\angle -157^\circ(\text{A}),\ \dot{I}_{CA}=19\angle 83^\circ(\text{A})$$

$$\dot{I}_A=\sqrt{3}\dot{I}_{AB}\angle -30^\circ=\sqrt{3}\times 19\angle -37^\circ -30^\circ=33\angle -67^\circ(\text{A})$$

$$\dot{I}_B=33\angle -67^\circ -120^\circ=33\angle -187^\circ(\text{A})$$

$$\dot{I}_C=33\angle -67^\circ +120^\circ=33\angle 53^\circ(\text{A})$$

**2. 三相负载不对称三角形连接的三相交流电路**

三相负载不对称时，三相电路的每相负载需分别进行计算的。

$$\begin{cases} \dot{I}_{AB}=\dfrac{\dot{U}_{AB}}{Z_{AB}} \\ \dot{I}_{BC}=\dfrac{\dot{U}_{BC}}{Z_{BC}} \\ \dot{I}_{CA}=\dfrac{\dot{U}_{CA}}{Z_{CA}} \end{cases} \tag{2-67}$$

$$\begin{cases} \dot{I}_A=\dot{I}_{AB}-\dot{I}_{CA} \\ \dot{I}_B=\dot{I}_{BC}-\dot{I}_{AB} \\ \dot{I}_C=\dot{I}_{CA}-\dot{I}_{BC} \end{cases} \tag{2-68}$$

[**例 2-13**] 如图 2-26 所示，阻抗 $Z_{AB}=Z_{BC}=(8+j6)\Omega$，$Z_{CA}=(6+j8)\Omega$，求：三相电路中的相电流和线电流。(已知电源线电压 $U_l=380V$)。

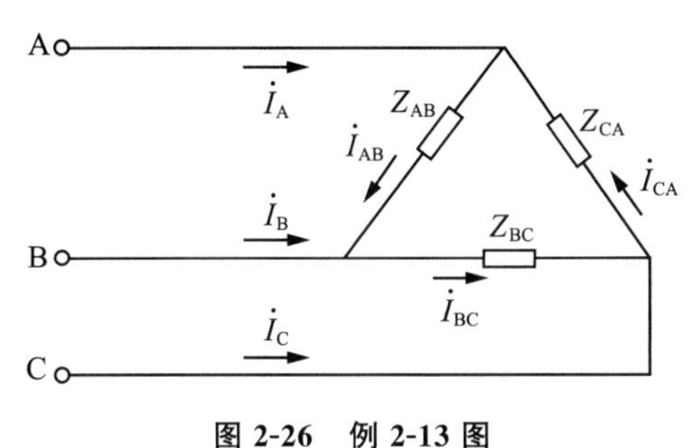


**图 2-26　例 2-13 图**

**解：**以电源线电压 $\dot{U}_{AB}=380\angle 0°V$ 为参考相量，即有

$\dot{U}_{BC}=380\angle -120°V$，$\dot{U}_{CA}=380\angle 120°(V)$

$$\dot{I}_{AB}=\frac{\dot{U}_{AB}}{Z_{AB}}=\frac{380\angle 0°}{8+j6}=\frac{380\angle 0°}{10\angle 37°}=38\angle -37°(A)$$

$$\dot{I}_{BC}=\frac{\dot{U}_{BC}}{Z_{BC}}=\frac{380\angle -120°}{8+j6}=\frac{380\angle -120°}{10\angle 37°}=38\angle -157°(A)$$

$$\dot{I}_{CA}=\frac{\dot{U}_{CA}}{Z_{CA}}=\frac{380\angle 120°}{6+j8}=\frac{380\angle 120°}{10\angle 53°}=38\angle 67°(A)$$

根据基尔霍夫电流定律

$$\dot{I}_A=\dot{I}_{AB}-\dot{I}_{CA}=38\angle -37°-38\angle 67°=15.5-j57.85=59.9\angle -75°(A)$$

$$\dot{I}_B=\dot{I}_{BC}-\dot{I}_{AB}=38\angle -157°-38\angle -37°=-65.33+j8.02=65.8\angle 173°(A)$$

$$\dot{I}_C=\dot{I}_{CA}-\dot{I}_{BC}=38\angle 67°-38\angle -157°=49.83+j49.83=70.5\angle 45°(A)$$

### 3.2.3　三相功率

在负载不对称的情况下，三相电路中每相负载消耗的功率不同，三相电路的有功功率应为各相负载的有功功率之和。对于负载星形连接的三相电路，有以下关系

$$P=P_A+P_B+P_C=U_AI_A\cos\varphi_A+U_BI_B\cos\varphi_B+U_CI_C\cos\varphi_C$$

其中，$\varphi_A$、$\varphi_B$、$\varphi_C$ 分别为 A 相、B 相、C 相负载的阻抗角。

对于负载三角形连接的三相电路，有以下关系

$$P=P_{AB}+P_{BC}+P_{CA}=U_{AB}I_{AB}\cos\varphi_{AB}+U_{BC}I_{BC}\cos\varphi_{BC}+U_{CA}I_{CA}\cos\varphi_{CA}$$

其中，$\varphi_{AB}$、$\varphi_{BC}$、$\varphi_{CA}$ 分别是 AB 相、BC 相、CA 相负载的阻抗角。

在负载对称的三相电路中，每相负载的有功功率相同。因此，三相电路的有功功率为每相负载有功功率的 3 倍。

对于负载星形连接的三相对称电路有 $P=3P_A=3U_AI_a\cos\varphi=3U_pI_p\cos\varphi$。由于

$U_P=\frac{1}{\sqrt{3}}U_l$，$I_P=I_l$，所以，$P=3\times\frac{1}{\sqrt{3}}U_lI_l\cos\varphi=\sqrt{3}U_lI_l\cos\varphi$。其中，$\varphi$ 为每相负载阻抗的阻抗角，也即为该相负载两端电压与流过该负载的相电流的相位差。

对于负载三角形连接的三相对称电路有 $P=3P_{AB}=3U_{AB}I_{AB}\cos\varphi=3U_lI_p\cos\varphi$。由于 $I_P=\frac{1}{\sqrt{3}}I_l$，所以，$P=3U_l\times\frac{1}{\sqrt{3}}I_l\cos\varphi=\sqrt{3}U_lI_l\cos\varphi$，$\varphi$ 为每相负载阻抗的阻抗角。所以，只要是三相对称电路，三相有功功率 $P=\sqrt{3}U_lI_l\cos\varphi$。

同理，三相对称电路的三相无功功率 $Q=\sqrt{3}U_lI_l\sin\varphi$。

三相对称电路的三相视在功率 $S=\sqrt{3}U_lI_l$。

**[例 2-14]** 如图 2-27 所示三相负载星形连接电路，已知三相电源的线电压 $\dot{U}_{AB}=380\angle30^\circ$V，阻抗 $Z_A=10\angle37^\circ\Omega$，$Z_B=10\angle30^\circ\Omega$，$Z_C=10\angle53^\circ\Omega$。求三相功率 $P$。

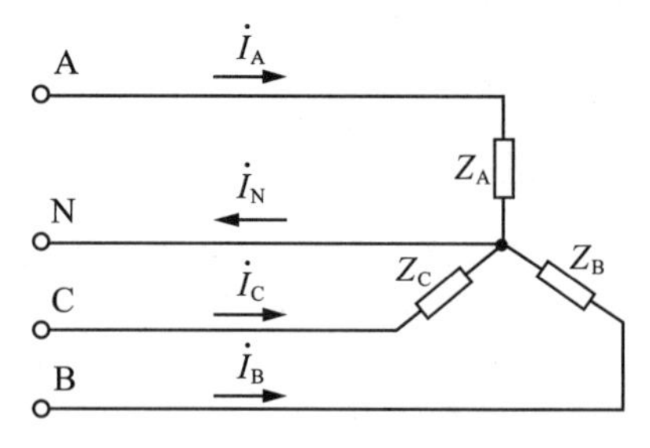


**图 2-27　例 2-14 图**

**解：** 由 $\dot{U}_{AB}=380\angle30^\circ$V，可得

$\dot{U}_A=220\angle0^\circ$V，$\dot{U}_B=220\angle-120^\circ$V，$\dot{U}_C=220\angle120^\circ$V

$$\dot{I}_A=\frac{\dot{U}_A}{Z_A}=\frac{220\angle0^\circ}{10\angle37^\circ}=22\angle-37^\circ(\text{A})，P_A=U_AI_A\cos\varphi_A=220\times22\times\cos37^\circ=3.87(\text{kW})$$

$$\dot{I}_B=\frac{\dot{U}_B}{Z_B}=\frac{220\angle-120^\circ}{10\angle30^\circ}=22\angle-150^\circ(\text{A})，P_B=U_BI_B\cos\varphi_B=220\times22\times\cos30^\circ=4.2(\text{kW})$$

$$\dot{I}_C=\frac{\dot{U}_C}{Z_C}=\frac{220\angle120^\circ}{10\angle53^\circ}=22\angle67^\circ(\text{A})，P_C=U_CI_C\cos\varphi_C=220\times22\times\cos53^\circ=2.91(\text{kW})$$

有三相电路的有功功率为 $P=P_A+P_B+P_C=10.98$ kW。

**[例 2-15]** 在线电压 $U_l=380$V 的三相电源上接入一个对称的三角形连接的负载，每相负载阻抗 $Z=(8+\text{j}6)\Omega$。求：负载的相电流、线电流和三相有功功率 $P$、三相无功功率 $Q$ 和三相视在功率 $S$。

**解：** 负载三角形连接时，负载两端的电压大小等于电源的线电压的大小。

负载阻抗是 $Z=(8+\text{j}6)\Omega=10\angle37^\circ\Omega$，因此，

相电流为：$I_P=\frac{U_l}{|Z|}=\frac{380}{10}=38(\text{A})$，线电流为：$I_l=\sqrt{3}I_P=66$ A 。

三相有功功率为：$P=\sqrt{3}U_1I_1\cos37°=\sqrt{3}\times380\times66\times0.8=34.75(\text{kW})$。

三相无功功率为：$Q=\sqrt{3}U_1I_1\sin37°=\sqrt{3}\times380\times66\times0.6=26.06(\text{kvar})$。

三相视在功率为：$S=\sqrt{3}U_1I_1=\sqrt{3}\times380\times66=43.44(\text{kV}\cdot\text{A})$。

# 模块4　工企输配电、安全用电和电气照明及其应用

工企输配电和安全用电

## 任务4.1　工企输电配电和安全用电

### 任务内容

发电、输电和配电系统的基本常识，安全用电和节约用电。

### 任务目标

使学生对工企输电配电和安全用电有一定的了解。

### 相关知识

### 4.1.1　工企输电和配电

1. 发电和输电

发电厂按照所利用的能源种类可分为水力、火力、风力、核子能、太阳能及沼气等几种。水力发电会影响生态环境，火力发电会污染生态环境，风力、核子能、太阳能及沼气等属于清洁能源。要推进美丽中国建设，减少环境污染，需要我们加大推进清洁能源建设力度，做到人与自然和谐共生。

各种发电厂中的发电机几乎都是三相交流发电机。我国生产的交流发电机的电压等级有400/230V和3.15kV、6.3 kV、10.5kV、13.8kV、15.75kV、18kV等多种。

大中型发电厂大多建在水力资源丰富的地区或产煤地区附近，距离用电地区往往是几十千米、几百千米甚至1000千米以上，所以发电厂生产的电能要用高压输电线输送到用电地区，然后再降压分配给各用户。电能从发电厂传输到用户，要通过导线系统，这系统称为电力网，图2-28所示的是一例输电线路。

电力网的供电质量可以由以下指标来评判。

(1)电力网的供电电压要稳定。1983年8月颁布的我国《全国供用电规则》规定用户受电端的电压变动幅度不得超过：

①35kV 及以上和对电压质量有特殊要求的用户为额定电压的±5%；

②10kV 及以下高压供电和低压电力用户为额定电压的±7%；

③低压照明用户为额定电压的+5%、-10%。

(2)交流电的波形畸变也是电能质量不佳的表现。高次谐波电流会使电动机发热量增加，也会影响电子设备的正常工作。高次谐波的最大允许值由电力部门另行规定。

(3)正常情况下，交流供电频率为 50Hz。如果频率发生上下波动，则交流电动机的转速也会上下波动。《全国供用电规则》规定，供电局供电频率的允许偏差为：

①电网容量在 300kV 及以上者±0.2Hz；

②电网容量在 300kV 及以下者±0.5Hz；

③供电可靠性也是供电质量的一个重要指标。对于不能停电的工厂、医院等重要用电场所应由两条线路供电。

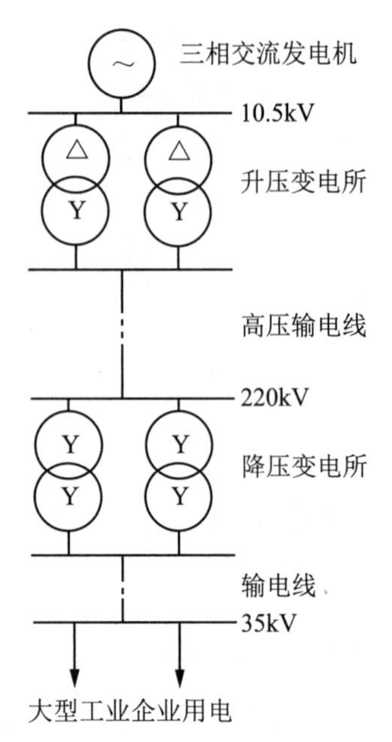


图 2-28　一例输电线路

为了节约电能，必须做到送电距离越远，输电线的电压就要越高。我国国家标准中规定输电线的额定电压为 35kV、110kV、220kV、330kV 和 500kV 等。

2. 配电系统

配电系统是工业企业和城乡居民供电的重要组成部分。下面以工业企业供电为例来阐述配电过程。

大型工业企业设有中央变电所和车间变电所。变电所内通常装有变压器、配电设备(包括开关和电工测量仪表等)以及控制设备(包括控制电器、电工测量仪表和信号器等)。中央变电所接收送来的电能，然后分配到各车间，再由车间变电所将电能分配给各配电箱，各配电箱再将电能输送给所管辖的用电设备。通常，工业企业配电系统主要由高压配电线路、变电所、低压配电线路等部分组成，如图 2-29 所示。高压配电线路的额定电压有 3kV、6kV 和 10kV 三种，而低压配电线路的额定电压是 380/220V。这是因为工厂用电设备繁多，而且各设备所使用的额定电压相差甚大，如大功率电动机的额定电压可达 3000～6000V，而机床局部照明设备的额定电压只有 36V。

中央变电所一般进线电压为 35kV，它的任务是经过降压变压器，将 35kV 的电压降为 3kV～10kV 的电压，再分配给车间的高压用电设备和车间变电所。这属于高压配电线路。

车间变电所一般进线电压为 3kV～10kV，其任务是经过降压变压器，将 3kV～10kV 的电压降低为 380V/220V 的电压，以供低压用电设备之用。

通常，由变电所输出的线路不会直接连接到用电设备，而是必须经过车间配电箱。车间配电箱是放在地面上的一个金属柜，其中装有闸刀开关和管状熔断器，起通断电源和短路保护作用。配出线路有 4～8 个不等。

从车间变电所到车间配电箱的线路就属于低压配电线路。其连接方式主要是放射式和树干式，如图 2-29 所示。

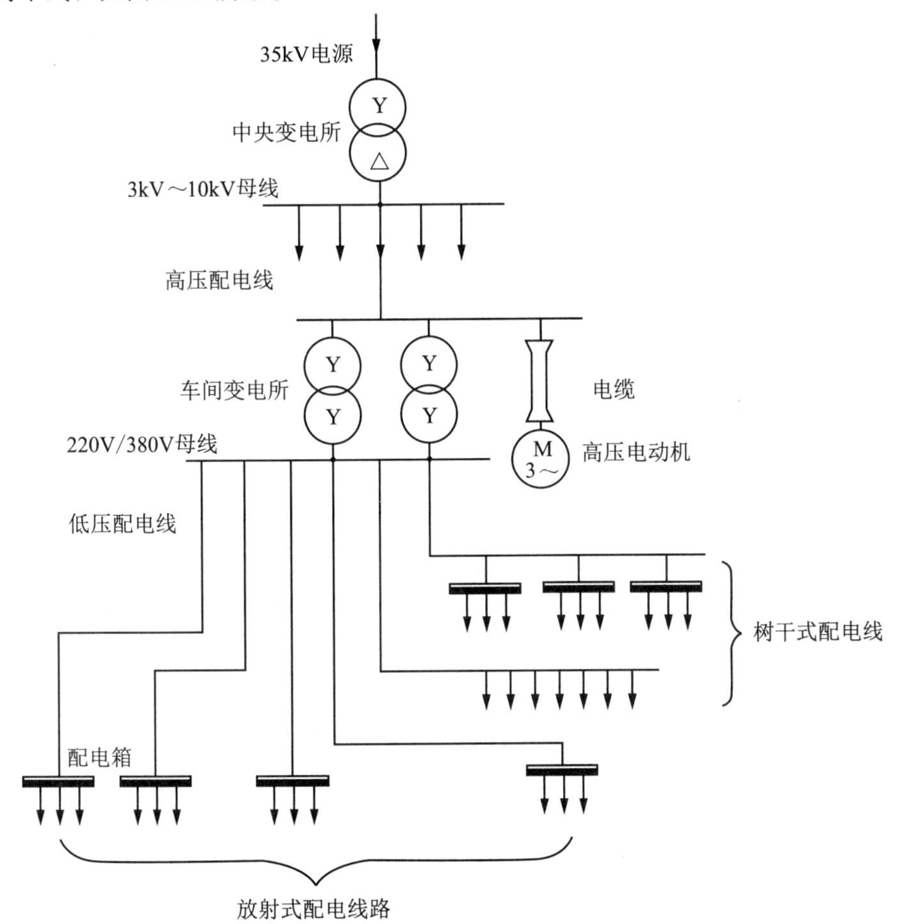


**图 2-29　大型工业企业供电示意图**

放射式配电线路的特点是由车间变电所的低压配电屏引出若干独立线路到各个用电设备。这种线路适用于设备位置稳定但分散、设备容量大、对供电可靠性要求高的用电设备。由于一条线路只负责一个配电箱，所以，当某条线路发生故障时只需切断该线路进行检修，而不会影响其他线路的正常运行，从而保证了供电的高可靠性。但是，由于独立的干线太多，导致用线量和配电箱增多，因而初期投资大。

树干式配电线路的特点是由车间变电所的低压配电屏引出的线路同时向几个相邻的配电箱供电。这种线路适用于分布集中且位于变电所同一侧的用电设备，或适用于对供电要求不高的用电设备。这种线路可以节约用线量，但是一旦有故障发生，受影响的负载比较多。这两种连接方式可以在同一线路中根据实际情况混合使用。

由车间配电箱到用电设备的连接方式可分为独立连接和链状连接，如图 2-30 所示。通常，如果用电设备容量大于 4.5kW，则采用独立连接方式，将用电设备单个接到配电箱上；如果用电设备容量小且相邻，则采用链状连接方式，但同一链状连接的设备不超过 3 个。

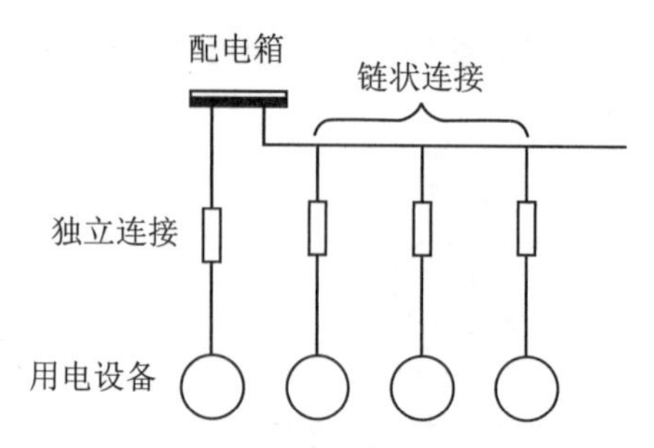


图 2-30　用电设备和配电箱之间的线路

### 4.1.2　安全用电和节约用电

坚持安全第一、预防为主，建立大安全大应急框架，完善公共安全体系，推动公共安全治理模式向事前预防转型。

1. 触电及其保护措施

(1)安全电流和安全电压。由于不慎，人体触及带电物体，就会发生触电事故，使人体受到伤害。通过对大量触电事故的分析，可以得到以下结论。

①人体电阻一般在 $10^4$～$10^5$Ω，在潮湿环境下还会更低。

②通过人体的电流达到 0.005A，人就会有所感觉；达到 0.05A 以上，人就会有生命危险。电流通过人体的时间越长，则所受伤害就越严重。因此，安全电流是指通过人体的电流不能超过 7～10mA。

③安全电压是指人体接触的电压不能超过 36V。如果在潮湿的场所，安全电压则更低一些，通常为 24V 和 12V。

(2)触电方式。图 2-31 显示了三种触电方式。其中，图 2-31(a)所示的两相触电最为危险，因为人体处于线电压之下，但这种情况不常见。在图 2-31(b)所示的状况中，人体处于相电压之下，危险性较大。但是，如果人体与地面间的绝缘良好，则危险性可以大大减小。图 2-31(c)所示的触电方式也具有一定的危险性，因为导线与地面间的对地绝缘电阻 $R$ 在某些恶劣情况下可能比较小，而且导线与地面间的电容在交流情况下也可构成电流通路。

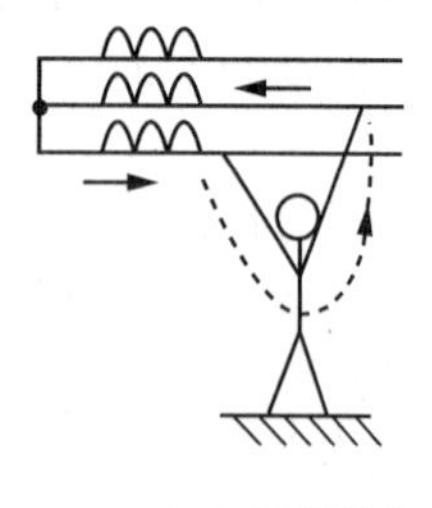

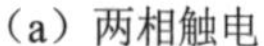

(a) 两相触电

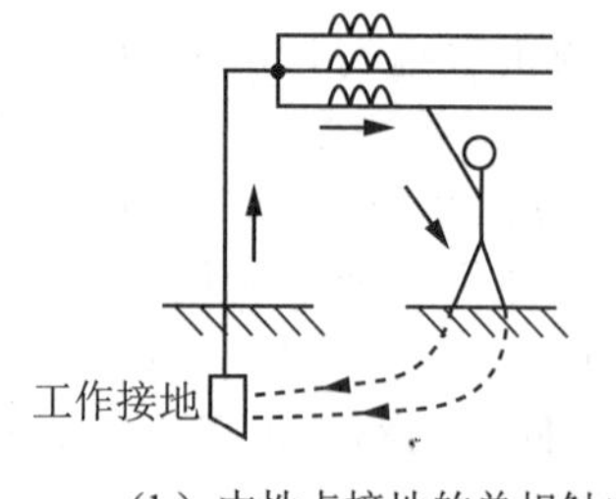


(b) 中性点接地的单相触电

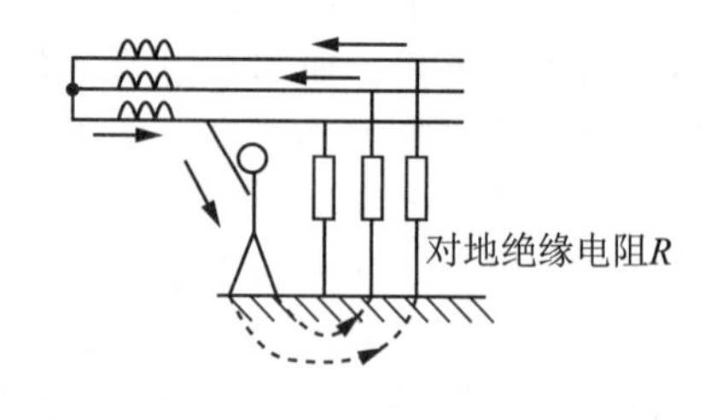


(c) 中性点不接地的单相触电

图 2-31　触电方式示意图

(3)工作接地。电力系统由于运行和安全需要，常常将中性点接地，如图 2-31(b)

所示。这种接地方式被称为工作接地。

在中性点接地的系统中，当一相接地而人体触及另外两相中的一相时，触电电压就不会是线电压，而是接近或等于相电压，从而降低了触电电压。

在中性点接地的系统中，当一相接地时会产生较大的接地电流(接近于单相短路电流)，短路保护装置迅速动作，切断此相发生故障的电路。

在中性点接地的系统中，一相接地不会使另外两相的对地电压升高至线电压，而是接近于相电压，故可降低电气设备和输电线的绝缘水平，节约投资。

(4)保护接地和保护接零。大部分触电事故并不是由于人体直接接触到火线而造成的，而是由于人体接触到正常情况下不带电的物体而造成的。例如，电机的外壳正常情况下是不带电的，但是，如果绕组绝缘损坏，就会使得绕组与电机外壳相接触，而使电机外壳带电。人体触及带电的电气设备外壳，就相当于单相触电。为了防止此类触电事故，对电气设备通常采用保护接地和保护接零的保护装置。

①保护接地。保护接地就是将电气设备的金属外壳接地，适用于中性点不接地的低压系统。如图 2-32(a)所示，当某相绕组的绝缘损坏而使外壳带电时，由于人体电阻远大于保护接地装置的电阻，所以漏电电流几乎不从人体通过，从而防止了触电事故。《电气安装规程》规定：1kV 以下的电气设备，其保护接地装置的接地电阻不大于 4Ω；接地体可用埋入地下的钢管、自来水管等。通常在电气设备集中处安设局部接地体，在接地条件较好的地方装设主接地体，然后各接地体用干线连接起来，形成一个保护接地系统。凡需接地的设备都与接地干线直接相连接。

②保护接零。保护接零就是将电气设备的金属外壳接到零线上，适用于中性点接地的低压系统。如图 2-32(b)所示，当某相绕组的绝缘损坏而使外壳与绕组直接短接时，就会形成单相短路，迅速使这一相的保险丝熔断，从而外壳不再带电。即使保险丝因某种情况而未熔断，也由于人体电阻远大于线路电阻，使得通过人体的电流极其微小，防止了触电事故。

为什么在中性点接地的系统中不采用保护接地呢？因为如果采用保护接地，则当电气设备的绝缘损坏，外壳带电时，接地电流 $I_e$ 和外壳对地电压 $U_e$ 分别为

$$I_e=\frac{U_p}{R_o+R_o'} \tag{2-69}$$

$$U_e=\frac{U_p}{R_o+R_o'}R_o \tag{2-70}$$

式中，$U_p$ 是系统的相电压，$R_o$ 和 $R_o'$ 分别为保护接地和工作接地的接地电阻。如果系统的相电压是 220V，$R_o=R_o'$，则 $U_e=110\text{V}$，这个电压值已经大大超过了安全电压。所以，在中性点接地的系统中采用保护接地一定要谨慎，要合理配置保险丝和保证可靠接地，否则，非但无法起到保护作用，还会带来安全隐患。

(5)工作接地和重复接地。工作接地使得系统拥有了一根零线，但是零线可能由于某种原因在某处断开而一分为二，结果，就会使得后面这部分零线形同虚设，与后面这部分零线相连接的保护接零将失去作用，从而带来用电的安全隐患。为了确保安全，可

以每隔一定距离就将零线进行接地，这种多处接地方式被称为重复接地，如图 2-32(b)所示。

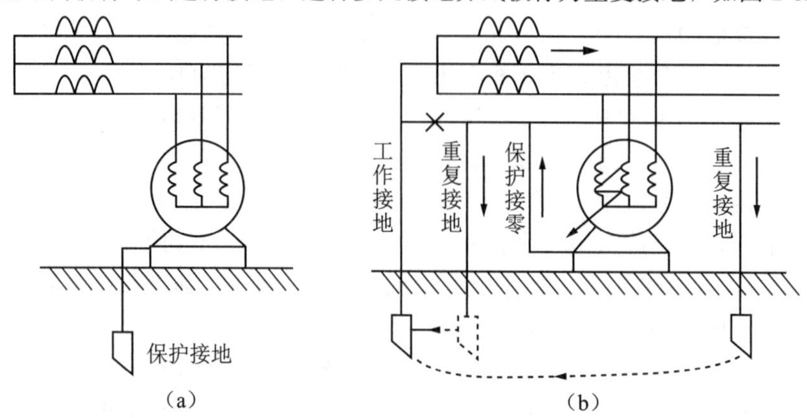


图 2-32　接地与接零

(6)工作零线和保护零线。在实际生活中，三相负载往往不对称，所以，三相四线制系统中的零线上总是有电流存在。为了确保用电安全，零干线必须连接牢固，开关和熔断器不能装在零干线上；同时，由于零线电流的客观存在，导致零线对地电压不为零，而且距离供电处越远的点，其电压值越高，但一般都在安全电压值以下，无危险性。这种常常有电流存在的零线被称为工作零线。工作零线在进建筑物入口处要接地。为了确保电气设备外壳的对地电压为零，通常会在零干线入户处专门另外引出一根保护零线，保护零线上要确保无电流，设备外壳必须接在保护零线上。这样，系统就变为三相五线制系统。

### 4.1.3　电气防火、防爆和防雷保护

推进安全生产风险专项整治，加强重点行业、重点领域安全监管，提高防灾减灾救灾和重大突发公共事件处置保障能力。

1. 电气防火、防爆保护

在用电过程中引发火灾或爆炸的主要原因有以下两个方面。

(1)电气设备使用不当。例如，设备长时间过载运行，通风环境不佳，导体间连接不良，都会有可能造成设备温度过高，引燃周围的可燃物质发生火灾甚至爆炸。

(2)电气设备自身发生故障。例如，绝缘损坏造成短路而引发火灾；或者由于灭弧装置损坏而导致在切断电路时产生较大电弧，引发火灾。

推进安全生产风险专项整治，加强重点行业、重点领域安全监管，提高防灾减灾救灾和重大突发公共事件处置保障能力。

电气防火、防爆的主要措施如下：合理选用电气设备并保持其正常运行；保持设备间的必要安全距离；保持良好的通风环境；装设可靠的接地装置。

2. 电气防雷保护

雷电对电气设备的破坏，可以通过直击、侧击、电磁感应等多种方式造成。当架空输电线上方有带着大量电荷的雷云时，架空输电线会由于静电感应而感应出异性电

荷。这些电荷被雷云束缚着，一旦束缚解除(如雷云对其他目标放电)，它们就变为自由电荷，形成感应过电压，产生强大的雷电流，并通过输电线进入室内，破坏电气设备。

为了防止这种破坏的产生，可在被保护电气设备的进线和大地之间装设避雷器。当雷电流沿输电线传向室内的电气设备时，它首先会到达避雷器，使避雷器产生短时击穿而短路，雷电流由避雷器流入大地。雷电流过后，避雷器又恢复正常的断路状态。

为防止雷电通过电磁感应方式对设备造成破坏，可以用金属网对电气设备进行屏蔽，并使室内的金属回路接触良好。

### 4.1.4 节约用电

随着经济的发展和各种用电设备的普及，工商业运行与居民生活的用电量日益高涨。为了使电力不成为经济和社会发展的瓶颈，除了扩充发电能力外，还必须节约用电，使每度电都发挥其最大效能，从而降低生产和生活成本，推动社会的健康和谐发展。

节约用电的具体措施有：正确选择用电设备的功率，使之在额定工作状态下，从而发挥其最大效率；提高用电线路的功率因数，从而减小输电线路的损失，发挥用电设备的潜能；合理选择输电线的导线截面积，保持连接点的紧接，从而降低线路损失；采用各种革新的技术(如节能灯等)，使耗电量下降；加强用电管理。

## 任务 4.2 照明电路的设计及安装

**任务内容**

常用电光源及灯具、照明电气附件的安装，照明电路常用导线的选择及敷设，断路器和漏电保护开关的选择。

**任务目标**

使学生对正弦交流电的照明电路的设计及安装有较熟的了解。

**相关知识**

### 4.2.1 常用电光源及灯具的安装

1. 常用电光源的分类

电光源按其发光原理主要有热辐射光源、气体放电光源等。其中热辐射光源是指利用物体加热时辐射发光的原理所制成的光源，如白炽灯、卤钨灯；气体放电光源是指利用气体放电时发光的原理所制成的光源，如荧光灯、高压汞灯、高压钠灯、金属卤化物灯等。以下为两种常用的家庭电光源。

(1)白炽灯。白炽灯主要由灯头、灯丝和玻璃泡等组成。白炽灯体积小，结构简单，不需要其他附件，显色性好，是各种艺术彩灯、壁灯的良好光源之一。但它的发光效率很低，一般为7.1～17lm/W。白炽灯在正常工作时表面温度较高，所以，在使用白炽灯照明时应注意安装环境，不能靠近易燃易爆物品。

(2)荧光灯。荧光灯又称日光灯，由灯管、镇流器及起辉器组成荧光灯电路。镇流器分为电感式和电子式两种。电感式镇流器工作稳定、耐用，但会发热损耗电能，安装在易燃场所还会造成火灾隐患，因而在可燃性天花板顶内嵌装荧光灯时，通常使用电子镇流器。电子镇流器具有低损耗、易起动等优点，但目前的价格比电感式镇流器高，且不耐用。近年来制造出高效荧光灯，主要是改进了荧光粉使光效更高。

我国交流电频率是50Hz，频闪效应十分明显，因为频闪效应会使人产生错觉，误将旋转物体看成不动物体，所以在有旋转机械的车间内不宜使用荧光灯。白炽灯因灯丝有热惯性，在电流为零值时光通量不为零值，所以频闪效应不明显。

2. 灯具的布置和安装

灯具的布置和安装，应从满足工作场所照度的均匀性、亮度的合理分布以及眩光的限制等去考虑布置方式和安装高度等要求。照度的均匀性是指工作面或工作场所的照明均匀分布特性，常用工作面的最低照度与平均照度之比来表示。亮度的合理分布是使照明环境舒适的重要标志和技术手段。为了满足上述要求，必须进行灯具的合理布置和安装。

(1)灯具的布置。灯具的布置方式分为均匀布置和选择布置两种。均匀布置是指灯具间距离按一定规律进行均匀布置的方式，这样可使整个工作面上获得较均匀的照度，均匀布置方式适用于室内灯具的布置。选择布置是指满足局部要求的一种灯具布置方式，适用于采用均匀布置达不到所要求的场所中。

灯具的布置还分为室内布置和室外布置两种。室内灯具布置可采用均匀布置和选择布置两种方式。室外灯具布置可采用集中布置、分散布置、集中与分散相结合等布置方式，常用灯杆、灯柱、灯塔或利用附件的高层建筑物来装设照明灯具。道路照明应与环境绿化、美化统一规划，设置灯杆和灯柱。

(2)灯具的安装。为了限制眩光，使工作面上获得较理想的照明效果，室内照明灯距离地面的安装悬挂高度有规定的要求，详细可参考专业设计手册中“照明灯具距地面最低悬挂高度表”。此外，灯具的安装应牢固，便于维修和更换，不应将灯具安装在高温设备表面或有气体冲击等的地方。普通吊线灯只适用于灯具重量在1kg内，超过1kg的灯具或吊线长度超过3m时，应采用吊链或吊杆，此时吊线不应受力。

(3)灯具与建筑艺术的配合。在民用建筑中，除了合理地选择和布置光源及灯具外，通常还采用各种灯具与建筑艺术手段的配合，构成各种形式的照明方式，例如，发光顶棚、光带、光梁、光檐、光柱等方式。它们就是利用建筑艺术手段将光源隐蔽起来，构成间接型灯具。这样，可增加光源面积，增强光的扩散性，使室内眩光、阴影得以完全消除，使得光线均匀柔和，衬托出环境气氛，形成舒适的照明环境。此外，这种配合还可采用艺术壁灯、花吊灯等技术手段。

### 4.2.2 照明电气附件与安装

照明电气附件主要有灯开关和插座。

1. 灯开关

灯开关是最常见的照明控制电器，是控制灯具点亮和关闭的最后一级开关，其型号、用途在电气设备手册或厂家产品样本中可查得。灯开关分为翘板式暗开关、拉线开关、双控开关、台灯开关以及最新出现的声光控开关、延时触摸开关等智能型开关。

2. 插座

插座是移动式用电设备、家用电器和小功率动力设备的供电点。其按插孔可分为两孔(单相两级)、三孔(单相三级)、四孔(三相四级)。插座常根据使用方需求制成组合式，如家庭常用的五孔插座是由单相两极和单相三极插座组成，以方便不同类型的家用电器插入。有的插座还附设有开关、电源指示灯和熔丝管等。插座的安装方式有暗装式和明装式。

3. 灯开关和插座的安装要求

(1)单极灯开关应串接在相线中。

(2)安装墙壁翘板式暗开关的翘板方向应一致，一般按下为接通，按上为断开。

(3)插座必须固定在绝缘板或墙面上安装，不允许用电线吊装。

(4)插座与插座间的安装距离不宜大于 3m。

(5)普通插座距地面安装高度为 0.3m。

(6)防溅插座距地面的安装高度不应低于 1.5m。

(7)幼儿园及学校等插座距地面的安装高度不应低于 1.8m。

(8)交、直流或不同电压的插座安装在同一场所时，应有明显区别，且插头与插座都不能互相插入。

(9)安装插座时，插座线孔的排列、连接线路的顺序要一致。安装单相二孔插座时，若二孔水平排列时，相线在右孔；若二孔垂直排列时，相线在上孔。单相三孔的保护接地线在上孔，严禁工作零线和保护接地线共用一根导线。

### 4.2.3 照明电路常用导线的选择及敷设

在民用建筑中，室内常用的导线主要为绝缘电线和绝缘电缆线；室外常用的是裸导线和绝缘电缆线。电缆是一种特殊的导线，它是将一根或数根绝缘导线组合成线心，外面加上密闭的包扎层加以保护。常用的导线材料有铜和铝，以前因铝导线价格较为便宜而多用铝导线。与铝导线相比，铜导线具有导电能力好、机械强度高、安装方便、安全可靠等优点。随着我国国民经济的迅速发展，采用铜导线越来越普遍。

1. 常用导线的选择

导线的种类很多，在设计与施工时要尽量做到安全可靠、便利经济、美观大方。一般常用的安装在室内的绝缘导线有橡胶绝缘导线和聚氯乙烯绝缘导线两种，聚氯乙烯绝缘导线型号和名称如表 2-1 所示。

表 2-1　常用的聚氯乙烯绝缘导线型号和名称

| 型号 | 导线名称 |
| --- | --- |
| BV | 铜心聚氯乙烯绝缘导线 |
| BLV | 铝心聚氯乙烯绝缘导线 |
| BVV | 铜心聚氯乙烯绝缘聚氯乙烯护套导线 |
| BLVV | 铝心聚氯乙烯绝缘聚氯乙烯护套导线 |
| BVR | 铜心聚氯乙烯绝缘软线 |
| BLVR | 铝心聚氯乙烯绝缘软线 |

(1)导线和线缆截面积的选择应满足以下要求。

①有足够的机械强度，避免刮风、结冰或施工等原因被拉断。

②长期通过负荷电流不应使导线过热，以避免损坏绝缘或造成短路失火事故；线路上电压损失不能过大，对于电力线路电压损失一般不能超过额定电压的 10%，对于照明线路电压损失一般不能超过额定电压的 5%。

(2)导线和线缆截面积的选择步骤。

①对于距离 $L \leqslant 200\text{m}$ 的低压电力供电线路，因其负荷电流较大，一般先按发热条件的计算方法来选择导线和线缆截面，然后用电压损失条件和机械强度条件进行校验。

②对于距离 $L \geqslant 200\text{m}$ 的低压照明较长的供电线路，因其电压水平要求较高，一般先按允许电压损失的计算方法来选择导线和线缆截面，然后按发热条件和机械强度条件进行校验。

③对于高压线路，一般先按经济电流密度来选择导线和线缆截面，然后用发热条件和电压损失条件进行校验。对于高压架空线路，还必须校验其机械强度。根据挡距，电工手册中规定了导线截面积的最小值，如按经济电流密度选出的导线截面大于此最小值，则能满足其机械强度的要求；若按经济电流密度选出的导线截面小于此最小值，则应按规定的最小值来选择截面。民用建筑主要由低压供配电线路供电，所以导线截面的选择计算方法主要采用发热条件的计算方法和电压损失的计算方法。

(3)常用导线截面的选择方法。

①发热条件选择导线的截面。由于负荷电流通过导线时会发热，使导线温度升高，而过高的温度将加速绝缘老化，甚至损坏绝缘，引起火灾。裸导线温度过高时将使导线接头处加速氧化，接触电阻增大，引起接头过热，造成断路事故。因此规定了不同材料和绝缘导线的允许载流量，在这个允许值范围内运行，导线温度不会超过允许值。按发热条件选择导线截面，就是要求计算电流不超过长期允许的电流，即

$$I_{\mathrm{N}} \geqslant I_{\sum C} \tag{2-71}$$

式中，$I_{\mathrm{N}}$——不同截面的导线长期允许的额定电流；

$I_{\sum C}$——根据计算负荷求出的总计算电流。

单相电路 $$I_{\sum C}=\frac{S_{\sum C}}{U_N}\times 10^3 \tag{2-72}$$

三相电路 $$I_{\sum C}=\frac{S_{\sum C}}{\sqrt{3}U_N}\times 10^3 \tag{2-73}$$

式中，$S_{\sum C}$——视在计算总负荷；$U_N$——电网额定线电压(三相电路)或相电压(单相电路)。

由于允许载流量与环境温度有关，所以选择导线截面时要注意导线安装地点的环境温度。专业设计手册中可查阅到各种导线与电缆在不同温度和敷设条件下的持续允许载流量。在选择电线截面时，通过导线的电流不允许超过这个规定值。表 2-2 列出了常用的 BV 电线允许载流量。

**表 2-2 部分型号规格的 BV 电线穿 PVC 管敷设的载流量(A)**

| 截面 | 二根导线 | | | | 管径 | 三根导线 | | | | 管径 | 四根导线 | | | | 管径 |
|---|---|---|---|---|---|---|---|---|---|---|---|---|---|---|---|
| $mm^2$ | 25℃ | 30℃ | 35℃ | 40℃ | $mm^2$ | 25℃ | 30℃ | 35℃ | 40℃ | $mm^2$ | 25℃ | 30℃ | 35℃ | 40℃ | $mm^2$ |
| 2.5 | 24 | 22 | 20 | 18 | 16 | 21 | 19 | 18 | 16 | 16 | 19 | 17 | 16 | 15 | 20 |
| 4.0 | 31 | 28 | 26 | 24 | 16 | 28 | 26 | 24 | 22 | 20 | 25 | 23 | 21 | 18 | 20 |
| 6.0 | 41 | 38 | 35 | 32 | 20 | 36 | 33 | 31 | 28 | 25 | 32 | 29 | 27 | 25 | 25 |
| 10 | 56 | 52 | 48 | 44 | 25 | 49 | 45 | 42 | 38 | 32 | 44 | 41 | 38 | 34 | 32 |
| 16 | 72 | 67 | 62 | 56 | 32 | 65 | 60 | 56 | 51 | 32 | 57 | 53 | 49 | 45 | 40 |
| 25 | 95 | 88 | 82 | 75 | 32 | 85 | 79 | 73 | 67 | 40 | 75 | 70 | 64 | 59 | 40 |

②电压损失条件选择导线的截面。电流流过输电导线时，由于线路中存在阻抗，必将产生电压损失。这里所讲的电压损失是指线路的始端电压与终端电压有效值的代数差，即 $\Delta U=U_1-U_2$。由于用电设备端电压的偏移有一定的允许范围，所以要求线路的电压损失也有一定的允许值。如果线路上电压损失超过了允许值，就将影响用电设备的正常运行甚至损坏用电设备。为了保证电压损失在允许值范围内，可以用增大导线或电缆的截面来解决。

由于电压等级不同，电压损失的绝对值 $\Delta U$ 并不能确切地反映电压损失的程度，工程上通常用 $\Delta U$ 与额定电压的百分比来表示电压损失的程度，即

$$\Delta U\%=\frac{(U_1-U_2)}{U_N}\times 100\% \tag{2-74}$$

在进行设计时，常常是给定了电压损失的允许值(通常为 5%)，来选择导线或电缆的截面。

选择导线截面除考虑以上所述机械强度、发热损耗和电压损失三点外，在实际设计中还应该注意发展的需要以及相关规范的要求，适当加大导线的截面。因此《民用建筑电气设计规范》(JGJ/T16－92)中规定：在三相四线或三相五线的配电线路中，当用电负荷大部分为单相用电设备时，其 N 线(中性线或零线)和 PE 线(接地线)的截面不宜小于相线截面。另外，若我们只考虑到当前家用电器的负荷来计算住户的线路规格，

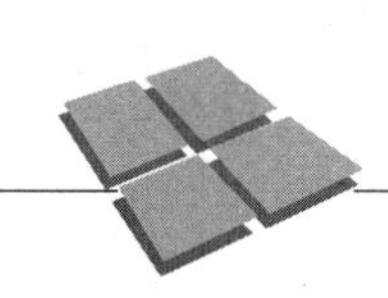



就会不适应用电设备越来越多地进入家庭的需要。所以按《住宅设计规范》的规定：每套住宅进户截面不应小于 10mm²，回路的分支截面不应小于 2.5mm²。这在当前看来可能大了一点，但必须预留发展裕量，满足未来二三十年负荷增长的需要，以免给建成后的住宅留下种种安全隐患。应当指出，在三相四线供电的照明电路中，因为照明负载均为单相负荷，所以在布置负载时，应尽可能使三相平衡，并连接成星形。

**[例 2-16]** 某车间照明负荷为 10kW，电压为 220V。全部用白炽灯，用单相穿管明敷线路供电。车间距变压器低压侧为 80m，试选择导线的截面。(假设温度为 40℃)

**解：** 负荷电流为

$$I_{\sum c}=\frac{S_{\sum c}}{U_N}\times 10^3=\frac{P}{U_N\cos\varphi}\times 10^3=\frac{10000}{220}\approx 45.45(\text{A})$$

按表 2-2 选择 BV 绝缘铜心线，截面为 16mm²，其安全载流量为 56A。电压损失要求 $\Delta U=220\times 5\%=11\text{V}$。现校验电压损耗为

$$\Delta U=IR=I\,\frac{2\rho L}{S}=45.45\times\frac{2\times 0.0175\times 80}{16}\approx 8(\text{V})$$

小于要求的 11V，因此应选用截面为 16mm² 绝缘铜心线。

**[例 2-17]** 有一座宿舍，照明负荷为 12kW，$\cos\varphi=0.7$，用 220V/380V 三相四线制电压供电。三相负载基本平衡，设负载离电源 100m，试选择明敷铜导线的截面。(假设温度为 40℃)

**解：** 负荷线电流为

$$I_{\sum c}=\frac{S_{\sum c}}{\sqrt{3}U_N}\times 10^3=\frac{P}{\sqrt{3}U_N\cos\varphi}\times 10^3=\frac{12000}{\sqrt{3}\times 380\times 0.7}\approx 26(\text{A})$$

按表 2-2 选择 BV 绝缘铜心线，截面为 10mm²，其安全载流量为 34A。这时电压损失要求 $\Delta U=220\times 5\%=11\text{V}$。现校验电压损耗为

$$\Delta U=IR=I\,\frac{\rho L}{S}=26\times\frac{0.0175\times 100}{10}=4.55(\text{V})$$

符合电压损耗小于 11V 的规定，因此选用截面为 10mm² 绝缘铜心线符合要求。

2. 导线的敷设

照明线路分为室外敷设和室内敷设，二者又分别含有明敷和暗敷两种敷设方法。

(1)室外敷线。室外明敷通常采用架空敷设，即将导线通过绝缘子、横担作支柱架在电杆上或沿街墙壁上架设。架空敷设的优点是投资小、材料容易解决、安装维护方便、便于发现和排除故障；不足之处是占地面积大、影响环境整齐和美化，易遭雷击、鸟害和机械碰伤。室外暗敷即把电缆暗敷于地下的敷设方式。它分为直接埋地敷设、穿管敷设和沿电缆沟或地下隧道敷设等方式。采用何种敷设方式，应从节省投资、方便施工、运行安全、易于维修和散热等方面考虑。目前情况下应首先考虑直接埋地的敷设方式。室外暗敷尽管一次性投资大、发现和排除故障比较困难，但是用电缆供电可靠性却大大提高，而且电缆不占空间。因此，大型民用建筑、重要的用电负荷、繁华的建筑群以及风景区的室外供电线路，往往采用电缆线路。

(2)室内敷线。室内明敷又叫明配线，就是沿墙壁、天花板表面及屋柱等敷设导线。明配线对应于明装配电箱(盒、盘)。室内暗敷又叫暗配线，就是把导线穿管埋设在灰泥层下面、屋面板内、地板内和墙壁内等暗处敷设。暗配线对应于暗装配电箱(盒、盘)，室内暗敷线路中的导线均应穿塑料管或钢管保护。随着高层建筑的不断增多和建筑装饰标准的不断提高，暗配线工程将日益增多并且日趋复杂，因此室内配线与建筑施工的配合也越来越密切。为了安全和布线美观，室内导线敷设的一般技术要求如下。

①使用的导线其额定电压应大于线路的工作电压。导线的绝缘应符合线路安装方式和敷设环境的条件。

②配线时应尽量避免导线接头。穿在管内或槽板内的导线在任何情况下不能有接头。必要时，可把接线头放在接线盒或灯头盒内。

③明敷线路在建筑物内应平行或垂直。平行敷设时，导线距地面一般要求不少于2m；垂直敷设时，若导线距地面低于1.3m，则应将导线穿在PVC管(硬质塑料管)或槽板内，以防止机械损伤。

④当导线穿楼板时，应设瓷管或PVC管加以保护。管的长度应从离楼板面30mm高处到楼板下出口处为止。导线穿墙时要穿管保护，管的两端出线口伸出外墙面的距离不少于20mm，且户外端稍低于户内端。

⑤同一回路的几根导线可以穿在同一根PVC管内，但管内导线总截面积(包括外皮绝缘层)不应超过管内截面的40%，以便施工及运行时散热。

⑥为了确保安全用电，室内电气管线和配电设备与其他用途的管道及设备应有一定的距离。

### 4.2.4 断路器和漏电保护开关的选择

1. 断路器

根据供电规程：低压配电线路，均应装设短路保护装置；办公场所、重要仓库以及公共建筑物中的照明线路，还需设有过载保护装置。短路保护和过载保护都可以用熔断器或断路器完成。断路器又叫自动开关，因其动作迅速和处理方便，现在已广泛应用在照明干线或支线上作短路或过载保护，下面简单介绍它的选择条件。

(1)型号的选择：低压断路器可配置多种脱扣器，可以根据保护的要求进行选择。仅短路保护时采用电磁脱扣器，仅过载保护时采用热脱扣器，二者同时保护时采用复式脱扣器，远程操作时采用分励脱扣器。

(2)额定电压的选择：断路器的额定电压应大于或等于线路的额定电压。

(3)额定电流的选择：断路器的额定电流应大于或等于线路的计算电流。它的额定电流等级规定为6A、10A、16A、20A、25A、32A、40A、50A、63A、80A、100A……400A、500A、1000A等多种规格。

(4)瞬时和短延时动作过电流脱扣器的整定电流应大于尖峰电流：此时断路器的过电流脱扣器的整定电流，应躲过短时间出现的负载尖峰电流，所以整定电流应大于尖

峰电流。

(5)长延时动作过电流脱扣器的整定电流($I_{ms}$)应大于线路计算电流($I_c$)，即

$$I_{ms}>KI_c \tag{2-75}$$

式中，$K$ 为可靠系数，取1.1。

(6)照明用断路器的过电流脱扣器的确定：照明用断路器脱扣器整定电流应等于或大于被保护线的照明负载电流，其动作特性如表2-3所示。

表2-3　照明用断路器的动作特性

| 线路负载电流/脱扣器整定电流 | 动作时间 |
|---|---|
| 1.0 | 不动作 |
| 1.3 | 小于1h |
| 2.0 | 小于4min |
| 6.0 | 瞬时动作 |

2. 漏电保护开关及其接线

漏电保护开关用以防止人身触电事故及因设备漏电而引起的火灾及设备损坏事故，广泛用于各种家庭及其他建筑电气回路。漏电保护开关主要用于交流220V/380V的线路中，其额定电流有：10A、16A、25A、40A、50A、…、100A、200A、400A等；额定泄漏电流有：0.03A、0.1A、0.3A、0.5A等；极数有2极和4极。单相漏电保护开关的接线如图2-33所示。

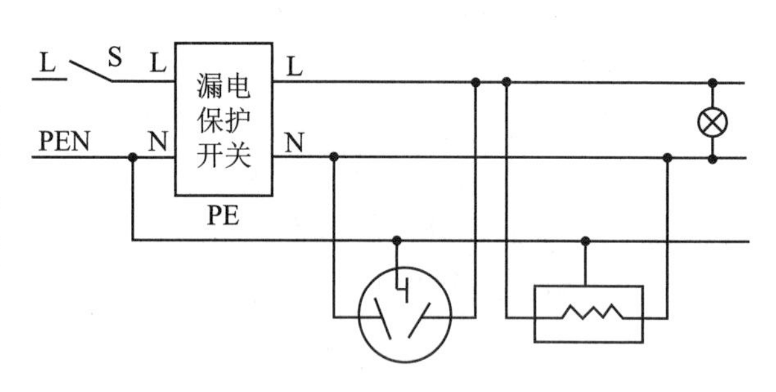


图2-33　漏电保护开关的外部接线图

我国220V/380V低压系统都采用中性点直接接地方式，中性线N按要求在各适当场所还要进行重复接地，这时中性线与地线合称为PEN线。在漏电开关的负载侧，中性线N和地线PE必须分开。中性线N和地线PE若不分开，电器漏电时，漏电开关也不会动作。若在漏电保护开关负载侧中性线重复接地，必然会导致漏电开关误动作，使用时必须注意。

按照结构，漏电保护开关可分为电磁式和电子式。经过多年来国内外对漏电保护开关的使用证明，电磁式漏电保护开关比电子式漏电保护开关的可靠性要高，这是因为前者的动作特性不受电源波动、环境温度变化以及缺相等影响。它的抗磁干扰性能良好，寿命也比电子式的长3～4倍。现在国外有许多国家，特别是西欧国家，对于使用配电线路终端的、以防止触电为主的漏电保护开关，严格规定了要采用电磁式漏电保护开关，不允许采用电子式漏电保护开关。我国在新的《民用建筑电气设计规范》中也已说明了宜采用电磁式漏电保护开关。但由于电子式漏电保护开关的价格仅是电磁式漏电保护开关的三分之一左右，所以目前在一般普通民用建筑中，电子式漏电保护开关仍然得到了广泛的应用。

另外，在建筑电气设计中，还应正确测定或估算泄漏电流，以便确定漏电保护开关的动作电流值和灵敏度。为了能最大限度地保证供电的可靠性，要求漏电保护开关在首先保护人身安全的同时，还应尽量减少停电范围。因此，根据线路的不同路段应采取各级不同泄漏电流和额定电流的漏电保护开关，即分级保护方式。

# 模块 5 交流电路实训及操作

## 任务 5.1 照明电路的安装

**任务内容**

安装单相照明电路。

**任务目标**

使学生熟练掌握照明电路安装的方法。

**相关知识**

### 5.1.1 实训器件

保险器、刀开关、单相电度表、日光灯、镇流器、白炽灯、拉线开关等。

### 5.1.2 实训内容

1. 按如图 2-34 所示电气原理图正确选择电气元件，连接好照明电路。

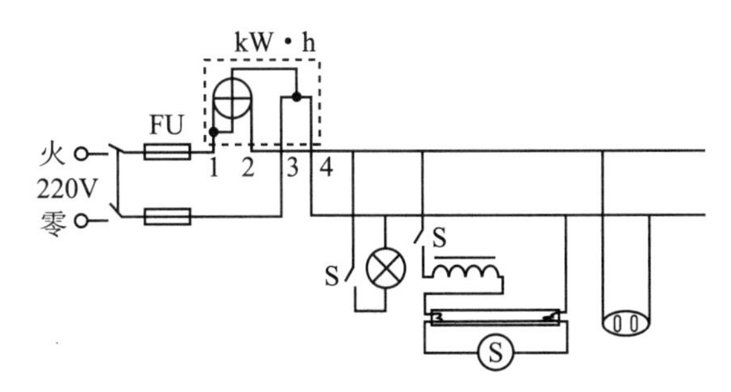


图 2-34 照明电路电气原理图

2. 通电运行，观察日光灯发光和电度表运转是否正常。

3. 用万用表测量灯管、镇流器及电源电压并记入表 2-4 中，验证三者之间的大小关系。

4. 在日光灯电路上，依次并联不同容量的电容，观察日光灯电路电流、电容支路电流及总电流的变化和它们间的关系，用功率表测量日光灯电路有功功率并记入表2-5中，观察电路有功功率在并联电容前后是否发生变化。

**表2-4 $U$、$U_R$ 及 $U_L$ 的数据**

| $U$ | $U_R$ | $U_L$ |
| --- | --- | --- |
| | | |

**表2-5 $I$、$I_C$、$I_L$ 及 $P$ 的数据**

| | $I$ | $I_L$ | $I_C$ | $P$ |
| --- | --- | --- | --- | --- |
| $C_1$ | | | | |
| $C_2$ | | | | |

5. 观察用电笔测试日光灯电路中不同位置时氖灯发光的变化情况。断开零线，再次观察电笔测试日光灯电路不同位置时氖灯的发光情况，看有何变化。

### 5.1.3 实训注意事项

1. 选用保险丝的规格不应大于0.5A。
2. 在拆除电路时，应首先将电源断开，严禁带电操作，以防触电。

### 5.1.4 实训报告与思考题

认真完成实训报告，在实训报告中应有相关步骤和所测数据。

## 任务5.2 三相交流电路的测量

**任务内容**

三相交流电路的测量。

**任务目标**

1. 掌握三相负载作星形连接、三角形连接的方法，验证这两种接法下线电压、相电压及线电流、相电流之间的关系。
2. 充分理解三相四线制供电系统中中线的作用。

**相关知识**

### 5.2.1 实训器件

交流电压表、交流电流表、万用表、三相自耦调压器等。

## 5.2.2 实训内容

1. 三相负载星形连接(三相四线制供电)

按图 2-35 线路组接实验电路，即三相灯组负载经三相自耦调压器接通三相对称电源。将三相调压器的旋柄置于输出为 0V 的位置(即逆时针旋到底)。然后调节调压器的输出，使输出的三相线电压为 220V，并按下述内容完成各项实验，分别测量三相负载的线电压、相电压、线电流、相电流、中线电流、电源与负载中点间的电压。将所测得的数据记入表 2-6 中(表中：$Y_0$ 代表有中线；Y 代表无中线)，并观察各相灯组亮暗的变化程度，特别要注意观察中线的作用。

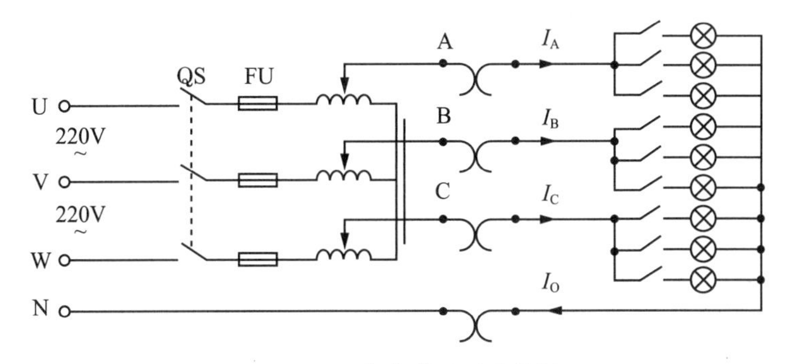


图 2-35 三相负载星形连接图

表 2-6 三相负载星形连接的数据

| 测量数据<br>实验内容<br>(负载情况) | 开灯盏数 | | | 线电流(A) | | | 线电压(V) | | | 相电压(V) | | | 中线电流<br>$I_O$(A) | 中点电压<br>$U_{NO}$(V) |
|---|---|---|---|---|---|---|---|---|---|---|---|---|---|---|
| | A相 | B相 | C相 | $I_A$ | $I_B$ | $I_C$ | $U_{AB}$ | $U_{BC}$ | $U_{CA}$ | $U_{AO}$ | $U_{BO}$ | $U_{CO}$ | | |
| $Y_0$ 接平衡负载 | 3 | 3 | 3 | | | | | | | | | | | |
| Y 接平衡负载 | 3 | 3 | 3 | | | | | | | | | | | |
| $Y_0$ 接不平衡负载 | 1 | 2 | 3 | | | | | | | | | | | |
| Y 接不平衡负载 | 1 | 2 | 3 | | | | | | | | | | | |
| $Y_0$ 接 B 相断开 | 1 | | 3 | | | | | | | | | | | |
| Y 接 B 相断开 | 1 | | 3 | | | | | | | | | | | |
| Y 接 B 相短路 | 1 | | 3 | | | | | | | | | | | |

2. 三相负载三角形连接(三相三线制供电)

按图 2-36 线路组接实验电路，经指导教师检查合格后接通三相电源，并调节调压器，使其输出线电压为 220V，并按表 2-7 的内容进行测试，将所测得的数据记入表 2-7 中。

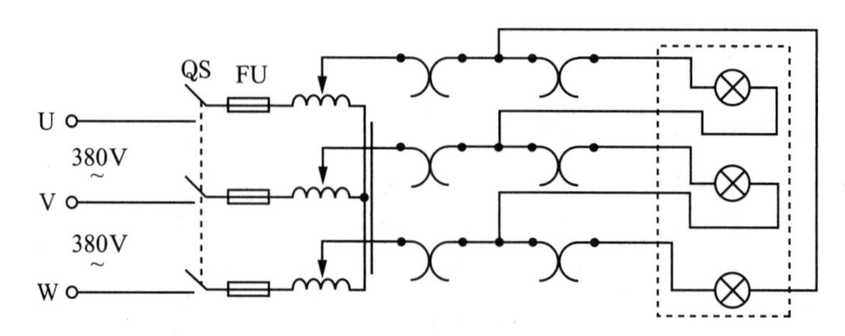


图 2-36　三相负载三角形连接图

表 2-7　三相负载三角形连接的数据

| 测量数据<br>负载情况 | 开灯盏数 | | | 线电压=相电压(V) | | | 线电流(A) | | | 相电流(A) | | |
|---|---|---|---|---|---|---|---|---|---|---|---|---|
| | A-B 相 | B-C 相 | C-A 相 | $U_{AB}$ | $U_{BC}$ | $U_{CA}$ | $I_A$ | $I_B$ | $I_C$ | $I_{AB}$ | $I_{BC}$ | $I_{CA}$ |
| 三相平衡 | 3 | 3 | 3 | | | | | | | | | |
| 三相不平衡 | 1 | 2 | 3 | | | | | | | | | |

### 5.2.3　实训注意事项

1. 本实训采用三相交流市电，线电压为 380V，实训时要注意人身安全，不可触及导电部件，防止意外事故发生。

2. 每次接线完毕，同组同学应自查一遍，然后由指导教师检查后，方可接通电源，必须严格遵守先断电、再接线、后通电；先断电、后拆线的实验操作原则。

3. 星形负载做短路实验时，必须首先断开中线，以免发生短路事故。

### 5.2.4　实训报告与思考题

1. 用实训测得的数据验证对称三相电路中的$\sqrt{3}$关系。

2. 用实训数据和观察到的现象，总结三相四线供电系统中中线的作用。

3. 不对称三角形连接的负载，能否正常工作？实训是否能证明这一点？

4. 根据不对称负载三角形连接时的相电流值作相量图，并求出线电流值，然后与实训测得的线电流做比较。

5. 心得体会及其他。

## 任务 5.3　模数化终端组合电器的选择与安装

**任务内容**

模数化终端组合电器的选择与安装。

## 任务目标

1. 熟悉模数化终端组合电器的选择与组装。
2. 学会断路器与漏电保护开关的使用与校验方法。
3. 根据断路器的脱扣曲线掌握它的动作特性。

## 相关知识

模数化终端组合电器是由模数化卡装式电器以及它们之间的电气、机械联锁和外壳等组成的组合体，用于电力线路的末端对电力设备进行配电控制与保护。它由不同规格的断路器、漏电保护开关等组成，在尺寸系列上进行统一(如电器宽度均制成9mm的模数)，使各种电器元件能相互协调、配合安装(这与国际上也是接轨的)。所以，模数化终端组合电器具有使用可靠、安全、方便和美观等优点。现在民用建筑电气设计中，模数化终端组合电器几乎取代了由闸刀、熔断器等组成的老式照明配电箱。

### 5.3.1 实验器材

断路器、漏电附加器、双极断路器和配电箱等。

### 5.3.2 实训内容

1. 现有一电化教室，其配电照明箱共3分支回路。其中照明负荷1.5kW，插座回路3kW，空调回路4kW。试选择各回路保护电器与线路的种类及电气规格，并填入表2-8中。设总负荷需要系数为0.7，功率因数为0.8(需要系数是根据统计规律确定的系数，计算负荷等于设备容量乘需要系数)。

**表 2-8 保护电器与线路的种类及电气规格**

| 设备规格<br>回路分类 | 保护电器种类 | 保护电器规格 | 线路规格 |
| --- | --- | --- | --- |
| 照明回路 | | | |
| 插座回路 | | | |
| 空调回路 | | | |
| 进线总回路 | | | |

2. 测量各保护电器行宽度，选择合适的配电箱安装，并填表2-9。

**表 2-9 保护电器与配电箱的尺寸规格**

| 回路<br>尺寸 | 照明回路 | 插座回路 | 空调回路 | 总回路 | 尺寸总计 | 配电箱规格(位) |
| --- | --- | --- | --- | --- | --- | --- |
| 保护电器尺寸规格(mm) | | | | | | |

3. 配电箱组装。漏电保护开关一般由漏电附加器和双极断路器构成，使其具有短路、过流和漏电的保护，其组装方法见图 2-37，最后将所有保护开关装入所选配电箱。

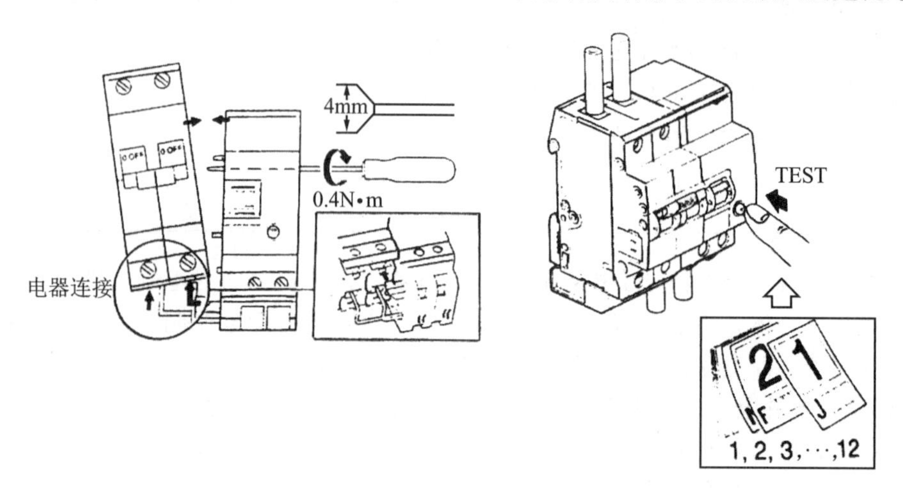


图 2-37 漏电保护开关的组装

### 5.3.3 实训注意事项

选择各回路保护电器与线路的种类及电气规格时，注意要考虑总负荷需要系数。

### 5.3.4 实训报告与思考题

(1)将所测数据填入相应表中进行分析小结。

(2)将已装好的照明配电箱通电，对漏电保护开关进行漏电测试(参见图 2-37，按使用规定每月应测试一次)。并根据漏电附加器上的原理图分析测试按钮的工作原理。

## 习题

2-1 一正弦交流电的频率是 50Hz，有效值是 5A，初相位是$\frac{\pi}{3}$，写出它的瞬时值表达式，并且画出它的波形图。[答案：$i=5\sqrt{2}\sin(100\pi t+\frac{\pi}{3})$A]

2-2 已知交流电压 $u_1=220\sqrt{2}\sin(100\pi t+30°)$V，$u_2=380\sqrt{2}\sin(100\pi t+60°)$V。求各交流电压的最大值、有效值、角频率、频率、周期、初相位和它们之间的相位差，指出它们之间的“超前”或“滞后”关系，并画出它们的相量。[答案：$U_{1m}=220\sqrt{2}$V，$U_{2m}=380\sqrt{2}$V，$U_1=220$V，$U_2=380$V，$\omega=314$rad/s，$f=50$Hz，$T=0.02$s，$\psi_1=30°$，$\psi_2=60°$，$\varphi=-30°$]

2-3 用相量图法计算 $i=[3\sqrt{2}\sin(100\pi t+30°)+4\sqrt{2}\sin(100\pi t-60°)]$A。[答案：$i=5\sqrt{2}\sin(100\pi t-23.1°)$A]

2-4 在纯电阻电路中，下列各式哪些是正确的？

A. $i=\frac{U}{R}$，B. $I=\frac{U}{R}$，C. $I_m=\frac{U_m}{R}$，D. $R=\frac{u}{i}$，E. $U=\sqrt{2}IR\sin\omega t$

[答案：B、C、D]

2-5　在纯电感电路中，下列各式哪些是正确的？

A. $i=\frac{U}{\omega L}$，B. $X_L=\frac{u}{i}$，C. $I=\frac{U}{X_L}$，D. $U_m=I_mX_L$，D. $u=i\omega L$

[答案：C、D]

2-6　在纯电容电路中，下列各式哪些是正确的？

A. $i=\frac{u}{X_C}$，B. $u=\frac{i}{\omega C}$，C. $u=\mathrm{i}\omega C$，D. $U=IX_C$，E. $I=U\omega C$

[答案：D、E]

2-7　一个电炉分别通以10A直流电流和最大值为10A正弦工频交流电流，在相同的时间内，该电炉通以直流电流和通以正弦工频交流电流发出的热量之比为多少？[答案2：1]

2-8　一个线圈的电阻只有几欧姆，自感系数为0.6H，把线圈接在50Hz的交流电路中，它的感抗是多大？从感抗和电阻的大小来说明为什么粗略计算时，可以略去电阻的作用而认为它是一个纯电感电路。[答案：感抗为188.4Ω]

2-9　试计算电容是1000pF的电容器，对频率是$10^6$Hz的高频电流和频率是$10^3$Hz的音频电流的容抗各是多少？[答案：159.2Ω，159.2kΩ]

2-10　已知加在2μF的电容器上的交流电压为$u=220\sqrt{2}\sin 314t$V，求通过电容器的电流瞬时值表达式，并画出电流、电压的相量图。[答案：$i=0.138\sqrt{2}\sin(314t+90°)$A]

2-11　在一个$RLC$串联电路中，已知电阻为8Ω，感抗为10Ω，容抗为4Ω，电路的端电压为220V，求电路中的总阻抗、电流、各元件两端的电压以及电流和端电压的相位关系，并画出电压、电流的相量图。[答案：10Ω，$I=22$A，$U_R=176$V，$U_L=220$V，$U_C=88$V]

2-12　一个电感线圈接到电压为120V的直流电电源上，测得电流为20A；接到频率为50Hz、电压为220V的交流电源上，测得电流为28.2A，求线圈的电阻和电感。[答案：6Ω，15.86mH]

2-13　在$RLC$串联电路中，已知电阻为6Ω，感抗为8Ω，容抗为16Ω，接在120V的交流电源上，求电路中的总电流和总阻抗，并画出电流和电压的相量图。[答案：12A，10Ω]

2-14　已知某交流电路，电源电压$u=100\sqrt{2}\sin 314t$V，电路中的电流$i=\sqrt{2}\sin(100\pi t-60°)$A，求电路的功率因数、有功功率、无功功率和视在功率。[答案：0.5，50W，86.6var，100VA]

2-15　某变电所输出的额定电压为220V，额定视在功率为220kV·A，如果给电压为220V、功率因数为0.75、额定功率为33kW的单位供电，问能供给几个这样的单

位？若把功率因数提高到0.9，又能供给几个这样的单位？[答案：5个，6个]

2-16　在50Hz、220V的交流电路中，接40W的日光灯一只，测得功率因数为0.5，现若并联一个4.75μF的电容器，问功率因数可提高到多大？[答案：0.96]

2-17　收音机的输入调谐回路为$RLC$串联谐振电路，当电容为150pF，电感为250μH，电阻为20Ω，求谐振频率和品质因数。[答案：822kHz，64.5]

2-18　在$RLC$串联谐振电路中，已知信号源电压为1V，频率为1MHz，现调节电容使回路达到谐振，这时回路电流为100mA，电容器两端电压为100V。求电路元件参数$R$、$L$、$C$和回路品质因数$Q$。[答案：10Ω，0.159mH，159.2pF，100]

2-19　为了求出一个线圈的参数，在线圈两端接上频率为50Hz的交流电源，测得线圈两端的电压为150V，通过线圈的电流为3A，线圈消耗的有功功率为360W，问此线圈的电感和电阻是多大？[答案：95.5mH，40Ω]

2-20　对称三相电路的有功功率$P=\sqrt{3}U_lI_l\cos\varphi$，功率因数角$\varphi$指的是哪个角？

2-21　在负载星形连接的三相电路中，中线起的作用是什么？

2-22　当额定电压为220V的照明负载连接于线电压为220V的三相四线制电路时，与连接于线电压为380V的三相四线制电路时，连接形式是否相同，为什么？

2-23　图2-38所示电路，$Z=(3+j4)\Omega$，电源线电压$\dot{U}_{AB}=380\angle 30°$V。求相电流$\dot{I}_{AB}$和线电流$\dot{I}_A$，画出线电压$\dot{U}_{AB}$和相电流$\dot{I}_{AB}$，线$\dot{I}_A$的相量图，计算电路的三相功率$P$、$Q$、$S$的值。[答案：76$\angle -23°$A，132$\angle -53°$A，52kW，69.2kvar，86.6kV·A]

2-24　图2-39所示电路，$Z=(5+j5)\Omega$，三相四线制电源相电压$u_A=220\sqrt{2}\sin 314t$V，求电流$i_A$，并画出$\dot{U}_{AB}$、$\dot{U}_A$和$\dot{I}_A$的相量图。[答案：$i_A=44\sin(314t-45°)$A]

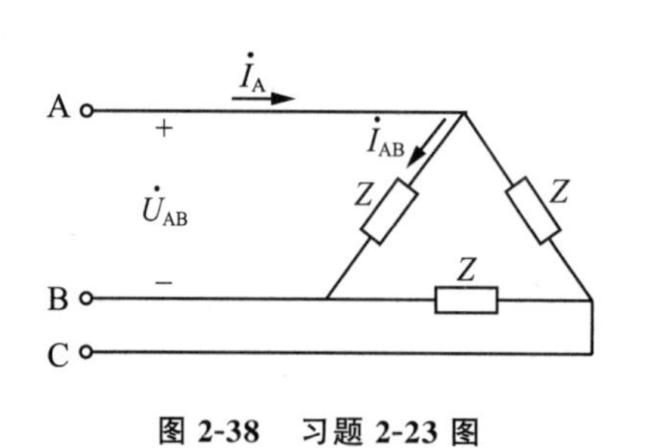


图2-38　习题2-23图

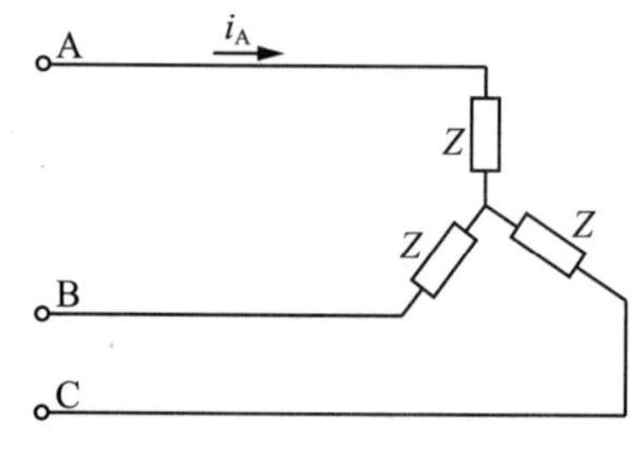


图2-39　习题2-24图

2-25　图2-40所示电路，已知电压$\dot{U}_{AB}=380\angle 30°$V，阻抗$Z_1=Z_2=(16+j12)\Omega$，阻抗$Z_3=(12+j16)\Omega$，求三相电路中所有的相电流和线电流，并画出所有电流的相量图。

[答案：$\dot{I}_{AB}=19\angle -7°$A，$\dot{I}_{BC}=19\angle -127°$A，$\dot{I}_{CA}=19\angle 97°$A，$\dot{I}_A=30\angle -45°$A，$\dot{I}_B=33\angle -157°$A，$\dot{I}_C=35.2\angle 75°$A]

2-26　图 2-41 所示电路，在三相对称电源上接入了一组不对称的星形连接的负载，已知 $Z_1=20\Omega$，$Z_2=-j20\Omega$，$Z_3=j20\Omega$，$\dot{U}_{AB}=380\angle 0°V$，求电路中各线电流。

［答案：$\dot{I}_N=30\angle -30°A$，$\dot{I}_A=11\angle -30°A$，$\dot{I}_B=11\angle -60°A$，$\dot{I}_C=11\angle 0°A$］

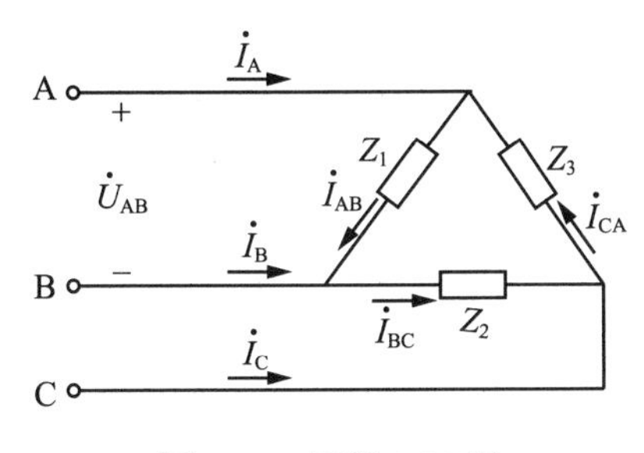


图 2-40　习题 2-25 图

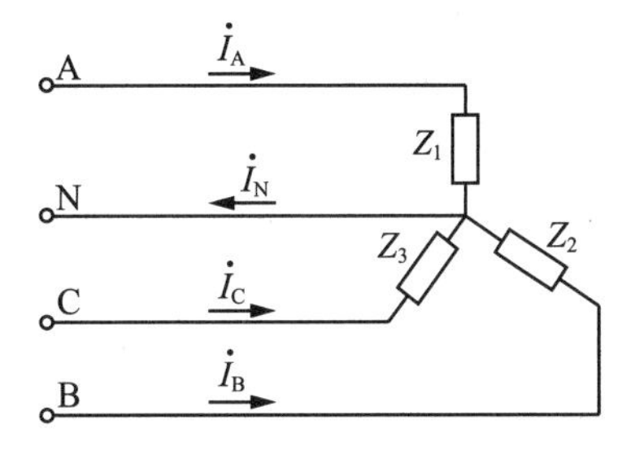


图 2-41　习题 2-26 图

2-27　在图 2-42 所示电路，设 $\dot{U}_{AB}=380\angle 30°V$，三相四线制电路上接有对称星形连接的白炽灯负载，其总功率为 180W。此外，在 C 相上接有额定电压为 220V、功率为 40W、功率因数 $\cos\varphi=0.5$ 的日光灯一只，试求电流 $\dot{I}_A$、$\dot{I}_B$、$\dot{I}_C$ 和 $\dot{I}_N$。

［答案：$0.364\angle 60°A$，$0.273\angle 0°A$，$0.273\angle -120°A$，$0.553\angle 85.3°A$］

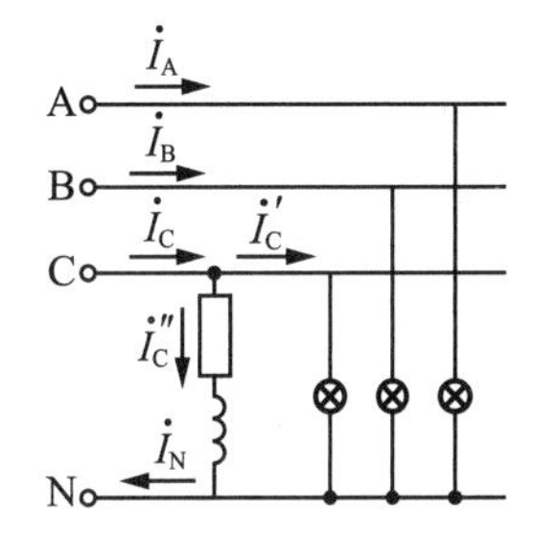


图 2-42　习题 2-27 图

2-28　为什么远距离输电要采用高电压？

2-29　如果要用一个单刀开关来控制电灯的亮灭，这个开关应该装在火线上还是零线上？

2-30　某学校照明负荷为 8kW，全部用白炽灯，电压为 220V，由 50m 处的变压器供电，要求电压损失不超过 5%。试选择输电的铜导线的截面。(假设温度为 40℃)［答案：$10mm^2$］

2-31　有一单元共 8 户，每户照明负荷为 5kW，$\cos\varphi=0.7$，用 220V/380V 三相四线制供电，三相负载基本平衡。设单元总需要系数为 0.4，用户离电源 100m，要求电压损失不超过 5%。试选择穿 PVC 管的供电铜导线的截面。(假设温度为 30℃)［答案：$10mm^2$］

2-32　在中性点接地的系统中，为什么要采用重复接地，为什么不能采用保护接地。工作接地与保护接地、重复接地有何区别？

## 塑人阅读

创新企业——海康威视

创新企业——华为

二十大精神学习：
坚持安全第一，提高公共安全治理水平

# 第三部分　磁路、变压器和交流电动机及其应用

## 模块1　磁路的认识

磁场的基本物理量

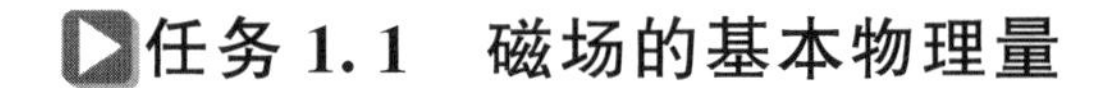

### 任务1.1　磁场的基本物理量

**任务内容**

*磁场的基本物理量磁感应强度、磁通、磁场强度和磁导率。*

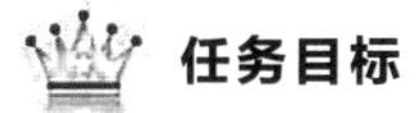

**任务目标**

*使学生对磁场的基本物理量有较熟的了解。*

**相关知识**

#### 1.1.1　磁场的基本物理量

*1. 磁感应强度* $\boldsymbol{B}$

磁感应强度 $\boldsymbol{B}$ 是表示磁场内某点的磁场强弱及方向的物理量。它是一个空间矢量，其方向与该点磁力线切线方向一致，与产生该磁场的电流之间的方向关系符合右手螺旋定则。其大小可用 $B=\frac{F}{lI}$ 来衡量。若磁场内各点的磁感应强度大小相等、方向相同，则称此磁场为均匀磁场。在国际单位制(SI)中，磁感应强度的单位是特斯拉(T)，简称特。

*2. 磁通* $\boldsymbol{\Phi}$

在均匀磁场中，磁感应强度 $B$(如果不是均匀磁场，则取 $B$ 的平均值)与垂直于磁场方向的面积 $S$ 的乘积，称为通过该面积的磁通 $\boldsymbol{\Phi}$，即

$$\Phi=BS \text{ 或 } B=\frac{\Phi}{S} \tag{3-1}$$

由此可见，磁感应强度 $B$ 在数值上等于垂直磁场方向的单位面积 $S$ 上通过的磁通，

故磁感应强度又称为磁通密度。在国际单位制中，磁通的单位是伏·秒，通常称为韦伯(Wb)，简称韦。

3. 磁场强度 $\boldsymbol{H}$

磁场强度 $\boldsymbol{H}$ 是计算磁场时所引用的一个物理量，也是一个矢量，通过它来确定磁场与电流之间的关系，即

$$\oint H\,\mathrm{d}l=\sum I \tag{3-2}$$

式(3-2)是安培环路定律，又称为全电流定律的数学表达式，它是计算磁路的基本公式。其中 $\oint H\,\mathrm{d}l$ 是磁场强度矢量 $\boldsymbol{H}$ 沿任意闭合回线 $\boldsymbol{l}$(常取磁通作为闭合回线)的线积分，$\sum I$ 是穿过该闭合回线所围面积的电流代数和。它的单位是安/米(A/m)。

**4. 磁导率 $\mu$**

磁导率 $\mu$ 是用来表示磁场媒质磁性的物理量，即用来衡量物质导磁性能的物理量。它与磁场强度的乘积等于磁感应强度，即

$$B=\mu H \tag{3-3}$$

磁导率的单位是亨/米(H/m)。真空的磁导率 $\mu_0=4\pi\times10^{-7}$ H/m。任意一种物质的磁导率与真空的磁导率之比称为相对磁导率，用 $\mu_r$ 表示，即

$$\mu_r=\frac{\mu}{\mu_0} \tag{3-4}$$

磁场内某一点的磁场强度 $H$ 只与电流大小、线圈匝数以及该点的几何位置有关，而与磁场媒质的磁导率无关；但磁感应强度则与磁场媒质的磁导率有关，当线圈内的媒质不同时，则磁导率也不同，即在相同的电流值下，同一点的磁感应强度的大小就不同，线圈内的磁通也就不同。

## 任务 1.2　磁性材料和交流铁心线圈电路

磁性材料和交流铁心线圈电路

### 任务内容

磁性材料的磁性能、磁路的欧姆定律和交流铁心线圈电路及功率损耗。

### 任务目标

使学生对磁性材料的磁性能、磁路的欧姆定律和交流铁心线圈电路及功率损耗有较熟的了解。

**相关知识**

## 1.2.1 磁性材料和磁路的欧姆定律

1. 磁性材料的磁性能

自然界的所有物质按其磁导率的大小，可分为磁性材料和非磁性材料两大类。磁性材料的导磁性能好，磁导率大，如铁、钢、镍、钴等；非磁性材料的导磁性能差，磁导率小，如铜、铝、纸、空气等。

磁性材料是制造变压器、电机、电器等各种电气设备的主要材料，磁性材料的磁性能对电磁器件的性能和工作状态产生很大影响，磁性材料的磁性能主要表现为高导磁性、磁饱和性及磁滞性。

(1)高导磁性。磁性材料具有很强的导磁能力，在外磁场作用下，其内部的磁感应强度会大大增强，相对磁导率可达几百、几千甚至几万。这是因为磁性材料不同于其他物质，有其内部特殊性。在磁性材料的内部存在许多磁化小区，称为磁畴，每个磁畴就像一块小磁铁。我国古代劳动人们利用这个原理发明了指南针，我们要把中华优秀传统文化得到创造性转化、创新性发展，进入创新型国家行列。在无外磁场作用时，这些磁畴的排列是不规则的，对外不显示磁性，如图 3-1(a)所示。在一定强度的外磁场作用下，这些磁畴将顺着外磁场的方向趋向规则的排列，对外显示磁性，产生一个附加磁场，使磁性材料内的磁感应强度大大增强，如图 3-1(b)所示。这种现象称为磁性材料被磁化。非铁磁材料没有磁畴结构，所以不具有磁化特性。

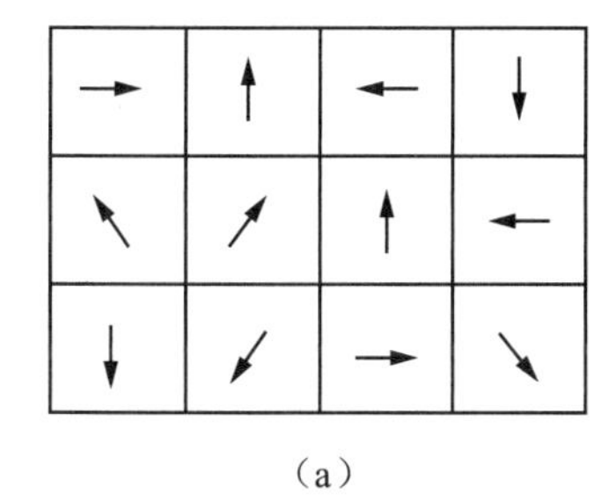
(a)

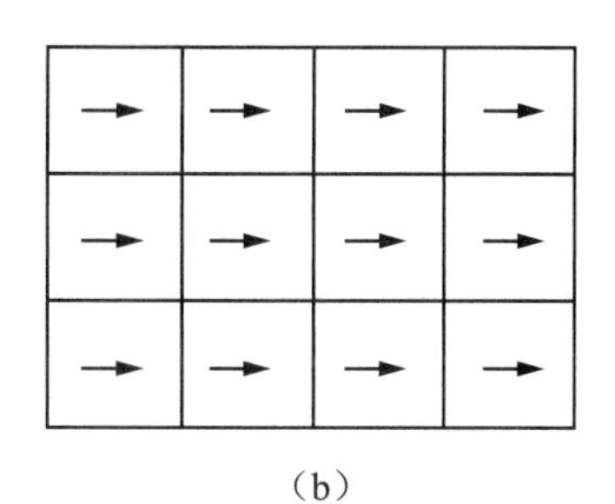
(b)

**图 3-1 磁性物质的磁化**

磁性材料的磁性能被广泛地应用于电工设备中，如电机、变压器及各种铁磁元件的线圈中都放有铁心。通电线圈中放入铁心后，即使通入不大的励磁电流，磁场会大大增强，因为此时的磁场是线圈产生的磁场和铁心被磁化后产生的附加磁场的叠加，这就解决了既要磁通大，又要励磁电流小的矛盾。利用优质的磁性材料可使同一容量电机的重量和体积大大减轻和减小。

(2)磁饱和性。在磁性材料的磁化过程中，随着励磁电流的增大，外磁场和附加磁场都将增大，但当励磁电流增大到一定值时，几乎所有的磁畴都与外磁场的方向一致，附加磁场就不再随励磁电流的增大而继续增强，整个磁化磁场的磁感应强度 $B_J$ 接近饱

和，这种现象称为磁饱和现象，如图 3-2 所示。

磁性材料的磁化特性可用磁化曲线 $B=f(H)$ 来表示，磁性材料的磁化曲线如图 3-2 所示。其中 $B_0$ 是在外磁场作用下如果磁场内不存在磁性材料时的磁感应强度，若将 $B_J$ 曲线和 $B_0$ 直线的纵坐标相加，便得出 $B$—$H$ 磁化曲线。此曲线可分成三段：$Oa$ 段的 $B$ 与 $H$ 差不多成正比增加；$ab$ 段的 $B$ 增加较缓慢，增加速度下降；$b$ 以后部分的 $B$ 增加很小，逐渐趋于饱和。

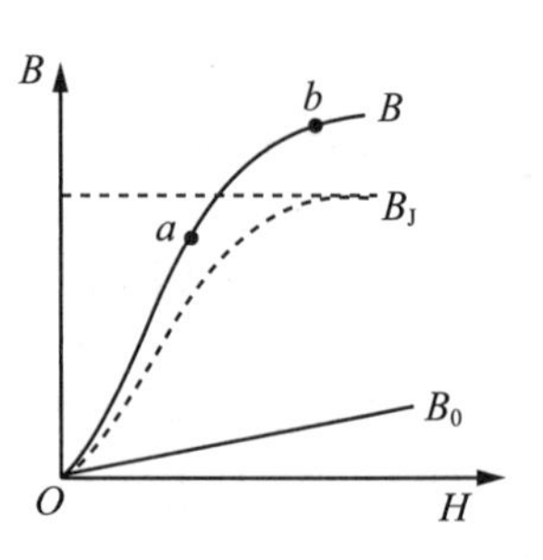


图 3-2　磁化曲线

当有磁性材料存在时，$B$ 与 $H$ 不成正比，所以磁性材料的磁导率 $\mu$ 不是常数，将随着 $H$ 的变化而变化，如图 3-3 所示为 $\mu=f(H)$ 曲线。由于磁通 $\Phi$ 与 $B$ 成正比，产生磁通的励磁电流 $I$ 与 $H$ 成正比，所以在有磁性材料的情况下，$\Phi$ 与 $I$ 也不成正比。不同的磁性材料，其磁化曲线也不相同。

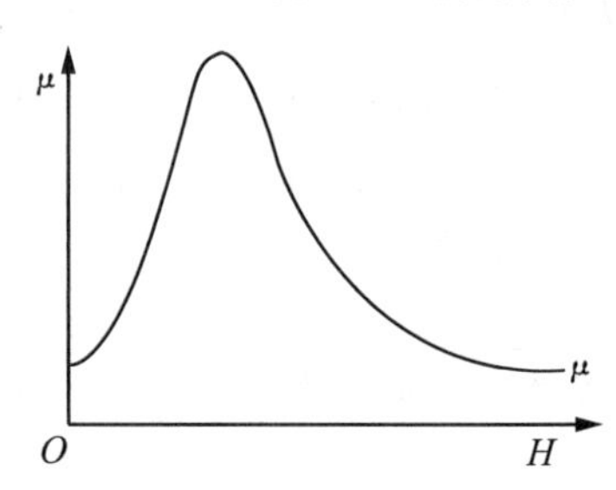


图 3-3　$\mu$ 与 $H$ 的关系

(3)磁滞性。当磁性线圈中通交流时，则磁性材料将受到交变磁化。在电流交变的一个周期中，磁感应强度 $B$ 随磁场强度 $H$ 变化的关系如图 3-4 所示。由图可见，当磁场强度 $H$ 减小时，磁感应强度 $B$ 并不沿着原来这条曲线回降，而是沿着一条比它高的曲线缓慢下降。这种磁感应强度滞后于磁场强度变化的性质称为磁性物质的磁滞性。当线圈电流减小到零时，磁场强度 $H$ 也减小到零时，磁感应强度 $B$ 并不等于零而仍然有一定的值，磁性材料仍然保有一定的磁性，这部分剩余的磁性称为剩磁，用 $B_r$ 表示(见图 3-4)。如果要去掉剩磁，使 $B=0$，必须施加一反方向磁场强度($-H_C$)，$H_C$ 的大小称为矫顽磁力，它表示铁磁材料反抗退磁的能力。在磁性材料反复磁化的过程中，表示 $B$ 与 $H$ 变化关系的封闭曲线称为磁滞回线，如图 3-4 所示。

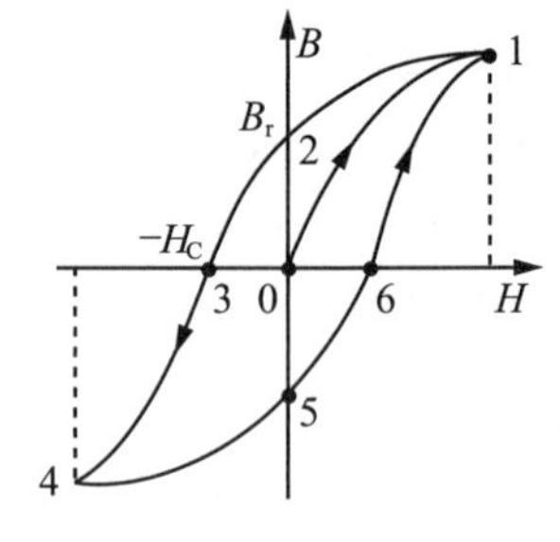


图 3-4　磁滞回线

不同的磁性材料，其磁性能、磁化曲线和磁滞回线也不相同。磁性材料按其磁性能可分为软磁材料、硬磁材料(又称永磁材料)和矩磁材料三种类型。

软磁材料的剩磁和矫顽磁力较小，磁滞回线形状较窄，所包围的面积较小，但磁化曲线较陡，即磁导率较高。它既容易磁化，又容易退磁，常见的软磁材料有纯铁、铸铁、硅钢、玻莫合金以及非金属软磁铁氧体等。一般用于有交变磁场的场合，如用来制造镇流器、变压器、电动机以及各种中、高频电磁元件的铁心等。非金属软磁铁氧体在电子技术中应用也很广泛，如计算机的磁心、磁鼓及录音机的磁带、磁头等。

硬磁材料的剩磁和矫顽磁力较大，磁滞回线形状较宽，所包围的面积较大，适用于制作永久磁铁，如扬声器、耳机、电话机、录音机以及各种磁电式仪表中的永久磁铁都是硬磁材料制成的，常见硬磁材料有碳钢、钴钢及铁镍铝钴合金等。近年来稀土永磁材料发展很快，像稀土钴、稀土钕铁硼等，其矫顽磁力更大。

矩磁材料的磁滞回线近似于矩形，剩磁很大，接近饱和磁感应强度，稳定性良好；但矫顽磁力较小，易于翻转。常在计算机和控制系统中用作记忆元件、逻辑元件和开关元件，矩磁材料有镁锰铁氧体及某些铁镍合金等。

2. 磁路的欧姆定律

为了使较小的励磁电流产生足够大的磁感应强度(或磁通)，通常把电机、变压器等元件中的磁性材料做成一定形状的铁心。铁心的磁导率比周围空气或其他物质的磁导率要高很多，因此，磁通的绝大部分经过铁心而形成一个闭合通路。前面我们说过，电流流过的路径叫电路，而这种人为造成的磁通的路径称为磁路。如图 3-5 所示为环形线圈的磁路。

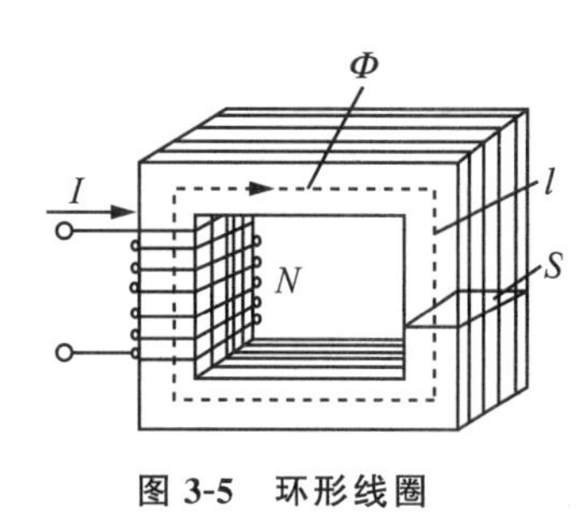

**图 3-5　环形线圈**

根据全电流定律公式(3-2)有

$$\oint H\,\mathrm{d}l=\sum I$$

可得，

$$NI=Hl=\frac{B}{\mu}l=\frac{\Phi}{\mu S}l \quad 或 \quad \Phi=\frac{NI}{\frac{l}{\mu S}}=\frac{F}{R_{\mathrm{m}}}$$

式中，$F=NI$ 为磁通势，$R_{\mathrm{m}}$ 为磁阻，$l$ 为磁路的平均长度，$S$ 为磁路的横截面积。

磁路和电路有很多相似之处，但它们的实质不同，分析和处理磁路比电路时复杂得多，应注意以下几个问题。

(1)在处理磁路时，离不开磁场的概念，一般都要考虑漏磁通。

(2)由于磁导率 $\mu$ 不是常数，它随工作状态即励磁电流而变化，所以一般不提倡直接应用磁路的欧姆定律和磁阻来进行定量计算，但在许多场合可用于定性分析。

## 1.2.2　交流铁心线圈电路

铁心线圈分直流铁心线圈和交流铁心线圈两种。直流铁心线圈由直流电来励磁，产生的磁通是恒定的，在线圈和铁心中不会感应出电动势来，线圈中的电流由外加电压和线圈本身的电阻来决定，功率损耗也只有线圈电阻上的损耗，分析比较简单，如直流电机的励磁线圈、电磁吸盘及各种直流电器的线圈。交流铁心线圈由交流电来励磁，产生的磁通是交变的，其电磁关系、电压电流关系及功率消耗和直流铁心线圈不一样，比较复杂，如变压器、交流电机和其他交流电气设备等。下面主要介绍交流铁心线圈电路。

1. 电磁关系

图 3-6 是交流铁心线圈电路，设线圈的匝数为 $N$，当在线圈两端加上正弦交流电压 $u$ 时，就有交变励磁电流 $i$ 流过，在交变磁动势 $iN$ 的作用下将产生交变的磁通，其绝大部分通过铁心而闭合，称为主磁通或工作磁通 $\Phi$。还有很小部分从附近空气或其

他非导磁媒质中通过而闭合，称为漏磁通 $\Phi_\sigma$。这两种交变的磁通分别在线圈中产生主磁电动势 $e$ 和漏磁电动势 $e_\sigma$，其方向由右手螺旋定则决定，如图 3-6 所示。

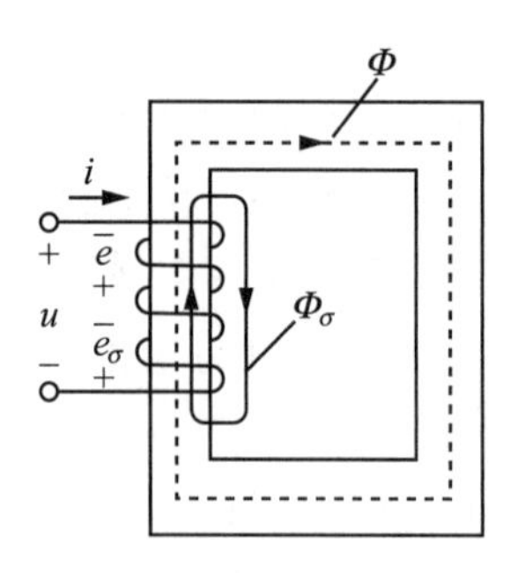

图 3-6　交流铁心线圈电路

设线圈电阻为 $R$，由基尔霍夫电压定律可得铁心线圈中的电压、电流与电动势之间的关系为

$$u=iR-e-e_\sigma \tag{3-5}$$

这就是交流铁心线圈的电压平衡方程式。

由于铁心线圈电阻 $R$ 上的电压降 $iR$ 和漏磁通电动势 $e_\sigma$ 都很小，与主磁通电动势 $e$ 比较，均可忽略不计，故上式可写成 $u=-e$。设主磁通 $\Phi=\Phi_m\sin\omega t$，则

$$e=-N\frac{d\Phi}{dt}=-N\omega\Phi_m\cos\omega t=2\pi fN\Phi_m\sin(\omega t-90^\circ)=E_m\sin(\omega t-90^\circ)$$

式中，$E_m=2\pi fN\Phi_m$，是主磁通电动势 $e$ 的最大值，而有效值则为

$$E=\frac{E_m}{\sqrt{2}}=4.44fN\Phi_m \tag{3-6}$$

所以，外加电压的有效值为 $U\approx E=4.44fN\Phi_m=4.44fNB_mS$。　(3-7)

式中，$\Phi_m$ 的单位是韦伯(Wb)；$f$ 的单位是赫兹(Hz)；$U$ 的单位是伏特(V)。

从上式可看出，在忽略线圈电阻和漏磁通的条件下，当线圈匝数 $N$ 和电源频率 $f$ 一定时，铁心中的磁通最大值 $\Phi_m$ 与外加电压有效值 $U$ 成正比，而与铁心的材料及尺寸无关，也就是说，当线圈匝数 $N$、外加电压有效值 $U$ 和频率 $f$ 都一定时，铁心中的磁通最大值 $\Phi_m$ 将保持基本不变。

2. 功率损耗

在交流铁心线圈电路中，除在线圈电阻上有功率损耗 $RI^2$(又称为铜损 $\Delta P_{Cu}$)外，铁心中也会有功率损耗(又称为铁损 $\Delta P_{Fe}$)，铁损又包括磁滞损耗 $\Delta P_h$ 和涡流损耗 $\Delta P_e$ 两部分。

(1)磁滞损耗 $\Delta P_h$。铁磁材料交变磁化时产生的铁损称为磁滞损耗。它是由铁磁材料内部磁畴反复转向，磁畴间相互摩擦引起铁心发热而造成的损耗。可以证明，铁心单位体积内每周期产生的磁滞损耗与磁滞回线所包围的面积成正比。为了减小磁滞损耗，交流铁心均由软磁材料制成，如硅钢等。

(2)涡流损耗 $\Delta P_e$。铁磁材料不仅有导磁能力，同时也有导电能力，因而在交变磁通的作用下铁心内将产生感应电动势和感应电流，这种感应电流称为涡流，它在垂直于磁通方向的平面内围绕磁力线呈旋涡状环流着，如图 3-7(a)所

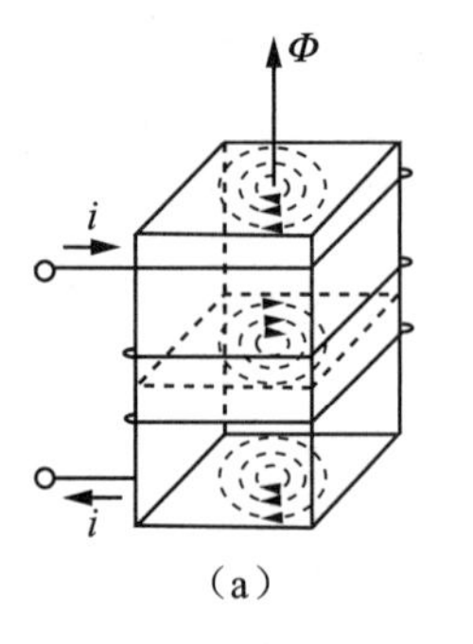

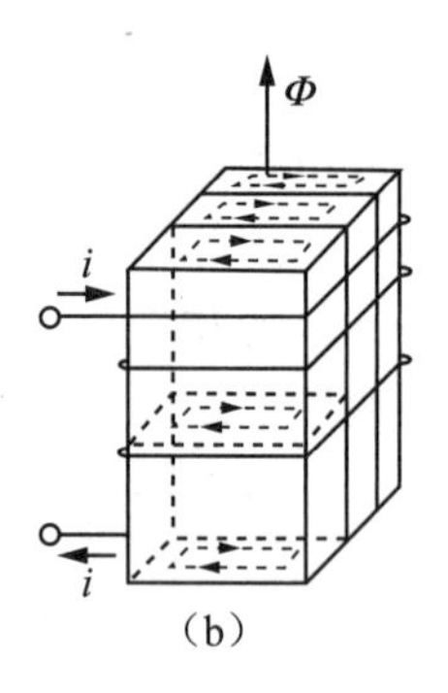

图 3-7　铁心中的涡流

示。涡流使铁心发热，其功率损耗称为涡流损耗。

为了减小涡流，可采用硅钢片叠成的铁心，它不仅有较高的磁导率，还有较大的电阻率，可使铁心的电阻增大，涡流减小，同时硅钢片的两面涂有绝缘漆，使各片之间互相绝缘，可把涡流限制在一些狭长的截面内流动，从而减小了涡流损失，如图 3-7(b)所示。所以，各种交流电机、电器和变压器的铁心普遍用硅钢片叠成。涡流也有其有利的一面，如利用涡流的热效应来冶炼金属，利用涡流和磁场相互作用而产生电磁力的原理来制造感应式仪器、滑差电机和涡流测距器等。

综上所述，交流铁心线圈电路的功率损耗为

$$P=\Delta P_{\mathrm{Cu}}+\Delta P_{\mathrm{Fe}}=\Delta P_{\mathrm{Cu}}+\Delta P_{\mathrm{h}}+\Delta P_{\mathrm{e}} \tag{3-8}$$

# 模块 2　变压器及其应用

变压器的基本结构
和工作原理

## 任务 2.1　变压器的基本结构和工作原理

### 任务内容

变压器的基本结构、分类、工作原理和作用。

### 任务目标

使学生对变压器的基本结构和工作原理有较熟的了解。

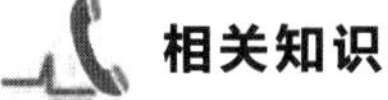

### 相关知识

变压器是利用电磁感应原理传输电能或信号的器件，具有变压、变流、变阻抗和隔离的作用，是一种常见的电气设备，它的种类很多，在电力系统和电子线路中应用十分广泛。例如，在电力系统中，用电力变压器把发电机发出的电压升高后进行远距离输电，到达目的地以后再用变压器把电压降低供用户使用；在实验室中，用自耦变压器改变电源电压；在测量上，利用仪用互感器扩大对交流电压、电流的测量范围；在电子设备和仪器中，用小功率电源变压器提供多种电压，用耦合变压器传递信号并隔离电路上的联系等。变压器虽然大小悬殊，用途各异，但其基本结构和工作原理是相同的。

### 2.1.1　变压器的基本结构

1. 变压器的基本结构

变压器由铁心和绕组两大部分组成，图 3-8(a)和图 3-8(b)分别是它的结构示意图

和图形符号。这是一个简单的双绕组变压器，在一个闭合的铁心上套有两个绕组，绕组与绕组之间以及绕组与铁心之间都是绝缘的。绕组通常用绝缘的铜线或铝线绕成，与电源相连的绕组，称为原绕组；与负载相连的绕组，称为副绕组。为了减少铁心中的磁滞损耗和涡流损耗，变压器的铁心大多用 0.35～0.5mm 厚的硅钢片叠成，为了降低磁路的磁阻，一般采用交错叠装方式，即将每层硅钢片的接缝错开。

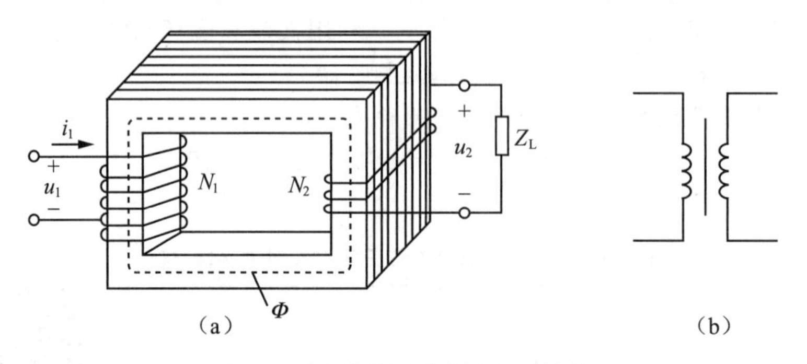


图 3-8　变压器的示意图和图形符号

2. 变压器的分类

变压器按铁心和绕组的组合形式，可分为心式和壳式两种，如图 3-9 所示。心式变压器的铁心被绕组所包围，而壳式变压器的铁心则包围绕组。心式变压器用铁量比较少，多用于大容量的变压器，如电力变压器都采用心式结构；壳式变压器用铁量比较多，但不需要专门的变压器外壳，常用于小容量的变压器，如各种电子设备和仪器中的变压器多采用壳式结构。变压器按冷却方式又可分为自冷式和油冷式(常用于三相变压器中)两种，在自冷式变压器中，热量依靠空气的自然对流和辐射直接散发到周围空气内。当变压器的容量较大时常采用油冷式，此时变压器的铁心和绕组全部浸在变压器油内，使其产生的热量通过变压器油传给箱壁而散发到空中去。

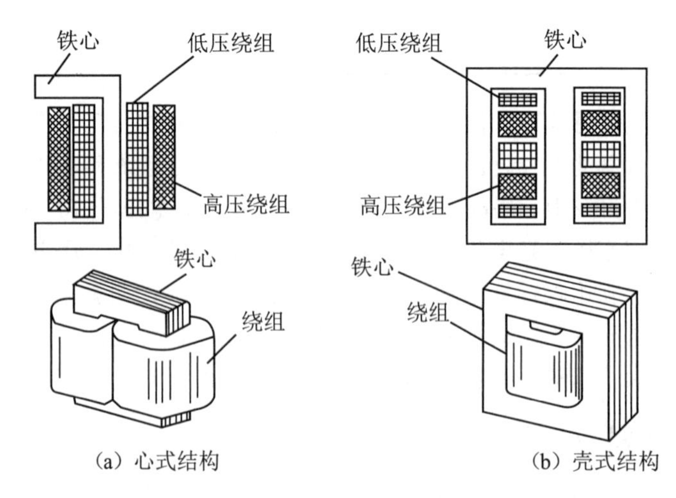


图 3-9　变压器的结构

## 2.1.2 变压器的工作原理

1. 电压变换

变压器的原绕组接交流电压 $u_1$ 且副绕组开路时的运行状态称为空载运行，如图 3-10 所示。这时副绕组中的电流 $i_2=0$，开路电压用 $u_{20}$ 表示。原绕组中通过的电流为空载电流 $i_{10}$，各量的参考方向如图 3-10 所示。图中 $N_1$ 为原绕组的匝数，$N_2$ 为副绕组的匝数。

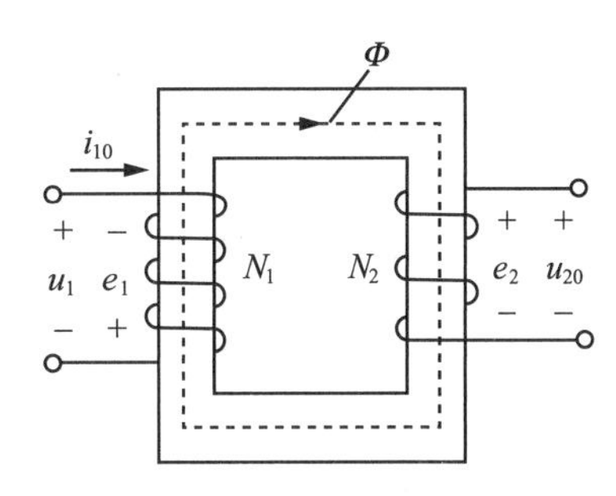

图 3-10 变压器的空载运行

由于副绕组开路，这时变压器的原绕组电路相当于一个交流铁心线圈电路，通过的空载电流 $i_{10}$ 就是励磁电流，且产生磁动势 $i_{10}N_1$，此磁动势在铁心中产生的主磁通 $\Phi$ 通过闭合铁心，既穿过原绕组，也穿过副绕组，于是在原绕组和副绕组中分别感应出电动势 $e_1$ 和 $e_2$。$e_1$ 和 $e_2$ 与 $\Phi$ 的参考方向之间符合右手螺旋定则(见图 3-10)时，由法拉第电磁感应定律可得

$$e_1=-N_1\frac{\mathrm{d}\Phi}{\mathrm{d}t},\ e_2=-N_2\frac{\mathrm{d}\Phi}{\mathrm{d}t} \tag{3-9}$$

由式(3-7)可得，$e_1$ 和 $e_2$ 的有效值分别为

$$E_1=4.44fN_1\Phi_m,\ E_2=4.44fN_2\Phi_m \tag{3-10}$$

其中，$f$ 为交流电源的频率，$\Phi_m$ 为主磁通 $\Phi$ 的最大值。

由于铁心线圈电阻 $R$ 上的电压降 $iR$ 和漏磁通电动势 $e_\sigma$ 都很小，均可忽略不计，故原、副绕组中的电动势 $e_1$ 和 $e_2$ 的有效值近似等于原、副绕组上电压的有效值，即

$$U_1\approx E_1,\ U_{20}\approx E_2$$

所以可得

$$\frac{U_1}{U_{20}}\approx\frac{E_1}{E_2}=\frac{N_1}{N_2}=K_u \tag{3-11}$$

由式(3-11)可见，变压器空载运行时，原、副绕组上电压的比值等于两者的匝数比，这个比值 $K_u$ 称为变压器的变压比，变压器就可以把某一数值的交流电压变换为同频率的另一数值的电压，这就是变压器的电压变换作用。当原绕组匝数 $N_1$ 比副绕组匝数 $N_2$ 多时，$K_u>1$，这种变压器称为降压变压器；反之，原绕组匝数 $N_1$ 比副绕组匝数 $N_2$ 少时，$K_u<1$，这种变压器称为升压变压器。

2. 电流变换

如果变压器的副绕组接上负载，则在副绕组感应电动势 $e_2$ 的作用下，在副绕组将产生电流 $i_2$。这时，原绕组的电流将由 $i_{10}$ 增大为 $i_1$，如图 3-11 所示。副绕组电流 $i_2$ 越大，原绕组电流 $i_1$ 也就越大。由副绕组电流 $i_2$ 产生的磁动势 $i_2N_2$ 也要在铁心中产生磁通，即这时变压器铁心中的主磁通应由原、副绕组的磁动势共同产生。

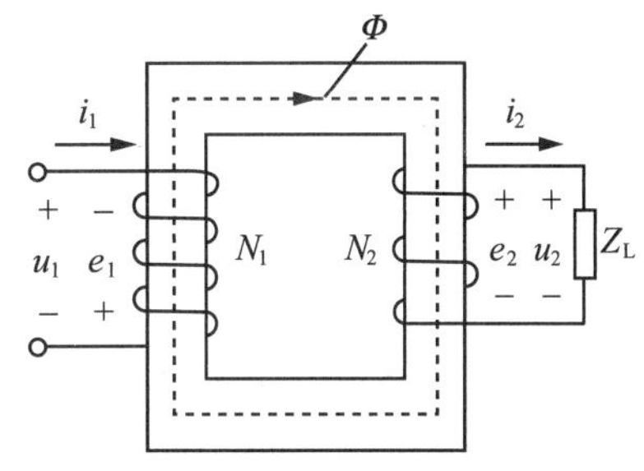

图 3-11 变压器的负载运行

由$U_1=E_1=4.44fN_1\Phi_m$可知，在原绕组的外加电压(电源电压$U_1$)和频率$f$不变的情况下，主磁通$\Phi_m$基本保持不变。因此，有负载时产生主磁通的原、副绕组的合成磁通势($i_1N_1+i_2N_2$)应和空载时产生主磁通的原绕组的磁通势$i_{10}N_1$基本相等，用公式表示，即

$$i_1N_1+i_2N_2=i_{10}N_1 \tag{3-12}$$

如用相量表示，则为

$$\dot{I}_1N_1+\dot{I}_2N_2=\dot{I}_{10}N_1 \tag{3-13}$$

这一关系称为变压器的磁动势平衡方程式。

由于原绕组空载电流较小，约为额定电流的10%，所以$\dot{I}_{10}N_1$与$\dot{I}_1N_1$相比，可忽略不计，即有$\dot{I}_1N_1\approx-\dot{I}_2N_2$。 (3-14)

由上式可得原、副绕组电流有效值的关系为

$$\frac{I_1}{I_2}\approx\frac{N_2}{N_1}=\frac{1}{K_u} \tag{3-15}$$

此时，若漏磁和损耗忽略不计，则$\frac{U_1}{U_2}\approx\frac{N_1}{N_2}=K_u$。

从能量转换的角度来看，当副绕组接上负载后，出现电流$i_2$，说明副绕组向负载输出电能，这些电能只能由原绕组从电源吸取，然后通过主磁通传递到副绕组。副绕组负载输出的电能越多，原绕组向电源吸取的电能也越多。因此，副绕组电流变化时，原绕组电流也会相应地变化。

[**例 3-1**] 已知某变压器$N_1=1000$，$N_2=200$，$U_1=200\text{V}$，$I_2=10\text{A}$。若为纯电阻负载，且漏磁和损耗忽略不计。求：$U_2$、$I_1$、输入功率$P_1$和输出功率$P_2$。

**解：** 因为$K_u=\frac{N_1}{N_2}=5$，所以$U_2=\frac{U_1}{K_u}=40\text{V}$，$I_1=\frac{I_2}{K_u}=2\text{A}$，则

$$P_1=U_1I_1=400\text{W}，P_2=U_2I_2=400\text{W}$$

3. 阻抗变换作用

变压器除了有变压和变流的作用外，还有变换阻抗的作用，以实现阻抗匹配。图 3-12(a)所示的变压器原绕组接电源$u_1$，副绕组的负载阻抗模为$|Z|$，对于电源来说，图中虚线框内的电路可用另一个阻抗模$|Z'|$来等效代替，如图 3-12(b)所示。所谓等效，就是它们从电源吸取的电流和功率相等，即直接接在电源上的阻抗模$|Z'|$和接在变压器副绕组的负载阻抗模为$|Z|$是等效的。当忽略变压器的漏磁和损耗时，等效阻抗可通过下面计算得出。

$$|Z'|=\frac{U_1}{I_1}=\frac{U_1}{U_2}\times\frac{I_2}{I_1}\times\frac{U_2}{I_2}=\frac{N_1}{N_2}\times\frac{N_1}{N_2}\times|Z|=K_u^2|Z| \tag{3-16}$$

原、副绕组电压比$K_u$(又称匝数比)不同时，负载阻抗模为$|Z|$折算到原绕组的等效阻抗模$|Z'|$也不同。通过选择合适的电压比$K_u$，可以把实际负载阻抗模变换为所需的、比较合适的数值，这就是变压器的阻抗变换作用。在电子电路中，为了提高信号的传输功率，常用变压器将负载阻抗变换为适当的数值，即阻抗匹配。

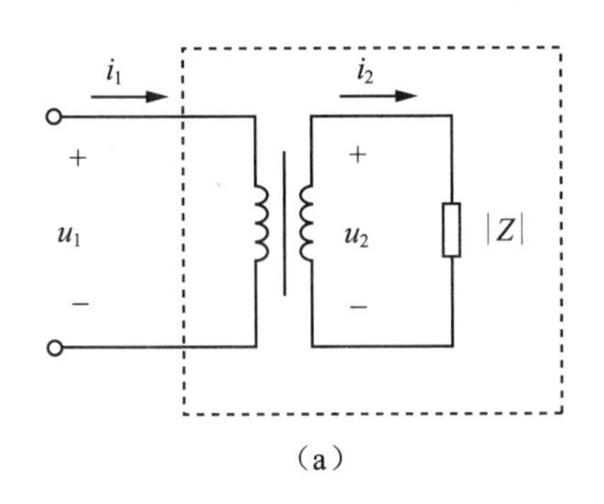


(a)

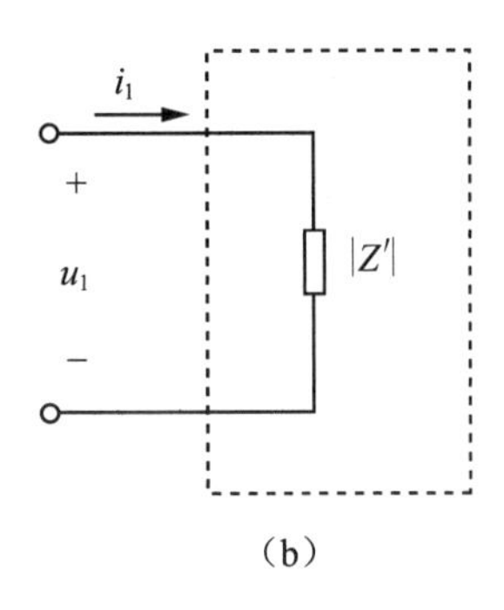


(b)

**图 3-12　变压器的负载阻抗变换**

[**例 3-2**] 已知某交流信号源的电压 $U_s=10V$，内阻 $R_0=200\Omega$，负载 $R_L=8\Omega$，且漏磁和损耗忽略不计。求：

(1)若将负载与信号源直接相连，则信号源的输出功率为多大?

(2)若要负载上的功率达到最大，且用变压器进行阻抗变换，则变压器的匝数比应为多大? 此时信号源的输出功率又为多大?

**解**：(1)$P=I^2R_L=\left(\dfrac{U_s}{R_0+R_L}\right)^2R_L=\left(\dfrac{10}{200+8}\right)^2\times8\approx0.0185(W)$。

(2)变压器把负载 $R_L$ 进行阻抗变换：$R_L'=R_0=200\Omega$，所以变压器的匝数比应为：$\dfrac{N_1}{N_2}=\sqrt{\dfrac{R_L'}{R_L}}=\sqrt{\dfrac{200}{8}}=5$。

此时信号源的输出功率为：$P=I^2R_L'=\left(\dfrac{10}{200+200}\right)^2\times200=0.125(W)$。

## 任务 2.2　变压器的额定值、变压器的外特性及效率

**任务内容**

变压器的额定值、变压器的外特性及效率。

变压器的额定值、
外特性及效率

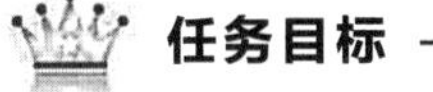

**任务目标**

使学生对变压器的额定值、变压器的外特性及效率有较熟的了解。

**相关知识**

### 2.2.1　变压器的额定值

变压器的额定值通常标注在铭牌或书写在使用说明书中，主要有以下几个。

1. 额定电压 $U_{1N}$ 和 $U_{2N}$

额定电压是根据变压器的绝缘强度和允许温升而规定的正常工作电压有效值，单位为伏或千伏。变压器的额定电压有原绕组额定电压 $U_{1N}$ 和副绕组额定电压 $U_{2N}$。$U_{1N}$ 指原绕组应加的电源电压，$U_{2N}$ 指原绕组加 $U_{1N}$ 时副绕组空载时的电压。三相变压器原、副绕组的额定电压 $U_{1N}$ 和 $U_{2N}$，均为其线电压。

2. 额定电流 $I_{1N}$ 和 $I_{2N}$

额定电流是指变压器长期工作时，根据其允许温升而规定的正常工作电流有效值，单位为安。变压器的额定电流有原绕组额定电流 $I_{1N}$ 和副绕组额定电流 $I_{2N}$。三相变压器原、副绕组的额定电流 $I_{1N}$ 和 $I_{2N}$，均为其线电流。

3. 额定容量 $S_N$

变压器的额定容量 $S_N$ 是指变压器副绕组 $U_{2N}$ 和 $I_{2N}$ 的乘积，单位为伏安或千伏安。额定容量反映了变压器传递电功率的能力，它与变压器的实际输出功率是不同的。变压器实际使用时的输出功率取决于副绕组负载的大小和性质。

对于单相变压器来说 $$S_N = U_{2N} I_{2N} \tag{3-17}$$

对于三相变压器来说 $$S_N = \sqrt{3} U_{2N} I_{2N} \tag{3-18}$$

4. 额定频率 $f_N$

额定频率 $f_N$ 是指变压器应接入的电源频率。我国电力系统工业用电的标准频率为50Hz。改变电源的频率会使变压器的某些电磁参数、损耗和效率发生变化，影响其正常工作。

5. 额定温升 $\tau_N$

变压器的额定温升 $\tau_N$ 是指在基本环境温度(+40℃)下，规定变压器在连续运行时，允许变压器的工作温度超出环境温度的最大温升。

此外，变压器铭牌上还标有其他一些额定值，这里就不详细列出。

**[例 3-3]** 如图 3-13 所示为一个具有多个副绕组的变压器，副绕组的额定值已在图中注明。求：

(1)副绕组的总容量 $S_{2N}$ 为多大？

(2)若漏磁和损耗忽略不计，则变压器原绕组的额定电流为多大？

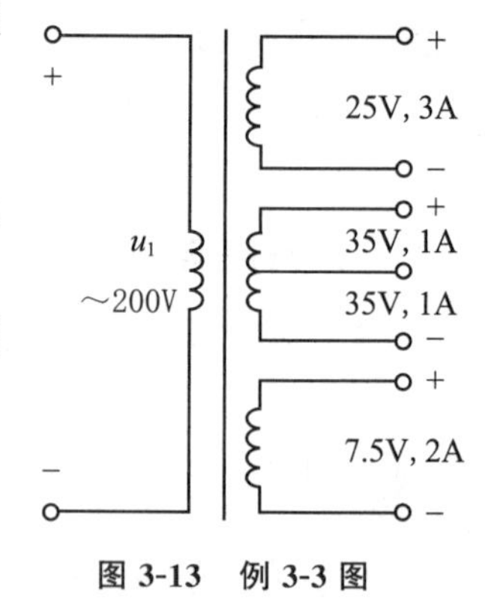


**图 3-13 例 3-3 图**

**解：**(1)副绕组的总容量 $S_{2N}$ 为各个副绕组额定电压和额定电流乘积之和，即

$$S_{2N} = 35 \times 1 \times 2 + 25 \times 3 + 7.5 \times 2 = 160(\text{W})$$

(2)原绕组的容量为：$S_{1N} \approx S_{2N} = 160\text{W}$。

原绕组的额定电流为：$I_{1N} = \dfrac{S_{1N}}{U_{1N}} = 0.8\text{A}$。

## 2.2.2 变压器的外特性及效率

1. 变压器的外特性

从上面的分析过程可得知，变压器在负载运行中，当电源电压不变时，随着负载的增加，原、副绕组上的电阻压降及漏磁电动势都随之增加，所以副绕组的端电压 $U_2$ 将下降。

当变压器原绕组电压 $U_1$ 和负载功率因数 $\cos\varphi_2$ 一定时，副绕组电压 $U_2$ 随负载电流 $I_2$ 变化的曲线称为变压器的外特性，用 $U_2=f(I_2)$ 表示。如图 3-14 所示画出了变压器的两条外特性曲线。对于电阻性和电感性负载来说，外特性曲线是稍向下倾斜的，感性负载的功率因数越低，$U_2$ 下降得越快。

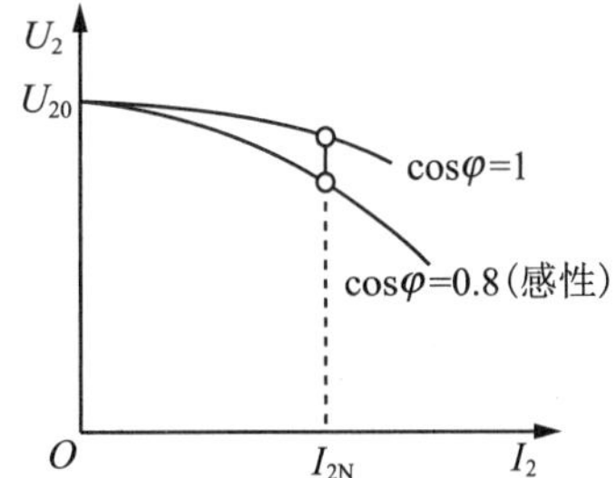


图 3-14 变压器的外特性曲线

从空载到额定负载，变压器外特性的变化程度可用电压变化率 $\Delta U$ 来表示，即

$$\Delta U=\frac{U_{20}-U_2}{U_{20}}\times 100\% \tag{3-19}$$

当负载变化时，通常希望电压 $U_2$ 的变化越小越好，在一般变压器中，其电阻和漏磁感抗均很小，电压变化率较小，电力变压器的电压变化率一般在 5%左右，而小型变压器的电压变化率可达 20%。

2. 变压器的效率

和交流铁心线圈的功率损耗一样，变压器的功率损耗包括铁心中的铁损 $\Delta P_{Fe}$ 和绕组上的铜损 $\Delta P_{Cu}$ 两部分。铁损的大小与铁心内磁感应强度的最大值 $B_m$ 有关，而与负载的大小无关；铜损则与负载的大小有关。所以输出功率将略小于输入功率，变压器的效率通常用输出功率 $P_2$ 与输入功率 $P_1$ 之比来表示，即

$$\eta=\frac{P_2}{P_1}\times 100\%=\frac{P_2}{P_2+\Delta P_{Fe}+\Delta P_{Cu}}\times 100\% \tag{3-20}$$

变压器的功率损耗很小，所以效率很高，通常在 95%以上。在一般电力变压器中，当负载为额定负载的 50%～75%时，效率达到最大值。所以应合理地选用变压器的容量，避免长期轻载运行或空载运行。

**[例 3-4]** 已知某单相变压器，其原绕组的额定电压 $U_{1N}=3000$V，副绕组开路时的电压 $U_{20}=230$V。当副绕组接入电阻性负载并达到满载时，副绕组电流 $I_2=40$A，此时 $U_2=220$V，若变压器的效率 $\eta=95\%$。求：(1)变压器原绕组的电流 $I_1$ 为多大？(2)变压器的功率损耗 $\Delta P$ 和电压变化率 $\Delta U$ 为多大？

**解：**(1)$P_2=U_2I_2=220\times40=8800$(W)，$P_1=\frac{P_2}{\eta}=9263$W，$I_1=\frac{P_1}{U_1}=3.09$A。

(2)$\Delta P=P_1-P_2=463$W，$\Delta U=\frac{U_{20}-U_2}{U_{20}}\times 100\%=4.35\%$。

# 任务 2.3　特殊变压器和变压器绕组的极性

特殊变压器和
变压器绕组的极性

## 任务内容

自耦变压器、小功率电源变压器、三相电力变压器、仪用互感器和变压器绕组的极性。

## 任务目标

使学生对特殊变压器和变压器绕组的极性有较熟的了解。

## 相关知识

### 2.3.1　特殊变压器

1. 自耦变压器

如果变压器的原、副绕组共用一个绕组，其中副绕组为原绕组的一部分，如图 3-15 所示，这种变压器叫自耦变压器。由于同一主磁通穿过原、副绕组，所以原、副绕组电压之比仍等于它们的匝数比，电流之比仍等于它们的匝数比的倒数，即

$$\frac{U_1}{U_{20}} \approx \frac{U_1}{U_2} = \frac{N_1}{N_2} = K_u,\quad \frac{I_1}{I_2} \approx \frac{N_2}{N_1} = \frac{1}{K_u}$$

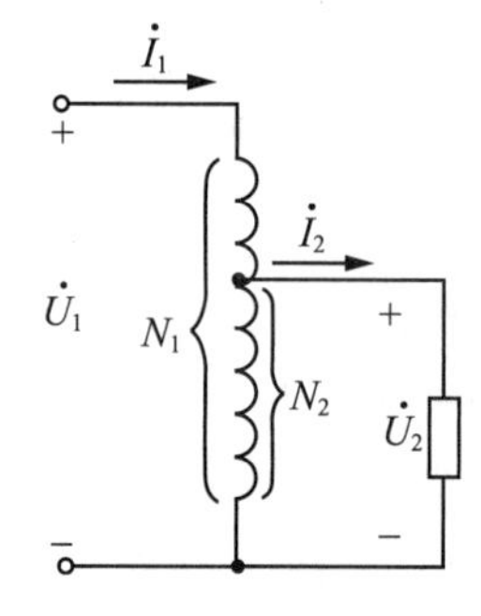


图 3-15　自耦变压器的电路图

与普通变压器相比，自耦变压器用料少，重量轻，尺寸小，但由于原、副绕组之间既有磁的联系又有电的联系，故不能用于要求原、副绕组电路隔离的场合。在实用中，为了得到连续可调的交流电压，常将自耦变压器的铁心做成圆形，副绕组抽头做成滑动触头，可以自由滑动，自耦变压器的外形、示意图和表示符号分别如图 3-16(a)(b)(c)所示。当用手柄移动触头的位置时，就改变了副绕组的匝数，调节了输出电压的大小。这种自耦变压器又称为调压器，常用于实验室中交流调压。使用自耦变压器时应注意以下几点。

(1)原绕组输入端接电源相线，公共端接电源中性线。原、副绕组不能对调使用，否则可能会烧坏绕组，甚至造成电源短路。

(2)接通电源前，先将滑动触头移至零位，接通电源后再逐渐转动手柄，将输出电压调到所需值。用完后，再将手柄转回零位，以备下次安全使用。

(3)输出电压无论多低，其电流不允许大于额定电流。

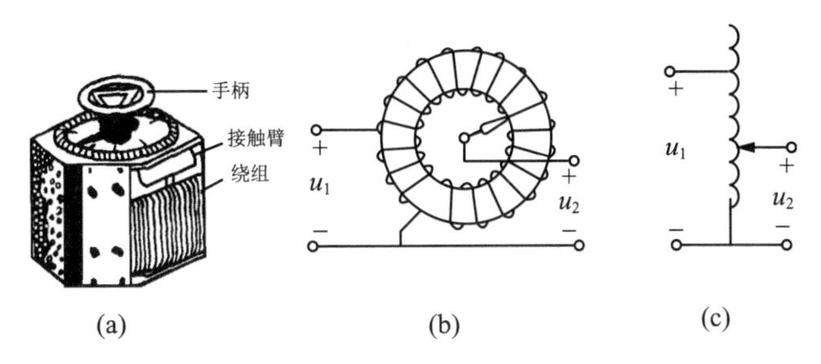


**图 3-16　自耦变压器的外形、示意图和表示符号**

2. 小功率电源变压器

在各种仪器设备中提供所需电源电压的变压器，一般容量和体积都很小，称为小功率电源变压器。为了满足不同部件的需要，这种变压器常含有多个副绕组，可从副绕组获得多个不同的电压。例如，图 3-17 所示为具有三个副绕组的小功率电源变压器。

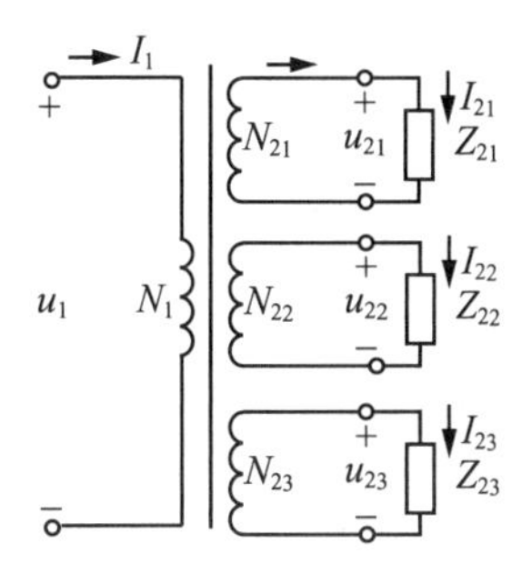


**图 3-17　小功率电源变压器**

在这种多绕组的变压器中，各副绕组所环链的主磁通都是相同的，因此，各副绕组与原绕组之间的电压比仍等于它们与原绕组的匝数比，即

$$\frac{U_1}{U_{21}}=\frac{N_1}{N_{21}},\ \frac{U_1}{U_{22}}=\frac{N_1}{N_{22}},\ \frac{U_1}{U_{23}}=\frac{N_1}{N_{23}}$$

当各副绕组分别接入负载阻抗 $|Z_{21}|$、$|Z_{22}|$、$|Z_{23}|$ 后，设各副绕组产生的电流分别为 $I_{21}$、$I_{22}$、$I_{23}$，此时原绕组产生的电流为 $I_1$，与双绕组变压器一样，当电源电压和频率不变时，铁心中的主磁通最大值应保持基本不变，故磁动势也应保持基本不变，即

$$\dot{I}_1N_1+\dot{I}_{21}N_{21}+\dot{I}_{22}N_{22}+\dot{I}_{23}N_{23}=\dot{I}_{10}N_1 \tag{3-21}$$

由于空载电流 $I_{10}$ 可忽略不计，则原绕组产生的电流 $I_1$ 为

$$\dot{I}_1\approx-\left(\frac{N_{21}}{N_1}\dot{I}_{21}+\frac{N_{22}}{N_1}\dot{I}_{22}+\frac{N_{23}}{N_1}\dot{I}_{23}\right) \tag{3-22}$$

3. 三相电力变压器

在电力系统中，用于变换三相交流电压、输送电能的变压器，称为三相电力变压器，如图 3-18 所示，其中图 3-18(a)为它的外形图，图 3-18(b)为它的电路图。它有三个心柱，各分别绕有一相的原、副绕组。由于三相原绕组所加的电压是对称的，因此三相磁通也是对称的，副绕组电压也是对称的。三相变压器的冷却方式通常都采用油冷式，铁心和绕组都浸在装有绝缘油的油箱中，通过油管将热量散发于大气中。考虑到油会热胀冷缩，故在变压器油箱上置一储油柜和油位计，此外，还装有一根防爆管、一旦发生故障(如短路事故)，产生大量气体时，高压气体将冲破防爆管前端的塑料薄片而释放，从而避免变压器发生爆炸。

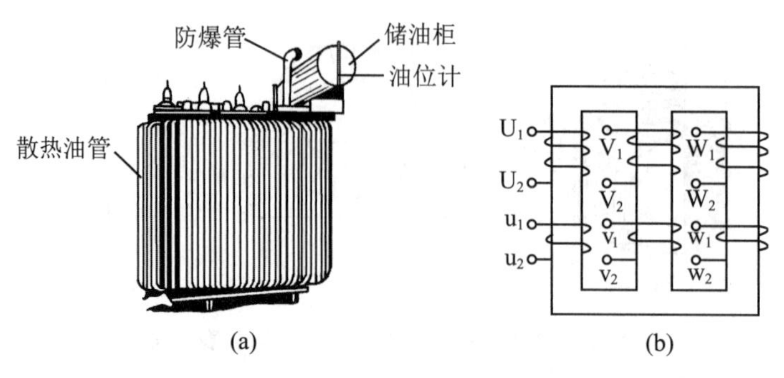


图 3-18　三相电力变压器

三相变压器的原、副绕组可以根据需要分别接成星形或三角形。三相电力变压器的常见连接方式是 $Y/Y_0$ 和 Y/△两种形式，如图 3-19 所示，(a)图为 $Y/Y_0$ 连接，(b)图为 Y/△连接。$Y/Y_0$ 连接不仅给用户提供了三相电源，同时还提供了单相电源，通常使用于动力负载和照明负载共用的三相四线制系统；Y/△连接的变压器主要用在变电站，作为降压或升压使用。三相变压器原、副绕组电压的比值，不仅与匝数比有关，而且与连接有关。设原、副绕组的匝数分别为 $N_1$ 和 $N_2$，线电压分别为 $U_{L1}$ 和 $U_{L2}$，相电压分别为 $U_{P1}$ 和 $U_{P2}$，则三相变压器原、副绕组电压的关系为

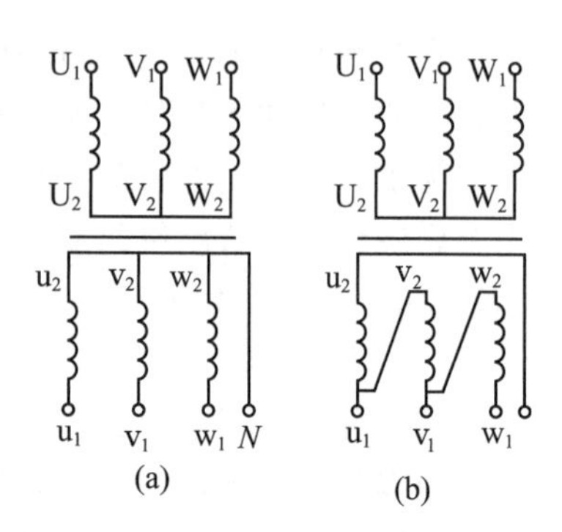


图 3-19　三相变压器的连接法

当为 $Y/Y_0$ 连接时：
$$\frac{U_{L1}}{U_{L2}}=\frac{\sqrt{3}U_{P1}}{\sqrt{3}U_{P2}}=\frac{N_1}{N_2}=K_u \tag{3-23}$$

当为 Y/△连接时：
$$\frac{U_{L1}}{U_{L2}}=\frac{\sqrt{3}U_{P1}}{U_{P2}}=\frac{\sqrt{3}N_1}{N_2}=\sqrt{3}K_u \tag{3-24}$$

4. 仪用互感器

仪用互感器是电工测量中经常使用的一种专用双绕组变压器，其主要作用是扩大测量仪表的量程和控制、保护电路的一种特殊用途的变压器。仪用互感器按用途不同分为电压互感器和电流互感器两种。

(1)电压互感器。电压互感器是常用来扩大电压测量范围的仪器，如图 3-20 所示，其中(a)图为它的外形图，(b)图为它的电路图。其原绕组匝数($N_1$)多，与被测的高压电网并联；副绕组匝数($N_2$)少，与电压表或功率表的电压线圈连接。因为电压表或功率表的电压线圈电阻很大，所以电压互感器副绕组电流很小，近似于变压器的空载运行，根据电压变换原理可得

$$U_1=\frac{N_1}{N_2}U_2=K_uU_2 \tag{3-25}$$

由式(3-25)可知，将测得的副绕组电压 $U_2$ 乘变压比 $K_u$，便是原绕组高压侧的电

压$U_1$，故可用低量程的电压表去测量高电压。通常电压互感器不论其额定电压是多少，其副绕组额定电压皆为100V，可采用统一的100V标准电压表。因此，在不同电压等级的电路中所用的电压互感器，其电压比是不同的，其原绕组的额定电压应选得与被测线路的电压等级相一致，如6000/100、10000/100等。

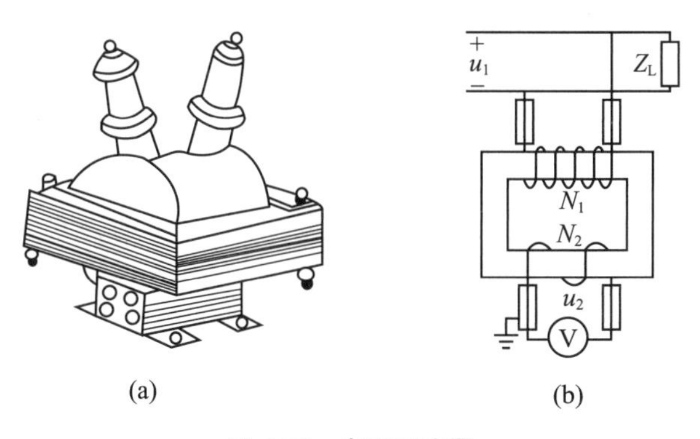


图 3-20 电压互感器

使用电压互感器时，其铁心、金属外壳及副绕组的一端都必须可靠接地。因为当原、副绕组间的绝缘层损坏时，副绕组将出现高电压，若不接地，则危及运行人员的安全。此外，电压互感器的原、副绕组一般都装有熔断器作为短路保护，以免电压互感器副绕组发生短路事故后，极大的短路电流烧坏绕组。

(2)电流互感器。电流互感器是常用来扩大电流测量范围的仪器，如图3-21所示，其中(a)图为它的外形图，(b)图为它的电路图。它的原绕组匝数($N_1$)少，有的则直接将被测回路导线作原绕组，与被测量的主线路相串联，流过原绕组的电流为主线路的电流$I_1$；它的副绕组匝数($N_2$)较多，导线较细，与电流表或功率表的电流线圈串联，流过整个闭合的副绕组的电流为$I_2$。根据电流变换原理可得

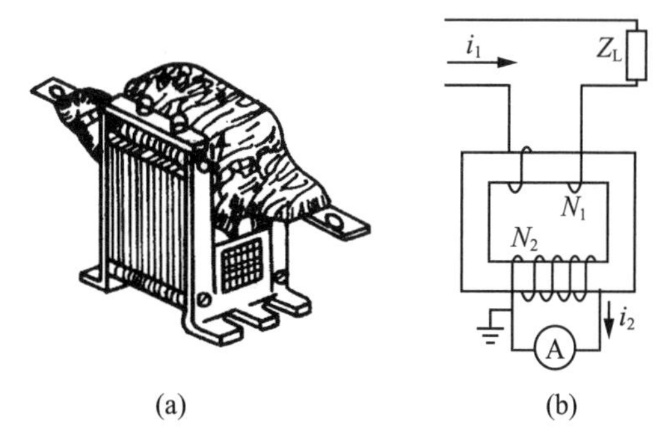


图 3-21 电流互感器

$$I_1=\frac{N_2}{N_1}I_2=\frac{1}{K_u}I_2=K_iI_2 \tag{3-26}$$

由式(3-26)可知，将测得的副绕组电流$I_2$乘变流比$K_i$，便是原绕组被测主线路的电流$I_1$的值，故可用低量程的电流表去测量大电流。通常电流互感器不论其额定电流是多少，其副绕组额定电流都为5A，可采用统一的5A标准电流表。因此，在不同电流等级的电路中所用的电流互感器，其电流比是不同的，其原绕组的额定电流值应选得与被测主线路的最大工作电流值等级相一致，如30/5、50/5、100/5等。

与电压互感器一样，使用电流互感器时，为了安全，其铁心、金属外壳及副绕组的一端都必须可靠接地。以防止当原、副绕组间的绝缘层损坏时，副绕组将出现高电

压，若不接地，则危及运行人员的安全。此外，电流互感器在运行中不允许其副绕组开路，因为它正常工作时，流过其原绕组的电流就是主电路的负载电流，其大小决定于供电线路上负载的大小，而与副绕组的电流几乎无关，这点和普通变压器是不同的。正常工作时，磁路的工作主磁通由原、副绕组的合成磁势($\dot{I}_1N_1+\dot{I}_2N_2$)产生，因为磁动势$\dot{I}_1N_1$和$\dot{I}_2N_2$是相互抵消的，故合成磁势和主磁通值都较小。当副绕组开路时，则$\dot{I}_2$和$\dot{I}_2N_2$都为零，合成磁势变为$\dot{I}_1N_1$，主磁通将急剧增加，使铁损剧增，铁心过热而烧毁绕组；同时副绕组会感应出很高的过电压，危及绕组绝缘和工作人员的安全。

图 3-22 为钳形电流表，其中(a)图为它的外形图，(b)图为它的电路图。用它来测量电流时不必断开被测电路，使用十分方便，它是一种特殊的配有电流互感器的电流表。电流互感器的钳形铁心可以开合，测量电流时先按下扳手，使可动铁心张开，将被测电流的导线放在铁心中间，再松开扳手，让弹簧压紧铁心，使其闭合。这样，该导线就成为电流互感器的原绕组，其匝数 $N=1$。电流互感器的副绕组绕在铁心上并与电流表接成闭合回路，可从电流表上直接读出被测电流的大小。

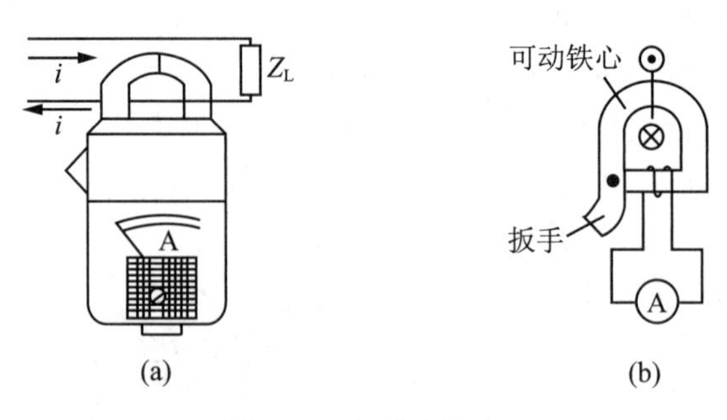


图 3-22　钳形电流表

## 2.3.2　变压器绕组的极性

1. 绕组的极性及同名端的概念

要正确使用变压器，就必须了解绕组的同名端(又称为同极性端)概念。绕组的同名端是绕组与绕组间、绕组与其他电气元件间正确连接的依据，并可用来分析原、副绕组间电压的相位关系。在变压器绕组接线及电子技术放大电路、振荡电路、脉冲输出电路等的接线与分析中，都要用到同名端的概念。

绕组的极性，是指绕组在任意瞬时两端产生的感应电动势的瞬时极性，它总是从绕组的相对瞬时电位的低电位端(常用符号“－”来表示)指向高电位端(常用符号“＋”来表示)。两个磁耦合作用联系起来的绕组，如变压器的原、副绕组，当某一瞬时原绕组某一端点的瞬时电位相对于原绕组的另一端为正时，副绕组也必有一对应的端点，其瞬时电位相对于副绕组的另一端点也为正。我们把原、副绕组电位瞬时极性相同的端点称为同极性端，也称为同名端，通常用符号“·”表示。

2. 绕组的串联和并联

图 3-23(a)中的 1 和 3 是同名端，当然 2 和 4 也是同名端。当电流从两个线圈的同名端流入(或流出)时，产生的磁通的方向相同；或者当磁通变化(增大或减小)时，在同名端感应电动势的极性也相同。在图 3-23(b)(c)中，绕组中的电流正在增大，感应电动势的极性(或方向)如图中所示。

在使用变压器或者其他有磁耦合的互感线圈时，要注意线圈的正确连接。例如，一台变压器的原绕组有相同的两个绕组，如图 3-23(a)中的 1—2 和 3—4。当接到 220V 的电源上时，两绕组应串联(假设两个绕组的额定电压都为 110V)，如图 3-23(b)所示；接到 110V 的电源上时，两绕组应并联如图 3-23(c)所示。如果连接错误，如串联时将 2 和 4 两端接在一起，将 1 和 3 两端接电源，这样，两个绕组的磁通势就互相抵消，铁心中不产生磁通，绕组中也就没有感应电动势，绕组中将流过很大的电流，把变压器烧毁。

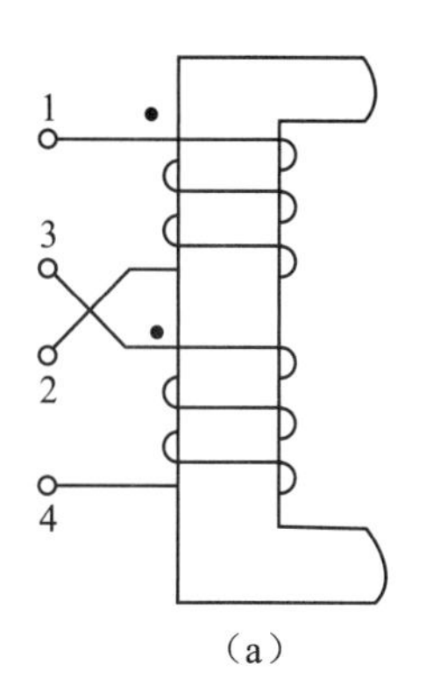

(a)

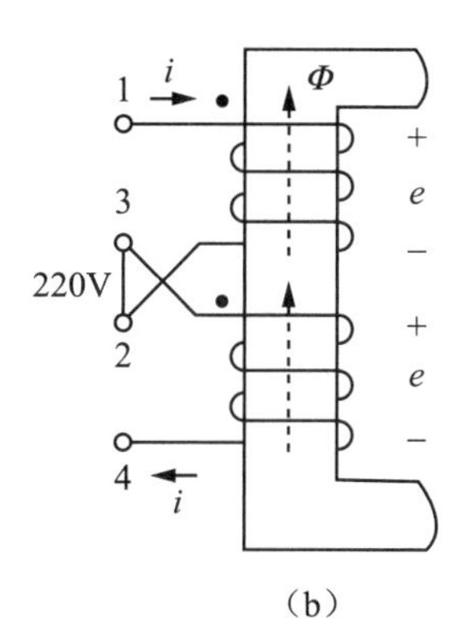

(b)

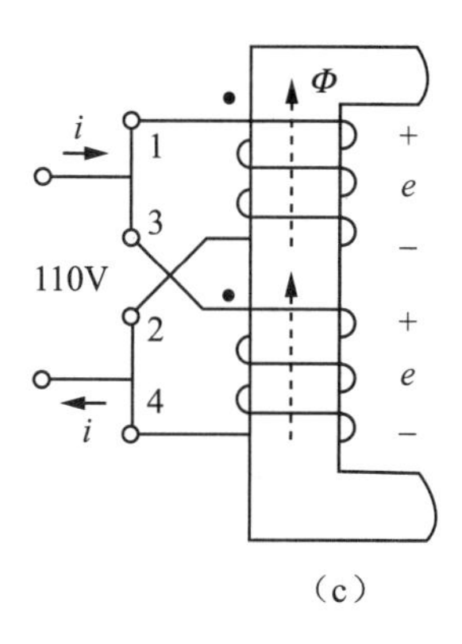

(c)

**图 3-23　变压器原绕组的串联和并联**

如果将其中一个线圈反绕，如图 3-24 所示，则 1 和 4 两端应为同名端。串联时应将 2 和 4 两端连在一起。可见，哪两端是同名端，还和线圈绕向有关。只要线圈绕向知道，同名端就不难定出。

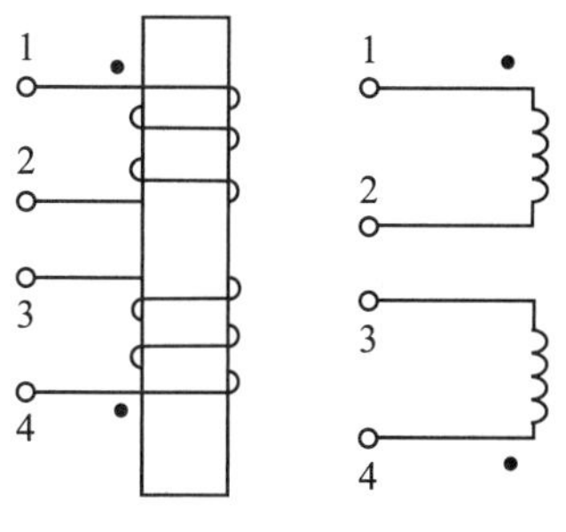

**图 3-24　线圈反绕**

3. 同名端的判断

已制成的变压器、互感器等设备，通常都无法从外观上看出绕组的绕向，若使用时要知道它的同名端，便可用实验法测定它的同名端。

(1)直流法。将变压器的两个绕组按图 3-25 所示连接，当开关 S 闭合瞬间，如电流表的指针正向偏转，则绕组 A 的 1 端和绕组 B 的 3 端为同名端，这是因为当不断增大的电流刚流进绕组 A 的 1 端时，1 端的感应电动势极性为“＋”，而电流表正向偏转，说明绕组 B 的 3 端此时也为“＋”，所以 1、3 端为同名端。如电流表的指针反向偏转，则绕组 A 的 1 端和绕组 B 的 4 端为同名端。

(2)交流法。把变压器的两个绕组的任意两端连在一起(如 2 端和 4 端)，在其中一个绕组(如 A 绕组)上接上一个较低的交流电压，如图 3-26 所示，再用交流电压表分别测量$U_{12}$、$U_{13}$和$U_{34}$，若$U_{13}=U_{12}-U_{34}$，则 1 端和 3 端为同名端；若$U_{13}=U_{12}+U_{34}$，则 1 端和 3 端为异名端(即 1 端和 4 端为同名端)，测量原理读者可自行分析。

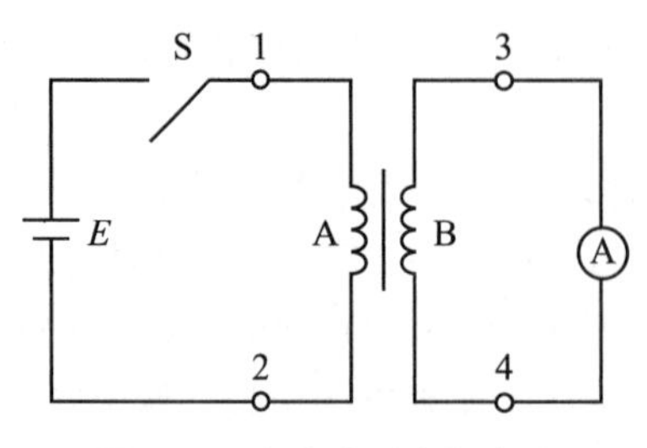

图 3-25　直流法测定同名端

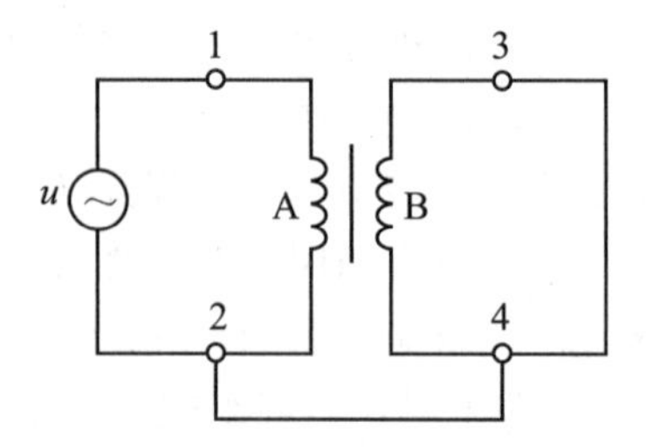

图 3-26　交流法测定同名端

# 模块 3　交流电动机及其应用

## 任务 3.1　三相异步电动机的结构和工作原理

### 任务内容

三相异步电动机的基本结构和工作原理，转差率及其与转子各量的关系。

### 任务目标

使学生对三相异步电动机的结构和工作原理有较熟的了解。

### 相关知识

实现机械能与电能互相转换的旋转机械称为电机。把机械能转换为电能的电机称为发电机；把电能转换为机械能的电机称为电动机。电动机按电源的种类可分为交流电动机和直流电动机，交流电动机又分为异步电动机和同步电动机，其中异步电动机由于结构简单、运行可靠、维护方便、价格便宜，是所有电动机中应用最广泛的一种。例如，一般的机床、起重机、传送带、鼓风机、水泵以及各种农副产品的加工等都普遍使用三相异步电动机，各种家用电器、医疗器械和许多小型机械则使用单相异步电动机。

#### 3.1.1　三相异步电动机的结构

三相异步电动机的结构由两个基本部分组成：一是固定不动的部分，称为定子；

二是旋转部分，称为转子。图 3-27 为三相异步电动机的外形和内部结构图。

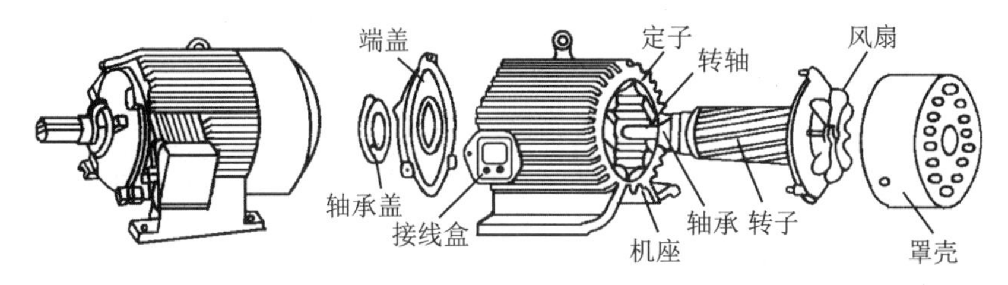


**图 3-27　三相异步电动机的外形和内部结构图**

1. 定子

定子由机座、定子铁心、定子三相绕组和端盖等组成。机座通常用铸铁制成，机座内装有由互相绝缘的硅钢片叠成的筒形铁心，铁心内圆周上有许多均匀分布的槽，槽内嵌放三相绕组，绕组与铁心间有良好的绝缘。三相绕组是定子的电路部分，中小型电动机一般采用漆包线(或丝包漆包线)绕制，共分三相，分布在定子铁心槽内，它们在定子内圆周空间的排列彼此相隔 120°，构成对称的三相绕组，三相绕组共有六个出线端，通常接在置于电动机外壳上的接线盒中，三相绕组的首端接头分别用 $U_1$、$V_1$、$W_1$ 表示，其对应的末端接头分别用 $U_2$、$V_2$、$W_2$ 表示。三相绕组可以连接成星形或三角形，分别如图 3-28(a)和图 3-28(b)所示。

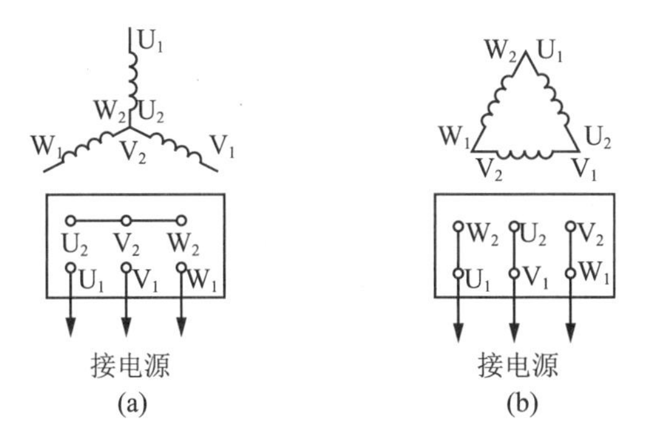


**图 3-28　三相定子绕组的连接**

2. 转子

转子由转子铁心、转子绕组、转轴和风扇等组成。转子铁心为圆柱形，通常由定子铁心冲片冲下的内圆硅钢片叠成，装在转轴上，转轴上加机械负载。转子铁心与定子铁心之间有微小的空气隙，它们共同组成电动机的磁路。转子铁心外圆周上有许多均匀分布的槽，槽内安放转子绕组。

转子绕组分为鼠笼式和绕线式两种结构。鼠笼式转子绕组是由嵌在转子铁心槽内的若干条铜条组成的，两端分别焊接在两个短接的端环上。如果去掉铁心，整个转子绕组的外形就像一个鼠笼，故称鼠笼式转子。目前中小型鼠笼式异步电动机大都在转子铁心槽中浇注铝液，铸成鼠笼式绕组，并在端环上铸出许多叶片，作为冷却的风扇。鼠笼式转子的结构如图 3-29 所示，其中(a)图为硅钢片、(b)图为鼠笼式绕组、(c)图为钢条转子、(d)图为铸铝转子。鼠笼式电动机由于构造简单，价格低廉，工作可靠，使用方便，在生产上得到了最广泛的应用。

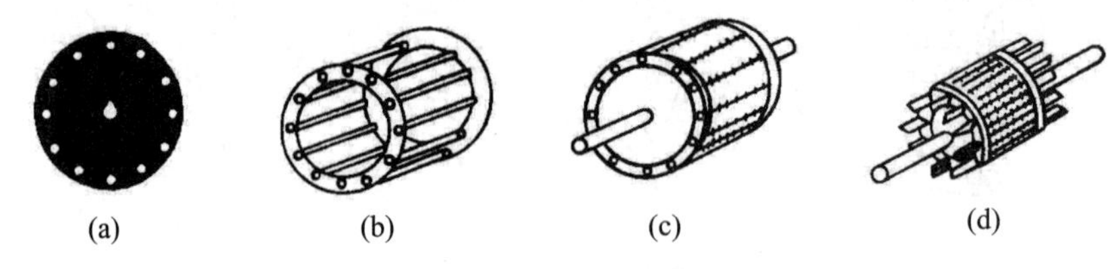


图 3-29　鼠笼式转子

绕线式转子绕组与定子绕组相似，在转子铁心槽内嵌放对称的三相绕组，做星形连接。三个绕组的三个尾端连接在一起，三个首端分别接到装在转轴上的三个铜制集电环上。环与环之间、环与转轴之间都互相绝缘，集电环通过电刷与外电路的可变电阻器相连接，用于起动或调速，如图 3-30 所示。(a)图为硅钢片、(b)图为绕线式转子、(c)图为转子电路。绕线式转子异步电动机由于其结构复杂，价格较高，一般只用于对起动和调速有较高要求的场合，如立式车床、起重机等。鼠笼式和绕线式电动机只是在转子的构造上不同，但它们的工作原理是一样的。

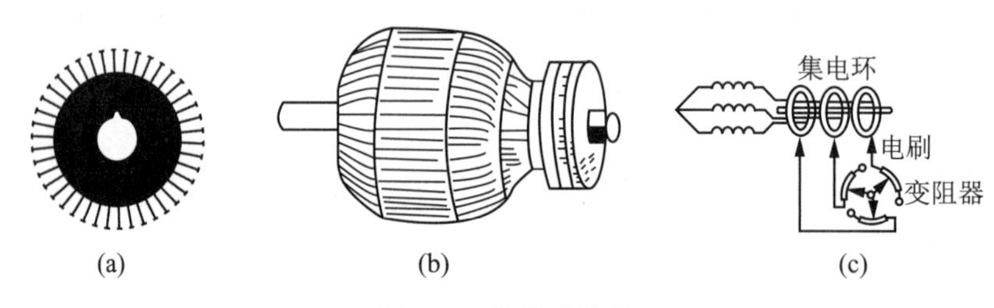


图 3-30　绕线式转子

## 3.1.2　三相异步电动机的工作原理

三相异步电动机是利用定子绕组中三相交流电流所产生的旋转磁场与转子绕组内的感应电流相互作用而产生电磁力和电磁转矩的。因此，我们先要分析旋转磁场的产生和特点，然后再讨论转子的转动。

1. 定子的旋转磁场

(1)旋转磁场的产生。在定子铁心的槽内按空间相隔 120°安放三个相同的绕组 $U_1U_2$、$V_1V_2$ 和 $W_1W_2$(为了便于说明问题，每相绕组只用一匝线圈表示)，设它们做星形连接。当定子绕组的三个首端 $U_1$、$V_1$、$W_1$ 分别与三相交流电源 A、B、C 接通时，在定子绕组中便有对称的三相交流电流 $i_A$、$i_B$、$i_C$ 流过。

$i_A=I_m\sin\omega t$，$i_B=I_m\sin(\omega t-120°)$，$i_C=I_m\sin(\omega t+120°)=I_m\sin(\omega t-240°)$

若电流参考方向如图 3-31(a)所示，即从首端 $U_1$、$V_1$、$W_1$ 流入，从末端 $U_2$、$V_2$、$W_2$ 流出，则三相电流的波形如图 3-31(b)所示，它们在相位上互差 120°，且电源电压的相序为 A→B→C。

在 $\omega t=0$ 时刻，$i_A$ 为 0，$U_1U_2$ 绕组此时无电流；$i_B$ 为负，电流的真实方向与参考

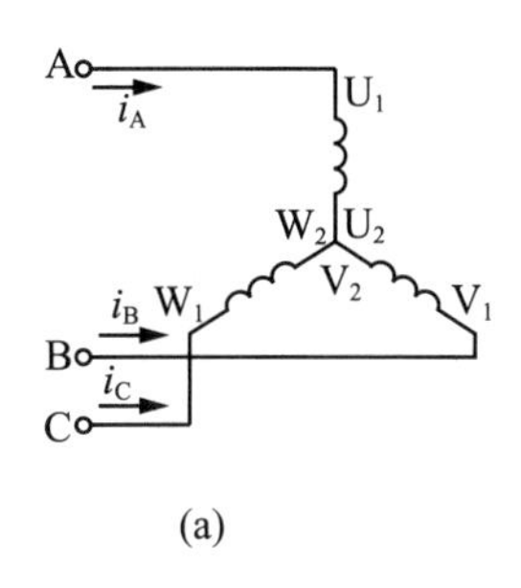

(a)

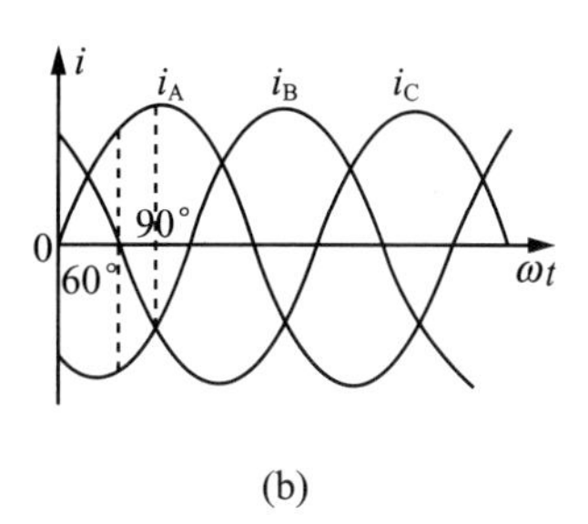

(b)

**图 3-31　三相对称电流**

方向相反，即从末端 $V_2$ 流入，从首端 $V_1$ 流出；$i_C$ 为正，电流的真实方向与参考方向一致，即从首端 $W_1$ 流入，从末端 $W_2$ 流出，如图 3-32(a)所示。将每相电流产生的磁场相加，便得出三相电流共同产生的合成磁场，这个合成磁场此刻在转子铁心内部空间的方向是自上而下，相当于是一个 N 极在上、S 极在下的两极磁场。用同样的方法可画出 $\omega t$ 分别为$\frac{\pi}{3}$、$\frac{\pi}{2}$时各相电流的流向及合成磁场的磁力线方向，如图 3-32(b)(c)所示。若进一步研究其他瞬时的合成磁场可以发现，各瞬时的合成磁场的磁通大小和分布情况都相同，但方向不相同，且向一个方向旋转。当正弦交流电变化一周时，合成磁场在空间也正好旋转了一周，合成磁场的磁通大小，就等于通过每相绕组的磁通最大值。

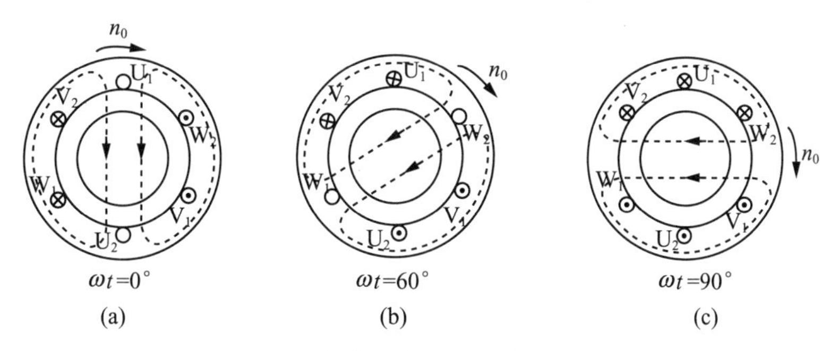


**图 3-32　三相电流产生的旋转磁场($p=1$)**

由上述分析可知，在定子绕组中分别通入在相位上互差 120°的三相交流电时，它们共同产生的合成磁场是随电流的交变而在空间不断地旋转着，即所产生的合成磁场是一个旋转磁场。

(2)旋转磁场的方向。N 极从与电源 A 相连接的 $U_1$ 出发，先转过与 B 相连接的 $V_1$，再转过与 C 相连接的 $W_1$，最后再回到 $U_1$。在三相交流电中，电流出现正幅值的顺序即电源的相序为 A→B→C，图 3-32 所示的情况表明旋转磁场的旋转方向与电源的相序相同，即旋转磁场在空间的旋转方向是由电源的相序决定的，图 3-32 所示情况的旋转磁场是按顺时针方向旋转的。

若把定子绕组与三相电源相连的三根导线中的任意两根对调位置，则旋转磁场将反向旋转。此时电源的相序仍为 A→B→C 不变，而通过三相定子绕组中电流的相序由

U→V→W 变为 U→W→V，则按前述同样分析可得出旋转磁场将按逆时针方向旋转。

(3)旋转磁场的极数。上述电动机每相只有一个线圈，在这种条件下所形成的旋转磁场只有一对 N、S 磁极(2 极)。如果每相设置两个线圈，则可形成两对 N、S 磁极(4 极)的旋转磁场，如图 3-33 和图 3-34 所示，用上面的分析方法不难证明，当电流变化一个周期时，N 极变为 S 极再变为 N 极，在空间只转动了半周。定子采取不同的结构和接法还可以获得 3 对(6 极)、4 对(8 极)、5 对(10 极)等不同极对数的旋转磁场。

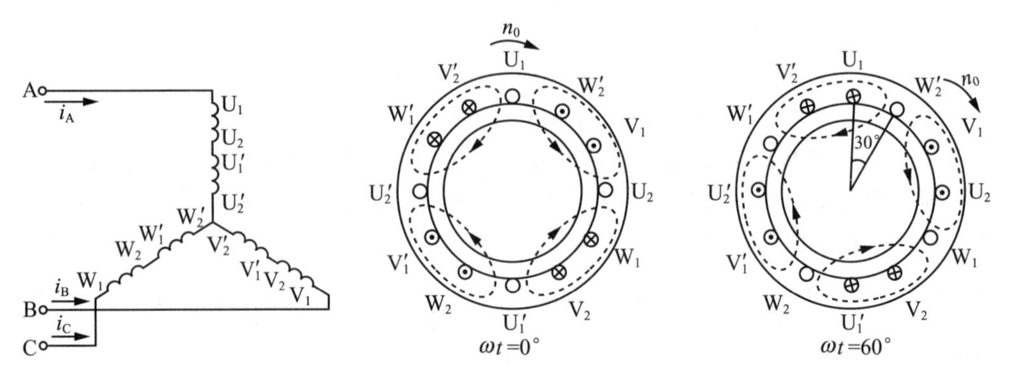


**图 3-33　产生四极旋转磁场的定子绕组**　　**图 3-34　三相电流产生的旋转磁场($p=2$)**

(4)旋转磁场的转速。当一对磁极的旋转磁场在电流变化一周时，旋转磁场在空间正好转过一周。对 50Hz 的工频交流电来说，旋转磁场每秒将在空间旋转 50 周。其转速 $n_1=60f_1=60\times50\text{r/min}=3000\text{r/min}$。若旋转磁场有两对磁极，则电流变化一周，旋转磁场只转过半周，比一对磁极情况下的转速慢了一半，即

$$n_1=\frac{60}{2}f_1=30\times50=1500(\text{r/min})$$

同理，在三对磁极的情况下，电流变化一周，旋转磁场仅旋转了$\frac{1}{3}$周，即

$$n_1=\frac{60}{3}f_1=20\times50=1000(\text{r/min})$$

依此类推，当旋转磁场具有 $p$ 对磁极时，旋转磁场转速(r/min)为

$$n_1=\frac{60f_1}{p} \tag{3-27}$$

其中，$p$ 为旋转磁场的磁极对数。

所以，旋转磁场的转速 $n_1$ 又称同步转速，它与定子电流的频率 $f_1$(即电源频率)成正比，与旋转磁场的磁极对数正反比。

2. 转子的转动原理

设某瞬间定子电流产生的旋转磁场如图 3-35 所示，图中 N、S 表示两极旋转磁场，转子中只画出两根导条(铜或铝)。当旋转磁场以同步转速 $n_1$ 按顺时针方向旋转时，与静止的转子之间有着相对运动，这相当于磁场静止而转子导体朝逆时针方向切割磁力线，于是在转子导体中就会产生感应电动势 $E_2$，其方向可用右手定则来确定。由于转子电路通过短接端环(绕线转子通过外接电阻)自行闭合，所以在感应电动势作用下将

产生转子电流 $I_2$（图 3-35 中仅画出上、下两根导线中的电流）。通有电流 $I_2$ 的转子导体因处于磁场中，又会与磁场相互作用产生磁场力 $F$，根据左手定则，便可确定转子导体所受磁场力的方向。电磁力对转轴将产生电磁转矩 $T$，其方向与旋转磁场的方向一致，于是转子就顺着旋转磁场的方向转动起来。

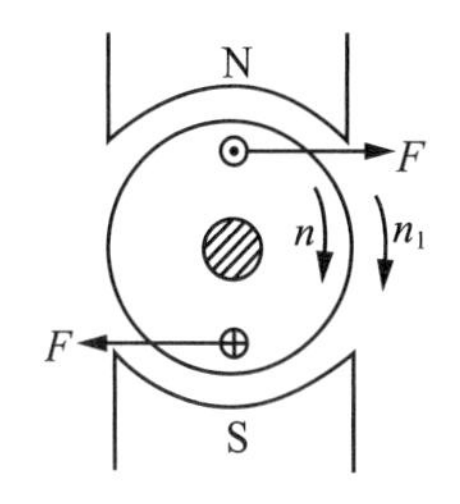

**图 3-35　转子转动的原理图**

由上述分析还可知道，异步电动机的转动方向总是与旋转磁场的转向相同，如果旋转磁场反转，则转子也随着反转。因此，若要改变三相异步电动机的旋转方向，只需把定子绕组与三相电源连接的三根导线对调任意两根以改变电源的相序，即改变旋转磁场的转向便可。

### 3.1.3　转差率及其与转子各量的关系

1. 转差率

由以上分析可知，异步电动机转子转动的方向与旋转磁场的方向一致，但转速 $n$ 不可能与旋转磁场的转速(同步转速)$n_1$ 相等，因为产生电磁转矩需要转子中存在感应电动势和感应电流，如果转子转速与旋转磁场转速相等，两者之间就没有相对运动，磁力线就不切割转子导体，则转子电动势、转子电流及电磁转矩都不存在，转子也就不可能继续以 $n$ 的转速转动。所以转子转速与旋转磁场转速之间必须有差值，即 $n<n_1$。这就是“异步”电动机名称的由来。另外，又因为转子电流是由电磁感应产生的，所以异步电动机也称为“感应”电动机。

同步转速 $n_1$ 与转子转速 $n$ 之差称为转速差，转速差与同步转速的比值称为转差率，用 $s$ 表示，即

$$s=\frac{n_1-n}{n_1} \tag{3-28}$$

转差率是分析异步电动机运行情况的一个重要参数。例如，起动时 $n=0$、$s=1$，转差率最大；稳定运行时 $n$ 接近 $n_1$，$s$ 很小，额定运行时 $s$ 为 0.02～0.08，空载时在 0.005 以下；若转子的转速等于同步转速，即 $n=n_1$，则 $s=0$，这种情况称为理想空载状态，在异步电动机实际运行中是不存在的。

［**例 3-5**］一台三相异步电动机的额定转速 $n_N=980\text{r/min}$，电源频率 $f_1=50\text{Hz}$，求该电动机的同步转速、磁极对数和额定运行时的转差率。

**解：**由于电动机的额定转速小于且接近于同步转速，则电动机的同步转速 $n_1=1000\text{r/min}$，与此相对应的磁极对数 $p=3$，即为 6 极电动机。

额定运行时的转差率为 $s=\dfrac{n_1-n}{n_1}=\dfrac{1000-980}{1000}=0.02$。

2. 转子各量与转差率的关系

从异步电动机的结构可知，定子绕组和转子绕组是两个隔离的电路，由磁路把它们联系起来，这和变压器原、副绕组之间通过磁路相互联系的情况相似，因此定子电路中的电动势、电流与转子电路中的电动势、电流之间有着与变压器相类似的关系式。

(1)定子电路的电动势 $E_1$。定子电路相当于变压器的原绕组，但每相绕组分布在不同的槽中，其中感应电动势并非同相，故每相定子绕组电动势的有效值为

$$E_1=4.44K_1N_1f_1\Phi \tag{3-29}$$

式中，$K_1$ 为与定子结构有关的绕组系数，稍小于1；$N_1$ 为每相定子绕组匝数；$f_1$ 为电源频率；$\Phi$ 为旋转磁场的每极磁通，其值等于通过每相绕组的磁通最大值 $\Phi_m$。

若忽略定子绕组的电阻和漏磁通，则可认为定子电路上电动势的有效值近似等于外加电压的有效值，即

$$U_1\approx E_1=4.44K_1N_1f_1\Phi \tag{3-30}$$

可见当外加电压的大小和频率不变时，定子电路的感应电动势基本不变，旋转磁场的每极磁通 $\Phi$ 也基本不变。

(2)转子频率 $f_2$。在转子静止不动的情况下，定子绕组通入三相交流电，这时 $n=0$、$s=1$，转子绕组的频率 $f_2$ 与定子外接电源的频率 $f_1$ 相等。电动机运转起来以后，随着 $n$ 的升高，转子导体与旋转磁场的转速差$(n_1-n)$逐渐减小，转差率 $s$ 也逐渐减小，相当于转子导体静止不动，旋转磁场相对于转子的转速$(n_1-n)$逐渐降低，因此转子频率 $f_2$ 随之降低，且有

$$f_2=p\ \frac{n_1-n}{60}=\frac{n_1-n}{n_1}\times\frac{pn_1}{60}=sf_1 \tag{3-31}$$

可见转子频率与转差率有关。电动机起动时，$n=0$、$s=1$，$f_2=f_1=50\text{Hz}$，电动机在额定工作情况下运行时，$s=0.02\sim0.08$，$f_2=1\sim4\text{Hz}$，转子频率很低。

(3)转子电路的电动势 $E_2$。在转子静止不动的情况下，定子绕组通入三相交流电，这时 $n=0$、$s=1$、$f_2=f_1$，转子电路的感应电动势有效值为

$$E_{20}=4.44K_2N_2f_2\Phi \tag{3-32}$$

式中，$K_2$ 为与转子绕组结构有关的系数，也稍小于1。

电动机运转起来以后，随着 $n$ 的升高，转子导体与旋转磁场的转速差$(n_1-n)$逐渐减小，转差率 $s$ 也逐渐减小，相当于转子导体静止不动，旋转磁场相对于转子的转速$(n_1-n)$逐渐降低，这时转子绕组中感应电动势的有效值也随之降低为

$$E_2=4.44K_2N_2sf_1\Phi=sE_{20} \tag{3-33}$$

可见转子电动势的有效值与转差率有关。电动机起动时，$n=0$、$s=1$，转子电动势 $E_{20}$ 最高；电动机在额定工作情况下运行时，$s=0.02\sim0.08$，转子电动势也很低。

(4)转子电路的漏磁感抗 $X_2$。转子电路除了有电阻 $R_2$ 外，还存在漏磁电感 $L_2$ 和相应的漏磁感抗 $X_2$。由于转子电路的频率 $f_2$ 随转差率 $s$ 变化，因此感抗 $X_2=2\pi f_2L_2$ 也随 $s$ 而变化。由于 $n=0$、$s=1$ 时 $f_2=f_1$，则此时的感抗最大且 $X_{20}=2\pi f_1L_2$，所以

$$X_2=2\pi f_2L_2=s2\pi f_1L_2=sX_{20} \tag{3-34}$$

(5)转子电路的电流 $I_2$ 和功率因数 $\cos\varphi_2$。转子电路既有电阻 $R_2$ 又有漏磁感抗 $X_2$，所以，其阻抗为

$$|Z_2|=\sqrt{R_2^2+X_2^2}=\sqrt{R_2^2+(sX_{20})^2}$$

由此可得转子绕组的电流为

$$I_2=\frac{E_2}{\sqrt{R_2^2+X_2^2}}=\frac{sE_{20}}{\sqrt{R_2^2+s^2X_{20}^2}}=\frac{E_{20}}{\sqrt{\left(\frac{R_2}{s}\right)^2+X_{20}^2}} \tag{3-35}$$

可见，转子电路的电流 $I_2$ 随转差率 $s$ 的增大而增大，在 $n=0$、$s=1$，即转子静止时，$I_2$ 为最大。由于转子电路中存在着感抗，因此 $I_2$ 与 $E_2$ 存在一个相位差 $\varphi_2$，转子电路的功率因数为

$$\cos\varphi_2=\frac{R_2}{|Z_2|}=\frac{R_2}{\sqrt{R_2^2+X_2^2}}=\frac{R_2}{\sqrt{R_2^2+s^2X_{20}^2}} \tag{3-36}$$

可见，转子电路的功率因数 $\cos\varphi_2$ 随转差率 $s$ 的增大而减小，在转子静止时，$s=1$，转子电路的功率因数最低。

转子电路的电流 $I_2$、功率因数 $\cos\varphi_2$ 与转差率 $s$ 的关系可用图 3-36 的曲线表示。

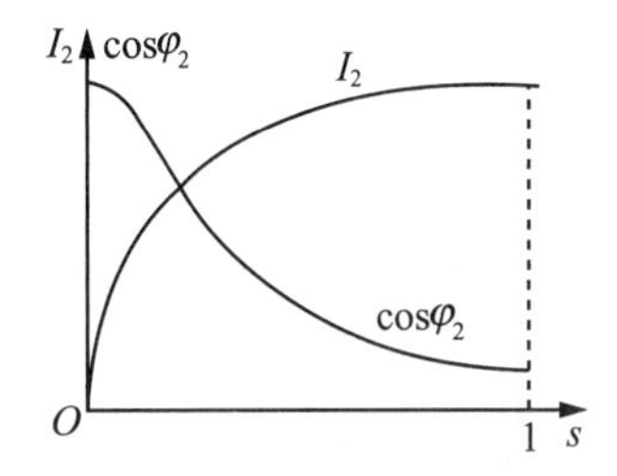

图 3-36　$I_2$、$\cos\varphi_2$ 与 $s$ 的关系

(6)定子电路的电流 $I_1$。与变压器的电流变换原理相似，定子电路的电流 $I_1$ 与转子电路的电流 $I_2$ 的比值也近似等于常数，即

$$\frac{I_1}{I_2}\approx\frac{1}{K_i}\left(\text{或 } I_1\approx\frac{I_2}{K_i}\right) \tag{3-37}$$

式中，$K_i$ 为异步电动机的电流变换系数，它与定子绕组和转子绕组的匝数及结构有关。

从以上分析可知，转子电路的电流是随 $s$ 的增大而增大的，故定子电路的电流也随 $s$ 的增大而增大。当电动机空载运行时，$s$ 接近于零，转子电流 $I_2$ 很小，定子电流 $I_1$ 也很小。但由于电动机的定子铁心与转子铁心之间有一很小的空气隙，磁阻很大，为了建立一定的磁场，电动机空载时定子电路的电流比变压器的空载电流大得多。当在异步电动机轴上加上机械负载时，电动机因受到反向转矩而减速，使转差率 $s$ 增大，$I_2$ 也增大，于是定子绕组从电源吸取的电流 $I_1$ 也就增大。若所加负载过大，使电动机停止转动(又称堵转)，即 $n=0$、$s=1$，则 $I_2$ 达到最大值，$I_1$ 也达到最大值，大大超过电动机额定电流值，此时电动机就会过热甚至烧坏。

## 任务 3.2　三相异步电动机的特性和使用

### 任务内容

三相异步电动机的转矩特性、机械特性和运行特性，三相异步电动机的铭牌数据、选择、起动、调速、反转和制动。

使学生能够灵活掌握三相异步电动机的特性和使用方法。

相关知识

### 3.2.1 三相异步电动机的特性

1. 转矩特性

异步电动机的电磁转矩是由定子绕组产生的旋转磁场与转子绕组的感应电流相互作用而产生的。磁场越强，转子电流越大，则电磁转矩也越大。可以证明，三相异步电动机的电磁转矩 $T$ 与转子电流 $I_2$、定子旋转磁场的每极磁通 $\Phi$ 及转子电路的功率因数 $\cos\varphi_2$ 成正比，可表示为

$$T=K_{\mathrm{T}}\Phi I_2\cos\varphi_2 \tag{3-38}$$

式中，$K_{\mathrm{T}}$ 为与电动机结构有关的常数；$\Phi$ 为旋转磁场的每极磁通。由式(3-30)可知

$$\Phi=\frac{E_1}{4.44K_1N_1f_1}\approx\frac{U_1}{4.44K_1N_1f_1}$$

由式(3-35)和式(3-32)可知，转子电流 $I_2$ 为

$$I_2=\frac{sE_{20}}{\sqrt{R_2^2+s^2X_{20}^2}}=\frac{s(4.44K_2N_2f_1\Phi)}{\sqrt{R_2^2+s^2X_{20}^2}}$$

将以上 $\Phi$ 和 $I_2$ 两式及式(3-36)代入式(3-38)，可得出电磁转矩的另一表达式

$$T=KU_1^2\frac{sR_2}{R_2^2+s^2X_{20}^2} \tag{3-39}$$

式中，$K$ 为比例常数，$s$ 为转差率，$U_1$ 为加于定子每相绕组的电压，$X_{20}$ 为转子静止时每相绕组的感抗，一般为常数，$R_2$ 为每相转子绕组的电阻，在绕线式转子中可外接可变电阻器改变 $R_2$ 的值。由此可见，$U_1$ 和 $R_2$ 是影响电动机机械特性的两个重要因素。当 $U_1$ 和 $R_2$ 一定时，电磁转矩 $T$ 是转差率 $s$ 的函数，即 $T=f(s)$，其关系曲线如图 3-37 所示。通常称 $T=f(s)$ 曲线为异步电动机的转矩特性曲线。可以看出，三相异步电动机的电磁转矩 $T$ 与转子电流 $I_2$、转子电路的功率因数 $\cos\varphi_2$ 的乘积成正比。

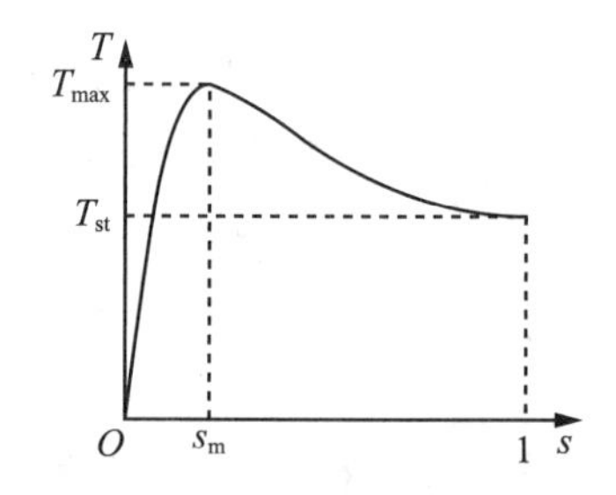


图 3-37　三相异步电动机的转矩特性曲线

从三相异步电动机的转矩特性可以看到，当 $s=0$，即 $n=n_1$ 时，$T=0$，这是理想的空载运行；随着 $s$ 的增大，$T$ 也开始增大(这时 $I_2$ 增加得快，而 $\cos\varphi_2$ 减小得慢)，但到达最大值 $T_{\mathrm{m}}$ 以后，随着 $s$ 的继续上升，$T$ 反而减小(这时 $I_2$ 增加得慢，而 $\cos\varphi_2$ 减小得快)。所以，最大转矩 $T_{\mathrm{m}}$ 又称为临界转矩，对应于 $T_{\mathrm{m}}$ 的 $s_{\mathrm{m}}$ 称为临界转差率。

2. 机械特性

转矩特性 $T=f(s)$ 曲线表示了电源电压一定时，电磁转矩 $T$ 与转差率 $s$ 的关系。但在实际应用中，更直接需要了解的是电源电压一定时转速 $n$ 与电磁转矩 $T$ 的关系，即 $n=f(T)$ 曲线，这条曲线称为电动机的机械特性曲线。根据异步电动机的转速 $n$ 与转差率 $s$ 的关系，可将 $T=f(s)$ 曲线变换为 $n=f(T)$ 曲线。只要把 $T=f(s)$ 曲线中的 $s$ 轴变换为 $n$ 轴，把 $T$ 轴平移到 $s=1$，即 $n=0$ 处，再按顺时针方向旋转 90°，便得到 $n=f(T)$ 曲线，如图 3-38 所示。

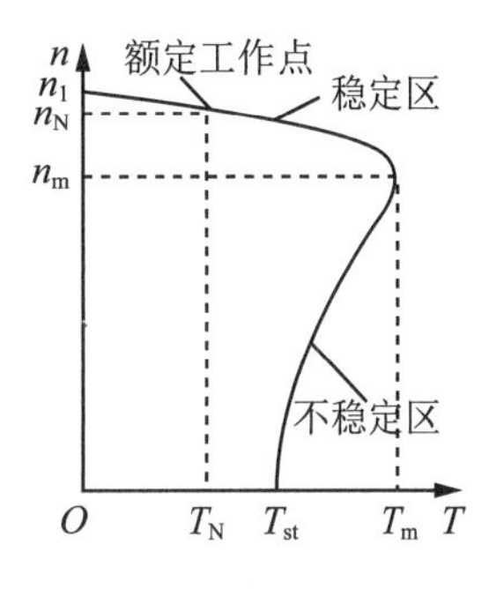


**图 3-38　三相异步电动机的机械特性曲线**

为了正确使用异步电动机，应注意 $n=f(T)$ 曲线上的两个区域和三个重要转矩。

(1)稳定区和不稳定区。以最大转矩 $T_m$ 为界，机械特性分为两个区，上边为稳定运行区，下边为不稳定运行区。当电动机工作在稳定区上某一点时，电磁转矩 $T$ 能自动地与轴上的负载转矩 $T_L$ 相平衡(忽略空载损耗转矩)而保持匀速转动。如果负载转矩 $T_L$ 变化，电磁转矩 $T$ 将自动适应随之变化达到新的平衡而稳定运行。即电动机在稳定运行时，其电磁转矩和转速的大小都决定于它所拖动的机械负载。

异步电动机机械特性的稳定区比较平坦，当负载在空载与额定值之间变化时，转速变化不大，一般仅为 2%～8%，这样的机械特性称为硬特性，三相异步电动机的这种硬特性很适合于金属切削机床等工作机械的需要。

如果电动机工作在不稳定区，则电磁转矩不能自动适应负载转矩的变化，因而不能稳定运行。例如，负载转矩 $T_L$ 增大，使转速 $n$ 降低时，工作点将沿特性曲线下移，电磁转矩反而减小，会使电动机的转速越来越低，直到停转(堵转)，当负载转矩 $T_L$ 减小时，电动机转速又会越来越高，直至进入稳定区运行。

(2)三个重要转矩，详述如下。

①额定转矩 $T_N$。额定转矩是电动机在额定电压下，以额定转速运行，输出额定功率时，其轴上输出的转矩。在等速转动时，电动机的转矩 $T$ 必须与阻力转矩 $T_C$ 相平衡，即 $T=T_C$。阻力转矩主要是机械负载转矩 $T_L$，此外还包括空载损耗转矩(主要是机械损耗转矩)$T_0$，由于 $T_0$ 很小，可忽略不计，所以，$T=T_L+T_0\approx T_L$。所以可得

$$T_N=\frac{P_N}{\omega_N}=\frac{P_N\times 10^3}{\frac{2\pi n_N}{60}}=9550\frac{P_N}{n_N} \tag{3-40}$$

式中，$P_N$ 的单位为 kW；$n_N$ 的单位为 r/min；$T_N$ 的单位为 N·m。

异步电动机的额定工作点通常大约在机械特性稳定区的中部，如图 3-38 所示。为了避免电动机出现过热现象，一般不允许电动机在超过额定转矩的情况下长期运行，但允许短时过载运行。

②最大转矩 $T_m$。最大转矩 $T_m$ 是电动机能够提供的极限转矩。从机械特性曲线可求得对应于 $T_m$ 时的转差率为 $s_m$。

令$\frac{dT}{ds}=\frac{d}{ds}\left[KU_1^2\frac{sR_2}{R_2^2+s^2X_{20}^2}\right]=0$，则得

$$s_m=\frac{R_2}{X_{20}} \tag{3-41}$$

再将$s_m=\frac{R_2}{X_{20}}$代入$T=KU_1^2\frac{sR_2}{R_2^2+s^2X_{20}^2}$，可得

$$T_m=KU_1^2\frac{1}{2X_{20}} \tag{3-42}$$

从上述分析可得，$T_m$与$U_1^2$成正比而与$R_2$无关，但$s_m$与$R_2$成正比。

由于它是机械特性上稳定区和不稳定区的分界点，故电动机运行中的机械负载不可超过最大转矩，否则电动机的转速将越来越低，很快导致堵转。异步电动机堵转时电流最大，一般达到额定电流的4～7倍，这样大的电流如果长时间通过定子绕组，会使电动机过热甚至烧毁。因此，异步电动机在运行中应注意避免出现堵转，一旦出现堵转应立即切断电源，并卸掉过重的负载。

为了描述电动机允许的瞬间过载能力，通常用最大转矩$T_m$与额定转矩$T_N$的比值来表示，称为过载系数$\lambda$，即

$$\lambda=\frac{T_m}{T_N} \tag{3-43}$$

一般三相异步电动机的过载系数为1.8～2.2，在电动机的技术数据中可以查到。

③起动转矩$T_{st}$。电动机在接通电源被起动的最初瞬间，$n=0$、$s=1$，这时的转矩称为起动转矩$T_{st}$。将$s=1$代入$T=KU_1^2\frac{sR_2}{R_2^2+s^2X_{20}^2}$，可得

$$T_{st}=KU_1^2\frac{R_2}{R_2^2+X_{20}^2} \tag{3-44}$$

如果起动转矩小于负载转矩，即$T_{st}<T_L$，则电动机不能起动。这时与堵转情况一样，电动机的电流达到最大，容易过热。因此当发现电动机不能起动时，应立即断开电源停止起动，在减轻负载或排除故障以后再重新起动。

如果起动转矩大于负载转矩，即$T_{st}>T_L$，则电动机的工作点会沿着$n=f(T)$曲线从底部上升；电磁转矩$T$逐渐增大，转速$n$越来越高，很快越过最大转矩$T_m$，然后随着$n$的升高，$T$又逐渐减小，直到$T=T_L$时，电动机就以某一转速稳定运行。由此可见，只要异步电动机的起动转矩大于负载转矩，一经起动，便迅速进入机械特性的稳定区运行。

异步电动机的起动能力通常用起动转矩与额定转矩的比值来表示，称为起动系数，并用$\lambda_{st}$表示，即

$$\lambda_{st}=\frac{T_{st}}{T_N} \tag{3-45}$$

一般三相鼠笼式异步电动机的起动能力都不大，为0.8～2.2，绕线式转子异步电动机由于转子可以通过集电环外接电阻器，因此起动能力显著提高。其起动能力可在

电动机的技术数据中查到。

[**例 3-6**] 已知两台异步电动机的额定功率都是 10kW，其中一台电动机额定转速为 2930r/min，另一台的额定转速为 1450r/min，过载系数都是 2.2，试求它们的额定转矩和最大转矩各为多少？

**解**：第一台电动机的额定转矩 $T_{N1}=9550\times\dfrac{10}{2930}\approx32.6(N\cdot m)$，最大转矩 $T_{m1}=2.2\times32.6\approx71.7(N\cdot m)$。

第二台电动机的额定转矩 $T_{N2}=9550\times\dfrac{10}{1450}\approx65.9(N\cdot m)$，最大转矩 $T_{m2}=2.2\times65.9\approx145(N\cdot m)$。

此例说明，若电动机的输出功率相同，转速不同，则转速低的转矩较大。

(3)影响机械特性的两个重要因素 $U_1$ 和 $R_2$。在式(3-39)中，可以人为改变的参数是外加电压 $U_1$ 和转子电路电阻 $R_2$，它们是影响电动机机械特性的两个重要因素。

①在保持转子电路电阻 $R_2$ 不变的条件下，在同一转速(即相同转差率 $s$)时，电动机的电磁转矩 $T$ 与定子绕组的外加电压 $U_1$ 的平方成正比。例如，当电源电压降到额定电压的 70％时，最大转矩和起动转矩都降为额定值的 49％。可见电源电压对异步电动机的电磁转矩的影响是十分显著的。电动机在运行时，如果电源电压降低，则其转速会降低，导致电流增大，引起电动机过热，甚至使最大转矩小于负载转矩而造成堵转。

②在保持外加电压 $U_1$ 不变的条件下，增大转子电路电阻 $R_2$ 时，电动机机械特性的稳定区保持同步转速 $n_1$ 不变，而斜率增大，即机械特性变软。虽然电动机的最大转矩 $T_m$ 不随 $R_2$ 而变，而起动转矩 $T_{st}$ 则随 $R_2$ 的增大而增大，起动转矩最大时可达到与最大转矩相等。由此可见，绕线式转子异步电动机可以采用加大转子电路电阻的办法来增大起动转矩。

3. 运行特性

异步电动机从空载到满载对应于机械特性稳定区中的一段，为了正确合理地使用电动机，提高运行效率，节约能源，应了解不同负载情况下电动机的运行情况。在电源电压 $U_1$ 和频率 $f_1$ 固定为额定值时，电动机定子电流 $I_1$、定子电路的功率因数 $\cos\varphi_1$ 以及电动机效率 $\eta$ 与电动机输出机械功率 $P_2$ 之间的关系，称为电动机的运行特性。这些关系可用 $I_1=f(P_2)$、$\cos\varphi_1=f(P_2)$ 和 $\eta=f(P_2)$ 三条曲线表示，如图 3-39 所示。

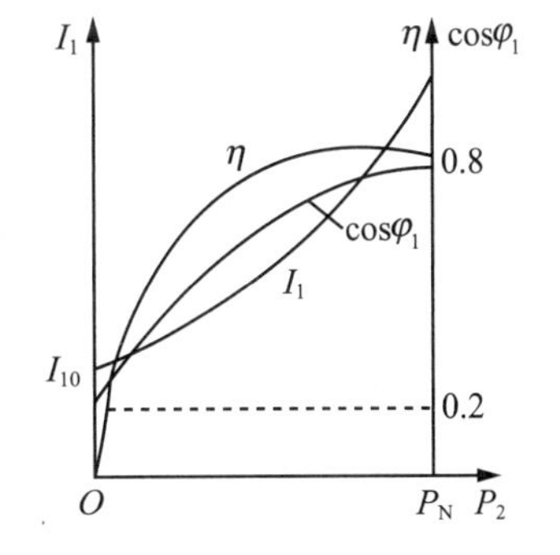


**图 3-39　三相异步电动机的运行特性曲线**

(1)$I_1=f(P_2)$曲线。异步电动机定子电流 $I_1$ 随输出负载的增大而增大，其原理与变压器原绕组电流随负载增大而增大相似。但空载电流 $I_{10}$ 比变压器大得多，为额定电流的 20％～40％。

(2)$\cos\varphi_1=f(P_2)$曲线。异步电动机空载电流 $I_{10}$ 是产生工作磁通的励磁电流，是电感性的，所以空载时的功率因数很低，一般在0.2左右，电动机轴上加机械负载后，随着输出功率的增大，功率因数逐渐提高，到额定负载时一般为0.7～0.9。

(3)$\eta=f(P_2)$曲线。电动机的效率$\eta$是指其输出机械功率$P_2$与输入电功率$P_1$的比值，即

$$\eta=\frac{P_2}{P_1}\times100\%=\frac{P_2}{\sqrt{3}U_L I_L\cos\varphi_1}\times100\%=\frac{P_2}{P_2+\Delta P_{Cu}+\Delta P_{Fe}+\Delta P_m}\times100\% \quad (3\text{-}46)$$

式中，$\Delta P_{Cu}$、$\Delta P_{Fe}$和$\Delta P_m$分别为铜损、铁损和机械损耗。

空载时，$P_2=0$，而$P_1>0$，故$\eta=0$；随着负载的增大，开始$\eta$上升很快，后因铜损迅速增大(铁损和机械损耗基本不变)，$\eta$反而有所减小，$\eta$的最大值一般出现在额定负载的80%附近，其值为80%～90%。

由图3-39可知，三相异步电动机在其额定负载的70%～100%运行时，其功率因数和效率都比较高，因此应该合理选用电动机的额定功率，使它运行在满载或接近满载的状态，尽量避免或减少轻载和空载运行的时间。

**[例3-7]** 已知一台Y型异步电动机的额定功率$P_N=7.5\text{kW}$，额定转速$n_N=1440\text{r/min}$，额定功率因数$\cos\varphi=0.85$，额定效率$\eta=0.87$，接在线电压为380V的三相电路中，试求电动机的额定电流$I_N$和额定转差率$s_N$各为多少？

**解：** 满载时电动机取用的功率为$P_1=\frac{P_N}{\eta}=\frac{7.5}{0.87}\approx8.6(\text{kW})$，电动机的额定电流为$I_N=\frac{P_1}{\sqrt{3}U_N\cos\varphi}=\frac{8600}{\sqrt{3}\times380\times0.85}\approx15.4(\text{A})$。

因为$n_N$接近于$n_1$，从题意可得$n_1=1500\text{r/min}$，则额定转差率为

$$s_N=\frac{n_1-n_N}{n_1}=\frac{1500-1440}{1500}=0.04$$

### 3.2.2 三相异步电动机的铭牌数据

每台电动机的外壳上都附有一块铭牌，上面打印着这台电动机的一些基本数据，要正确使用电动机，就必须要看懂铭牌。现以表3-1所示Y132M-4型电动机为例，来说明铭牌上各个数据的意义。

**表3-1 三相异步电动机的铭牌数据**

| 三相异步电动机 | | | |
|---|---|---|---|
| 型　号 | Y132M-4 | 连　接 | △ |
| 功　率 | 7.5kW | 工作方式 | S1 |
| 电　压 | 380V | 绝缘等级 | B级 |
| 电　流 | 15.4A | 转　速 | 1440r/min |
| 频　率 | 50Hz | 编　号 | |
| | | ××电机厂 | 出厂日期 |

铭牌数据的含义如下。

1. 型号

Y132M-4

Y—(鼠笼式)转子异步电动机(YR 表示绕线式转子异步电动机);

132—机座中心高为 132mm;

M—中机座(S 表示短机座，L 表示长机座);

4—4 极电动机，磁极对数为 2。

2. 电压

该电压是指电动机定子绕组应加的线电压有效值，即电动机的额定电压。Y 系列三相异步电动机的额定电压统一为 380V。有的电动机铭牌上标有两种电压值，如 380V/220V，是对应于定子绕组采用 Y/△两种连接时应加的线电压有效值。

3. 频率

该频率是指电动机所用交流电源的频率，我国电力系统规定为 50Hz。

4. 功率

该功率是指在额定电压、额定频率下满载运行时电动机轴上输出的机械功率，即额定功率，又称为额定容量。

5. 电流

该电流是指电动机在额定运行(即在额定电压、额定频率下输出额定功率)时，定子绕组的线电流有效值，即额定电流。标有两种额定电压的电动机相应标有两种额定电流值。

6. 连接

连接是指电动机在额定电压下，三相定子绕组应采用的连接方法。Y 系列三相异步电动机规定额定功率在 3kW 及以下的为 Y 连接，4kW 及以上的为△连接。铭牌上标有两种电压、两种电流的电动机，应同时标明 Y/△两种连接。

7. 工作方式

S1 表示连续工作，允许在额定情况下连续长期运行，如水泵、通风机、机床等设备所用的异步电动机。S2 表示短时工作，是指电动机工作时间短(在运转期间，电动机未达到允许温升)、而停车时间长(足以使电动机冷却到接近周围媒质的温度)的工作方式，如水坝闸门的启闭及机床中尾架、横梁的移动和夹紧等。S3 表示断续周期工作，又叫重复短时工作，是指电动机运行与停车交替的工作方式，如起重机等。工作方式为短时和断续的电动机若以连续方式工作时，必须相应减轻其负载，否则电动机将因过热而损坏。

8. 绝缘等级

绝缘等级是按电动机所用绝缘材料允许的最高温度来分级的，有 A、E、B、F、

H、C等几个等级，如表3-2所示。目前一般电动机采用较多的是E级绝缘和B级绝缘。在规定的温度以内，绝缘材料能保证电动机在一定期限内(一般为15～20年)可靠地工作，如果超过上述温度，绝缘材料的寿命将大大缩短。

**表3-2　三相异步电动机的绝缘等级**

| 绝缘等级 | A | E | B | F | H | C |
|---|---|---|---|---|---|---|
| 最高允许温度(℃) | 105 | 120 | 130 | 155 | 180 | ＞180 |

9. 转速

生产机械对转速的要求不同，需要生产不同磁极数的异步电动机，所以有不同的转速等级。最常用的是四极电动机，即 $n_1=1500\text{r/min}$。

在使用和选用电动机时，除了要了解其铭牌数据外，有时还要了解它的其他一些数据，如额定功率因数、额定效率 $\eta$ 等参数，一般可从产品资料和电工手册中查到。

[**例3-8**] 已知一台Y型异步电动机的铭牌数据为2.2kW，1430r/min，220V/380V，△/Y，$\cos\varphi=0.81$，若额定负载时电网输入的功率为2.75kW，过载系数为2.2，起动系数为2.0，试求：(1)电动机在两种接法时相电流和线电流的额定值和额定效率；(2)电动机的额定转矩、最大转矩和起动转矩各为多少？

**解**：(1)输入功率 $P_1=\sqrt{3}U_L I_L\cos\varphi$，则

$I_{LY}=I_{PY}=\dfrac{P_1}{\sqrt{3}U_L\cos\varphi}=\dfrac{2750}{\sqrt{3}\times380\times0.81}\approx5.16(\text{A})$，$I_{L\triangle}=\dfrac{P_1}{\sqrt{3}U_L\cos\varphi}=\dfrac{2750}{\sqrt{3}\times220\times0.81}\approx8.91(\text{A})$，$I_{P\triangle}=\dfrac{I_{L\triangle}}{\sqrt{3}}\approx5.14(\text{A})$，$\eta_N=\dfrac{P_2}{P_1}=\dfrac{2.2}{2.75}=0.8$。

(2) $T_N=9550\times\dfrac{P_N}{n_N}=9550\times\dfrac{2.2}{1430}\approx14.7(\text{N}\cdot\text{m})$，$T_m=\lambda T_N=2.2\times14.7\approx32.3(\text{N}\cdot\text{m})$，$T_{st}=\lambda_{st}T_N=2\times14.7=29.4(\text{N}\cdot\text{m})$。

### 3.2.3　三相异步电动机的选择

三相异步电动机应用很广，选用电动机时应以实用、合理、经济、安全为原则，根据拖动机械的需要和工作条件进行选择。

1. 种类和结构类型的选择

三相异步电动机有鼠笼式转子和绕线式转子两种类型。鼠笼式异步电动机结构简单，价格便宜，运行可靠，使用维护方便。如果没有特殊要求，应尽可能采用鼠笼式异步电动机。例如，水泵、风机、运输机、压缩机及各种机床的主轴和辅助机构，绝大部分都可用三相鼠笼式异步电动机来拖动。

绕线式转子异步电动机起动转矩大，起动电流小，并可在一定范围内平滑调速，但结构复杂，价格较高，使用和维护不便。所以，只有在起动负载大和有一定调速要求、不能采用鼠笼式异步电动机拖动的场合，才采用绕线式转子异步电动机。例如，

某些起重机、卷扬机、轧钢机、锻压机等，可选用绕线式转子异步电动机来拖动。

再就是生产机械的种类繁多，工作环境也不相同。若电动机在潮湿或含有酸性气体的环境中工作，则绕组的绝缘很快受到侵蚀；若在灰尘很多的环境中工作，则电动机很容易脏污，致使散热条件恶化。所以，必须生产各种结构类型的电动机，以保证其在不同的工作环境中能安全可靠地运行。电动机通常有下列几种结构类型。

(1)开启式。在结构上无特殊防护装置，通风非常良好，价格便宜，常用于干燥无灰尘的场所。

(2)防护式。在机壳或端盖下面有通风罩，以防止铁屑等杂物掉入；也有将外壳做成挡板状，以防止在一定角度内有雨水滴溅入其中，但不能防尘、防潮；适用于灰尘不多且较干燥的场所。

(3)封闭式。封闭式的外壳严密封闭，电动机靠自身风扇或外部风扇来散热，并在外壳带有散热片，能防止潮气和灰尘进入。在灰尘多、潮湿或含有酸性气体的场所一般都采用此电动机。

(4)防爆式。整个电动机(包含接线端)全部严密封闭，常用于有爆炸性气体的场所，如在石油、化工企业及矿井中。

2. 额定功率(容量)的选择

电动机的额定功率是由生产机械所需的功率来决定的。如果额定功率选得过大，不但电动机没有充分利用，浪费了设备成本，而且电动机在轻载下工作，其运行效率和功率因数都较低，也不经济；但如果额定功率选得太小，将引起电动机过载，甚至堵转，不仅不能保证生产机械的正常运行，还会使电动机温升超过允许值，而过早损坏。电动机的额定功率是和一定的工作制相对应的。在选用电动机功率时，应考虑电动机的实际工作方式。基本的工作制有“连续”“短时”和“断续周期”三种。

(1)连续工作制(S1)。对于连续工作的生产机械(如水泵、风机等)，只要电动机的额定功率等于或稍大于生产机械所需的功率，电动机的温升就不会超过其允许值。因此所选的电动机额定功率为

$$P_N \geqslant \frac{P_L}{\eta_1 \eta_2} \tag{3-47}$$

式中，$P_L$ 为生产机械的负载功率；$\eta_1$ 为生产机械本身的效率；$\eta_2$ 为电动机与生产机械之间的传动效率。直接连接时 $\eta_2=1$，带传动时 $\eta_2=0.95$。

(2)短时工作制(S2)。当电动机在恒定负载下按给定时间运行而未达到热稳定时即行停机，这种工作制称为短时工作制。水坝闸门的启闭，机床中尾座、横梁的移动和夹紧以及刀架快速移动等都是短时工作的例子。我国规定短时工作制的标准持续时间有 10min、30min、60min、90min 四种。专为短时工作制设计的电动机，其额定功率是和一定的标准持续时间相对应的。在规定的时间内，电动机以输出额定功率工作，其温升不会超过允许值。就某一台电动机来说，它在短时工作时的额定功率大于连续工作时的额定功率。

短时工作的电动机，输出功率的计算与连续工作制一样。如果实际的工作持续时

间与标准持续时间不同，则应按接近而大于实际工作持续时间的标准持续时间来选择电动机。如果实际工作持续时间超过最大的标准持续时间(90min)，则应选用连续工作制电动机。

(3)断续周期工作制(S3)。断续周期工作制是一种周期性重复短时运行的工作方式，每一周期包括一段恒定运行时间 $t_1$ 和一个停歇时间 $t_2$。标准的周期时间为10min。工作时间 $t_1$ 与工作周期 $T$ 的比值称为负载持续率，通常用百分数来表示。我国规定的标准持续率有15%、25%、40%和60%四种，如不加说明，则以25%为准。

专门用于断续周期工作的异步电动机为YZ和YZR系列，常用于桥式起重机等生产机械上。选择这类电动机应考虑其负载持续率，同一型号的电动机，负载持续率越小，其额定功率越大。实际上，在很多场合下，电动机所带的负载是经常变化的。例如，用机床加工工件时，刀具和切削用量是经常变化的，因此用计算法来确定电动机的功率很困难，而且所得的结果也很不准确。为此，实际上常采用类比法，即通过调查研究，将各国同类的先进生产机械所选用的电动机功率进行类比和统计分析，寻找出电动机功率与生产机械主要参数之间的关系。

此外，还有一种选择电动机功率的方法称为实验法，它是用一台同类型的或相近类型的生产机械进行实验，测出其所需的功率。也可将实验法与类比法结合起来进行选择。

3. 额定电压的选择

电动机的额定电压应根据使用场所的电源电压和电动机的类型、功率来决定。Y系列鼠笼式三相电动机都选用额定电压为380V，单相电动机都选用额定电压为220V。所需功率大于100kW时，可根据当地电源情况和技术条件考虑选用3000V或6000V的高压电动机。

4. 额定转速的选择

电动机是用来拖动生产机械的，而生产机械的转速一般是由生产工艺的要求所决定的，通常电动机的转速不低于500r/min。如果生产机械的运行速度很低，而电动机的转速很高(转速高的电动机体积小，价格低)，则必然增加减速传动机构的体积和成本，机械效率也因而降低。因此，必须全面考虑电动机和传动机构各方面因素，才能确定最合适的额定转速。

### 3.2.4 起动、调速、反转和制动

1. 起动

电动机的起动就是把电动机的定子绕组与电源接通，使电动机的转子由静止加速到以一定转速稳定运行的过程。异步电动机在起动的最初瞬间，其转速 $n=0$，转差率 $s=1$，转子电流达到最大值，和变压器一样，定子电流也达到最大值，约为额定电流的4～7倍。由转矩 $T=K_T\Phi I_2\cos\varphi_2$ 的关系可知，鼠笼式异步电动机的起动电流虽大，但由于起动时转子电路的功率因数很低，故起动转矩并不大，一般起动系数只有0.8～2。

电动机起动电流虽然大，但由于起动时间很短，从发热角度考虑没有问题，但若起动频繁时，由于热量的积累，可以使电动机过热，所以在实际操作时应尽可能不让

电动机频繁起动；从另一方面考虑，电动机起动电流大时，在输电线路上造成的电压降也大，还可能会影响同一电网中其他负载的正常工作，如使其他电动机的转矩减小，转速降低，甚至造成堵转，或使荧光灯熄灭等。电动机起动转矩小，则起动时间较长，或不能在满载情况下起动。由于异步电动机的起动电流大而起动转矩较小，故常采取一些措施来减小起动电流，增大起动转矩。

鼠笼式异步电动机的起动方法通常有以下几种。

(1)直接起动。直接起动就是将额定电压直接加到定子绕组上使电动机起动，又叫全压起动。直接起动的优点是设备简单，操作方便，起动过程短。只要电网的容量允许，应尽量采用直接起动。例如，容量在 10kW 以下的三相异步电动机一般都采用直接起动。一台电动机是否允许直接起动，各地电力部门分别有规定。例如，用电单位有独立的变压器，则在电动机起动频繁时，电动机容量小于变压器容量的 20%时可直接起动；若电动机起动不频繁时，它的容量小于变压器容量的 30%时可直接起动。如果没有独立的变压器(与照明共用)，则电动机直接起动时所产生的电压降不超过 5%时可直接起动。

此外，也可用经验公式来确定，若满足下列公式，则电动机可以直接起动。

$$\frac{\text{直接起动的起动电流(A)}}{\text{电动机额定电流(A)}} \leqslant \frac{3}{4} + \frac{\text{电源变压器总容量(kV·A)}}{4 \times \text{电动机功率(kW)}} \tag{3-48}$$

(2)降压起动。如果鼠笼式异步电动机的额定功率超出了允许直接起动的范围，则应采用降压起动。所谓降压起动，就是借助起动设备将电源电压适当降低后加在定子绕组上进行起动，待电动机转速升高到接近稳定时，再使电压恢复到额定值，转入正常运行。

降压起动时，由于电压降低，电动机每极磁通量减小，故转子电动势、电流以及定子电流均减小，避免了电网电压的显著下降。但由于电磁转矩与定子电压的平方成正比，因此降压起动时的起动转矩将大大减小，一般只能在电动机空载或轻载的情况下起动，起动完毕后再加上机械负载。

目前，常用的降压起动方法有三种。

①Y-△降压起动。Y-△起动就是把正常工作时定子绕组为三角形连接的电动机，在起动时接成星形，待电动机转速上升后，再换接成三角形。这样，在起动时就把定子每相绕组上的电压降到正常工作电压的$\frac{1}{\sqrt{3}}$。图 3-40(a)(b)分别为定子绕组的星形连接和三角形连接，$Z$ 为起动时每相绕组的等效阻抗。

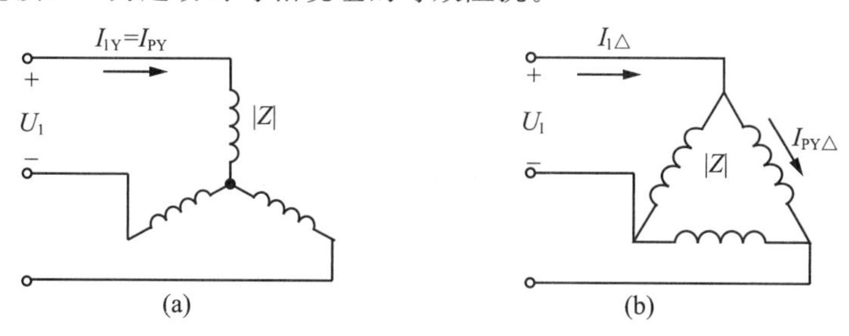


**图 3-40　定子绕组的两种连接法**

当定子绕组连成星形，即降压起动时，$I_{1Y}=I_{PY}=\dfrac{U_1}{\sqrt{3}\,|Z|}$。

当定子绕组连成三角形，即直接起动时，$I_{1\triangle}=\sqrt{3}\,I_{P\triangle}=\sqrt{3}\,\dfrac{U_1}{|Z|}$。

所以，用 Y-△降压起动时的电流为直接起动时的$\dfrac{1}{3}$，即 $I_{1Y}=\dfrac{1}{3}I_{1\triangle}$。

由于电磁转矩与定子绕组相电压的平方成正比，所以用 Y-△起动时的起动转矩也减小为直接起动时的$\left(\dfrac{1}{\sqrt{3}}\right)^2=\dfrac{1}{3}$，即 $T_{stY}=\dfrac{1}{3}T_{st\triangle}$。

这种换接起动可采用 Y-△起动器来实现。Y-△起动器设备简单、体积小、成本低、寿命长、工作可靠，但只适用于正常工作时为三角形连接的电动机，目前 Y 系列异步电动机额定功率在 4kW 及其以上的均设计成 380V 三角形连接。

②自耦变压器降压起动。自耦变压器降压起动时，三相交流电源接入自耦变压器的原绕组，而电动机的定子绕组则接到自耦变压器的副绕组，这时电动机得到的电压低于电源电压，因而减小了起动电流。待电动机转速升高接近稳定时，再切除自耦变压器，让定子绕组直接与电源相连。

自耦变压器备有不同的抽头，以便得到不同的电压(例如，为电源电压的 73%、64%、55%或 80%、60%、40%两种)，根据对起动转矩的要求而选用。

自耦变压器降压起动时，电动机定子电压降为直接起动时的$\dfrac{1}{K_u}$($K_u$ 为电压比)，定子电流(即变压器副绕组电流)也降为直接起动时的$\dfrac{1}{K_u}$，因而变压器原绕组电流则要降为直接起动时的$\dfrac{1}{K_u^2}$；由于电磁转矩与外加电压的平方成正比，故起动转矩也降低为直接起动时的$\dfrac{1}{K_u^2}$。

自耦变压器降压起动的优点是起动电压可根据需要选择，但设备较笨重，一般只用于功率较大和不能用 Y-△起动的电动机。

③软起动。软起动是近年来随着电力电子技术的发展而出现的新技术，起动时通过软起动器(一种晶闸管调压装置)使电压从某一较低值逐渐上升至额定值，起动完毕后再用旁路接触器(一种电磁开关)使电动机正常运行。在软起动过程中，电压平稳上升的同时，起动电流被限制在(150%～200%)$I_N$，这样就减小甚至消除了电动机起动时对电网电压的影响。

(3)绕线式转子异步电动机的起动。绕线式转子异步电动机可以采用转子加起动变阻器的方法起动。起动时先将起动变阻器的阻值调至最大，转子开始旋转后，随着转速的升高，逐渐减小电阻，待转速接近额定值时，把起动变阻器短接，使电动机正常运行。

由前面分析可知，在转子电路中增加电阻，即会减小转子电流 $I_2$，从而也减小了

定子电流 $I_1$，同时又可提高起动转矩 $T_{st}$。可见绕线式转子异步电动机的起动性能优于鼠笼式异步电动机，所以在起动频繁、要求有较大起动转矩的生产机械上(如起重设备、卷扬机、锻压机及转炉等)常采用绕线式转子异步电动机。

[**例 3-9**] 已知一台 Y 型异步电动机的铭牌数据为：额定功率为 45kW，额定转速为 1480r/min，额定电压为 380V，额定效率为 92.3%，额定功率因素为 $\cos\varphi=0.88$，过载系数为 2.2，起动系数为 1.9，$I_{st}/I_N=7$。试求：(1)额定电流和额定转差率；(2)额定转矩、最大转矩和起动转矩；(3)采用 Y-△起动时的起动转矩和起动电流，若此时负载转矩为额定转矩的 80%和 50%，电动机能否起动？(4)若采用自耦变压器起动，且起动时电动机的端电压降为电源电压的 64%时，线路的起动电流和电动机的起动转矩。

**解**：(1)输入功率 $P_1=\sqrt{3}U_N I_N\cos\varphi=\dfrac{P_N}{\eta_N}$，

$$I_N=\frac{P_N}{\sqrt{3}U_N\cos\varphi\eta_N}=\frac{45000}{\sqrt{3}\times380\times0.88\times0.923}\approx84.2(\text{A})。$$

因为 $n_N=1480\text{r/min}$，所以 $n_1=1500\text{r/min}$，$s_N=\dfrac{n_1-n_N}{n_1}=\dfrac{1500-1480}{1500}\approx0.013$。

(2)$T_N=9550\times\dfrac{P_N}{n_N}=9550\times\dfrac{45}{1480}\approx290.4(\text{N}\cdot\text{m})$，

$T_m=\lambda T_N=2.2\times290.4\approx638.9(\text{N}\cdot\text{m})$，$T_{st}=\lambda_{st}T_N=1.9\times290.4\approx551.8(\text{N}\cdot\text{m})$。

(3)$I_{st\triangle}=7I_N=7\times84.2\approx589.4(\text{A})$，$I_{stY}=\dfrac{1}{3}I_{st\triangle}=\dfrac{1}{3}\times589.4\approx196.5(\text{A})$，

$T_{stY}=\dfrac{1}{3}T_{st\triangle}=\dfrac{1}{3}\times551.8\approx183.9(\text{N}\cdot\text{m})$。

在 80%额定转矩时，$T_C=290.4\times80\%\approx232.3(\text{N}\cdot\text{m})>T_{stY}$，不能起动，

在 50%额定转矩时，$T_C=290.4\times50\%\approx145.2(\text{N}\cdot\text{m})<T_{stY}$，可以起动。

(4)$I'_{st}=0.64^2\times I_{st}=0.64^2\times589.4\approx241.4(\text{A})$，$T'_{st}=0.64^2\times T_{st}=0.64^2\times551.8\approx226(\text{N}\cdot\text{m})$。

2. 调速

调速是指在电动机负载不变的情况下人为地改变电动机的转速，以满足生产过程的要求。异步电动机的转速可表示为

$$n=(1-s)n_1=(1-s)\frac{60f_1}{p} \tag{3-49}$$

可见异步电动机可以通过改变电源频率 $f_1$、磁极对数 $p$ 和转差率 $s$ 三种方法来实现调速。

(1)变频调速。改变三相异步电动机的电源频率，可以得到平滑的调速。进行变频调速，需要一套专用的变频设备，如图 3-41 所示，它主要由整流器和逆变器组成。连续改变电源频率可以实现大范围的无级调速，而且电动机的机械特性的硬度基本不变，这是一种比较理想的调速方法，近年来发展很快，正得到越来越多的应用。通常有下

列两种变频调速方式。

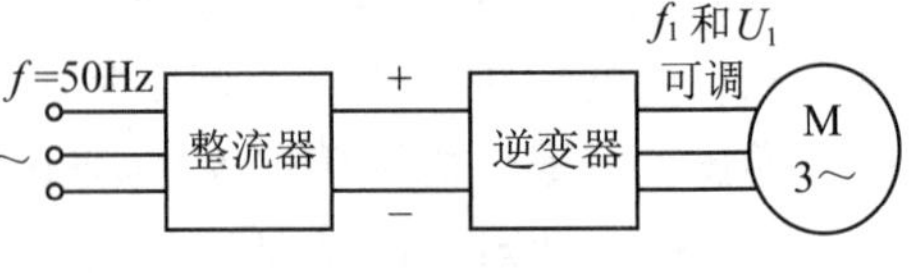

图 3-41　变频调速装置

①在 $f_1 < f_{1N}$，即低于额定转速调速时，应保持$\frac{U_1}{f_1}$比值不变，由 $U_1 \approx 4.44K_1N_1f_1\Phi$ 和 $T = K_T\Phi I_2\cos\varphi_2$ 可知，此时 $\Phi$ 和 $T$ 都近似不变，即恒转矩调速。若把转速调低时$U_1 = U_{1N}$ 保持不变，在减小 $f_1$ 时 $\Phi$ 则将增加，这就会使磁路饱和，从而增加励磁电流和铁损，导致电动机过热，因此是不允许的。

②在 $f_1 > f_{1N}$，即高于额定转速调速时，应保持 $U_1 \approx U_{1N}$，此时 $\Phi$ 和 $T$ 都将减小，转速增大，转矩减小，将使功率近于保持不变。即恒功率调速。若把转速调高时$\frac{U_1}{f_1}$保持不变，在增加 $f_1$ 时 $U_1$ 也将增加，$U_1$ 将超过额定电压，因此也是不允许的。

频率的调节范围一般为 0.5～320Hz。目前，在国内由于逆变器中的开关元件(可关断晶闸管、大功率晶体管和功率场效应管等)的制造水平不断提高，电动机的变频调速技术的应用也就日益广泛。

(2)变极调速。改变异步电动机定子绕组的连接，可以改变磁极对数，从而得到不同的转速。由于磁极对数 $p$ 只能成倍地变化，所以这种调速方法不能实现无级调速。为了得到更多的转速，可在定子上安装两套三相绕组，每套都可以改变磁极对数，采用适当的连接方式，就有三种或四种不同的转速。这种可以改变磁极对数的异步电动机称为多速电动机。变极调速虽然不能实现平滑无级调速，但它比较简单、经济，在金属切削机床上常被用来扩大齿轮箱调速的范围。

(3)变转差率调速。变转差率调速是在不改变同步转速 $n_1$ 条件下的调速，是通过转子电路中串接调速电阻(和起动电阻一样接入)来实现的，通常只用于绕线式转子异步电动机。转子电路串接的电阻调大，转差率 $s$ 上升，则转速 $n$ 下降，此时 $T_{max}$ 是否改变？变转差率调速方法简单，调速平滑，但由于一部分功率消耗在变阻器内，使电动机的效率降低，而且转速太低时机械特性很软，运行不稳定。这种调速方法广泛应用于大型的起重设备中。

3. 反转

三相异步电动机的转子转向取决于旋转磁场的转向。因此，要使电动机反转，只要将接在定子绕组上的三根电源线中的任意两根对调，即改变电动机电流的相序，使旋转磁场反向，电动机也就反转。

4. 制动

当电动机的定子绕组断电后，转子及拖动系统因惯性作用，总要经过一段时间才能停转。但某些生产机械要求能迅速停机，以便缩短辅助工时，提高生产机械的生产率和安全度，为此需要对电动机进行制动，也就是使转子上的转矩与其旋转方向相反，即为制动转矩。

制动方法有机械制动和电气制动两类。机械制动通常利用电磁铁制成的电磁制动器来实现。电动机起动时电磁制动器线圈同时通电，电磁铁吸合，使制动闸瓦松开；电动机断电时，制动器线圈同时断电，电磁铁释放，在弹簧作用下，制动闸瓦把电动机转子紧紧抱住，实现制动。起重机械采用这种方法制动不但提高了生产效率，还可以防止在工作过程中因突然断电使重物落下而造成的事故。电气制动是在电动机转子导体内产生制动电磁转矩来制动。常用的电气制动方法有以下几种。

(1)能耗制动。切断电动机电源后，把转子及拖动系统的动能转换为电能在转子电路中以热能形式迅速消耗掉的制动方法，称为能耗制动。其实施方法是在定子绕组切断三相电源后，立即通入直流电，电路如图 3-42 所示，这时在定子与转子之间形成固定的磁场。设转子因机械惯性按顺时针方向旋转，根据右手定则和左手定则不难确定这时的转子电流与固定磁场相互作用产生的电磁转矩为逆时针方向，所以是制动转矩。在此制动转矩作用下，电动机将迅速停转。制动转矩的大小与通入定子绕组直流电流的大小有关，可通过调节电阻 $R_P$ 的值来控制，直流电流的大小一般为电动机额定电流的 0.5～1 倍。电动机停转后，转子与磁场相对静止，制动转矩也随之消失，这时应把制动直流电源断开，以节约电能。

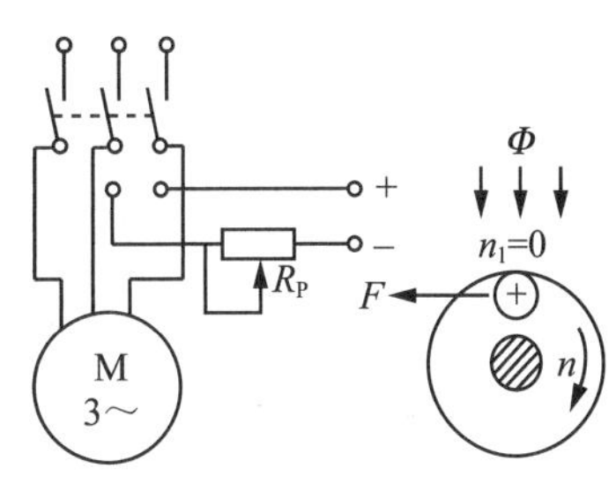

**图 3-42　能耗制动**

能耗制动的优点是制动平稳，消耗电能少，但需要有直流电源。目前，在一些金属切削机床中常采用这种制动方法。一些重型机床中还将能耗制动与电磁制动器配合使用。先进行能耗制动，待转速降至某值时，令制动器动作，可以有效地实现准确快速停车。

(2)反接制动。改变电动机三相电流的相序，把电动机与电源连接的三根导线任意对调两根，使电动机的旋转磁场反转的制动方法称为反接制动。反接制动电路如图 3-43 所示，转子由于惯性仍在原方向转动，由于受反向旋转磁场作用，转子感应电动势、感应电流、电磁力都反向，所以此时产生的电磁转矩方向与电动机的转动方向相反，因而起制动作用。当电动机转速接近于零时，再把电源切断，否则电动机将会反转。

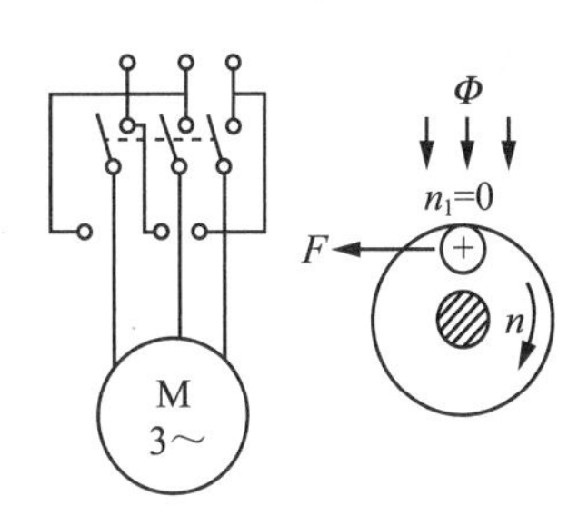

**图 3-43　反接制动**

在反接制动时，由于旋转磁场与转子的相对速度($n_1+n$)很大，转差率 $s>1$，因此电流很大。为了限制电流及调整制动转矩的大小，常在定子电路(鼠笼式)或转子电路(绕线式)中串入适当的电阻。反接制动不需另备直流电源，比较简单，且制动转矩较大，停机迅速，效果较好，但机械冲击和耗能也较大，会影响加工的精度，所以使用范围受到一定限制，通常用于起动不频繁、功率小于 10kW 的中小型机床及辅助性的电力拖动中。

(3)发电反馈制动。电动机运行中，当转子的转速 $n$ 超过旋转磁场的转速 $n_1$ 时，此时电动机犹如一个感应发电机，由于旋转磁场的方向未变，而 $n>n_1$，所以转子切割磁场改变了方向，转子产生的感应电动势和感应电流方向也变了，相应的电磁转矩也为制动转矩，如图 3-44 所示，此时电动机将机械能变成电能反馈给电网。发电反馈制动是一种比较经济的制动方法，且制动节能效果好，但使用范围较窄，只有当电动机的转速大于同步转速时才有制动力矩出现。一般在起重放下重物时和多速电动机从高速变为低速时使用。

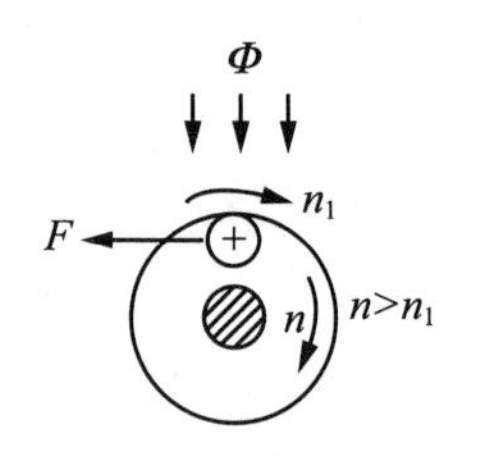

图 3-44　发电反馈制动

## 任务 3.3　常用低压电器

### 任务内容

组合开关、按钮、交流接触器、中间继电器、热继电器和自动空气断路器等常用低压电器的工作原理。

### 任务目标

使学生能够灵活使用常用低压电器。

### 相关知识

工农业生产中使用很多生产机械，它们的运动部件大多是由电动机带动的。因此，在生产过程中要对电动机进行自动控制，使生产机械各部件的动作按顺序进行，保证生产过程和加工工艺合乎预定要求。对电动机主要是控制它的起动、停止、正反转、调速及制动。

对电动机或其他电气设备的接通或断开，当前国内仍较多地采用按钮、接触器、继电器等控制电器来对电动机或其他电气设备实施控制。这种控制系统一般称为继电接触器控制系统，它是一种有触点的断续控制，因为其中控制电器是断续动作的。

要懂得一个控制线路的原理，必须先要了解其中各个电器元件的结构、动作原理以及它们的控制作用。控制电器的种类繁多，主要分为手动的和自动的两大类。手动控制电器是由工作人员用手操纵的，如组合开关、按钮等。自动控制电器则是按照指令、信号或某个物理量的变化而自动动作的，如接触器、热继电器等。因此，本章将首先对这些常用的控制电器做一下简要介绍。

在实际工农业生产中，大多是复杂的控制线路，但任何复杂的控制线路都是由一些基本的单元电路组成的。因此，本章主要介绍继电接触器控制系统中一些常用的基本控制环节和三相鼠笼式异步电动机的正反转控制控制线路。

### 3.3.1　组合开关

组合开关又称转换开关，常用来作为电源引入开关，也可以用它来直接起动和停止小容量鼠笼式电动机或使电动机正反转，局部照明电路也常用它来控制。

组合开关的种类较多，它由装在同一根轴上的单个或多个单极旋转开关叠装在一起组成，有单极、双极、三极和多级结构，额定持续电流有10A、25A、60A、100A等多种。常用的有HZ10系列的结构如图3-45(a)所示，它有三对静触片，每个触片的一端固定在绝缘垫板上，另一端伸出盒外，连在接线柱上；三个动触片套在装有手柄的绝缘转动轴上，转动转轴就可以将三个触点(彼此相差一定角度)同时接通或断开。图3-45(b)是用组合开关来起动和停止异步电动机的接线图。

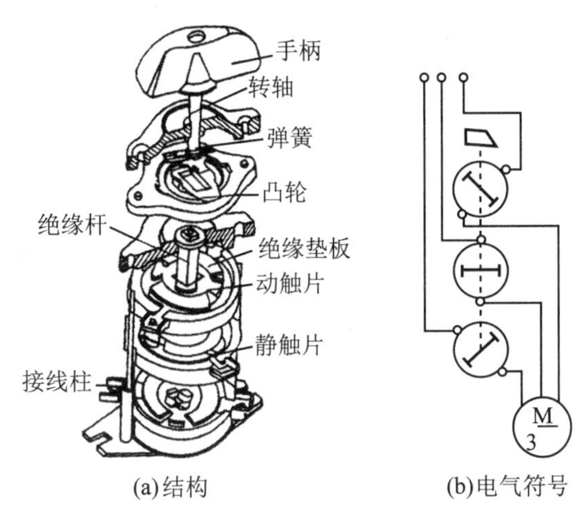


图3-45　组合开关

### 3.3.2　控制按钮

控制按钮是一种短时接通或断开小电流电路的电器，它不直接控制主电路的通断，而在控制电路中发出“指令”去控制接触器、继电器等电器，再由它们去控制主电路。

控制按钮由按钮帽、复位弹簧、桥式触头和外壳等组成，通常做成复合式，即具有动合触点和动断触点，将按钮帽按下时，下面一对原来断开的静触点被动触点接通，以接通某一控制电路；而上面的一对静触点则被断开，以断开另一控制电路。其结构示意图如图3-46所示。

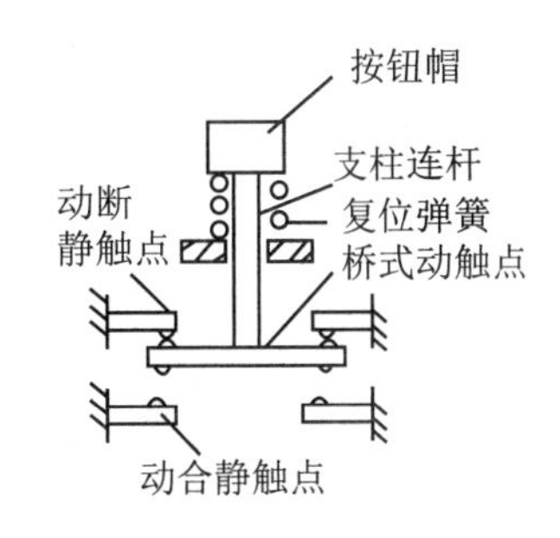


图3-46　控制按钮的结构示意图

控制按钮的种类很多，指示灯式按钮内可装入信号灯显示信号；紧急式按钮装有蘑菇形按钮帽，以便于紧急操作；旋钮式按钮用于扭动旋钮来进行操作。

常见按钮有LA系列和LAY1系列。LA系列按钮的额定电压为交流500V、直流440V，额定电流为5A；LAY1系列按钮的额定电压为交流380V、直流220V，额定电流为5A。按钮帽有红、绿、黄、白等颜色，一般红色用作停止按钮，绿色用作起动按钮。

控制按钮的型号含义和电气符号如图 3-47(a)(b)所示。

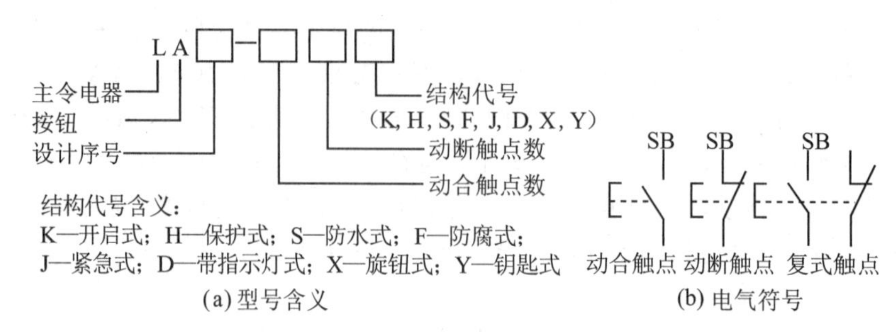


图 3-47 控制按钮的型号含义和电气符号

### 3.3.3 熔断器

熔断器俗称保险丝，是最简便而且最有效的短路保护电器，它串联在被保护的电路中，熔断器中的熔丝或熔片用电阻率较高的易熔合金制成。线路正常工作时，相当于一根导线，熔体不应熔断，当电路发生短路或严重过载时，熔体立即熔断，以保护电路及用电设备不遭损坏。

熔断器由金属熔体、熔体固定架及外壳组成，可分为管式熔断器、插入式熔断器、螺旋式熔断器三大类，其外形分别如图 3-48(a)(b)(c)所示。熔断器的额定值主要有额定电压、额定电流以及熔体的额定电流和极限分断能力。它们的定义如下。

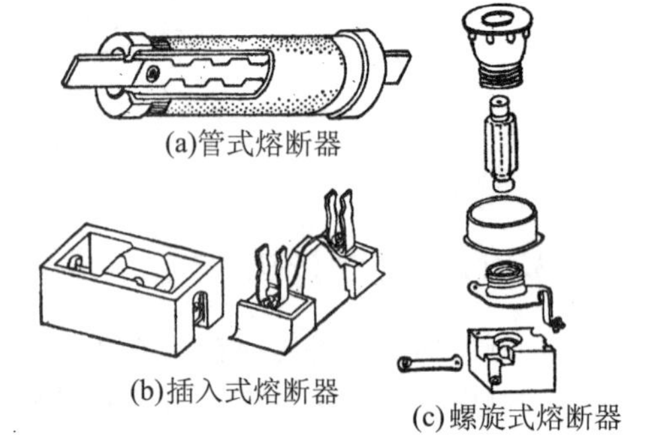


图 3-48 熔断器

(1)额定电压。熔断器长期工作所能承受的工作电压。

(2)额定电流。熔断器壳体和熔体长期工作时允许通过的最大工作电流。

(3)熔体的额定电流。熔体允许长期通过而不熔化的最大电流。熔体的额定电流与熔断器的额定电流可以不同。

(4)极限分断能力。低压熔断器一般用熔断器所能断开的最大电流表示；高压熔断器用额定开断容量或额定开断电流表示。

选择熔丝的方法如下。

(1)电灯支线熔丝。熔丝额定电流≥支线上所有电灯的工作电流。

(2)一台电动机的熔丝。熔丝额定电流$\geq\frac{\text{电动机的起动电流}}{2.5}$。

如果电动机起动频繁，则为：熔丝额定电流$\geq\frac{\text{电动机的起动电流}}{1.6\sim2}$。

(3)几台电动机合用的总熔丝。熔丝额定电流=(1.5～2.5)×容量最大的电动机额定电流+其余电动机额定电流之和。

熔丝的额定电流有 4A、6A、10A、15A、20A、25A、35A、60A、80A、100A、125A、350A、600A 等多种。熔断器的型号含义和电气符号分别如图 3-49(a)(b)所示。

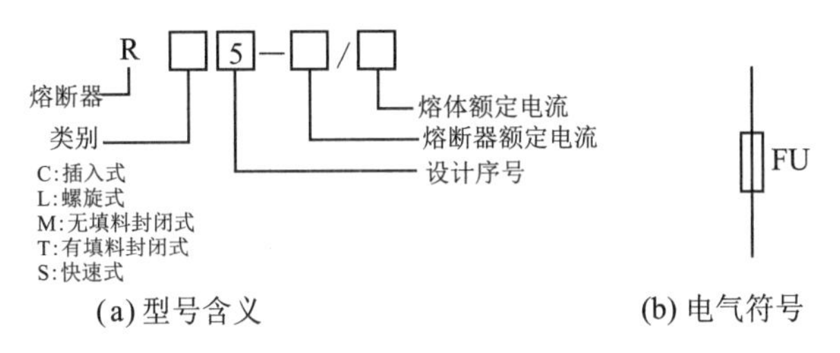


**图 3-49　熔断器的型号含义和电气符号**

### 3.3.4　交流接触器

交流接触器是一种利用电磁吸力控制触头闭合或断开，从而接通或切断电动机或其他负载电路的自动化控制电器。其主要控制对象是电动机、电热器、电焊器、自动照明设备等。交流接触器控制容量大，用于频繁操作和远距离控制，是自动控制系统中的重要元件之一。

交流接触器主要由电磁系统、触头系统和灭弧装置组成。其结构如图 3-50(a)所示，它的电磁系统由电磁线圈、静铁心(下铁心)、动铁心(上铁心)和反力弹簧组成。触头系统由静触头和桥式动触头组成。桥式动触头通过绝缘支架与衔铁相连接，受衔铁操纵。为了减轻触头切断较大感性负载时电弧对触头的烧蚀，接触器的主触头一般都设有灭弧装置。当吸引线圈通电后，产生的电磁吸力使山字形动铁心和静铁心相吸合，动铁心移动时带动触头一起移动，从而使常闭触头断开，常开触头闭合。当吸引线圈断电时，电磁力消失，动铁心在复位弹簧的作用下复位，使常闭触头和常开触头恢复原状。

交流接触器的触头分为主触头和辅助触头。主触头常用来接通或断开主回路，通常都是常开触头，要求能通过较大的电流，所以它们的体积和接触面积较大；主触头断开时，会产生电弧，容易烧坏触头，并且使切断的时间拉长，因此必须采用灭弧措施。辅助触头金属片接触面小，允许通过的电流也较小，一般用来接通或断开控制回路。一般交流接触器都有三对常开主触头，两对辅助常开触头和两对辅助常闭触头。目前新型的交流接触器，可以根据用户的需要方便地增加触头的数量。接触器的触头和线圈的符号如图 3-50(b)所示。

在选用交流接触器时，除必须按负载要求选择主触头的额定电压和额定电流外，还必须考虑电磁线圈的额定电压，以及常开与常闭触头的数量。目前，国产交流接触器主要有 CJ10、CJ12、CJ20 等系列，电磁线圈的额定电压有 110V、220V、380V 等，主触头的额定电流有 5A、10A、20A、40A、60A、100A、150A 等。为了减少铁损，交流接触器的铁心由硅钢片叠成；为了消除铁心的颤动和噪声，在交流接触器的铁心端面的一部分套有短路环。

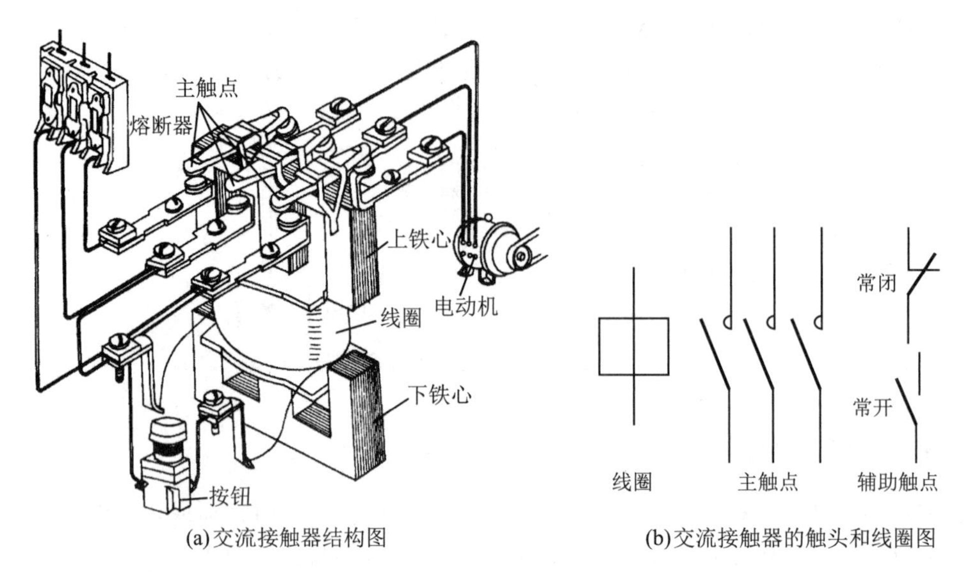

(a)交流接触器结构图

(b)交流接触器的触头和线圈图

图 3-50 交流接触器

## 3.3.5 中间继电器

中间继电器通常用来传递信号和同时控制多个电路，也可直接用来控制小容量电动机或其他电气执行元件。例如，当控制电流太小而不能直接使容量较大的接触器动作时，可用该控制电流先控制一个中间继电器，由中间继电器再控制接触器，此时中间继电器作为信号放大环节使用。中间继电器的触头对数较多，触头允许通过的电流较小，其结构与交流接触器基本相同。

常用的中间继电器有 JZ7 系列和 JZ8 系列两种，后者是交直流两用的。此外，还有 JTX 系列小型通用继电器，常用在自动装置上以接通和断开电路。

在选用中间继电器时，主要是考虑电压等级和常开、常闭触点的数量。

## 3.1.6 热继电器

热继电器是一种利用感受到的热量自动动作的继电器，在继电控制系统中常用作电动机的过载保护。

图 3-51(a)(b)(c)分别是热继电器的结构图、原理图和表示符号。热继电器的发热元件串接在电动机的主电路中，流过热元件的电流就是电动机的电流，双金属片是由热膨胀系数不同的两片合金辗压而成，其中上层金属的热膨胀系数小，而下层的大。当电动机电流未超过额定电流时，发热元件产生的热量不足以使已被扣板扣住的双金属片产生弯曲运动，常闭触头闭合。电动机过载后，通过发热元件的电流增加，经过预定的时间，热元件的温度升高到使双金属片向上弯曲，热继电器脱扣，扣板在弹簧的作用下断开常闭触头，通过有关控制电路和控制电器的动作，切断电动机的供电电源，保护电动机免受长期过载的危害。

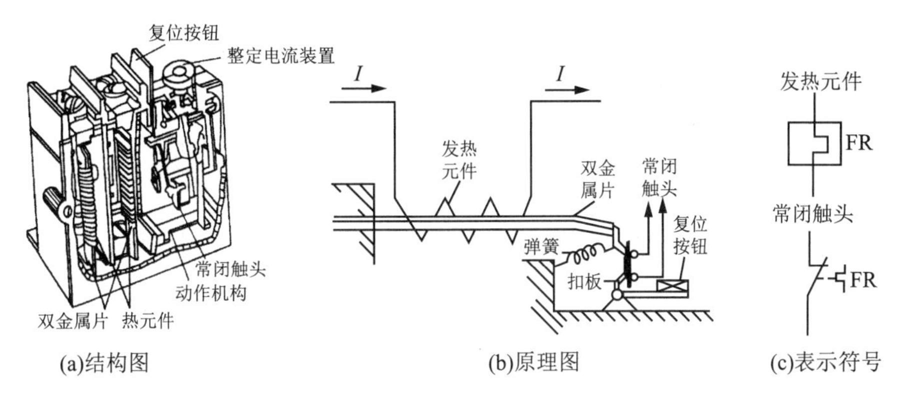


(a)结构图 (b)原理图 (c)表示符号

**图 3-51 热继电器**

当电路短路时，要求电路立即断开，由于热惯性，双金属片不会立即变形，使扣板脱扣，因此热继电器不能作短路保护。但在电动机起动或短时过载时，由于热惯性热继电器不会立即动作，这样便可避免电动机的不必要的停转。热继电器动作后，应检查并消除电动机过载的原因，待双金属片冷却后，按下复位按钮，可使常闭触头恢复原位。

常用的热继电器有 JR0、JR10、JR16 等系列。热继电器的主要技术参数是整定电流。所谓整定电流，就是热元件中通过的电流超过此值的 20%时，热继电器应当在 20min 内动作。JR10-10 型的整定电流从 0.25A 到 10A，热元件有 17 个规格。JR0-40 型的整定电流从 0.6A 到 40A，有 9 种规格。根据整定电流选用热继电器，整定电流与电动机的额定电流基本一致。

### 3.3.7 自动空气断路器

自动空气断路器也称为自动开关，广泛用作低压供电线路的电源开关或电动机、变压器的操作开关。当线路发生短路、过载或失压时，它可以快速切断电源，实现保护作用。

自动空气断路器的结构形式很多，图 3-52 所示的是一般原理图。主触点通常是由手动的操作机构来闭合的。开关的脱扣机构是一套连杆装置。当主触点闭合后就被锁钩锁住，如果电路中发生故障，脱扣机构就在有关脱扣器的作用下将锁钩脱开，于是主触点在释放弹簧的作用下迅速分断。脱扣器有过流脱扣器和欠压脱扣器等，它们都是电磁铁。在正常情况下，过流脱扣器的衔铁是释放着的，一旦发生严重过载或短路故障时，与主电路串联的线圈就将产生较强的电磁吸力把衔铁往下吸而顶开锁钩，使主触点断开。欠压脱扣器的工作恰恰相反，在电压正常时，吸住衔铁，主触点才得以闭合；一旦电压严重下降或断电时，衔铁就被释放而使主触点断开。当电源电压恢复正常时，必须重新合闸后才能工作，实现了失压保护。常用的自动空气断路器有 DZ、DW 等系列。

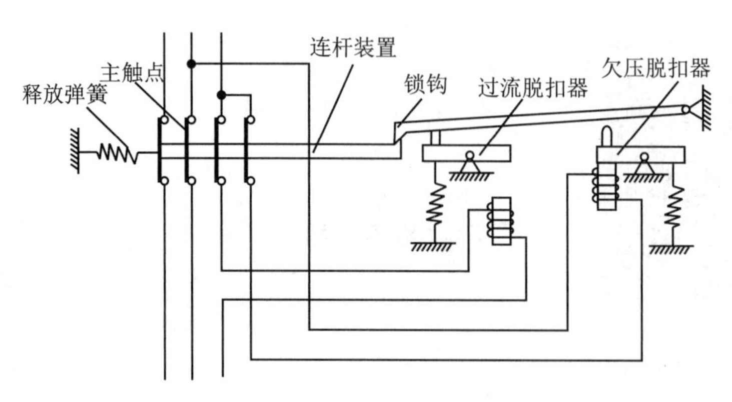


图 3-52　自动空气断路器的原理图

## 任务 3.4　三相鼠笼式异步电动机直接起动控制和正反转控制

### 任务内容

三相鼠笼式异步电动机直接起动控制和正反转控制的工作原理。

### 任务目标

使学生能够灵活掌握三相鼠笼式异步电动机直接起动和正反转的控制方法，培养学生对电气电路的认识、安装和操作能力。

### 相关知识

#### 3.4.1　三相鼠笼式异步电动机的直接起动控制

1. 点动控制

点动控制电路是用按钮和接触器控制电动机的最简单的控制线路，其原理图如图 3-53 所示，分为主电路和控制电路两部分。主电路的电源引入采用了组合开关 QS，电动机的电源由接触器 KM 主触点的通、断来控制。

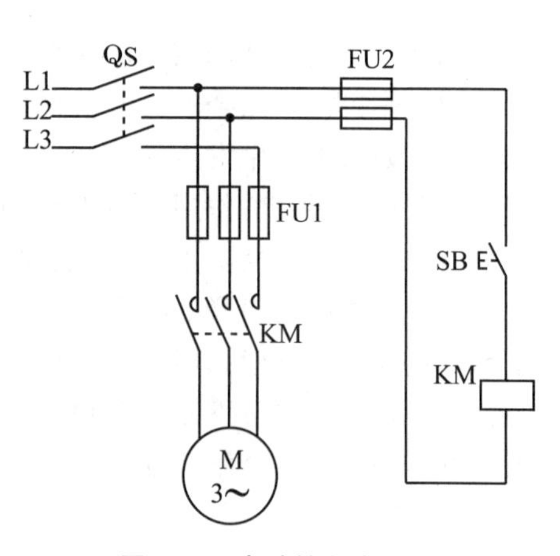


图 3-53　点动控制电路

电路工作原理如下。

首先合上电源开关 QS。起动：按下 SB→KM 线圈得电→KM 主触点闭合→电动机 M 运转。停止：松开 SB→KM 线圈失电→KM 主触点分断→电动机 M 停转。这种当按钮按下时电动机就运转，按钮松开后电动机就停止的控制方式，称为点动控制。

2. 起停控制

图 3-54 是中小容量鼠笼式电动机直接起动的控制线路，其中用了组合开关 QS、交流接触器 KM、按钮 SB、热继电器 FR 及熔断器 FU 等几种电器，它们都是按其实际连接位置画出的，这样的图称为控制线路的结构图，如图 3-54 所示。这样比较容易识别电器，便于安装和检修。下面介绍该电路的工作过程和各电器的作用。

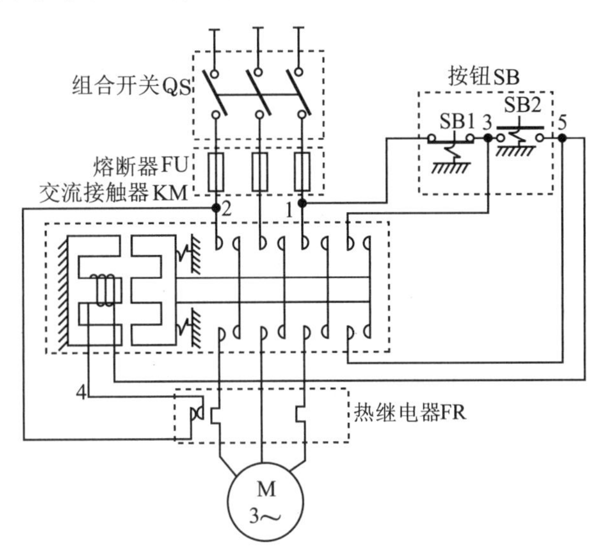


**图 3-54　三相异步电动机直接起动控制线路结构图**

如图 3-54 所示，先将组合开关 QS 闭合，为电动机起动做好准备。当按下起动按钮 SB2 时，交流接触器 KM 的线圈通电，动铁心被吸合而将三个主触点闭合，电动机 M 便起动。当松开 SB2 时，它在主弹簧的作用下恢复到断开位置，但是由于与起动按钮并联的辅助触点(图中最右边的那个)和主触点同时闭合，因此接触器线圈的电路仍然接通，而使接触器触点保持在闭合的位置，这个辅助触点称为自锁触点。如果将停止按钮 SB1 按下，则将线圈的电路切断，动铁心和主触头恢复为断开的位置，电动机停转。

采用上述控制线路还可实现短路保护、过载保护和失压保护。

(1)短路保护。熔断器是短路保护器。一旦发生短路事故，熔丝会立即熔断，从而使电极立即脱离电源而停止。

(2)过载保护。当电动机工作时，若其负载电流过大、电压过低或某相发生断路，则电动机的电流就会增大，其值往往超过额定电流，但熔断器的熔丝并不一定熔断。如果时间过长，就会影响电动机的寿命，甚至烧坏电动机，因此需要有过载保护。

电动机的过载保护通常采用热继电器来实现。电动机过载时电流增大，热继电器的热元件受热变形，使常闭触头断开，接触线圈断电、主触点恢复到断开位置，电动机停止。

热继电器有两相结构的，就是两个热元件分别串接在任意两相线路中。这样不仅电动机过载时有保护作用，而且当电动机由于任意一相的熔丝熔断或接触不良而单相运行时，仍会有一个或两个热元件中通有电流，电动机仍会得到保护。为了更可靠地保护电动机，目前热继电器都做成三相结构，它的三个热元件分别串接在各相线路中。

(3)失压保护。所谓失压保护，是指当电源突然停电时，接触线圈断电，主触点断开，电动机停止，同时自锁触点恢复为断开状态，因此当电源恢复正常时，电动机不会自动起动，必须再次按动按钮才能使电动机重新起动，这就是失压保护。当使用手动刀开关控制时，如果短时停电而未及时断开电源开关，则电源恢复正常后，电动机会自行起动。这在某些场合下可能造成人身伤亡或设备损坏。由此可见，自锁触点的另一个重要功能便是失压保护。

失压保护又称零压保护，起此作用的电气元件是接触器。它同时还具有欠压保护作用。当电源电压下降过多时，接触器的电磁吸力大大下降，触头吸合不住，从而切断电动机的电源，解除自锁，防止电机因电压过低而过载或堵转。同样，电源恢复正常后，也必须再次按起动按钮才能使电动机重新起动。

当控制线路使用的电器较多、线路比较复杂时采用控制线路结构图将给读图、设计控制线路带来诸多不便，因此常根据控制线路的作用原理，把控制电路与主电路分开来画，这样的图称为控制线路的原理图。

电动机直接起动的控制线路可分为主电路和控制电路两部分。主电路由三相电源、组合开关 QS、熔断器 FU、交流接触器 KM(主触点)、热继电器热元件 FR、三相异步电动机 M 构成。控制电路由电源、停止按钮 SB1、起动按钮 SB2、接触器线圈 KM、接触器辅助触头 KM 和热继电器常闭触头 FR 构成。控制电路的功率很小，因此可以通过小功率的控制电路来控制功率较大的电动机。

在控制线路的原理图中，各种电器都用统一的符号来代表。同一电器的各部件虽然在机械上连在一起，但在电路上并不一定互相关联，可分别画在主电路和控制电路中。但为了读图方便，它们都用同一文字符号来表示。

在原理图中，所有电器的触点均表示起始情况下的状态，即没有通电或发生机械动作的状态。对于接触器来说，是在线圈未通电、动铁心未被吸合时各触点的状态；对于按钮来说，是手未按时的状态，其他电器与此相同。例如，在起始时，如果触点是断开的，则按规定的常开触点符号画出；如果触点是闭合的，则按常闭触点的符号画出。在上述基础上，把图 3-54 画成原理图，如图 3-55 所示。

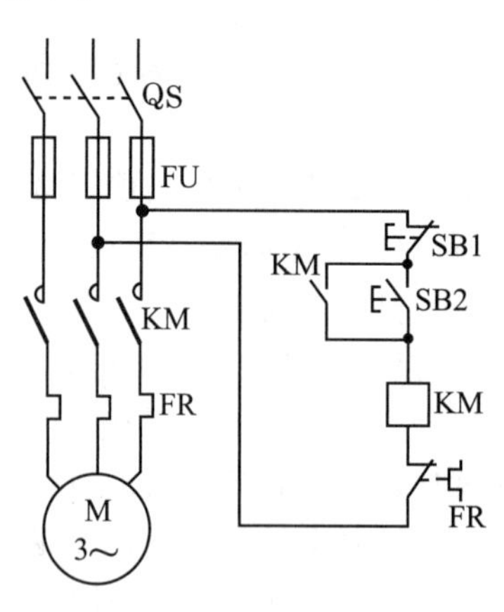

图 3-55　电动机直接起动控制线路原理图

### 3.4.2 三相鼠笼式异步电动机的正反转控制

在生产加工过程中，除了要求电动机实现单向运行外，往往还要求电动机能实现可逆运行，如改变机床工作台的运动方向，起重机吊钩的上升或下降等。由三相交流电动机的工作原理可知，如果将接至电动机的三相电源线中的任意两相对调，就可以实现电动机的反转。

1. 接触器互锁的正反转控制电路

图 3-56 为两个接触器的电动机正反转控制电路，其主电路与单向连续运行控制线路相比，只增加了一个反转控制接触器 KM2。当 KM1 的主触点闭合时，电动机接电源正相序；当 KM2 的主触点闭合时，电动机接电源反相序，从而实现电动机正转和反转的控制。

如图 3-56 所示，按下正转起动按钮 SB2，接触器 KM1 线圈得电并自锁，电动机开始正转；按下反转起动按钮 SB3，接触器 KM2 线圈得电并自锁，电动机开始反转。但是若同时按下 SB2 和 SB3，则接触器 KM1 和 KM2 线圈同时得电并自锁，它们的主触点都闭合，这时会造成电动机三相电源的相间短路事故，所以该电路不能使用。

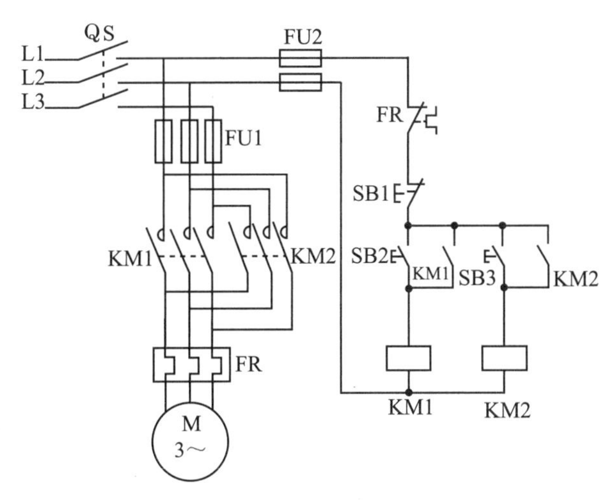


图 3-56 两个接触器的电动机正反转控制电路

为了避免两接触器同时得电而造成电源相间短路，在控制电路中，分别将两个接触器 KM1、KM2 的辅助动断触点串接在对方的线圈回路里，如图 3-13 所示。这样可以形成互相制约的控制，即一个接触器通电时，其辅助动断触点会断开，使另一个接触器的线圈支路不能通电。这种利用两个接触器(或继电器)的动断触点互相制约的控制方法叫做互锁(也称联锁)，而这两对起互锁作用的触点称为互锁触点。

接触器互锁的电动机正反转控制的工作原理如下。

首先合上电源开关 QS。

正转起动：

按下 SB2 → KM1 线圈得电 ─┬→KM1 主触点闭合 → 电动机 M 正转
├→KM1 辅助动断触点分断，对 KM2 互锁
└→KM1 辅助动合触点闭合，自锁

停止：

按下 SB1 → KM1 线圈失电 ─┬→KM1 主触点分断 → 电动机 M 停转
├→KM1 辅助动断触点闭合，互锁解锁
└→KM1 辅助动合触点分断，自锁解锁

反转起动：

按下 SB3 → KM2 线圈得电 ─┬→KM2 主触点闭合 → 电动机 M 反转
├→KM2 辅助动断触点分断，对 KM1 互锁
└→KM2 辅助动合触点闭合，自锁

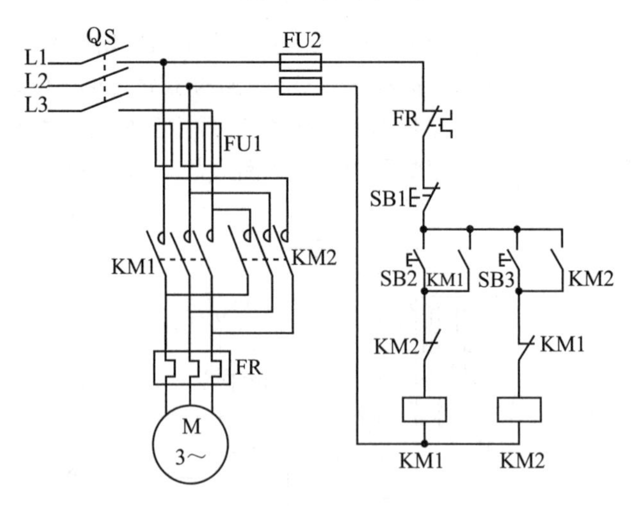


图 3-57　接触器互锁的电动机正反转控制电路

欲使用该电路改变电动机的转向时必须先按下停止按钮，使接触器触点复位后才能按下另一个起动按钮使电动机反向运转。

2. 按钮、接触器双重互锁的正反转控制电路

在图 3-57 所示的接触器互锁正反转控制电路中，若其中一个接触器发生熔焊现象，则当接触器线圈得电时其动断触点不能断开另一个接触器的线圈电路，这时仍会发生电动机相间短路事故，因此应采用图 3-58 所示的按钮、接触器双重互锁的正反转控制电路。所谓按钮互锁，就是将复合按钮动合触点作为起动按钮，而将其动断触点作为互锁触点串接在另一个接触器线圈支路中。这样，要使电动机改变转向，只要直接按反转按钮就可以了，而不必先按停止按钮，简化了操作。同时，控制电路中保留了接触器的互锁作用，因此更加安全可靠，为电力拖动自动控制系统广泛采用。

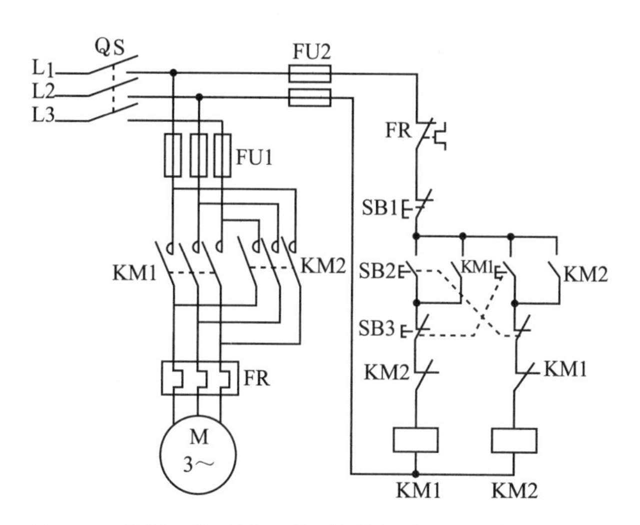


图 3-58　按钮、接触器双重互锁的电动机正反转控制电路

# 模块 4　变压器与电动机实训及操作

## 任务 4.1　变压器的维护及其应用

### 任务内容

变压器的维护及其应用。

### 任务目标

1. 使学生了解变压器的结构和铭牌数据。
2. 使学生测定变压器变比。
3. 使学生掌握绕组同名端实训测定方法及绕组连接方法。
4. 使学生掌握小型变压器故障检修技能。

### 相关知识

#### 4.1.1　实训器件

小型电源变压器、兆欧表、万用表、交流电压表、交流电流表等。

### 4.1.2 实训内容

1. 现场察看多绕组变压器的结构，记录铭牌数据，将所测得的数据记入表 3-3 中。

2. 用万用表测定同一绕组的接线端子，并标注接线编号，进而画出变压器图形符号。

3. 用交流感应法测定绕组同名端，并标注同名端符号。

4. 检查变压器绝缘电阻。用兆欧表检测各绕组对地绝缘电阻(绕组对铁心)和绕组之间的绝缘电阻，将所测阻值记入表 3-3 中。

5. 对变压器进行通电检查，将所测得的数据记入表 3-3 中。

(1)开路检查。测副边电压是否正常，原边电流是否正常，并记录数据，测变压器的变比是否正常。

(2)带额定负载检查。测副边电流和电压，测原边电流和电压，看是否正常。

(3)变压器工作一段时间后，摸变压器温度是否过高，是否有异样声音。

**表 3-3　变压器实训的数据**

| 铭牌内容 | 型号：<br>容量： | | 额定电压：<br>变压比： | | | 额定电流： | | 副边电压： | |
|---|---|---|---|---|---|---|---|---|---|
| 检查内容 | 绝缘电阻(MΩ) | | | 空载 | | 额定负载 | | | |
| | 原边与副边 | 线圈与铁心 | 线圈匝间 | 副边电压 | 原边电流 | 原边电流 | 原边电压 | 副边电流 | 副边电压 |
| | | | | | | | | | |

6. 常见故障分析方法

(1)引出线端头断裂。如果一次回路有电压而无电流，一般是一次线圈的端头断裂；若一次回路有较小的电流而二次回路既无电流也无电压，一般是二次线圈端头断裂。这通常是由于线头折弯次数过多、线头遇到猛拉、焊接处霉断(焊剂残留过多)或引出线过细等原因所造成的。如果断裂线头处在线圈的最外层，可掀开绝缘层，挑出线圈上的断头，焊上新的引出线，包好绝缘层即可。若断裂线端头在线圈内层，一般无法修复，需要拆开重绕。

(2)线圈匝间短路。存在匝间短路，短路处的温度会剧烈上升。如果短路发生在同层排列左右两匝或多匝之间，过热现象稍轻；若发生在上下层之间的两匝或多匝之间，过热现象就严重。这通常是由于遭受外力撞击，或漆包线绝缘老化等原因所造成的。

如果短路发生在线圈的最外层，可掀去绝缘层后，在短路处局部加热(对浸过漆的线圈，可用电吹风加热)。待漆膜软化后，用薄竹片轻轻挑起绝缘已破坏的导线，若线心没损伤，可插入绝缘纸，裹住后掀平；若线心已损伤，应剪断，去除已短路的一匝或多匝导线，两端焊接后垫妥绝缘纸，掀平。用以上两种方法修复后均应涂上绝缘漆，吹干，再包上外层绝缘。如果故障发生在无骨架线圈两边沿口的上下层之间，一般也可按上述方法修复。若故障发生在线圈内部，一般无法修理，需拆开重绕。

(3)线圈对铁心短路。存在这一故障，铁心就会带电。这种故障在有骨架的线圈上较少出现，但在线圈的最外层会出现这一故障；对于无骨架的线圈，这种故障多数发生在线圈两边沿口处，但在线圈最内层的四角处也常出现，在最外层也会出现。这通常是由于线圈外形尺寸过大而铁心窗口容纳不下，或是因绝缘裹垫得不佳或遭到剧烈跌碰等原因所造成的。修理方法可参照匝间短路的有关内容。

(4)铁心噪声过大。噪声有电磁噪声和机械噪声两种。电磁噪声通常是由于设计时铁心磁通密度选得过高，或变压器过载，或存在漏电故障等原因所造成的。机械噪声通常是由于铁心没有压紧，在运行时硅钢片发生机械振动所造成的。如果是电磁噪声，属于设计原因的，可换用质量较佳的同规格的硅钢片；属于其他原因的应减轻负载或排除漏电故障。如果是机械噪声，应压紧铁心。

(5)线圈漏电。这一故障的基本特征是铁心带电和线圈温升增高，通常是由于线圈受潮或绝缘老化所引起的。若是受潮，烘干后故障即可排除；若是绝缘老化，严重的一般较难排除，轻度的可拆去外层包裹的绝缘层，烘干后重新浸漆。

(6)线圈过热。线圈过热通常是由于过载或漏电所引起的，或因设计不佳所致；若是局部过热，则是由于匝间短路所造成的。

(7)铁心过热。铁心过热通常是由于过载、设计不佳、硅钢片质量不佳或重新装配硅钢片时少插入片数等原因造成的。

(8)输出侧电压下降。输出侧电压下降通常是由于一次侧输入的电源电压不足(未达到额定值)、二次绕组存在匝间短路、对铁心短路、漏电或过载等原因所造成的。

### 4.1.3 实训注意事项

1. 绝对不允许带电接线。
2. 每一步实训内容在通电前，应认真检查，看线路是否正确，并应找实训指导教师检查，经实训指导教师允许后，方能通电测试。
3. 若在通电测试中有异常情况，应立即断电，并报告实训指导教师。

### 4.1.4 实训报告

1. 画出实训所用变压器的图形符号，并对所有接线端子标注接线编号。
2. 根据测试数据计算变比，并与铭牌数据相比较。
3. 对数据进行分析。

## 任务 4.2 电动机的维护及其应用

**任务内容**

电动机的维护及其应用。

任务目标

1. 使学生熟悉三相异步电动机的构造及铭牌数据的意义。
2. 使学生熟悉三相异步电动机的正确维护。
3. 使学生掌握电动机接线板结构及星形和三角形的连接方式。
4. 使学生掌握笼型异步电动机的正确接线以及起动反转的操作方法。

相关知识

### 4.2.1 实训器件

三相笼型异步电动机、万用表、500V 兆欧表、钳形电流表、0～1800r/min 机械式转速表等。

### 4.2.2 实训内容

1. 了解三相异步电动机的基本结构，笼型转子和绕线式转子的特点，看懂其铭牌上各项数据所表示的意义。

2. 用万用表的电阻挡，判断每相绕组的两个出线端并测量其电阻值，以判断各相绕组的电阻值是否平衡。

3. 用 500V 以上的兆欧表测量绕组与机座之间的绝缘电阻。测试时，应先将定子绕组的六个接线头断开，根据国家标准规定，其对地绝缘电阻和相向绝缘电阻应不小于 0.5MΩ。拆开接线端子连接片，测量各相绕组间的绝缘电阻，阻值应大于 100MΩ。如果上述测量过程中，有一项阻值严重偏低，则应拆开电机查找原因，如无故障点，说明电机受潮，应进行烘烤驱潮。只有测量电机绝缘合格后，方能安装使用。由于兆欧表在不使用时，指针是停在任意位置的，因此使用兆欧表测量时要以约 120r/min 的速度均匀摇转兆欧表的手柄，兆欧表在被摇转时，其两个测试端之间的电压可达 500V，所以不能用手碰其测试段。

4. 观察电动机的接线端子盒，学会进行星形和三角形的连接方法。

5. 用万用表测量三相异步电动机的线电压。用钳形电流表测量其线电流，观察星形和三角形连接时钳形电流表读数是否相同，并说明其理由。了解两种接线与电动机输出功率的关系。

6. 用转速表测量电动机的转速。拉开电源开关，电动机减速过程中，观察电动机的转向。将电源的三根导线中的任意两根线对换接线，再合上电源开关，观察电动机转向的变化。

### 4.2.3 实训注意事项

1. 三相异步电动机在通电运行前必须注意：

(1)电动机三相定子绕组接法正确。

(2)500V 以下的电动机三相定子绕组的相间及对地绝缘电阻均在 0.5MΩ 以上。

(3)电动机转轴转动灵活，无卡死现象。

(4)电动机控制电路完好，熔断器熔丝选用正确。

2. 操作人员不要离开电源开关，一旦出现异常情况，应立即切断电源开关，并报告实训指导教师。

### 4.2.4 实训报告与思考题

对记录结果进行分析，总结对三相异步电动机检测的心得体会。

## 任务 4.3 三相异步电动机的继电接触控制电路

**任务内容**

三相异步电动机的继电接触控制电路。

**任务目标**

1. 使学生理解熔断器、热继电器、按钮、接触器等电器的外形结构，正确判断各触点，线圈的接线端位置。

2. 使学生掌握三相异步电动机正反转的控制方法。

3. 培养学生电气电路的安装操作能力。

**相关知识**

### 4.3.1 实训器件

电路板(螺旋熔断器、复合按钮、热继电器、交流继电器、端子排已装好)、电工基本工具、万用表、电动机等。

### 4.3.2 实训内容

按照图 3-59 所示电路连接接触器联锁的正反转控制电路。

1. 首先连接电动机正反转控制的主电路，注意接触器 KM2 在接线时要调相。

2. 接着连接控制电路，在连接控制电路导线时，要注意等电位点的连线。

3. 经检查无误后，接上试车电动机进行通电试运转。首先按下正转起动按钮 SB2，观察控制电路和电动机运行情况；然后按下停止按钮 SB1；再按下反转起动按钮 SB3，观察控制电路和电动机运行情况。

### 4.3.3 实训注意事项

1. 绝对不能带电进行接线操作。

2. 如果试车时发现有短路、冒烟等现象时立即切断电源。在断开电源后，才能进行检查，排除故障后再重新试车。有其他故障也是如此。

### 4.3.4 实训报告与思考题

1. 控制电路的原理分析。

2. 若实训过程中发生故障，应写明故障现象和故障分析以及排除过程。

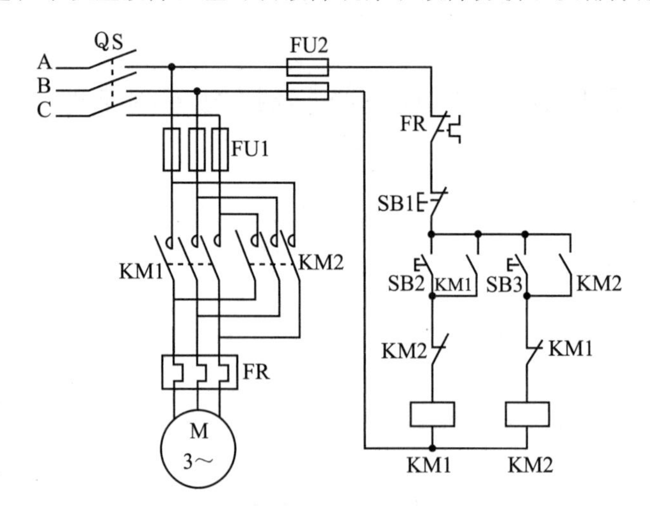


图 3-59 接触器互锁的电动机正反转控制电路

## 习题

3-1 有一交流铁心线圈接在 200V、50Hz 的正弦交流电源上，线圈的匝数为 1000 匝，铁心截面积为 $20cm^2$，求铁心中的磁通最大值和磁感应强度的最大值各为多少？若在此铁心上再套一个匝数为 200 匝的线圈，则此线圈开路时的电压为多少？[答案：$9\times10^{-4}$Wb，0.45T，40V]

3-2 有一铁心线圈的导线电阻为 4Ω，当它接到某正弦交流电源时测得电流为 2A，功率为 70W，试求铁心的铁损。[答案：54W]

3-3 已知某单相变压器额定容量为 550VA，额定电压为 220V/55V，试求原、副绕组的额定电流各为多少？[答案：2.5A，10A]

3-4 某单相变压器原绕组匝数为 440 匝，额定电压为 220V，有两个副绕组，其额定电压分别为 110V 和 44V，设在 110V 的副绕组接有 110V、60W 的白炽灯 11 盏，44V 的副绕组接有 44V、40W 的白炽灯 11 盏，试求：(1)两个副绕组的匝数各为多少？(2)两个副绕组的电流及原绕组的电流各为多少？[答案：220 匝，88 匝；6A，10A，5A]

3-5　有一台 $Y/Y_0$ 型三相电力变压器，将 5kV 交流电压变换为 400V，供动力和照明使用。若三相负载总的额定功率为 256kW，额定功率因数为 0.8。(1)试求三相变压器的额定容量和原、副绕组的额定电流？(2)若负载为 220V、60W 的白炽灯，则此变压器满载运行时可带这种白炽灯多少盏？[答案：320kV·A，37A，462A；5330 盏]

3-6　一个 $R_L=8\Omega$ 的扬声器，通过一个匝数比 $N_1/N_2=5$ 的输出变压器进行阻抗变换后再接到电动势 $E=10V$、内阻 $R_0=200\Omega$ 的交流信号源上，求扬声器获得的交流功率 $P$(设输出变压器的效率为 80%)。若扬声器的电阻变为 $R_L=4\Omega$，为使扬声器获得最大功率，问输出变压器的匝数比约为多少？[答案：100mW；7]

3-7　一台单相变压器原绕组的额定电压 $U_{1N}=4000V$，副绕组开路时的电压 $U_{20}=230V$。当副绕组接入电阻性负载并达到满载时，副绕组电流 $I_2=40A$，此时 $U_2=220V$。若变压器的效率为 $\eta=88\%$，求变压器原绕组的电流 $I_1$、功率损耗 $\Delta P$ 及电压变化率 $\Delta U$。[答案：2.5A，1200W，4.34%]

3-8　在图 3-60 中，用箭头标出开关 S 闭合瞬间，原、副绕组回路中感应电动势和电流的瞬时实际方向，副绕组直流毫安表将如何偏转？

3-9　图 3-61 所示的变压器有两个相同的原绕组，其额定电压均为 110V，它们的同名端如图所示。副绕组的额定电压为 6.3V。(1)当电源电压为 220V 时，原绕组应当如何连接才能接入这个电源。(2)如果电源电压为 110V，原绕组并联使用接入电源，这时两个绕组又应当怎样连接。(3)设负载不变，在上述两种情况下副绕组的端电压和电流有无不同？每个原绕组的电流有无不同。(4)如果两个绕组连接时接错，分别就串联使用和并联使用两种情况下，说明将会产生什么后果，并阐述理由。

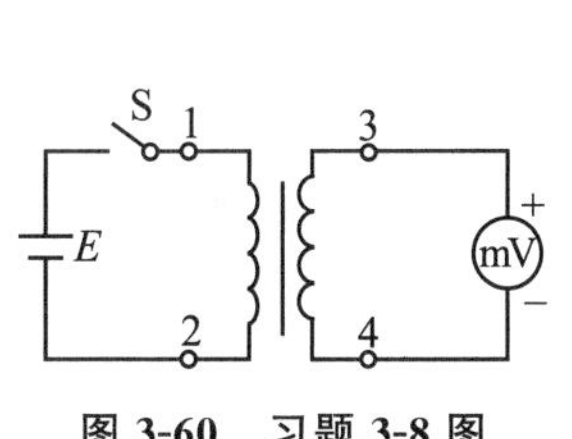


图 3-60　习题 3-8 图

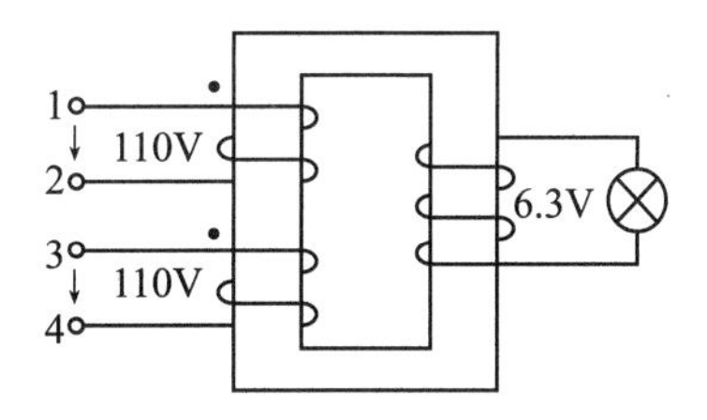


图 3-61　习题 3-9 图

3-10　两台三相异步电动机的电源频率为 50Hz，额定转速分别为 1440r/min 和 2910r/min，试求它们的磁极对数、额定转差率、转子电流的频率分别是多少？[答案：2，0.04，2；1，0.03，1.5]

3-11　一台 Y112M-4 电动机的铭牌数据如下：$P_N=4kW$，$I_N=8.8A$，$U_N=380V$，$n_N=1440r/min$，$\cos\varphi_N=0.8$，做三角形连接，求：(1)电动机的磁极对数；(2)电动机满载运行时的输入电功率；(3)额定转差率；(4)额定效率。[答案：2，4633W，0.04，86%，26.53N·m]

3-12　一台三相异步电动机的额定功率为 4kW，额定电压为 220V/380V，为 Y-△连接，额定转速为 1450r/min，额定功率因数为 0.85，额定效率为 0.86。求：(1)额定运行时的输入功率；(2)定子绕组接成 Y 和△时的额定电流；(3)额定转矩。[答案：4.65kW，8.3A，14.4A，26.3N·m]

3-13　某异步电动机定子绕组为三角形连接，额定功率为10kW，额定转速为2930r/min，起动能力为1.5，额定电压为380V，若起动时轴上反抗转矩为额定转矩的0.54，问起动时加在定子绕组上的电压不能低于多少伏？能否采用Y-△起动？[答案：$U>228$V，不能]

3-14　已知四极三相异步电动机的$P_{\mathrm{N}}=30$kW，$I_{\mathrm{N}}=57.5$A，$U_{\mathrm{N}}=380$V，$f_1=50$Hz，$s_{\mathrm{N}}=0.02$，$\eta=90\%$，三角形接法，若$T_{\mathrm{st}}/T_{\mathrm{N}}=1.2$，$I_{\mathrm{st}}/I_{\mathrm{N}}=7$。试求：(1)电动机的功率因数；(2)当采用Y-△降压起动时的$T_{\mathrm{st}}$和$I_{\mathrm{st}}$；(3)当负载转矩为额定转矩的60%和25%时，电动机能否起动。若采用自耦变压器降压起动，且使电动机的起动转矩为额定转矩的85%，再求：(4)自耦变压器的变压比；(5)电动机的起动电流和线路上的起动电流各为多少？[答案：0.88，78N·m，134A，不能，能，1.2，335A，279A]

3-15　三相八极异步电动机，转子每相绕组的电阻为0.5Ω，当它和频率为50Hz的电源接通时，在额定负载下的转速为705r/min，若使电动机在负载不变时将转速调至615r/min，试求转子每相绕组应串入多大的电阻？[答案：1Ω]

3-16　为什么热继电器不能做短路保护？为什么在三相主电路中只用两个(当然用三个也可以)热元件就可以保护电动机？

3-17　在电动机控制线路中，怎样实现自锁控制和互锁控制？这些控制起什么作用？

3-18　在电动机正反转控制线路中，采用了接触器互锁，在运行中发现合上电源开关后：

(1)按下正转(或反转)按钮，正转(或反转)接触器就不停地吸合与释放，电路无法工作；松开按钮后，接触器不再吸合。

(2)电动机立即正向起动，当按下停止按钮时，电动机停转；但一松开停止按钮，电动机又正向起动。

(3)正向起动与停止控制均正常，但在反转控制时，只能实现起动控制，不能实现停止控制，只有切断电源开关，才能使电动机停转。

试分析上述错误的原因。

3-19　如在上题中完成上述动作后能自动循环工作，试画出电气控制线路。

3-20　画出一能在两地实现的具有双重连锁的电动机正反转控制电路。

3-21　三台皮带运输机分别由三台电动机M1、M2、M3拖动，如图3-62所示，为了使皮带上不堆积被运送的物料，要求电动机按如下顺序起停：

(1)起动顺序为：M1→M2→M3；

(2)若M1停转，则M2、M3必须同时停转；若M2停转，则M3必须同时停转。

试画出其控制电路。

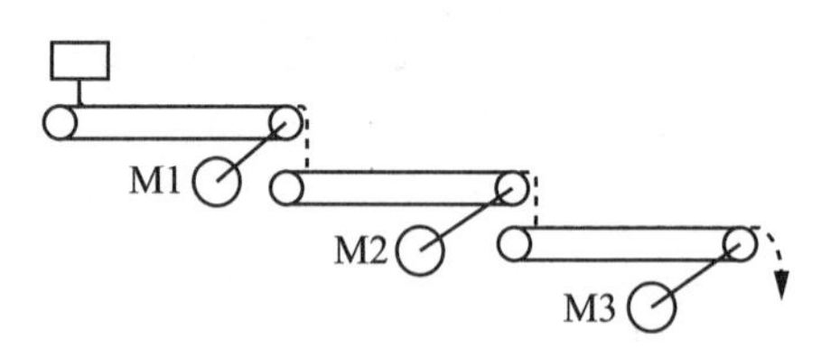


图3-62　习题3-21图

## 塑人阅读

年轻的女科学家
——黄芊芊

诺贝尔奖获得者
——物理学家李政道

二十大精神学习：
加强科技创新，建成创新体系

# 第四部分　放大电路及其应用

## 模块 1　半导体元器件的认识

半导体与 PN 结

### 任务 1.1　半导体与 PN 结

**任务内容**

半导体的基本特性以及 PN 结的特点。

**任务目标**

使学生对半导体的基本特性以及 PN 结的特点有较熟的了解。

**相关知识**

#### 1.1.1　半导体的特点

半导体是指导电能力介于导体和绝缘体之间的物质，常见的如四价元素硅、锗、硒等，在外界温度升高、光照或掺入适量杂质时，它们的导电能力大大增强。

热敏性：当环境温度升高时，导电能力显著增强。

光敏性：当受到光照时，导电能力明显变化。

掺杂性：往纯净的半导体中掺入某些杂质，导电能力明显改变。

因此半导体被用来制成热敏器件、光敏器件和半导体二极管、三极管、场效应管等电子元器件。

#### 1.1.2　本征半导体

化学成分完全纯净的、具有晶体结构的半导体，称为本征半导体。在绝对零度（$T=-273℃$）和没有外界激发时，价电子完全被共价键束缚着，本征半导体中没有可以运动的带电粒子，不导电。当受外界热和光的作用时，它的导电能力明显变化，往纯净的半导体中掺入某些杂质，会使它的导电能力明显改变。

在温度的作用下，使一些价电子获得足够的能量而脱离共价键的束缚，成为自由电子，同时共价键上留下一个空位，称为空穴。自由电子和空穴总是成对产生，自由电子带负电，空穴带正电。自由电子和空穴都是可以自由移动的载流子，如图 4-1 所示。

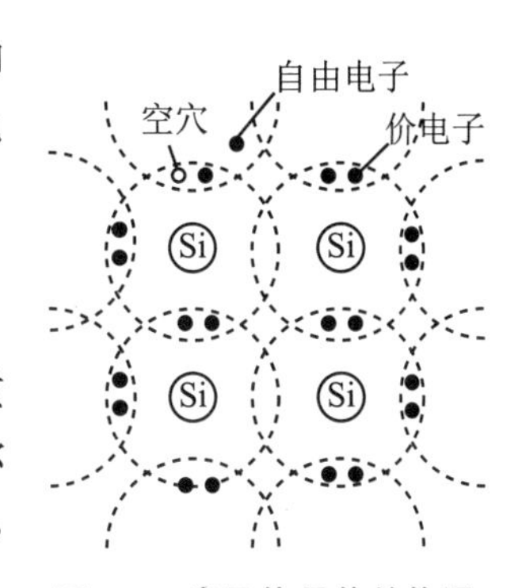

**图 4-1 半导体晶体结构图**

### 1.1.3 掺杂半导体

在纯净的半导体中掺入适量杂质元素的半导体称为杂质半导体，如果掺入的是三价元素，如硼(B)、铝($A_L$)等，称为 P 型半导体，P 型半导体的空穴为多数载流子(简称多子)，自由电子为少数载流子(简称少子)。如果掺入的是五价元素，如磷(P)、砷(As)等，称为 N 型半导体，N 型半导体的自由电子为多子，空穴为少子。

半导体有两种载流子(自由电子和空穴)参与导电，P 型半导体以空穴导电为主，N 型半导体以自由电子导电为主。无论 N 型或 P 型半导体都是中性的，对外不显电性。

### 1.1.4 PN 结的形成

在一块完整的硅片上，用不同的掺杂工艺使其一边形成 N 型半导体，另一边形成 P 型半导体，在交界面附近因载流子浓度不同，形成扩散运动，多数载流子分别向异区扩散，即 P 区的空穴向 N 区扩散，留下负离子；N 区的电子向 P 区扩散，留下正离子。结果在交界面处多数载流子因复合而耗尽形成空间电荷区，也叫耗尽层，又叫内电场，在内电场的作用下，少子载流子的运动叫漂移运动。当扩散和漂移这一对相反的运动最终速度相等，达到动态平衡时，空间电荷区的厚度固定不变，这个空间电荷区就叫 PN 结。即：

浓度差→多子扩散运动→复合→产生内电场→阻碍多子扩散→有利少子漂移运动→扩散运动和漂移运动达到动态平衡→形成一定宽度 PN 结，如图 4-2 所示。

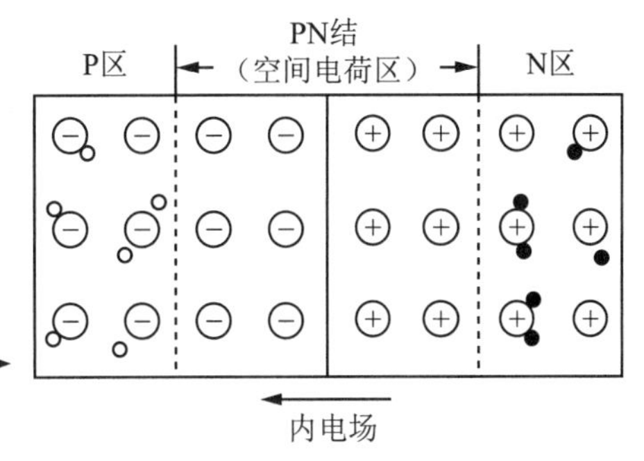

**图 4-2 PN 结的形成**

PN 结是构成半导体器件的基本单元。

### 1.1.5 PN 结的单向导电性

PN 结的基本特性只有在外加电压时才显示出来。

1. 加正向电压导通

PN 结的 P 区接电源正极，N 区接电源负极时，叫加正向偏置电压简称正偏。此时外加电压的外电场削弱了内电场，空间电荷区变窄，扩散运动加强，漂移运动减弱，扩散大于漂移，形成较大的正向电流，称为 PN 结正向导通，相当于开关闭合，等效电阻很小。

2. 加反向电压截止

PN结的N区接电源正极，P区接电源负极时，叫加反向偏置电压简称反偏。此时外加电压的外电场加强了内电场，空间电荷区变宽，扩散运动减弱，漂移运动增强，漂移大于扩散。由于漂移运动是由少数载流子形成，数量很少，所以形成的反向电流很微弱，几乎可以忽略不计，此时称为PN结反向截止，相当于开关断开，等效电阻很大。但反向电流受温度的影响较大，温度升高时，半导体中少数载流子数目增加，反向电流增加。

综上所述，PN结的单向导电性为正向导通，反向截止。

半导体二极管的伏安特性

## 任务1.2 半导体二极管

### 任务内容

半导体二极管的结构、分类、伏安特性、主要参数和特殊二极管。

### 任务目标

使学生熟练掌握半导体二极管及其应用。

### 相关知识

#### 1.2.1 二极管的结构和分类

在PN结的P区和N区两侧各引出一根电极，加以封装，便形成半导体二极管，由P区引出的电极称为阳极或正极，由N区引出的电极称为阴极或负极。因PN结具有单向导电性，所以二极管具有单向导电性。如图4-3(a)(b)(c)所示为二极管的外形、基本结构示意图和符号。

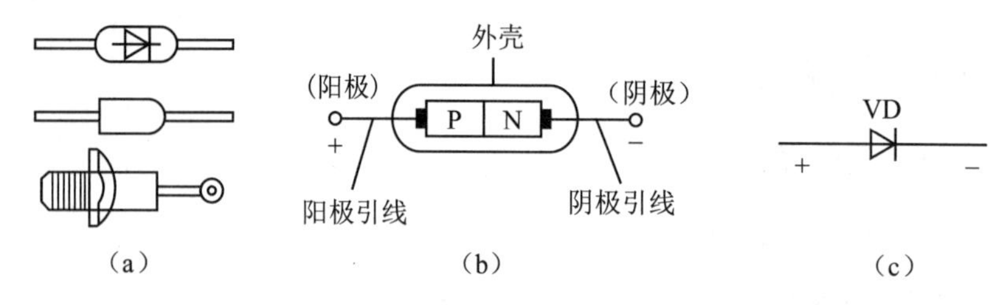


图4-3 二极管的外形、基本结构示意图和符号

二极管按结构不同，分为点接触型和面接触型。点接触型二极管的PN结面积小、结电容小、正向电流小，一般用于检波和变频等小功率高频电路。面接触型二极管的PN结面积大、正向电流大、结电容大，一般用于工频大功率整流电路。二极管按材料

的不同，分为硅管和锗管两种；按用途不同，分为普通管、整流管、变容管、开关管和检波管等类型。

### 1.2.2 二极管的伏安特性

二极管两端的电压 $U$ 与流过二极管的电流 $I$ 之间的关系曲线，称为二极管的伏安特性曲线。伏安特性是二极管的固有属性，图 4-4 所示为二极管伏安特性关系曲线的一般形状。二极管伏安特性可分为正向特性和反向特性两部分，下面对二极管伏安特性曲线加以说明。

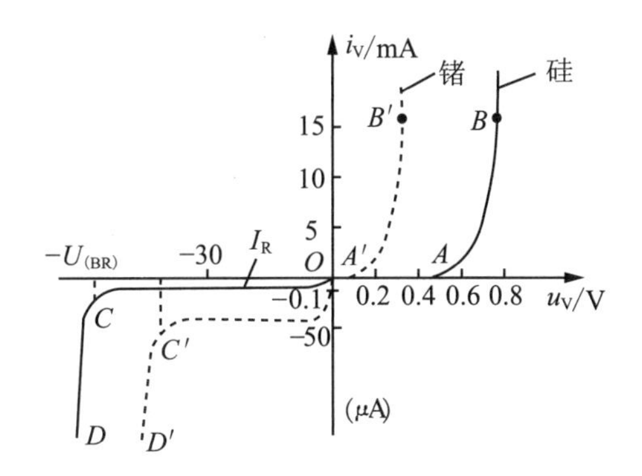


图 4-4 二极管伏安特性曲线

1. 正向特性

当正向电压较小时，由于外加电场还不足以克服内电场对多数载流子扩散运动所产生的阻力，这一区段的正向电流几乎为零，称为死区，如图 4-4 中 $OA(OA')$。根据二极管的材料不同：硅管的死区电压为 0.5V，锗管为 0.1V。当正向电压超过这个死区电压值时，正向电流 $I$ 随外加电压的增加而明显增大，二极管正向电阻变得很小。当二极管完全导通后，正向导通压降基本维持不变，一般硅管为 0.6～0.7V，锗管为 0.2～0.3V，如图 4-4 中的 $AB(A'B')$，以上为二极管的正向特性。

2. 反向特性

二极管加反向电压时，由于少数载流子的漂移运动，形成很小的漂移电流。在反向电压不超过某一范围时，反向电流的大小(由少子形成)基本稳定，而与反向电压的高低无关，故常称为反向饱和电流 $I_R$，如图 4-4 的 $OC(OC')$段。小功率硅管的反向电流一般小于 0.1$\mu$A，而锗管通常为几十到几百微安。这种差别主要是硅管的空间电荷区比锗管的空间电荷区要宽。反向电流大说明二极管的单向导电性能差，并且受温度影响大。

3. 反向击穿特性

当反向电压超过一定数值时，反向电流会突然急剧增加，这种现象称为二极管的反向击穿，如图 4-4 的 $CD(C'D')$段，$U_{BR}$ 称为击穿电压。反向击穿主要是指电击穿(包括雪崩击穿和齐纳击穿)，如图 4-4 所示。发生电击穿时只要反向电流和反向电压的

乘积不超过 PN 结允许的耗散功率，那么击穿是可以修复的。当反向电压过高，反向电流过大时，PN 结耗散功率超过额定值，电击穿就变为热击穿，热击穿则为破坏性的击穿，是不可修复的。

温度的变化对伏安特性产生很大的影响。二极管的温度增加时，二极管的正向管压降变小，反向饱和电流显著增加，而反向击穿电压则显著下降，尤其是锗管，对温度更为敏感。

### 1.2.3 二极管的主要参数

二极管的参数反映了二极管的性能优劣和使用条件，二极管参数是正确选择和使用二极管的依据。二极管的主要参数有以下几个。

(1)最大整流电流 $I_F$。$I_F$ 是指二极管长时间工作时，允许通过的最大正向电流的平均值。

(2)最高反向工作电压 $U_{RM}$。$U_{RM}$ 是保证二极管不被反向击穿所允许施加的最大反向电压，一般为反向击穿电压 $U_{BR}$ 的 $\frac{1}{3} \sim \frac{2}{3}$。

(3)反向饱和电流 $I_R$。$I_R$ 是指在规定的反向电压和室温下所测得的反向电流值。其值越小，表明管子的单向导电性能越好。

(4)最高工作频率 $f_M$。最高工作频率主要由 PN 结的结电容大小决定，超过此值，二极管的单向导电性能变差。

### 1.2.4 特殊二极管

1. 稳压管

稳压管是一种特殊的面接触型硅二极管，其表示符号和伏安特性曲线如图 4-5 所示。其正向特性曲线与普通二极管基本相同。但反向击穿特性曲线很陡且稳压管的反向击穿是可逆的，故它可长期工作在反向击穿区(电击穿)而不致损坏。正常情况下稳压管工作在反向击穿区，由于曲线很陡，反向电流在很大范围内变化时，稳压管两端的电压却几乎稳定不变，稳压管就是利用这一特性在电路中起稳压作用的。只要反向电流不超过其最大稳定电流，就不会引起热击穿。因此，在电路中稳压管常与限流电阻串联。

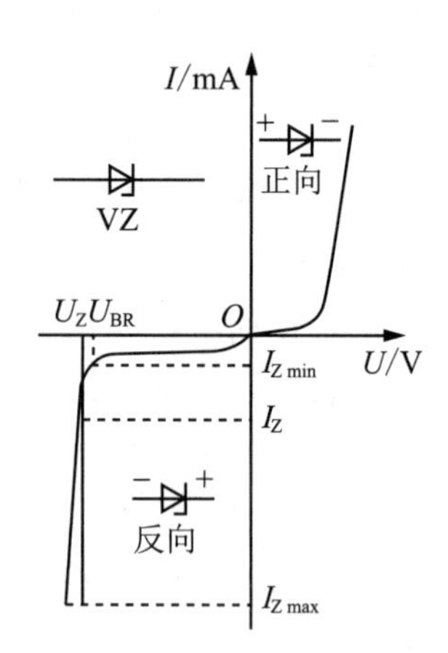


图 4-5 稳压管伏安特性曲线和表示符号

与一般二极管不同，稳压管的主要参数如下。

(1)稳定电压 $U_Z$。稳定电压是指稳压管在正常工作时管子两端的电压。

(2)最大稳定电流 $I_{Zmax}$。最大稳定电流是指稳压管正常工作时通过的最大反向电流，稳压管在工作时电流不应超出这个值。

(3)最小稳定电流 $I_{Z\min}$。最小稳定电流是指稳压管正常工作时通过的最小反向电流，稳压管在工作时电流不应小于这个值。

(4)稳定电流 $I_Z$。稳定电流是指保持稳定电压 $U_Z$ 时的工作电流，$I_{Z\min}<I_Z<I_{Z\max}$。

(5)耗散功率 $P_Z$。$P_Z$ 是稳定电压 $U_Z$ 与最大稳定电流 $I_{Z\max}$ 的乘积。

2. 发光二极管

发光二极管简称 LED，是一种把电能直接转换成光能的固体发光器件。发光二极管也是由 PN 结构成的，具有单向导电性，当发光二极管加上正向电压时能发出一定波长的光，采用不同的材料，可发出红、黄、绿等不同颜色的光。图 4-6 所示为发光二极管外形及表示符号。发光二极管按控制方式可分为电流控制型器件、电压控制型器件。普通的发光二极管属于电流控制型器件，使用时一定要串接适当的限流电阻。

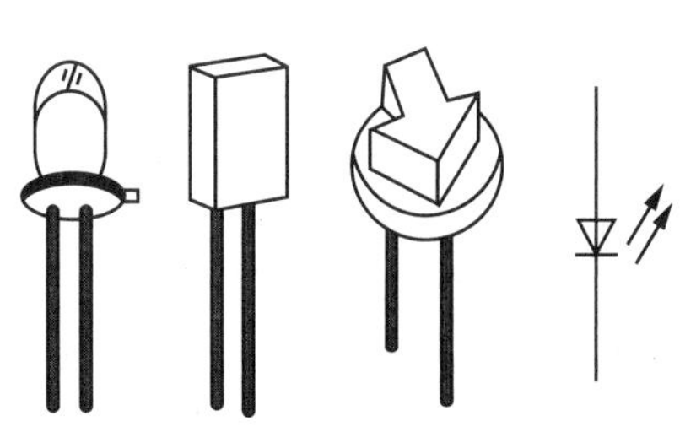

图 4-6　发光二极管外形和表示符号

3. 光电二极管和变容二极管

光电二极管也称光敏二极管，是利用半导体的光敏性制造的，结构与普通二极管的结构基本相同，只是在它的 PN 结处通过管壳上的一个玻璃窗口能接收外部的光照。根据半导体光敏性的特点，当受到光照时，光照区内 PN 结产生大量成对的自由电子与空穴，从而大大地提高了少子的浓度。这些少子在反向电压作用下，产生漂移电流，从而使其反向电流急剧增加，且增加的程度与外界光照的强弱成正比，表示符号如图 4-7 所示。

变容二极管结电容的大小除了与本身的结构和工艺有关外，还与外加电压有关，其结电容随反向电压的增加而减小，这种效应显著的二极管称为变容二极管，表示符号如图 4-8 所示。

图 4-7　光电二极管的表示符号　　图 4-8　变容二极管的表示符号

## 任务 1.3　半导体三极管

半导体三极管特性曲线

### 任务内容

半导体三极管的基本结构、工作原理、特性曲线和主要参数。

**任务目标**

使学生熟练掌握半导体三极管及其应用。

**相关知识**

## 1.3.1 三极管的基本结构和分类

三极管按它的组成，可分为PNP型和NPN型两类，其结构示意图和表示符号如图4-9(a)(b)所示，目前国内生产的硅三极管多为NPN型(3D系列)，锗三极管多为PNP型(3A系列)。三极管按它的结构，可分为平面型和合金型两类，图4-10(a)(b)所示分别为平面型和合金型三极管，硅管主要是平面型，锗管主要是合金型。

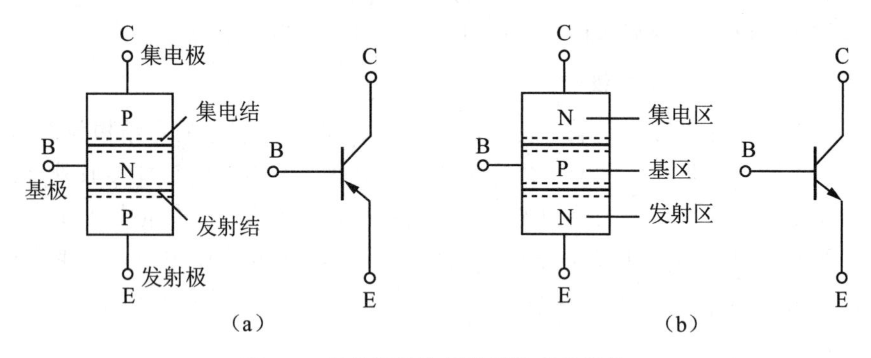


**图4-9 三极管结构示意图和表示符号**

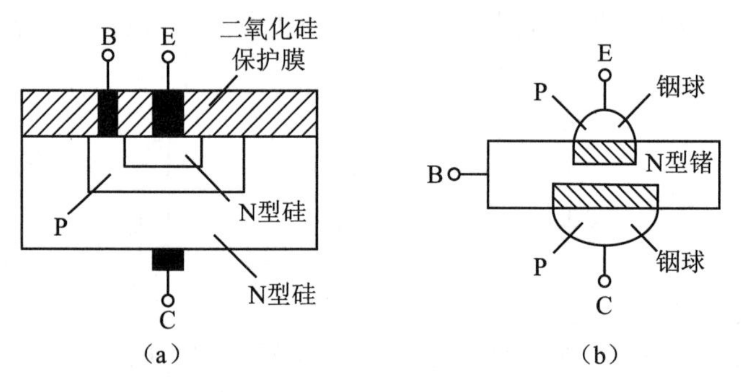


**图4-10 三极管的结构**

每一类三极管都由基区、发射区和集电区三个区域组成，在三个区域上引出的三根引线分别叫基极、发射极和集电极，并用B、E和C表示，可见三极管有两个PN结(基区和发射区之间的PN结叫发射结，基区和集电区之间的PN结叫集电结)，它的外形如图4-11所示。NPN型和PNP型三极管的工作原理

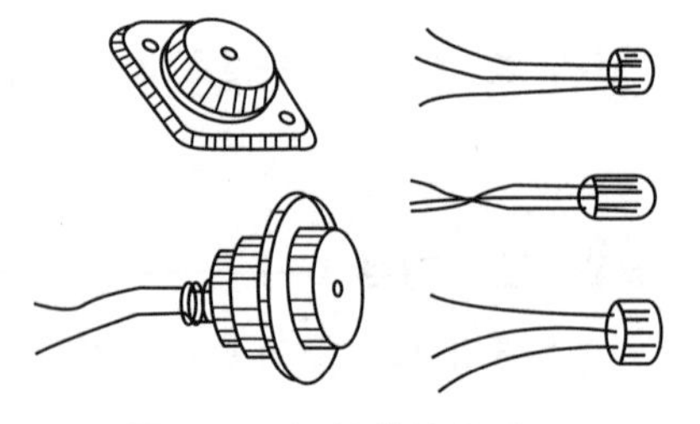

**图4-11 三极管的外形**

是一样的，仅电源极性和流经各电极的电流方向不同(刚好相反)，使用时请注意。下面以 NPN 型三极管为例来分析和讨论它的工作原理。

### 1.3.2 三极管的工作原理

三极管的主要作用是放大作用和开关作用，本章主要介绍放大作用，至于开关作用将会在后面介绍。为了方便了解三极管的放大原理和其中的电流分配，我们把三极管接成基极电路和集电极电路，即发射结加正向电压(正向偏置)，集电结加反向电压(反向偏置)，这是三极管具有电流放大作用的外部条件，如图 4-12 所示。由于发射极是公共端，所以这种电路称为三极管的共发射极电路。

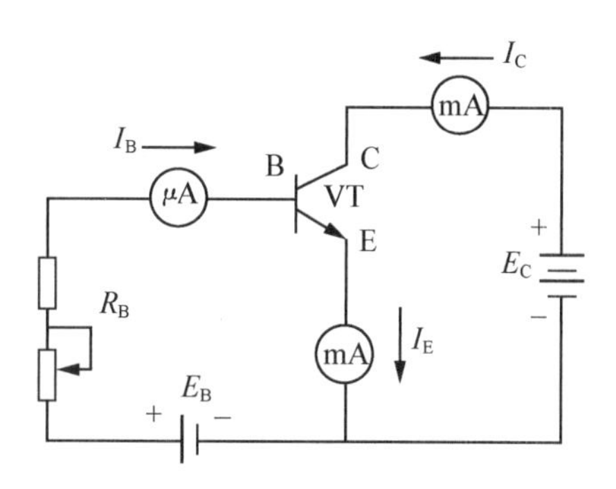


**图 4-12 三极管电流放大的实验电路**

改变可变电阻 $R_B$，则基极电流 $I_B$、集电极电流 $I_C$ 和发射极电流 $I_E$ 都将发生变化。电流方向如图 4-12 所示，测量结果如表 4-1 所示。

**表 4-1 三极管电流测量数据**

| $I_B$(mA) | 0 | 0.01 | 0.02 | 0.03 | 0.04 | 0.05 |
|---|---|---|---|---|---|---|
| $I_C$(mA) | 0.01 | 0.56 | 1.14 | 1.74 | 2.33 | 2.91 |
| $I_E$(mA) | 0.01 | 0.57 | 1.16 | 1.77 | 2.37 | 2.96 |

由以上测量结果可得出如下结论。

(1)由每一列数据可得发射极电流等于集电极电流和基极电流之和，即

$$I_E = I_B + I_C \tag{4-1}$$

此结果符合克希荷夫定律。

(2)$I_E$ 和 $I_C$ 比 $I_B$ 大得多，从第二列和第三列的数据可知，$I_C$ 与 $I_B$ 的比值分别为

$$\frac{I_C}{I_B}=\frac{0.56}{0.01}=56,\quad \frac{I_C}{I_B}=\frac{1.14}{0.02}=57$$

这就是三极管的电流放大作用。电流放大作用还体现在基极电流的少量变化 $\Delta I_B$ 可以引起集电极电流较大的变化 $\Delta I_C$。这从比较第二列和第三列的数据之差可知

$$\frac{\Delta I_C}{\Delta I_B}=\frac{1.14-0.56}{0.02-0.01}=\frac{0.58}{0.01}=58$$

(3)当 $I_B=0$(将基极开路)时，$I_C=I_{CEO}$，表中 $I_{CEO}=0.01\text{mA}=10\mu\text{A}$。其中 $I_{CEO}$ 叫作三极管的穿透电流，后面会详细介绍。

从前面的分析可知，在三极管的电流分配中，发射极电流 $I_E$ 可分成两部分，$I_B$ 是很小部分，$I_C$ 是很大部分，当调节可变电阻 $R_B$ 使 $I_B$ 有一个微小的变化时，将会引起 $I_C$ 大得多的变化。要使三极管具有电流放大作用，它的发射结必须正向偏置，集电结

必须反向偏置，图 4-13(a)(b)画出了 NPN 型和 PNP 型三极管起放大作用时电流实际方向和发射结与集电结的实际极性。

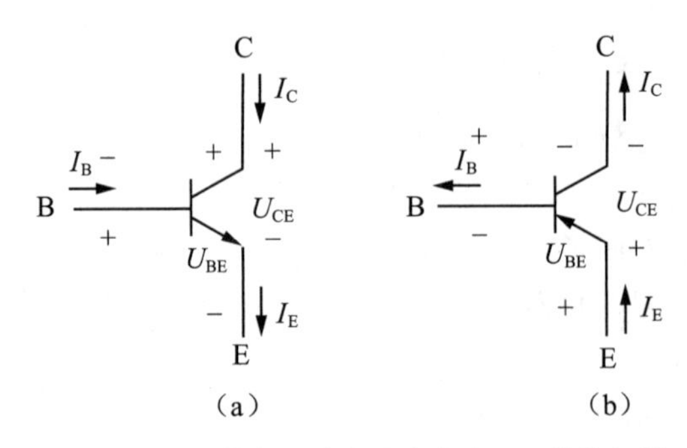


图 4-13　三极管各极的电流方向和 PN 结的极性

### 1.3.3　三极管的特性曲线

三极管特性曲线是指三极管各极的电压和电流之间的关系曲线。它反映了三极管的性能，是分析三极管放大电路的重要依据和基础。它分为输入特性曲线和输出特性曲线，三极管的特性曲线可用晶体管特性图示仪直观地显示出来，也可通过如图 4-14 所示的实测电路得出。下面以 NPN 型管共发射极放大电路为例来说明三极管输入和输出特性曲线的特点。

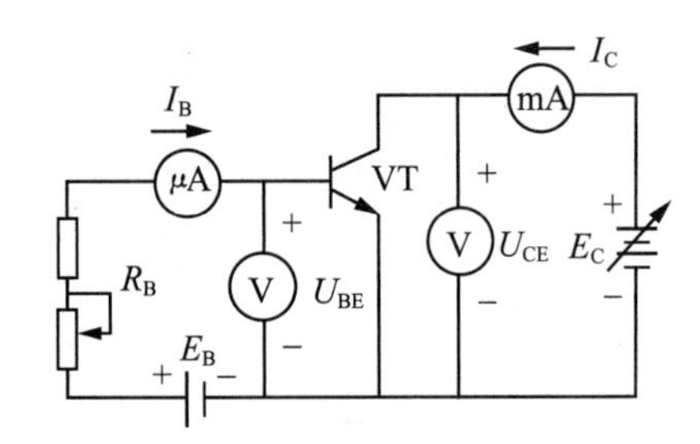


图 4-14　三极管特性曲线实验电路

1. 输入特性曲线

输入特性曲线就是指当集电极与发射极之间的电压(简称集—射极电压)$U_{CE}$ 为常数时，输入回路中基极电流 $I_B$ 和基极与发射极之间的电压(简称基—射极电压)$U_{BE}$ 之间的关系曲线为 $I_B = f(U_{BE})\mid_{U_{CE}=\text{常数}}$，输入特性曲线图如图 4-15 所示。

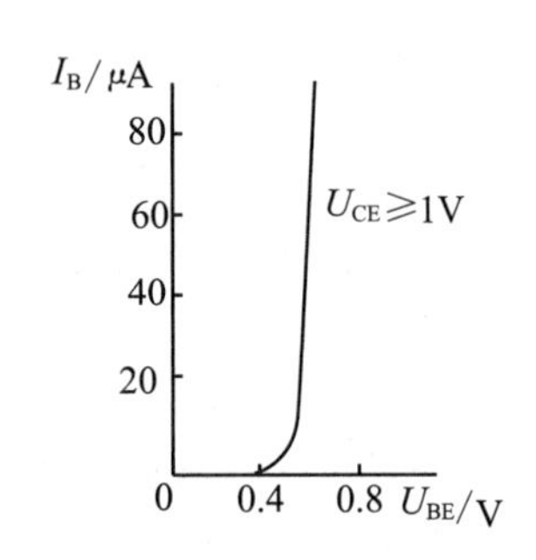


图 4-15　三极管的输入特性曲线

从图 4-15 所示的特性曲线图可看出，对硅管而言，当 $U_{CE}\geqslant 1V$ 时，集电结处于反向偏置，并且内电场已足够大，而且基区又很薄，可以把从发射区扩散到基区的电子中的绝大部分拉入集电区。只要 $U_{BE}$ 保持不变，这时从发射区发射到基区的电子数目就一定，此时再增大 $U_{CE}$，$I_B$ 也就不再明显变化。所以说 $U_{CE}\geqslant 1V$ 后的输入特性曲线基本上是重合的。通常我们只画出 $U_{CE}\geqslant 1V$ 的一条输入特性曲线。

从图 4-15 所示的特性曲线图还可看出，和二极管的伏安特性一样，三极管的输入特性曲线也有一段死区。只有在发射结外加电压大于死区电压时，三极管才会有 $I_B$。硅管的死区电压一般约为 0.5V，锗管的死区电压约为 0.1V，在正常情况下，NPN 型

硅管的发射结电压 $U_{BE}$ 为 0.6～0.7V，PNP 型锗管的 $U_{BE}$ 为 −0.3～−0.2V。

2. 输出特性曲线

输出特性曲线就是指当基极电流 $I_B$ 为常数时，输出回路中集电极电流 $I_C$ 与 $U_{CE}$ 之间的关系曲线为 $I_B=f(U_{BE})\mid_{I_B=常数}$，在不同的 $I_B$ 下，有不同的特性曲线，所以三极管的输出特性曲线是一组曲线，如图 4-16 所示。

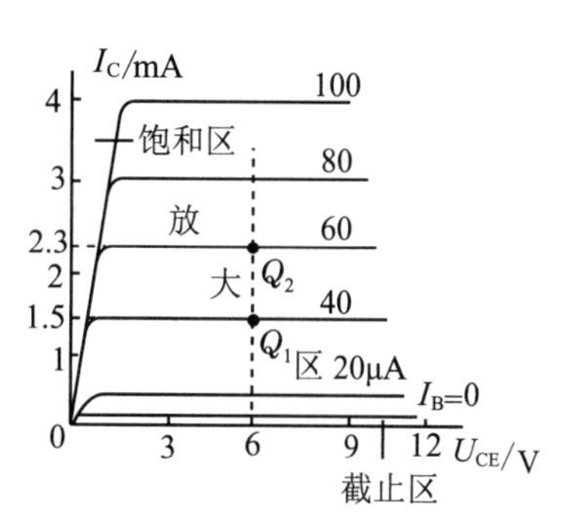


**图 4-16　三极管的输出特性曲线**

当 $I_B$ 一定时，从发射区扩散到基区的电子数目也一定，在 $U_{CE}\geqslant 1$V 时，这些电子的绝大部分被拉入集电区而形成 $I_C$，所以，当 $U_{CE}$ 继续增大时，$I_C$ 不会再有明显的增加，所以我们称它具有恒流特性。当 $I_B$ 增大时，相应的 $I_C$ 也增大，曲线向上移动，而且 $I_C$ 比 $I_B$ 明显增加很多，即三极管具有电流放大作用。

根据图 4-16 所示的输出特性曲线，我们可以把三极管的工作状态分为三个工作区。

(1)截止区。截止区位于输出特性曲线中 $I_B=0$ 的曲线以下的区域。此时 $I_C=I_{CEO}$，一般情况下，对于 NPN 型硅管而言，当 $U_{BE}<0.5$V 时，三极管就已开始截止，但是为了达到可靠截止，常使 $U_{BE}\leqslant 0$。此时不但发射结处于反向偏置，集电结也处于反向偏置。

(2)放大区。放大区位于输出特性曲线中间的近似水平部分。在放大区，$I_C=\bar{\beta}I_B$，因为此时 $I_C$ 和 $I_B$ 成正比关系，所以放大区也叫线性区。在输出特性曲线平坦部分，它们的间隔越大，三极管的放大能力就越强。当三极管工作于放大状态时，发射结处于正向偏置，集电结处于反向偏置。

(3)饱和区。饱和区位于输出特性曲线中左边的区域。此时增大 $I_B$，$I_C$ 不再增大，$I_B$ 的变化对 $I_C$ 的影响很小，两者不成正比，发射结和集电结均处于正向偏置。

### 1.3.4　三极管的主要参数

三极管的特性除了用特性曲线表示外，还可用一些参数来说明。三极管的参数也是设计电路、选用三极管的依据。根据三极管参数的性质不同，可分为性能参数和极限参数。

1. 性能参数

(1)电流放大系数 $\bar{\beta}$ 和 $\beta$。当三极管接成共发射极电路时，在静态(无输入信号)时，集电极电流 $I_C$(输出电流)与基极电流 $I_B$(输入电流)的比值称为三极管共发射极静态电流放大系数，即

$$\bar{\beta}=\frac{I_C}{I_B} \tag{4-2}$$

也叫直流放大系数。

当三极管工作在动态(有输入信号)时，若基极电流的变化量为 $\Delta I_B$，则集电极电流也有变化量 $\Delta I_C$，$\Delta I_C$ 与 $\Delta I_B$ 的比值称为三极管共发射极动态电流放大系数，即

$$\beta=\frac{\Delta I_C}{\Delta I_B} \tag{4-3}$$

也叫交流放大系数。

由上述定义可见，$\beta$ 和 $\bar{\beta}$ 的含义是不同的，但在输出特性曲线近似平行等距并且 $I_{CEO}$ 较小时，两者才近似相等。所以在今后的估算时，我们可认为 $\beta=\bar{\beta}$。又由于三极管的输出特性曲线是非线性的，只有在输出特性曲线的中间的近似水平部分，$I_C$ 才随 $I_B$ 成正比地变化，$\beta$ 值才可认为是基本恒定的。由于制造工艺的分散性，即使同一型号的三极管，$\beta$ 值也有很大的差别。一般情况下，常用的三极管的 $\beta$ 值在 20～100。

(2)集—基极反向截止电流 $I_{CBO}$。前面已经提过，$I_{CBO}$ 是当发射极开路时，由于集电结处于反向偏置，集电区和基区中的少数载流子的漂移运动而形成的电流，它与发射结无关。在室温下，小功率锗管的 $I_{CBO}$ 约为几微安到几十微安，小功率硅管的 $I_{CBO}$ 约在 1 微安以下，$I_{CBO}$ 越小，表示三极管热稳定性越好。当温度升高时，不论是硅管还是锗管，它们的 $I_{CBO}$ 都会增大，在热稳定性方面，硅管要比锗管好。测量 $I_{CBO}$ 的电路如图 4-17 所示。

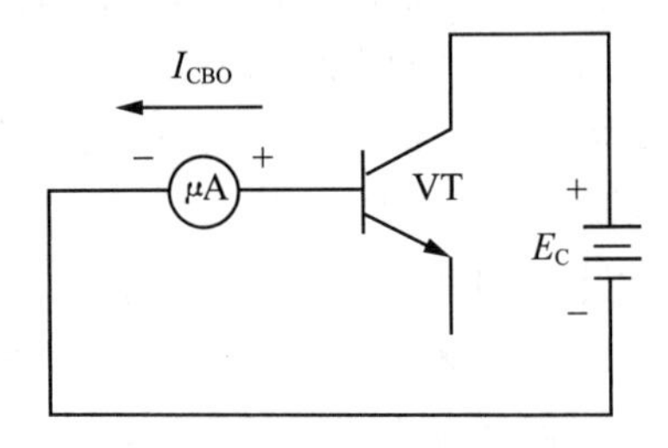

**图 4-17　测量 $I_{CBO}$ 的电路**

(3)集—射极反向截止电流 $I_{CEO}$。前面已提过，$I_{CEO}$ 是当基极开路，集电结处于反向偏置和发射结处于正向偏置时的集电极电流，又叫穿透电流，测量 $I_{CEO}$ 的电路如图 4-18 所示。由于基极开路，$I_B=0$，所以，在基极参与复合的电子与从集电区漂移过来的空穴数量应相等。再根据三极管电流分配原则，从发射区扩散到集电区的电子数，应为在基区与空穴复合的电子数的 $\bar{\beta}$ 倍，即

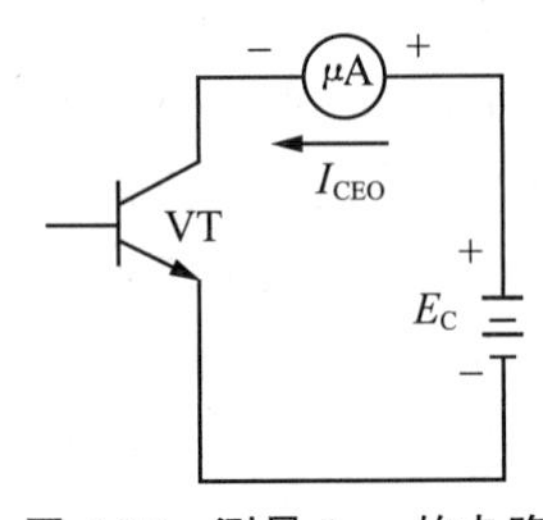

**图 4-18　测量 $I_{CEO}$ 的电路**

$$I_{CEO}=\bar{\beta}I_{CBO}+I_{CBO}=(1+\bar{\beta})I_{CBO} \tag{4-4}$$

此时集电极电流 $I_C$ 则为

$$I_C=\bar{\beta}I_B+I_{CEO} \tag{4-5}$$

由于当温度上升时，$I_{CBO}$ 增加很快，$I_{CEO}$ 增加得更快，相应地 $I_C$ 也将增大，所以三极管的温度稳定性很差。因此，我们在选三极管时，要选 $I_{CBO}$ 尽可能小些，而 $\bar{\beta}$ 以不超过 100 为宜。

2. 极限参数

(1)集电极最大允许电流 $I_{CM}$。由于集电极电流 $I_C$ 超过一定值时，三极管的 $\beta$ 值将会下降。所以规定集电极最大允许电流 $I_{CM}$ 为当 $\beta$ 值下降到正常值的三分之二时的 $I_C$ 值。在使用三极管时，$I_C$ 超过 $I_{CM}$ 不多时，三极管不会损坏，但 $\beta$ 值会下降较多，三

极管的性能会变坏。

(2)集—射极反向击穿电压 $U_{(BR)CEO}$。$U_{(BR)CEO}$ 是指当基极开路时，加在集电极和发射极之间的最大允许电压。当三极管的集—射极电压 $U_{CE}$ 大于 $U_{(BR)CEO}$ 时，$I_{CEO}$ 会突然大幅度上升，说明此时三极管已被击穿，因此，在使用时应特别注意。

(3)集电极最大允许耗散功率 $P_{CM}$。由于集电极电流在流经集电结时将产生热量，使结温升高，从而引起三极管参数的变化，严重时，过高的结温将会烧坏三极管。为了确保安全，我们规定集电极最大允许耗散功率 $P_{CM}$ 为当三极管因热而引起的参数变化不超过允许值时，集电极所消耗的最大功率。$P_{CM}$ 主要受结温 $T_j$ 的限制，一般情况下，锗管的允许结温为 70～90℃，硅管为 150℃。根据三极管的 $P_{CM}=I_CU_{CE}$，我们可在三极管的输出特性曲线上作出 $P_{CM}$ 的曲线，它为一条双曲线，如图 4-19 所示。图中给出了安全工作区。

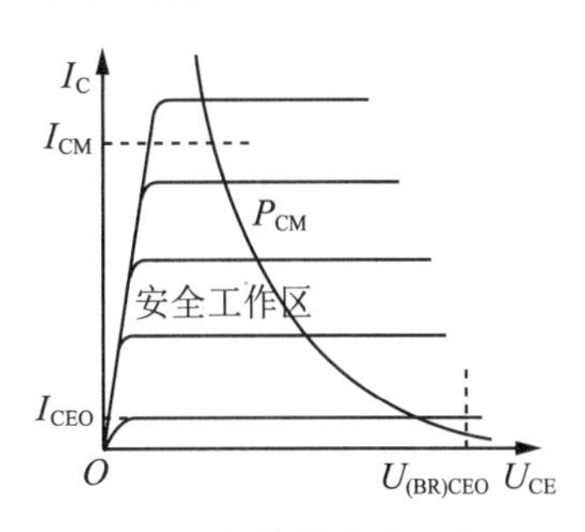


**图 4-19　三极管的安全工作区**

## 1.3.5　半导体器件型号的命名方法

1. 半导体器件的型号共由五部分组成

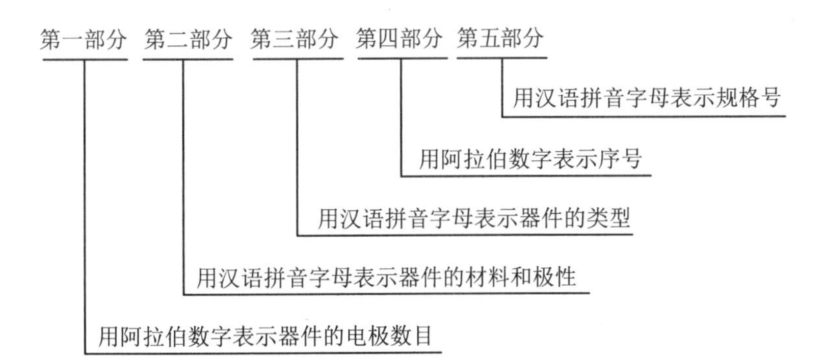


例如：

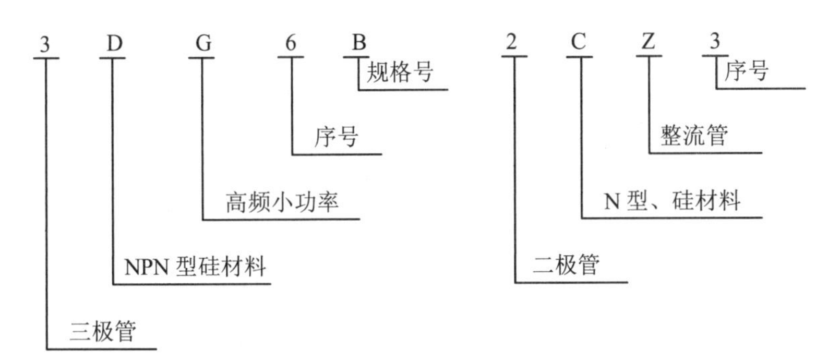

2. 型号组成部分的符号及意义如表 4-2 所示(国家标准 GB3430—89)。

**表 4-2　晶体管型号组成部分的符号及意义**

| 第一部分 | | 第二部分 | | 第三部分 | | 第四部分 | 第五部分 |
|---|---|---|---|---|---|---|---|
| 用数字表示器件的电极数目 | | 用汉语拼音字母表示器件的材料和极性 | | 用汉语拼音字母表示器件的类型 | | 用阿拉伯数字表示器件序号 | 用汉语拼音字母表示规格号 |
| 符号 | 意义 | 符号 | 意义 | 符号 | 意义 | | |
| 2 | 二极管 | A | N 型、锗材料 | P | 普通管 | | |
| | | B | P 型、锗材料 | V | 微波管 | | |
| | | C | N 型、硅材料 | W | 稳压管 | | |
| | | D | P 型、硅材料 | C | 参量管 | | |
| 3 | 三极管 | A | PNP 型锗材料 | Z | 整流管 | | |
| | | B | NPN 型锗材料 | L | 整流堆 | | |
| | | C | PNP 型硅材料 | S | 隧道管 | | |
| | | D | NPN 型硅材料 | N | 阻尼管 | | |
| | | E | 化合物材料 | U | 光电器件 | | |
| | | | | K | 开关管 | | |
| | | | | X | 低频小功率管 ($f_a<3MH_Z$，$P_C<1W$) | | |
| | | | | G | 高频小功率管 ($f_a\geq3MH_Z$，$P_C<1W$) | | |
| | | | | D | 低频大功率管 ($f_a<3MH_Z$，$P_C\geq1W$) | | |
| | | | | A | 高频大功率管 ($f_a\geq3MH_Z$，$P_C\geq1W$) | | |
| | | | | T | 半导体晶闸管 (可控硅整流器) | | |
| | | | | CS | 场效应管 | | |
| | | | | BT | 半导体特殊器件 (单结晶体管) | | |
| | | | | FH | 复合管 | | |
| | | | | PIN | PIN 型管 | | |
| | | | | JG | 激光器件 | | |
| | | | | Y | 体效应器件 | | |
| | | | | B | 雪崩管 | | |
| | | | | J | 阶跃恢复管 | | |

# 任务 1.4　场效应管

## 任务内容

场效应管的结构、分类，N 沟道和 P 沟道绝缘栅场效应管及主要参数。

## 任务目标

使学生熟练掌握场效应管及其应用。

## 相关知识

场效应管是一种较新型的半导体器件，其外形与普通三极管相似，但两者的控制特性却截然不同。普通三极管是电流控制元件，通过控制基极电流达到控制集电极电流的目的，也就是信号源必须提供一定的电流才能工作。所以它的输入电阻较低；场效应管则是电压控制元件，它的输出电流决定于输入电压的大小，不需要信号源提供电流，所以它的输入电阻很高。此外，场效应管还具有噪声低，受温度、辐射影响小，制造工艺简单，便于大规模集成等优点，所以广泛应用于放大电路和数字集成电路。场效应管按其结构可分为结型场效应管和绝缘栅场效应管两类，本节简单介绍绝缘栅场效应管。

### 1.4.1　绝缘栅场效应管的分类

绝缘栅场效应管按其工作方式可分为增强型和耗尽型两大类，每类又可分为 N 沟道型和 P 沟道型，所以绝缘栅场效应管有下列四种类型：N 沟道增强型，N 沟道耗尽型，P 沟道增强型，P 沟道耗尽型。它们的表示符号分别如图 4-20 所示。下面主要以 N 沟道为例，来说明它们的工作原理。

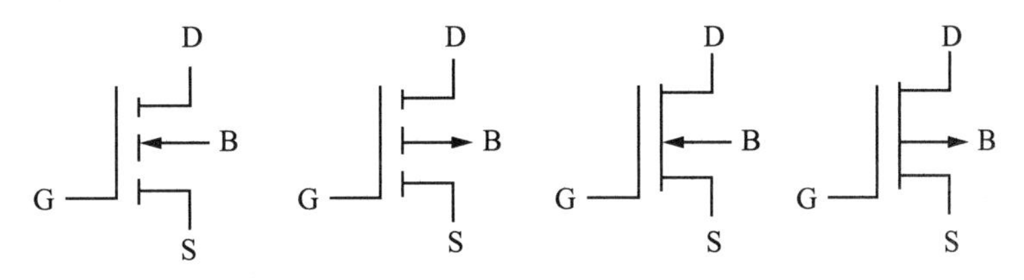


**图 4-20　绝缘栅场效应管表示符号**

## 1.4.2 N沟道绝缘栅场效应管

1. N沟道增强型绝缘栅场效应管

(1)结构。如图4-21所示为N沟道增强型绝缘栅场效应管的结构示意图，它是用一块杂质浓度较低的P型薄硅片作为衬底，且在其上左、右两侧扩散两个高掺杂的$N^+$型区，在其表面形成一层薄薄的二氧化硅绝缘层，并在两个$N^+$型区之间的二氧化硅的表面及两个$N^+$型区的表面分别引出三个电极，即栅极G、源极S和漏极D。另外在衬底引出连接线B(它常在管内与源极S相连)。由以上介绍可知，栅极和其他电极及硅片之间是绝缘的，所以叫绝缘栅场效应管，又称为金属－氧化物－半导体场效应管，简称MOS场效应管，N沟道简称NMOS管。由于栅极绝缘，所以栅极电流几乎为零，栅源电阻$R_{GS}$(或绝缘栅场效应管的输入电阻)很高，最高可达$10^{14}\Omega$。

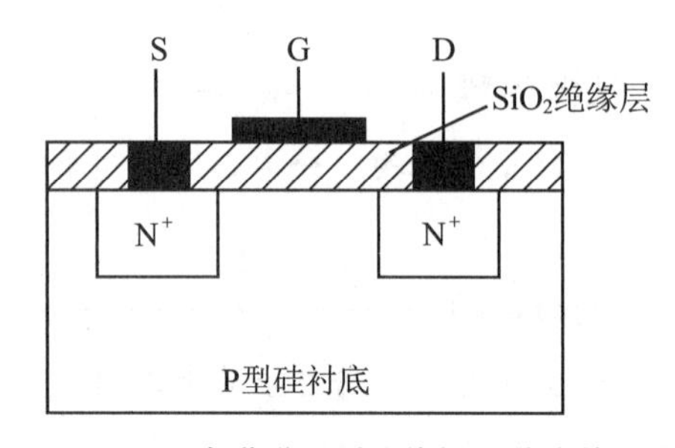


图4-21　N沟道增强型绝缘栅场效应管结构

(2)工作原理。从图4-22可看出，$N^+$型漏区和$N^+$型源区被P型硅衬底隔开，漏极和源极之间为两个背靠背的PN结，当栅—源电压$U_{GS}=0$时，不管漏极和源极之间所加电压的极性如何，其中总有一个PN结是反向偏置的，反向电阻很高，漏极电流$I_D$近似为零。当栅—源电压$U_{GS}$正向增加时，在$U_{GS}$的作用下，产生了垂直于衬底的电场。由于$U_{GS}$很小，二氧化硅很薄，所以，P型硅衬底中的电子受到电场力的吸引到达表层，填补空穴而形成负离子的耗尽层。由于产生的电场强度较弱，吸引电子的能力不强，在漏、源之间尚无导电沟道，如图4-22(a)所示。

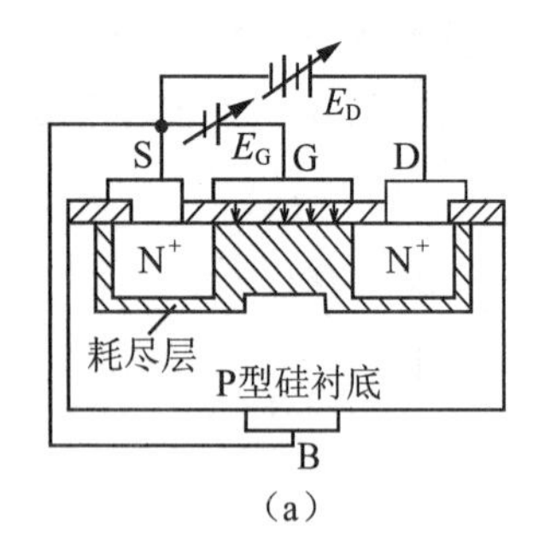


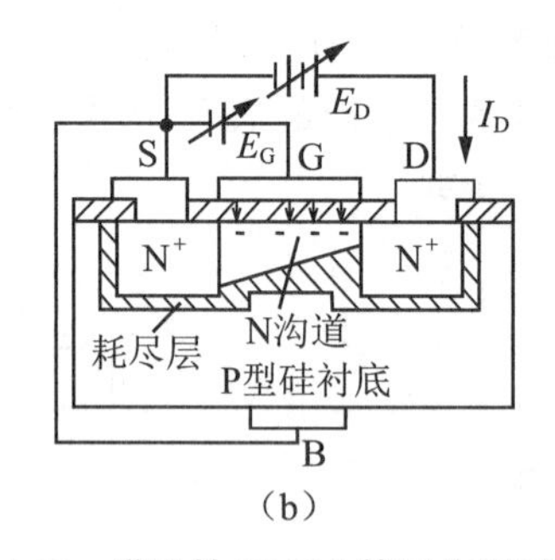


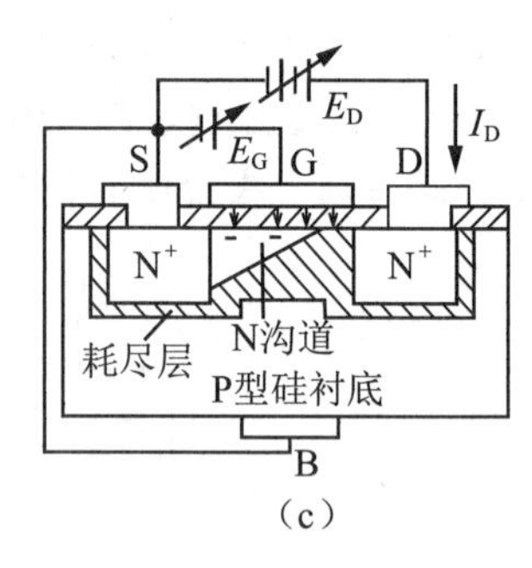


图4-22　增强性NMOS管工作原理图

当$U_{GS}$大于一定值时，强电场将源区的电子吸引到栅极下面的半导体表面，同时P型硅衬底上的少数载流子也受到该电场的吸引，这些电子在栅极附近的P型硅表面便形成一个N型薄层，通常把它叫作反型层，也就是源、漏之间的N型导电沟道。$U_{GS}$正值越大，导电沟道越宽。此时，在漏极电源$E_D$的作用下，管子导通，将产生漏极电流$I_D$，如图4-22(b)所示。在一定的漏－源电压$U_{DS}$下，使管子由不导通变为导通的临界栅一源电压，通常称为开启电压，用 $U_{GS(th)}$ 表示。

当 $U_{GS} \geqslant U_{GS(th)}$，且固定不变时。在 $U_{DS}$ 的作用下，$I_D$ 沿沟道从漏极流向源极，并产生电压降，使栅极与沟道内各点的电压不再相等，于是沟道不再均匀，靠近源极端宽，靠近漏极端窄。当 $U_{DS}$ 较小时，此种情况不严重，沟道电阻基本一定，所以 $I_D$ 与 $U_{DS}$ 成正比；当 $U_{DS}$ 增大到一定数值后，在近漏极端沟道被预夹断，预夹断后，$U_{DS}$ 增加，漏源之间的电阻也增加，所以，电流 $I_D$ 基本上维持不变，趋于饱和，如图 4-22(c)所示。

(3)特性曲线。增强型 NMOS 管的转移特性(也就是输入电压对输出电流的控制特性)曲线如图 4-23 所示。增强型 NMOS 管的输出特性曲线如图 4-24 所示，从此图可看出，它分为四个区域：可变电阻区(Ⅰ区)、恒流区(Ⅱ区)、击穿区(Ⅲ区)和截止区(此时 $U_{GS} < U_{GS(th)}$，图中未画出)。在恒流区，且 $U_{GS} > U_{GS(th)}$ 时，NMOS 管的 $I_D$ 可近似表示为

$$I_D = I_{Do}\left(\frac{U_{GS}}{U_{GS(th)}} - 1\right)^2 \tag{4-6}$$

式中，$I_{Do}$ 为 $U_{GS} = 2U_{GS(th)}$ 时的 $I_D$ 的值。

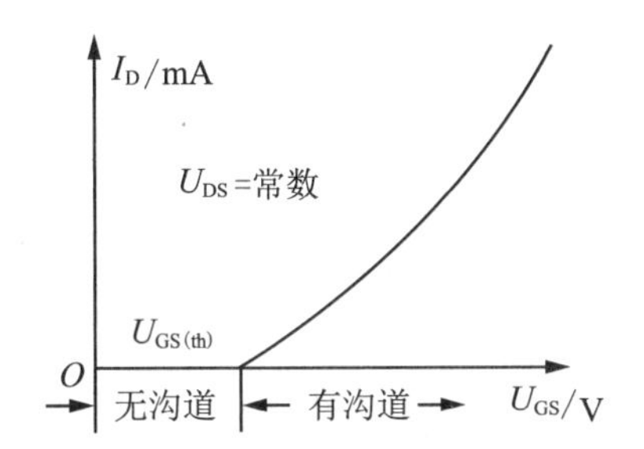


图 4-23 增强型 NMOS 管的转移特性曲线

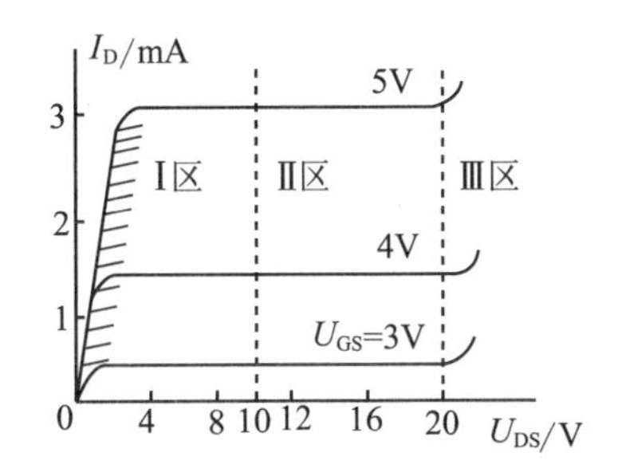


图 4-24 增强型 NMOS 管的输出特性曲线

2. N 沟道耗尽型绝缘栅场效应管

耗尽型 NMOS 管在结构上与增强型 NMOS 管相似，如图 4-25 所示。主要区别是：增强型 NMOS 管只有在 $U_{GS} \geqslant U_{GS(th)}$ 时才会出现导电沟道。而耗尽型 NMOS 管在制造时已在二氧化硅绝缘层中掺入了大量的正离子，当 $U_{GS}=0$ 时，漏、源极之间的 P 型硅衬底表面已经出现了反型层，即 N 型导电沟道，此时，加上正向电压 $U_{DS}$，就有漏极电流 $I_D$ 产生。当 $U_{DS}$ 为正且一定时，若 $U_{GS}$ 为正且增大，则加强了绝缘层中的电场，将吸引更多的载流子至衬底表面，使导电沟道加宽，$I_D$ 增大。若 $U_{GS}$ 为负，则削弱了绝缘层中的电场，使导电沟道变窄，$I_D$ 减小；当 $U_{GS}$ 为负且增加到某一数值时，导电沟道消失，$I_D \approx 0$，管子截止，此时对应的 $U_{GS}$ 叫做夹断电压，通常用 $U_{GS(off)}$ 表示。

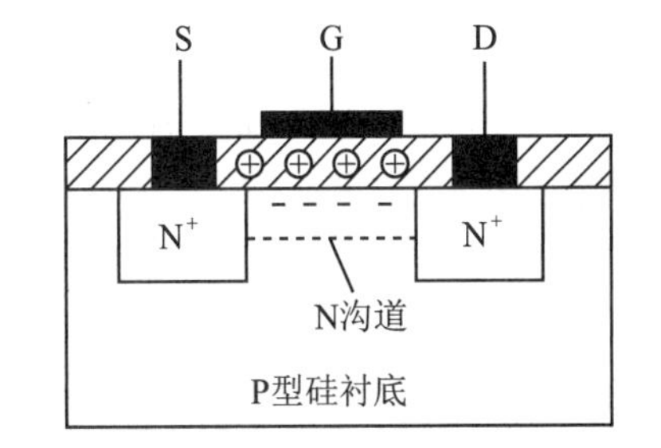


图 4-25 N 沟道耗尽型绝缘栅场效应管

耗尽型 NMOS 管的转移特性曲线如图 4-26 所示，耗尽型 NMOS 管的输出特性曲

线如图 4-27 所示。实验表明，当 $U_{GS(off)} \leqslant U_{GS} \leqslant 0$ 时，耗尽型场效应管的转移特性可近似用下式表示

$$I_D = I_{DSS}\left(1 - \frac{U_{GS}}{U_{GS(off)}}\right)^2 \tag{4-7}$$

式中，$I_{DSS}$ 为 $U_{GS}=0$ 时的漏极电流 $I_D$，称为饱和漏极电流。

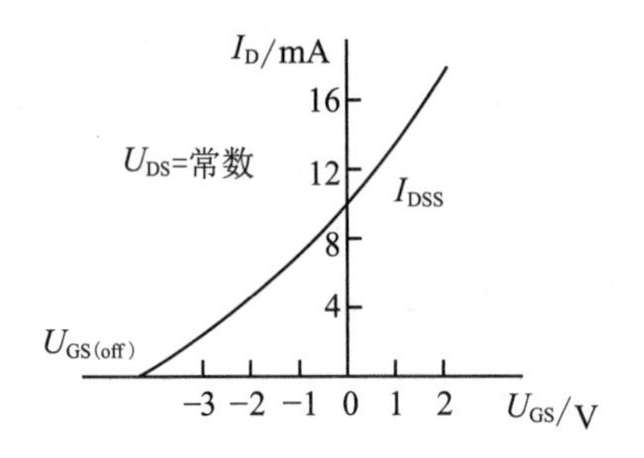


图 4-26　耗尽型 NMOS 管的转移特性曲线

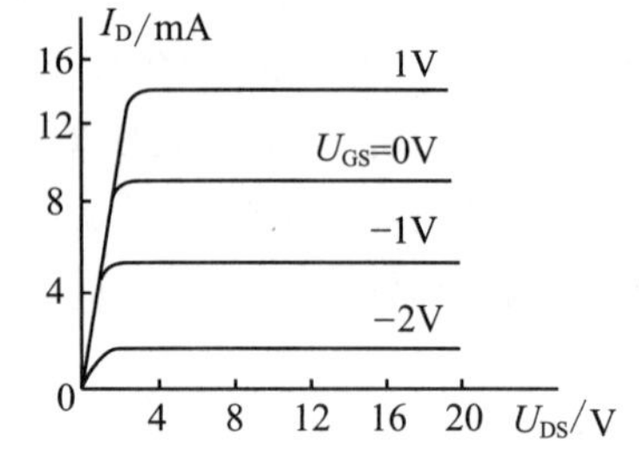


图 4-27　耗尽型 NMOS 管的输出特性曲线

## 1.4.3　P 沟道绝缘栅场效应管

P 沟道 MOS 管和 N 沟道 MOS 管的主要区别在于作为衬底的半导体材料的类型不同，PMOS 管以 N 型硅作衬底，而漏、源极从 $P^+$ 区引出，形成的反型层为 P 型，相应的沟道为 P 沟道，对耗尽型 PMOS 管，在二氧化硅绝缘层中掺入的是负离子。如图 4-28 所示为 P 沟道增强型绝缘栅场效应管的结构。在使用时应注意，$U_{GS}$ 和 $U_{DS}$ 的极性与 NMOS 管相反，且增强型 PMOS 管的开启电压 $U_{GS(th)}$ 为负值，而耗尽型 PMOS 管的夹断电压 $U_{GS(off)}$ 为正值。

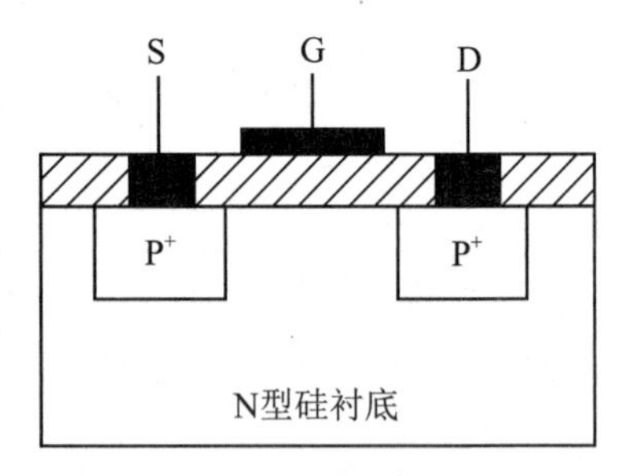


图 4-28　P 沟道增强型绝缘栅场效应管

各种不同类型的场效应管的特性与表示符号的比较如表 4-3 所示。

表 4-3　各种不同类型的场效应管的特性与表示符号的比较

| 结构类型 | 工作方式 | 符号 | 转移特性 $I_D=f(U_{GS})\mid_{U_{DS}}=$常数 | 输出特性 $I_D=f(U_{DS})\mid_{U_{GS}}=$常数 |
| --- | --- | --- | --- | --- |
| 绝缘栅 (MOSFET) N 型沟道 | 耗尽型 | G D B S | $I_D$ $U_{GS(off)}$ $O$ $U_{GS}$ | $I_D$ $U_{GS}$=2V 0 −2 −4 $O$ $U_{DS}$ |
| 绝缘栅 (MOSFET) N 型沟道 | 增强型 | G D B S | $I_D$ $O$ $U_{GS(th)}$ $U_{GS}$ | $I_D$ $U_{GS}$=5V 4 3 2 $O$ $U_{DS}$ |

续表

| 结构类型 | 工作方式 | 符号 | 转移特性<br>$I_D=f(U_{GS})\mid_{U_{DS}}=$常数 | 输出特性<br>$I_D=f(U_{DS})\mid_{U_{GS}}=$常数 |
|---|---|---|---|---|
| 绝缘栅<br>(MOSFET)<br>P型沟道 | 耗尽型 | 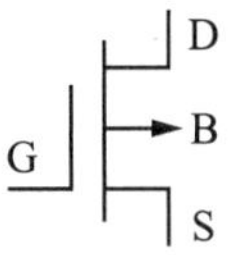 D B G S | 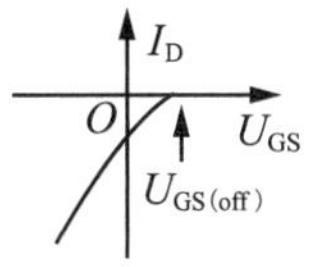 $I_D$, $O$, $U_{GS}$, $U_{GS(off)}$ | 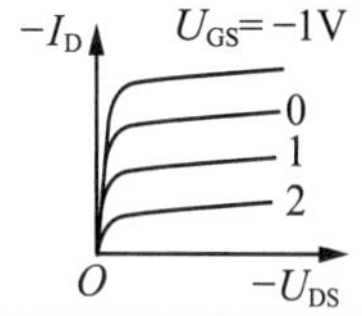 $-I_D$, $U_{GS}=-1V$, 0, 1, 2, $O$, $-U_{DS}$ |
| 绝缘栅<br>(MOSFET)<br>P型沟道 | 增强型 | 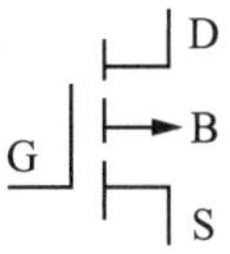 D B G S | 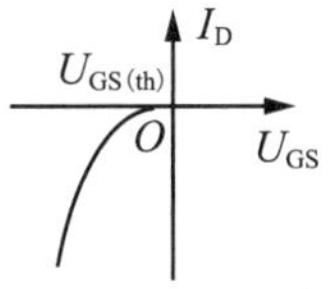 $I_D$, $U_{GS(th)}$, $O$, $U_{GS}$ | 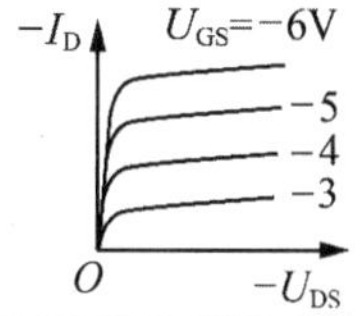 $-I_D$, $U_{GS}=-6V$, −5, −4, −3, $O$, $-U_{DS}$ |
| 结型(JFET)<br>P型沟道 | 耗尽型 | 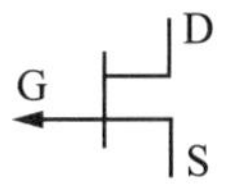 D G S | 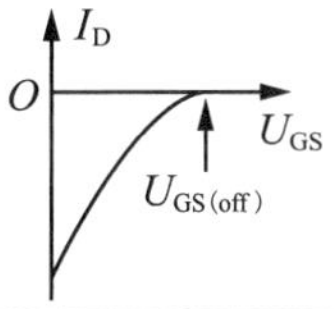 $I_D$, $O$, $U_{GS}$, $U_{GS(off)}$ | 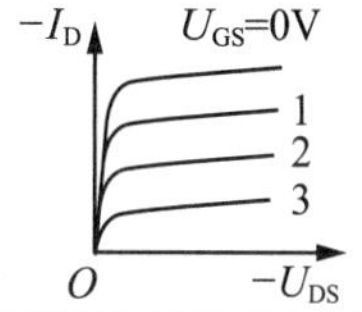 $-I_D$, $U_{GS}=0V$, 1, 2, 3, $O$, $-U_{DS}$ |
| 结型(JFET)<br>N型沟道 | 耗尽型 | 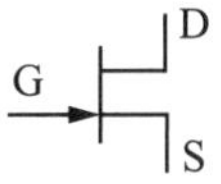 D G S | 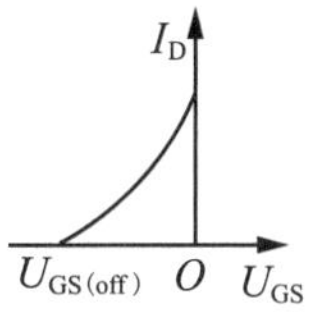 $I_D$, $U_{GS(off)}$, $O$, $U_{GS}$ | 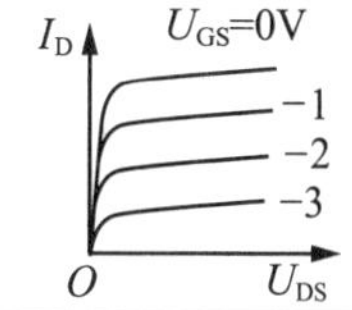 $I_D$, $U_{GS}=0V$, −1, −2, −3, $O$, $U_{DS}$ |

注：$I_D$ 的假定正向为流进漏极。

### 1.4.4 绝缘栅场效应管的主要参数

1. 直流参数

(1)开启电压 $U_{GS(th)}$。在一定的漏、源电压作用下，使增强型 MOS 管由不导通变为导通的临界栅源电压称为开启电压。它是增强型绝缘栅场效应管的参数。

(2)夹断电压 $U_{GS(off)}$。当 $U_{DS}$ 等于某一定值时，使 $I_D$ 等于某一微小电流(可忽略不计)时，栅极和源极间所加的电压称为夹断电压。它是耗尽型绝缘栅场效应管的参数。

(3)栅源绝缘电阻 $R_{GS}$。在漏源极间短路的条件下，栅源极之间加一定电压时，栅源电压与栅极电流之比称为栅源绝缘电阻。绝缘栅场效应管的 $R_{GS}$ 很大，一般可达到 $10^8\sim10^{15}\,\Omega$。

(4)饱和漏极电流 $I_{DSS}$。当 $U_{GS}=0$ 时，场效应管发生预夹断时的漏极电流称为饱和漏极电流。它是耗尽型绝缘栅场效应管的参数。

2. 交流参数

(1)共源小信号低频跨导 $g_m$。在 $U_{DS}$ 为某定值时，漏极电流 $I_D$ 的微变量和引起 $I_D$ 变化的栅源电压 $U_{GS}$ 微变量之比值称为跨导，即

$$g_m=\left.\frac{dI_D}{dU_{GS}}\right|_{U_{DS}=\text{常数}} \tag{4-8}$$

它反映了栅源电压 $U_{GS}$ 对漏极电流 $I_D$ 的控制能力，是表征场效应管放大能力的一个重要参数，单位为西门子。它与三极管的电流放大倍数相似。

(2)极间电容。场效应管的极间电容有三个，即栅源电容 $C_{gs}$、栅漏电容 $C_{gd}$ 和漏源电容 $C_{ds}$。它们均由 PN 结的势垒电容和分布电容构成的。

3. 极限参数

(1)最高漏源电压 $U_{DS(BR)}$。它是漏、源极之间所能承受的最大电压，是指场效应管发生雪崩击穿、$I_D$ 开始急剧上升时的 $U_{DS}$ 值。$U_{GS}$ 越负，$U_{DS(BR)}$ 越小。

(2)最高栅源电压 $U_{GS(BR)}$。它是栅、源极之间所能承受的最大反向电压。是指 $I_G$ 开始急剧增加，绝缘栅场效应管的绝缘层击穿时的 $U_{GS}$ 值。

(3)最大耗散功率 $P_{DM}$。场效应管的耗散功率等于漏源电压 $U_{DS}$ 和源极电流 $I_D$ 的乘积，即 $P_D=U_{DS}I_D$。$P_{DM}$ 是指允许耗在场效应管上的最大功率。实际使用时 $P_D<P_{DM}$，否则场效应管会因发热而引起温度过高被烧坏。$P_{DM}$ 主要受场效应管的最高工作温度的限制，与三极管的 $P_{CM}$ 相似。

场效应管与普通三极管的区别，如表 4-4 所示。

**表 4-4　场效应管与三极管的比较**

| 项目 \ 器件 | 三极管(或双极型晶体管) | 场效应管(或单极型晶体管) |
|---|---|---|
| 载流子 | 自由电子和空穴(二种同时参与导电) | 自由电子或空穴<br>(只有一种参与导电) |
| 控制方式 | 电流控制 | 电压控制 |
| 类　型 | NPN 型和 PNP 型 | N 沟道和 P 沟道 |
| 放大参数 | $\beta=20\sim200$ | $g_m=1\sim5$mA/V |
| 输入电阻 | $r_i=10^2\sim10^4\,\Omega$ | $r_i=10^7\sim10^{14}\,\Omega$ |
| 输出电阻 | $r_{ce}$ 很高 | $r_{ds}$ 很高 |
| 热稳定性 | 差 | 好 |
| 制造工艺 | 很复杂 | 简单，成本低 |
| 管脚对比 | 基极－栅极、发射极－源极、集电极－漏极 | |

## 任务 1.5　集成电路的分类

### 任务内容

集成电路的分类和简介。

### 任务目标

使学生对集成电路有较熟的了解。

**相关知识**

集成电路是利用半导体工艺和薄膜工艺将一些晶体管、电阻、电容、电感及其连线等制作在同一块硅片上，成为具有特定功能的电路，并封装在特定的管壳中。集成电路与分立元件相比具有体积小、重量轻、成本低、耗电少、可靠性高和电气特性优良等优点。集成电路广泛应用于现代通信、计算机技术、医疗卫生、环境工程、交通、自动化生产等领域，而且在电视机、收录机、影碟机及其他音响设备和家用电器中也得到越来越广泛的应用。

## 1.5.1 集成电路的分类

集成电路按功能可分为模拟集成电路和数字集成电路两大类；按制作工艺可分为半导体集成电路、薄膜集成电路、厚膜集成电路和混合集成电路等；按集成度数最可分为小规模集成电路(SSI)、中规模集成电路(MSI)、大规模集成电路(LSI)和超大规模集成电路(VLSI)。

按功能划分，集成电路可分为数字集成电路、模拟集成电路和微波集成电路等。数字集成电路包括触发器、存储器、计数器、寄存器、微处理器和可编程器等；模拟集成电路包括直流运算放大器、音频放大器、模拟乘法器、比较器、A/D 和 D/A 转换器、集成稳压电源等。

按导电类型的不同，集成电路可分为单极型集成电路和双极型集成电路。单极型集成电路工艺简单、功耗低，工作电源电压范围较宽，但工作速度慢，如 CMOS、PMOS 和 NMOS 集成电路；双极型集成电路工作速度快，但功耗较大，而且制造工艺复杂，如 TTL 和 ECI 集成电路。

按封装外形不同，集成电路可分为圆形、扁平形、双列直插式，如图 4-29 所示。引脚排列次序有一定的规律，一般从外壳顶部向下看，按逆时针方向读数，其中第一脚附近一般有参考标记、如凹槽、色标等。

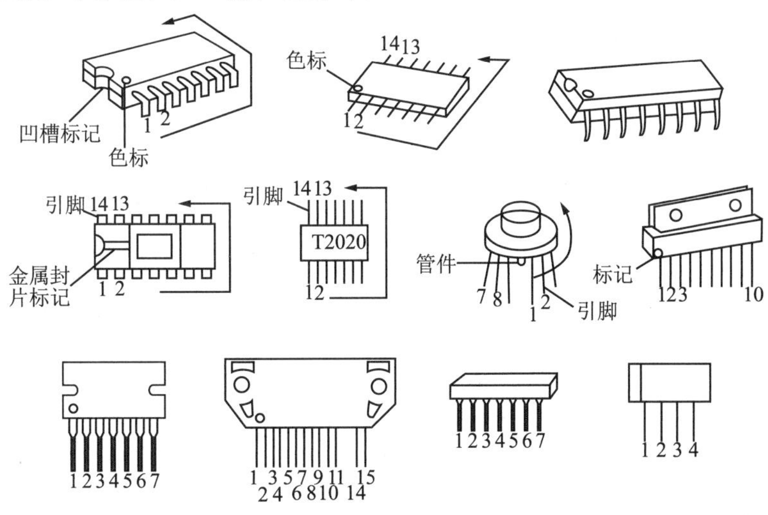


图 4-29　常见集成电路的封装

### 1.5.2 模拟集成电路

模拟集成电路按用途可分为运算放大器、集成稳压器、功率放大器和电压比较器等。模拟集成电路的特点是不同型号的模拟集成电路的电源电压可以不同且较高，视具体用途而定；模拟集成电路的封装形式也具有多样性，封装形式有金属外壳、陶瓷外壳和塑料外壳等。金属外壳封装为圆形，陶瓷外壳封装和塑料外壳封装均为扁平形。

### 1.5.3 数字集成电路

1. 数字集成电路的分类

数字集成电路按结构不同可分为双极型和单极型电路。其中双极型电路有 DTL、TTL、ESL、HTL 等多种；单极型电路有 JFET、NMOS、PMOS 和 CMOS 四种。

2. 数字集成电路及其应用

在实际工程中，最常用的数字集成电路主要有 TTL 和 CMOS 两大系列。

(1)TTL 集成电路。TTL 集成电路是以双极型晶体管为基本元器件集成在一块硅片上制成的，其品种、产量最多，应用也最广泛。国产的 TTL 集成电路有 T1000～4000 系列。T1000 系列与国标 CT54/74 系列及国际 SN54/74 通用系列相同；T2000 高速系列与国标 CT54H/74H 系列及国际 SN54H/74H 高速系列相同；T3000 肖特基系列与国标 CT54S/74S 系列及国际 SN54S/74S 肖特基系列相同；T4000 低功耗肖特基系列与国标 CT54LS/74LS 系列及国际 SN54LS/74LS 低功耗肖特基系列相同。54 系列与 74 系列的主要区别在其工作环境温度上，54 系列为－55～＋125℃；74 系列为 0～70℃。另外，这些系列的区别还在于典型门的平均传输时间和平均功耗这两个参数不同，其他的电参数和外管脚功能基本相同，必要时，可互为代换使用。

使用 TTL 集成电路时要注意：不许超过其规定的工作极限值，以确保电路能可靠工作。TTL 集成电路只允许在(5±0.5)V 的电源电压范围内工作。TTL 门电路的输出端不允许直接接地或接电源，也不准许并联使用(开路门和三态门例外)TTL 门电路的输入端悬空相当于接高电平 1，但多余的输入端悬空(与非门)易引入外来干扰使电路的逻辑功能不正常，所以最好将多余输入端和有用端并联在一起使用。在电源接通的情况下，不要拔插集成电路，以防电流冲击造成器件永久性的损坏。

(2)CMOS 集成电路。CMOS 集成电路以单极型晶体管为基本元器件制成，其发展迅速，主要是因为它具有功耗低、速度快、工作电源电压范围宽(如 CC4000 系列的工作电源电压为 3～18V)、抗干扰能力强、输入阻抗高、扇出能力强、温度稳定性好及成本低等优点，尤其是它的制造工艺非常简单，为大批量生产提供了方便。CMOS 集成电路有三种封装方式：陶瓷扁平封装(工作温度范围是－55～＋100℃)；陶瓷双列直插封装(工作温度范围是－55～＋125℃)；塑料双列直插封装(工作温度范围是－40～＋85℃)。

使用 CMOS 集成电路时要注意：电源电压端和接地端绝对不许接反，也不准超过其允许工作电压范围($U_{DD}$ 范围是 3～18V)。CMOS 电路在工作时，应先加电源后加信号；工作结束时，应在撤除信号后再切断电源。为防止输入端的保护二极管因大电流而损坏，输入信号的电压不能超过电源电压；输入电流不宜超过 1mA，对低内阻的信号源要采取限流措施。CMOS 集成电路的多余输入端一律不准悬空，应按其逻辑要求将多余的输入端接电源或接地；CMOS 集成电路的输出端不准接电源或接地，也不许将两个芯片的输出端直接连接使用，以免损坏器件。

### 1.5.4 片状集成电路简介

为实现电子产品的体积微型化，近年来电子元器件向小、轻、薄的方向发展，人们发明了表面安装技术，即 SMT( Surface Mount Technology)。使用表面安装技术的器件(片状元器件)包括电阻、电容器、电感器、二极管、三极管、集成电路等，其中片状集成电路最为典型，它具有引脚间距小、集成度高等优点，广泛应用于彩电、笔记本计算机、移动电话、DVD 等高新技术电子产品中。集成电路的发现，对我们国家一些关键核心技术实现突破，战略性新兴产业发展壮大，载人航天、探月探火、深海深地探测、超级计算机、卫星导航、量子信息、核电技术、新能源技术、大飞机制造、生物医药等起到重大作用。

# 模块 2 单管放大电路及其应用

共射极放大电路的动态分析

## 任务 2.1 单管基本放大电路

**任务内容**

单管基本放大电路的工作原理、静态分析、动态分析和非线性失真。

**任务目标**

使学生对单管基本放大电路及其应用有较深的了解。

**相关知识**

### 2.1.1 共射极放大电路的组成和各元件的作用

如图 4-30 所示电路为共射极接法的基本放大电路，有一个输入端和一个输出端。输入端接交流信号源(包括电动势 $e_S$ 和内阻 $R_S$)，输入电压为 $u_i$；输出端接负载电阻 $R_L$，输出电压为 $u_o$。电路中各组成元件的作用分别如下。

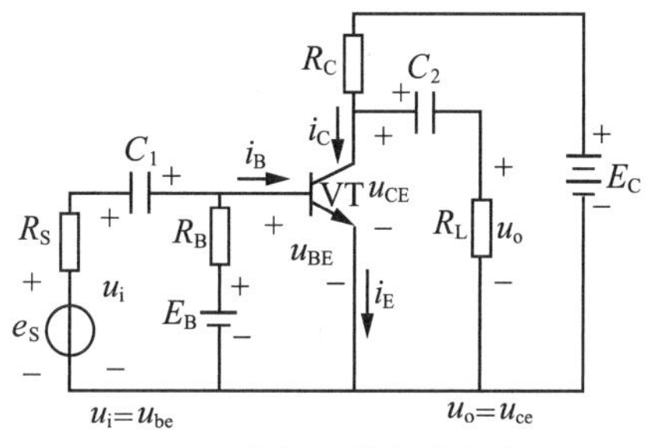

图 4-30 共射极基本放大电路

三极管 VT：是放大电路的放大元件，利用它的电流放大作用在集电极电路获得较大的电流，是整个放大电路的核心；从另一个角度来看，它也是

一个控制元件，用较小能量的输入信号去控制电源 $E_C$ 所供给的能量，以在输出端获得一个较大能量的输出信号。

集电极电源 $E_C$：集电极电源 $E_C$ 除为输出信号提供能量外，还保证集电结处于反向偏置，以便使三极管具有放大作用。

集电极负载电阻 $R_C$：它的主要作用是将集电极电流的变化变换为电压的变化，以实现电压放大。

基极电源 $E_B$ 和基极电阻 $R_B$：它们的作用是使发射结处于正向偏置，并提供大小适当的基极电流，以使放大电路获得合适的工作点。

耦合电容 $C_1$ 和 $C_2$：它们有两个方面的作用，一方面起隔直作用，$C_1$ 用来隔断放大电路与信号源之间的直流通路，$C_2$ 用来隔断放大电路与负载之间的直流通路使三者在直流通路上互不影响。另一方面又起交流耦合作用，保证交流信号畅通无阻地经过放大电路，沟通信号源、放大电路和负载三者之间的交流通路。$C_1$ 和 $C_2$ 的电容值一般为几微法到几十微法，通常用电解电容，使用时要注意其极性。

如图 4-30 所示电路用了两类电源，称为双电源电路。为了减少电源的种类，我们可以适当地改变 $R_B$ 的接法，再去掉 $E_B$，变成如图 4-31(a)所示电路，我们称之为单电源电路。在放大电路中，通常把公共端接“地”，并设其电位为零(共发射极电路的公共端为发射极)，作为电路中其他各点电位的参考点；同时，为了简化电路的画法，习惯上常不画电源 $E_C$ 的符号，而只在连接其正极的一端标出它对“地”的电压 $U_{CC}$ 和极性(+或−)，如图 4-31(b)所示电路，一般称这种电路为固定偏置电路。

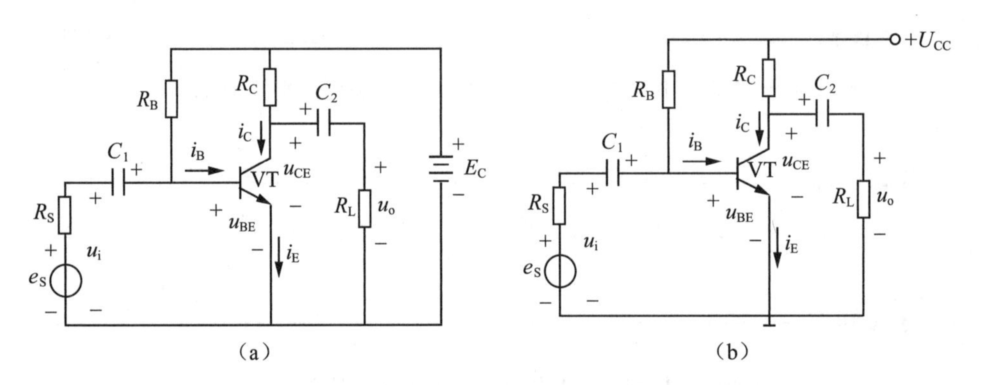


**图 4-31　单电源共发射极基本放大电路**

## 2.1.2　共射极放大电路的静态分析

放大电路的分析方法有静态分析和动态分析，所谓的静态就是指当放大电路没有输入信号时的工作状态。放大电路的质量与其静态值有很大关系，静态分析要解决的问题是确定放大电路的静态值，也就是直流值($I_B$、$I_C$、$U_{BE}$ 和 $U_{CE}$)，即静态工作点 $Q$。

### 1. 用放大电路的直流通路确定静态值

直流通路就是直流电流过的电路，画直流通路时，耦合电容 $C_1$ 和 $C_2$ 可看成断路。图 4-31(b)所示电路的直流通路为图 4-32 所示电路，由图 4-32 所示电路可得基极电流。

$$I_B=\frac{U_{CC}-U_{BE}}{R_B}\approx\frac{U_{CC}}{R_B} \tag{4-9}$$

式中，$U_{BE}$ 由于很小，且比 $U_{CC}$ 小得多，故可忽略不计。

由 $I_B$ 可得出静态时的集电极电流为

$$I_C=\bar{\beta}I_B+I_{CEO}\approx\bar{\beta}I_B\approx\beta I_B \tag{4-10}$$

并可得静态时的集－射极电压为

$$U_{CE}=U_{CC}-R_CI_C \tag{4-11}$$

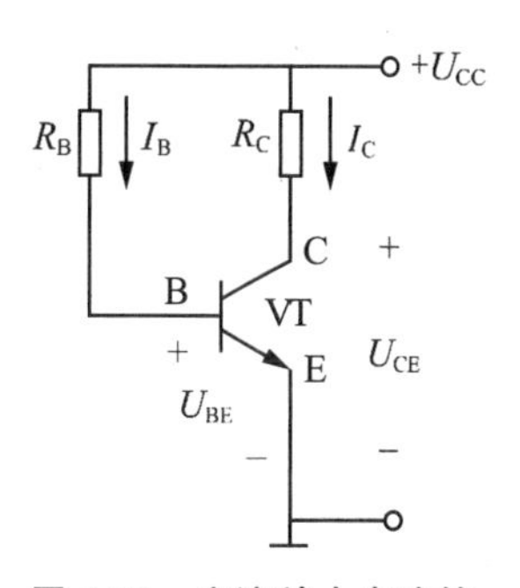

图 4-32　交流放大电路的直流通路

**[例 4-1]** 在图 4-31(b)所示电路中，已知 $U_{CC}=12V$，$R_C=4k\Omega$，$R_B=300k\Omega$，$R_L=4k\Omega$，$\beta=37.5$，试求放大电路的静态值。

**解**：根据图 4-32 所示电路的直流通路可得

$$I_B=\frac{U_{CC}-U_{BE}}{R_B}=\frac{12-0.7}{300\times10^3}\approx0.04\times10^{-3}(A)=40(\mu A)$$

$$I_C\approx\beta I_B=37.5\times40=1.5(mA)$$

$$U_{CE}=U_{CC}-R_CI_C=12-4\times10^3\times1.5\times10^{-3}=6(V)$$

2. 用图解法确定放大电路的静态值

我们用图解法不但可以确定放大电路的静态值，而且能直观地分析和了解静态值的变化对放大电路工作的影响。前面我们已经讲过，在图 4-32 所示电路的直流通路中，三极管与集电极负载电阻 $R_C$ 串联后接在电源 $U_{CC}$ 上，而且还列出关系式：$U_{CE}=U_{CC}-R_CI_C$，把此式变换为

$$I_C=-\frac{1}{R_C}U_{CE}+\frac{U_{CC}}{R_C} \tag{4-12}$$

这是一条直线方程，其斜率为 $\tan\alpha=-\frac{1}{R_C}$，在输出特性(此时 $I_C$ 和 $U_{CE}$ 之间的关系不是直线关系，而是曲线关系即为输出特性曲线)横轴上的截距为 $U_{CC}$，在输出特性纵轴上的截距为 $\frac{U_{CC}}{R_C}$，这条直线叫作直流负载线。而直流负载线与输出特性曲线($I_B$ 确定后)的交点 $Q$，叫作静态工作点。再由它来确定三极管放大电路的电流和电压的静态值，这就是用图解法确定放大电路的静态值的方法，若采用[例 4-1]中的参数，如图 4-33 所示。

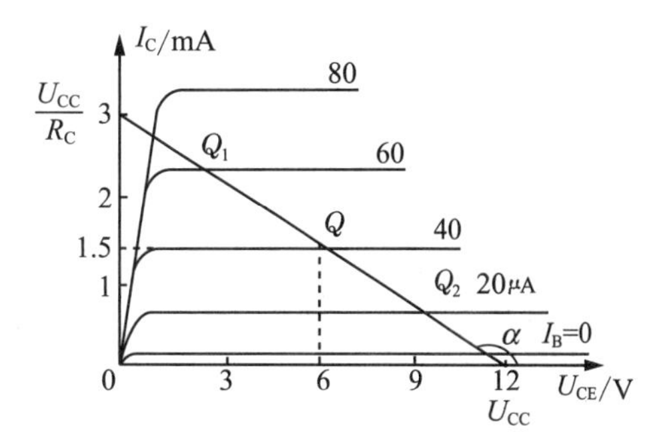

图 4-33　用图解法确定放大电路的静态工作点

由图 4-33 所示可得，基极电流 $I_B$ 的大小不同，静态工作点在负载线上的位置也就不同。所以，我们可以改变 $I_B$ 的大小来获得不同的静态工作点，即找到一个适应三极管不同工作状态要求的合适的静态工作点。所以 $I_B$ 很重要，我们把它称为偏置电流，产

生 $I_B$ 的电路称为偏置电路，相应 $R_B$ 称为偏置电阻，改变 $R_B$ 的阻值可调整 $I_B$ 的大小。

由以上分析可得，用图解法确定放大电路的静态值的步骤为：

(1)给出三极管的输出特性曲线组。

(2)作出直流负载线。

(3)根据直流通路求出偏置电流 $I_B$，并找出静态工作点 $Q$。

(4)再根据 $Q$ 点在坐标轴上的投影得出静态值。

## 2.1.3 共射极放大电路的动态分析

动态就是有输入信号时的工作状态，此时三极管的各个电流和电压不但含有直流分量，而且还有交流分量。动态分析是在静态值确定后分析信号的传输情况，考虑的只是电压和电流的交流分量，要解决的问题是放大电路的电压放大系数 $A_u$、输入电阻 $r_i$ 和输出电阻 $r_0$ 等。最常用的基本方法是微变等效电路法。微变等效电路法，就是当三极管放大电路的输入信号很小时，在工作点附近的小范围内用直线段来近似代替三极管的特性曲线，即把非线性元件三极管等效为一个线性元件，也就是把三极管放大电路等效为一个线性电路。

1. 三极管的微变等效电路

如何把三极管线性化，可从三极管共发射极电路的输入和输出特性两方面来讨论。图 4-5(a)所示为三极管的输入特性曲线，它是非线性的。但是，当输入信号很小时，在静态工作点 $Q$ 附近的曲线可认为是直线，当 $U_{CE}$ 为常数时，$\Delta U_{BE}$ 与 $\Delta I_B$ 之比可认为是常数，用 $r_{be}$ 表示，称它为三极管的输入电阻。这里需要说明的是在线性化条件下，小信号的微变量可以用电压和电流的交流分量来代替，即 $\Delta U_{BE}=u_{be}$，$\Delta I_B=i_b$，$\Delta U_{CE}=u_{ce}$，$\Delta I_C=i_c$。即

$$r_{be}=\frac{\Delta U_{BE}}{\Delta I_B}\bigg|_{U_{CE}=常数}=\frac{u_{be}}{i_b}\bigg|_{U_{CE}=常数} \tag{4-13}$$

在小信号情况下，若为低频小功率三极管，式中 $r_{be}$ 可用下式来估算

$$r_{be}\approx 300+(1+\beta)\frac{26(\text{mV})}{I_E(\text{mA})} \tag{4-14}$$

式中，$I_E$ 为发射极电流的静态值，$r_{be}$ 是一个对交流而言的动态电阻。因此，三极管的输入电阻可用 $r_{be}$ 来等效，如图 4-35 所示。

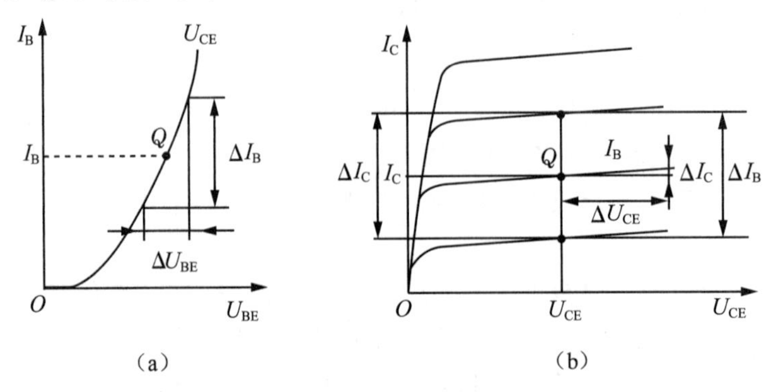


图 4-34　从三极管的特性曲线求 $r_{be}$、$\beta$ 和 $r_{ce}$

图 4-34(b)所示为三极管的输出特性曲线，在放大区是用一组近似等距离的平行直线来表示。当 $U_{CE}$ 为常数时，我们可认为 $\Delta I_C$ 与 $\Delta I_B$ 之比，也就是三极管的电流放大系数 $\beta$ 也为常数，可由它确定 $i_c$ 受 $i_b$ 控制关系，即

$$\beta=\left.\frac{\Delta I_C}{\Delta I_B}\right|_{U_{CE}=\text{常数}}=\left.\frac{i_c}{i_b}\right|_{U_{CE}=\text{常数}} \tag{4-15}$$

从上式可看出，$i_c$ 相当于一个受控恒流源。

另一方面，从图 4-34(b)中可看出，三极管的输出特性曲线不完全与横轴平行，当 $I_B$ 为常数时，我们把 $\Delta U_{CE}$ 与 $\Delta I_C$ 之比，叫作三极管的输出电阻，用 $r_{ce}$ 表示。即

$$r_{ce}=\left.\frac{\Delta U_{CE}}{\Delta I_C}\right|_{I_B=\text{常数}}=\left.\frac{u_{ce}}{i_c}\right|_{I_B=\text{常数}} \tag{4-16}$$

在小信号的条件下，$r_{ce}$ 也是一个常数。它相当于受控恒流源 $i_c$ 的内阻，由于它的阻值很大，所以在以后的微变等效电路可把它忽略不计。从上面分析可知，三极管的输出电路可用一个恒流源 $i_c$ 来近似等效。图 4-35 所示为三极管的微变等效电路。

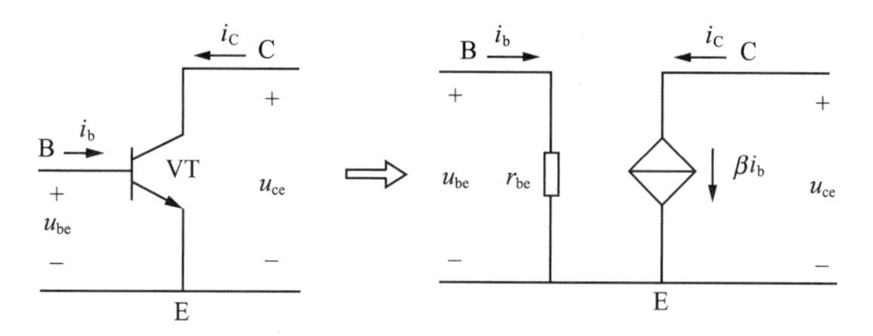


**图 4-35　三极管的等效电路**

2. 放大电路的微变等效电路

交流通路就是交流分量流过的电路，画交流通路时应注意两个问题：一个是耦合电容 $C_1$ 和 $C_2$ 可看成短路；再一个就是由于直流电源的内阻很小，可以忽略不计，所以直流电源可不画出，并可看成短路。图 4-36(a)所示电路就是图 4-31(b)所示电路的交流通路。再把交流通路中的三极管用它的等效电路代替就是微变等效电路，如图 4-36(b)所示。这里要注意的问题是，微变等效电路中的电压和电流都是交流分量，标出的方向也都是参考方向。

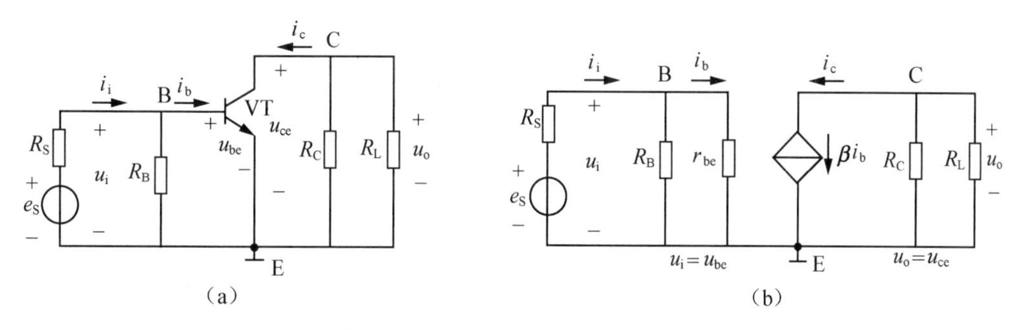


**图 4-36　交流通路及其微变等效电路**

3．电压放大倍数 $\dot{A}_u$、输入电阻 $r_i$ 和输出电阻 $r_0$

(1)若图 4-31(b)所示的交流放大电路的输入信号为正弦波，则它的微变等效电路中的电压和电流都可用相量来表示，于是我们可得如图 4-37 所示电路。

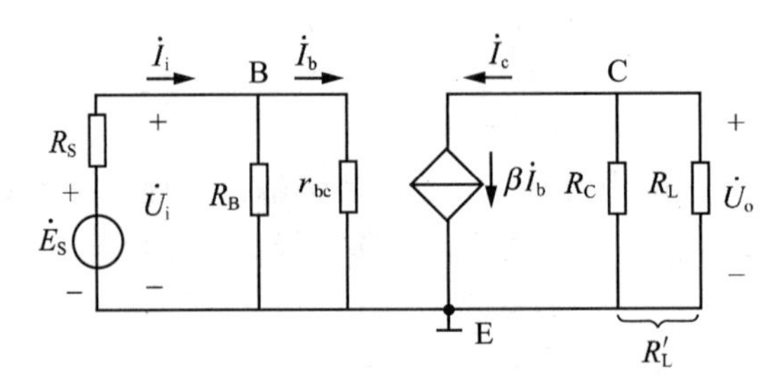


图 4-37　用相量表示的微变等效电路

从图 4-37 所示电路可得

$$\dot{U}_i = r_{be}\dot{I}_b，\quad \dot{U}_o = -R'_L\dot{I}_c = -\beta R'_L\dot{I}_b。$$

式中，$R'_L = R_C // R_L$，所以，放大电路的电压放大倍数为

$$\dot{A}_u = \frac{\dot{U}_o}{\dot{U}_i} = -\beta\frac{R'_L}{r_{be}} \tag{4-17}$$

式中，负号表示输出电压 $\dot{U}_o$ 与输入电压 $\dot{U}_i$ 的方向相反。当放大电路没接负载 $R_L$ 时，

$$\dot{A}_u = -\beta\frac{R_C}{r_{be}} \tag{4-18}$$

**[例 4-2]** 在图 4-31(b)所示电路中，参数与[例 4-1]中的参数相同，试求放大电路的电压放大倍数。

**解：** 在[例 4-1]中我们已求得 $I_C \approx I_E = 1.5\text{mA}$。

所以，$r_{be} \approx 300\Omega + (1 + 37.5) \times \frac{26}{1.5}\Omega \approx 0.967\text{k}\Omega$。

$$\dot{A}_u = -\beta\frac{R'_L}{r_{be}} = -50 \times 2 \div 0.967 \approx -103.4。$$

式中，$R'_L = R_C // R_L = 2\text{k}\Omega$。

(2)放大电路对信号源(或对前级放大电路)而言，是一个负载，可用一个电阻来等效代替，这个电阻称为放大电路的输入电阻，用 $r_i$ 表示，对交流而言它是一个动态电阻，即

$$r_i = \frac{\dot{U}_i}{\dot{I}_i} \tag{4-19}$$

以图 4-31(b)所示电路为例，其输入电阻可从它的微变等效电路(图 4-37 所示)求出，即

$$r_i = R_B // r_{be} \approx r_{be} \tag{4-20}$$

在实际电路中，通常希望放大电路的 $r_i$ 越大越好。

(3)放大电路对负载(或对后级放大电路)而言，相当于一个信号源，其内阻即为放

大电路的输出电阻，用 $r_o$ 表示，图 4-31(b)所示放大电路的输出电阻可在其信号源短路和输出端开路的情况下求得。从它的微变等效电路(图 4-37 所示)中可看出

$$r_o \approx R_C \tag{4-21}$$

4. 非线性失真

失真就是指输出信号的波形和输入信号的波形不一样。引起失真的原因很多，最基本的有两个：即静态工作点不合适和输入信号太大。放大电路的工作范围超出了三极管特性曲线的线性范围所产生的失真叫非线性失真。非线性失真通常分为截止失真和饱和失真两类。

(1)截止失真。如图 4-38(a)所示，由于静态工作点 $Q$ 的位置太低(靠近截止区)，若输入信号为正弦波，在它的负半周，三极管进入了截止区。此时，$i_B$、$u_{CE}$ 和 $i_C$ 都产生了严重的失真，$i_B$ 的负半周和 $u_{CE}$ 的正半周都被削去了一部分。由于这种失真是因为工作在三极管的截止区而引起的，所以称为截止失真。

(2)饱和失真。如图 4-38(b)所示，由于静态工作点 $Q$ 的位置太高(靠近饱和区)，若输入信号为正弦波，在它的正半周，三极管进入了饱和区。此时，$u_{CE}$ 和 $i_C$ 都产生了严重的失真，$i_C$ 的正半周和 $u_{CE}$ 的负半周都被削去了一部分。由于这种失真是因为工作在三极管的饱和区而引起的，所以称为饱和失真。

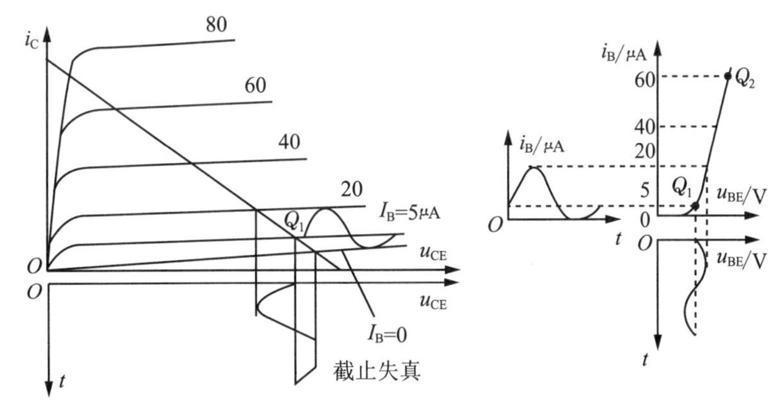


(a)截止失真

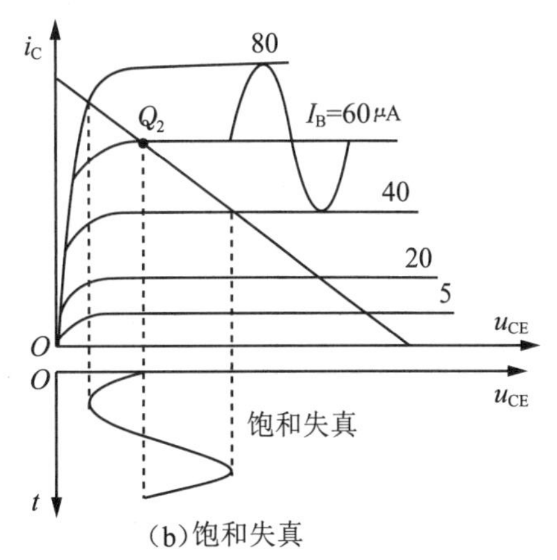


(b)饱和失真

**图 4-38　放大电路的非线性失真**

(3)如何减小非线性失真。从上述分析可知，要使电路不产生非线性失真，必须使放大电路有一个合适的静态工作点 $Q$，即 $Q$ 点应尽可能选在交流负载线的中点；再就是输入信号 $u_i$ 的幅值不能太大，否则放大电路的工作范围会超过特性曲线的线性范围。图解法的优点是直观、形象，便于对放大电路工作原理的理解，但不适应电路的定量计算，而且作图时比较麻烦，误差较大。

## 2.1.4 静态工作点的稳定放大电路

对于如图 4-31(b)所示的固定偏置电路来说，当外部因素(如温度变化、晶体管老化和电源电压波动等)发生变化时，将引起静态工作点的变动，严重时还会使放大电路不能正常工作，产生失真，其中影响最大的是温度的变化。

为了使静态工作点不受温度变化等的影响而固定不变，在图 4-31(b)所示的固定偏置电路的基础上增加两个电阻和一个电容，构成如图 4-39(a)所示的分压式偏置电路，当温度变化时，分压式偏置电路能使 $I_C$ 近似维持不变以使工作点稳定。图 4-39(b)所示电路为它的直流通路。

1. 工作点稳定的原理和条件

从图 4-39(b)所示的电路可得 $I_1=I_2+I_B$。 (4-22)

因为 $I_B$ 很小，它对于 $I_1$ 和 $I_2$ 来说可忽略不计，即 $I_2 \gg I_B$，所以 (4-23)

$$I_1 \approx I_2 \approx \frac{U_{CC}}{R_{B1}+R_{B2}} \tag{4-24}$$

其基极电位为

$$V_B \approx \frac{R_{B2}}{R_{B1}+R_{B2}} U_{CC} \tag{4-25}$$

因此，$V_B$ 与三极管的参数无关，不受温度变化的影响。从图 4-39(b)所示电路可得

$$U_{BE}=V_B-V_E=V_B-R_E I_E \tag{4-26}$$

因为 $U_{BE}$ 很小，它对于 $V_B$ 来说可忽略不计，即 $V_B \gg U_{BE}$，所以 (4-27)

$$I_C \approx I_E=\frac{V_B-U_{BE}}{R_E} \approx \frac{V_B}{R_E} \tag{4-28}$$

因此，$I_C$ 和 $V_B$ 一样，与三极管的参数无关，不受温度变化的影响。所以，只要满足式(4-23)和式(4-27)两个条件，$I_E$ 或 $I_C$ 和 $V_B$ 一样，与三极管的参数无关，不受温度变化的影响，从而使静态工作点基本稳定。

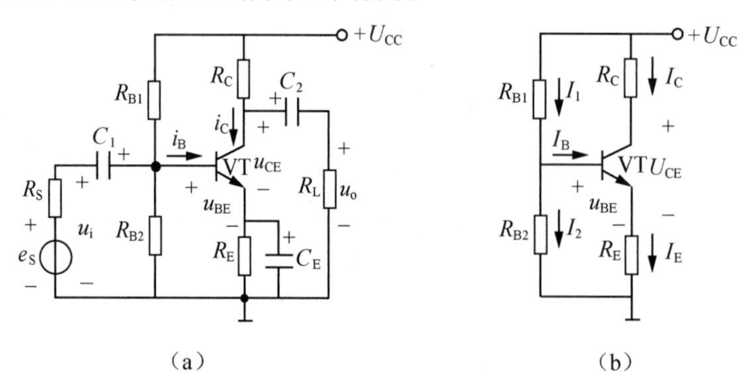


图 4-39 分压式偏置电路及其直流通路

一般情况下，对硅管而言，在估算时可取 $I_2=(5\sim10)I_B$，$V_B=(5\sim10)U_{BE}$。

分压式偏置电路工作点稳定的过程如下(仅考虑温度变化情况)。

温度升高 $\rightarrow I_C(I_E)\uparrow\rightarrow V_E\uparrow\rightarrow U_{BE}\downarrow\rightarrow I_B\downarrow$ —

$I_C(I_E)$ 不变 $\leftarrow I_C(I_E)\downarrow\leftarrow$

图 4-39(a)所示的分压式偏置电路中电容 $C_E$ 称为发射极电阻 $R_E$ 的交流旁路电容。对直流而言，它不起作用，电路通过 $R_E$ 的作用能使静态工作点稳定；对交流而言，它因与 $R_E$ 并联且可看成短路，所以 $R_E$ 不起作用，保持电路的电压放大倍数不会下降。$C_E$ 的容量一般为几十微法到几百微法。

2. 静态工作点 Q、电压放大倍数 $\dot{A}_u$、输入电阻 $r_i$ 和输出电阻 $r_o$ 的估算

从图 4-39(b)所示的直流通路可得，静态工作点 Q 的估算如下。

(1)$V_B\approx\dfrac{R_{B2}}{R_{B1}+R_{B2}}U_{CC}$；

(2)$I_C\approx I_E=\dfrac{V_B-U_{BE}}{R_E}\approx\dfrac{V_B}{R_E}$；

(3)$I_B=\dfrac{I_C}{\beta}$； (4-29)

(4)$U_{CE}\approx U_{CC}-(R_C+R_E)I_C$。 (4-30)

图 4-40 所示电路为图 4-39(a)所示电路的微变等效电路。从图 4-40 中可看出，电压放大倍数 $\dot{A}_u$、输入电阻 $r_i$ 与输出电阻 $r_o$ 和前面讲过的固定式偏置电路的基本一样。

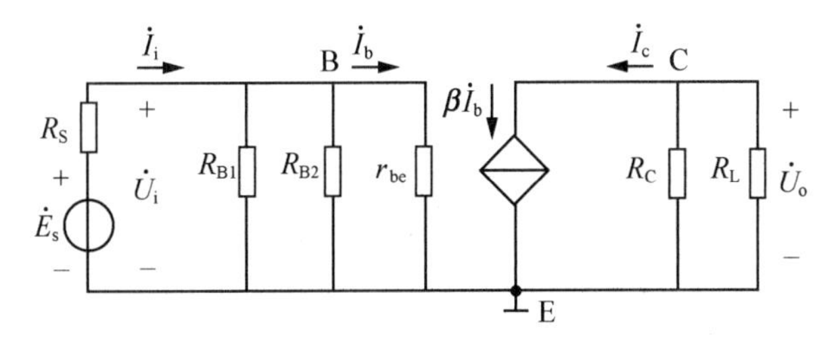


**图 4-40 分压式偏置电路的微变等效电路**

**[例 4-3]** 在图 4-39(a)所示电路中，已知 $U_{CC}=12V$，$R_C=2k\Omega$，$R_{B1}=20k\Omega$，$R_{B2}=10k\Omega$，$\beta=50$，$R_L=2\ k\Omega$，$R_E=2\ k\Omega$，$U_{BE}\approx0V$，试求放大电路的静态值、电压放大倍数 $\dot{A}_u$、输入电阻 $r_i$ 和输出电阻 $r_o$。

**解：** 根据前面学过的知识，我们可求得静态值如下。

$$V_B\approx\frac{R_{B2}}{R_{B1}+R_{B2}}U_{CC}=\frac{10}{20+10}\times12=4(V)$$

$$I_C\approx I_E=\frac{V_B-U_{BE}}{R_E}\approx\frac{V_B}{R_E}=\frac{4}{2}=2(mA)$$

$$I_B=\frac{I_C}{\beta}=\frac{2}{50}=40(\mu A)$$

$U_{CE} \approx U_{CC} - (R_C + R_E) I_C = 12 - (2+2) \times 2 = 4(\text{V})$。

从它的微变等效电路图 4-40 所示电路可得

$$r_{be} \approx 300 + (1+\beta) \frac{26(\text{mV})}{I_E(\text{mA})} = 300 + 51 \times \frac{26}{2} = 0.963(\text{k}\Omega)$$

$$\dot{A}_u = -\beta \frac{R'_L}{r_{be}} = -50 \times 1 \div 0.963 = -52$$

式中，$R'_L = R_C /\!/ R_L = 1\text{k}\Omega$。则

$$r_i = R_{B2} /\!/ R_{B1} /\!/ r_{be} \approx 963\Omega$$

$$r_o \approx R_C = 2\text{k}\Omega$$

### 2.1.5 共集电极放大电路

射极输出器的公共端为集电极，所以又称共集电极放大电路，电路如图 4-41 所示。

1. 静态分析

图 4-42 所示电路为图 4-41 所示的射极输出器的直流通路。由它的直流通路可得

$$I_B = \frac{U_{CC} - U_{BE}}{R_B + (1+\beta) R_E} \approx \frac{U_{CC}}{R_B + (1+\beta) R_E} \tag{4-31}$$

$$I_E = I_B + I_C = (1+\beta) I_B \tag{4-32}$$

$$U_{CE} = U_{CC} - R_E I_E \tag{4-33}$$

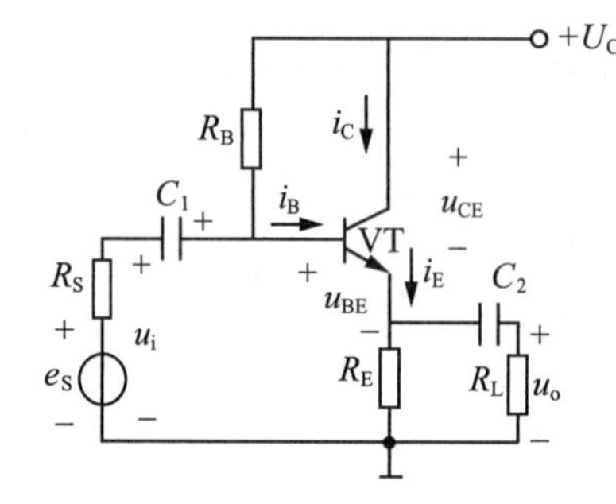


图 4-41 射极输出器

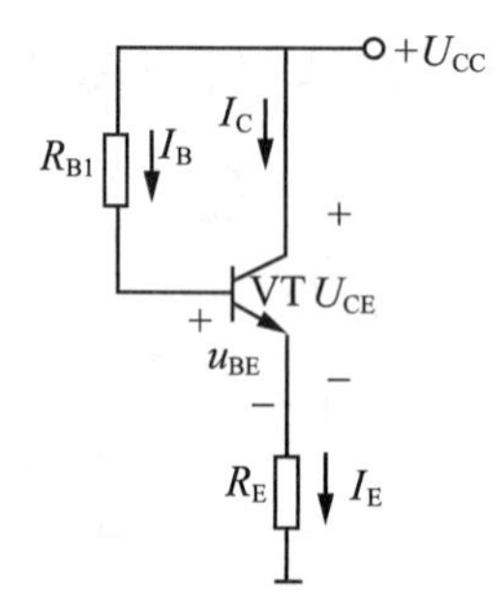


图 4-42 射极输出器的直流通路

2. 动态分析

图 4-43 所示电路为图 4-41 所示的射极输出器的微变等效电路图。由它的微变等效电路图可得下面几个参数。

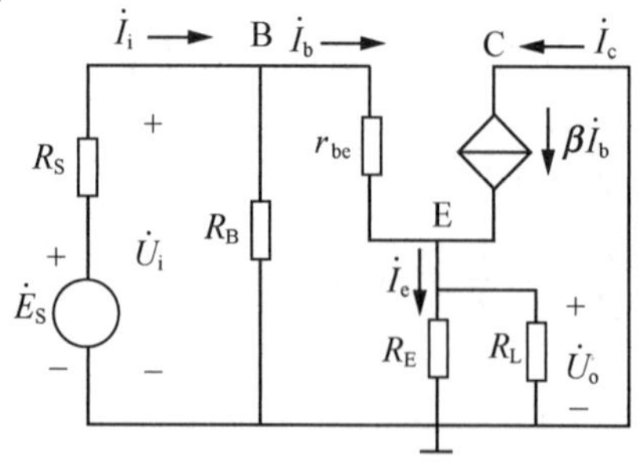


图 4-43 射极输出器的微变等效电路

(1)电压放大倍数。

$$\dot{U}_o = R'_L \dot{I}_e = (1+\beta) R'_L \dot{I}_b \qquad (R'_L = R_E \mathbin{/\!/} R_L)$$

$$\dot{U}_i = r_{be}\dot{I}_b + R'_L \dot{I}_e = r_{be}\dot{I}_b + (1+\beta) R'_L \dot{I}_b$$

$$\dot{A}_u = \frac{\dot{U}_o}{\dot{U}_i} = \frac{(1+\beta)R'_L\dot{I}_b}{r_{be}\dot{I}_b + (1+\beta)R'_L\dot{I}_b} = \frac{(1+\beta)R'_L}{r_{be}+(1+\beta)R'_L} \leqslant 1 \tag{4-34}$$

由上式可知，电压放大倍数略小于等于1，且输入电压和输出电压同相，具有跟随作用，所以射极输出器又称为射极跟随器。

(2)输入电阻。$r_i = R_B /\!/ [r_{be} + (1+\beta) R'_L]$ (4-35)

由上式可知，输入电阻 $r_i$ 很高。

(3)输出电阻。从图4-43所示电路可得

$$r_o \approx \frac{r_{be} + R'_S}{\beta} \tag{4-36}$$

式中，$R'_S = R_S /\!/ R_B$，由上式4-36可知，由于 $r_{be}$ 不大，$R_S$ 又很小，所以 $r_o$ 很小。

**[例4-4]** 在图4-41所示的电路中，若已知 $U_{CC}=12V$，$R_B=200k\Omega$，$\beta=50$，$R_L=2k\Omega$，$R_E=2k\Omega$，$U_{BE}\approx 0V$，$R_S=100\Omega$。试求放大电路的静态值、电压放大倍数 $\dot{A}_u$、输入电阻 $r_i$ 和输出电阻 $r_o$。

**解：** 根据图4-42所示的射极输出器的直流通路，我们可求得静态值如下。

$$I_B = \frac{U_{CC}-U_{BE}}{R_B+(1+\beta)R_E} \approx \frac{U_{CC}}{R_B+(1+\beta)R_E} = \frac{12}{200+(1+50)\times 2} \approx 0.04(mA) = 40\mu A$$

$$I_E = I_B + I_C = (1+\beta) I_B \approx 2mA$$

$$U_{CE} = U_{CC} - R_E I_E = 12 - 2\times 2 = 8(V)$$

根据图4-43所示的射极输出器的微变等效电路图，我们可求得

$$r_{be} \approx 300\Omega + (1+\beta)\frac{26mV}{I_E mA} = 300\Omega + 51\times\frac{26}{2}\Omega = 0.963k\Omega$$

$$\dot{A}_u = \frac{(1+\beta)R'_L}{r_{be}+(1+\beta)R'_L} = \frac{(1+50)\times 1}{0.963+(1+50)\times 1} \approx 0.98$$

$$r_i = R_B /\!/ [r_{be} + (1+\beta) R'_L] = 200 /\!/ [0.963 + (1+50)\times 1] \approx 41(k\Omega)$$

$$R'_S = R_S /\!/ R_B = 0.1 /\!/ 200 \approx 0.1(k\Omega)$$

$$r_o \approx \frac{r_{be} + R'_S}{\beta} \approx \frac{963+100}{50} \approx 21.26(\Omega)$$

射极输出器的应用主要有：因为它的输入电阻高，所以常作为多级放大器的输入级；又因为它的输出电阻低，所以常作为多级放大器的输出级；它的电压放大倍数略等于1、输入电阻高和输出电阻低，所以常作为多级放大器的中间级，在电路中起阻抗变换的作用。

# 任务 2.2　多极放大电路

## 任务内容

多极放大电路的耦合方式、分析方法和频率特性。

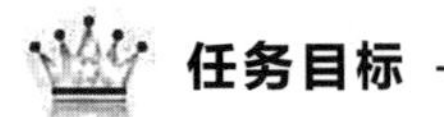

## 任务目标

使学生对多极放大电路有较熟的了解。

## 相关知识

### 2.2.1　多极放大电路的耦合方式

前面已经提过，放大电路的输入信号都很弱，一般为毫伏或微伏级，输入功率也很小，常在 1mW 以下，这样微弱的信号仅靠单级放大电路放大，其输出电压和功率是不能满足负载要求的。为了得到更大的放大倍数，常把若干个单级放大电路连接起来，组成多级放大电路，以满足负载对放大倍数和功率等方面的要求。

在多级放大电路中，级与级之间的连接方式称为耦合，耦合的方式有阻容耦合、直接耦合和变压器耦合三种方式。其中前两种应用较广，后一种应用很少。它们各自的优缺点如下所示。

1. 阻容耦合

前后级之间是通过耦合电容连接的，其特点是前后级的静态值互不影响，静态工作点可单独调整；但它只能放大交流信号，不适宜传送缓慢变化的信号和直流信号，主要在分立元件中应用较多，电路如图 4-44 所示。

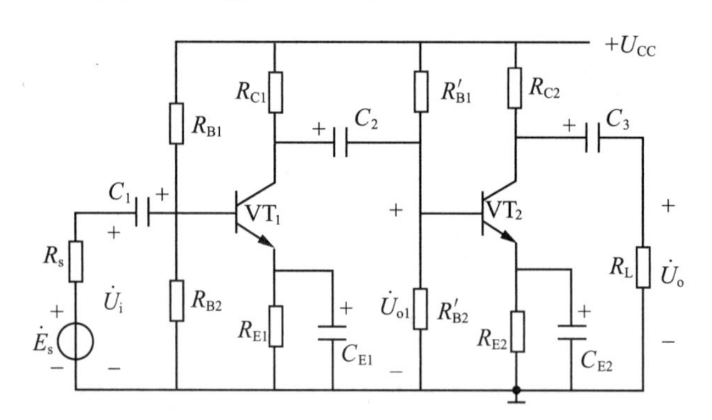


图 4-44　阻容耦合多级放大电路

2. 直接耦合

前后级之间是通过导线连接的，其特点不但能放大交流信号，还能传送缓慢变化的信号和直流信号；但前后级的静态值会互相影响，静态工作点不可单独调整，主要应用在集成电路中，电路如图 4-45 所示。

3. 变压器耦合

电路如图 4-46 所示，它的前后级之间是通过变压器连接的，其特点是前后级的静态值互不影响，静态工作点可单独调整，还能进行阻抗匹配和进行电流、电压变换；但它只能放大交流信号，不适宜传送缓慢变化的信号和直流信号，再就是体积大、质量大、价格高，所以应用较少。

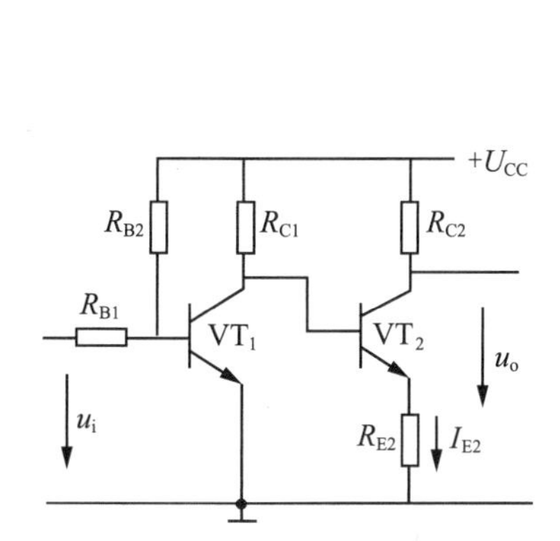


图 4-45　直接耦合多级放大电路

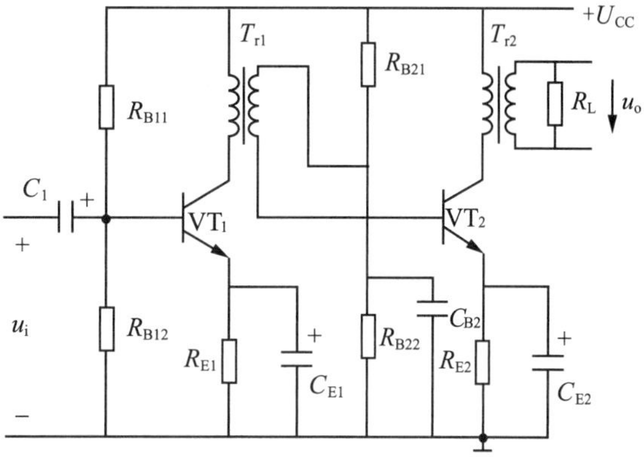

图 4-46　变压器耦合多级放大电路

## 2.2.2　多级放大电路的电压放大倍数、输入电阻和输出电阻

1. 电压放大倍数 $\dot{A}_u$ 的计算

对于 $n$ 级电压放大电路，不论它为何种耦合方式和何种组合电路，其前级的输出信号 $\dot{U}_{o(n-1)}$ 即为后级的输入信号 $\dot{U}_{in}$；而后级的输入电阻 $r_{in}$ 即为前级的负载电阻 $R_{L(n-1)}$，所以有下列关系，即

$$\dot{U}_{o(n-1)}=\dot{U}_{in},\quad r_{in}=R_{L(n-1)}$$

总电压放大倍数

$$\dot{A}_u=\frac{\dot{U}_o}{\dot{U}_i}=\frac{\dot{U}_{o1}}{\dot{U}_i}\times\frac{\dot{U}_{o2}}{\dot{U}_{i2}}\cdots\frac{\dot{U}_o}{\dot{U}_{in}}=\dot{A}_{u1}\cdot\dot{A}_{u2}\cdots\dot{A}_{um}\tag{4-37}$$

2. 总输入电阻 $r_i$ 的计算

多级放大电路的输入电阻等于第一级放大电路的输入电阻，即 $r_i=r_{i1}$。

3. 总输出电阻 $r_o$ 的计算

多级放大电路的输出电阻等于最后一级放大电路的输出电阻，即 $r_o=r_{on}$。

**[例 4-5]** 在图 4-44 所示阻容耦合多级放大电路中，已知 $U_{CC}=12V$，$R_{C1}=2k\Omega$，$R_{C2}=2k\Omega$，$R_{B1}=30k\Omega$，$R_{B2}=15k\Omega$，$R'_{B1}=30k\Omega$，$R'_{B2}=10k\Omega$，$\beta_1=\beta_2=50$，$R_L=2k\Omega$，$R_{E1}=2k\Omega$，$R_{E2}=2k\Omega$，$U_{BE}\approx 0V$，试求各级放大电路的(1)静态值，(2)电压放

大倍数 $\dot{A}_u$，(3)输入电阻 $r_i$ 和输出电阻 $r_o$。

**解：** 根据前面学过的知识，我们可求得以下各参数。

(1)各级静态值。

第一级 $V_{B1}\approx\dfrac{R_{B2}}{R_{B1}+R_{B2}}U_{CC}=\dfrac{15}{30+15}\times12=4(\text{V})$

$$I_{C1}\approx I_{E1}\approx\frac{V_{B1}}{R_{E1}}=\frac{4}{2}=2(\text{mA}),\ I_{B1}=\frac{I_{C1}}{\beta_1}=\frac{2}{50}=0.04(\text{mA})=40\mu\text{A}$$

$$U_{CE1}\approx U_{CC}-(R_{C1}+R_{E1})I_{C1}=12-(2+2)\times2=4(\text{V})$$

第二级 $V_{B2}\approx\dfrac{R'_{B2}}{R'_{B1}+R'_{B2}}U_{CC}=\dfrac{10}{30+10}\times12=3(\text{V})$

$$I_{C2}\approx I_{E2}\approx\frac{V_{B2}}{R_{E2}}=\frac{3}{2}=1.5(\text{mA}),\ I_{B2}=\frac{I_{C2}}{\beta_2}=\frac{1.5}{50}=0.03(\text{mA})=30\mu\text{A}$$

$$U_{CE2}\approx U_{CC}-(R_{C2}+R_{E2})I_{C2}=12-(2+2)\times1.5=6(\text{V})$$

(2)电压放大倍数 $\dot{A}_u$。

多级放大电路的微变等效电路图相当于各级放大电路的微变等效电路图的合成，如图 4-47 所示。

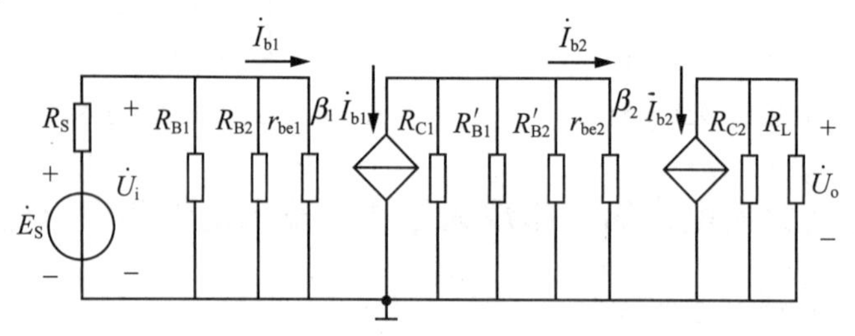


图 4-47　例 4-5 图 4-44 所示的多级放大电路的微变等效电路图

三极管 $VT_1$ 的输入电阻为

$$r_{be1}=300+(1+\beta_1)\frac{26}{I_{E1}}=300+(1+50)\times\frac{26}{2}=0.963(\text{k}\Omega)。$$

三极管 $VT_2$ 的输入电阻为

$$r_{be2}=300+(1+\beta_2)\frac{26}{I_{E2}}=300+(1+50)\times\frac{26}{1.5}=1.184(\text{k}\Omega)。$$

第二级的输入电阻为 $r_{i2}=R'_{B1}/\!/R'_{B2}/\!/r_{be2}\approx1.02\text{k}\Omega$。

第一级负载电阻为 $R'_{L1}=R_{C1}/\!/r_{i2}\approx0.667\Omega$。

第二级负载电阻为 $R'_{L2}=R_{C2}/\!/R_L=1\text{k}\Omega$。

第一级电压放大倍数为 $\dot{A}_{u1}=-\beta_1\dfrac{R'_{L1}}{r_{be1}}\approx-34.6$。

第二级电压放大倍数为 $\dot{A}_{u2}=-\beta_2\dfrac{R'_{L2}}{r_{be2}}\approx-42.2$。

所以，总的电压放大倍数为 $\dot{A}_u=\dot{A}_{u1}\cdot\dot{A}_{u2}=(-34.6)\times(-42.2)\approx1460.1$。

$\dot{A}_u$ 为一个正实数，这说明输入电压 $\dot{U}_i$ 经过两级放大后，输出电压 $\dot{U}_o$ 和它同相。

(3)输入电阻：$r_i = r_{i1} = R_{B1} // R_{B2} // r_{be1} \approx 0.88\text{k}\Omega$，输出电阻：$r_o = r_{on} = R_{C2} = 2\text{k}\Omega$。

## 2.2.3 多级放大电路的频率特性

1. 单级放大电路的频率特性

以前讨论放大电路的放大倍数时，其输入信号均为单一频率的正弦信号。实际上，放大电路的输入信号往往是非正弦量，都含有基波和各种频率的谐波分量。又由于在放大电路中，含有各种不同容量的电容元件(如耦合电容、旁路电容、三极管的结电容及连线分布电容)，它们对不同频率的信号所呈现的容抗值是不相同的。所以，放大电路对不同频率的信号在幅度和相位上的放大效果是不完全一样的，把造成输出信号的幅度失真叫幅频失真，造成输出信号的相位失真叫相频失真，二者统称为频率失真。

所谓频率特性，就是指放大电路的放大倍数的幅值和幅角与频率的关系，其中放大倍数幅值 $|\dot{A}_u|$ 与频率 $f$ 的关系叫幅频特性；放大倍数幅角 $\varphi_A$(输出电压与输入电压之间的相位差)与频率 $f$ 的关系叫相频特性。图 4-48(a)(b)分别为单级共发射极放大电路的幅频特性图和相频特性图。在工业电子技术中最常用的是低频放大电路，其频率范围为 20～10000Hz。但在分析放大电路的频率特性时，我们一般再将低频范围分为低、中、高三个频段，如图 4-48(a)所示。

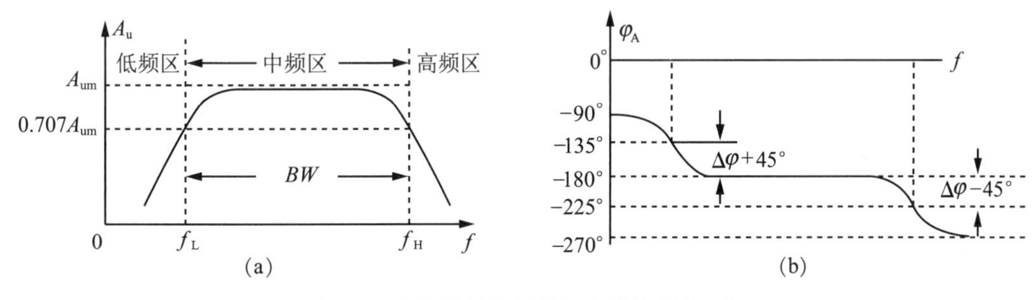


**图 4-48 单级共发射极放大电路的频率特性**

(1)中频区。由于耦合电容和发射极旁路电容的容量较大，故对中频段信号来讲它们的容抗很小，可看成短路。所以，在中频段，可认为电容不影响交流信号的传送，放大电路的放大倍数与信号频率无关。

(2)低频区。虽然耦合电容和发射极旁路电容的容量较大，但由于低频段信号频率较低，耦合电容的容抗较大，其分压作用不能忽略，故放大倍数要下降；对旁路电容来讲，其容抗也很大，信号在其上也有压降，不能忽略。所以，在低频段，放大电路的放大倍数将随着信号频率的降低而下降。

(3)高频区。由于耦合电容和发射极旁路电容的容量较大，再加上高频段信号频率很高，所以，其容抗更小，可看成短路；但此时存在三极管的极间电容和连线分布电容，它们等效到输入端和输出端的电容若用 $C_i$ 和 $C_0$ 表示，$C_0$ 对高频段信号的容抗将减小，不能看成开路，$C_0$ 与输出端的电阻并联后，可使总输出阻抗减小，因而使输出电压减小，所以，电压放大倍数将降低。再就是在高频段，载流子从发射区到集电区

需要一定的时间，若频率很高，在正半周时载流子尚未全部到达集电区时，输入信号就已改变了极性，这就使集电极电流的变化幅度下降，因而 $\beta$ 值降低，即电压放大倍数将下降。所以，在高频段，放大电路的放大倍数将随着信号频率的升高而下降。

一般规定，当放大电路的电压放大倍数下降到中频放大倍数 $A_{um}$ 的 0.707 倍时，其所对应的频率 $f_L$ 和 $f_H$ 分别称为放大电路的下限截止频率和上限截止频率。而且还规定 $f_H$ 和 $f_L$ 之间的频率范围称为放大电路的通频带，简称频带，用 $BW$ 表示，即 $BW=f_H-f_L$，如图 4-48(a)所示。

通频带 $BW$ 是表示放大电路频率特性的一个重要指标，它表明了放大电路对不同频率输入信号的响应能力。对通频带的要求，要视放大电路的用途、信号的特点及允许的失真度来确定，一般而言，希望放大电路的通频带尽可能宽一些。

2. 阻容耦合多级放大电路的频率特性

对于多级阻容耦合放大电路频率特性的分析，可先作出单级放大电路的频率特性，然后综合其各级放大电路的频率特性，即可得到多级放大电路的频率特性。虽然多级放大电路的电压放大倍数增加了，但它的通频带却变窄了，而且比组成它的任何一级单个放大电路的通频带都要窄，其幅频特性如图 4-49 所示。

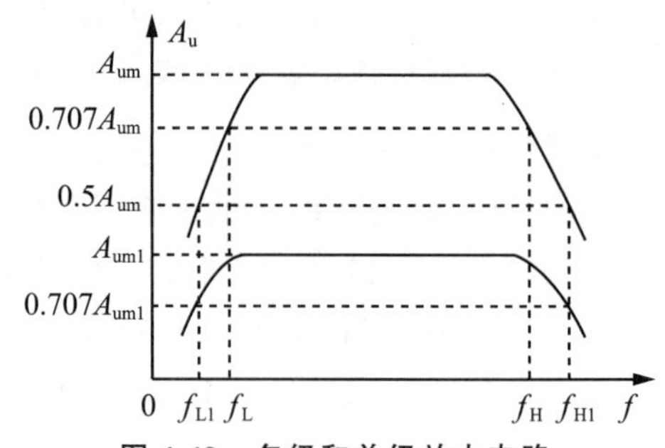


图 4-49　多级和单级放大电路频率特性的比较

## 任务 2.3　负反馈放大电路

负反馈放大电路

### 任务内容

反馈的基本概念、分类和极性判定及负反馈的作用。

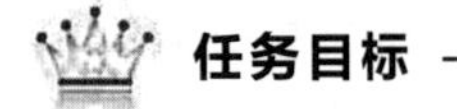

### 任务目标

使学生对负反馈放大电路有较熟的了解。

### 相关知识

#### 2.3.1　反馈的基本概念

反馈，就是在放大电路中，将放大电路输出信号(电压或电流)的一部分或全部通过某种电路返送到输入端的现象叫反馈。反向传输信号的电路称为反馈电路或反馈网络，它是把输入回路和输出回路联系起来的环节。带有反馈网络的放大电路称为反馈放大电路。根据反馈的定义，我们可以作出反馈放大电路的方框图，如图 4-50 所示。

图中 $\dot{A}$ 表示放大电路的放大倍数，可以是单级放大电路，也可以是多级或集成电路(关于集成电路后面会详细讲)构成，$\dot{F}$ 表示反馈电路的反馈系数，$\dot{X}$ 表示信号(可以是电压或电流)，$\dot{X}_i$ 表示输入信号，$\dot{X}_o$ 表示输出信号，$\dot{X}_f$ 表示反馈信号，$\dot{X}_d$ 表示基本放大电路的净输入信号，⊗表示反馈信号 $\dot{X}_f$ 与输入信号 $\dot{X}_i$ 的比较环节。

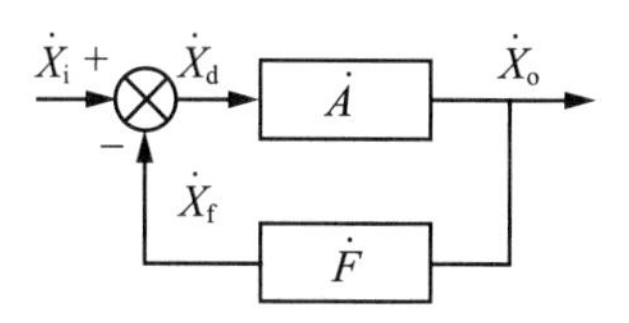


**图 4-50 反馈电路的方框图**

## 2.3.2 反馈类型和极性判定

根据反馈的性质不同，反馈可分为以下几种类型。

1. 正反馈和负反馈

(1)正反馈。反馈信号使净输入信号增加，以使电路的输出信号增加的反馈叫正反馈。

(2)负反馈。反馈信号使净输入信号减小，以使电路的输出信号减小的反馈叫负反馈。

正、负反馈的判别，我们通常采用“瞬时极性法”，即先假定输入信号处于某一瞬时极性(在电路中用符号⊕⊖来表示瞬时极性的正、负，分别代表该点的瞬时信号的变化为升高和下降)然后逐级推出电路其他各有关点的瞬时极性，最后判断反馈到输入端信号的瞬时极性是增强还是削弱了原来的信号。若是增强了原来的信号，则为正反馈；若是减弱了原来的信号，则为负反馈。

[**例 4-6**] 如图 4-51 所示电路中的反馈，试判断其为正反馈还是负反馈。

**解：** 对如图 4-51(a)所示电路来说，假设在 $VT_1$ 的基极有一个瞬时极性对地为正的信号，则可得 $VT_2$ 的基极有一个瞬时极性对地为负的信号，所以，$VT_2$ 发射极电压瞬时极性为负，使通过反馈元件 $R_f$ 的反馈电流增大，流入 $VT_1$ 基极的电流将减小，即反馈信号削弱了 $VT_1$ 原来的输入信号，所以为负反馈。

对如图 4-51(b)所示电路来说，假设在 $VT_1$ 的基极有一个瞬时极性对地为正的信号，则可得 $VT_2$ 发射极反馈到 $VT_1$ 发射极的电压瞬时极性为负，$VT_1$ 发射极的电位将下降，$VT_1$ 发射结的净输入信号将增加，即反馈信号增强了 $VT_1$ 原来的输入信号，所以为正反馈。

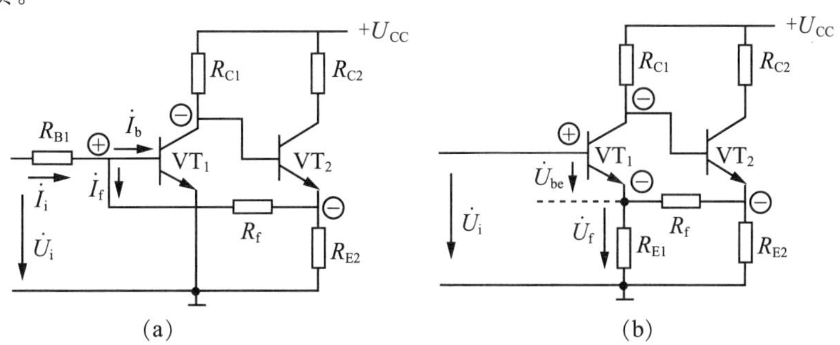


**图 4-51 瞬时极性法判断正、负反馈的实例图**

2. 直流反馈和交流反馈

(1)直流反馈。如果反馈信号中只有直流分量，没有交流分量，则为直流反馈。

(2)交流反馈。如果反馈信号中只有交流分量，没有直流分量，则为交流反馈。

3. 电压反馈和电流反馈

(1)电压反馈。如果反馈信号是取自输出电压，则为电压反馈，电路方框图如图 4-52(a)所示。

(2)电流反馈。如果反馈信号是取自输出电流，则为电流反馈，电路方框图如图 4-52(b)所示。

判别的方法是：假设把输出端短路，若反馈信号消失，则属于电压反馈；若反馈信号还存在，则属于电流反馈。

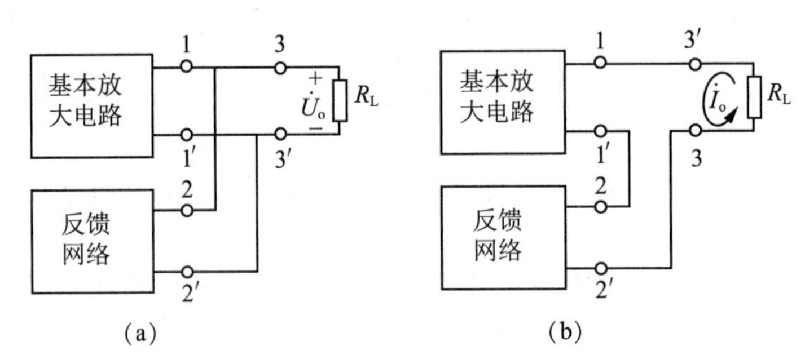


图 4-52 电压反馈和电流反馈的方框图

4. 串联反馈和并联反馈

(1)串联反馈。如果放大器的净输入信号 $\dot{X}_d$ 是由输入信号 $\dot{X}_i$ 和反馈信号 $\dot{X}_f$ 串联而成的，则为串联反馈，此时反馈信号总是以电压的形式出现在输入回路。电路方框图如图 4-53(a)所示，此时，$\dot{U}_d=\dot{U}_i-\dot{U}_f$。

(2)并联反馈。如果放大器的净输入信号 $\dot{X}_d$ 是由输入信号 $\dot{X}_i$ 和反馈信号 $\dot{X}_f$ 并联而成的，则为并联反馈，此时反馈信号总是以电流的形式出现在输入回路。电路方框图如图 4-53(b)所示，此时，$\dot{I}_d=\dot{I}_i-\dot{I}_f$。

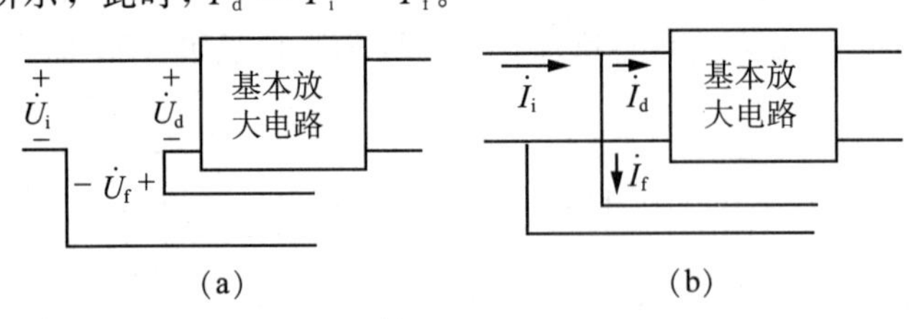


图 4-53 串联反馈和并联反馈的方框图

判别的方法是：假设把反馈网络输出端短路($\dot{I}_f=0$ 或 $\dot{U}_f=0$)，由图 4-53 可知，对于并联反馈，因输入信号同时也被短路而不能进入放大电路，但串联反馈输入信号没有被短路仍可进入放大电路。所以把反馈网络输出端短路，根据原输入信号能否进入放大电路就可判定是串联反馈还是并联反馈。

一般情况下，若反馈网络输出端接到放大电路三极管的基极则为并联反馈，若反馈网络输出端接到放大电路三极管的发射极则为串联反馈。

5. 负反馈放大器的四种基本类型

由上述讨论可知，根据反馈信号和输入信号及输出信号之间的关系，可把负反馈电路分成四种基本类型，即电压串联负反馈；电压并联负反馈；电流串联负反馈；电流并联负反馈。它们的电路方框图分别如图 4-54(a)(b)(c)(d)所示。

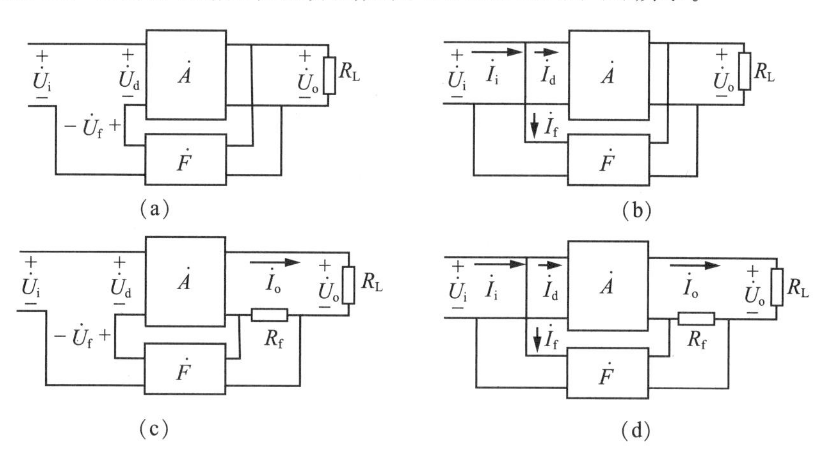


**图 4-54　负反馈放大器四种基本类型的方框图**

### 2.3.3　负反馈对放大器性能的影响

1. 降低放大倍数，提高放大稳定性

从如图 4-50 所示的反馈放大电路方框图可得，

开环放大倍数(无反馈时的放大倍数)：$\dot{A} = \dot{X}_o / \dot{X}_d$；　(4-38)

闭环放大电路(有反馈时)反馈系数：$\dot{F} = \dot{X}_f / \dot{X}_o$；　(4-39)

闭环放大倍数(有反馈时的放大倍数)：$\dot{A}_f = \dot{X}_o / \dot{X}_i$，　(4-40)

即闭环放大倍数可表示为

$$\dot{A}_f = \frac{\dot{X}_o}{\dot{X}_d + \dot{X}_f} = \frac{\dot{X}_o}{\dot{X}_d + \dot{A}\dot{F}\dot{X}_d} = \frac{\dot{X}_o}{\dot{X}_d} \cdot \frac{1}{1+\dot{A}\dot{F}} = \frac{\dot{A}}{1+\dot{A}\dot{F}} \tag{4-41}$$

由式 4-38 和式 4-39 可得 $\dot{A}\dot{F} = \dot{X}_f / \dot{X}_d$。　(4-42)

式中，$\dot{X}_f$ 和 $\dot{X}_d$ 因同为电压或电流，并且是同相，所以 $\dot{A}\dot{F}$ 为正实数。由此可见，$|\dot{A}_f| < |\dot{A}|$，即引入负反馈后，放大倍数将下降。我们把 $|1+\dot{A}\dot{F}|$ 称为反馈深度，其值越大，负反馈作用越强，$\dot{A}_f$ 也就越小。

若负反馈深度越深，即 $|1+\dot{A}\dot{F}| \gg 1$ 时，则 $\dot{A}_f \approx \frac{1}{\dot{F}}$。　(4-43)

从上式可看出，在深度负反馈的情况下，闭环放大倍数仅与反馈电路的参数有关(如电阻和电容等)，而它们基本上不受外界因素变化的影响。这时放大电路的工作(放大倍数)非常稳定。

2. 减小非线性失真

如图 4-55(a)所示为无反馈时放大电路的方框图，设其输入信号 $\dot{X}_i$ 为正弦波，由于非线性失真，输出信号 $\dot{X}_o$ 为一个上半波大，下半波小的失真波形，在电路引入负反馈后，由于反馈信号 $\dot{X}_f$ 与输出信号 $\dot{X}_o$ 成正比，所以，反馈信号 $\dot{X}_f$ 也是一个上半波大，下半波小的波形，这个波形 $\dot{X}_f$ 与输入信号 $\dot{X}_i$ 比较后得到的净输入信号 $\dot{X}_d$ 为上半波小，下半波大的波形，这个波形 $\dot{X}_d$ 经过放大电路放大后，可使输出信号 $\dot{X}_o$ 的失真得到一定程度的补偿，即从本质上说，负反馈是利用失真了的波形来改善波形的失真，所以只能减小失真，而不能完全消除失真，如图 4-55(b)所示。

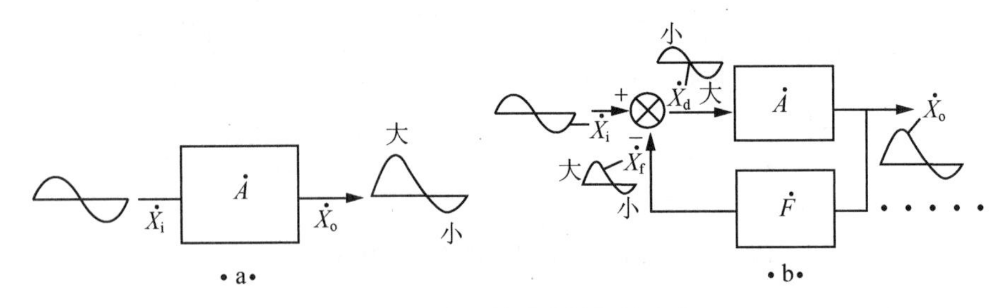


图 4-55　负反馈减小非线性失真

3. 展宽放大电路的通频带

放大电路引入负反馈后，放大倍数将下降，但在低频区、中频区和高频区下降的程度是不同的。在中频区内，放大电路的放大倍数较大，因此放大倍数下降较多；而在低频区和高频区内，放大电路的放大倍数较小，因此放大倍数下降较少。所以，放大电路的幅频特性变得平坦，使上限频率移至 $f_{Hf}$，下限频率移至 $f_{Lf}$，如图 4-56 所示，结果通频带变宽，即

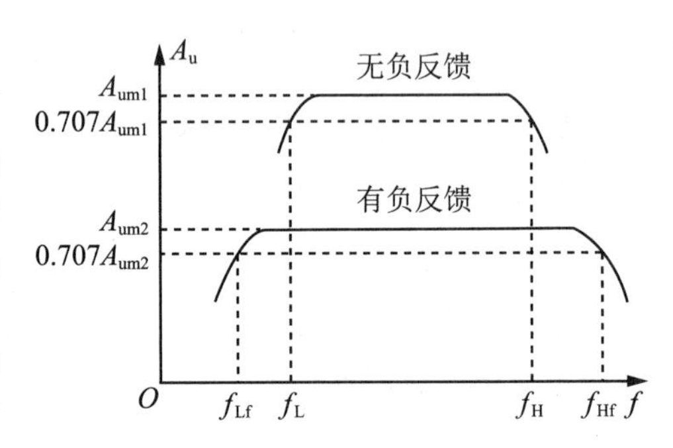


图 4-56　负反馈展宽放大电路的通频带

$$(f_{Hf}-f_{Lf})>(f_H-f_L)$$

4. 减小放大电路的内部噪声和内部干扰

对于放大电路内部产生的噪声，在无负反馈时，它可同有用信号一道从输出端输出，严重影响了放大电路的工作质量。若引入负反馈后，有用信号电压、噪声和干扰信号将同时减小，而有用信号减小后，可通过增大输入信号进行弥补，但噪声和干扰信号不会再增大，从而提高了信噪比。所谓信噪比就是有用信号和无用信号(包括噪声和干扰信号)的比。但对于放大电路的外部噪声和干扰信号，负反馈是无能为力的。

5. 对放大电路输入电阻和输出电阻的影响

对于串联负反馈来说，由于负反馈使净输入电压减小，而净输入电流不变，所以输入电阻变大，此时信号源的内阻 $R_S$ 越小，反馈效果越明显；对于并联负反馈来说，由于负反馈使净输入电流减小，而净输入电压不变，所以输入电阻变小，此时信号源的内阻 $R_S$ 不能为零，且信号源的内阻较大时，反馈效果越明显。

由于电压负反馈具有稳定输出电压的作用，即恒压输出的特性，而恒压源内阻很低，故放大电路的输出电阻很低；由于电流负反馈具有稳定输出电流的作用，即恒流输出的特性，而恒流源内阻很高，故放大电路(不含 $R_C$)的输出电阻很高。但与 $R_C$ 并联后，近似等于 $R_C$。

互补对称功率
放大电路

## 任务 2.4　互补对称功率放大电路

### 任务内容

功率放大电路的基本要求、工作原理和分析方法。

### 任务目标

使学生熟练掌握功率放大电路的工作原理和分析方法及应用。

### 相关知识

在多级放大电路中，一般末级或末前级都是功率放大电路，以将前置电压放大级送来的低频信号进行功率放大，去推动负载工作。例如，使电动机旋转，使仪表指针偏转，使继电器动作，使扬声器发声等。电压放大电路和功率放大电路都是利用三极管的放大作用将信号放大，但不同的是，电压放大电路的输入信号较小，目的是在不失真的前提下输出足够大的电压，讨论的主要问题是放大倍数、输入电阻和输出电阻等问题；功率放大电路的输入信号较大，目的是在不失真或少量失真的前提下输出足够大的功率，讨论的主要问题是失真、效率和输出功率等问题。

### 2.4.1　功率放大电路的基本要求和三种工作状态

1. 对功率放大电路的基本要求

(1)在不失真或少量失真的前提下输出尽可能大的功率。为了获得较大的输出功率，往往让功率管工作在极限状态，这时要考虑到功率管的极限参数 $P_{CM}$、$I_{CM}$、$U_{(BR)CEO}$ 和散热问题；同时，由于输入信号较大，功率放大电路工作的动态范围也大，所以也要考虑到失真问题。

(2)尽可能提高放大电路的效率。所谓效率就是指负载得到的交流信号的功率与电源供给的直流功率之比值。由于输出功率较大，效率问题尤为突出，效率不高，不仅造成能量的浪费，而且消耗在放大电路内部的电能将转换成热能，使三极管等电子元件温度升高，造成电路本身的不稳定。所以，提高效率是功率放大电路的首要问题。

2. 放大电路的三种工作状态

放大电路的三种工作状态是甲类、甲乙类和乙类，如图 4-57 所示。

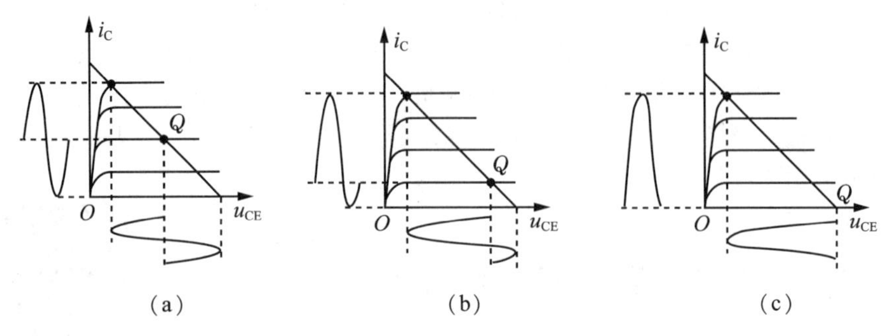


**图 4-57　放大电路的三种工作状态**

在图 4-57(a)中，静态工作点 $Q$ 大致落在交流负载线的中点，这种情况叫作甲类工作状态。此时，不论有无输入信号，电源供给的功率 $P_E=U_{CC}I_C$ 总是不变的。当无输入信号时，电源功率全部消耗在功率管和电阻上，且以功率管的集电极损耗为主；当有输入信号时，电源功率的一部分转换为有用的输出功率 $P_o$，输出信号越大，输出功率也越大。在理想情况下，甲类功率放大电路的最高效率也只能达到 50%。

若要提高效率，则需从两方面着手：一是增大放大电路的动态范围来增加输出功率提高效率；二是减小电路静态时所消耗的功率来提高效率。前者对功率管的要求更高，成本也增加，一般不采用。而后者要在 $U_{CC}$ 一定的条件下使静态电流 $I_C$ 减小，即静态工作点 $Q$ 沿负载线下移，如图 4-57(b)所示，这种状态称为甲乙类工作状态。

若将静态工作点 $Q$ 下移到 $I_C\approx0$ 处，则功率管的管耗更小，如图 4-57(c)所示，这时的工作状态称为乙类工作状态。在甲乙类和乙类状态下工作时，电源供给的功率为 $P_E=U_{CC}I_{C(AV)}$，式中 $I_{C(AV)}$ 为集电极电流 $i_C$ 的平均值，而在甲类状态下工作时，集电极电流的静态值即为它的平均值，所以减小了电路静态时所消耗的功率，提高了效率。但此时将产生严重的失真。为了解决上述问题，下面介绍工作于甲乙类或乙类状态的互补对称放大电路，此电路既能提高效率，又能减小信号波形的失真。

## 2.4.2　互补对称功率放大电路

1. 无输出变压器(OTL)的互补对称功率放大电路

如图 4-58(a)所示为无输出变压器(OTL)的单电源互补对称放大电路的原理图，$VT_1$ 和 $VT_2$ 是两个不同类型的三极管，它们的特性基本上相同。在静态时，$A$ 点的电位为$\frac{1}{2}U_{CC}$，输出耦合电容 $C_L$ 上的电压为 $A$ 点和“地”之间的电位差，也等于$\frac{1}{2}U_{CC}$。此时输入端的直流电位也调至$\frac{1}{2}U_{CC}$，所以 $VT_1$ 和 $VT_2$ 均工作于乙类，处于截止状态。

当有信号输入时，对交流信号而言，输出耦合电容 $C_L$ 的容抗及电源内阻均很小，可忽略不计，它的交流通路如图 4-58(b)所示。在输入信号 $u_i$ 的正半周，$VT_1$ 和 $VT_2$ 的基极电位均大于$\frac{1}{2}U_{CC}$，$VT_1$ 的发射结处于正向偏置，$VT_2$ 的发射结处于反向偏置，故 $VT_1$ 导通，$VT_2$ 截止，流过负载 $R_L$ 的电流等于 $VT_1$ 集电极电流 $i_{c1}$，如图 4-58(b)中实线所示。同理，在输入信号 $u_i$ 的负半周，$VT_1$ 截止，$VT_2$ 导通，流过负载 $R_L$ 的电流等于 $VT_2$ 集电极电流 $i_{c2}$，如图 4-58(b)中虚线所示。

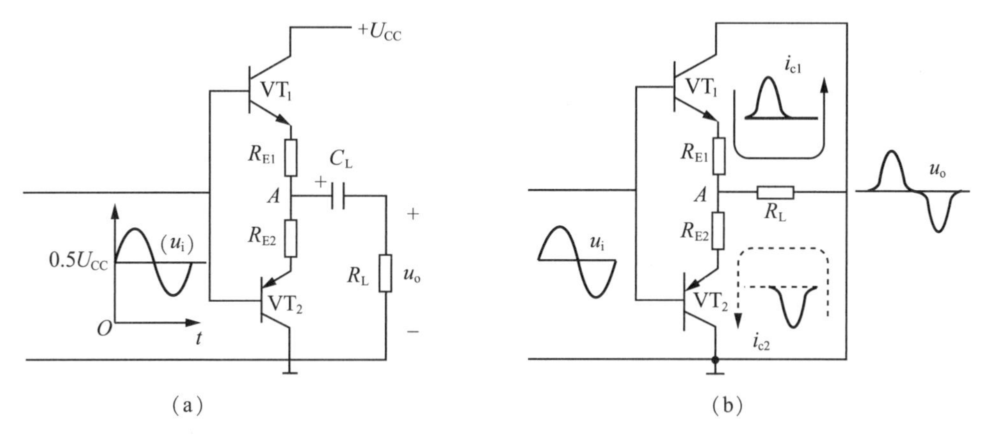


图 4-58　OTL 互补对称放大电路及其交流通路

在输入信号一个周期内，$VT_1$ 和 $VT_2$ 交替导通，它们互相补足，故称为互补对称放大电路，电流 $i_{c1}$ 和的 $i_{c2}$ 以正反不同的方向交替流过负载电阻 $R_L$，所以在 $R_L$ 上合成而得到一个交变的输出电压信号 $u_o$。并由图 4-58(a)可看出，互补对称放大电路实际上是由两个射极输出器组成，所以，它还具有输入电阻高和输出电阻低的特点。此外，当输出端短路或 $R_L$ 过小时，将引起发射极电流增加，这时电阻 $R_{E1}$ 和 $R_{E2}$ 将起限流保护作用。为了不使 $C_L$ 放电过程中($VT_1$ 截止，$VT_2$ 导通时)，其电压下降过多，所以，$C_L$ 的电容量必须足够大，且连接时应注意它的极性。

从图 4-58(a)可看出，该放大电路工作于乙类状态，因为三极管的输入特性曲线上有一段死区电压，当输入电压尚小，不足以克服死区电压时，三极管就截止，所以在死区电压这段区域内(即输入信号过零时)输出电压为零，将产生失真，这种失真叫交越失真，如图 4-59 所示为基极电流 $i_b$ 的交越失真波形。为了避免交越失真，可使静态工作点稍高于截止点，即避开死区段，也就是使放大电路工作在甲乙类状态。

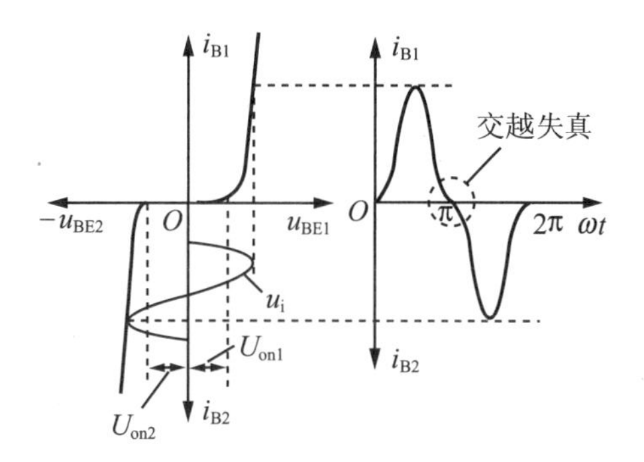


图 4-59　基极电流的交越失真波形

为了使互补对称放大电路尽可能的输出最大功率，一般要加推动级，以保证有足够的功率输出。图 4-60 所示电路为一种具有推动级的互补对称放大电路。下面介绍该电路各元件的作用。$VT_3$ 为工作于甲类状态的推动管，$R_1$ 和 $R_2$ 为它的分压式偏置电

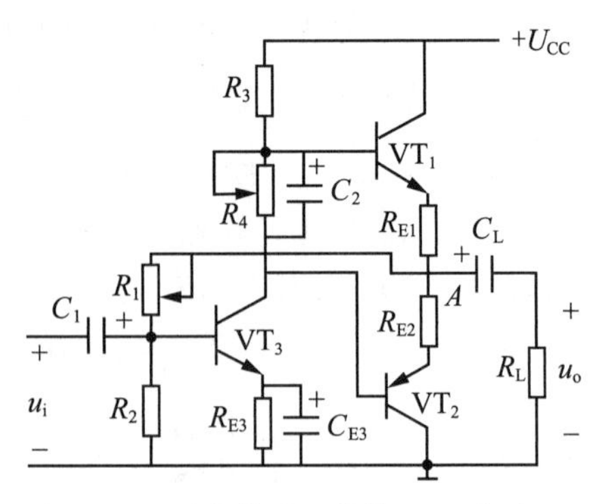

图 4-60 具有推动互补的 OTL 电路

路。$R_3$ 和 $R_4$ 既是 $VT_3$ 的集电极电阻，又是 $VT_1$ 和 $VT_2$ 的偏置电阻。调节 $R_4$ 的大小，还可使 $VT_3$ 的静态集电极电流 $I_{C3}$ 在 $R_4$ 上产生的压降恰好等于两管的死区电压，使 $VT_1$ 和 $VT_2$ 工作于甲乙类，避免产生交越失真。在电阻 $R_4$ 上并联旁路电容 $C_2$，可使动态时 $VT_1$ 和 $VT_2$ 的基极交流电位相等，否则将会造成输出波形正、负半周不对称的现象。$VT_3$ 的偏置电阻 $R_1$ 不接到电源 $U_{CC}$ 的正端而是接到 $A$ 点上，是为了取得电压负反馈，以保证静态时 $A$ 点的电位稳定在 $\frac{1}{2}U_{CC}$。反馈原理如下：

$$\text{温度升高} \rightarrow I_{C3}\uparrow \rightarrow R_3 I_{C3}\uparrow \rightarrow V_A\downarrow \rightarrow V_{B3}\downarrow \rightarrow I_{C3}\downarrow \rightarrow V_A\uparrow$$

当有输入信号 $u_i$ 时，$C_1$ 和 $C_{E3}$ 均可看成短路，故 $u_i$ 直接加到 $VT_3$ 的发射结，经 $VT_3$ 放大后，从 $VT_3$ 的集电极输出信号，即为 $VT_1$ 和 $VT_2$ 的输入信号，以后工作情况与图 4-58 所示电路完全一样。

2. 由复合管组成的互补对称功率放大电路

互补对称功率放大电路图 4-58(a)中的 $VT_1$ 和 $VT_2$ 要求为类型不同、但特性要求一致的功率管，这在实际中很难实现。所以，我们常用复合管来解决这一问题。如图 4-61 所示为两种类型的复合管，复合管的连接原则是 $VT_1$ 与 $VT_2$ 的电流前后流向一致。

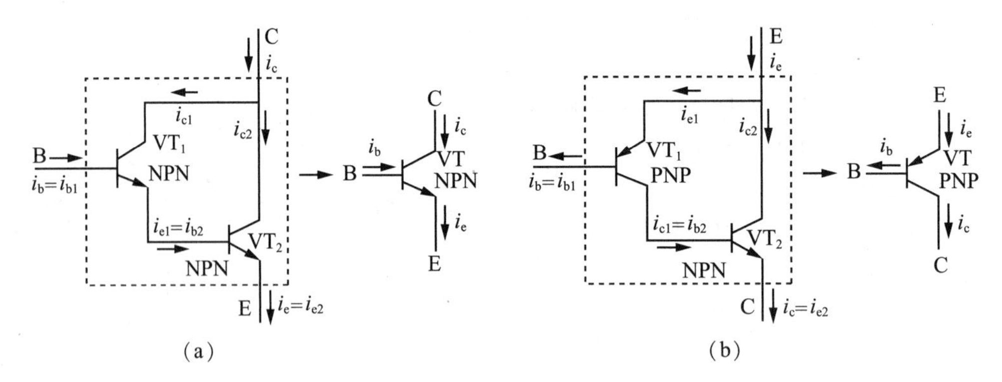

图 4-61 复合管的组成原理图

由图 4-61(a)中可得

$$i_c = i_{c1} + i_{c2} = \beta_1 i_{b1} + \beta_2 i_{b2} = \beta_1 i_{b1} + \beta_2 i_{e1} = \beta_1 i_{b1} + \beta_2(1+\beta_1) i_{b1} = (\beta_1 + \beta_2 + \beta_1\beta_2) i_{b1} \approx \beta_1\beta_2 i_{b1}$$

所以，复合管的电流放大系数近似等于两管电流放大系数的乘积，即

$$\beta \approx \beta_1\beta_2 \tag{4-44}$$

从图 4-61 中可看出，复合管的类型与第一个三极管相同，而与后接的三极管无关。图 4-61(a)的复合管可等效为一个 NPN 型管；图 4-61(b)的复合管可等效为一个 PNP 型管。

若将图 4-60 中的 $VT_1$ 和 $VT_2$ 分别用图 4-61 中的复合管代替，便可得如图 4-62 所示的电路。图 4-62 中 $R_6$ 和 $R_7$ 的作用是将复合管第一管的穿透电流 $I_{CEO}$ 分流，以减小总的穿透电流，提高复合管的热稳定性。$R_8$ 和 $R_9$ 是用来得到电流负反馈，提高电路的稳定性，$R_4$ 和二极管 $D_1$、$D_2$ 的串联电路是避免产生交越失真的另一种电路。

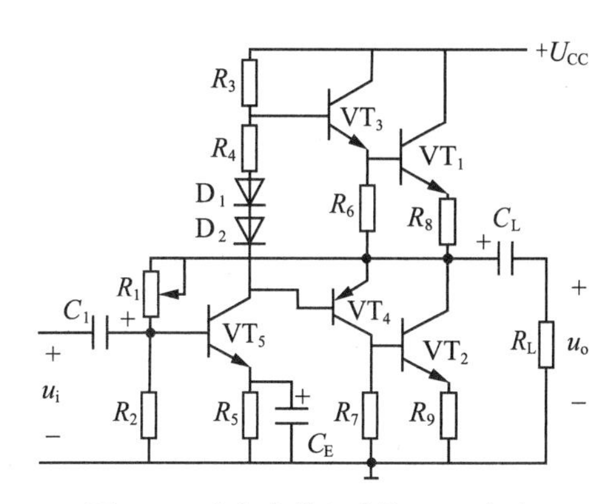


图 4-62　由复合管组成的 OTL 电路

至于无输出变压器(OTL)的单电源互补对称放大电路的功率，先假设电路工作在乙类和极限状态，且 $U_{om}=U_{cem}=\frac{1}{2}U_{CC}$，则最大输出功率为

$$P_{om}=\frac{U_{om}}{\sqrt{2}}\times\frac{I_{om}}{\sqrt{2}}=\frac{U_{om}}{\sqrt{2}}\times\frac{U_{om}}{\sqrt{2}R_L}=\frac{U_{om}^2}{2R_L}=\frac{U_{CC}^2}{8R_L} \tag{4-45}$$

式中，$I_{om}=\frac{U_{om}}{R_L}=\frac{U_{CC}}{2R_L}$。

电源供给的功率为 $P_E=U_{CC}I_{C(AV)}=\frac{U_{CC}^2}{2\pi R_L}$。　(4-46)

式中，$I_{C(AV)}=\frac{1}{2\pi}\int_0^{\pi}I_{om}\sin\omega t\,\mathrm{d}(\omega t)=\frac{1}{2\pi}\int_0^{\pi}\frac{U_{CC}}{2R_L}\sin\omega t\,\mathrm{d}(\omega t)=\frac{U_{CC}}{2\pi R_L}$。

理想情况下，OTL 互补对称放大电路的效率为 $\eta=\frac{P_{om}}{P_E}=\frac{\pi}{4}=78.5\%$，实际效率要低于此值。

## 任务 2.5　场效应管放大电路

### 任务内容

场效应管放大电路的工作原理和分析方法。

### 任务目标

使学生对场效应管放大电路的工作原理和分析方法有较熟的了解。

相关知识

## 2.5.1 场效应管放大电路的静态分析

1. 直流偏置电路

场效应管放大电路和三极管放大电路一样，也要建立合适的静态工作点。所不同的是，场效应管是电压控制元件，需要有合适的栅源电压 $U_{GS}$；而三极管为电流控制元件，需要的是有合适的基极偏置电流 $I_B$，场效应管放大电路的偏置电路通常分为两类，即自给偏压电路和分压式偏置电路。

(1)自给偏压电路。如图 4-63 所示的电路为 N 沟道耗尽型绝缘栅场效应管的自给偏压电路。当源极电流 $I_S$(或 $I_D$)流经源极电阻 $R_S$ 时，在 $R_S$ 上产生电压降 $R_SI_S$，在静态时，此电压为负值，即 $U_{GS}=-I_SR_S=-I_DR_S$，此时的 $U_{GS}$ 即为电路的自给偏压。因为增强型绝缘栅场效应管的 $U_{GS}$ 为正，所以，自给偏压电路不适应增强型绝缘栅场效应管，只适应耗尽型绝缘栅场效应管。电路中各元件作用如下。

$R_S$ 为源极电阻，静态工作点受它控制；$R_D$ 为漏极电阻，能使放大电路具有电压放大作用；$R_G$ 为栅极电阻，用以构成栅源极间的直流通路，它不能太小，否则会影响放大电路的输入电阻；$C_S$ 为源极电阻上的交流旁路电容；$C_1$ 和 $C_2$ 分别为输入端和输出端的耦合电容。

(2)分压式偏置电路。如图 4-64 所示为分压式偏置电路，其中 $R_{G1}$ 和 $R_{G2}$ 为分压电阻，其他元件与自给偏压电路相似。由于此时电阻 $R_G$ 中无电流通过，所以栅源电压为

$$U_{GS}=\frac{R_{G2}}{R_{G1}+R_{G2}}U_{DD}-R_SI_D=V_G-R_SI_D \tag{4-47}$$

式中，$V_G$ 为栅极电位。对 N 沟道耗尽型场效应管，$U_{GS}$ 应为负值，所以 $R_SI_D>V_G$；对 N 沟道增强型场效应管，$U_{GS}$ 应为正值，所以 $R_SI_D<V_G$。

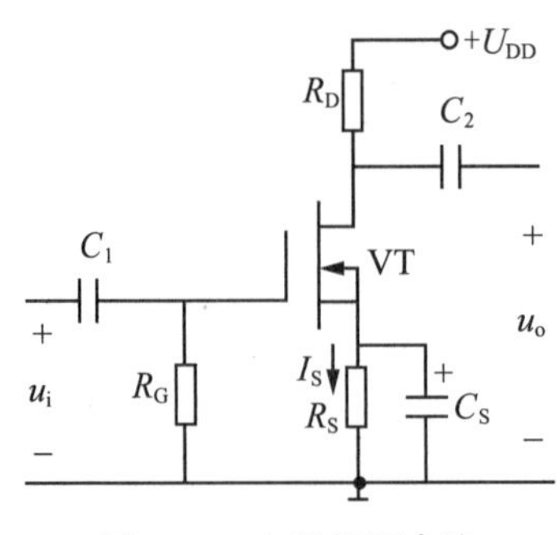


图 4-63 自给偏压电路

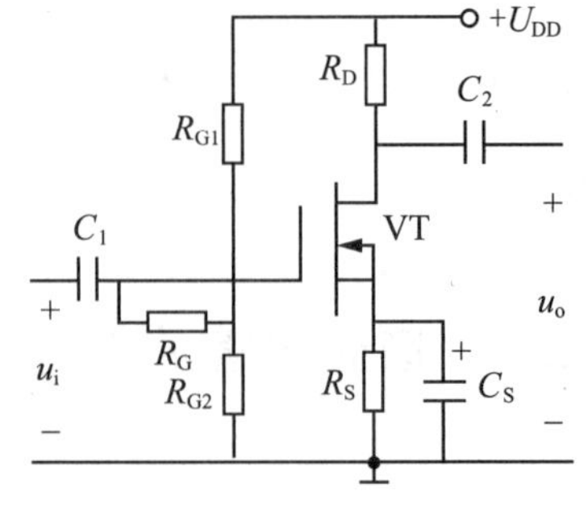


图 4-64 分压式偏置电路

2. 静态分析

对场效应管放大电路的静态分析，有两种方法，即图解法和估算法。图解法的原理和三极管的电路分析法相似，下面主要以 N 沟道场效应管为例介绍估算法。

(1)自给偏压电路。从如图 4-63 所示的电路可得 $U_{GS}=-I_DR_S$，

又从式(4-7)可得 $$I_D=I_{DSS}\left(1-\frac{U_{GS}}{U_{GS(off)}}\right)^2$$

解上面两个联立方程就可确定自偏压电路的静态工作点，此方法只适应耗尽型场效应管。

(2)分压式偏置电路。从图 4-64 所示的电路可得

$$U_{GS}=-\left(R_S I_D-\frac{R_{G2}}{R_{G1}+R_{G2}}U_{DD}\right), \tag{4-48}$$

又从式(4-7)可得 $$I_D=I_{DSS}\left(1-\frac{U_{GS}}{U_{GS(off)}}\right)^2$$

解上面两个联立方程就可确定分压式偏置电路的静态工作点，此方法只适应耗尽型 NMOS 管。

若为增强型 NMOS 管分压式偏置电路，则可解下列两个联立方程就可确定它的静态工作点。

$$U_{GS}=-\left(R_S I_D-\frac{R_{G2}}{R_{G1}+R_{G2}}U_{DD}\right),\ I_D=I_{Do}\left(\frac{U_{GS}}{U_{GS(th)}}-1\right)^2$$

### 2.5.2 场效应管放大电路的动态分析

若输入信号很小，则可认为场效应管工作在线性放大区，和三极管一样，场效应管放大电路也可用微变等效电路来分析。

1. 微变等效电路

(1)场效应管等效电路。从输入端来看，场效应管的输入电阻 $r_{gs}$ 很高，栅极电流 $\dot{I}_g$ 约为零，所以可认为输入回路栅极和源极之间等效为开路，如图 4-65 所示。从输出端来看，场效应管的输出端可用一个受栅源电压控制的恒流源 $g_m\dot{U}_{gs}$ 来等效，恒流源的方向由 $\dot{U}_{gs}$ 的极性确定。场效应管的等效电路如图 4-65 所示。

(2)放大电路的微变等效电路。与前面所讲的单管放大电路的微变等效电路分析方法相同，我们可画出场效应管放大电路的微变等效电路，如图 4-66 所示电路。

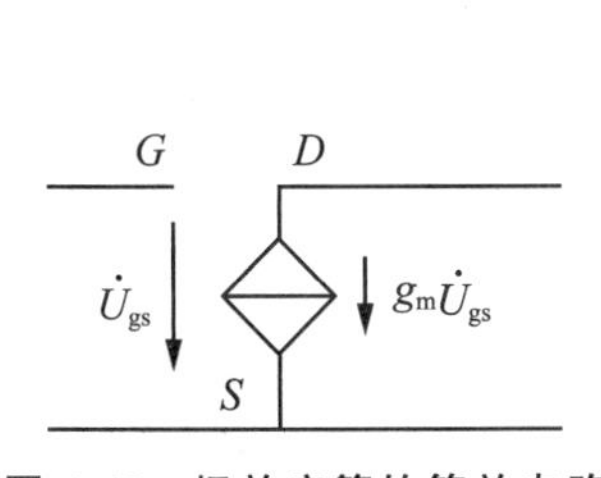

图 4-65 场效应管的等效电路

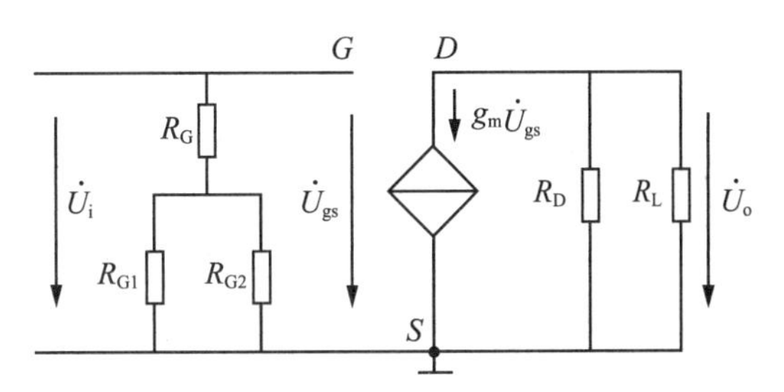

图 4-66 场效应管放大电路的微变等效电路

2. 电压放大倍数 $\dot{A}_u$

因为 $$\dot{U}_o=-g_m\dot{U}_{gs}(R_D/\!/R_L)=-g_m\dot{U}_{gs}R'_L \tag{4-49}$$

式中，$R'_L = R_D // R_L$，所以，电压放大倍数 $\dot{A}_u = \dfrac{\dot{U}_o}{\dot{U}_i} = -g_m R'_L$。 (4-50)

由于场效应管的跨导 $g_m$ 很小，所以，其放大电路的电压放大倍数比三极管放大电路的电压放大倍数要小。

3. 输入电阻 $r_i$ 和输出电阻 $r_0$

$$r_i = R_G + (R_{G1} // R_{G2}) \tag{4-51}$$

当 $R_G$ 远大于$(R_{G1}//R_{G2})$，输入电阻 $r_i$ 约等于 $R_G$，且很大。

$$r_o = R_D // r_{ds} \approx R_D \tag{4-52}$$

式中，$r_{ds}$ 为场效应管的输出电阻，一般情况下 $r_{ds}$ 远大于 $R_D$。

［**例 4-7**］在图 4-64 所示电路为 N 沟道耗尽型分压式偏置放大电路中，已知 $U_{DD}=16V$，$R_D=10k\Omega$，$R_S=10k\Omega$，$R_{G1}=120k\Omega$，$R_{G2}=40k\Omega$，$R_G=2M\Omega$，$R_L=10k\Omega$，$I_{DSS}=0.9mA$，$U_{GS(off)}=-4V$，$g_m=1.5mA/V$，试求各级放大电路的(1)静态值，(2)电压放大倍数 $\dot{A}_u$，(3)输入电阻 $r_i$ 和输出电阻 $r_0$。

**解**：(1) $$U_{GS}=\frac{R_{G2}}{R_{G1}+R_{G2}}U_{DD}-R_S I_D=4-10^4 I_D,$$

$$I_D=I_{DSS}\left(1-\frac{U_{GS}}{U_{GS(off)}}\right)^2=9\times10^{-4}\left(1+\frac{U_{GS}}{4}\right)^2。$$

解上述两方程可得 $I_D=0.5mA$，$U_{GS}=-1V$。

$$U_{DS}=U_{DD}-(R_D+R_S)I_D=16-(10+10)\times0.5=6(V)$$

(2)由于 $R'_L=R_D//R_L=\dfrac{10\times10}{10+10}=5(k\Omega)$，所以，$\dot{A}_u=-g_m R'_L=-1.5\times5=-7.5$。

(3)输入电阻为 $r_i=R_G+(R_{G1}//R_{G2})=2\times10^6+30\times10^3=2.03\times10^6(\Omega)\approx2M\Omega$，输出电阻为 $r_0=R_D//r_{ds}\approx R_D=10k\Omega$。

# 模块 3　集成运算放大器及其应用

集成电路是利用半导体制造工艺把整个电路的各个元件以及相互之间的连接线同时制造在一块半导体芯片上，组成一个不可分割的整体，实现了材料、元件和电路的统一。集成电路与分立元件电路比较，重量轻、体积小、功耗低，又由于减少了焊接点而提高了工作的可靠性，并且价格也比较便宜。现已广泛应用于自动测试、自动控制、计算技术、信息处理以及通信工程等各个电子技术领域。

典型差动放大电路

## 任务 3.1　差动放大电路

### 任务内容

差动放大电路的工作原理和分析方法。

## 任务目标

使学生对差动放大电路有较熟的了解。

## 相关知识

从电路结构上说，差动放大电路由两个完全对称的单管放大电路组成。由于该电路具有许多突出优点，因而成为集成运算放大器的基本组成单元。

### 3.1.1 差动放大电路的工作原理

最简单的差动放大电路如图 4-67 所示，它由两个完全对称的单管放大电路拼接而成。在该电路中，晶体管 $VT_1$、$VT_2$ 型号一样、特性相同，是两个对称的三极管。$R_{B1}$ 为输入回路限流电阻，$R_{B2}$ 为基极偏流电阻，$R_C$ 为集电极负载电阻。输入信号电压由两管的基极输入，输出电压从两管的集电极之间提取(也称双端输出)，由于电路的对称性，在理想情况下，它们的静态工作点必然一一对应相等。

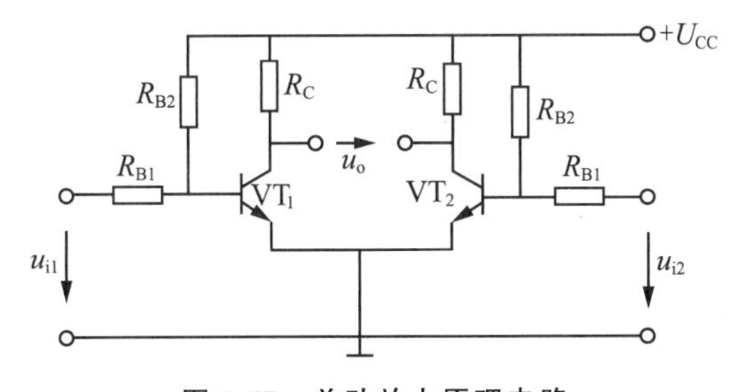


图 4-67 差动放大原理电路

1. 抑制零点漂移

一个理想的直接耦合放大电路，当输入信号为零时，其输出电压应保持不变(不一定为零)。但实际上，其输出端并不保持恒值，而在缓缓地、无规则地变化着，偏离原来的起始值做上下漂动，这种现象就称为零点漂移。

如图 4-67 所示的差动放大电路，在输入电压 $u_{i1}=u_{i2}=0$ 时，由于电路对称，存在 $I_{C1}=I_{C2}$，所以两管的集电极电位相等，即 $V_{C1}=V_{C2}$，故，$u_o=V_{C1}-V_{C2}=0$。

当温度升高引起三极管集电极电流增大时，集电极电位都下降了，由于电路对称，导致两边的变化量相等，即 $\Delta I_{C1}=\Delta I_{C2}$，$\Delta V_{C1}=\Delta V_{C2}$。

虽然每个管都产生了零点漂移，但是，由于两集电极电位的变化相同，所以输出电压依然为零，即 $u_0=V_{C1}+\Delta V_{C1}-(V_{C2}+\Delta V_{C2})=0$。

由以上分析可知，在理想情况下，由于电路的对称性，输出信号电压采用从两管集电极间提取的双端输出方式，对于无论什么原因引起的零点漂移，均能有效地抑制。

抑制零点漂移是差动放大电路最突出的优点。但必须注意，在这种最简单的差动放大电路中，每个管的漂移仍然存在。

2. 动态分析

差动放大电路的信号输入有共模输入、差模输入、比较输入三种类型，输出方式有单端输出、双端输出两种。

(1)共模输入。在电路的两个输入端输入大小相等、极性相同的信号电压，即 $u_{i1}=u_{i2}$，这种输入方式称为共模输入。大小相等、极性相同的信号为共模信号。

很显然，由于电路的对称性，在共模输入信号的作用下，两管集电极电位的大小、方向变化相同，输出电压为零(双端输出)。说明差动放大电路对共模信号无放大作用。共模信号的电压放大倍数为零。实际上温漂电压折合到两个输入端，就相当于一对共模信号。所以差动电路抑制共模信号能力的大小，也反映出它对零点漂移的抑制水平。这一作用是很有意义的。

(2)差模输入。在电路的两个输入端输入大小相等、极性相反的信号电压，即 $u_{i1}=-u_{i2}$，这种输入方式称为差模输入。大小相等、极性相反的信号，为差模信号。在图 4-67 所示电路中，设 $u_{i1}>0$，$u_{i2}<0$，则在 $u_{i1}$ 的作用下，$VT_1$ 管的集电极电流增大了 $\Delta I_{C1}$，导致集电极电位下降了 $\Delta V_{C1}$(为负值)；同理，在 $u_{i2}$ 的作用下，$VT_2$ 管的集电极电流减小了 $\Delta I_{C2}$，导致集电极电位升高了 $\Delta V_{C2}$(为正值)，很显然，$\Delta V_{C1}$ 和 $\Delta V_{C2}$ 大小相等、一正一负，输出电压为

$$u_0=\Delta V_{C1}-\Delta V_{C2}$$

若 $\Delta V_{C1}=-2V$，$\Delta V_{C2}=2V$，则，$u_0=\Delta V_{C1}-\Delta V_{C2}=-2-2=-4(V)$。

可见，在差模信号的作用下，差动放大电路的输出电压为两管各自输出电压变化量的两倍。

(3)比较输入。两个输入信号电压大小和相对极性是任意的，既非差模，又非共模。在自动控制系统中，经常运用这种比较输入的方式。

例如，我们要将某一炉温控制在 1000℃，利用温度传感器将炉温转变成电压信号作为 $u_{i2}$ 加在 $VT_2$ 的输入端。而 $u_{i1}$ 是一个基准电压，其大小等于 1000℃时温度传感器的输出电压。如果炉温高于或低于 1000℃，$u_{i2}$ 会随之发生变化，使 $u_{i2}$ 与基准电压 $u_{i1}$ 之间出现差值。差动放大电路将其差值进行放大，其输出电压为 $u_o=A_u(u_{i1}-u_{i2})$。

$u_{i1}-u_{i2}$ 的差值为正，说明炉温低于 1000℃，此时 $u_o$ 为正值；反之，$u_o$ 为负值。我们就可利用输出电压的正负去控制给炉子降温或升温。

(4)主要技术指标 $A_{ud}$ 的计算。在图 4-67 所示电路中，若输入为差模信号，即 $u_{i1}=-u_{i2}=\frac{u_{id}}{2}$，则因一管的电流增加，另一管的电流减少，在电路完全对称的条件下，$i_{C1}$ 的增加量等于 $i_{C2}$ 的减少量，所以当从两管集电极作双端输出时，其差模电压增益与单管放大电路的电压增益相同。

$$A_{ud}=\frac{u_o}{u_{id}}=\frac{u_{o1}-u_{o2}}{u_{i1}-u_{i2}}=\frac{2u_{o1}}{2u_{i1}}=-\beta\frac{R_c}{r_{be}}$$

### 3.1.2 典型差动放大电路

差动放大电路是依靠电路的对称性和采用双端输出方式，用双倍的元件换取有效抑制零漂的能力。每个管子的零漂并未受到抑制。再者，电路的完全对称是不可能的。

如果采用单端输出(从一个管子的集电极与地之间取输出电压)零漂就根本得不到抑制。为此，必须采用有效措施抑制每个管子的零漂。典型差动放大电路如图 4-68 所示，与最简单的差动放大电路相比，该电路增加了调零电位器 $R_P$、发射极公共电阻 $R_E$ 和负电源 $-E_E$。

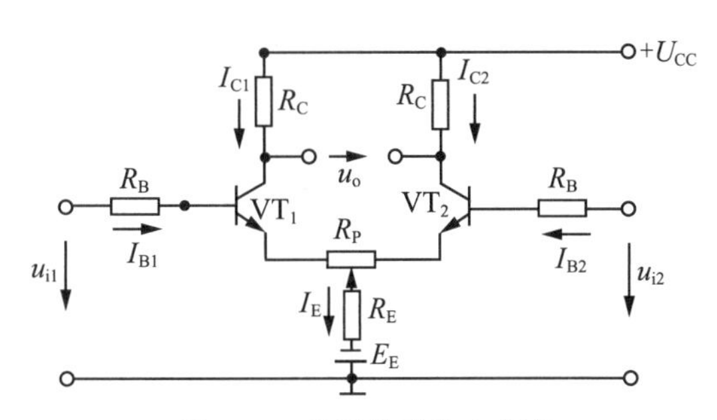


图 4-68　典型差动放大电路

下面分析电路抑制零漂的原理、发射极公共电阻 $R_E$(可以认为调零电位器 $R_P$ 是 $R_E$ 的一部分)和负电源 $E_E$ 的作用。

由于电路的对称性，无论是温度的变化还是电源电压的波动，都会引起两个三极管集电极电流和电压的相同变化，因此，其中相同的变化量互相抵消，使输出电压不变，从而抑制了零点漂移。当然，实际情况是：为了克服电路不完全对称引起的零点漂移及减小每个三极管集电极对地的漂移电压，电路中增加了发射极公共电阻 $R_E$，它具有电流负反馈作用，可以稳定静态工作点。例如，温度升高时，$VT_1$ 和 $VT_2$ 的集电极电流都要增大，它们的发射极电流会增大，流过发射极公共电阻的电流 $I_E$ 也会增大，$R_E$ 上的电压增大，$VT_1$ 和 $VT_2$ 的发射极电位升高，使 $U_{BE1}$ 和 $U_{BE2}$ 减小，则 $I_{B1}$ 和 $I_{B2}$ 减小，从而抑制了 $I_{C1}$ 和 $I_{C2}$ 的增加。这样，由于温度变化引起的每个管子的漂移，通过 $R_E$ 的作用得到了一定程度的抑制。抑制零点漂移的过程，如图 4-69 所示。由温度变化造成每个三极管输出电压的漂移都得到一定程度的抑制，且 $R_E$ 的阻值越大，抑制零漂的作用就会越强。

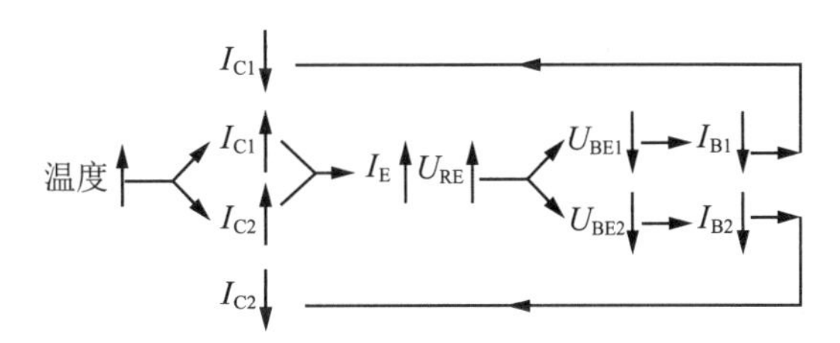


图 4-69　抑制零点漂移的过程

由于差模信号使两个三极管的集电极电流一增一减，只要电路的对称性足够好，其变化量的大小相等，流过 $R_E$ 的电流就等于静态值不变，因此 $R_E$ 对差模信号的放大基本上不产生影响。

既然 $R_E$ 不影响差模信号的放大，为了使 $R_E$ 抑制零漂的作用显著一些，其阻值可以取得大一些。但是，在 $U_{CC}$ 一定的情况下，过大的 $R_E$ 会使管压降 $U_{CE}$ 变小，静态工作点下移，集电极电流减小，电压放大倍数下降。为此，接入负电源 $E_E$ 来补偿 $R_E$ 上的静态压降，从而保证两个三极管合适的静态工作点。

在输入信号电压为零时，因电路不会完全对称，会使输出电压不等于零。这时可调节电位器 $R_P$ 使输出电压为零，所以 $R_P$ 称为调零电位器。但因 $R_P$ 会使电压放大倍数降低，所以其阻值不宜过大，一般为几十欧到几百欧。

由以上分析可知，典型差动放大电路既可利用电路的对称性、采用双端输出的方式抑制零点漂移；又可利用发射极公共电阻 $R_E$ 的作用抑制每个三极管的零点漂移、稳定静态工作点。因此，这种典型差动放大电路即使是采用单端输出，其零点漂移也能得到有效地抑制。所以，这种电路得到了广泛的应用。

## 任务 3.2 集成运算放大器简介及应用

减法运算电路

### 任务内容

集成运算放大器简介、比例运算、加法和减法运算、微分和积分运算及比较器。

### 任务目标

使学生熟练掌握集成运算放大器的应用。

### 相关知识

### 3.2.1 集成运算放大器的组成

1. 集成电路的概念

所谓集成电路，是相对于分立元件而言的，就是把整个电路的各个元件以及相互之间连接同时制造在一块半导体芯片上，组成一个不可分割的整体。

2. 集成运算放大器的基本组成

从电路的总体结构上看，集成运算放大器基本上都由输入级、中间放大级、输出级和偏置电路四个部分组成，如图 4-70 所示。各部分的作用如下。

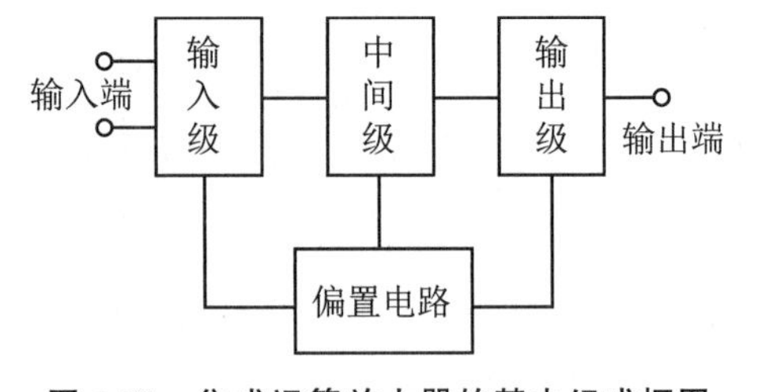


图 4-70 集成运算放大器的基本组成框图

(1)输入级：一般采用具有恒流源的双输入端的差分放大电路，主要作用是减小放大电路的零点漂移、提高输入阻抗。

(2)中间放大级：一般采用多级放大电路，主要作用是放大电压，使整个集成运算放大器有足够高的电压放大倍数。

(3)输出级：一般采用射级输出器或互补对称电路，其目的是实现与负载匹配，使电路有较大的输出功率和较强的带负载能力。

(4)偏置电路：是为上述各级电路提供稳定合适的偏置电流，稳定各级的静态工作点，一般由各种恒流源电路构成。

LM741是最典型的集成运算放大器，其电路图符号如图4-71所示，它有8个管脚，各管脚的用途如下。

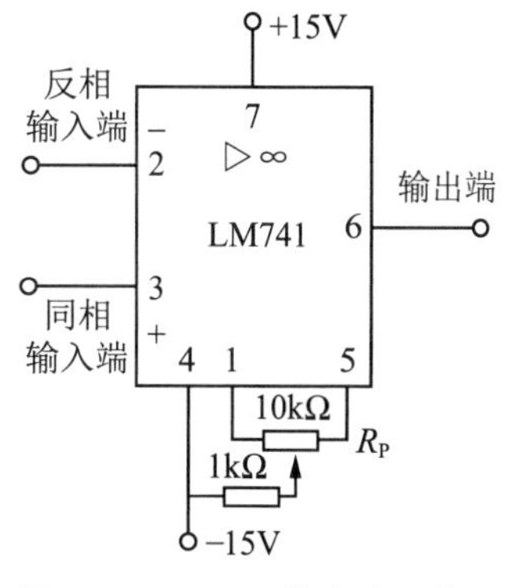


图4-71　LM741的电路图符号

(1)输入和输出端。

LM741的管脚2(反相输入端)和3(同相输入端)为差分输入级的两个输入端，管脚6为功放级的输出端，输入信号由管脚2输入时，6端的输出信号与输入信号反相(或极性相反)。输入信号由管脚3输入时，6端的输出信号则与输入信号同相(或极性相同)，运算放大器的反相和同相输入端对于它的应用极为重要，绝对不能搞错。

(2)电源端。

管脚7与4为外接电源端，为集成运算放大器提供直流电源。运算放大器通常采用双电源供电方式，4脚接负电源组的负极，7脚接正电源组的正极，使用时不能接错。

(3)调零端。

管脚1和5为外接调零补偿电位器端。集成运算放大器的输入极虽为差动电路，但电路参数和晶体管特性不可能完全对称，因而当输入信号为零时，输出一般不为零。调节电位器$R_P$，可使输入信号为零时，输出信号也为零。

### 3.2.2　集成运算放大器的主要参数

1. 开环差模电压增益

开环差模电压增益$A_{ud}$，是指集成运算放大器组件没有外接反馈电阻(开环)时，对差模信号的电压增益。$A_{ud}$越大，运算放大器的精度越高，工作越稳定，集成运算放大器的$A_{ud}$很高，为$10^4$～$10^7$。

2. 输入失调电压$U_{io}$

当输入信号为零时，输出$u_o$不等于0，在输入端加上相应的补偿电压使其输出电压为零，该补偿电压称为输入失调电压$U_{io}$。$U_{io}$一般为毫伏级。

3. 输入失调电流$I_{io}$

由于电路参数不对称，当输入信号为零时，运算放大器两个输入端的静态基极电流不相等，其差值$I_{io}=|I_{B1}-I_{B2}|$。$I_{io}$一般在微安数量级，其值越小越好。

4. 差模输入电阻$r_{id}$和输出电阻$r_o$

运算放大器两个输入端之间的电阻$r_{id}=\dfrac{\Delta U_{id}}{\Delta I_{id}}$，叫作差模输入电阻。这是一个动态电阻，它反映了运算放大器的差动输入端向差模输入信号源所取用电流的大小。通常希望$r_{id}$尽可能大一些。一般为几百千欧到几兆欧。

输出电阻 $r_o$ 是指运算放大器在开环状态下，输出端电压变化量与输出电流变化量的比值。它的值反映运算放大器带负载的能力。其值越小带负载的能力越强，$r_o$ 的数值一般是几十欧姆到几百欧姆。

5. 共模抑制比 $K_{CMR}$

共模抑制比是衡量输入级各参数对称程度的标志，它的大小反映运算放大器抑制共模信号的能力，其定义为差模电压放大倍数与共模电压放大倍数的比值表示为 $K_{CMR}=\left|\frac{A_{ud}}{A_{uc}}\right|$，或用对数形式表示为 $K_{CMR}=20\lg\left|\frac{A_{ud}}{A_{uc}}\right|$ (dB)，为 $10^3\sim10^4$。

6. 最大差模输入电压 $U_{idmax}$

同相输入端和反相输入端之间所允许加的最大电压差称为最大差模输入电压。若实际所加的电压超过这个电压值，运算放大器输入级的晶体管将出现反向击穿现象，使运算放大器输入特性显著恶化，甚至造成永久性损坏，LM741 的 $U_{idmax}$ 约为＋36V。

7. 最大共模输入电压 $U_{icmax}$

运算放大器对共模信号具有抑制的性能，但这个性能是在规定的共模电压范围内才具有。如超出这个电压，运算放大器的共模抑制性能就大为下降，甚至造成器件损坏。LM741 的 $U_{icmax}$ 约为＋16V。

8. 静态功耗 $P_{co}$

静态功耗是指不接负载，且输入信号为零时，运算放大器本身所消耗的电源总功率。一般 $P_{co}$ 为几十毫瓦。

9. 最大输出电压 $U_{opp}$

使输出电压和输入电压保持不失真关系的最大输出电压叫最大输出电压。LM741 的最大输出电压约为＋16V。

### 3.2.3 理想的集成运算放大器

1. 理想集成运算放大器的主要条件

(1)开环差模电压增益 $A_{ud}=\infty$；

(2)共模抑制比 $K_{CMR}=\infty$；

(3)开环差模输入电阻 $r_{id}=\infty$；

(4)开环共模输入电阻 $r_{ic}=\infty$；

(5)开环输出电阻 $r_o=0$。

集成运算放大器可以工作在线性区，也可以工作在非线性区。

2. 理想集成运算放大器的表示符号

如图 4-72 所示是理想集成运算放大器的表示符号。在直流信号放大电路中使用的集成运算放大器是工作在线性区域的，把集成运算放大器作为一个线性放大元件应用，它的输出和

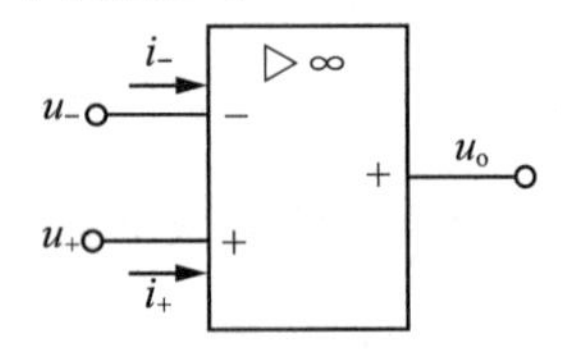


图 4-72 理想集成运算放大器的表示符号

输入之间应满足如下的关系：$u_o = A_{ud} u_i = A_{ud}(u_+ - u_-)$。 (4-53)

3. 集成运算放大器的电压传输特性

如图 4-73 所示。图中横坐标为 $u_I = u_+ - u_-$。

4. 集成运算放大器工作在线性区的条件

为了使集成运算放大器工作在线性区，通常把外部电阻、电容、半导体器件等，跨接在集成运算放大器的输出端与输入端之间构成闭环负反馈工作状态，限制其电压放大倍数。

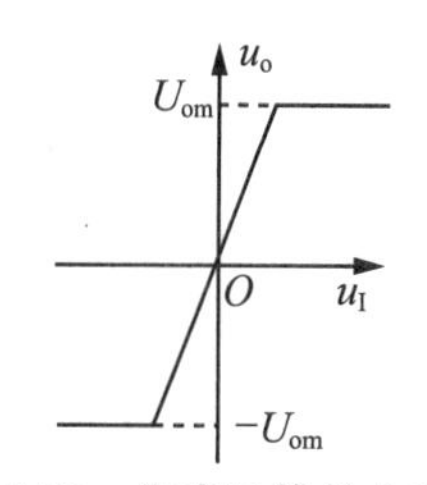


**图 4-73　集成运算放大器的电压传输特性**

5. 工作在线性区域的理想集成运算放大器有两个重要理论

(1)集成运算放大器同相输入端和反相输入端的电位相等(虚短)。

由式(4-53)可知，在线性工作范围内，$u_I = u_+ - u_- = \dfrac{u_o}{A_{ud}}$，而理想集成运算放大器 $A_{ud} = \infty$，输出电压 $u_o$ 又是一个有限值，所以有 $u_I = u_+ - u_- = 0$，即 $u_+ = u_-$。

(4-54)

(2)集成运算放大器同相输入端和反相输入端的输入电流等于零(虚断)。

因为理想集成运算放大器的 $r_{id} = \infty$，所以由同相输入端和反相输入端流入集成运算放大器的信号电流为零，即 $i_+ = i_- = 0$。 (4-55)

应用上述两个结论，可以使集成运算放大器应用电路的分析大大简化，因此，这两个结论是分析具体运算放大器组成电路的依据。

6. 运算放大器工作在饱和区时

式(4-53)不能满足，这时输出电压 $u_0$ 只有两种可能，或等于 $u_{om}$ 或等于 $-u_{om}$，而 $u_+$ 与 $u_-$ 不一定相等：

当 $u_+ > u_-$ 时，$u_o = u_{om}$；当 $u_+ < u_-$ 时，$u_o = -u_{om}$

集成运算放大器可以组成各种线性和非线性应用电路，如信号运算电路、信号处理电路、信号产生电路和信号变换电路等。

### 3.2.4　比例运算

1. 反相比例运算电路

如图 4-74 所示电路称为反相输入比例运算放大电路，反馈类型为电压并联负反馈，它是反相输入运算电路中最基本的形式。

因为 $i_+ = i_- = 0$，所以 $R_2$ 上无电压降，可知 $u_+ = u_- = 0$。

$$i_1 = \frac{u_i - u_-}{R_1} = \frac{u_i - 0}{R_1} = \frac{u_i}{R_1},\quad i_F = \frac{u_- - u_o}{R_F} = \frac{0 - u_o}{R_F} = -\frac{u_o}{R_F},\quad i_1 = i_F$$

所以
$$u_o = -\frac{R_F}{R_1} u_i \tag{4-56}$$

式(4-56)表明，$u_o$ 与 $u_i$ 之间成比例关系。式中负号表示输出电压与输入电压反相位。这就是反相比例运算电路名称的由来。$u_o$ 与 $u_i$ 的关系与集成运算放大器本身的参数无

关，仅与外部电阻 $R_1$ 和 $R_F$ 有关。只要电阻的精度和稳定性很高，电路的精度和稳定性就很高。

平衡电阻 $R_2$ 的作用就是当 $u_i=0$ 时，使输出信号也为零。

$$R_2 \approx R_1 \mathbin{/\!/} R_F \tag{4-57}$$

反相比例运算电路的特点是：$u_o$ 与 $u_i$ 之间相位相反，大小成正比关系，输出阻抗较小。

当选取 $R_1=R_F$ 时，$u_o=u_i$，即 $u_o$ 与 $u_i$ 大小相等、相位相反。这时图 4-74 电路称为反相器或倒相器。

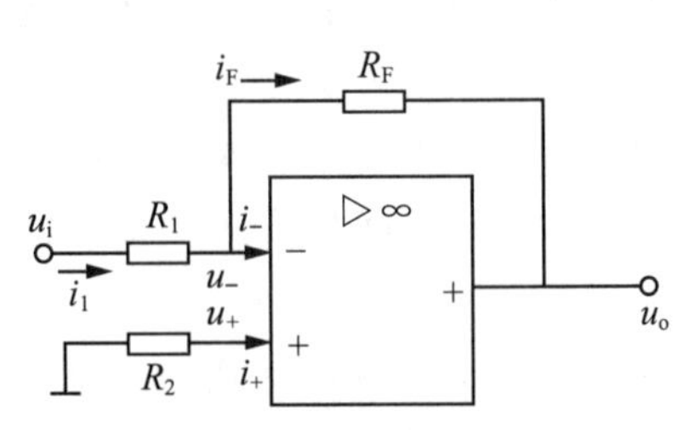


**图 4-74　反相比例运算电路图**

**［例 4-8］** 有一电阻式压力传感器，其输出阻抗为 500Ω，测量范围是 0～10 MPa，其灵敏度为 1mV/0.1 MPa，现在要用一个输入 0～5V 的标准表来显示这个传感器测量的压力变化，需要一个放大器把传感器输出的信号放大到标准表输入需要的状态，设计一个放大器并确定各元件参数。

**解：** 因为传感器的输出阻抗较低，所以可采用由输入阻抗较小的反相比例电路构成放大器，因为标准表的最高输入电压对应着传感器 10 MPa 时的输出电压值，而传感器这时的输出电压为：1×100mV=100 mV，也就是放大器的最高输入电压，而这时放大器的输出电压应是 5V，所以放大器的电压放大倍数是 $\dfrac{5}{0.1}=50$ 倍。由于相位与需要相反，所以在第一级放大器后再接一级反相器，使相位符合要求。根据这些条件来确定电路的参数。

(1)取放大器的输入阻抗是信号源内阻的 20 倍(可满足工程需求)，即 $R_1=10\text{k}\Omega$；

(2)$R_F=50R_1=500(\text{k}\Omega)$；

(3)$R_2\approx R_1/\!/R_F=10/\!/500\approx 9.8(\text{k}\Omega)$；

(4)运算放大器均采用 LM741；

(5)采用对称电源供电，电压可采用 10V(因为放大器最大输出电压是 5V)；

(6)$R_{F2}=R_3=50\text{k}\Omega$；

(7)$R_4=R_{F2}/\!/R_3=25\text{k}\Omega$。

电路原理图如图 4-75 所示。

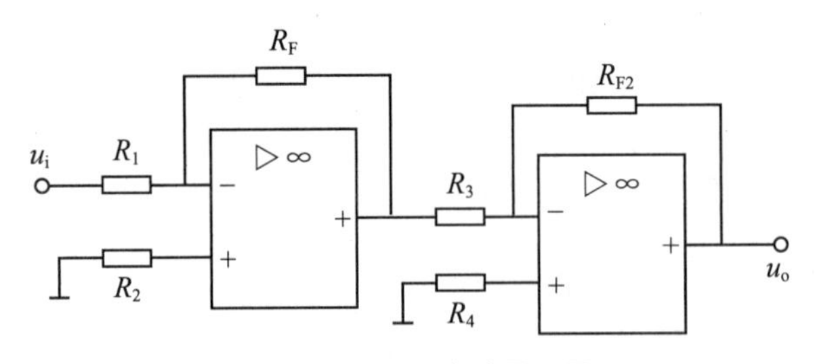


**图 4-75　例 4-8 电路原理图**

2. 同相比例运算电路

图 4-76 所示电路称为同相输入比例运算放大电路，反馈类型为电压串联负反馈，

它是同相输入运算电路中最基本的形式。

因为 $i_{+}=i_{-}=0$，所以 $R_2$ 上无电压降，可知 $u_{+}=u_{-}=u_{\text{i}}$，

$$i_1=\frac{0-u_{-}}{R_1}=\frac{0-u_{\text{i}}}{R_1}=-\frac{u_{\text{i}}}{R_1},$$

$$i_{\text{F}}=\frac{u_{-}-u_{\text{o}}}{R_{\text{F}}}=\frac{u_{\text{i}}-u_{\text{o}}}{R_{\text{F}}},\quad i_1=i_{\text{F}}$$

所以
$$u_{\text{o}}=\left(1+\frac{R_{\text{F}}}{R_1}\right)u_{\text{i}}\tag{4-58}$$

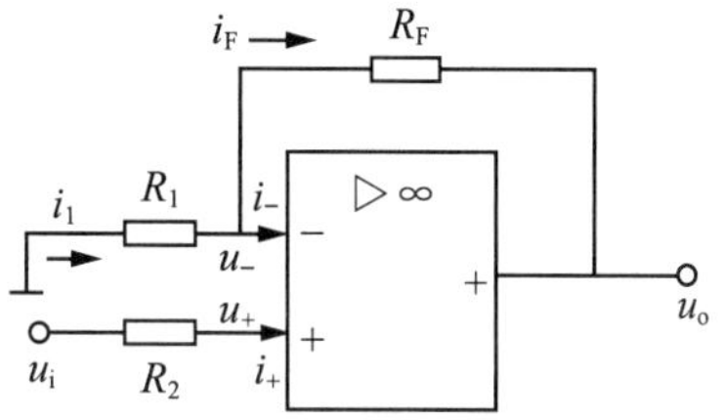

图 4-76　同相比例运算电路图

式 4-58 表明，$u_{\text{o}}$ 与 $u_{\text{i}}$ 之间成比例关系。输出电压与输入电压同相位。这就是同相比例运算电路名称的由来。$u_0$ 与 $u_{\text{i}}$ 的关系与集成运算放大器本身的参数无关，仅与外部电阻 $R_1$ 和 $R_{\text{F}}$ 有关。只要电阻的精度和稳定性很高，电路的精度和稳定性就很高。

平衡电阻 $R_2$ 的作用就是当 $u_{\text{i}}=0$ 时，使输出信号也为零，$R_2\approx R_1//R_{\text{F}}$。

同相比例运算电路的特点是：$u_{\text{o}}$ 与 $u_{\text{i}}$ 之间相位相同，大小之间成正比关系，输出阻抗较小。

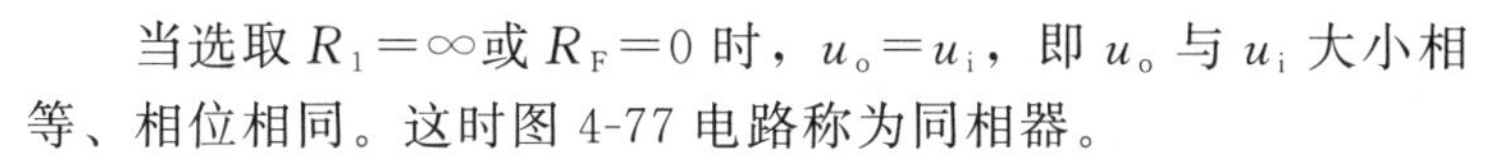

当选取 $R_1=\infty$ 或 $R_{\text{F}}=0$ 时，$u_{\text{o}}=u_{\text{i}}$，即 $u_{\text{o}}$ 与 $u_{\text{i}}$ 大小相等、相位相同。这时图 4-77 电路称为同相器。

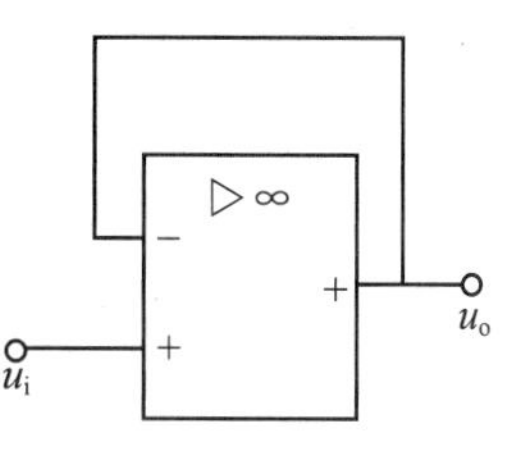

图 4-77　同相器电路图

### 3.2.5　加法和减法运算

1. 反相加法运算电路

在图 4-74 电路的基础上增加若干个输入回路，就可以对多个输入信号实现代数相加运算，图 4-78 是具有两个输入信号的反向加法运算电路。由图 4-78 可知

$$i_1=\frac{u_{\text{i1}}}{R_1},\quad i_2=\frac{u_{\text{i2}}}{R_2},$$

$$i_{\text{F}}=\frac{0-u_{\text{o}}}{R_{\text{F}}}=-\frac{u_{\text{o}}}{R_{\text{F}}},\quad i_{\text{F}}=i_1+i_2$$

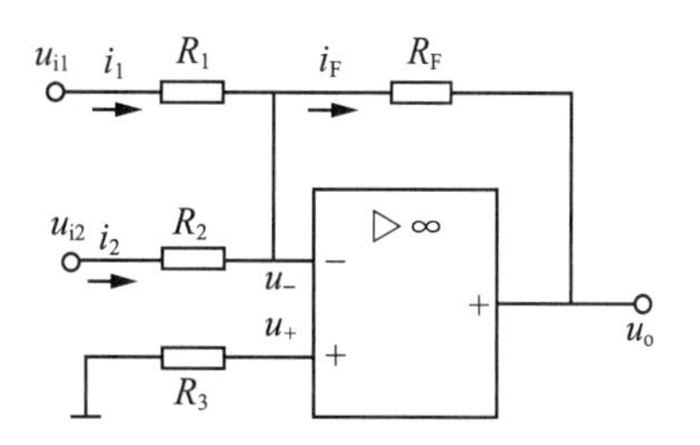

图 4-78　反相加法运算电路图

由上列各式可得
$$u_{\text{o}}=-\left(\frac{R_{\text{F}}}{R_1}u_{\text{i1}}+\frac{R_{\text{F}}}{R_2}u_{i2}\right)\tag{4-59}$$

由式 4-59 可以看出，$u_0$ 与 $u_{\text{i1}}$ 和 $u_{\text{i2}}$ 的关系仅与外部电阻有关，所以反相加法运算电路也能做到很高的运算精度和稳定性。若使 $R_{\text{F}}=R_1=R_2$，则

$$u_{\text{o}}=-(u_{\text{i1}}+u_{\text{i2}})\tag{4-60}$$

式(4-60)表明，输出电压等于输入电压的代数和。

图(4-78)中的平衡电阻　　$R_3\approx R_1//R_2//R_{\text{F}}$。

2. 减法运算电路

当集成运算放大器的同相输入端和反相输入端都接有输入信号时，称为减法运算电路，又称差分输入运算电路，如图 4-79 所示。对图 4-79 分析可得到如下关系式

$$u_{+}=u_{-}=\frac{R_3 u_{i2}}{R_2+R_3},\quad i_1=\frac{u_{i1}-u_{-}}{R_1},$$

$$i_F=\frac{u_{-}-u_o}{R_F},\quad i_1=i_F$$

综合上面的几个关系式可以得到

$$u_o=\frac{u_{i2}R_3}{R_2+R_3}\left(1+\frac{R_F}{R_1}\right)-\frac{R_F u_{i1}}{R_1}。$$

当 $R_3=R_F$，$R_2=R_1$ 时，$u_o=\frac{R_F}{R_1}(u_{i2}-u_{i1})$。

(4-61)

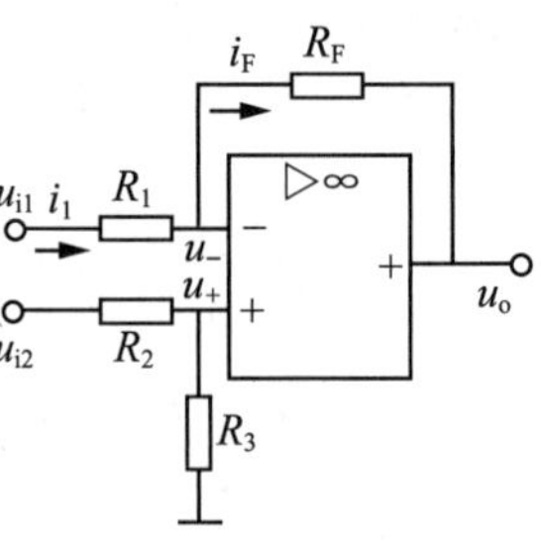


图 4-79　减法运算电路图

式(4-61)表明，输出电压 $u_o$ 与两个输入电压的差值成正比。

若 $R_2=R_1=R_3=R_F$ 时，$u_0=u_{i2}-u_{i1}$。　(4-62)

减法运算电路在测量与控制系统中得到了广泛的应用。

### 3.2.6　微分和积分运算

1. 微分运算电路

如果把反相比例运算电路中的电阻 $R_1$ 换成电容 $C$，则称为微分运算电路，如图 4-80 所示，对图 4-80 分析可得：$i_1=i_C=i_F$，$u_i=u_C$，$u_0=-i_F R_F$，$i_C=C\frac{du_C}{dt}$。

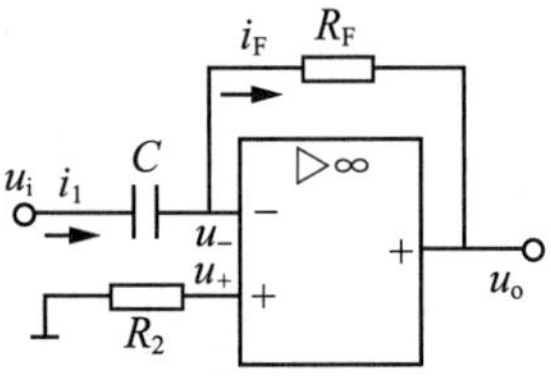

图 4-80　微分运算电路图

综合上面的几个关系式可以得到

$$u_o=-R_F C\frac{du_C}{dt}=-R_F C\frac{du_i}{dt}。\tag{4-63}$$

式中，$R_F C$ 称为微分时间常数。

2. 积分运算电路

把反相比例运算电路中的反馈电阻 $R_F$ 换成电容 $C$，就构成了反相积分电路，如图 4-81 所示。根据虚地的特点，对图 4-81 分析可得

$$i_1=i_C=i_F,\quad u_o=-u_C=-\frac{1}{C_F}\int i_C dt,\quad i_1=\frac{u_i-0}{R_1}=\frac{u_i}{R_1}$$

综合上面的几个关系式可以得到 $u_o=-\frac{1}{C_F}\int\frac{u_i}{R_1}dt=-\frac{1}{C_F R_1}\int u_i dt$。　(4-64)

式(4-64)表明，$u_o$ 与 $u_i$ 是积分运算关系，式中负号反映 $u_o$ 与 $u_i$ 的相位关系。$R_1 C_F$ 称为积分时间常数，它的数值越大，达到 $u_{om}$ 值所需的时间越长。

若 $u_i$ 是一个正阶跃电压信号($u_i=U$)时，则 $u_o=-\frac{U}{C_F R_1}t$。　(4-65)

$u_o$ 随时间近似线性关系下降，对于图 4-81 所示的电路，输出电压最大数值为集成运放的负饱和电压值 $-u_{om}$。输入输出电压波形如图 4-82 所示。

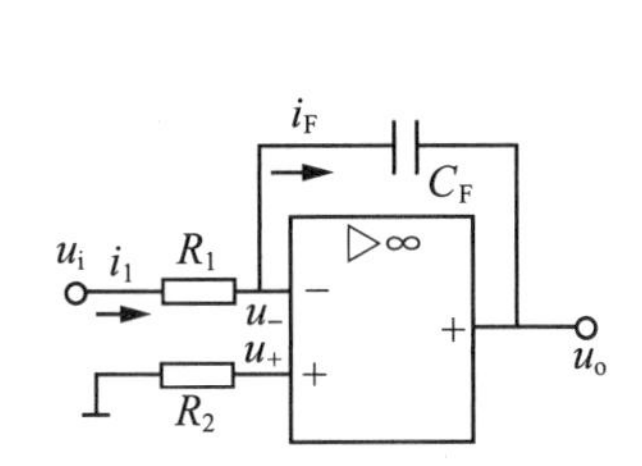


图 4-81　反相积分运算电路

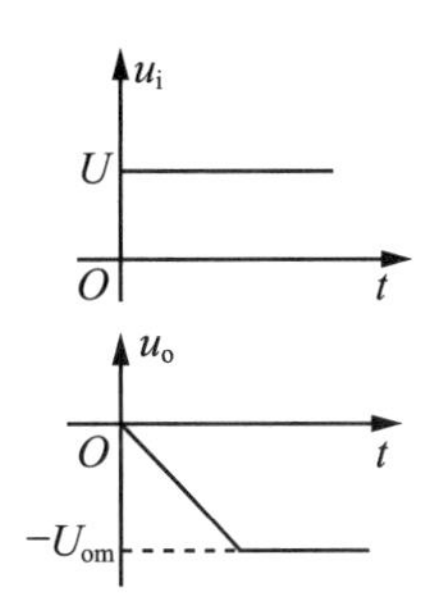


图 4-82　积分运算电路的阶跃响应

### 3.2.7　比较器

用运算放大器构成的非线性电路主要有比较器和信号发生器。当运算放大器工作于开环，或者处于正反馈工作状态时，运算放大器就进入非线性工作区域。比较器主要有滞回比较器和电压比较器等，下面主要介绍电压比较器。

电压比较器是用运算放大器构成的最基本的非线性电路，在电路中起着开关作用或模拟量转换成数字量的作用。

如图 4-83 所示的电路是一个模拟量转换成数字量的电路。图中运算放大器接成电压比较器形式，同相输入端接参考电压 $U_{REF}$。输入的正弦模拟电压信号 $u_i$ 接在反相输入端，当 $u_i$ 略大于 $U_{REF}$ 时，由于净输入电压 $u_+ < u_-$，$u_o = -u_{om}$；当 $u_i$ 略小于 $U_{REF}$ 时，由于 $u_+ > u_-$，$u_o = u_{om}$。在电压比较器的输入端进行模拟信号大小的比较，在输出端则以高电平或低电平来反映比较结果。输出电压与输入电压的关系称为电压比较器的传输特性。

对于图 4-83 所示的电路，输入电压 $u_i$ 相同时，当基准电压 $U_{REF}$ 为 0V、1V、－1V 时，其传输特性曲线分别如图 4-84(a)(b)(c)所示。

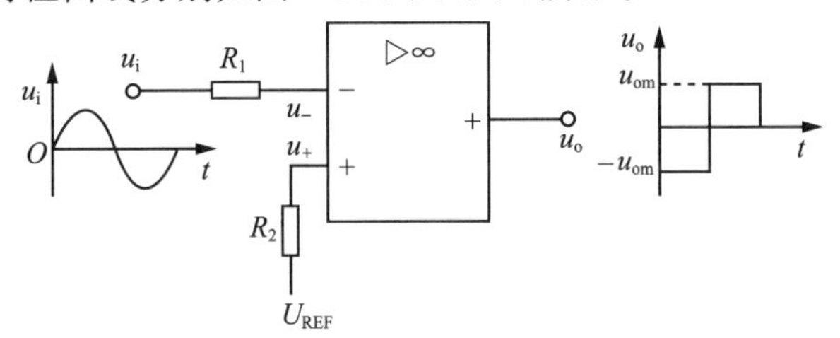


图 4-83　电压比较器电路图

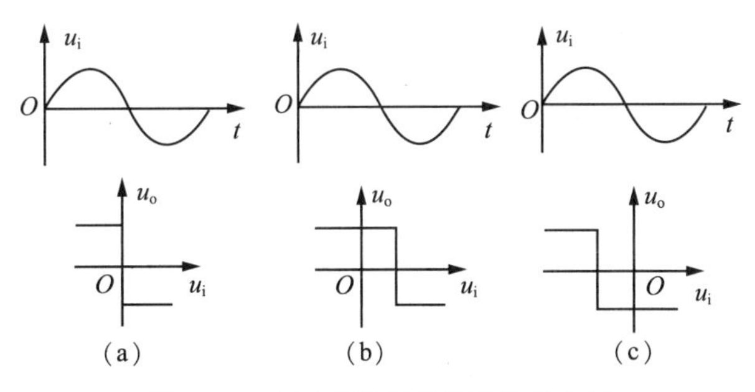


图 4-84　电压比较器的传输特性曲线

若参考电压 $U_{REF}=0$，则输入信号 $u_i$ 每次过零时，输出电压都会发生变化，其转折点在坐标原点，如图 4-84(a)所示，这样的比较器叫过零比较器。若参考电压不为零，则转折点也随着改变。

RC 桥式振荡电路

## 任务 3.3　正弦波振荡电路

### 任务内容

正弦波振荡电路产生自激振荡的条件、组成与分类和 RC 振荡器。

### 任务目标

使学生对正弦波振荡电路工作原理和 RC 振荡器有较深的了解。

### 相关知识

#### 3.3.1　正弦波振荡器的基本概念

正弦波振荡电路是用来产生一定频率和幅度的正弦交流信号的电路。其频率范围很广，可以从零点几赫兹到几百兆赫兹以上。正弦波振荡电路由放大器和反馈网络等组成，其电路原理框图如图 4-85 所示。假如开关 S 处在位置 1，即在放大器的输入端外加输入信号 $\dot{U}_i$ 为一定频率和幅度的正弦波，此信号经放大器放大后产生输出信号 $\dot{U}_o$， 而 $\dot{U}_o$ 又作为反馈网络的输入信号，在反馈网络输出端产生反馈信号 $\dot{U}_f$。 如果 $\dot{U}_f$ 和原来的输入信号 $\dot{U}_i$ 大小相等且相位相同，假如这时除去外加信号并将开关 S 接至 2 端，由放大器和反馈网络组成一闭环系统，在没有外加输入信号的情况下，输出端可维持一定频率和幅度的信号 $\dot{U}_o$ 输出，从而实现了自激振荡。

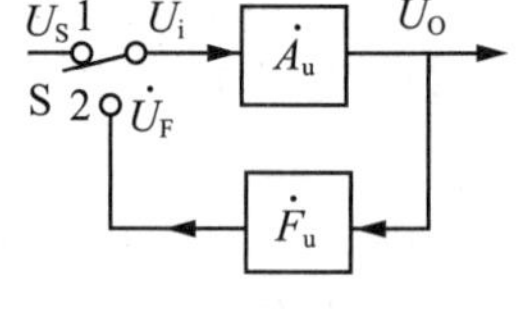


图 4-85　正弦波振荡电路原理

为使振荡电路的输出为一个固定频率的正弦波，要求自激振荡只能在某一频率上产生，而在其他频率上不能产生，因此图 4-85 所示的闭环系统内，必须含有选频网络，使得只有选频网络中心频率上的信号才满足 $\dot{U}_f$ 和 $\dot{U}_i$ 相同的条件而产生自激振荡，其他频率的信号不满足 $\dot{U}_f$ 和 $\dot{U}_i$ 相同的条件而不能产生振荡。选频网络可以包含在放大器内，也可在反馈网络内。

如上所述，反馈振荡电路是一个将反馈信号作为输入电压来维持一定输出电压的闭环正反馈系统，实际上它是不需外加信号激发就可以产生输出信号的。振荡环路内存的微弱的电扰动(如接通电源瞬间在电路中产生很窄的脉冲，放大器内部的热噪声等)，都可作为放大器的初始输入信号。由于很窄的脉冲内具有十分丰富的频率分量，经选频网络选频，使得只有某一频率的信号能反馈到放大器的输入端，而其他频率的信号被抑制。这一频率分量的信号经放大后，又通过反馈网络回送到输入端，且信号幅度比前一瞬时要大，再经过放大、反馈，使回送到输入端的信号幅度进一步增大，最后将使放大器进入非线性工作区，放大器的增益下降，振荡电路输出幅度越大，增益下降也越多，最后当反馈电压正好等于原输入电压时，振荡幅度不再增大从而进入平衡状态。

### 3.4.2 产生自激振荡的条件

1. 振荡的平衡条件

当反馈信号 $\dot{U}_f$ 等于放大器的输入信号 $\dot{U}_i$ 时，振荡电路的输出电压不再发生变化，电路达到平衡状态，因此将 $\dot{U}_f=\dot{U}_i$ 称为振荡的平衡条件。需要强调的是这里 $\dot{U}_f$ 和 $\dot{U}_i$ 都是复数，所以两者相等是指大小相等而且相位也相同。根据图 4-85 可知

$$\dot{A}_u=\frac{\dot{U}_o}{\dot{U}_i},\quad \dot{F}_u=\frac{\dot{U}_f}{\dot{U}_o},\quad \text{所以},\dot{U}_f=\dot{F}_u\dot{U}_o=\dot{F}_u\dot{A}_u\dot{U}_i$$

由此可得振荡的平衡条件为 $\dot{A}_u\dot{F}_u=1$。 (4-66)

因此，振荡的平衡条件应当包括振幅平衡条件和相位平衡条件两个方面。

(1)振幅平衡条件：$|\dot{A}_u\dot{F}_u|=1$。 (4-67)

式(4-67)说明，放大器与反馈网络组成的闭合环路中，环路总的传输系数应等于 1，使反馈电压与输入电压大小相等。

(2)相位平衡条件：$\varphi_a+\varphi_f=\pm 2n\pi(n=0,\ 1,\ 2\cdots)$。 (4-68)

式(4-68)说明，放大器和反馈网络的总相移必须等于 $2\pi$ 的整数倍，使反馈电压与输入电压相位相同，以保证正反馈。作为一个稳态振荡电路，相位平衡条件和振幅平衡条件必须同时得到满足。利用振幅平衡条件可以确定振荡电路的输出信号幅度；利用相位条件可以确定振荡信号的频率。

2. 振荡的起振条件

式(4-66)是维持振荡的平衡条件，是指振荡电路已进入稳态振荡而言的。为使振荡电路在接通直流电源后能够自动起振，则在相位上要求反馈电压与输入电压同相，在幅度上要求 $U_f>U_i$，因此振荡的起振条件也包括相位条件和振幅条件两个方面，即

振幅起振条件：$|\dot{A}_u\dot{F}_u|>1$， (4-69)

相位起振条件：$\varphi_a+\varphi_f=\pm 2n\pi(n=0,\ 1,\ 2\cdots)$。 (4-70)

综上所述，要使振荡电路能够起振，在开始振荡时，必须满足 $|\dot{A}_u\dot{F}_u|>1$。起振后，振荡幅度迅速增大，使放大器工作到非线性区，以至放大倍数 $|\dot{A}_u|$ 下降，直到 $|\dot{A}_u\dot{F}_u|=1$，振荡幅度不再增大，振荡进入稳定状态。这里需指出，式(4-67)与式(4-69)中的 $\dot{A}_u$ 对于同一振荡电路其值是不同的，起振时由于信号比较小，振荡电路

处于小信号状态，故电路的放大倍数比较大，可采用小信号等效电路进行计算；而在平衡状态，振荡电路处于大信号工作状态，电路的放大倍数不能用小信号等效电路计算，其值比较小。

3. 正弦波振荡电路的组成

综上所述，正弦波振荡电路一般有四个组成部分。

(1)放大电路。它完成信号的放大，是维持振荡器工作的主要环节。

(2)反馈网络。它将输出信号反馈到输入端，并形成正反馈以满足相位平衡条件。

(3)选频网络。由扰动信号引起的振荡，并不是单一频率的振荡，其中包含了各种频率的谐波成分，为了从中获得单一频率的正弦波信号，振荡电路中应设选频网络。有些振荡电路中，选频网络兼作反馈网络。

(4)稳幅环节。它使振荡信号幅值稳定。

4. 正弦波振荡电路的分类

根据组成选频网络的元件和结构，正弦波振荡电路通常分为 $LC$ 振荡电路、$RC$ 振荡电路和石英晶体振荡电路。这里我们主要介绍 $RC$ 振荡电路。

### 3.4.3 集成运算放大器构成的 *RC* 振荡器

采用 $RC$ 选频网络构成的振荡电路称为 $RC$ 振荡电路，它适用于低频振荡，一般用于产生 10～100kHz 的低频信号。因为对于 $RC$ 振荡电路来说，增大电阻 $R$ 即可降低振荡频率，而增大电阻是无需增加成本的。

常用的 $RC$ 振荡电路有 $RC$ 桥式振荡电路和 $RC$ 移相式振荡电路。这里重点介绍由 $RC$ 串并联选频网络构成的 $RC$ 桥式振荡电路。

1. $RC$ 桥式振荡电路

(1)$RC$ 串并联选频网络。由相同的 $RC$ 组成的串并联选频网络如图 4-86 所示，$Z_1$ 为 $RC$ 串联电路，$Z_2$ 为 $RC$ 并联电路。由图 4-86 可得 $RC$ 串并联选频网络的 $\dot{F}_u$ 为

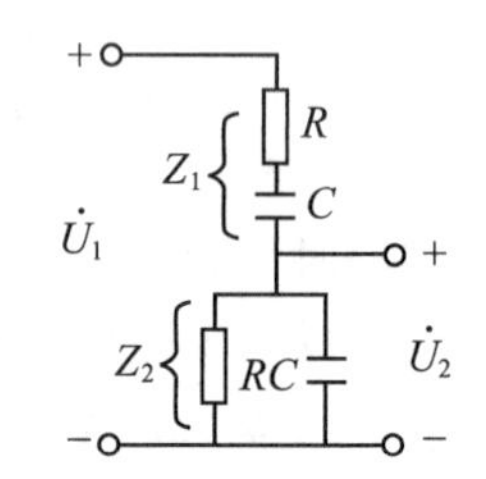


**图 4-86 *RC* 串并联选频网络**

$$\dot{F}_u=\frac{\dot{U}_2}{\dot{U}_1}=\frac{R\,//\,\frac{1}{j\omega C}}{R+\frac{1}{j\omega C}+R\,//\,\frac{1}{j\omega C}}=\frac{1}{3+j\left(\omega RC-\frac{1}{\omega RC}\right)}$$

$$=\frac{1}{3+j\left(\frac{\omega}{\omega_0}-\frac{\omega_0}{\omega}\right)} \tag{4-71}$$

式中

$$\omega_0=\frac{1}{RC} \tag{4-72}$$

根据式 4-72 可得到 $RC$ 串并联选频网络的幅频特性和相频特性分别为

$$|\dot{F}_u|=\frac{1}{\sqrt{3^2+\left(\frac{\omega}{\omega_0}-\frac{\omega_0}{\omega}\right)^2}} \tag{4-73}$$

$$\varphi_{\mathrm{f}}=-\arctan\frac{\dfrac{\omega}{\omega_0}-\dfrac{\omega_0}{\omega}}{3} \tag{4-74}$$

作出幅频特性和相频特性曲线分别如图 4-87(a)(b)所示。由图可见，当$\omega=\omega_0$时，$|\dot{F}_{\mathrm{u}}|$ 达到最大值并等于 1/3，相位移 $\omega_{\mathrm{f}}$ 为 0°，输出电压与输入电压同相，所以 $RC$ 串并联网络具有选频作用。

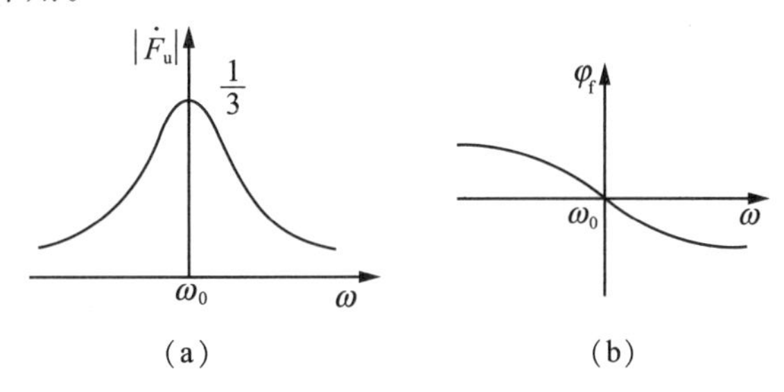


**图 4-87　*RC* 串并联网络幅频特性和相频特性**

(2)桥式振荡电路。将 $RC$ 串并联选频网络和放大器接合起来即可构成 $RC$ 振荡电路，放大器件可采用集成运算放大器。

图 4-88 所示为由集成运算放大器构成的 $RC$ 桥式振荡电路，图中 $RC$ 串并联选频网络接在运算放大器的输出端和同相输入端之间，构成正反馈，$R_{\mathrm{f}}$、$R_1$ 接在运算放大器的输出端和反相输入端之间，构成负反馈。正反馈电路与负反馈电路构成一文氏电桥电路，运算放大器的输入端和输出端分别跨接在电桥的对角线上，所以，把这种振荡电路称为 $RC$ 桥式振荡电路。

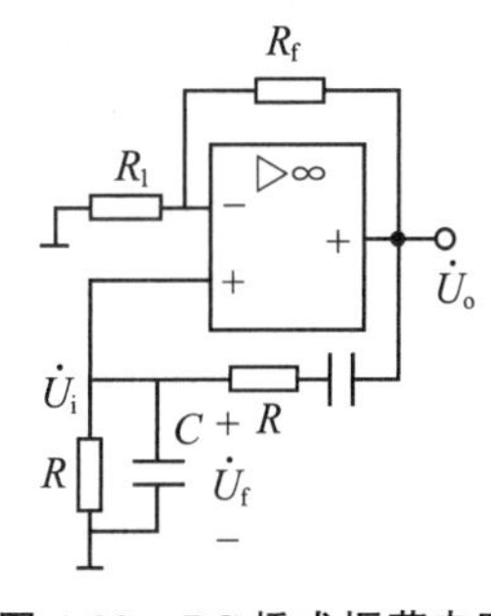


**图 4-88　*RC* 桥式振荡电路**

由图 4-88 可见，振荡信号由同相端输入，故构成同相放大器，其闭环电压放大倍数等于 $\dot{A}_{\mathrm{u}}=\dfrac{\dot{U}_{\mathrm{o}}}{\dot{U}_{\mathrm{i}}}=\left(1+\dfrac{R_{\mathrm{f}}}{R_1}\right)$。

而 $RC$ 串并联选频网络在 $\omega=\omega_0=\dfrac{1}{RC}$时，$\dot{F}_{\mathrm{u}}=\dfrac{1}{3}$，$\varphi_{\mathrm{f}}=0°$，所以，只要 $|\dot{A}_{\mathrm{u}}|=\left(1+\dfrac{R_{\mathrm{f}}}{R_1}\right)>3$，即 $R_{\mathrm{f}}>2R_1$，振荡电路就能满足自激振荡的振幅和相位起振条件，产生自激振荡，振荡频率 $f_0=\dfrac{1}{2\pi RC}$。　(4-75)

采用双联可调电位器或双联可调电容器即可方便地调节振荡频率。在常用的 $RC$ 振荡电路中，一般采用改变高稳定度的电容来进行频段的转换(频率细调)，再采用双联可变电位器进行频率的粗调。若图 4-88 所示电路中 $R_{\mathrm{f}}$ 采用了具有负温度系数的热敏电阻，还具有改善振荡波形、稳定振荡幅度的作用。

2.*RC* 移相式振荡电路

除了 $RC$ 桥式振荡电路以外，还有一种最常见的 $RC$ 振荡电路称为 $RC$ 移相式振荡电路，其电路如图 4-89 所示，图中反馈网络由三节 $RC$ 移相电路构成。

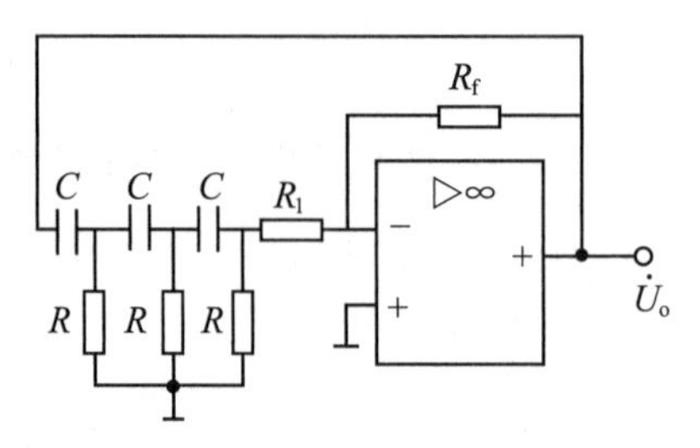


图 4-89　$RC$ 超前移相式振荡电路

由于集成运算放大器的相移为 180°，为满足振荡的相位平衡条件，要求反馈网络对某一频率的信号再相移 180°，图 4-89 中 $RC$ 构成超前相移网络。由于一节 $RC$ 电路的最大相移为 90°，不能满足振荡的相位条件；二节 $RC$ 电路的最大相移可以达到 180°，但当相移等于 180°时，输出电压已接近于零，故不能满足起振的幅度条件。所以，这里采用三节 $RC$ 超前相移网络，三节相移网络对不同频率的信号所产生的相移是不同的，但其中总有某一个频率的信号，通过此网络产生的相移刚好为 180°，满足相位平衡条件而产生振荡，该频率即为振荡频率 $f_0$。根据相位平衡条件，可求得移相式振荡电路的振荡频率为

$$f_0=\frac{1}{2\pi\sqrt{6}RC} \tag{4-76}$$

$RC$ 移相式振荡电路具有结构简单、经济方便等优点。其缺点是选频性能较差，频率调节不方便，由于输出幅度不够稳定，输出波形较差，一般只用于振荡频率固定，稳定性要求不高的场合。

## 任务 3.4　使用集成运算放大器应注意的几个问题

### 任务内容

合理选用集成运算放大器的型号、保护措施、消振和调零。

### 任务目标

使学生对使用集成运算放大器有较熟的了解。

### 相关知识

#### 3.4.1　合理选用集成运放型号

1. 高输入阻抗型

它主要用作测量放大器、模拟调节器、有源滤波器及采样—保持电路等，国产典型器件为 5G28，其 $r_{id}$ 可达 $10^{10}\Omega$。

2. 低漂移型

它一般用于精密检测、精密模具计算、自控仪表、人体信息检测等。典型器件为 5G7650。

3. 高速型

它一般用于快速模/数和数/模转换器、有源滤波器、锁相环、精密比较器、高速采样保持电路和视频放大器等。

4. 低功耗型

它用于遥测、遥感、生物医学和空间技术研究等对能源消耗有限制的场合，其电源电压可低到 1.5V。

5. 大功率型

它用于要求输出功率大的场合，典型器件 MCELI65 型。

选型时，除了满足主要技术性能以外，还应考虑经济性。

### 3.4.2 消振和调零

1. 消振

通常的方法是外接 $RC$ 消振电路或消振电容，可在电源端子接上电容或在反馈电阻两端并联电容来实现，电路分别如图 4-90(a)(b)所示。是否已消振，可将输入端接“地”，用示波器观察输出端有无自激振荡。

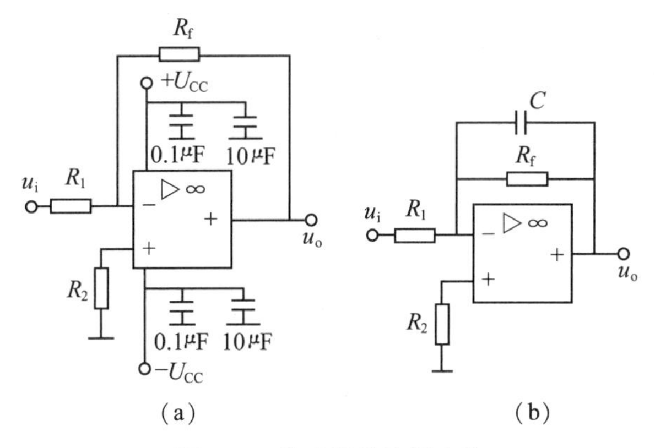


图 4-90 集成运放消振电路

2. 电路的调零

调零时应将电路接成闭环，分无输入时调零和有输入时调零。

对于没有专用调零引脚的运算放大器，可在输入端采取辅助调零措施，如图 4-91 所示。

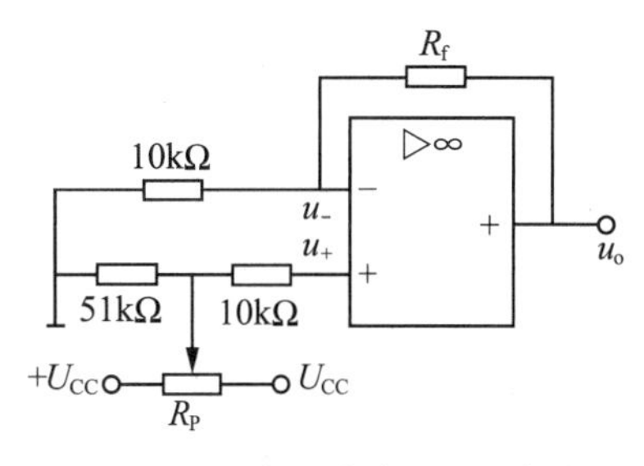


图 4-91 集成运放辅助调零电路

### 3.4.3 保护措施

(1)电源端保护。在电源连接线中串接二极管来实现保护，如图 4-92 所示。

(2)输入保护。可在运算放大器输入端加限幅保护，如图 4-93 所示。

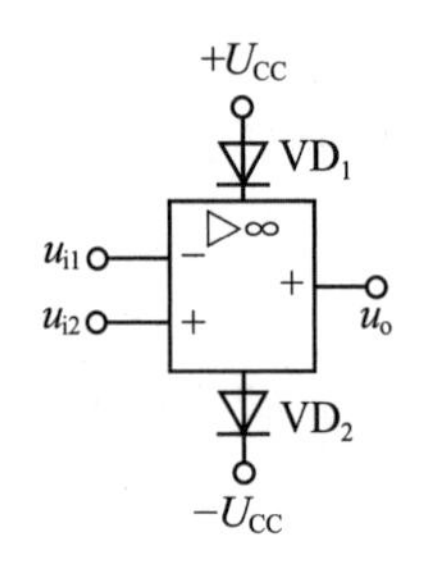


图 4-92　电源端保护电路

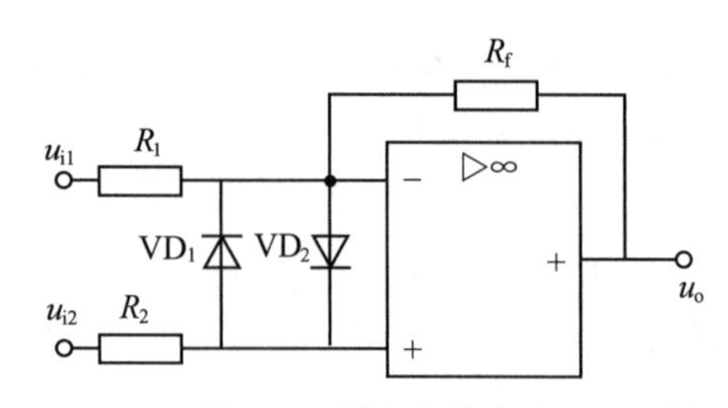


图 4-93　输入保护电路

(3)输出保护。可在运算放大器输出端反向串联两个稳压管实现过电压保护，如图 4-94 所示。

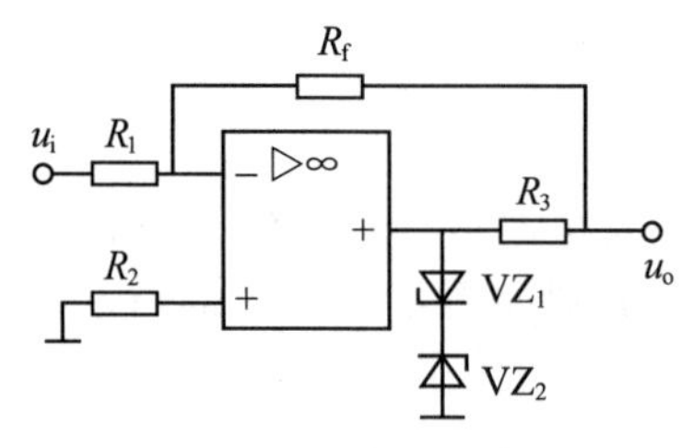


图 4-94　输出保护电路

# 模块 4　放大电路实训及操作

## 任务 4.1　单管放大电路的安装与测试

### 任务内容

单管放大电路的安装与测试。

### 任务目标

1. 熟悉分压式偏置单管放大电路的组成和工作原理，进一步加深对单管交流放大电路工作原理的理解。

2. 观察静态工作点和电容参数对放大电路工作性能的影响，熟悉放大电路静态工作点的调整与测试方法。

3. 测量交流电压放大电路的电压放大倍数，观察负载电阻变化时对电压放大倍数的影响，加深理解负反馈在放大电路中所起的作用。

4. 掌握对有关仪器和仪表的使用方法及一定的焊接技能。

**相关知识**

### 4.1.1 实训器件

直流稳压电源、低频信号发生器、晶体管毫伏表、双踪示波器、万用表、电烙铁、焊锡、松香、晶体三极管、电位器电阻、电解电容器、万能实验板等。

### 4.1.2 实训内容

1. 电路的焊接

如图 4-95 所示电路为分压式偏置单管交流放大电路的原理图。先用万用表检查各电子元件的好坏，接着按照原理图把电子元件焊接在线路板上(或插在万能实验板上)。

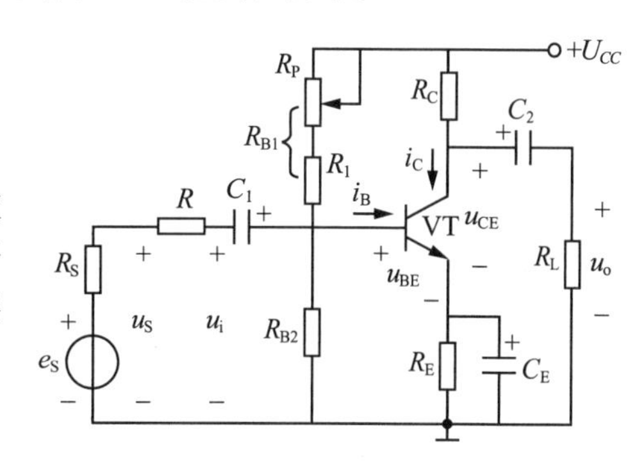


图 4-95 分压式偏置单管交流放大电路的原理图

2. 静态工作的测量

将直流电源接入放大电路，调节电位器 $R_P$，直到 $U_{CE}=\frac{1}{2}U_{CC}$ 为止，测量此时三极管的基极电流 $I_B$ 和集电极电流 $I_C$ 的值。将所测得的数据做好记录。

3. 放大倍数 $A_u$、输入电阻 $r_i$ 和输出电阻 $r_o$ 的测量，并观察负载电阻 $R_L$ 对 $A_u$ 的影响

在上述静态工作点下，接入低频信号发生器，在输出电压不失真的情况下，用晶体管毫伏表测量低频信号发生器电压 $u_s$、输入电压 $u_i$ 和输出电压 $u_o$ 的值，将所测得的数据做好记录。则可得电压放大倍数 $A_u$ 和 $r_i$ 为

$$A_u=\frac{u_o}{u_i}, \tag{4-77}$$

$$r_i=\frac{u_i}{u_s-u_i}R \tag{4-78}$$

断开 $R_L$，重复上述步骤测量输出电压 $u_o'$的值。将所测得的数据做好记录。比较上面的测量结果，观察 $R_L$ 对 $A_u$ 的影响，可得 $r_o$ 为

$$r_o=\left(\frac{u_o'}{u_o}-1\right)R_L \tag{4-79}$$

4. 观察静态工作点位置对波形失真的关系

保持输入电压和负载电阻不变，当 $R_P$ 的阻值调节到最大值时，观察输出电压 $u_o$ 的波形是否出现失真，描述其波形并判断是什么性质的失真；当 $R_P$ 的阻值调节到最小值时，情况又怎么样。将所观察到的波形做好记录，并描绘在坐标纸上。

### 4.1.3 实训注意事项

在拆元件时必须切断电源，不可带电操作。

### 4.1.4　实训报告与思考题

1. 列表整理测量结果，并把所测得的静态工作点、电压放大倍数、输入电阻、输出电阻的值与理论计算值相比较(每项结果取一组进行比较)，分析产生误差的原因。

2. 总结 $R_C$、$R_L$ 及静态工作点对放大器电压放大倍数及输入、输出电阻的影响。

3. 讨论静态工作点变化对放大器输出波形的影响，比较最大不失真输出电压范围的理论计算值与实测值，分析产生误差的原因。

4. 分析、讨论在调试过程中出现的问题。

## 任务 4.2　集成运算放大器实现加和减运算

**任务内容**

集成运算放大器实现加和减运算。

**任务目标**

1. 了解集成运算放大器的外形结构、各引脚的功能及基本使用方法。
2. 掌握应用集成运算放大器组成的比例、加法和减法等基本运算电路的方法。
3. 掌握查阅电子资料手册的方法。

**相关知识**

### 4.2.1　实训器件

双路直流稳压电源、双踪示波器、直流信号源、交流信号源、晶体管毫伏表、万用表、电子技术实验箱、集成运算放大器(μA741)、电阻等。

### 4.2.2　实训内容

1. 熟悉集成电路 LM741(国外型号 μA741)的外形结构和各引脚的功能

它是一种具有内部频率补偿，有短路保护等特点的高性能集成运算放大器。其引脚排列如图 4-96(a)所示，图 4-96(b)为其调零电路。调节双路直流稳压源的两路输出都为 15V。

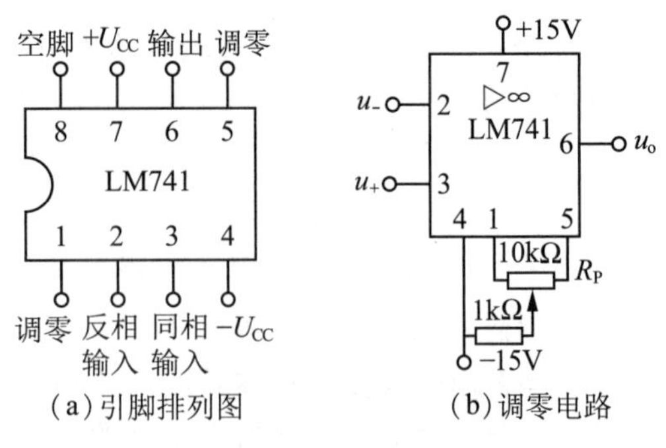

(a)引脚排列图　(b)调零电路

**图 4-96　集成电路 LM741 的引脚排列图和调零电路**

2. 熟悉集成电路 LM741 调零方法

反相比例放大器的电路图如图 4-97 所

示，连接好电路并接通电源，将输入端接地($u_i=0$)，测量此时的输出电压 $u_o$，若 $u_o$ 不为零，可调节调零电位器使 $u_o$ 为零。

3. 计算闭环电压放大倍数 $A_f$

测量直流传输特性 $U_o=f(U_i)$，输入直流信号电压 $U_i$ 在$+1\sim-1$V 取 5～6 点，测取 $U_i$ 和 $U_o$，将所测得的数据做好记录，并计算闭环电压放大倍数 $A_f$。

4. 加法电路

电路图如图 4-98 所示，连接好电路并接通电源，在运算放大器的两输入端加两个直流信号源，记录 $u_{i1}$、$u_{i2}$ 和 $u_o$ 的数据，并验证加法关系。

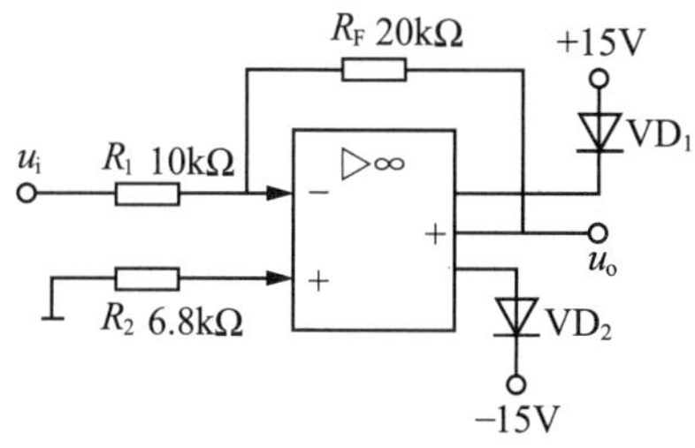


图 4-97　反相比例放大器电路图

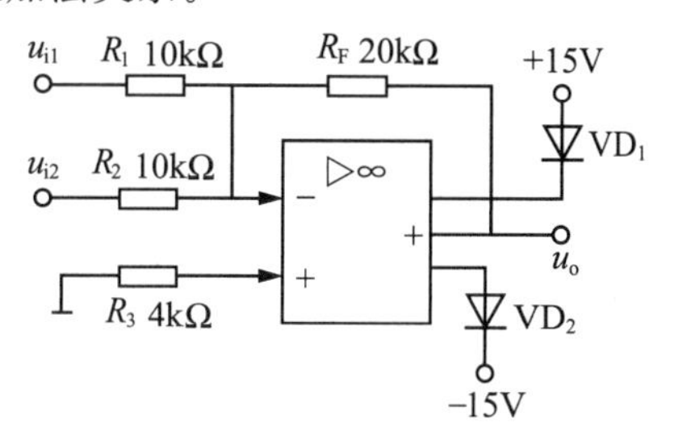


图 4-98　反相加法放大器电路图

5. 减法电路

电路图如图 4-99 所示，连接好电路并接通电源，在运算放大器的两输入端加一个直流信号源和一正弦交流信号，用双踪示波器观察输入和输出电压的波形，将所观察到的波形做好记录，并描绘在坐标纸上。

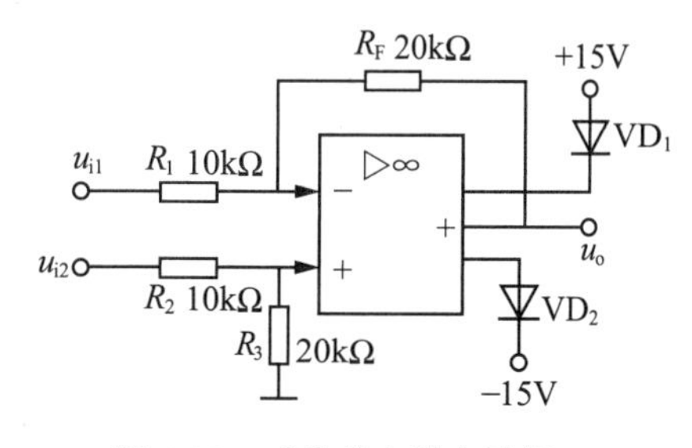


图 4-99　减法放大器电路图

### 4.2.3　实训注意事项

在拆元件时必须切断电源，不可带电操作。

### 4.2.4　实训报告与思考题

1. 为保证运算精度，运算电路中要求采用精密电阻，如采用碳膜电阻，电阻值以实测为准。在拆元件时必须切断电源，不可带电操作。

2. 试分析反相比例运算与同相比例运算输出电压与输入电压的关系。讨论输入方波信号频率 $f$ 改变时，输出波形的变化。

## 任务 4.3　集成运算放大器构成比较器

**任务内容**

集成运算放大器构成比较器。

### 任务目标

1. 掌握用集成运放组成电压比较器及其接线方法。
2. 掌握方波振荡电路的原理及其接线方法。
3. 掌握查阅电子资料手册的方法。

### 相关知识

## 4.3.1 实训器件

双路直流稳压电源、双踪示波器、直流信号源、交流信号源、晶体管毫伏表、万用表、电子技术实验箱、集成运算放大器(μA741)、电阻等。

## 4.3.2 实训内容

1. 电压比较器

电压比较器对输入信号的电位进行鉴别和比较，可以把输入模拟信号变为数字信号，电路工作的特点是运算放大器工作在开环放大状态，即在非线性区工作。当加到反相输入端的电压比加到同相输入端的电压高时，输出为低电平；反之，当加到反相输入端的电压比加到同相输入端的电压低时，输出为高电平。图 4-100 所示电路为电压比较器的测试电路，按图连接线路和各仪器仪表。

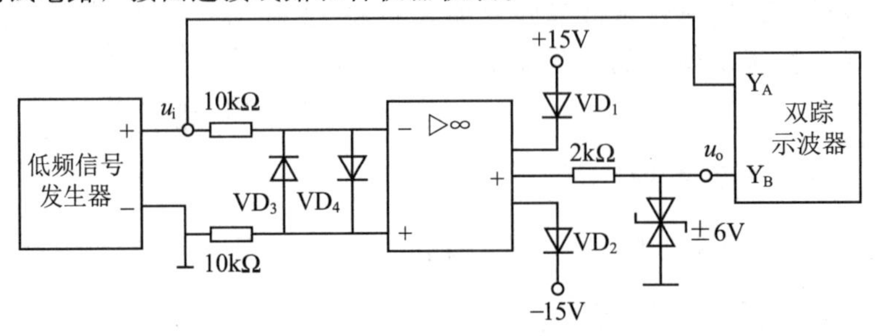


图 4-100 电压比较器的测试电路

将低频信号发生器的输出调整为频率为 1kHz，电压为 1V 的正弦波；在检查电路后接上直流稳压电源、低频信号发生器和双踪示波器。用双踪示波器观察输入端和输出端的波形，将所观察到的波形做好记录，并描绘在坐标纸上。

2. 方波振荡电路

如图 4-101 所示电路为方波振荡电路原理图，分析其工作原理，并用双踪示波器观察其输出波形，将所观察到的波

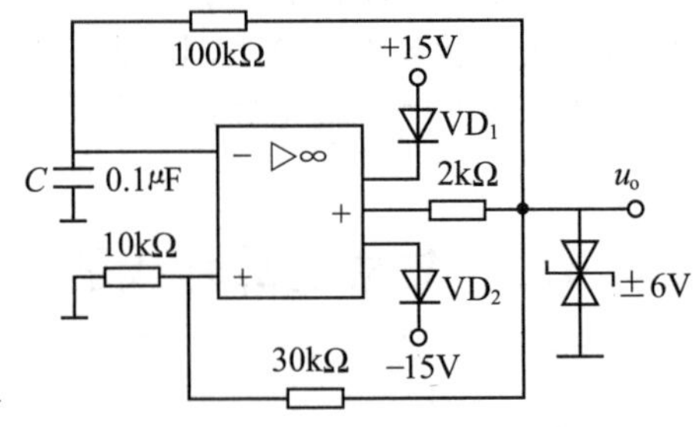


图 4-101 方波振荡电路原理图

形做好记录，并描绘在坐标纸上。

### 4.3.3 实训注意事项

在拆元件时必须切断电源，不可带电操作。

### 4.3.4 实训报告与思考题

1. 在图 4-101 所示电路中，若在同相输入端 10kΩ 接地端改接一正电压或负电压时，则输入信号电压与输出电压之间有什么不同？为什么要在反相输入端串入 100kΩ 的电阻？为什么在输出端要连接双向稳压管，并串入一个 2kΩ 的电阻？

2. 在图 4-100 所示电路中，为什么在输入端要并联两个正反向连接的二极管 $VD_3$、$VD_4$？而在图 10-7 所示电路中却不接入这两个二极管？

## 习题

4-1 什么是半导体？半导体有什么特性？

4-2 N 型和 P 型半导体有什么不同？

4-3 什么是 PN 结？PN 结具有什么特性？

4-4 二极管具有什么特性？选择二极管时应注意哪些参数？

4-5 稳压管、发光二极管、光电二极管正常工作时各处于什么状态？各有什么作用？

4-6 设二极管导通电压为 0.7V，求图 4-102 所示各电路的输出电压 $U_o$。

[答案：(a)1.3V，(b)0V，(c)10V，(d)2.7V]

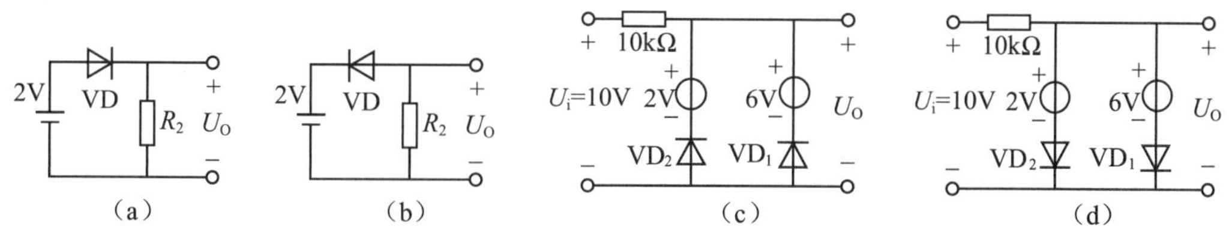


图 4-102 习题 4-6 图

4-7 三极管的发射区和集电区的半导体材料相同，它们是否可互换，为什么？

4-8 当三极管分别工作在饱和区和放大区时，它们的电流放大系数是否相同，为什么？

4-9 有两个三极管，一个管子的 $\beta=60$，$I_{CBO}=1\mu A$；另一个管子的 $\beta=120$，$I_{CBO}=5\mu A$。若其他参数都相同，问选用哪个管子好，为什么？

4-10 若测得某三极管的 $I_B=20\mu A$，$I_C=1mA$，能否确定它的电流放大系数？为什么？

4-11 若测得三极管的参数为：$I_C=3.6mA$，$I_B=40\mu A$。试计算 $\bar{\beta}$ 和 $I_E$ 的值。若要考虑 $I_{CBO}=5\mu A$，则 $\bar{\beta}$ 和 $I_E$ 的值又如何？[答案：90，3.64mA；80，3.64mA]

4-12 若测得三极管三个极的电位分别为 $V_A=6V$，$V_B=2.6V$，$V_C=2V$，问此管

是 PNP 管还是 NPN 管，并指出三个极。

［答案：是 NPN 管。三个极为：6V 为集电极，2.6V 为基极，2V 为发射极］

4-13　一个三极管的 $P_{CM}=100\text{mW}$，$I_{CM}=200\text{mA}$，$U_{(BR)CEO}=15\text{V}$，问下列几种情况下，哪种是正常工作？(1)$U_{CE}=2\text{V}$，$I_C=40\text{mA}$；(2)$U_{CE}=6\text{V}$，$I_C=20\text{mA}$；(3)$U_{CE}=3\text{V}$，$I_C=100\text{mA}$；［答案：第一种情况是正常工作，因为其各项指标仍未超标］

4-14　电路如图 4-103 所示，三极管导通 $U_{BE}=0.7\text{V}$，$\beta=50$，试分析：(1)当 $U_{BB}$ 分别为 0V、1V 和 1.5V 时三极管工作的状态及输出电压 $U_O$ 的值。(2)若三极管临界饱和，则 $U_{BB}$ 为多少？［答案：截止状态，12V；放大状态，9V；放大状态，4V；1.9V］

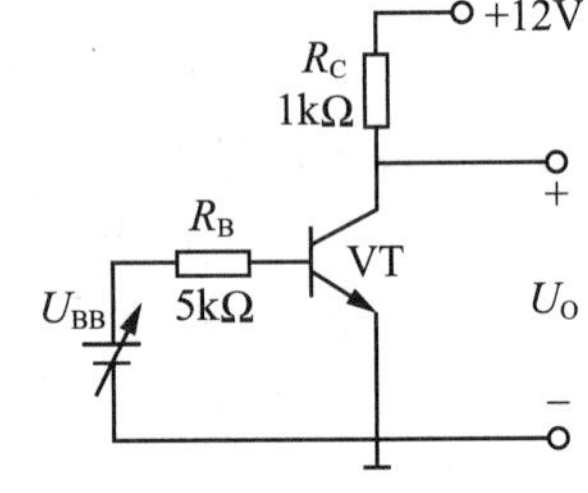


图 4-103　习题 4-14 图

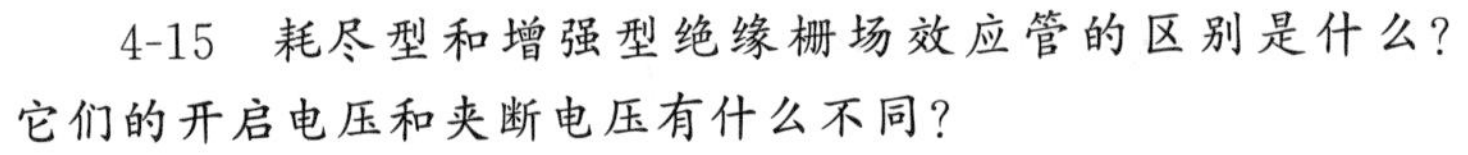

4-15　耗尽型和增强型绝缘栅场效应管的区别是什么？它们的开启电压和夹断电压有什么不同？

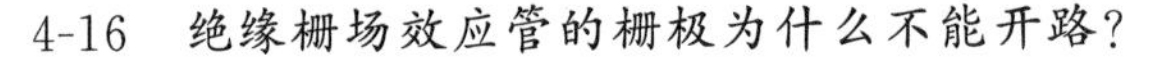

4-16　绝缘栅场效应管的栅极为什么不能开路？

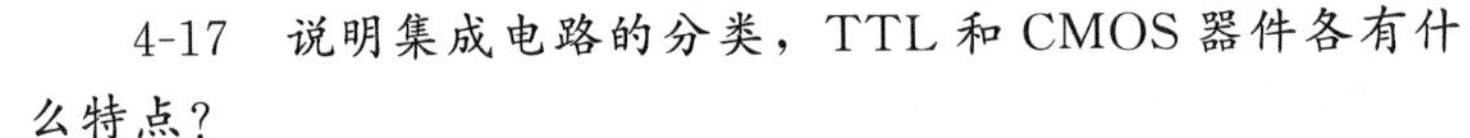

4-17　说明集成电路的分类，TTL 和 CMOS 器件各有什么特点？

4-18　三极管放大电路为什么要设置静态工作点，它的作用是什么？

4-19　在分压式偏置电路中，怎样才能使静态工作点稳定，发射极电阻的旁路电容 $C_E$ 的作用是什么，为什么？

4-20　多级放大电路的通频带为什么比单级放大电路的通频带要窄？

4-21　若要实现下列要求，应引入哪种类型的负反馈？

(1)要求输出电压 $U_0$ 基本稳定，并能提高输入电阻。

(2)要求输出电压 $U_0$ 基本稳定，并能减小输入电阻。

(3)要求输出电流 $I_0$ 基本稳定，并能提高输入电阻。

(4)要求输出电流 $I_0$ 基本稳定，并能减小输入电阻。

4-22　放大电路的甲类、乙类和甲乙类三种工作状态各有什么优缺点？

4-23　什么是交越失真？如何克服交越失真，试举例说明。

4-24　为什么增强型绝缘栅场效应管放大电路无法采用自给偏压电路？

4-25　为什么在绝缘栅场效应管低频放大电路中，其输入端耦合电容通常取值很小，而在三极管低频放大电路中，其输入端的耦合电容往往取值较大。

4-26　三极管放大电路如图 4-104 所示，已知 $U_{CC}=12\text{V}$，$R_C=3\text{k}\Omega$，$R_B=240\text{k}\Omega$，三极管的 $\beta=40$，试求：(1)估算各静态值 $I_B$，$I_C$，$U_{CE}$；(2)在静态时，$C_1$ 和 $C_2$ 上的电压各为多少？极性如何？［答案：50μA，2mA，6V］

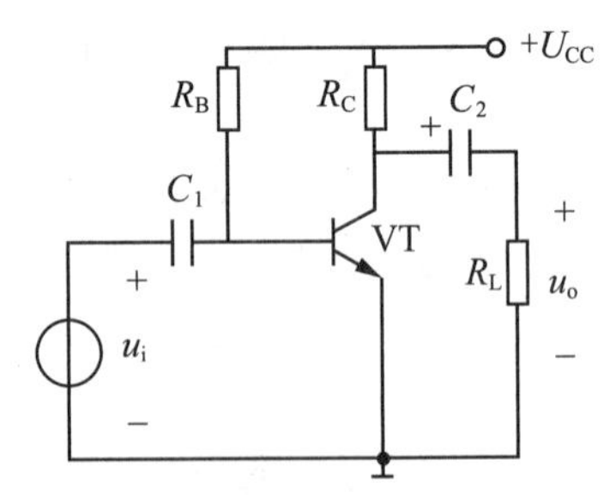


图 4-104　习题 4-26 图

4-27　在题 4-26 中，若调节 $R_B$，使 $U_{CE}=3\text{V}$，则此时 $R_B$ 为多少？若调节 $R_B$，使 $I_C=1.5\text{mA}$，此时 $R_B$ 又等于多少？［答案：160 kΩ，320 kΩ］

4-28　在题 4-26 中，若 $U_{CC}=10\text{V}$，现要求 $U_{CE}=5\text{V}$，$I_C=2\text{mA}$，$\beta=40$，试求 $R_C$ 和 $R_B$ 的阻值。［答案：2.5kΩ，200kΩ］

4-29　在题 4-26 中，在下列两种情况下，试利用微变等效电路法计算放大电路的电压放大倍数 $A_u$。(假设 $r_{be}=1\text{k}\Omega$)(1)输出端开路；(2)$R_L=6\text{k}\Omega$。[答案：−120；−80]

4-30　试判断如图 4-105 所示的电路是否具有放大作用，为什么？若不能，应如何改正？

[答案：(a)没有，因为没有基极偏置电阻 $R_B$(b)没有，电源 $U_{CC}$ 应为负值(c)有(d)没有，因为没有基极偏置电流(e)有(f)有]

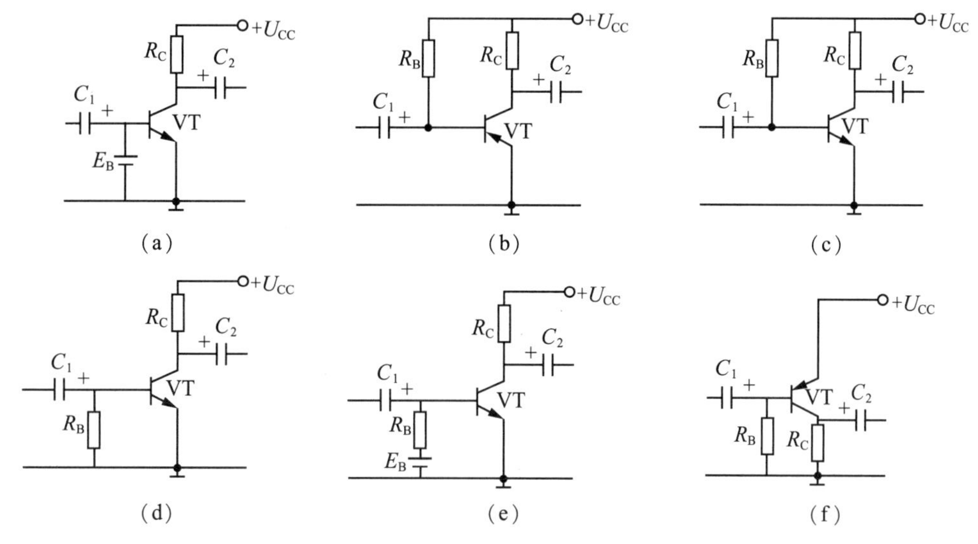


**图 4-105　习题 4-30 图**

4-31　某放大电路的输出电阻 $r_o=4\text{k}\Omega$。输出端的开路电压有效值 $U_o=2\text{V}$，若该电路现接有负载电阻 $R_L=6\ \text{k}\Omega$ 时，问此时输出电压将下降多少？[答案：0.8V]

4-32　如图 4-39(a)所示的分压式偏置电路中，已知 $U_{CC}=15\text{V}$，$R_C=3.3\text{k}\Omega$，$R_E=1.5\text{k}\Omega$，$R_{B1}=33\text{k}\Omega$，$R_{B2}=10\text{k}\Omega$，$R_L=5.1\text{k}\Omega$，三极管的 $\beta=66$，$R_S=0$。试求：(1)用估算法计算静态值；(2)画出微变等效电路图；(3)计算三极管的输入电阻 $r_{be}$，电压放大倍数 $A_u$，放大电路的输入电阻 $r_i$ 和输出电阻 $r_o$；(4)计算放大电路输出端开路时的电压放大倍数，并说明负载 $R_L$ 对电压放大倍数的影响。[答案：50μA、3.3mA、8.2V；0.828kΩ、−161、0.74 kΩ、3.3 kΩ；−265.6]

4-33　在题 4-32 中，若 $R_S=1\text{k}\Omega$，试计算输出端接有负载时的电压放大倍数 $A_u=\dfrac{\dot{U}_o}{\dot{U}_i}$ 和 $A_{us}=\dfrac{\dot{U}_o}{\dot{E}_s}$，并说明信号源内阻 $R_S$ 对电压放大倍数的影响。[答案：−161；−68.5]

4-34　在题 4-32 中若将图 4-39(a)所示电路中的旁路电容 $C_E$ 除去，试问：(1)静态值有无变化；(2)画出微变等效电路图；(3)计算电压放大倍数。[答案：−1.3]

4-35　如图 4-106 所示电路，若 $U_{CC}=20\text{V}$，$R_C=10\text{k}\Omega$，$R_B=330\text{k}\Omega$，$\beta=50$，试估算其静态值($I_C$，$I_B$，$U_{CE}$)并说明静态工作点稳定的原理。[答案：24μA，1.2mA，8V]

4-36　如图 4-107 所示的射极输出器电路中，若已知 $R_S=50\Omega$，$R_{B1}=100k\Omega$，$R_{B2}=30k\Omega$，$R_E=1k\Omega$，三极管的 $\beta=50$，$r_{be}=1k\Omega$，试求：$A_u$，$r_i$，$r_o$。[答案：0.98，16kΩ，21Ω]

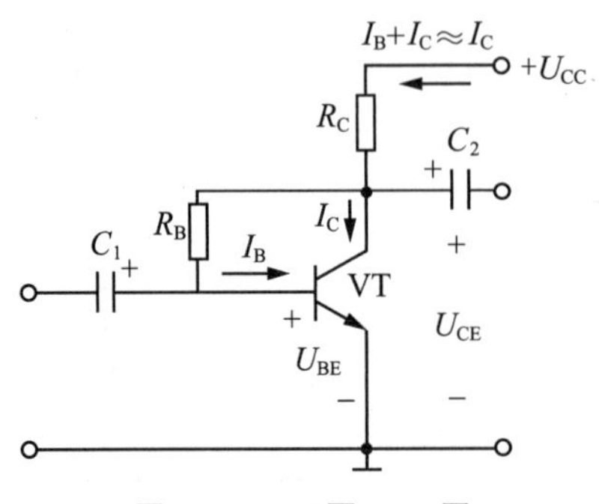


图 4-106　习题 4-35 图

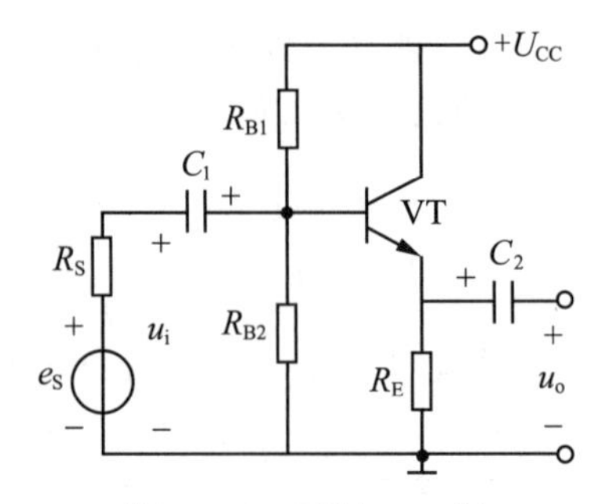


图 4-107　习题 4-36 图

4-37　有一负反馈放大电路，已知 $|A|=300$，$|F|=0.01$。试问：(1)闭环电压放大倍数 $|A_f|$ 为多少？(2)若 $|A|$ 发生 ±20% 的变化，则 $|A_f|$ 的相对变化为多少？[答案：75，+4.34%，−5.88%]

4-38　如图 4-108 所示的电路中，若三极管的 $\beta=60$，输入电阻 $r_{be}=1.8k\Omega$，信号源的输入信号 $E_S=15mV$，内阻 $R_S=0.6k$，各元件的数值如图中所示。试求：(1)输入电阻 $r_i$ 和输出电阻 $r_o$；(2)输出电压 $U_o$；(3)若 $R''_E=0$，则 $U_o$ 又等于多少？[答案：6.23 kΩ，3.9kΩ；202.5mV；720mV]

4-39　已知如图 4-109 所示的电路中，三极管的 $\beta=50$，试求：(1)静态工作点；(2)电压放大倍数，输入电阻和输出电阻。[答案：20μA，1mA，6.8V；−154，1.59kΩ，5kΩ]

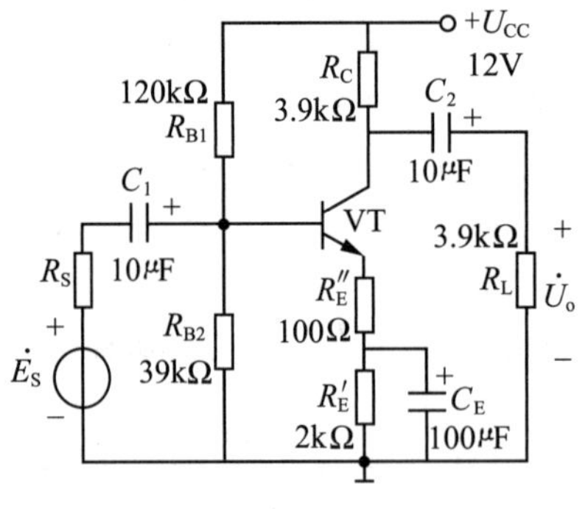


图 4-108　习题 4-38 图

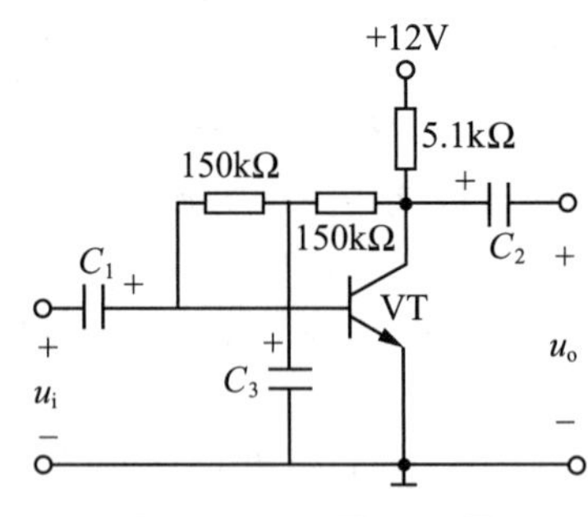


图 4-109　习题 4-39 图

4-40　如图 4-58(a)所示的 OTL 电路中若负载 $R_L=8\Omega$，现要求最大不失真输出功率为 6.25W，设管子的饱和压降约为零，试问电源电压 $U_{CC}$ 应为多少？[答案：20V]

4-41　如图 4-64 所示的场效应管分压式偏置电路中，若已知 $R_{G1}=2M\Omega$，$R_{G2}=47k\Omega$，$R_G=10M\Omega$，$R_D=30k\Omega$，$R_S=2k\Omega$，$U_{DD}=18V$，且静态时 $U_{GS}=-0.2V$，$g_m=1.2mA/V$，试求：(1)静态值 $I_D$ 和 $U_{DS}$；(2)$A_u$，$r_i$ 和 $r_0$；(3)若不要旁路电容

$C_S$，则 $A_{uf}$ 为多少？[答案：0.3mV，8.4V；−36，10MΩ，30kΩ；−10.6]

4-42　差动放大电路的工作原理是什么？

4-43　集成运算放大器的基本组成有哪些？

4-44　集成运算放大器的主要参数有哪些？

4-45　理想集成运算放大器的主要条件是什么？

4-46　通用型集成运放一般由几部分电路组成，每一部分常采用哪种基本电路？通常对每一部分性能的要求分别是什么？

4-47　已知一个集成运放的开环差模增益 $A_{ud}$ 为 100dB，最大输出电压峰—峰值 $U_{opp}=\pm14V$，分别计算差模输入电压 $u_I$（即 $u_+-u_-$）为 10μV、100μV、1mV、1V 和 −10μV、−100μV、−1mV、−1V 时的输出电压 $u_o$。

[答案：1V、10V、14V、14V、−1V、−10V、−14V、−14V]

4-48　电路如图 4-110 所示，VT 管的低频跨导为 $g_m$，$VT_1$ 和 $VT_2$ 管 D-S 间的动态电阻分别为 $r_{ds1}$ 和 $r_{ds2}$。试求解电压放大倍数 $A_u=\Delta u_o/\Delta u_i$ 的表达式。
[答案：$-g_m(r_{ds1}/\!/r_{ds2})$]

4-49　电路如图 4-111 所示，具有理想的对称性。设各管 β 均相同。

(1)说明电路中各晶体管的作用；

(2)若输入差模电压为($u_{i1}-u_{i2}$)，则由此产生的差模电流为 $\Delta i_o$，求解电路电流放大倍数 $A_i$ 的近似表达式。[答案：$A_i=\dfrac{\Delta i_o}{\Delta i_i}\approx2(1+\beta)\beta$]

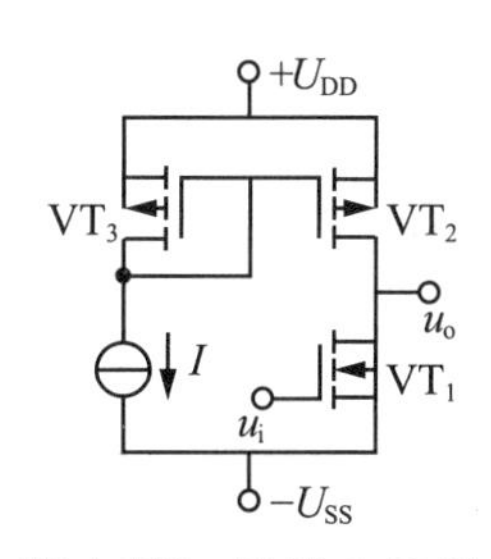

图 4-110　习题 4-48 图

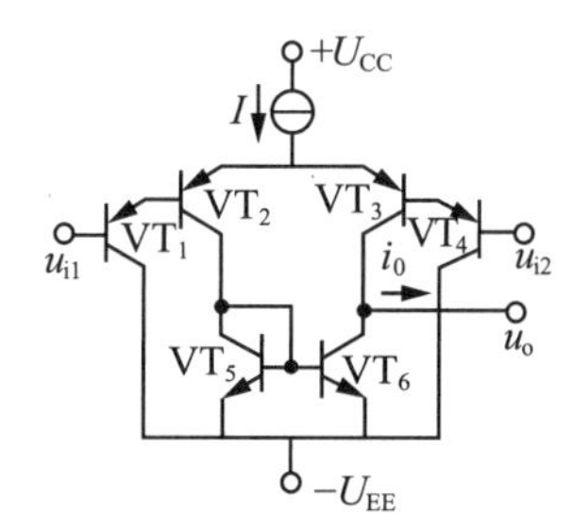

图 4-111　习题 4-49 图

4-50　电路如图 4-31 所示，$VT_1$ 与 $VT_2$ 管的特性相同，所有晶体管的 β 均相同，$R_{c1}$ 远大于二极管的正向电阻。当 $u_{i1}=u_{i2}=0V$ 时，$u_o=0V$。

(1)求解电压放大倍数的表达式；

[答案：$A_{u1}\approx-\beta\cdot\dfrac{R_{c1}\cdot\dfrac{r_{be3}}{2}}{r_{be1}}$，$A_{u2}=-\beta\cdot\dfrac{R_{c2}}{r_{be3}}$，$A_u=A_{u1}\cdot A_{u2}$]

(2)当有共模输入电压时，$u_o$＝？简述理由。[答案：$u_0\approx0$]

4-51　图 4-113 所示电路是某集成运放电路的一部分，单电源供电，$VT_1$、$VT_2$、$VT_3$ 为放大管。试分析：

(1)100μA 电流源的作用；

(2)$VT_4$ 的工作区域(截止、放大、饱和)；

(3)50μA 电流源的作用；

(4)$VT_5$ 与 $R$ 的作用。

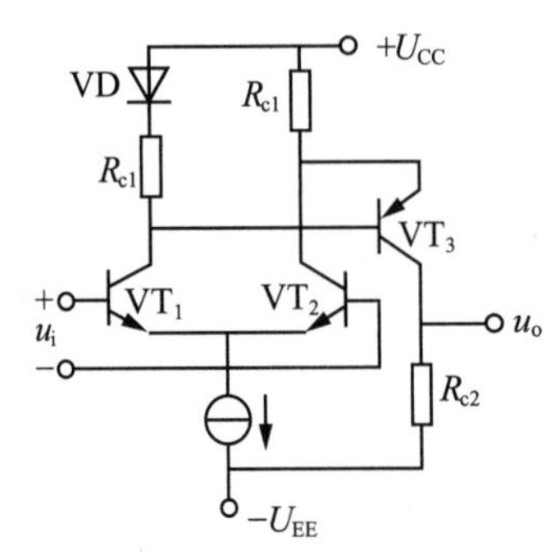


图 4-112　习题 4-50 图

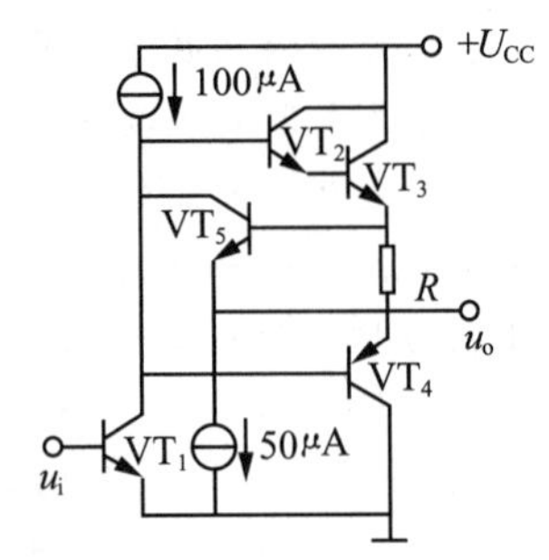


图 4-113　习题 4-51 图

4-52　试按照下列运算关系设计由集成运放构成的运算放大电路。

(1)$u_o=-5u_{i1}$；

(2)$u_o=7u_{i1}$；

(3)$u_o=5u_{i1}+2u_{i2}-3u_{i3}$。

4-53　试求图 4-114 所示各电路输出电压与输入之间的关系式。

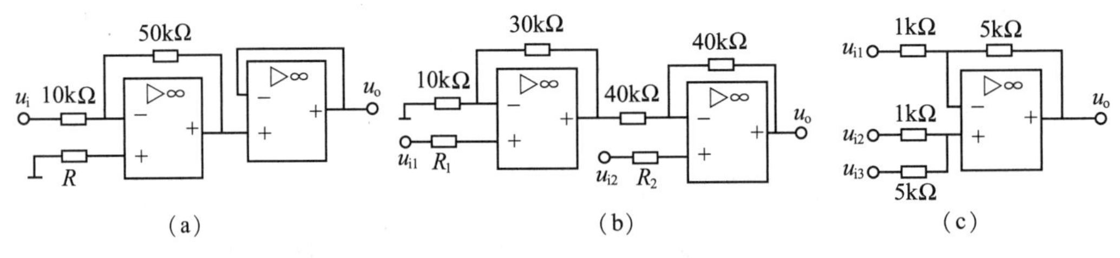


图 4-114　习题 4-53 图

## 塑人阅读

“两弹一星”功勋奖章获得者——彭桓武

中国原子弹之父——钱三强

二十大精神学习：支持实体经济发展，培育创新型企业

# 第五部分　直流电源及其应用

## 模块 1　整流滤波电路

### 任务 1.1　直流电源的认识

#### 任务内容

直流电源的认识和交流电变换为直流电的过程。

#### 任务目标

使学生对直流电源有较熟的了解。

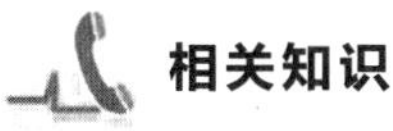

#### 相关知识

在电子电路和自动控制中，需要用电压非常稳定的直流电源。为了得到直流电，除了采用直流发电机、干电池等直流电源外，目前广泛采用各种半导体直流电源。如图 5-1 所示是半导体直流稳压电源的原理方框图，它表示把交流电变换为直流电的过程。图中各部分的功能如下。

(1)整流变压器，将交流电源电压变换为符合整流需要的交流电压。

(2)整流电路，将交流电压变换为单向脉动电压。

(3)滤波电路，减小整流电压的脉动程度，以适合负载的需要。

(4)稳压电路，在交流电源电压波动或负载变动时，使直流输出电压稳定。在对直流电压的稳定程度要求较低的电路中，稳压电路也可以不要。

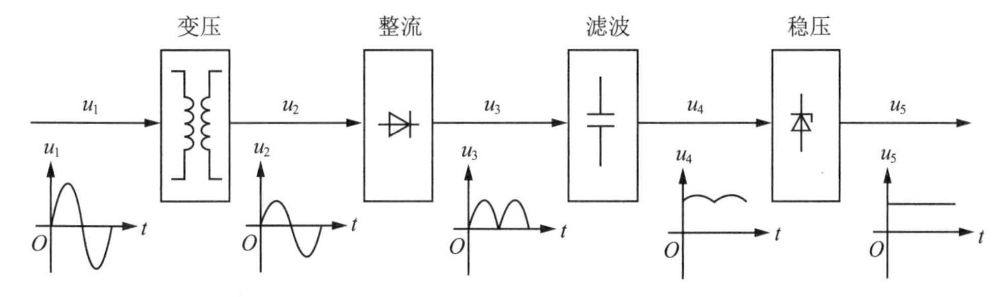


图 5-1　半导体直流稳压电源的原理方框图

# 任务 1.2　整流电路

整流电路

## 任务内容

单相半波整流电路和单相桥式整流电路的工作原理、参数的估算和整流元件的选择。

## 任务目标

使学生熟练掌握整流电路的工作原理及其应用。

## 相关知识

整流电路主要是靠二极管的单向导电作用，将交流电变换为直流电，因此二极管是构成整流电路的核心元件。整流电路按输入电源相数可分为单相整流电路和三相整流电路，按输出波形又可分为半波整流电路、全波整流电路和桥式整流电路等，本节主要介绍半波整流电路和桥式整流电路。为了简单起见，分析计算整流电路时把二极管当作理想元件来处理，即认为二极管的正向导通电阻为零，而反向电阻为无穷大。

### 1.2.1　单相半波整流电路

1. 工作原理

单相半波整流电路如图 5-2(a)所示。它是最简单的整流电路，由整流变压器、整流二极管 VD 及负载电阻 $R_L$ 组成。其中 $u_1$、$u_2$ 分别为整流变压器原边和副边的交流电压。电路的工作原理如下。

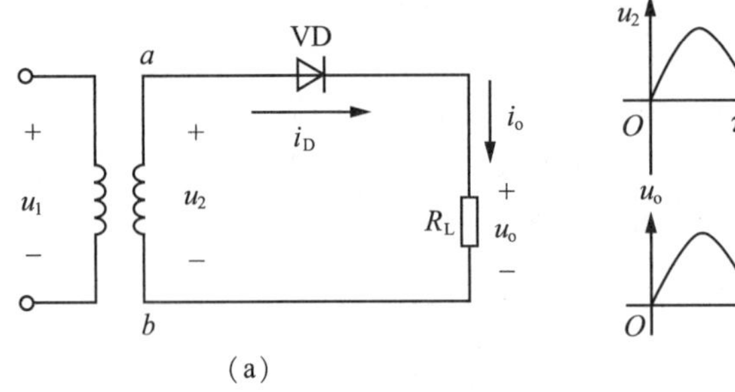

(a)

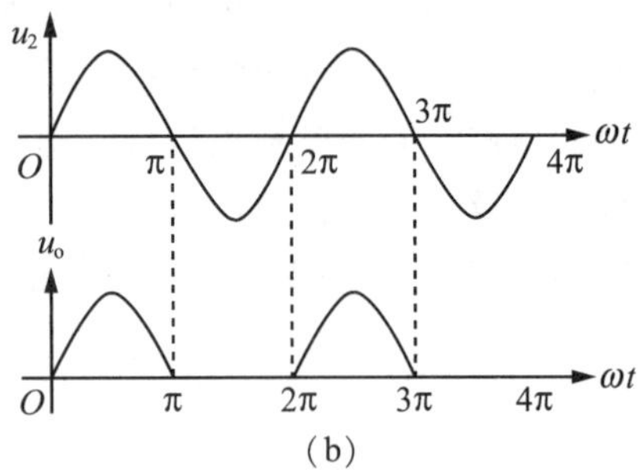

(b)

图 5-2　单相半波整流电路图和输出电压波形图

设整流变压器副边电压为 $u_2=\sqrt{2}\,U_2\sin\omega t$。

(1)当 $u_2$ 为正半周时，其极性为上正下负，即 $a$ 点电位高于 $b$ 点电位，二极管 VD 因承受正向电压而导通，此时有电流流过负载，并且和二极管上的电流相等，即 $i_o=$

$i_D$。忽略二极管的电压降，则负载两端的输出电压等于变压器副边的正半周电压，即 $u_o=u_2$，输出电压的波形与变压器副边电压 $u_2$ 的正半周相同。

(2)当 $u_2$ 为负半周时，其极性为上负下正，即 $a$ 点电位低于 $b$ 点电位，二极管 VD 因承受反向电压而截止。此时负载上无电流流过，输出电压 $u_o=0$，变压器副边电压 $u_2$ 全部加在二极管 VD 上。综上所述，在负载电阻 $R_L$ 得到的是如图 5-2(b)所示的单向脉动电压。

2. 参数计算

(1)输出电压平均值和输出电流平均值。

负载上得到的整流电压虽然是单方向的(极性一定)，但其大小是变化的。常用一个周期的平均值来衡量这种单向脉动电压的大小。

输出电压平均值为 $U_o=\dfrac{1}{2\pi}\int_0^{\pi}\sqrt{2}U_2\sin\omega t\,\mathrm{d}(\omega t)=\dfrac{\sqrt{2}}{\pi}U_2\approx 0.45U_2$， (5-1)

输出电流平均值为 $I_o=\dfrac{U_o}{R_L}=0.45\dfrac{U_2}{R_L}$。 (5-2)

(2)整流二极管的电流平均值和承受的最高反向电压。

流经二极管的电流平均值就是流经负载电阻的电流平均值，即 $I_D=I_o$。 (5-3)

二极管截止时承受的最高反向电压就是整流变压器副边交流电压 $u_2$ 的最大值，即

$$U_{DRM}=\sqrt{2}U_2 \tag{5-4}$$

(3)整流变压器副边电压有效值和电流有效值。

整流变压器副边电压有效值为 $U_2=\dfrac{U_o}{0.45}\approx 2.22U_o$。 (5-5)

整流变压器副边电流有效值为 $I_2=\dfrac{U_2}{R_L}\approx 2.22I_o$。 (5-6)

根据上述计算，可以选择整流二极管和整流变压器。

**[例 5-1]** 有一单相半波整流电路如图 5-2(a)所示，已知负载电阻 $R_L=500\Omega$，变压器副边电压 $U_2=10\text{V}$，试求 $U_o$ 和 $I_o$，并选用合适的整流二极管。

**解：** 输出电压的平均值为 $U_o\approx 0.45U_2=0.45\times 10=4.5(\text{V})$。

负载电阻 $R_L$ 的电流平均值为 $I_o=\dfrac{U_o}{R_L}=\dfrac{4.5}{500}=0.009(\text{A})=9\text{mA}$。

整流二极管的电流平均值为 $I_D=I_o=9\text{mA}$。

二极管承受的最高反向电压为 $U_{DRM}=\sqrt{2}U_2=14.14\text{V}$。

查半导体手册，可以选用型号为 2AP2 的整流二极管，其最大整流电流为 16mA，最高反向工作电压为 30V。为了使用安全，二极管的反向工作峰值电压要选得比 $U_{DRM}$ 大一倍左右。

### 1.2.2 单相桥式整流电路

单相半波整流的缺点是只利用了电源电压的半个周期，同时整流电压的脉动较大。

为了克服这些缺点，常采用全波整流电路，其中最常用的是单相桥式整流电路。

1. 工作原理

单相桥式整流电路是由 4 个整流二极管接成电桥的形式构成的，如图 5-3(a)所示，(b)所示为单相桥式整流电路的一种简便画法。

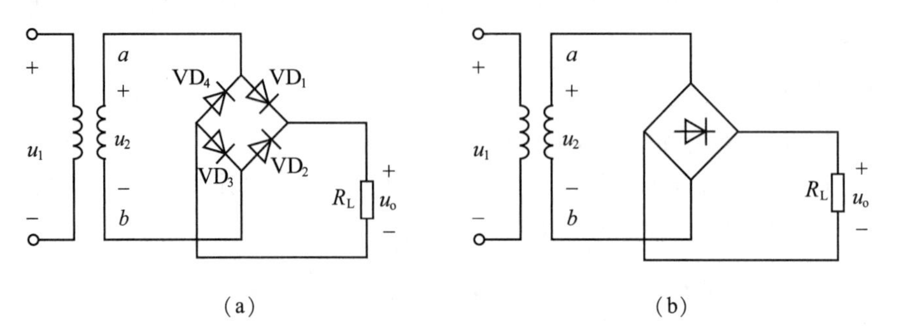


图 5-3　单相桥式整流电路图

单相桥式整流电路的工作情况如下。

设整流变压器副边电压为 $u_2=\sqrt{2}\,U_2\sin\omega t$。

(1)当 $u_2$ 为正半周时，其极性为上正下负，即 $a$ 点电位高于 $b$ 点电位，二极管 $VD_1$、$VD_3$ 因承受正向电压而导通，$VD_2$、$VD_4$ 因承受反向电压而截止。

此时电流的路径为 $a\rightarrow VD_1\rightarrow R_L\rightarrow VD_3\rightarrow b$，电路如图 5-4(a)所示。

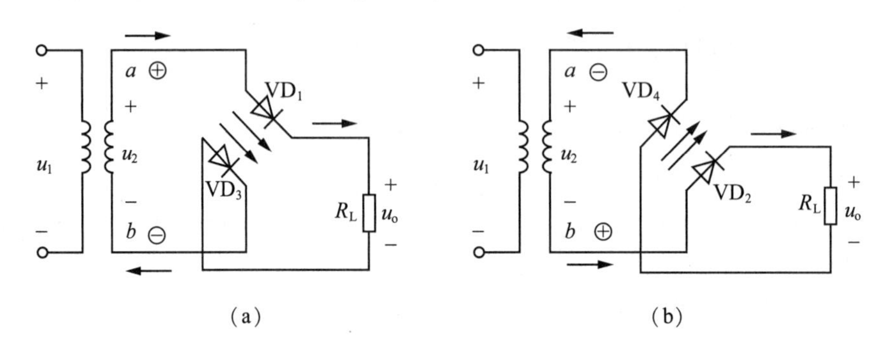


图 5-4　单相桥式整流电路电流路径图

(2)当 $u_2$ 为负半周时，其极性为上负下正，即 $a$ 点电位低于 $b$ 点电位，二极管 $VD_2$、$VD_4$ 因承受正向电压而导通，$VD_1$、$VD_3$ 因承受反向电压而截止。

此时电流的路径为 $b\rightarrow VD_2\rightarrow R_L\rightarrow VD_4\rightarrow a$，电路如图 5-4(b)所示。

从上述分析可知，无论电压是在正半周还是在负半周，负载电阻上都有相同方向的电流流过，因此在负载电阻得到的是单向脉动电压和电流。忽略二极管导通时的正向压降，则单相桥式整流电路的波形如图 5-5 所示。

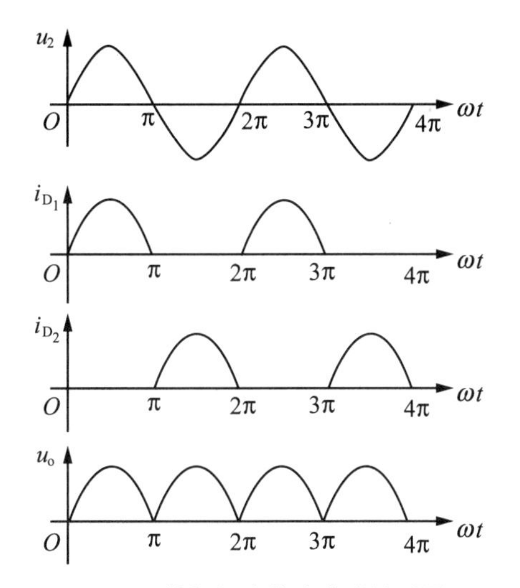


**图 5-5　单相桥式整流电路波形图**

2. 参数计算

(1)输出电压平均值和输出电流平均值。

输出电压的平均值为 $U_o=\dfrac{1}{\pi}\int_0^{\pi}\sqrt{2}U_2\sin\omega t\,\mathrm{d}(\omega t)=\dfrac{2\sqrt{2}}{\pi}U_2\approx 0.9U_2$。　　(5-7)

输出电流的平均值为 $I_o=\dfrac{U_o}{R_L}=0.9\dfrac{U_2}{R_L}$。　　(5-8)

(2)整流二极管的电流平均值和承受的最高反向电压。

因为桥式整流电路中每两个二极管串联导通半个周期，所以流经每个二极管的电流平均值为负载电流的一半，即 $I_D=\dfrac{1}{2}I_o$。　　(5-9)

二极管截止时承受的最高反向电压就是整流变压器副边交流电压 $u_2$ 的最大值，即

$$U_{DRM}=\sqrt{2}U_2 \tag{5-10}$$

(3)整流变压器副边电压有效值和电流有效值。

整流变压器副边电压有效值为 $U_2=\dfrac{U_o}{0.9}\approx 1.11U_o$。　　(5-11)

整流变压器副边电流有效值为 $I_2=\dfrac{U_2}{R_L}\approx 1.11I_o$。　　(5-12)

根据上述计算，可以选择整流二极管和整流变压器。

除了用分立组件组成桥式整流电路外，现在半导体器件厂已将整流二极管封装在一起，制造成单相整流桥和三相整流桥模块，这些模块只有输入交流和输出直流引脚，减少了接线，提高了电路工作的可靠性，使用起来非常方便。单相整流桥模块的实物外形和接线图如图 5-6(a)(b)所示。

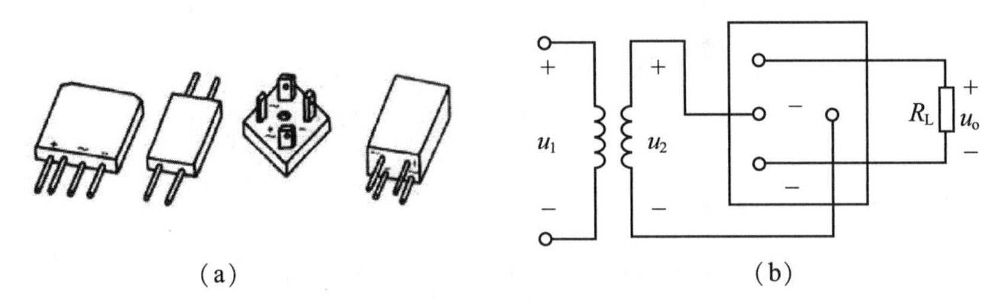


图 5-6 单相整流桥模块实物外形和接线图

[**例 5-2**] 试设计一台输出电压为 48V，输出电流为 2A 的直流电源，电路形式可以采用半波整流或桥式整流，试确定两种电路形式的变压器副边电压有效值，并选定相应的整流二极管。

**解：**(1)当采用半波整流电路时，变压器副边电压有效值为 $U_2=\dfrac{U_o}{0.45}\approx 106.6\text{V}$。

整流二极管承受的最高反向电压为 $U_{DRM}=\sqrt{2}\,U_2=150.4\text{V}$。

流过整流二极管的平均电流为 $I_D=I_o=2\text{A}$。

因此，可以选用型号为 2CZ12D 的整流二极管，其最大整流电流为 3A，最高反向工作电压为 300V。

变压器副边电流有效值为 $I_2=\dfrac{U_2}{R_L}\approx 2.22I_o=4.44\text{A}$。

变压器的容量为 $S=U_2I_2=106.6\times 4.44=473.6(\text{V}\cdot\text{A})$。

(2)当采用桥式整流电路时，

变压器副边电压有效值为 $U_2=\dfrac{U_o}{0.9}\approx 53.3\text{V}$。

整流二极管承受的最高反向电压为 $U_{DRM}=\sqrt{2}\,U_2=75.2\text{V}$。

流过整流二极管的平均电流为 $I_D=\dfrac{1}{2}I_o=1\text{A}$。

因此，可以选用 4 只型号为 2CZ12C 整流二极管，其最大整流电流为 3A，最高反向工作电压为 200V。

变压器副边电流有效值为 $I_2=\dfrac{U_2}{R_L}\approx 1.11I_o=2.22\text{A}$。

变压器的容量为 $S=U_2I_2=53.3\times 2.22=118.4(\text{V}\cdot\text{A})$。

滤波电路

## 任务 1.3 滤波电路

### 任务内容

滤波电路的工作原理、滤波电路的分类和作用。

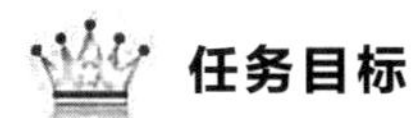

## 任务目标

使学生对滤波电路有较熟的了解。

## 相关知识

整流电路可以将交流电转换为直流电，但脉动较大，在某些应用中如电镀、蓄电池充电等可以直接使用脉动直流电源。但许多电子设备需要平稳的直流电源。这种电源中的整流电路后面还需要加滤波电路将交流成分滤除，以得到比较平滑的输出电压。滤波是利用电容或电感的能量存储功能来实现的，可分为电容滤波、电感滤波和复式滤波三种。

### 1.3.1 电容滤波

### 1.3.1 电容滤波

最简单的电容滤波电路是在整流电路的输出端负载电阻 $R_L$ 两端并联一电容器 $C$，利用电容器的端电压在电路状态改变时不能突变的原理，使输出电压趋于平滑。

1. 工作原理

如图 5-7(a)所示为单相半波整流电容滤波电路，其工作原理如下。

设整流变压器副边电压为 $u_2=\sqrt{2}U_2\sin\omega t$。

假设电路接通时恰恰在由负到正过零的时刻，这时二极管 VD 开始导通，电源 $u_2$ 在向负载供电的同时又对电容 $C$ 充电。如果忽略二极管正向压降，电容电压 $u_C$ 紧随输入电压 $u_2$ 按正弦规律上升至其最大值。随后 $u_2$ 按正弦规律下降，$u_C$ 开始放电，当 $u_2<u_C$ 时，二极管 VD 因承受反向电压而截止，而电容则对负载电阻 $R_L$ 按指数规律放电，负载中仍有电流。在 $u_2$ 的下一个正半周内，当 $u_2>u_C$ 时，二极管又导通，电容 $C$ 再次充电。这样循环下去，$u_2$ 周期性地变化，电容 $C$ 周而复始地充电和放电。电容两端的电压 $u_C$ 即为输出电压，其波形如图 5-7(b)所示，可见输出电压的脉动程度大为减小，并且较高。

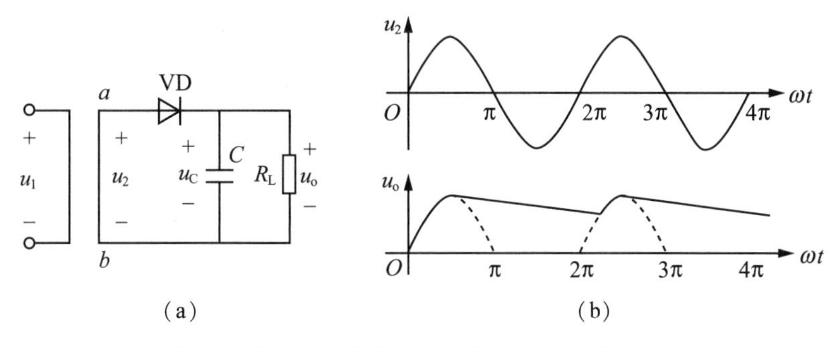


图 5-7 单相半波整流电容滤波电路及其输出电压

桥式整流电容滤波电路与半波整流电容滤波电路的工作原理一样，不同之处在于，在一个周期里，电路中总有二极管导通，电容经历两次充放电过程，因此输出电压更加平滑。其原理电路和工作波形分别如图 5-8(a)(b)所示。

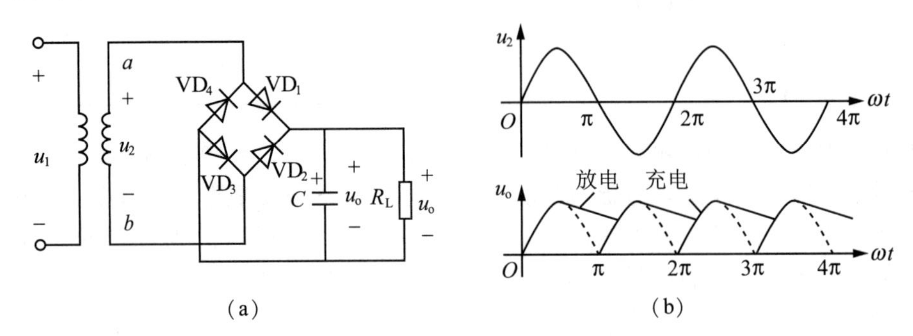


**图 5-8　单相桥式整流电容滤波电路及其输出电压**

2. 参数计算

对于电容滤波，一般常用如下经验公式估算其输出电压平均值。

半波 $$U_o = U_2 \tag{5-13}$$

桥式 $$U_o = 1.2U_2 \tag{5-14}$$

采用电容滤波时，输出电压的脉动程度与电容器的放电时间常数有关，放电时间常数大，脉动程度就小。为了获得较平滑的输出电压，选择电容时一般符合以下要求。

半波 $$\tau = R_L C \geqslant (3 \sim 5)T \tag{5-15}$$

桥式 $$\tau = R_L C \geqslant (3 \sim 5)\frac{T}{2} \tag{5-16}$$

式中，$T$ 为交流电压的周期。滤波电容一般选择体积小、容量大的电解电容器。但应该注意，普通电解电容器有正、负极性，使用时正极必须接高电位端，如果接反会造成电解电容器的损坏。

加入滤波电容以后，二极管导通时间缩短，导通角小于 180°，且在短时间内承受较大的冲击电流，容易使二极管损坏。为了保证二极管的安全，选管时应放宽裕量。

单相半波整流电容滤波电路中，二极管承受的反向电压为 $u_{DR} = u_C + u_2$。当负载开路时，二极管承受的最高反向电压为 $U_{DRM} = 2\sqrt{2}U_2$。　(5-17)

单相桥式整流电容滤波电路中，二极管承受的最高反向电压与单相桥式整流二极管承受的最高反向电压一样 $U_{DRM} = \sqrt{2}U_2$。　(5-18)

电容滤波适用于输出电压较高和负载电流较小并且变化也较小的场合。

**[例 5-3]** 设计一单相桥式整流电容滤波电路。要求输出电压 $U_0 = 96\text{V}$，已知负载电阻 $R_L = 100\Omega$，交流电源频率为 $f = 50\text{Hz}$，试选择整流二极管和滤波电容器。

**解：** 流过整流二极管的平均电流为 $I_D = \frac{1}{2}\frac{U_0}{R_L} = 480\text{mA}$。

变压器副边电压有效值为 $U_2 = \frac{U_o}{1.2} = 80\text{V}$。

整流二极管承受的最高反向电压为$U_{DRM}=\sqrt{2}U_2=112.8$V。

因此，可以选择型号为2CZ11C的整流二极管，其最大整流电流为1A，最高反向工作电压为300V。

取$\tau=R_L C=\frac{5T}{2}=\frac{5}{2f}=\frac{5}{2\times 50}=0.05(\mathrm{s})$，则$C=\frac{\tau}{R_L}=\frac{0.05}{100}=5\times 10^{-4}(\mathrm{F})=500\mu\mathrm{F}$。

### 1.3.2 电感滤波

电感滤波电路如图5-9所示，即在整流电路与负载电阻$R_L$之间串联一个电感器$L$。交流电压$u_2$经桥式整流后变成脉动直流电压，其中既含有各次谐波的交流分量，又含有直流分量。电感$L$的感抗$X_L=\omega L$，对于直流分量，$X_L=0$，电感相当于短路，所以直流分量基本上都降在电阻$R_L$上；对于交流分量，谐波频率越高，感抗$X_L$越大，因而交流分量大部分降在电感$L$上。所以，在输出端即可得到较平滑的电压波形，电感滤波适用于负载变动较大和电流较大的场合。

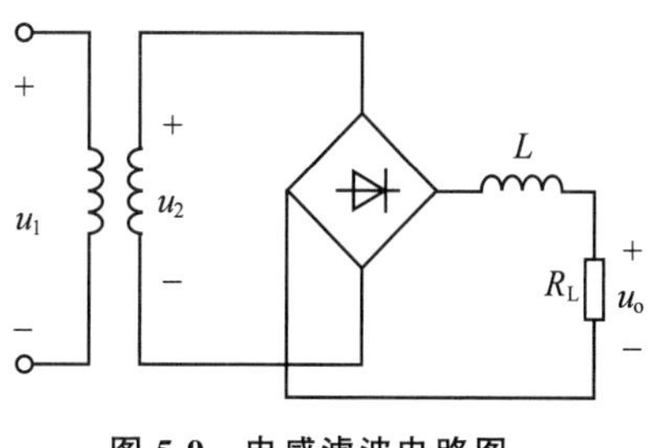

**图5-9　电感滤波电路图**

与电容滤波相比，电感滤波的特点有以下两点。

(1)二极管的导电角较大(大于180°，是因为电感$L$的反电动势使二极管导电角增大)，峰值电流很小，输出特性较平坦。

(2)输出电压没有电容滤波的高。当忽略电感线圈的电阻时，输出的直流电压与不加电感时一样($U_o=0.9U_2$)。负载改变时，对输出电压的影响也较小。

### 1.3.3 复式滤波

复式滤波可分为$LC$滤波和π型滤波。

1. $LC$滤波

为了减小输出电压的脉动程度，在电容滤波的电容之前串联一个铁心电感线圈$L$，就组成了$LC$滤波，其电路如图5-10(a)所示。先经过电感滤波，再经过电容滤波，这样经过两次滤波滤掉交流分量，就可以得到甚为平直的直流输出电压。虽然电感线圈的电感越大，其滤波效果越好，但是，这时电感线圈的电阻也较大，因而其上也有一定的直流压降，造成输出电压的下降。$LC$滤波适用于电流较大，要求输出电压脉动很小的场合，在高频时更为适合。

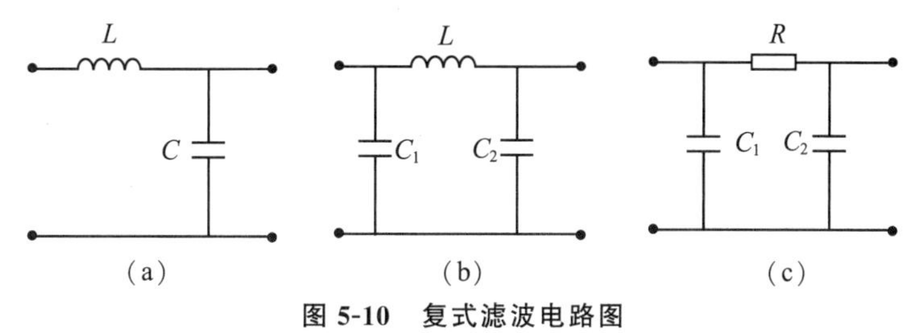

**图5-10　复式滤波电路图**

2. π 型滤波

π 型滤波又分为 π 型 $LC$ 滤波和 π 型 $RC$ 滤波。如果要求输出电压的脉动程度更小，在 $LC$ 滤波之前并联一个滤波电容 $C_1$，就组成了 π 型 $LC$ 滤波，其电路如图 5-10(b)所示。先经过电容 $C_1$ 滤波，再经过 $LC_2$ 滤波，其滤波效果比 $LC$ 滤波更好，得到更为平直的直流输出电压，但整流二极管的冲击电流较大。

由于电感线圈的体积大而笨重，成本又高，所以有时候用电阻代替 π 型 $LC$ 滤波中的电感线圈，这样便构成了 π 型 $RC$ 滤波，其电路如图 5-10(c)所示。$R$ 和 $C_2$ 越大，滤波效果越好，但 $R$ 太大，将使直流压降增加，所以这类滤波电路适用于负载电流较小而又要求输出电压脉动程度很小的场合。

# 模块 2　稳压电路及其应用

## 任务 2.1　稳压电路

具有放大环节的串联型稳压电路

### 任务内容

并联型稳压电路和串联型稳压电路的工作原理。

### 任务目标

使学生熟练掌握稳压电路及其应用。

### 相关知识

#### 2.1.1　并联型稳压电路

在第四部分模块 1 任务 1.2 中我们已介绍了硅稳压管的工作原理，稳压管工作在反向击穿区时，即使流过稳压管的电流有较大的变化，其两端的电压却基本保持不变。利用这一特点，将稳压管与负载电阻并联，并使其工作在反向击穿区，就能在一定的条件下保证负载上的电压基本不变，从而起到稳定电压的作用。

根据上述原理构成的并联型直流稳压电路如图 5-11 所示，其中稳压管 VZ 反向并联在负载电阻 $R_L$ 两端，电阻 $R$ 起限流和分压作用。稳压电路的输入电压 $U_i$ 来自整流滤波电路的输出电压。

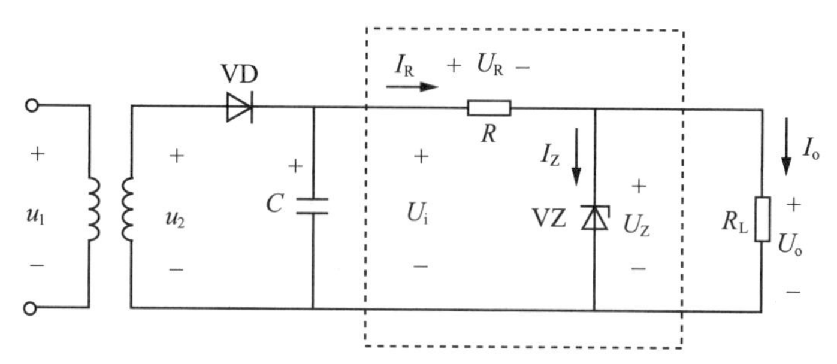


**图 5-11 并联型直流稳压电路**

并联型直流稳压电路的工作原理如下。

当输入电压 $U_i$ 波动时，引起输出电压 $U_o$ 波动。如 $U_i$ 升高将引起 $U_o=U_Z$ 随之升高，这会导致稳压管的电流 $I_Z$ 急剧增加，因此分压限流电阻 $R$ 上的电流 $I_R$ 和电压 $U_R$ 也跟着迅速增大，$U_R$ 的增大抵消了 $U_i$ 的增加，从而使输出电压 $U_o$ 基本上保持不变。这一自动调压过程可表示如下。

$$U_i\uparrow \rightarrow U_o\uparrow \rightarrow I_z\uparrow \rightarrow I_R\uparrow \rightarrow U_R\uparrow \rightarrow U_o\downarrow$$

反之，当 $U_i$ 减小时，$U_R$ 相应减小，仍可保持 $U_o$ 基本不变。

当负载电流 $I_o$ 变化引起输出电压 $U_o$ 发生变化时，同样会引起 $I_Z$ 的相应变化，使得 $U_o$ 保持基本稳定。如当 $I_o$ 增大时，$I_R$ 和 $U_R$ 均会随之增大而使 $U_o$ 下降，这将导致 $I_Z$ 急剧减小，使 $I_R$ 仍维持原有数值，保持 $U_R$ 不变，从而使 $U_o$ 得到稳定。

可见，这种稳压电路中稳压管 VZ 起着自动调节的作用，电阻 $R$ 一方面保证稳压管的工作电流不超过最大稳定电流 $I_{Zmax}$；另一方面还起到电压补偿作用。

选择稳压管时，一般取 $U_o=U_Z$，$I_{Zmax}=(1.5\sim3)I_{omax}$，$U_i=(2\sim3)U_o$。式中，$I_{omax}$ 为负载电流 $I_o$ 的最大值。

## 2.1.2 串联型稳压电路

由于硅稳压管稳压电路的带负载能力差且输出电压不可调，所以其使用价值受到限制。下面介绍一种稳压性能较好的电路，即晶体管串联型稳压电路。

1. 基本串联稳压电路

从三极管输出特性可以看出，因集—射极之间的等效直流电阻 $R_{CE}=\dfrac{U_{CE}}{I_C}=\dfrac{U_{CE}}{\beta I_B}$，所以改变基极电流，就可改变集—射极之间的电阻，即三极管可看成为受基极电流控制的可变电阻。若将它串入并联型稳压电路，就可利用其电阻的变化来实现稳压。这种用于调整输出电压并使其稳定的三极管，称为调整管。

图 5-12(a)所示为最简单的串联稳压电路，其中三极管 VT 为调整管，起可变电阻的作用；稳压管 VZ 起稳定调整管基极电压的作用。从图中可看出

$$U_{BE}+U_o=U_Z \tag{5-19}$$

即 $$U_{BE}=U_Z-U_o \tag{5-20}$$

其工作原理如下：假设 $U_Z$ 稳定，$U_o$ 升高，其稳压过程可表示如下。

$$U_o\uparrow \rightarrow U_{BE}\downarrow \rightarrow I_B\downarrow \rightarrow R_{CE}\uparrow \rightarrow U_{CE}\uparrow \rightarrow U_o\downarrow$$

假设 $U_Z$ 稳定，$U_o$ 下降，其变化过程与上述情况相反。

若将图 5-12(a)改画成图(b)的形式，则 $U_o$ 与 $U_Z$ 就满足"跟随关系"，即一旦 $U_Z$ 稳定，在输入电压 $U_i$ 和负载电流 $I_L$ 的变化范围内，$U_o$ 也基本稳定。加入射极跟随器后，稳压管接在三极管的基极，而负载电流流过三极管，所以稳压电路带负载能力得到提高。

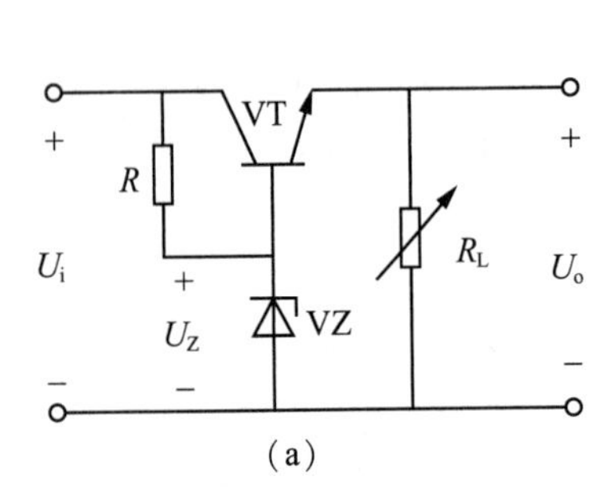


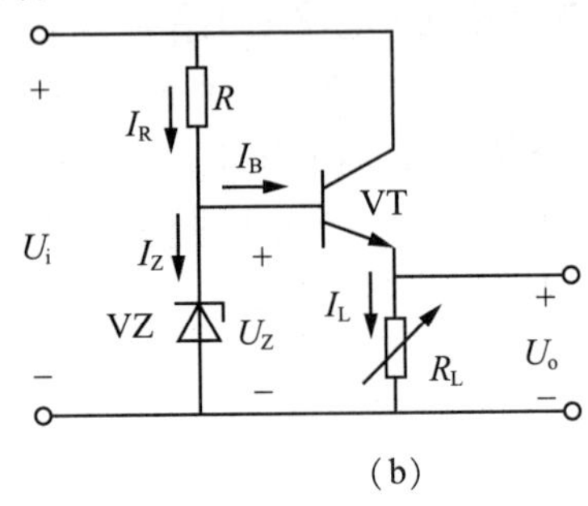


图 5-12　最简单的串联型稳压电路

2. 具有放大环节的串联型稳压电路

上述简单的稳压电路由于其输出电压不可调，且稳压性能不稳定，所以应用很少。具有放大环节的串联型稳压电路不但其输出电压在一定范围内可调，而且稳压性能较好，所以应用较广。

(1)电路组成。具有放大环节的串联型稳压电路主要由四大部分组成：取样电路、基准电压、比较放大和调整元件，如图 5-13 所示。图 5-14 为其电路原理图。

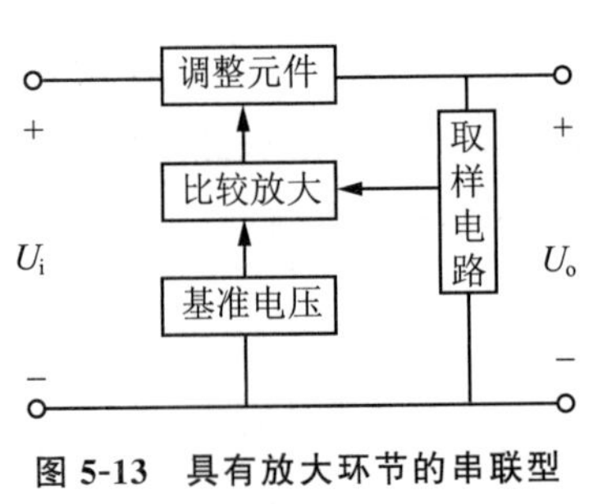


图 5-13　具有放大环节的串联型稳压电路方框图

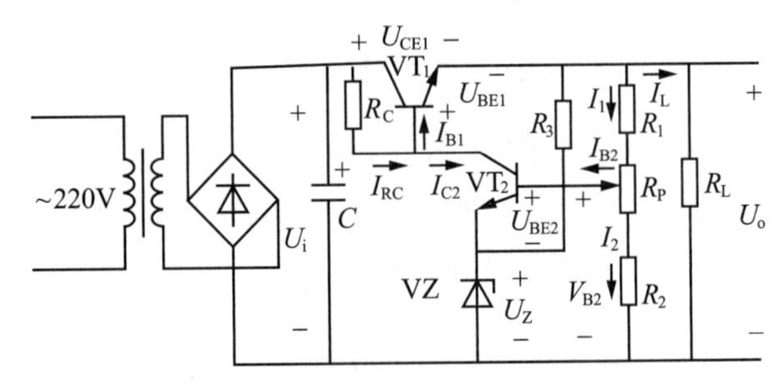


图 5-14　具有放大环节的串联型稳压电路原理图

(2)工作原理如下。

①设负载 $R_L$ 不变，输入电压 $U_i$ 升高时，其稳压过程如下。

$$U_i\uparrow \rightarrow U_o\uparrow \rightarrow V_{B2}\uparrow \rightarrow U_{BE2}\uparrow \rightarrow I_{B2}\uparrow \rightarrow I_{C2}\uparrow \rightarrow V_{C2}(V_{B1})\downarrow \rightarrow U_{BE1}\downarrow \rightarrow I_{B1}\downarrow \rightarrow R_{CE1}\uparrow \rightarrow U_{CE1}\uparrow \rightarrow U_o\downarrow$$

②同理，设 $R_L$ 不变，$U_i$ 降低时，其稳压过程与上述过程相反。

③设 $U_i$ 不变，$R_L$ 减小，即 $I_L$ 增加时，其稳压过程如下。

$$I_L\uparrow \rightarrow U_o\downarrow \rightarrow V_{B2}\downarrow \rightarrow U_{BE2}\downarrow \rightarrow I_{B2}\downarrow \rightarrow I_{C2}\downarrow \rightarrow V_{C2}(V_{B1})\uparrow \rightarrow$$
$$U_o\uparrow \leftarrow U_{CE1}\downarrow \leftarrow R_{CE1}\downarrow \leftarrow I_{B1}\uparrow \leftarrow U_{BE1}\uparrow \leftarrow$$

④同理，$U_i$ 不变，$R_L$ 增大，即 $I_L$ 减小时，其稳压过程与上述过程相反。

(3)输出稳定电压的调节。由图 5-14 可知，当 $I_2 \gg I_{B2}$ 时，$V_{B2}=\frac{R_2+R_{P(下)}}{R_1+R_2+R_P}U_o$，则

$$U_o=\frac{R_1+R_2+R_P}{R_2+R_{P(下)}}V_{B2}=\frac{R_1+R_2+R_P}{R_2+R_{P(下)}}(U_Z+U_{BE2}) \tag{5-21}$$

式中，$R_{P(下)}$ 为可变电阻抽头下部分阻值。因 $U_Z \gg U_{BE2}$，所以

$$U_o \approx \frac{R_1+R_2+R_P}{R_2+R_{P(下)}}U_Z \tag{5-22}$$

式中，$\frac{R_1+R_2+R_P}{R_2+R_{P(下)}}$ 的倒数 $\frac{R_2+R_{P(下)}}{R_1+R_2+R_P}$ 为分压比，用 $n$ 表示，则

$$U_o=\frac{U_Z}{n} \tag{5-23}$$

从式(5-22)可看出，只要改变 $R_P$ 的抽头位置，即可改变电路的分压比，从而调整输出电压 $U_o$ 的大小。

(4)影响串联型可调式稳压电路稳压性能的因素。

①取样电路。取样电路的分压比 $n$ 越稳定，则稳压性能越好。所以，取样电阻 $R_1$、$R_2$ 和 $R_P$ 应采用金属膜电阻。

②基准电压。从式 5-22 可看出，$U_Z$ 值越稳定，则 $U_o$ 也越稳定。因此稳压管应选用动态电阻小、电压温度系数小的硅稳压二极管。

③比较放大。放大级的 $A_u$ 越大，则稳定性能越好，调压越灵敏，所以应使比较放大级有较高的增益和较高的稳定性。

④调整元件。输出功率较大的稳压电源，应选用大功率三极管作调整管，但大功率管的 $\beta$ 较小，影响稳压性能，故常采用图 5-15(a)所示的复合管，其 $\beta$ 可提高到 $\beta=\beta_1\beta_2$。但复合管的穿透电流太大，而会影响稳压性能，故常采用图 5-15(b)所示的复合管，其中电阻 $R$ 的作用就是为复合管的穿透电流提供分流支路。

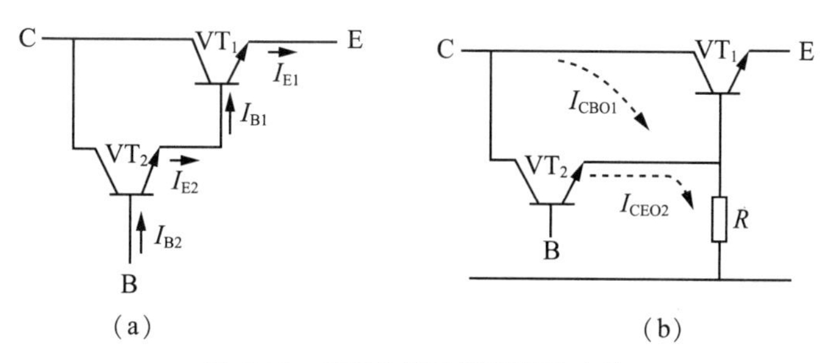


**图 5-15　用复合管作调整管的电路**

## 任务 2.2　集成稳压电源

**任务内容**

集成稳压电源的工作原理、分类和应用。

**任务目标**

使学生熟练掌握集成稳压电源及其应用。

**相关知识**

分立元件组装的稳压电源，虽然输出功率大，适应性较广等优点，但因其体积大，焊点多，可靠性差而使其应用范围受到限制。近年来，集成稳压电源由于体积小、可靠性高、使用灵活、价格低廉等优点而得到广泛应用，其中小功率的三端串联型稳压器最为普遍。

### 2.2.1　固定式集成稳压电源

#### 1. 固定式三端集成稳压器简介

该稳压电源电路仅有输入、输出和接地三个接线端子，并有固定的输出稳定电压。其成品外形有塑料封装和金属封装两种，常用的有 W7800 系列，输出正电压。它的系列序号的最末两位数表示的是标称输出电压值，其值有 5V、6V、8V、9V、12V、15V、18V 和 24V 等几个等级，如 W7805 表示输出＋5V 电压。此系列输出电流最大值为 $I_{omax}=1.5A$。W7800 系列的外形及管脚排列如图 5-16(a)所示。

同类型的系列产品还有 W78M00 系列($I_{omax}=0.5A$)，W78L00 系列($I_{omax}=0.1A$)，最近又有 W78H00 系列($I_{omax}=5A$)、W78P00 系列($I_{omax}=10A$)等。

W7900 系列输出电压为负值，相应的输出电压等级和输出电流等级与 W7800 系列的一样。其外形及管脚排列如图 5-16(b)所示。

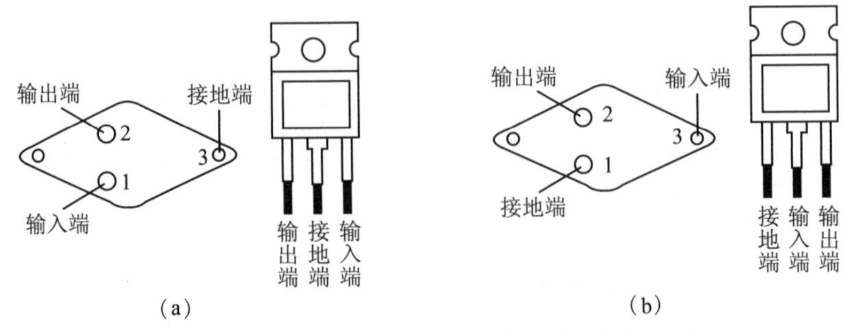


图 5-16　W7800 和 W7900 系列的外形及管脚排列

2. 固定式三端集成稳压器的典型应用电路

使用固定式三端集成稳压器时，W7800 系列的输入电压 $U_i$ 的正极其接输入端，负极接公共端地；输出电压 $U_O$ 的正极接输出端，负极接公共端地。W7900 系列的接法与它相反。同时，在其输入端和输出端与公共端之间各并联一个电容 $C_i$ 和 $C_o$，$C_i$ 用以抵消输入端接线较长时产生的电感效应，防止产生自激振荡，$C_i$ 的大小一般在 0.1～1μF；$C_o$ 是为了瞬时增减负载电流时不致引起输出电压有较大的波动，$C_o$ 的大小一般也在 0.1～1μF。

(1)基本应用电路。图 5-17(a)(b)所示电路分别为用 W7800 和 W7900 系列组成的稳压电路，其分别输出正电压和输出负电压，接线时管脚不能接错，公共端不得悬空。当输出电压较高，电容 $C_o$ 较大时，必须在输入端与输出端之间接一只保护二极管 VD，否则，一旦输入端短路时，$C_o$ 上存储的电荷将通过稳压管内部调整管的发射结和集电结泄放而将发射结击穿。接上 VD 后，$C_o$ 可通过 VD 放电。

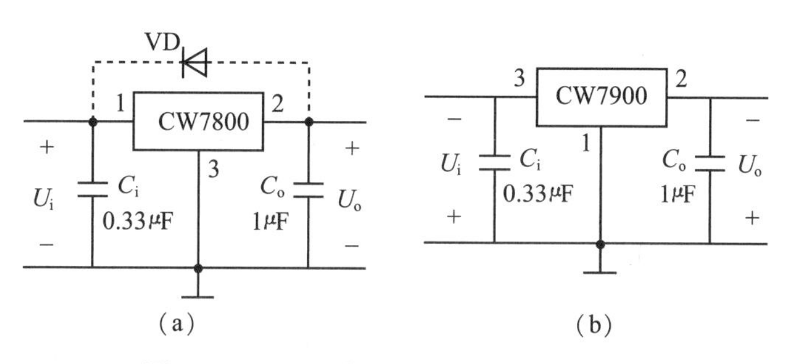


图 5-17　W7800 和 W7900 组成的稳压电路

(2)提高输出电压的电路。图 5-18 所示的电路可使输出电压高于固定输出电压。从图中可得出

$$U_o = U_{\times\times} + U_Z \tag{5-24}$$

式中，$U_{\times\times}$ 为 W78××稳压器的固定输出电压。

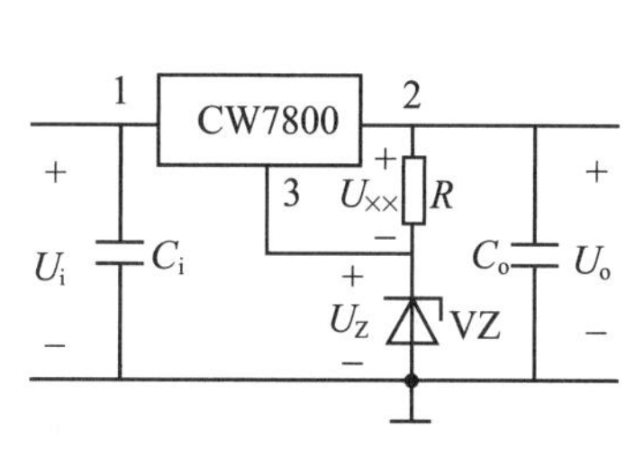


图 5-18　提高输出电压的电路

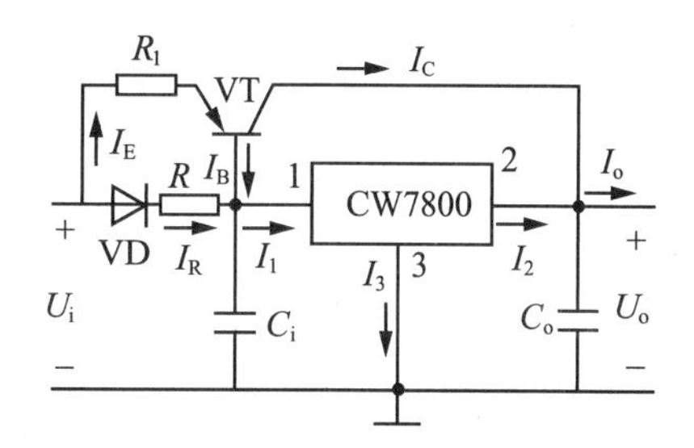


图 5-19　提高输出电流的电路

(3)提高输出电流的电路。当电路需要输出较大的电流时，图 5-19 所示的电路可使输出电流高于集成稳压器的输出电流。图中三极管 VT 和二极管 VD 为采用同一种材料的晶体管，所以 VT 的发射结电压 $U_{BE}$ 与 VD 的正向压降相等，即 $I_E R_1 = I_R R$。$I_2$ 为稳压器的输出电流，用 $I_{\times\times}$ 表示，$I_C$ 为功率管的集电极电流，$I_R$ 是电阻 $R$ 上的电流，

$I_3$ 一般很小，可忽略不计，则可得

$$I_C \approx I_E = \frac{R}{R_1} I_R \approx \frac{R}{R_1} I_{\times\times} \tag{5-25}$$

其输出电流 $I_o = I_2 + I_C \approx I_{\times\times} + \frac{R}{R_1} I_{\times\times} = I_{\times\times}\left(1+\frac{R}{R_1}\right)$。 (5-26)

所以，只要适当选取 $R$ 与 $R_1$ 的比值，就可使电路的 $I_o$ 比集成稳压器的 $I_{\times\times}$ 大很多倍。

(4)正、负电压同时输出的电路。W7800 和 W7900 系列配合使用，就能接成同时输出正、负电压的电路。图 5-20 所示的电路能同时输出正、负 15V 的电压。

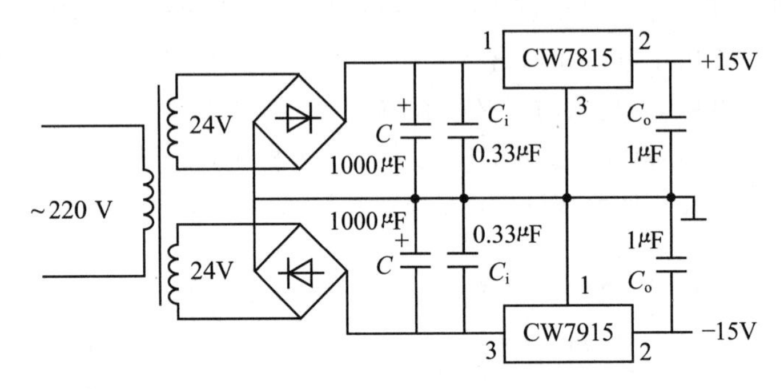


图 5-20　同时输出正、负电压的电路

### 2.2.2　可调式集成稳压电源

该集成稳压器不仅输出电压可调，而且稳压性能指标均优于固定式集成稳压器，其调压范围为 1.2～37V，最大输出电流为 1.5A。常用的有 W317(输出正电压)和 W337(输出负电压)，其内部结构与固定式 W7800(或 W7900)系列相似，所不同的是三个接线端分别为输入端、输出端和调整端。图 5-21(a)(b)分别为用这两种集成稳压器构成的正、负电源的电路图。调整 $R_2$ 的大小，可改变取样电压值，从而控制输出电压的大小，由于在三端可调输出集成稳压器的内部，在输出端和调整端之间的基准电压 $U_{REF}$ 约等于 1.25V，所以 $R_1$ 上的电流值基本恒定。而调整端流出的电流 $I_a$ 很小，在计算时可忽略不计，因此，输出电压为

$$U_o = U_{REF} + \frac{U_{REF}}{R_1} R_2 + I_a R_2 \approx 1.25 \times \left(1 + \frac{R_2}{R_1}\right) \tag{5-27}$$

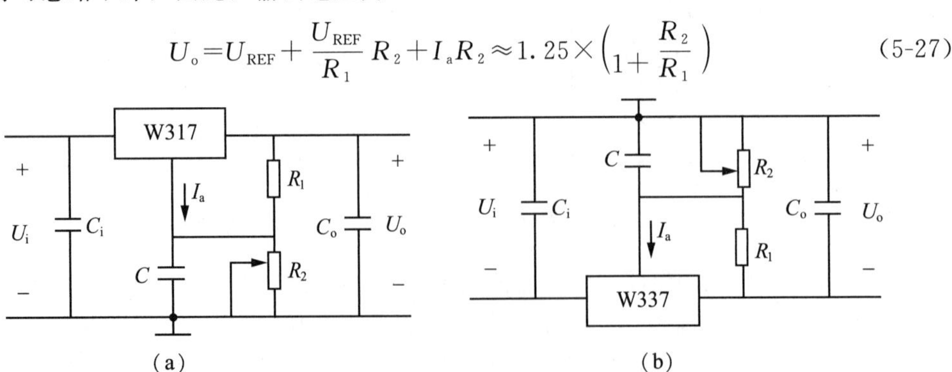


图 5-21　可调式集成稳压器构成的正、负电源电路

以上介绍的集成稳压电源中因其调整管都工作在线性状态，故统称为线性集成稳压电源。这种电源虽然精度高、结构简单，但因为管耗大、效率低、体积大，所以其应用在某些方面还是受到了限制。近年来发展了一种使调整管工作在开关状态下的开关式稳压器，因其效率高、功耗小，特别是体积小，所以其发展很快，应用较广。

# 模块 3　直流电源实训及操作

## 任务 3.1　整流、滤波和稳压电路的安装与测试

### 任务内容

整流、滤波和稳压电路的安装与测试。

### 任务目标

1. 学会用万用表检测常见半导体电子元器件。
2. 学会选用合适的元器件组装简单的整流、滤波及稳压电路。
3. 理解整流、滤波和稳压二极管稳压的电路的特点、工作原理及其局限性。

### 相关知识

#### 3.1.1　实训器件

电阻、电容、二极管、稳压管、示波器、开关、万用表、变压器等。

#### 3.1.2　实训内容

用万用表逐一检测整流二极管、稳压二极管、滤波电容、电位器的好坏。

1. 图 5-22 所示电路为整流、滤波及稳压电路的原理图。用万用表检查各电子元件的好坏。

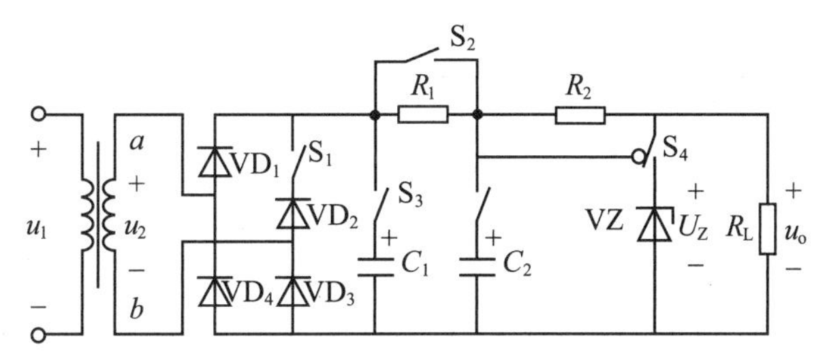


图 5-22　整流、滤波及稳压电路的原理图

2. 按照原理图把电子元件焊接在线路板上(或插在万能实验板上)。组装简单的整流、滤波及稳压电路。

3. 测量桥式整流、滤波和稳压的参数，并用双踪示波器观察 $U_2$ 和 $U_o$ 的波形。

(1)无滤波、无稳压时，测变压器二次侧电压 $U_2$ 及整流输出电压 $U_o$ 的数值并记录波形。

(2)电容 $C_1$ 滤波、无稳压时，测变压器二次侧电压 $U_2$ 及整流输出电压 $U_o$ 的数值并记录波形。

(3)π 型滤波、无稳压时，测变压器二次侧电压 $U_2$ 及整流输出电压 $U_o$ 的数值并记录波形。

(4)π 型滤波、有稳压时，测变压器二次侧电压 $U_2$ 及整流输出电压 $U_o$ 的数值并记录波形。

(5)无滤波、有稳压时，测变压器二次侧电压 $U_2$ 及整流输出电压 $U_o$ 的数值并记录波形。

4. 断开一只整流二极管(断开 $S_1$)，重复上述(1)～(5)步，测量半波整流、滤波和稳压的参数。

### 3.1.3　实训注意事项

把电子元件焊接在线路板上时，二极管和电解电容正负极不能接反。

### 3.1.4　实训报告与思考题

1. 根据实训内容设计一个表格，将所测结果列入其中。
2. 为什么整流滤波电路中，空载时电压比带负载时要高？
3. 试比较半波整流和桥式整流空载时电压的关系。
4. 若最后还要用三端集成稳压器稳压，应怎样接入电路和注意什么事项？

## 习题

5-1　分析在图 5-3(a)中，若出现下述情况，将会出现什么问题？

(1)若 $VD_1$ 因虚焊而开路；(2)若 $VD_3$ 极性接反；(3)若 $VD_1$、$VD_2$ 极性都接反。

5-2　试比较半波整流电路和桥式整流电路各自的特点？在同一电路中选用半波整流电路或桥式整流电路时，可否选用同一型号的二极管？

5-3　变压器二次侧交流电压有效值为 100V，负载 $R_L=10\Omega$，在单相半波整流时，输出电压平均值和电流平均值各为多少？二极管流过的电流平均值和二极管承受的最大反向峰值电压各为多少？[答案：$U_o=45V$，$I_o=4.5A$；$I_D=4.5A$，$U_{DRM}=141.4V$]

5-4　已知一直流用电负载，其电阻值为 $R_L=80\Omega$，要求直流电压 $U_o=110V$，电网电压为 380V。试求采用桥式整流时，(1)二极管的主要参数；(2)变压器的变比及容量。[答案：$I_D=0.69A$，$U_{DRM}=172.65V$；$k=3.1$，$S=186V \cdot A$]

5-5　滤波电路可分为哪几类？分别适应什么负载的场合？

5-6　半波整流电路接入滤波电容后，输出电压为什么会升高？滤波电容对整流二极管的导通角有何影响？

5-7　在具有滤波电容的桥式整流电路中，加入负载和不加负载时，其输出电压 $U_o$ 有无变化？为什么？

5-8　在图 5-11 中，若整流输出电压小于稳压管的稳压值，会出现什么情况？电阻 $R$ 起什么作用？如果 $R=0$，电路是否也起稳压的作用？

5-9　两个硅稳压管，$U_{Z1}=6.2\text{V}$，$U_{Z2}=1.8\text{V}$，两管的正向导通压降均为 0.6V。若将这两管适当连接，可得到哪几组电压？画出各种接法的电路图。[答案：6.2V，1.8V，6.8V，2.4V，8V，0.6V，4.4V]

5-10　串联型可调式稳压电路的调整管为什么一般都采用复合管？为什么要减小它的穿透电流？采用什么措施可减小穿透电流？

5-11　电路如图 5-23 所示，设 $U_Z=6\text{V}$，$U_{BE}=0.6\text{V}$，试求输出电压 $U_o$ 的调节范围？[答案：9.9～19.8V]

5-12　电路如图 5-23 所示，若 $R_1=R_3=300\Omega$，$R_2=200\Omega$，当 $R_2$ 的滑动触点在中点位置时，$U_o=10\text{V}$，试求可调输出电压的最大值 $U_{omax}$ 和最小值 $U_{omin}$。[答案：13.3V，8V]

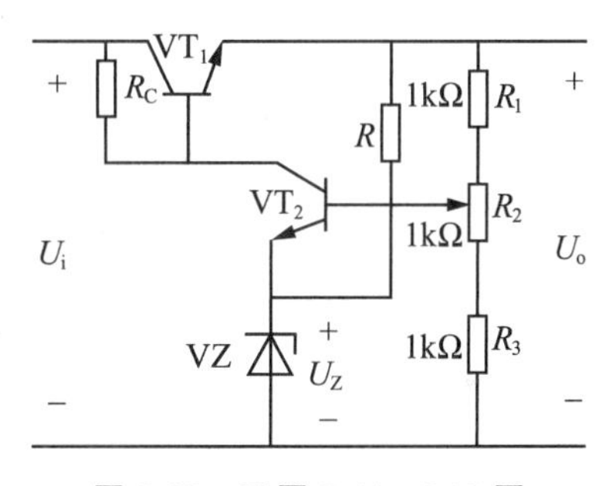

图 5-23　习题 5-11、5-12 图

5-13　W7800 和 W7900 系列，W317 和 W337 系列及 W7800 和 W317 系列分别有什么不同？

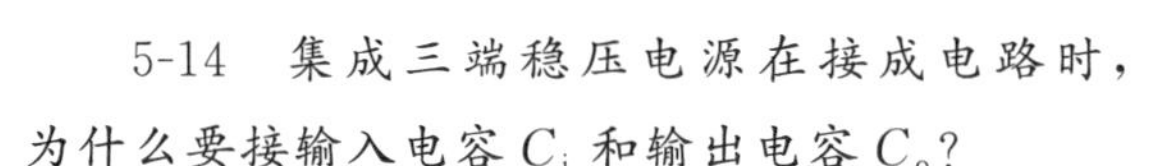

5-14　集成三端稳压电源在接成电路时，为什么要接输入电容 $C_i$ 和输出电容 $C_o$？

5-15　电路如图 5-24(a)(b)中，已知电流 $I_W=5\text{mA}$。试求：(1)写出图(a)中 $I_o$ 的表达式，并计算 $I_o$ 的值。(2)写出图(b)中 $U_o$ 的表达式，并计算当 $R_2=10\Omega$ 时，$U_o$ 的值。(3)指出这两个电路分别具有什么功能。[答案：1.005A，15.05V]

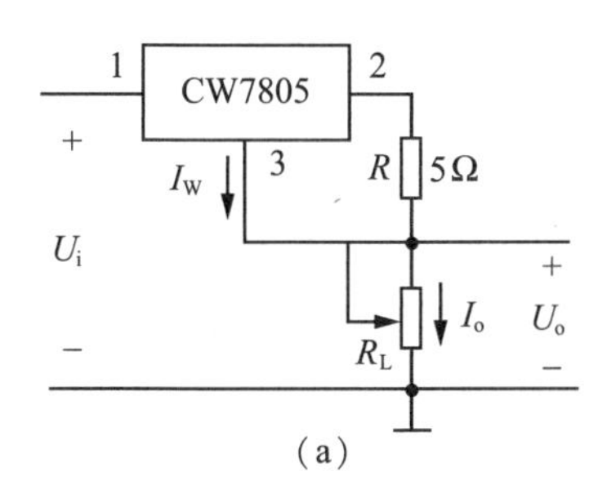


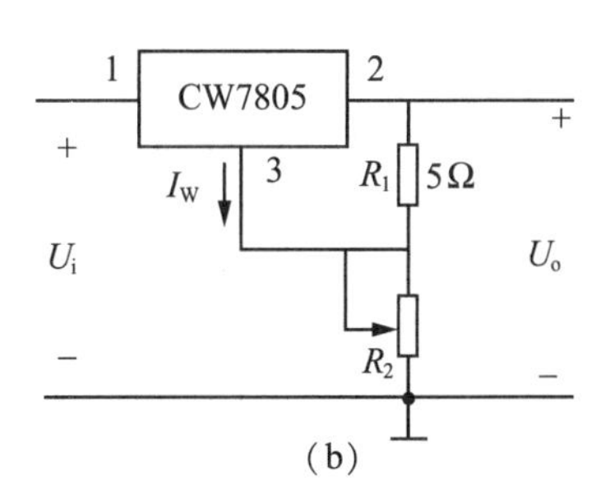


图 5-24　习题 5-15 图

## 塑人阅读

“神舟”十二号载人飞船

我国杰出的教育家——沈尚贤

二十大精神学习：
加快建设国家战略人才力量，
推进技能人才培养

# 第六部分　组合逻辑电路的分析及实践

## 模块 1　逻辑门及逻辑函数的认识

数字电路及数制

### 任务 1.1　数字电路概述

**任务内容**

数字信号、数字电路的分类和特点，并从十进制数的运算规则引入二进制、八进制、十六进制数的运算规则及它们之间的相互转换关系。

**任务目标**

使学生对数字电路和制数与码制有较熟的了解。

**相关知识**

在电子技术中，被传送和处理的信号有两类：一类是模拟信号，另一类是数字信号。模拟信号是在时间和数值上均做连续变化的电信号，如收音机、电视机通过天线接收到的音频信号、视频信号都是随时间做连续变化的物理量，如图 6-1(a)所示。数字信号是在数值和时间上都是离散的、突变的信号，常常被称作“离散”信号，如图 6-1(b)所示。数字电子技术是一门研究数字信号的产生、整形、编码、运算、记忆、计数、存储、分配、测量和传输的科学技术能实现上述功能的电路称为“数字电路”。数字电子技术对我国推进教育数字化，建设全民终身学习的学习型社会、学习型大国起关键性作用。

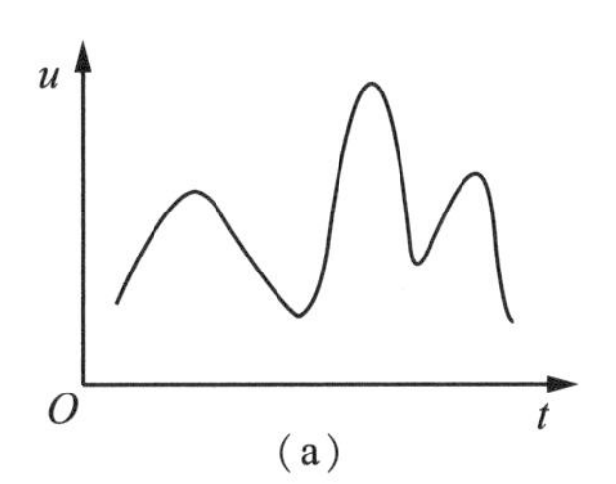


(a)

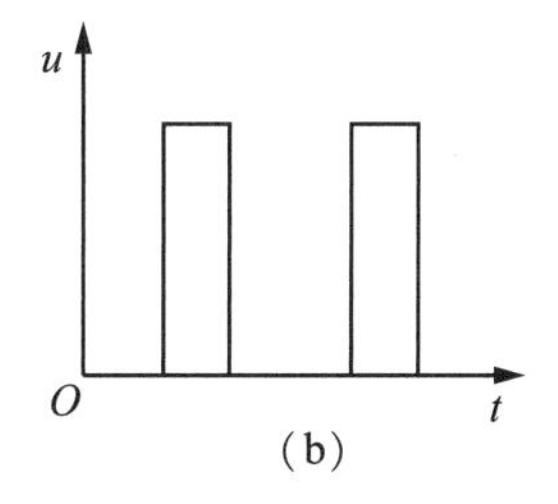


(b)

图 6-1　模拟信号和数字信号波形图

### 1.1.1 数字电路的主要特点

1. 数字电路的特点

数字电路和模拟电路相比，主要具有如下特点。

(1)电路结构简单，易集成化。电路只有两个状态“**0**”和“**1**”，对元件精度要求低。

(2)抗干扰能力强，工作可靠性高。

(3)数字信息便于长期保存和加密。

(4)数字集成电路产品系列全，通用性强，成本低。

(5)数字电路不仅能完成数值运算，而且还能进行逻辑判断。

2. 数字电路的分类

按电路组成的结构可分为分立元件电路和集成电路；按集成度的大小可分为小规模、中规模、大规模和超大规模集成电路；按构成电路的半导体器件可分为双极型电路和单极型电路；按电路有无记忆功能可分为组合逻辑电路和时序逻辑电路。

### 1.1.2 数制与码制

数制也称进位计数制，是人按照进位的方法对数量进行计数的一种统计规律。在日常生活中，常常用到的是十进制数，也就是逢十进一的进位计数制。在数字系统中，常常用到的数制还有二进制、八进制和十六进制，下面介绍基数和位权这两个基本概念。

(1)基数。基数是指一种数制中所用到的数码个数。一般来说，基数为 $R$ 的数制，这种数制称为 $R$ 进制，逢 $R$ 进一，它包括 0，1，…，$R-1$ 等 $R$ 个数码。

(2)位权。在一个进位计数制表示的数中，处在不同数位上的数码，代表着不同的数值，某一个数位上的数值是由这一位上的数字乘这个数位的权值得到的。不同的数位上有不同的权值。例如，十进制数的百位的权值是 100，千位的权值是 1000，百分位的权值是 0.01，权值简称为权。任何一个数都可以将其数值按权展开，例如

$$(987.65)_{10}=9\times10^{2}+8\times10^{1}+7\times10^{0}+6\times10^{-1}+5\times10^{-2}$$

一般来说，一个 $R$ 进制的数 $N$，设其有 $n$ 位整数，$m$ 位小数且各位数字为 $K_{n-1}$，…，$K_1$，$K_0$，…，$K_{-m}$，权为 $R^{n-1}$，…，$R^1$，$R^0$，…，$R^{-m}$。则

$$(N)_{R}=K_{n-1}R^{n-1}+\cdots+K_{1}R^{1}+K_{0}R^{0}+\cdots+K_{-m}R^{-m} \tag{6-1}$$

1. 数制

(1)十进制。基数为 10 的数制为十进制，在十进制数中，有 0～9 十个不同的数码，它的进位规律是逢十进一。数码所处的位置不同时，其代表的数值也不同，如

$$(385.64)_{10}=3\times10^{2}+8\times10^{1}+5\times10^{0}+6\times10^{-1}+4\times10^{-2}$$

式中，$10^2$、$10^1$、$10^0$ 和 $10^{-1}$、$10^{-2}$ 为十进制数百位、十位、个位和十分位、百分位的权值。

如用 $K$ 表示数码，对于一个具有 $n$ 位整数和 $m$ 位小数的十进制数，可用下式表示

十进制数 $N$。

$$(N)_{10}=K_{n-1}10^{n-1}+\cdots+K_1 10+K_0 10^0+\cdots+K_{-m}10^{-m} \tag{6-2}$$

式中，$K_i$ 为第 $i$ 位数码，是 0～9 中的一个数，$10^i$ 为十进制数第 $i$ 位的权。

(2)二进制。基数为 2 的数制为二进制，在二进制中，只有“0”和“1”两个数码，进位规律是逢二进一。任何一个二进制数 $N$ 可以表示为

$$(N)_2=K_{n-1}2^{n-1}+\cdots+K_1 2^1+K_0 2^0+\cdots+K_{-m}2^{-m} \tag{6-3}$$

式中，$K_i$ 为第 $i$ 位数码，是 0 或 1，$2^i$ 为二进制数第 $i$ 位的权。

(3)八进制。基数为 8 的数制为八进制，在八进制中，有 0～7 八个不同的数码，进位规律是逢八进一。任意一个八进制数 $N$ 可以表示为

$$(N)_8=K_{n-1}8^{n-1}+\cdots+K_1 8^1+K_0 8^0+\cdots+K_{-m}8^{-m} \tag{6-4}$$

式中，$K_i$ 为第 $i$ 位数码，是 0～7 中的一个数，$8^i$ 为八进制数第 $i$ 位的权。

(4)十六进制。基数为 16 的数制为十六进制，在十六进制中，共有 0～9 十个数字和六个符号 A～F(分别表示 10～15)十六个不同的数码，进位规律是逢十六进一，任意一个十六进制数 $N$ 可以表示为

$$(N)_{16}=K_{n-1}16^{n-1}+\cdots+K_1 16^1+K_0 16^0+\cdots+K_{-m}16^{-m} \tag{6-5}$$

式中，$K_i$ 为第 $i$ 位数码，是 0～9 以及 A～F 中的一个数，$16^i$ 为十六进制数第 $i$ 位的权。

2. 数制的互换

在实际的数字系统中，普遍采用二进制数。但是二进制数写起来冗长，不方便记忆。而且人们通常习惯十进制计数，所以在实际操作中，往往需要先将十进制或其他进制的数值转换为二进制的数值后，再进入数字系统处理。再将处理后的二进制数值转换为人们熟悉的十进制或其他进制的数值。

(1)任意进制数转换为十进制数。利用式 6-1，可将任意进制数展开，得到的就是十进制数。

**[例 6-1]** 将二进制数$(101011.01)_2$ 转换为十进制数。

**解：** 根据式 6-1，在这里 $n=6$，$m=2$，$R=2$，有

$(101011.01)_2=1\times 2^5+1\times 2^3+1\times 2^1+1\times 2^0+1\times 2^{-2}=32+8+2+1+0.25=(43.25)_{10}$

**[例 6-2]** 将八进制数$(57)_8$ 转换为十进制数。

**解：** 根据式 6-1，在这里 $n=2$，$m=0$，$R=8$，有

$$(57)_8=5\times 8^1+7\times 8^0=40+7=(47)_{10}$$

**[例 6-3]** 将十六进制数$(7F.8)_{16}$ 转换为十进制数。

**解：** 根据式 6-1，在这里 $n=2$，$m=1$，$R=16$，要注意在转换时，A～F 要对应写成 10～15。

$(7F.8)_{16}=7\times 16^1+15\times 16^0+8\times 16^{-1}=112+15+0.5=(127.5)_{10}$

(2)十进制数转换为其他任意进制数。十进制数转换为其他任意进制数，整数部分

转换为 $R$ 进制数的方法是：将该十进制整数除 $R$ 取余，然后逆序排列。具体来说就是，用十进制整数除以 $R$，得到一个商和余数，然后用商再除以 $R$，得到一个新商和一个新的余数，再将新商除以 $R$……这样不断进行下去，直到所得的商为 0 为止。

小数部分转换为 $R$ 进制数的方法是：将十进制小数乘 $R$ 取整，顺序排列。具体来说就是将十进制的小数乘 $R$，将其乘积的整数部分取出，剩下的小数部分继续乘 $R$，得到一个新的乘积，再取出整数部分，将剩下的小数部分乘 $R$……如此下去直到乘积的小数部分为 0，或者达到了要求的精确位数。下面以十进制转换为二进制为例来说明。

**[例 6-4]** 将十进制数$(13.85)_{10}$转换为二进制数。

**解：** 首先，将整数部分除 2 取余，将余数逆序排列，得转换结果为 1101；然后，将小数部分乘 2，将其乘积的整数部分取出顺序排列，得转换结果为 0.11011；最后将整数部分和小数部分相加，得转换的结果是$(13.85)_{10}=(1101.11011)_2$。

$$
\begin{array}{r|l}
2 & 13 \quad \cdots\cdots 1=K_0 \\
2 & 6 \quad \cdots\cdots 0=K_1 \\
2 & 3 \quad \cdots\cdots 1=K_2 \\
2 & 1 \quad \cdots\cdots 1=K_3 \\
 & 0
\end{array}
$$

$$
\begin{aligned}
0.85\times2&=1.7\cdots\cdots1=K_{-1}\\
0.7\times2&=1.4\cdots\cdots1=K_{-2}\\
0.4\times2&=0.8\cdots\cdots0=K_{-3}\\
0.8\times2&=1.6\cdots\cdots1=K_{-4}\\
0.6\times2&=1.2\cdots\cdots1=K_{-5}
\end{aligned}
$$

(3)二进制数与八进制数之间的转换。因为 $2^3=8$，所以二进制与八进制的转换方法，将三位二进制数看作一位八进制数。具体来说，就是以小数点为分界，整数部分从低位到高位分组，每三位代表一位八进制数，最高位不足三个则补 0；小数部分从高位到低位分组，每三位代表一位八进制数，最低位不够三个则补 0。最后对应得到八进制数。若将八进制数转换为二进制数，即为上述方法的逆过程。

**[例 6-5]** 将二进制数$(10101110.0100111)_2$转换为八进制数。

**解：**

$$
\begin{array}{cccccccc}
010 & 101 & 110 & . & 010 & 011 & 100 \\
\downarrow & \downarrow & \downarrow & & \downarrow & \downarrow & \downarrow \\
2 & 5 & 6 & . & 2 & 3 & 4
\end{array}
$$

所以，$(10101110.0100111)_2=(256.234)_8$。

**[例 6-6]** 将八进制数$(153.521)_8$转换为二进制数。

**解：**

$$
\begin{array}{cccccccc}
1 & 5 & 3 & . & 5 & 2 & 1 \\
\downarrow & \downarrow & \downarrow & & \downarrow & \downarrow & \downarrow \\
001 & 101 & 011 & . & 101 & 010 & 001
\end{array}
$$

所以，$(153.521)_8=(1101011.101010001)_2$。

(4)二进制数与十六进制数之间的转换。因为，$2^4=16$，所以二进制数与十六进制数间的转换方法与二进制数与八进制数之间的转换方法类似，就是将四位二进制数看作一位十六进制数。具体来说，若要把二进制数转换为十六进制数，就以小数点为分界，整数部分从低位到高位分组，每四位代表一位十六进制数，最高位不足四个则补

0；小数部分从高位到低位分组，每四位代表一位十六进制数，最低位不够四个则补 0。最后对应得到十六进制数。若将十六进制数转换为二进制数，即为上述方法的逆过程。

[**例 6-7**] 将二进制数$(1110101100.010010111)_2$转换为十六进制数。

**解：**

| 0011 | 1010 | 1100 | . | 0100 | 1011 | 1000 |
|---|---|---|---|---|---|---|
| ↓ | ↓ | ↓ | | ↓ | ↓ | ↓ |
| 3 | 10(A) | 12(C) | . | 4 | 11(B) | 8 |

所以，$(1110101100.010010111)_2=(3AC.\ 4B8)_{16}$。

[**例 6-8**] 将十六进制数$(5F1.38B)_{16}$转换为二进制数。

**解：**

| 5 | F(15) | 1 | . | 3 | 8 | B(11) |
|---|---|---|---|---|---|---|
| ↓ | ↓ | ↓ | | ↓ | ↓ | ↓ |
| 0101 | 1111 | 0001 | . | 0011 | 1000 | 1011 |

所以，$(5F1.38B)_{16}=(10111110001.001110001011)_2$。

3. 码制

在数字系统中，任何数据和信息都是用代码来表示的。在二进制中只有两个符号 0 和 1，将若干个二进制代码 0 和 1 按一定规则排列起来表示某种特定含义的代码称为二进制代码，或称二进制码。由于二进制数机器容易实现，所以数字设备常采用二进制。但是人们对十进制熟悉，对二进制不习惯，将十进制数的 0～9 十个数字用四位二进制数表示的代码，称为二—十进制码，又称 BCD 码。最常用的二—十进制码为 8421BCD 码，这种代码每一位的权是固定不变的，为恒权码。它取了 4 位自然二进制数的前 10 种组合，即 0000(0)～1001(9)，从高位到低位的权值分别为 8、4、2、1，去掉 6 种组合 1010～1111，所以称为 8421BCD 码。

在 BCD 码中，4 位二进制代码只能表示一位十进制数。当需要对多位十进制数进行编码时，则需对多位十进制数中的每位数进行编码。例如，$(64)_{10}=(0110,0100)_{8421BCD}$。十进制数和 8421BCD 码的对应关系如表 6-1 所示。

**表 6-1　十进制数和 8421BCD 码的对应关系**

| 十进制数 | 0 | 1 | 2 | 3 | 4 | 5 | 6 | 7 | 8 | 9 |
|---|---|---|---|---|---|---|---|---|---|---|
| 8421BCD 码 | 0000 | 0001 | 0010 | 0011 | 0100 | 0101 | 0110 | 0111 | 1000 | 1001 |

逻辑门及逻辑关系

## 任务 1.2　逻辑门电路

### 任务内容

基本逻辑门电路的功能和特点，基本逻辑运算法则，集成逻辑门电路的特点和使用注意事项。

**任务目标**

使学生对逻辑门电路和逻辑运算法则有较熟的了解。

**相关知识**

### 1.2.1 逻辑门电路分类

基本的逻辑关系有与逻辑、或逻辑和逻辑非三种，与之对应的逻辑运算为与运算(逻辑乘)、或运算(逻辑加)、非运算(逻辑非)。用以实现基本逻辑运算和复合逻辑运算的电子电路称为逻辑门电路。常用的逻辑门电路有与门、或门、非门、与非门、或非门、异或门和同或门等。它们是组成各种数字系统的基本逻辑门电路。

集成逻辑门电路主要有 TTL 门电路和 CMOS 门电路。TTL 门电路由双极型晶体管组成，CMOS 门电路由单极型 MOS 管组成。TTL 门电路的工作速度较高，但功耗也较大，集成度不高；CMOS 门电路功耗小，集成度高，但工作速度不及 TTL 门电路高。这两种类型的集成电路正朝着高速度、低功耗、高集成度的方向发展。

各种门电路的输入和输出只有高电平 $U_H$ 和低电平 $U_L$ 两种不同的状态。高电平和低电平不是一个固定的数值，而是一定的变化范围。如在 TTL 门电路中，在 2.4～3.6V 范围内的电压都称作高电平，标准高电平 $U_{SH}$ 取 3.6V；在 0～0.8V 范围内的电压都称为低电平，标准低电平 $U_{SL}$ 取 0.3V。

在数字电路中，用 **1** 表示高电平，用 **0** 表示低电平时，称为正逻辑；用 **0** 表示高电平，用 **1** 表示低电平时，称为负逻辑。如未特别说明，则一律为正逻辑。

### 1.2.2 基本逻辑运算

1. 与运算

当决定某一事件的全部条件都具备时，该事件才会发生，这样的因果关系称为与逻辑关系，简称与逻辑，也叫逻辑乘。

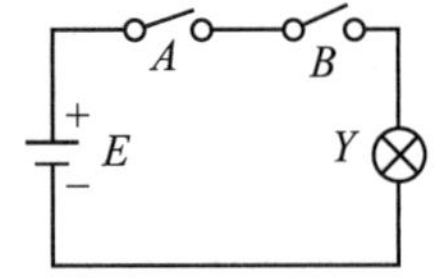


**图 6-2 开关串联表示与逻辑电路图**

如图 6-2 所示，开关 $A$ 和 $B$ 两个开关都闭合，灯 $Y$ 亮。只要开关 $A$、$B$ 中任何一个开关断开或两个开关都断开，灯 $Y$ 都不亮。

如果设定逻辑变量 $A$、$B$ 和 $Y$ 的状态，开关闭合为逻辑 **1**、开关断开为逻辑 **0**；灯亮为逻辑 **1**，灯灭为逻辑 **0**，则可把 $A$、$B$ 作为输入变量，$Y$ 作为输出变量，并用表 6-2 列出输入变量 $A$ 和 $B$ 的各种取值组合和输出变量 $Y$ 的一一对应关系，这种用表格形式列出的逻辑关系，称作真值表。

**表 6-2 与逻辑真值表**

| $A$ | $B$ | $Y$ |
|---|---|---|
| 0 | 0 | 0 |
| 0 | 1 | 0 |
| 1 | 0 | 0 |
| 1 | 1 | 1 |

$Y$ 和 $A$、$B$ 间的关系满足逻辑乘运算规律，与逻辑的

逻辑表达式为

$$Y=A\cdot B=AB \tag{6-6}$$

式中，符号“·”表示与运算，读作“与”(或读作“逻辑乘”)，在不致引起混淆的前提下，“·”常被省略。对于多变量与逻辑的逻辑表达式可用下式表示。

$$Y=ABC\cdots \tag{6-7}$$

与逻辑运算规则：有 **0** 出 **0**，全 **1** 出 **1**。实现与逻辑的电路称为与门，其逻辑符号如图 6-3 所示。

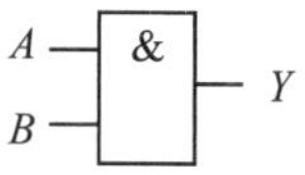

**图 6-3　与门逻辑符号**

2. 或逻辑

当决定某一事件的所有条件中，只要有一个具备，该事件就会发生，这样的因果关系称为或逻辑关系，简称或逻辑，也叫逻辑加。

如图 6-4 所示，只要开关 $A$、$B$ 中任何一个开关闭合或两个都闭合，灯 $Y$ 都会亮；只有开关 $A$、$B$ 均断开，则灯 $Y$ 不亮。如变量 $A$、$B$、$Y$ 给出和与逻辑同样的赋值时，则可得表 6-3 所示或逻辑真值表。

$Y$ 和 $A$、$B$ 间的关系满足逻辑加运算规律，或逻辑的逻辑表达式为

$$Y=A+B \tag{6-8}$$

式中，符号“+”表示或运算。对于多变量与逻辑的逻辑表达式可用下式表示。

$$Y=A+B+C+\cdots \tag{6-9}$$

或逻辑运算规则：有 **1** 出 **1**，全 **0** 出 **0**。实现或运算的电路称为或门，其逻辑符号如图 6-5 所示。

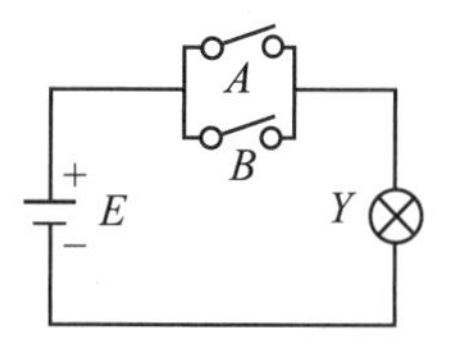


**图 6-4　开关并联表示或逻辑电路图**

**表 6-3　或逻辑真值表**

| A | B | Y |
|---|---|---|
| 0 | 0 | 0 |
| 0 | 1 | 1 |
| 1 | 0 | 1 |
| 1 | 1 | 1 |

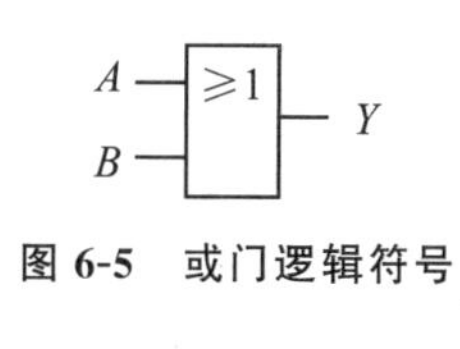


**图 6-5　或门逻辑符号**

3. 非逻辑

当某一条件具备了，事情不会发生；而此条件不具备时，事情反而发生。这种因果关系称为非逻辑关系，简称非逻辑。

如图 6-6 所示，开关 $A$ 和灯 $Y$ 并联，开关 $A$ 闭合时，灯 $Y$ 不亮；开关 $A$ 断开时，灯 $Y$ 亮。如果设定逻辑变量 $A$ 和 $Y$ 的状态，开关闭合为逻辑 **1**，开关断开为逻辑 **0**；灯亮为逻辑 **1**，灯灭为逻辑 **0**。则可得表 6-4 所示非逻辑真值表。

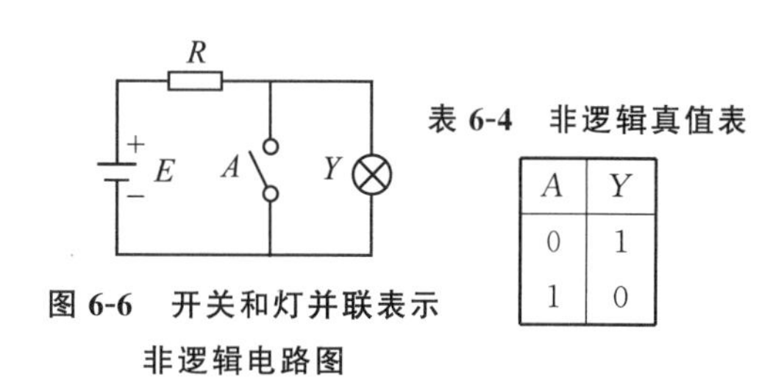


**图 6-6　开关和灯并联表示非逻辑电路图**

**表 6-4　非逻辑真值表**

| A | Y |
|---|---|
| 0 | 1 |
| 1 | 0 |

$Y$ 和 $A$ 间的关系满足非逻辑运算规律，非逻辑的逻辑表达式为

$$Y=\overline{A} \tag{6-10}$$

式中，“$\overline{A}$”读作“A 非”。

非逻辑的运算规则：有 **0** 出 **1**，有 **1** 出 **0**。实现非运算的电路称为非门，其逻辑符号如图 6-7 所示。

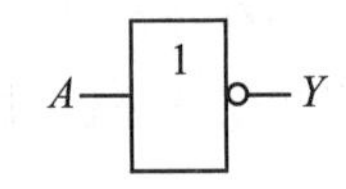

**图 6-7　非门逻辑符号**

4. 复合逻辑运算

任何复杂的逻辑运算都是由上述三种基本逻辑运算组合而成。常用的复合逻辑运算主要有：与非逻辑、或非逻辑、与或非逻辑、异或逻辑和同或逻辑等。

(1)与非逻辑。与非逻辑是由与运算和非运算组合而成的复合运算，运算顺序是先与运算后非运算。设输入变量为 $A$、$B$，输出为 $Y$，则其逻辑表达式为

$$Y=\overline{AB} \tag{6-11}$$

与非逻辑的真值表如表 6-5 所示。与非逻辑的运算规则：有 **0** 出 **1**，全 **1** 出 **0**。实现与非运算的电路称为与非门，其逻辑符号如图 6-8 所示。

**表 6-5　与非逻辑真值表**

| $A$ | $B$ | $Y$ |
|---|---|---|
| 0 | 0 | 1 |
| 0 | 1 | 1 |
| 1 | 0 | 1 |
| 1 | 1 | 0 |

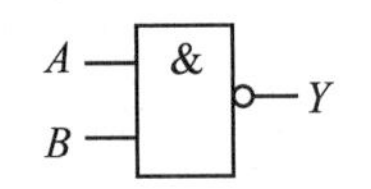

**图 6-8　与非门逻辑符号**

(2)或非逻辑。或非逻辑是由或运算和非运算组合而成的复合运算，运算顺序是先或运算后非运算。设输入变量为 $A$、$B$，输出为 $Y$，则其逻辑表达式为

$$Y=\overline{A+B} \tag{6-12}$$

或非逻辑的真值表如表 6-6 所示。或非逻辑的运算规则：有 **1** 出 **0**，全 **0** 出 **1**。实现或非运算的电路称为或非门，其逻辑符号如图 6-9 所示。

**表 6-6　或非逻辑真值表**

| $A$ | $B$ | $Y$ |
|---|---|---|
| 0 | 0 | 1 |
| 0 | 1 | 0 |
| 1 | 0 | 0 |
| 1 | 1 | 0 |

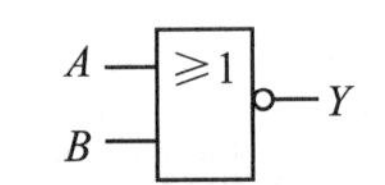

**图 6-9　或非门逻辑符号**

(3)异或逻辑。异或逻辑运算是两个输入变量 $A$、$B$ 各自先进行非的变换后，再与相对的原变量进行与运算，然后再进行或逻辑运算。其逻辑表达式为

$$Y=A\overline{B}+\overline{A}B=A\oplus B \tag{6-13}$$

式中，符号“⊕”表示异或运算，读作“异或”。

异或逻辑的真值表如表 6-7 所示。或非逻辑的运算规则：相同出 **0**，不同出 **1**。实现异或运算的电路称为异或门，其逻辑符号如图 6-10 所示。

表 6-7　异或逻辑真值表

| A | B | Y |
|---|---|---|
| 0 | 0 | 0 |
| 0 | 1 | 1 |
| 1 | 0 | 1 |
| 1 | 1 | 0 |

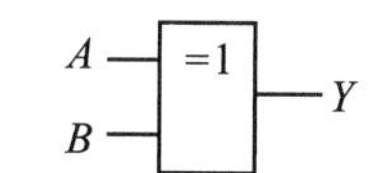

图 6-10　异或门逻辑符号

(4)同或逻辑。同或逻辑运算是两个输入变量 $A$、$B$ 先做与运算，再各自进行非的变换后也做与运算，然后再进行或逻辑运算。其逻辑表达式为

$$Y = AB + \overline{A}\overline{B} = A \odot B \tag{6-14}$$

式中，符号“ ⊙ ”表示同或运算，读作“同或”。

同或逻辑的真值表如表 6-8 所示。或非逻辑的运算规则：相同出 **1**，不同出 **0**。实现同或运算的电路称为同或门，其逻辑符号如图 6-11 所示。

表 6-8　同或逻辑真值表

| A | B | Y |
|---|---|---|
| 0 | 0 | 1 |
| 0 | 1 | 0 |
| 1 | 0 | 0 |
| 1 | 1 | 1 |

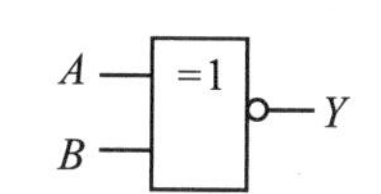

图 6-11　同或门逻辑符号

由异或和同或逻辑真值表可以看出，在相同的输入下，二者的值正好相反，即二者互为非逻辑关系，即

$$A \oplus B = \overline{A \odot B} \quad 或 \quad A \odot B = \overline{A \oplus B}$$

因此，同或逻辑也经常称作异或非逻辑。

## 1.2.3　TTL 集成与非门电路

TTL 门电路就是晶体管—晶体管逻辑电路，其输入端、输出端均由晶体管组成。TTL 门电路具有功耗小、速度快、扇出数大、成本低等优点，是一种使用较为广泛的电路。

1. 标准 TTL 与非门电路

标准 TTL 与非门电路如图 6-12 所示，它的工作原理如下。

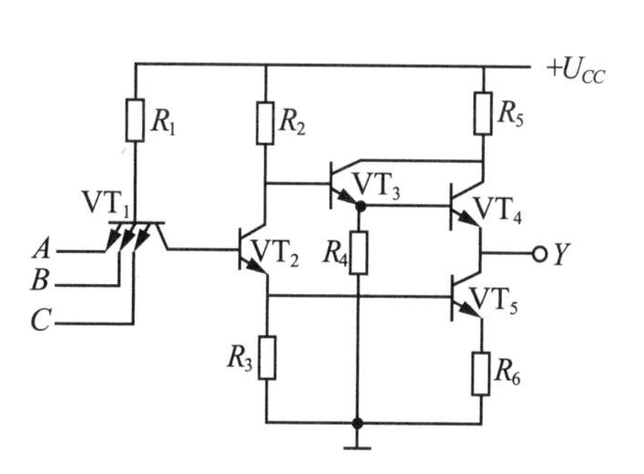

图 6-12　TTL 与非门电路

(1)输入 $A$、$B$、$C$ 中有一个为“**0**”时，$VT_1$ 管饱和，$VT_1$ 管的基极被钳位在 1V 左右，不能使 $VT_2$、$VT_5$ 导通，所以 $VT_2$、$VT_5$ 截止，$VT_3$、$VT_4$ 组成的复合管导通，输出 $U_0 \approx 5-0.7-0.7=3.6$V，为高电平“**1**”。

(2)输入 $A$、$B$、$C$ 中全为“1”时，$VT_1$ 管的发射结反偏截止，$+5$V 经 $R_1$、$VT_1$ 管集电结、

$VT_2$ 管的发射结、$VT_5$ 管发射结导通，此时 $VT_1$ 基极被钳位在 2.1V 左右，$VT_2$、$VT_5$ 饱和导通，输出为低电平“**0**”。$VT_2$ 集电极被钳位在 $0.7+0.3=1(V)$左右，使 $VT_3$ 导通。$VT_4$ 基极被钳位在 $1-0.7=0.3(V)$左右，$VT_4$ 截止。

74×系列为标准的 TTL 门系列。其中×为 L 表示低功耗；×为 H 表示高速；×为 S 表示肖特基(采用抗饱和技术)系列；×为 LS 表示低功耗肖特基系列，这是应用较广泛的一种 TTL 门电路，相当于国产的 CT4000 系列。常用的 TTL 集成与非门电路有 74LS00(四个二输入端)、74LS20(两个四输入端)等。如图 6-13(a)(b)所示分别为芯片 74LS00、74LS20 的外引脚排列图。

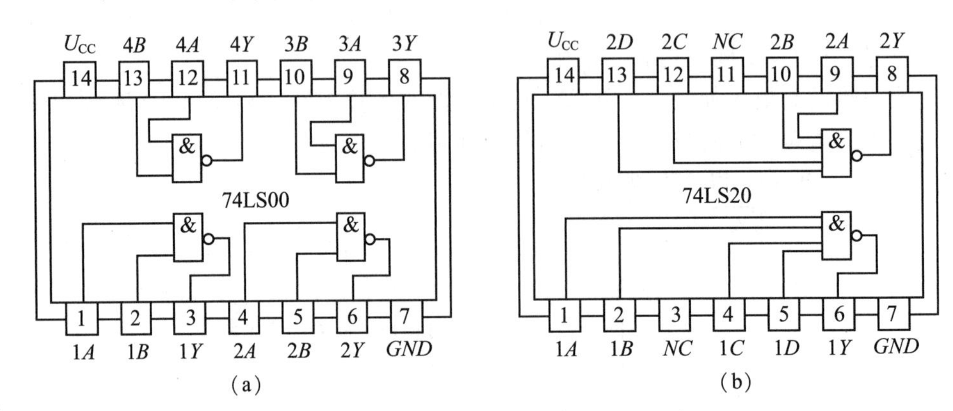


**图 6-13　芯片 74LS00、74LS20 的外引脚排列图**

2. 三态与非门电路

所谓三态门，是指逻辑门的输出除有高、低电平两种状态外，还有第三种状态——高阻状态(或称禁止状态)的门电路，简称 TSL 门。其电路组成是 TTL 与非门的输入级多了一个控制器件 $EN$，如图 6-14(a)所示，对应的逻辑符号如图 6-14(b)(c)所示。

$A$ 和 $B$ 是输入端，$EN$ 是控制端或称使能端。当 $EN=0$ 时，$VT_1$ 管和 VD 同时导通，$VT_1$ 导通使 $VT_2$、$VT_5$ 截止，VD 导通使 $VT_3$、$VT_4$ 截止，此时输出处于高阻态与输入 $A$、$B$ 间无任何关系；当 $EN=1$ 时，VD 截止，此时电路即为普通的与非门，输出 $L$ 与输入 $A$、$B$ 之间为与非逻辑关系，可输出“**0**”或“**1**”。

图 6-14(a)所示的电路，在 $EN=\mathbf{0}$ 时，电路为高阻状态，在 $EN=\mathbf{1}$ 时，电路为“与非”门状态，故称控制端为高电平有效，逻辑符号如图 6-14(b)所示。有的三态与非门为低电平有效，逻辑符号中用 $\overline{EN}$ 加小圆圈表示，如图 6-14(c)所示，不加小圆圈表示高电平有效。

三态与非门可作为输入设备与数据总线之间的接口。可将输入设备的多组数据分时传递到同一数据总线上，并且任何时刻只允许有一个三态门处于工作状态，占用数据总线，而其余的三态门均处于高阻态，即脱离总线状态。

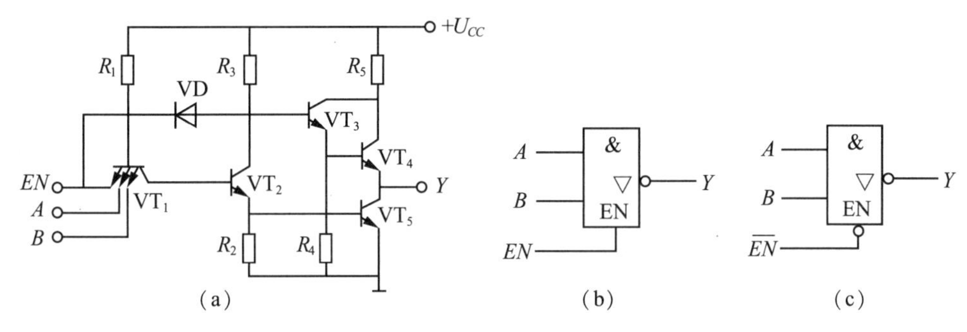


**图 6-14　三态与非门电路和逻辑符号**

3. 集电极开路门(OC 门)电路

图 6-12 所示的 TTL 与非门电路是不能并联使用的，否则当一个门电路输出为高电平而另一个门电路输出为低电平时，会产生一个很大的电流，造成功耗过大，损坏门电路。

将两个或多个门电路的输出端并联起来得到与逻辑关系，称为线与。这种电路结构的特点是：节省组件、减少传输延迟和功耗，简化电路结构。集电极开路门(OC 门)是一种能够实现线与逻辑的电路。OC 门是将原 TTL 与非门电路中的 $VT_5$ 管的集电极开路，并取消了集电极电阻。使用时，为保证 OC 门的正常工作，必须在输出端与电源 $U_{CC}$ 之间串联一个电阻，该电阻称为上拉电阻。OC 门电路如图 6-15 所示，图 6-16 为 OC 门的逻辑符号。

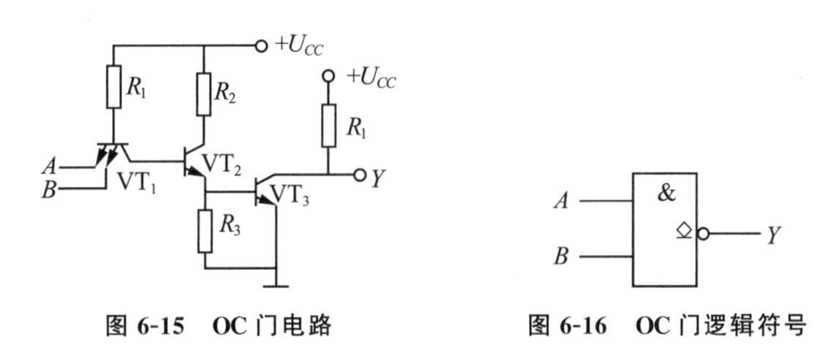


**图 6-15　OC 门电路**　　**图 6-16　OC 门逻辑符号**

将两个或多个 OC 门输出端连在一起可实现线与逻辑。图 6-17 电路为两个 OC 门输出端相连后经电阻 $R_L$ 接电源 $U_{CC}$ 实现线与的电路，图中输出线连接处的矩形框为线与功能逻辑符号。

由图 6-17 可得，$Y_1=\overline{AB}$，$Y_2=\overline{CD}$。由于 $Y_1$ 和 $Y_2$ 连接在一起，其节点处相当于与门逻辑，因此，当 $Y_1$ 和 $Y_2$ 中有低电平“**0**”时，输出 $Y$ 为低电平“**0**”；当 $Y_1$ 和 $Y_2$ 都为高电平“**1**”时，输出 $Y$ 才为高电平“**1**”。所以，$Y=Y_1Y_2$，其逻辑表达式为 $Y=Y_1Y_2=\overline{AB}\cdot\overline{CD}=\overline{AB+CD}$，两个 OC 门线与连接后，可实现与或非逻辑功能。

图 6-18 所示电路为用 OC 门驱动发光二极管的电路。该电路在输入 $A$、$B$ 都为高电平时输出低电平，这时发光二极管发光，否则，电路输出高电平时，发光二极管不发光。

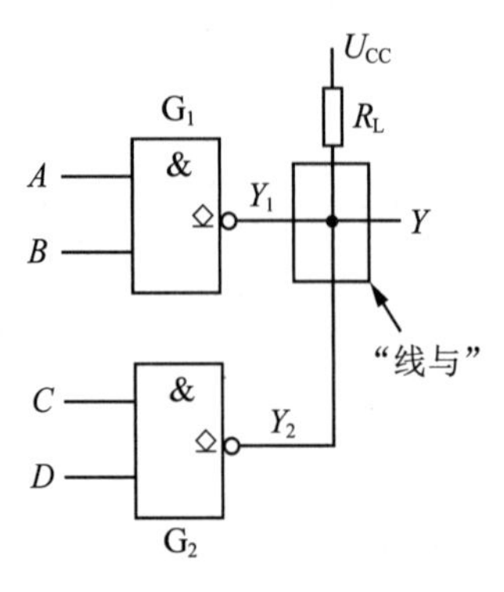


图 6-17 OC 门输出并联逻辑图

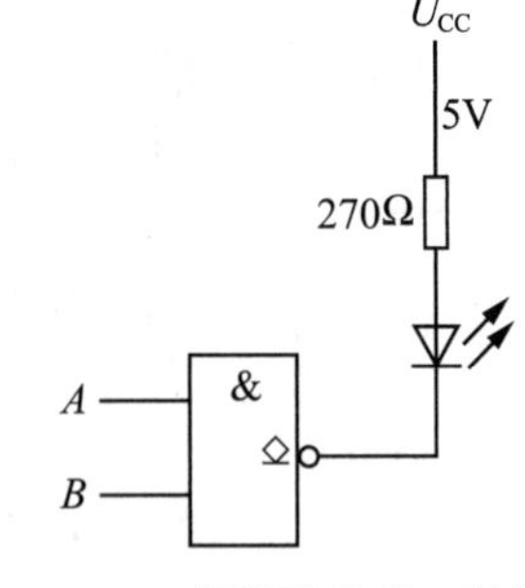


图 6-18 OC 门驱动发光二极管电路

图 6-19 所示电路为由 OC 门组成的电平转换电路。当输入 $A$、$B$ 都为高电平 3.6V 时，输出 $Y$ 为低电平 0.3V；当输入 $A$、$B$ 中有低电平 0 时，输出 $Y$ 为高电平 $U_{CC}$，由图可知为 10V，主要选择不同的 $U_{CC}$ 值，便可使输出 $Y$ 的高电平能适应下一级电路对高电平的要求，从而实现电平转换。

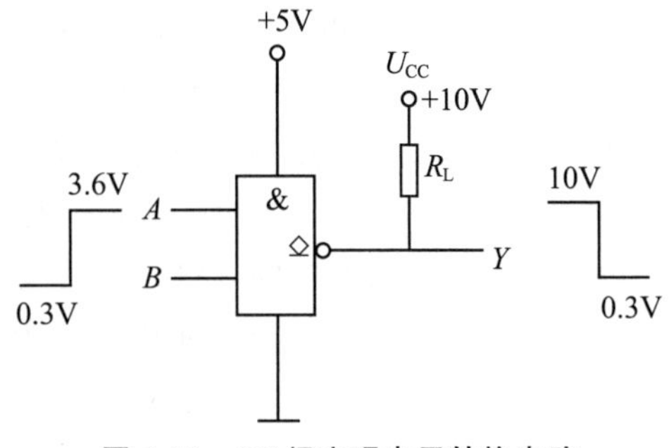


图 6-19 OC 门实现电平转换电路

4. TTL 集成逻辑门的使用注意事项

对于各种集成电路，在技术手册中都会给出各主要参数的工作条件和极限值，使用时一定要在推荐的工作条件范围内。

(1)输出端的连接。具有推拉输出结构的 TTL 门电路的输出端不允许直接并联使用。输出端不允许直接接电源 $U_{CC}$ 或直接接地。使用时，输出电流应小于产品手册上规定的最大值。三态输出门的输出端可并联使用，但在同一时刻只能有一个门工作，其他门输出都处于高阻状态。集电极开路门输出端可并联使用，但公共输出端和电源 $U_{CC}$ 之间应外接负载电阻 $R_L$。

(2)闲置输入端的处理。TTL 集成门电路使用时，对于闲置输入端(不用的输入端)一般不悬空，主要是防止干扰信号从悬空输入端上引入电路。对于闲置输入端的处理以不改变电路逻辑状态及工作稳定性为原则。常用的方法有以下几种。

对于与非门的闲置输入端可直接接电源电压 $U_{CC}$ 或通过 1～10kΩ 的电阻接电源 $U_{CC}$，如图 6-20(a)(b)所示；如前级驱动能力允许，可将闲置输入端与有用输入端并联使用，如图 6-20(c)所示；在外界干扰很小时，与非门的闲置输入端可以剪断或悬空，如图 6-20(d)所示，但不允许接开路长线，以免引入干扰而产生逻辑错误；或非门不使用的闲置输入端应接地，对与或非门中不使用的与门至少有一个输入端接地，如图 6-20(e)(f)所示。

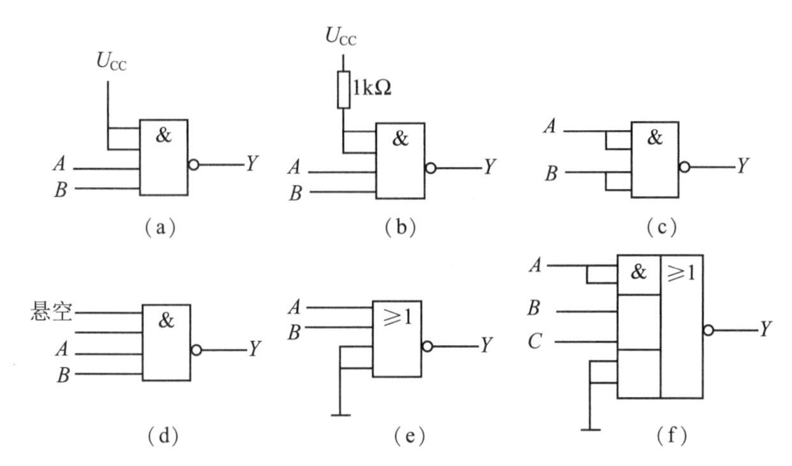


**图 6-20　与非门和或非门多余输入端的处理**

(3)电源电压及电源干扰的消除：对于 54 系列电源电压取 $U_{CC}=(5\pm0.5)$V，对 74 系列电源电压取 $U_{CC}=(5\pm0.25)$V，不允许超出这个范围。为防止动态尖峰电流或脉冲电流通过公共电源内阻耦合到逻辑电路造成的干扰，需对电源进行滤波。通常在印刷电路板的电源端对地接入 10～100$\mu$F 的电容对低频进行滤波。由于大电容存在一定的电感，它不能滤除高频干扰，在印刷电路板上，每隔 6～8 个门电路需在电源端对地加接一个 0.01～0.1$\mu$F 的电容对高频进行滤波。

(4)电路安装接线和焊接应注意的问题。连线要尽量短，最好用绞合线；整体接地要好，地线要粗而短；焊接用的电烙铁不大于 25W，焊接时间要短；使用中性焊剂，如松香酒精溶液，不可使用焊油；印刷电路板焊接完毕后，不得浸泡在有机溶液中清洗，只能用少量酒精擦去外引线焊接点上的焊剂和污垢。

## 1.2.4　CMOS 集成逻辑门电路

CMOS 集成电路是由增强型 P 沟道 MOS 管(即 PMOS 管)和增强型 N 沟道 MOS 管(即 NMOS 管)串联互补或并联互补构成，称为互补型 MOS 门电路。CMOS 门电路由于其电路简单，具有微功耗、输入阻抗高、带负载能力强、品种繁多、抗干扰能力强、电源电压允许范围大等优点，在中、大规模数字集成电路中被广泛应用。

1. CMOS 反相器

图 6-21(a)所示为由增强型 PMOS 管 $VT_2$ 和增强型 NMOS 管 $VT_1$ 组成，$VT_1$ 为驱动管，$VT_2$ 为负载管，两管的栅极连接在一起作为输入端，漏极连接在一起作为输出端，$VT_2$ 管的源极接电源 $U_{DD}$，$VT_1$ 源极接地。由于 $VT_2$、$VT_1$ 两管特性对称，开启电压 $U_{GS(th)1}=|U_{GS(th)2}|$，一般情况下都要求电源电压 $U_{DD}>U_{GS(th)1}+|U_{GS(th)2}|$。实际应用中，$U_{DD}$ 通常取 5V，以便与 TTL 电路兼容。设输入低电平为 0V，高电平为 $U_{DD}$，开启电压 $U_{GS(th)N}=|U_{GS(th)P}|=3$V。

(1)输入 $u_i=0$V 时，$VT_1$ 的 $U_{GS1}=0\text{V}<U_{GS(th)N}$，$VT_1$ 截止；$VT_2$ 的 $U_{GS2}=$

$|u_i - U_{DD}| = |0-5| = 5V > |U_{GS(th)P}| = 3V$，$VT_2$ 导通，输出 $u_o = U_{DD}$。等效电路如图 6-21(b)所示。

(2)输入 $u_i = U_{DD}$ 时，$VT_1$ 的 $U_{GS1} = U_{DD} > U_{GS(th)N}$，$VT_1$ 导通；$VT_2$ 的 $U_{GS2} = |u_i - U_{DD}| = |5-5| = 0V < |U_{GS(th)P}| = 3V$，$VT_2$ 截止，输出 $u_o = 0V$。等效电路如图 6-21(c)所示。

综上所述，当输入为低电平 $A=\mathbf{0}$ 时，输出为高电平 $Y=\mathbf{1}$；当输入为高电平 $A=\mathbf{1}$ 时，输出为低电平 $Y=\mathbf{0}$。因此，图 6-21(a)所示电路为非门，其逻辑表达式为 $Y=\overline{A}$，又由于该电路的输出信号与输入信号反相，因此也称反相器。

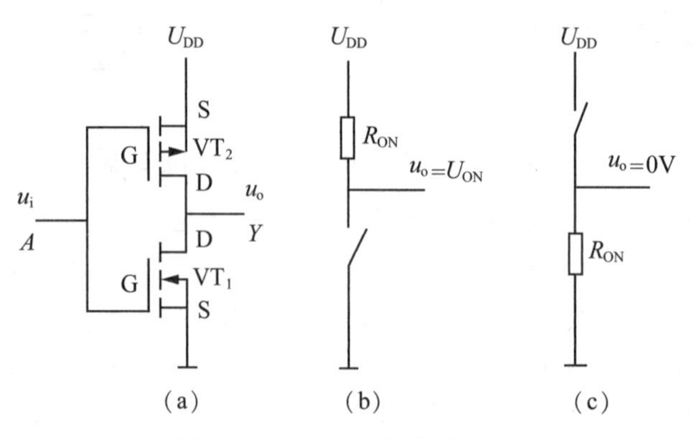


**图 6-21 CMOS 反相器电路图**

2. CMOS 集成与非门

图 6-22 所示为 CMOS 与非门电路。它由两个增强型 NMOS 管 $VT_{N1}$ 和 $VT_{N2}$ 串联，作为驱动管，两个增强型 PMOS 管 $VT_{P1}$ 和 $VT_{P2}$ 并联，作为负载管。$VT_{N1}$ 和 $VT_{P1}$ 的栅极连接在一起作为输入端 $A$，$VT_{N2}$ 和 $VT_{P2}$ 的栅极连接在一起作为输入端 $B$。

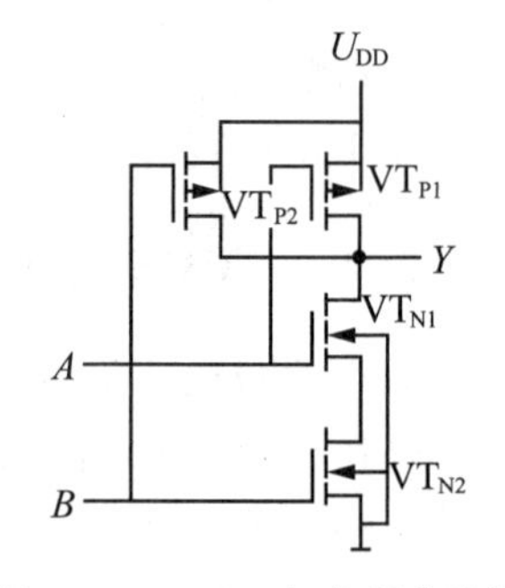


**图 6-22 CMOS 与非门电路图**

(1)当输入 $A=\mathbf{0}$、$B=\mathbf{0}$ 时，$VT_{N1}$ 和 $VT_{N2}$ 都截止，$VT_{P1}$ 和 $VT_{P2}$ 同时导通，输出 $Y=\mathbf{1}$。

(2)当输入 $A=\mathbf{0}$、$B=\mathbf{1}$ 时，$VT_{N1}$ 截止，$VT_{P1}$ 导通，输出 $Y=\mathbf{1}$。

(3)当输入 $A=\mathbf{1}$、$B=\mathbf{0}$ 时，$VT_{N2}$ 截止，$VT_{P2}$ 导通，输出 $Y=\mathbf{1}$。

(4)当输入 $A=\mathbf{1}$、$B=\mathbf{1}$ 时，$VT_{N1}$ 和 $VT_{N2}$ 都导通，$VT_{P1}$ 和 $VT_{P2}$ 同时截止，输出 $Y=\mathbf{0}$。

由上分析可知，电路实现了与非逻辑功能，其逻辑表达式为 $Y=\overline{AB}$，

3. CMOS 集成或非门

CMOS 或非门电路如图 6-23 所示。它是由两个增强型 NMOS 管 $VT_{N1}$ 和 $VT_{N2}$ 并联，作为驱动管，两个增强型 PMOS 管 $VT_{P1}$ 和 $VT_{P2}$ 串联，作为负载管。$VT_{N2}$ 和 $VT_{P2}$ 的栅极连接在一起作为输入端 $A$，$VT_{N1}$ 和 $VT_{P1}$ 的栅极连接在一起作为输入

端 $B$。

当输入 $A$、$B$ 中有高电平时，则接高电平的驱动管导通，输出 $Y$ 为低电平 **0**；只有当输入 $A$、$B$ 都为低电平 **0** 时，驱动管 $VT_{N1}$ 和 $VT_{N2}$ 同时截止，负载管 $VT_{P1}$ 和 $VT_{P2}$ 都导通，输出 $Y$ 为高电平 **1**。可见，图 6-23 所示电路实现了或非逻辑功能，其逻辑表达式为 $Y=\overline{A+B}$。

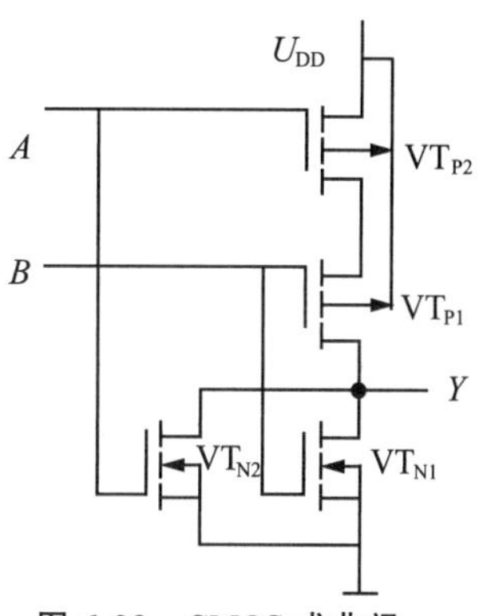


**图 6-23　CMOS 或非门**

4. CMOS 传输门

CMOS 传输门的电路如图 6-24(a)所示，$VT_1$ 和 $VT_2$ 为两个漏极和源极结构完全对称、参数一致的为增强型 PMOS 管和增强型 NMOS 管，两管的源极和漏极分别相连，作为两个输入端，两管栅极分别由一对互补电压控制，其逻辑符号如图 6-24(b)所示。

设 $VT_2$ 和 $VT_1$ 的开启电压 $U_{GS(th)N}=|U_{GS(th)P}|=3V$，两管栅极 $C$ 和 $\overline{C}$ 上加一对互补控制电压，其低电平为 0V，高电平为 $U_{DD}$，输入电压 $u_I$ 在 $0\sim U_{DD}$ 的范围内变化。

(1)当控制电压 $C=0V$ 时，$\overline{C}=U_{DD}$，$VT_2$ 和 $VT_1$ 同时截止，输入 $u_I$ 不能传输到输出端，此时传输门关闭，输出高阻，呈现悬浮状态。

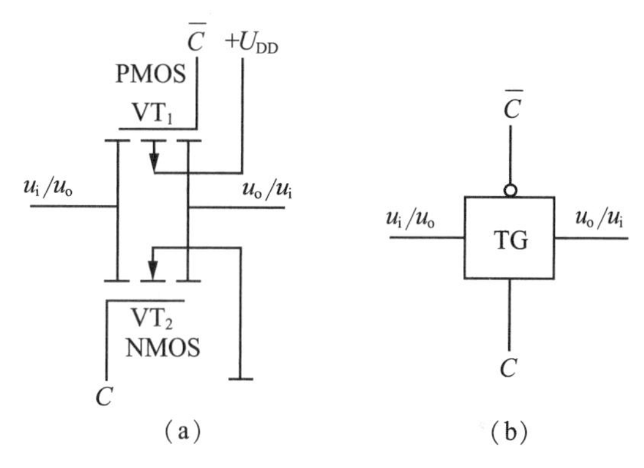


**图 6-24　CMOS 传输门电路图及逻辑符号**

(2)当控制电压 $C=U_{DD}$ 时，$\overline{C}=0V$ 时，传输门开始工作，如输入 $0V<u_i<(U_{DD}-U_{GS(th)N})$时，$VT_1$ 导通，输出 $u_o=u_i$；如输入 $|U_{GS(th)P}|<u_i\leqslant U_{DD}$ 时，$VT_2$ 导通，输出 $u_o=u_i$。因此，输入 $u_I$ 在 $0\sim U_{DD}$ 范围内变化时，$VT_1$ 和 $VT_2$ 中至少有一个管导通，所以，输出 $u_o=u_i$。此时，传输门开通。

由于 $VT_1$ 和 $VT_2$ 漏极和源极可互换使用，因此，CMOS 传输门的输出端和输入端也可以互换使用，它是一个双向器件。利用 CMOS 传输门和 CMOS 反相器的各种组合可以构成各种复杂的逻辑电路。

5. CMOS 集成逻辑门的使用注意事项

(1)输出端的连接。输出端不允许直接与电源 $U_{DD}$ 或与地相连，因为电路的输出级通常为 CMOS 反相器结构，这会使输出级的 NMOS 管或 PMOS 管可能因电流过大而损坏；为提高电路的驱动能力，可将同一心片上相同门电路的输入端、输出端并联使用；当 CMOS 电路输出端接大容量的负载电容时，流过管子的电流很大，有可能使管子损坏，因此，需在输出端和电容之间串接一个限流电阻，以保证流过管子的电流不超过允许值。

(2)闲置输入端的处理。闲置输入端不允许悬空，对于与门和与非门，闲置输入端应接正电源或高电平；对于或门和或非门，闲置输入端应接地或低电平；闲置输入端不宜与使用输入端并联使用，因为这样会增大输入电容，从而使电路的工作速度下降，但在工作速度很低的情况下，允许输入端并联使用。

(3)电源电压的处理。CMOS 电路的电源电压极性不可接反，否则，可能会造成电路永久性失效；CC4000 系列的电源电压可在 3～15V 的范围内选择，最大不允许超过极限值 18V，电源电压选择得越高，抗干扰能力也越强；高速 CMOS 电路，HC 系列的电源电压可在 2～6 V 的范围内选用，HCT 系列的电源电压在 4.5～5.5V 的范围内选用，最大不允许超过极限值 7V；在进行 CMOS 电路实验，或对 CMOS 数字系统进行调试、测量时，应先接入直流电源，后接信号源；使用结束时，应先关信号源，后关直流电源。

(4)电路安装接线和焊接应注意的问题。焊接时，电烙铁必须接地良好，必要时，可将电烙铁的电源插头拔下，利用余热焊接；集成电路在存放和运输时，应放在导电容器或金属容器内；组装、调试时，应使所有的仪表、工作台面等具有良好的接地。

## 任务 1.3　逻辑函数及其化简

逻辑函数建立

**任务内容**

逻辑代数的基本定律和常用公式，逻辑函数的表示方法和化简。

**任务目标**

使学生能灵活运用逻辑代数的基本定律和常用公式，并熟练掌握逻辑函数的化简。

**相关知识**

### 1.3.1　逻辑函数及其表示方法

1. 逻辑函数

逻辑函数是用以描述数字逻辑电路输出与输入变量之间逻辑关系的表达式。在数字电路中的二进制数码，有时可做二进制数表示数值的大小，此时它们之间可以进行算术运算；有时还可以作为逻辑变量表示不同的逻辑状态，此时它们之间只能按照某种逻辑关系进行逻辑运算。

如果以逻辑变量作为输入，以运算结果作为输出，那么当输入变量的取值确定之后，输出的取值便随之而定。因此，输出与输入之间乃是一种函数关系，这种函数关系称为逻辑函数，写作：$Y=F(A, B, C, \cdots)$。由于变量和输出(函数)的取值只有 **0**

和 **1** 两种状态，所以讨论的都是二值逻辑函数。任何一个具体的因果关系都可以用一个逻辑函数描述。

2. 逻辑函数的建立

［**例 6-9**］图 6-25 所示为一楼道照明控制电路。在楼上和楼下分别安装有单刀双掷开关 $A$ 和 $B$。上楼时，在楼下开灯，在楼上关灯；下楼时，在楼上开灯，在楼下关灯。试分析灯的亮与灭和开关的断开与闭合之间的逻辑关系。并建立逻辑函数。

**解**：设开关 $A$、$B$ 扳上用 **1** 表示，扳下用 **0** 表示；灯 $Y$ 亮用 **1** 表示，灯灭用 **0** 表示。由此可分析灯 $Y$ 和开关 $A$、$B$ 之间的逻辑关系，由图 6-25 可看出，$A$、$B$ 两开关的状态只有四种状态：$A$、$B$ 两开关均扳下，($A=\mathbf{0}$，$B=\mathbf{0}$)，此时灯是亮的($Y=\mathbf{1}$)；$A$ 扳下，$B$ 扳上($A=\mathbf{0}$，$B=\mathbf{1}$)，此时灯是灭的($Y=\mathbf{0}$)；$A$ 扳上，$B$ 扳下($A=\mathbf{1}$，$B=\mathbf{0}$)，此时灯是灭的($Y=\mathbf{0}$)；$A$ 扳上，$B$ 扳上($A=\mathbf{1}$，$B=\mathbf{1}$)，此时灯是亮的($Y=\mathbf{1}$)。如将开关 $A$、$B$ 作为输入变量，灯 $Y$ 作为输出变量用表格形式来表示可得真值表。如表 6-9 所示。

根据真值表可直接写出逻辑函数表达式。下面以表 6-9 为例说明写逻辑函数的方法：

(1)将任一组输入变量取值中的 **1** 代以原变量，**0** 代以反变量，便得一组变量的与组合。如表 6-9 中的 $A$、$B$ 两个变量取值分别为 **00** 和 **11** 时，则代换后为 $\overline{A}\overline{B}$ 和 $AB$。

(2)将输出逻辑函数 $Y=\mathbf{1}$ 对应输入变量的与组合进行逻辑加，便得逻辑函数 $Y$ 的与—或表达式：$Y=\overline{A}\overline{B}+AB$，这就是前面讨论的同或逻辑表达式，它说明开关 $A$、$B$ 扳向同一方向时，灯 $Y$ 才会亮。

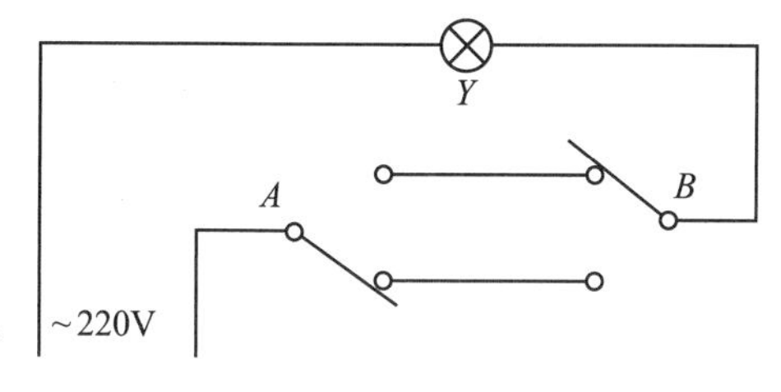


**图 6-25　例 6-9 楼道照明控制电路图**

**表 6-9　例 6-9 的真值表**

| $A$ | $B$ | $Y$ |
|---|---|---|
| 0 | 0 | 1 |
| 0 | 1 | 0 |
| 1 | 0 | 0 |
| 1 | 1 | 1 |

3. 逻辑函数的表示方法

逻辑函数的表示方法通常有以下四种：真值表、逻辑函数式、逻辑图和卡诺图。它们各有特点，又可相互转换，这里主要介绍前三种表示方法。

(1)真值表。描述逻辑函数输入变量的所有取值组合和对应输出函数值排列成的表格称为真值表。由于每个输入逻辑变量的取值只有 **0** 和 **1** 两种，因此，当有 $n$ 个输入逻辑变量时，则有 $2^n$ 个不同的与组合。如两个逻辑函数的真值表相同，则这两个逻辑函数相等。因此，逻辑函数的真值表具有唯一性。由真值表可直接看出输出逻辑函数与输入变量之间的逻辑关系，用真值表表示逻辑函数的优点是直观明了。

(2)逻辑函数式。用与、或、非等基本逻辑运算表示逻辑函数输入与输出之间逻辑关系的表达式称为逻辑函数式。

(3)逻辑图。用基本逻辑门和复合逻辑门符号组成的能完成某一逻辑功能的电路图称为逻辑图。逻辑函数式是画逻辑图的重要依据，只要将逻辑函数式中各个逻辑运算用对应的逻辑符号代替，就可画出和逻辑函数式对应的逻辑图。

**[例 6-10]** 已知逻辑函数的真值表如表 6-10 所示，试写出它的逻辑表达式，画出逻辑图和说出逻辑功能。

**解：**(1)写出逻辑函数表达式。将真值表中输出 $Y=\mathbf{1}$ 所对应的输入变量写成与项，然后进行逻辑加，便可得逻辑函数 $Y$ 的与或表达式为 $Y=\overline{A}\overline{B}\overline{C}+ABC$。

(2)画逻辑图。根据逻辑函数式，可画出图 6-26 所示逻辑图。

(3)逻辑功能说明。由表 6-10 可看出，当输入 $A$、$B$、$C$ 都为 0 或都为 1 时，输出 $Y=1$，所以图 6-26 为一致电路。

**表 6-10　例 6-10 的真值表**

| $A$ | $B$ | $C$ | $Y$ |
|---|---|---|---|
| 0 | 0 | 0 | 1 |
| 0 | 0 | 1 | 0 |
| 0 | 1 | 0 | 0 |
| 0 | 1 | 1 | 0 |
| 1 | 0 | 0 | 0 |
| 1 | 0 | 1 | 0 |
| 1 | 1 | 0 | 0 |
| 1 | 1 | 1 | 1 |

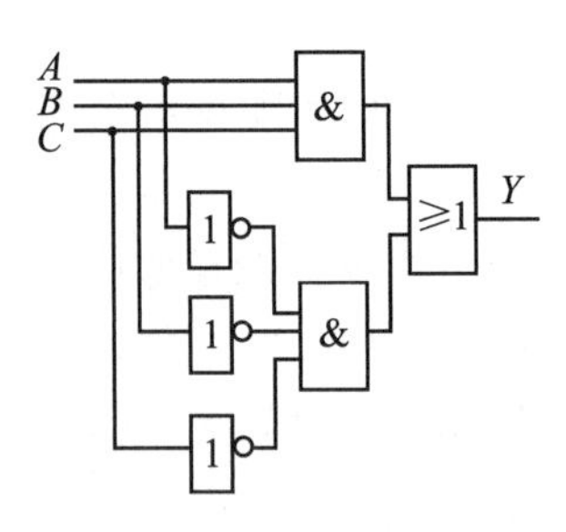


**图 6-26　例 6-10 的逻辑图**

**[例 6-11]** 已知逻辑函数 $Y=AB+BC+\overline{A}C$，求与它对应的真值表和逻辑图。

**解：**(1)将输入变量 $A$、$B$、$C$ 的各组取值代入逻辑函数式，算出函数 $Y$ 的值，并对应地填入表 6-11 中，真值表如表 6-11 所示。

(2)根据逻辑函数可画逻辑电路图如图 6-27 所示。

**表 6-11　例 6-11 的真值表**

| $A$ | $B$ | $C$ | $Y$ |
|---|---|---|---|
| 0 | 0 | 0 | 0 |
| 0 | 0 | 1 | 1 |
| 0 | 1 | 0 | 0 |
| 0 | 1 | 1 | 1 |
| 1 | 0 | 0 | 0 |
| 1 | 0 | 1 | 0 |
| 1 | 1 | 0 | 1 |
| 1 | 1 | 1 | 1 |

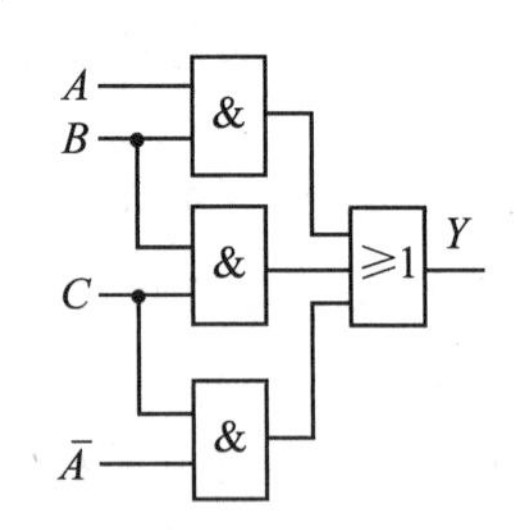


**图 6-27　例 6-11 的逻辑图**

**[例 6-12]** 已知逻辑电路图如图 6-28 所示，列出输出 $Y$ 的逻辑式和真值表。

**解：**(1)从输入到输出，用逐级推导的方法，写出各个输出的逻辑函数式。

$Y_1=A+B$，$Y_2=\overline{BC}$，$Y_3=AC$，$Y_4=Y_2+Y_3=\overline{BC}+AC$，$Y=\overline{Y_1Y_4}=$

$\overline{(A+B)(\overline{BC}+AC)}$

(2)进行计算，列出真值表如表 6-12 所示。

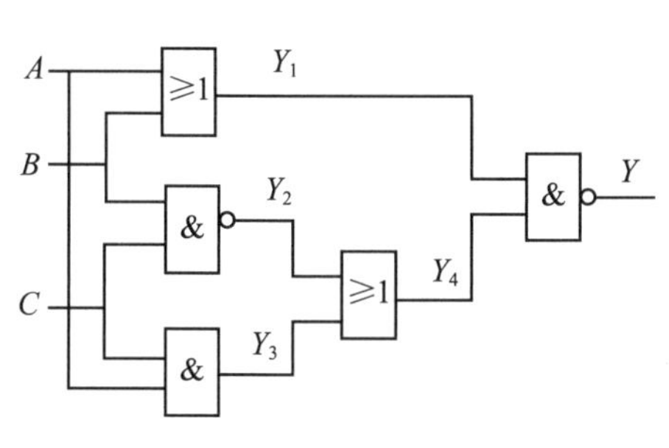


**图 6-28　例 6-12 的逻辑图**

**表 6-12　例 6-9 的真值表**

| $A$ | $B$ | $C$ | $Y$ |
|---|---|---|---|
| 0 | 0 | 0 | 1 |
| 0 | 0 | 1 | 0 |
| 0 | 1 | 0 | 0 |
| 0 | 1 | 1 | 1 |
| 1 | 0 | 0 | 0 |
| 1 | 0 | 1 | 0 |
| 1 | 1 | 0 | 0 |
| 1 | 1 | 1 | 0 |

## 1.3.2　逻辑代数的基本定律和常用公式

1. 逻辑代数的基本定律

(1)常量间的运算：逻辑代数中的常量只有 **0** 和 **1**，它们间的与、或、非运算如下。

与运算：$0\cdot 0=0$，$0\cdot 1=0$，$1\cdot 0=0$，$1\cdot 1=1$。

或运算：$0+0=0$，$0+1=1$，$1+0=1$，$1+1=1$。

非运算：$\overline{1}=0$，$\overline{0}=1$。

(2)基本定律：根据基本逻辑运算规则和逻辑变量的取值只能是 **0** 和 **1** 的特点，可以得到逻辑代数中的一些基本定律如下。

0—1 律：$0\cdot A=0$，$1\cdot A=A$，$0+A=A$，$1+A=1$。

互补律：$A\cdot\overline{A}=0$，$A+\overline{A}=1$。

交换律：$A\cdot B=B\cdot A$，$A+B=B+A$。

结合律：$(A\cdot B)\cdot C=A\cdot(B\cdot C)$，$(A+B)+C=A+(B+C)$。

分配律：$A\cdot(B+C)=A\cdot B+A\cdot C$，$A+B\cdot C=(A+B)\cdot(A+C)$。

还原律：$\overline{\overline{A}}=A$。

重叠律：$A\cdot A=A$，$A+A=A$。

摩根定律：$\overline{A\cdot B}=\overline{A}+\overline{B}$，$\overline{A+B}=\overline{A}\cdot\overline{B}$。

2. 逻辑代数的常用公式

由前面介绍的基本定律可以推导出四个常用公式，这些公式对逻辑函数的化简很有用。

**公式 1：**
$$AB+A\overline{B}=A \tag{6-15}$$

**证明：**
$$AB+A\overline{B}=A\cdot(B+\overline{B})=A\cdot\mathbf{1}=A$$

公式的含义：如果两个乘积项中有一个因子是互补(如 $B$ 和 $\overline{B}$)的，而其他因子都相同时，则互补因子是多余的。

**公式 2：** $$A+AB=A \tag{6-16}$$

**证明：** $$A+AB=A(\mathbf{1}+B)=A\cdot\mathbf{1}=A$$

公式的含义：在两个乘积项中，如果一个乘积项(如 $A$)是另一个乘积项如($AB$)的因子时，则另一个乘积项是多余的。

公式 1 和公式 2 可将两个乘积项合并为一项，合并结果为两个乘积项中的共有变量。

**公式 3：** $$A+\overline{A}B=A+B \tag{6-17}$$

**证明：** $$A+\overline{A}B=(A+\overline{A})(A+B)=\mathbf{1}\cdot(A+B)=A+B$$

公式的含义：在两个乘积项中，如果一个乘积项的反是另一个乘积项的因子时，则该因子是多余的。公式 3 常用于消去乘积项中部分的变量。

**公式 4：** $$AB+\overline{A}C+BC=AB+\overline{A}C \tag{6-18}$$

**证明：** $$AB+\overline{A}C+BC=AB+\overline{A}C+BC(A+\overline{A})=AB+\overline{A}C+ABC+\overline{A}BC$$
$$=AB(\mathbf{1}+C)+\overline{A}C(\mathbf{1}+B)=AB\cdot\mathbf{1}+\overline{A}C\cdot\mathbf{1}=AB+\overline{A}C$$

公式的含义：在两个乘积项中，如果一项包含原变量 $A$；另一项包含反变量 $\overline{A}$，而这两个乘积项的其余因子都是第三个乘积项的因子时，则第三个乘积项是多余的。公式 4 常用于消去一些乘积项。

**推论：** $$AB+\overline{A}C+BCDE=AB+\overline{A}C \tag{6-19}$$

3. 逻辑代数的重要规则

(1)代入规则。在任何含有变量 $A$ 的逻辑等式中，如果将所有出现变量 $A$ 的地方都用一个逻辑函数 $Y$ 代替，则逻辑等式仍然成立，这个规则称为代入规则。

[**例 6-13**] 已知等式，$A(B+E)=AB+AE$ 试证明将所有出现 $E$ 的地方用$(C+D)$代入后，等式仍然成立。

**证明：** 左边$=A(B+E)=A(B+C+D)=AB+A(C+D)$

右边$=AB+AE=AB+A(C+D)$

所以，左边=右边。

必须注意的是，在使用代入规则时，一定要把所有出现被代替变量的地方都用同一函数代替，否则不正确。

(2)反演规则。对于任何逻辑函数表达式 $Y$，如果将式中所有的“·”换成“+”，“+”换成“·”；“**0**”换成“**1**”，“**1**”换成“**0**”；原变量换成反变量，反变量换成原变量，运算顺序不变，两变量以上的非号不动，便可得到一个新的逻辑函数 $\overline{Y}$。$\overline{Y}$ 为 $Y$ 的反函数。这个规则称为反演规则。

[**例 6-14**] 已知逻辑函数 $Y=\overline{A}\cdot\overline{B}+A\cdot B$，试用反演规则求 $\overline{Y}$。

**解：** 由反演规则可得：$\overline{Y}=(A+B)\cdot(\overline{A}+\overline{B})=A\overline{B}+\overline{A}B$。

$Y$ 式的反函数也可利用摩根定律求得，这时需对等式两边同时求反，再用摩根定律进行变换。应当指出的是，利用反演规则时，应注意以下两点：

①注意运算符号的优先顺序：先算括号内的，再算逻辑乘，最后算逻辑加。

②原变量变成反变量，反变量变成原变量只对单个变量有效，而对于与非、或非

等长非号则保持不变。

(3)对偶规则。对于任何逻辑函数 $Y$，如果将式中所有的“·”换成“+”，“+”换成“·”；“**0**”换成“**1**”，“**1**”换成“**0**”，逻辑变量不变，运算顺序不变，两变量以上的非号不动，便可得到一个新的逻辑函数式 $Y'$。$Y'$ 为 $Y$ 的对偶式。这个规则称为对偶规则。使用对偶规则写逻辑函数的对偶式时，同样要注意运算符号的优先顺序(与反演规则相同)，同时，所有变量上的非号都保持不变。例如，$Y=A(B+C)$ 与 $Y'=A+BC$，$Y=\overline{\bar{A}\cdot\overline{B\bar{C}}}$ 与 $Y'=\overline{\bar{A}+\overline{B+\bar{C}}}$。

对偶规则主要用于证明逻辑恒等式。如果两个逻辑函数的对偶式相等，则这两个逻辑函数也相等。

### 1.3.3 逻辑函数的化简

1. 逻辑函数的常见表达式

在各种逻辑函数表达式中，最常用的是与—或表达式，由它可以很容易推导出其他形式的表达式。与—或表达式就是用逻辑函数的原变量和反变量组合成多个逻辑乘积项，再将这些逻辑乘积项逻辑相加而成的表达式。化简逻辑函数的目的就是要找出它的最简表达式。逻辑函数的与—或表达式越简单，实现该逻辑函数所需的门电路就越少，不仅可节约元器件，而且还可提高电路的可靠性。所以，在进行逻辑电路设计时，对逻辑函数的化简就显得十分重要。最简与或表达式的判别标准是：乘积项(与项)的个数最少；每个乘积项中的变量数最少。

逻辑函数经化简得到最简与—或表达式后，根据需要可用不同的门电路来实现，这就需要对最简与—或表达式进行变换，通常有以下四种形式：与非—与非表达式、或—与表达式、或非—或非表达式、与—或—非表达式。

$$
\begin{aligned}
Y &= AB+\bar{A}C && \text{与—或表达式}\\
&= \overline{\overline{AB+\bar{A}C}} = \overline{\overline{AB}\cdot\overline{\bar{A}C}} && \text{与非—与非表达式}\\
&= \overline{(\bar{A}+\bar{B})(A+\bar{C})} = \overline{\bar{A}\bar{C}+A\bar{B}} = (A+C)(\bar{A}+B) && \text{或—与表达式}\\
&= \overline{\overline{(A+C)(\bar{A}+B)}} = \overline{\overline{A+C}+\overline{\bar{A}+B}} && \text{或非—或非表达式}\\
&= \overline{\bar{A}\bar{C}+A\bar{B}} && \text{与—或—非表达式}
\end{aligned}
$$

2. 逻辑函数的公式化简法

公式化简法又称代数化简法，它是利用逻辑代数的基本定律和常用公式消去逻辑函数中多余的乘积项和乘积项中的多余变量，从而使逻辑函数成为最简与—或表达式。公式化简的基本方法有以下几种。

(1)并项法。利用 $A+\bar{A}=\mathbf{1}$ 将两项合并为一项，消去互补变量。公式中的 $A$ 可以是单个变量，也可以是逻辑式。

$$
\begin{aligned}
Y &= A(BC+\bar{B}\bar{C})+A(B\bar{C}+\bar{B}C)=ABC+A\bar{B}\bar{C}+AB\bar{C}+A\bar{B}C\\
&= AB(C+\bar{C})+A\bar{B}(C+\bar{C})=AB+A\bar{B}=A(B+\bar{B})=A
\end{aligned}
$$

(2)吸收法。利用公式 $A+AB=A$，吸收掉多余的乘积项。

$$Y=A\overline{B}+A\overline{B}(C+DE)=A\overline{B}(1+C+DE)=A\overline{B}$$

(3)消去法。利用公式 $A+\overline{A}B=A+B$，消去乘积项中多余变量因子。

$$Y=\overline{A}+AB+\overline{B}E=\overline{A}+B+\overline{B}E=\overline{A}+B+E$$

(4)配项法。当不能直接利用基本定律和基本公式化简时，可以通过乘 $A+\overline{A}=1$ 进行配项，将某个与项变为两项，再和其他项合并。

$$\begin{aligned}Y&=AB+\overline{A}\overline{B}C+BC=AB+\overline{A}\overline{B}C+BC(A+\overline{A})\\&=AB+\overline{A}\overline{B}C+ABC+\overline{A}BC=AB(1+C)+\overline{A}C(B+\overline{B})=AB+\overline{A}C\end{aligned}$$

用公式化简逻辑函数，不受函数变量数目的限制，可用于化简较复杂的逻辑函数式。这种方法的缺点是：不但要求熟悉掌握逻辑代数中的基本定律和常用公式，而且还要求掌握一定的化简技巧；有时对化简得到的结果难以判断是否为最简。

# 模块 2　组合逻辑电路及其应用

## 任务 2.1　组合逻辑电路的分析与设计

组合逻辑电路的分析

### 任务内容

组合逻辑电路的分析与设计。

### 任务目标

使学生对组合逻辑电路的分析与设计有较熟的了解。

### 相关知识

#### 2.1.1　组合逻辑电路的特点

组合逻辑电路的功能特点是：电路在任一时刻的输出状态只取决于该时刻电路的输入状态，而与电路的原有状态无关。

组合逻辑电路结构特点是：主要由门电路组成，没有存储记忆电路，只有从输入到输出的通路，没有从输出到输入的反馈回路。

描述组合逻辑电路的功能可用逻辑函数式、真值表、卡诺图、逻辑图等。组合逻辑电路可以有一个或多个输入端，也可以有一个或多个输出端。其一般示意框图如图

6-29 所示。设有 $n$ 个输入变量 $X_1$、$X_2$、…、$X_{n-1}$、$X_n$，$m$ 个输出函数 $Y_1$、$Y_2$、…、$Y_{m-1}$、$Y_m$，它是输入变量的函数，它们之间的关系可用如下一组函数表达式来描述。

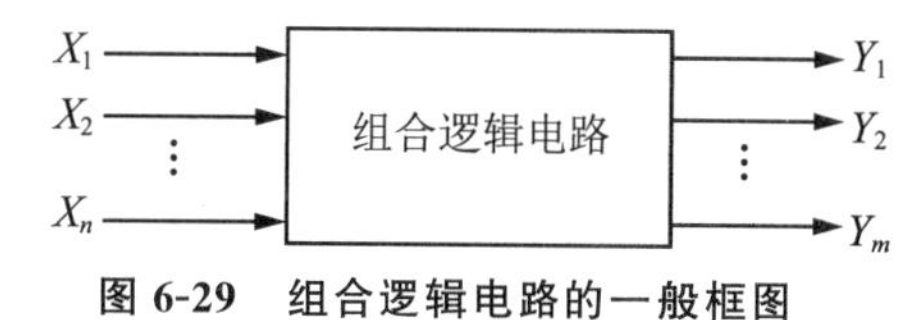


图 6-29　组合逻辑电路的一般框图

$$\begin{cases} Y_1 = f_1(X_1,\ X_2,\ \cdots,\ X_n) \\ Y_2 = f_2(X_1,\ X_2,\ \cdots,\ X_n) \\ \vdots \qquad\qquad \vdots \\ Y_m = f_m(X_1,\ X_2,\ \cdots,\ X_n) \end{cases} \tag{6-20}$$

## 2.1.2　组合逻辑电路的分析

组合逻辑电路的分析主要是根据给定的组合逻辑电路，通过该电路的输出函数和真值表来分析出电路的逻辑功能。组合逻辑电路的一般分析步骤如下。

(1)写出给定逻辑电路的函数表达式。方法一般是从输入到输出逐级写出逻辑函数表达式。

(2)如果写出的逻辑函数式不是最简式，进行逻辑化简，得到最简函数表达式。

(3)根据最简逻辑函数式列出真值表。

(4)根据真值表分析电路的逻辑功能。

[**例 6-15**] 分析图 6-30 所示逻辑电路的功能。

**解：**(1)写出逻辑函数表达式。

$Y_1=\overline{ABC}$，$Y_2=\overline{AY_1}=\overline{A\overline{ABC}}$，$Y_3=\overline{BY_1}=\overline{B\overline{ABC}}$，$Y_4=\overline{CY_1}=\overline{C\overline{ABC}}$

$Y=\overline{Y_2Y_3Y_4}=\overline{Y_2}+\overline{Y_3}+\overline{Y_4}=A\overline{ABC}+B\overline{ABC}+C\overline{ABC}$

(2)化简逻辑函数表达式。

$Y=A\overline{ABC}+B\overline{ABC}+C\overline{ABC}=(A+B+C)\overline{ABC}=(A+B+C)(\overline{A}+\overline{B}+\overline{C})$

$=A\overline{B}+A\overline{C}+B\overline{A}+B\overline{C}+C\overline{A}+C\overline{B}=A\overline{B}+C\overline{A}+C\overline{B}+A\overline{C}+B\overline{A}+B\overline{C}$

$=A\overline{B}+C\overline{A}+A\overline{C}+B\overline{A}+B\overline{C}=A\overline{B}+A\overline{C}+C\overline{A}+B\overline{C}+B\overline{A}$

$=A\overline{B}+A\overline{C}+C\overline{A}+B\overline{C}=A\overline{B}+B\overline{C}+A\overline{C}+\overline{A}C=A\overline{B}+B\overline{C}+\overline{A}C$

(3)根据逻辑函数填写真值表如表 6-13 所示。

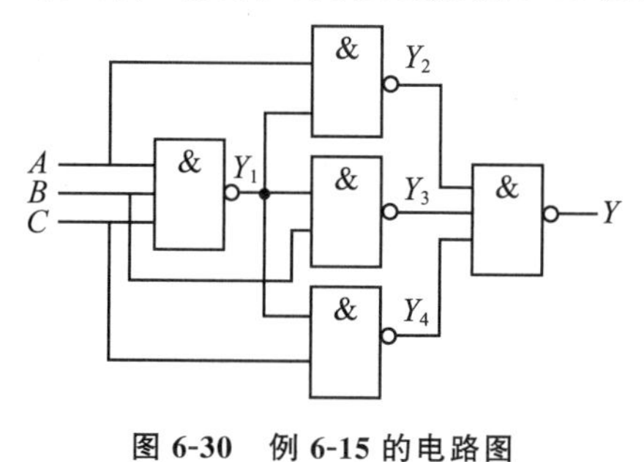


图 6-30　例 6-15 的电路图

表 6-13　例 6-15 的真值表

| $A$ | $B$ | $C$ | $Y$ |
|---|---|---|---|
| 0 | 0 | 0 | 0 |
| 0 | 0 | 1 | 1 |
| 0 | 1 | 0 | 1 |
| 0 | 1 | 1 | 1 |
| 1 | 0 | 0 | 1 |
| 1 | 0 | 1 | 1 |
| 1 | 1 | 0 | 1 |
| 1 | 1 | 1 | 0 |

(4)功能分析。

由真值表可知，当输入变量 $A$、$B$、$C$ 的取值不相同时，输出 $Y$ 就为 1；反之，当 $A$、$B$、$C$ 输入相同时，输出 $Y$ 为 0。所以，这是一个三变量的非一致电路。

[**例 6-16**] 分析图 6-31 电路的逻辑功能。

**解：**(1)写出逻辑函数表达式。

$$Y_1=\overline{AB},\quad Y_2=\overline{AY_1},\quad Y_3=\overline{BY_1},\quad Y=\overline{Y_2Y_3}$$

(2)化简逻辑函数表达式。

$$Y=\overline{Y_2Y_3}=\overline{Y_2}+\overline{Y_3}=AY_1+BY_1=(A+B)(\overline{A}+\overline{B})=A\overline{B}+B\overline{A}=A\oplus B$$

(3)根据逻辑函数填写真值表如表 6-14 所示。

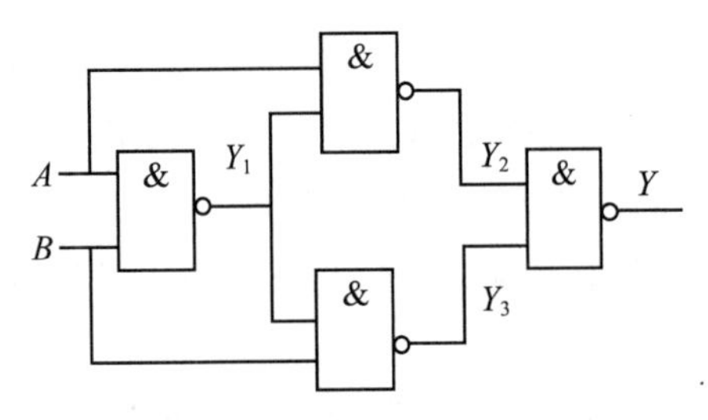


**图 6-31　例 6-16 的逻辑电路图**

**表 6-14　例 6-16 的真值表**

| $A$ | $B$ | $Y$ |
|---|---|---|
| 0 | 0 | 0 |
| 0 | 1 | 1 |
| 1 | 0 | 1 |
| 1 | 1 | 0 |

(4)分析电路的逻辑功能。

由逻辑函数和真值表可知，该电路具有异或功能，为异或门。

### 2.1.3　组合逻辑电路的设计

组合逻辑电路的设计是根据给定的实际逻辑问题，设计出最简单的逻辑电路，其电路一般不是唯一的。组合逻辑电路的一般设计步骤如下。

(1)分析设计要求确定输入变量和输出函数的数目，并进行逻辑赋值。

(2)根据输出函数与输入变量之间的逻辑关系列出真值表。

(3)由真值表写出逻辑函数表达式。

(4)对逻辑函数进行化简或变换，得到所需的最简表达式。

(5)根据最简表达式画出逻辑电路图。

需要指出的是，上述为设计的一般步骤，不是一成不变的，有些逻辑问题比较简单，某些设计步骤可以省略。

[**例 6-17**] 一火灾报警系统，设有烟感、温感和紫外光感三种类型的火灾探测器。为了防止误报警，只有当其中有两种或两种以上类型的探测器发出火灾检测信号时，报警系统产生报警控制信号。试设计一个产生报警控制信号的电路。

**解：**(1)分析设计要求，设输入输出变量并逻辑赋值。

由题意知，该报警系统有三个输入变量，分别设为 $A$、$B$、$C$，即烟感为 $A$、温感为 $B$、紫外线光感为 $C$；一个输出函数用 $Y$ 表示，即报警控制信号为 $Y$。逻辑赋值：用 **1** 表示肯定，用 **0** 表示否定。

(2)根据输出函数与输入变量之间的逻辑关系列真值表，如表 6-3 所示。

(3)由真值表写出逻辑函数表达式。

$$Y=\bar{A}BC+A\bar{B}C+AB\bar{C}+ABC$$

(4)化简逻辑函数。

$$Y=\bar{A}BC+ABC+A\bar{B}C+ABC+AB\bar{C}+ABC=AB+BC+AC=\overline{\overline{AB+BC+AC}}=\overline{\overline{AB}\cdot\overline{BC}\cdot\overline{AC}}$$

(5)画出逻辑电路图。根据要求的不同，实现设计要求的逻辑电路可有多个不同的方案，下面介绍几种常用的方案。方案一：用与门和或门实现的逻辑电路如图 6-32(a)所示。方案二：用与非门实现的逻辑电路如图 6-32(b)所示。

**表 6-15　例 6-17 真值表**

| $A$ | $B$ | $C$ | $Y$ |
|---|---|---|---|
| 0 | 0 | 0 | 0 |
| 0 | 0 | 1 | 0 |
| 0 | 1 | 0 | 0 |
| 0 | 1 | 1 | 1 |
| 1 | 0 | 0 | 0 |
| 1 | 0 | 1 | 1 |
| 1 | 1 | 0 | 1 |
| 1 | 1 | 1 | 1 |

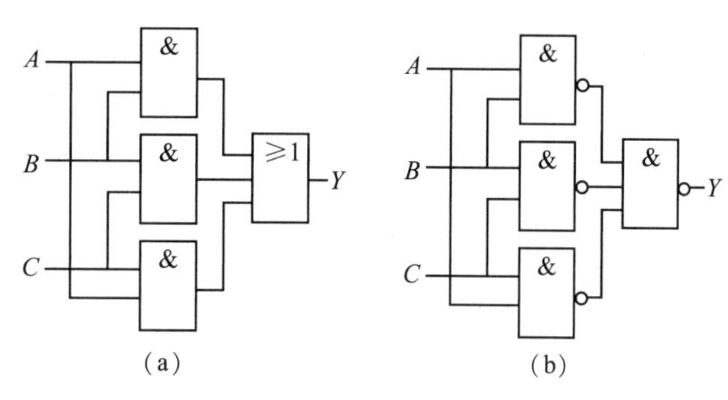


**图 6-32　例 6-17 的逻辑电路图**

**[例 6-18]** 设计一个监测信号灯工作状态的逻辑电路。电路正常工作时，红、黄、绿三盏灯中只能是红、绿单独亮或黄、绿同时亮。而当出现其他五种点亮状态时，表明发生了故障，要求监测电路发出故障信号，以提醒维护人员前去维修。

**解：**(1)分析设计要求，设输入输出变量并逻辑赋值。

以红、黄、绿三盏灯的状态为输入变量，分别用 $A$、$B$、$C$ 表示，规定灯亮为 **1**，不亮为 **0**。取故障信号为输出变量，用 $Y$ 表示，正常工作时 $Y$ 为 **0**，发生故障时 $Y$ 为 **1**。

(2)根据输出函数与输入变量之间的逻辑关系列真值表，如表 6-16 所示。

**表 6-16　例 6-18 的真值表**

| $A$ | $B$ | $C$ | $Y$ |
|---|---|---|---|
| 0 | 0 | 0 | 1 |
| 0 | 0 | 1 | 0 |
| 0 | 1 | 0 | 1 |
| 0 | 1 | 1 | 0 |
| 1 | 0 | 0 | 0 |
| 1 | 0 | 1 | 1 |
| 1 | 1 | 0 | 1 |
| 1 | 1 | 1 | 1 |

(3)由真值表写出逻辑函数表达式。

$$Y=\bar{A}\bar{B}\bar{C}+\bar{A}B\bar{C}+A\bar{B}C+AB\bar{C}+ABC$$

(4)化简逻辑函数。

$$Y=\bar{A}\bar{B}\bar{C}+\bar{A}B\bar{C}+A\bar{B}C+ABC+AB\bar{C}+ABC=\bar{A}\bar{C}+AC+AB$$

$$=\overline{\overline{\bar{A}\bar{C}}\cdot\overline{AC}\cdot\overline{AB}}$$

(5)画出逻辑电路图。

用与—或门实现的逻辑电路如图 6-33(a)所示。用与非—与非门实现的逻辑电路如图 6-33(b)所示。

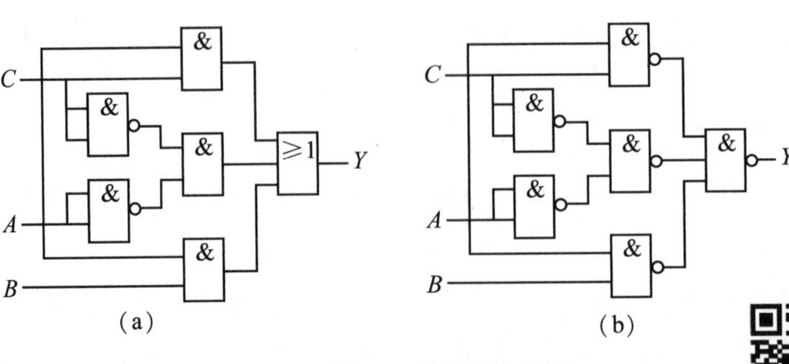


图 6-33　例 6-18 的逻辑电路图

## 任务 2.2　加法器与编码器及其应用

加法器与编码器

### 任务内容

半加法器、全加法器、二进制编码器和二—十进制编码器的工作原理。

### 任务目标

使学生对加法器与编码器及其应用有较熟的了解。

### 相关知识

#### 2.2.1　加法器

1. 半加器

只考虑本位两个二进制数相加，而不考虑来自低位进位数相加的运算电路称为半加器。根据半加器定义，可列出其真值表，如表 6-17 所示。表中 $A$、$B$ 是两个加数，$S$ 是相加的和，$C$ 是向高位的进位。由真值表可直接写出逻辑函数表达式为

$$S=A\overline{B}+B\overline{A}=A\oplus B$$

$$C=AB$$

因此，半加器是一个异或门和一个与门组成，其逻辑电路图和逻辑符号分别如图 6-34(a)和图 6-34(b)所示。

表 6-17　半加器的逻辑真值表

| $A$ | $B$ | $S$ | $C$ |
|---|---|---|---|
| 0 | 0 | 0 | 0 |
| 0 | 1 | 1 | 0 |
| 1 | 0 | 1 | 0 |
| 1 | 1 | 0 | 1 |

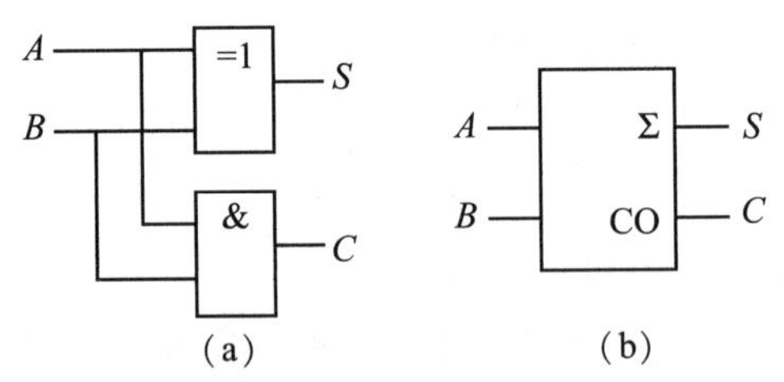


图 6-34　半加器的逻辑电路图和逻辑符号

2. 全加器

将两个多位二进制数相加时，除考虑本位两个二进制数相加外，还应考虑相邻低位的进位三个数相加，这种运算称为全加。实现全加运算的电路称全加器。根据全加器的定义，可以列出全加器的真值表，如表 6-18 所示，根据真值表可列出输出 $S_i$ 和进位 $C_i$ 的逻辑函数表达式并化简可得

$$C_i=\overline{A_i}B_iC_{i-1}+A_i\overline{B_i}C_{i-1}+A_iB_i\overline{C_{i-1}}+A_iB_iC_{i-1}=A_iB_i+(A_i\oplus B_i)C_{i-1}$$

$$S_i=\overline{A_i}\overline{B_i}C_{i-1}+\overline{A_i}B_i\overline{C_{i-1}}+A_i\overline{B_iC_{i-1}}+A_iB_iC_{i-1}=\overline{A_i\oplus B_i}C_{i-1}+(A_i\oplus B_i)\overline{C_{i-1}}=A_i\oplus B_i\oplus C_{i-1}$$

可以看出，全加器可用两个半加器和一个“或”门组成，其逻辑电路图和逻辑符号分别如图 6-35(a)和图 6-35(b)所示。

**表 6-18 全加器的逻辑真值表**

| $A_i$ | $B_i$ | $C_{i-1}$ | $S_i$ | $C_i$ |
|---|---|---|---|---|
| 0 | 0 | 0 | 0 | 0 |
| 0 | 0 | 1 | 1 | 0 |
| 0 | 1 | 0 | 1 | 0 |
| 0 | 1 | 1 | 0 | 1 |
| 1 | 0 | 0 | 1 | 0 |
| 1 | 0 | 1 | 0 | 1 |
| 1 | 1 | 0 | 0 | 1 |
| 1 | 1 | 1 | 1 | 1 |

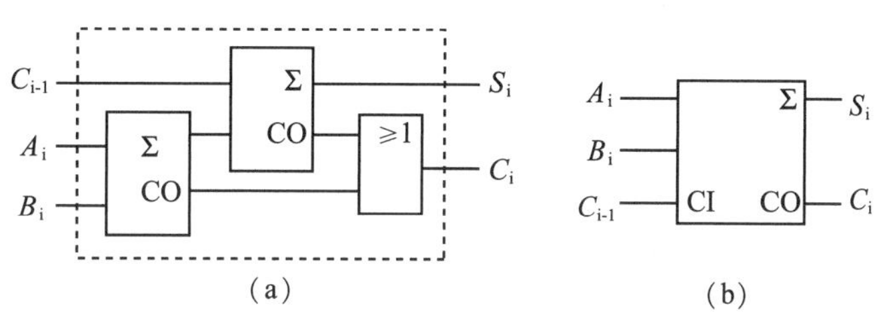


**图 6-35 半加器的逻辑电路图和逻辑符号**

## 2.2.2 编码器

用二进制代码表示某一信息称为编码，实现编码功能的电路称为编码器，编码器是一个多输入、多输出的组合逻辑电路，其每一个输入端线代表一种信息(如数、字符等)，而全部输出线表示与该信息相对应的二进制代码。编码器分为二进制编码器、二—十进制编码器等。

1. 二进制编码器

将输入信息编成二进制代码的电路称为二进制编码器。由于 $n$ 位二进制代码有 $2^n$ 个取值组合，可以表示 $2^n$ 种信息。所以，输出 $n$ 位代码的二进制编码器，一般有 $2^n$ 个输入信号端。

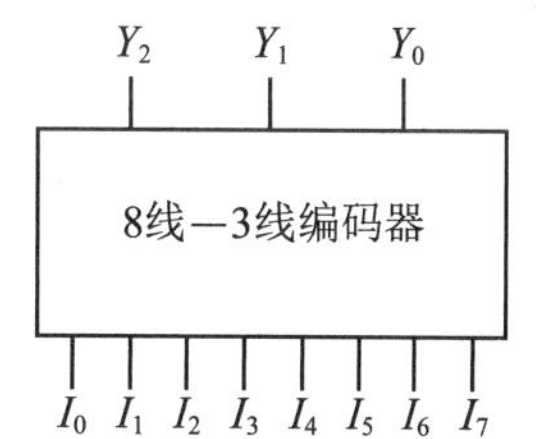


**图 6-36 编码器的逻辑功能示意图**

(1)三位二进制编码器。图 6-36 是三位二进制编码器的逻辑功能示意图，它的输入是 $I_0\sim I_7$ 共 8 个高电平信号，输出是三位二进制代码 $Y_2Y_1Y_0$。因此，又称为 8 线—3 线编码器。对于某一给定的时刻，编码器只允许输入一个编码信号，否则输出将发生逻辑混乱。

(2)优先编码器。在实际应用中，常常要求输入端允许有多个输入信号同时请求编码时，编码器能够根据事先设计好的优先顺序，只对其中优先级别最高的信号进行编码，这样的逻辑电路称为优先编码器。在优先编码器中，是优先级别高的编码信号排斥优先级别低的。至于输入编码信号的优先级别的高低，则是由设计者事先安排的。

图 6-37 是 8 线—3 线优先编码器 CT74LS148 的引脚排列图。$\overline{I}_0 \sim \overline{I}_7$ 为输入信号端，输入信号低电平有效。$\overline{Y}_0 \sim \overline{Y}_2$ 为编码输出端，采用反码输出，所谓反码是指它的数值原定输出为 **1** 时，现在输出为 **0**，如原定为 **101**，那么它的反码是 **010**。$\overline{S}$ 为选通输入端，$\overline{Y}_S$ 为选通输出端，在两片集成电路串接应用时，高位片的 $\overline{Y}_S$ 与低位片 $\overline{S}$ 相连，以便扩展优先编码功能。$\overline{Y}_{EX}$ 为扩展端，用于扩展编码功能的输出端。

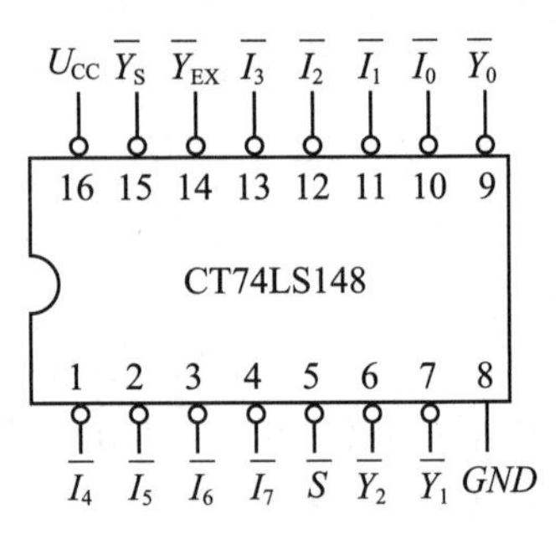


**图 6-37　CT74LS148 的引脚排列图**

$\overline{S}$ 为选通输入端，在 $\overline{S}=\mathbf{1}$ 时，编码器均被封锁在高电平，此时输入 $\overline{I}_0 \sim \overline{I}_7$ 不论为何种状态，输出 $\overline{Y}_0 \sim \overline{Y}_2$ 和 $\overline{Y}_S$、$\overline{Y}_{EX}$ 均为 **1**。在 $\overline{S}=\mathbf{0}$ 时，电路正常工作，允许 $\overline{I}_0 \sim \overline{I}_7$ 当中同时有几个编码输入，而 $\overline{I}_7$ 的优先级别最高，$\overline{I}_0$ 的优先级别最低。当 $\overline{I}_7=\mathbf{0}$ 时，无论其他输入端有无信号输入，编码器只对“7”进行编码，即输出为 $\overline{Y}_2\overline{Y}_1\overline{Y}_0=\mathbf{000}$，其原码为 **111**。当 $\overline{I}_7=\mathbf{1}$、$\overline{I}_6=\mathbf{0}$ 时，无论其余输入端有无信号输入，编码器只对“6”进行编码，输出 $\overline{Y}_2\overline{Y}_1\overline{Y}_0=\mathbf{001}$，其原码为 **110**。其余依此类推，最后可得 8 线—3 线 CT74LS148 的真值表如表 6-19 所示。表中“×”表示任意状态。

**表 6-19　8 线—3 线 CT74LS148 的真值表**

| 输入 | | | | | | | | | 输出 | | | | |
|---|---|---|---|---|---|---|---|---|---|---|---|---|---|
| $\overline{S}$ | $\overline{I}_0$ | $\overline{I}_1$ | $\overline{I}_2$ | $\overline{I}_3$ | $\overline{I}_4$ | $\overline{I}_5$ | $\overline{I}_6$ | $\overline{I}_7$ | $\overline{Y}_2$ | $\overline{Y}_1$ | $\overline{Y}_0$ | $\overline{Y}_s$ | $\overline{Y}_{EX}$ |
| 1 | × | × | × | × | × | × | × | × | 1 | 1 | 1 | 1 | 1 |
| 0 | 1 | 1 | 1 | 1 | 1 | 1 | 1 | 1 | 1 | 1 | 1 | 0 | 1 |
| 0 | × | × | × | × | × | × | × | 0 | 0 | 0 | 0 | 1 | 0 |
| 0 | × | × | × | × | × | × | 0 | 1 | 0 | 0 | 1 | 1 | 0 |
| 0 | × | × | × | × | × | 0 | 1 | 1 | 0 | 1 | 0 | 1 | 0 |
| 0 | × | × | × | × | 0 | 1 | 1 | 1 | 0 | 1 | 1 | 1 | 0 |
| 0 | × | × | × | 0 | 1 | 1 | 1 | 1 | 1 | 0 | 0 | 1 | 0 |
| 0 | × | × | 0 | 1 | 1 | 1 | 1 | 1 | 1 | 0 | 1 | 1 | 0 |
| 0 | × | 0 | 1 | 1 | 1 | 1 | 1 | 1 | 1 | 1 | 0 | 1 | 0 |
| 0 | 0 | 1 | 1 | 1 | 1 | 1 | 1 | 1 | 1 | 1 | 1 | 1 | 0 |

2. 二—十进制编码器

所谓二—十进制编码器，就是用 4 位二进制代码对 0～9 一位十进制数码进行编码的电路。8421BCD 码编码器的编码表如表 6-20 所示。

由编码表可写出输出端 $Y_3$、$Y_2$、$Y_1$、$Y_0$ 表达式为

$Y_3 = I_8 + I_9 = \overline{\overline{I_8}\,\overline{I_9}}$，$Y_2 = I_4 + I_5 + I_6 + I_7 = \overline{\overline{I_4}\,\overline{I_5}\,\overline{I_6}\,\overline{I_7}}$，$Y_1 = I_2 + I_3 + I_6 + I_7 = \overline{\overline{I_2}\,\overline{I_3}\,\overline{I_6}\,\overline{I_7}}$，$Y_0 = I_1 + I_3 + I_5 + I_7 + I_9 = \overline{\overline{I_1}\,\overline{I_3}\,\overline{I_5}\,\overline{I_7}\,\overline{I_9}}$
根据以上逻辑表达式，可画出由与非门组成的 8421BCD 码编码器的逻辑图，如图 6-38 所示。最常用的二—十进制编码电路是具有高位优先编码功能的 8421BCD 编码器 CT74LS147，它是一个中规模集成组件，其引脚排列与使用可通过有关手册查出。

**表 6-20　8421BCD 码编码器的编码表**

| 十进制数 | 输入变量 | 8421BCD | | | |
|---|---|---|---|---|---|
| | | $Y_3$ | $Y_2$ | $Y_1$ | $Y_0$ |
| 0 | $I_0$ | 0 | 0 | 0 | 0 |
| 1 | $I_1$ | 0 | 0 | 0 | 1 |
| 2 | $I_2$ | 0 | 0 | 1 | 0 |
| 3 | $I_3$ | 0 | 0 | 1 | 1 |
| 4 | $I_4$ | 0 | 1 | 0 | 0 |
| 5 | $I_5$ | 0 | 1 | 0 | 1 |
| 6 | $I_6$ | 0 | 1 | 1 | 0 |
| 7 | $I_7$ | 0 | 1 | 1 | 1 |
| 8 | $I_8$ | 1 | 0 | 0 | 0 |
| 9 | $I_9$ | 1 | 0 | 0 | 1 |

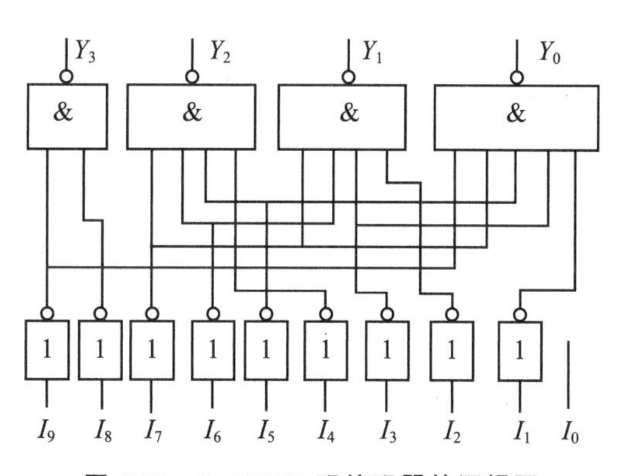


图 6-38　8421BCD 码编码器的逻辑图

译码器

## 任务 2.3　译码器和其数字显示电路及其应用

### 任务内容

二进制译码器、二—十进制译码器和显示译码器的工作原理及其应用。

**任务目标**

使学生对译码器和其数字显示电路及其应用有较熟的了解。

**相关知识**

译码是编码的逆过程，把表示特定信号或对象的代码“翻译”出来的过程称译码，实现译码功能的组合逻辑电路称为译码器。它能将输入的二进制代码的含义“翻译”成对应的输出信号，用来驱动显示电路或控制其他部件工作，实现代码所规定的操作。常用的译码器有二进制译码器、二—十进制译码器和显示译码器等。

## 2.3.1 二进制译码器

将二进制代码“翻译”成对应的输出信号的电路称为二进制译码器，其示意图如图 6-39 所示。它的输入是一组二进制代码，输出是一组高低电平值。若输入是 $n$ 位二进制代码，译码器必然有 $2^n$ 个输出端。所以二位二进制译码器有 2 个输入端，4 个输出端，故又称 2 线—4 线译码器。三位二进制译码器有 3 个输入端，8 个输出端，又称 3 线—8 线译码器。下面以 2 线—4 线译码器 CT74LS139 为例，说明二进制译码器的工作原理。

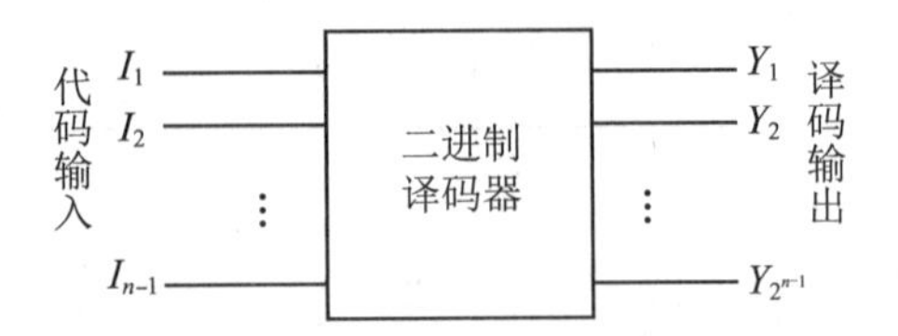


图 6-39 二进制译码器示意图

图 6-40(a)是 2 线—4 线译码器 74LS139 的逻辑电路图，图 6-40(b)是其引脚排列图。$A_1A_0$ 为二进制代码输入端，$\overline{Y}_0 \sim \overline{Y}_3$ 为译码输出端，$\overline{S}$ 为选通端，用以控制译码器工作。

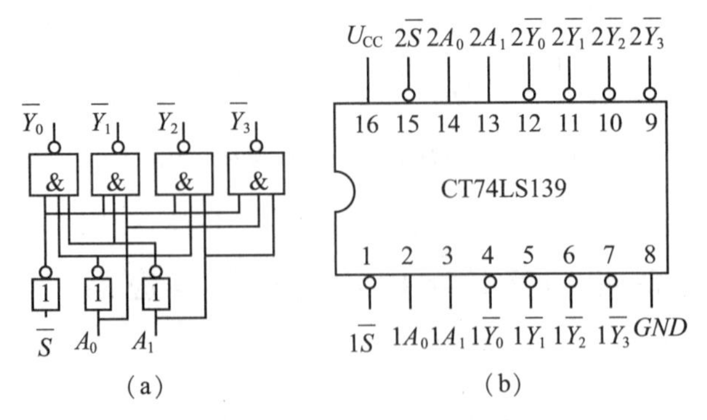


图 6-40 译码器 74LS139 的逻辑电路图和引脚排列图

由图 6-40(a)可见，当选通端 $\bar{S}=\mathbf{1}$，则接选通端的反相器输出为 **0** 时，四个与非门被封锁，不论 $A_1A_0$ 为何值，$\bar{Y}_0\sim\bar{Y}_3$ 均输出高电平，译码器不工作。当 $\bar{S}=\mathbf{0}$，则接选通端的反相器输出为 **1** 时，四个与非门打开，译码器工作，对应 $A_1A_0$ 的不同取值组合，$\bar{Y}_0\sim\bar{Y}_3$ 只有一个输出为低电平，其余输出均为高电平。例如，若输入代码 $A_1A_0=\mathbf{11}$，只有对应的输出端 $\bar{Y}_3=\mathbf{0}$，而其余输出端均输出高电平(无效)。根据逻辑电路图可得出它的输出表达式为

$$\bar{Y}_0=\overline{S\bar{A}_1\bar{A}_0},\quad \bar{Y}_1=\overline{S\bar{A}_1A_0},\quad \bar{Y}_2=\overline{SA_1\bar{A}_0},\quad \bar{Y}_3=\overline{SA_1A_0}$$

根据以上逻辑表达式，可画出 2 线—4 线译码器 CT74LS139 真值表如表 6-21 所示。

**表 6-21　2 线—4 线译码器 CT74LS139 真值表**

| 输入 | | | 输出 | | | |
|---|---|---|---|---|---|---|
| $\bar{S}$ | $A_1$ | $A_0$ | $\bar{Y}_0$ | $\bar{Y}_1$ | $\bar{Y}_2$ | $\bar{Y}_3$ |
| 1 | × | × | 1 | 1 | 1 | 1 |
| 0 | 0 | 0 | 0 | 1 | 1 | 1 |
| 0 | 0 | 1 | 1 | 0 | 1 | 1 |
| 0 | 1 | 0 | 1 | 1 | 0 | 1 |
| 0 | 1 | 1 | 1 | 1 | 1 | 0 |

## 2.3.2　二—十进制译码器

将二进制代码译成 0～9 十个十进制数信号的电路，叫作二—十进制译码器。二—十进制译码器中有四位二进制代码，所以这种译码器有 4 个输入端，10 个输出端，是 4 线—10 线译码器，它的功能是将 8421BCD 译成 10 个有效电平(高电平或低电平)的输出信号，图 6-41(a)为 4 线—10 线译码器 CT74LS42 的逻辑电路图，图 6-41(b)为其引脚排列图。

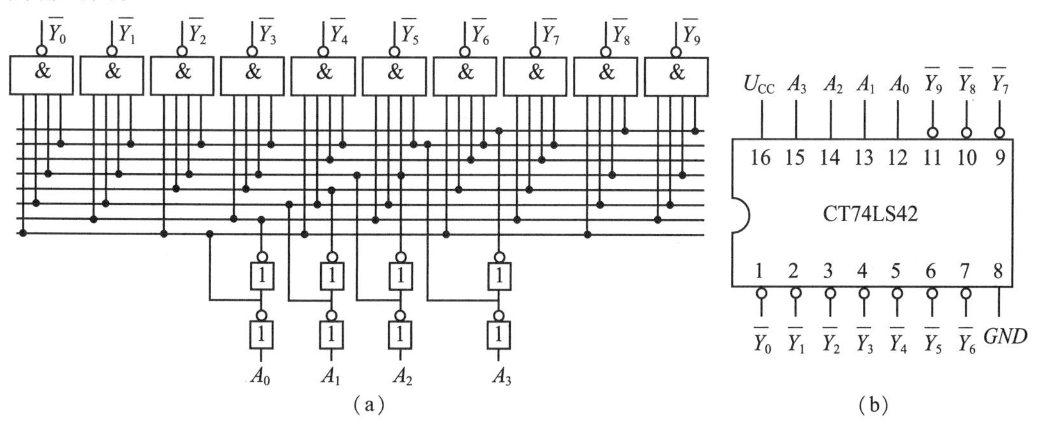


**图 6-41　译码器 74LS42 的逻辑电路图和引脚排列图**

四个输入端为 $A_3 \sim A_0$，用于输入 8421BCD 码，十个输出端为 $\bar{Y}_0 \sim \bar{Y}_9$，对应十进制数的 0～9，输出低电平有效。根据逻辑电路图可得出它的输出表达式为

$$\bar{Y}_0=\overline{\bar{A}_3\bar{A}_2\bar{A}_1\bar{A}_0},\quad \bar{Y}_1=\overline{\bar{A}_3\bar{A}_2\bar{A}_1A_0},\quad \bar{Y}_2=\overline{\bar{A}_3\bar{A}_2A_1\bar{A}_0},\quad \bar{Y}_3=\overline{\bar{A}_3\bar{A}_2A_1A_0},$$

$$\bar{Y}_4=\overline{\bar{A}_3A_2\bar{A}_1\bar{A}_0},\quad \bar{Y}_5=\overline{\bar{A}_3A_2\bar{A}_1A_0},\quad \bar{Y}_6=\overline{\bar{A}_3A_2A_1\bar{A}_0},\quad \bar{Y}_7=\overline{\bar{A}_3A_2A_1A_0},$$

$$\bar{Y}_8=\overline{A_3\bar{A}_2\bar{A}_1\bar{A}_0},\quad \bar{Y}_9=\overline{A_3\bar{A}_2\bar{A}_1A_0}$$

根据以上逻辑表达式，可画出 4 线—10 线译码器 CT74LS42 真值表如表 6-22 所示。由表可知，当译码器的输入从 **0000** 变到 **1001** 时，在其输出端 $\bar{Y}_0 \sim \bar{Y}_9$ 中，只有对应的一个输出为 **0**，其余均为 **1**。如输入 $A_3A_2A_1A_0$ 为 **0111** 时，$\bar{Y}_7$ 输出为 **0**，其余均为 **1**。当输入 $A_3A_2A_1A_0$ 出现 **1010～1111** 任一组伪码时，$\bar{Y}_0 \sim \bar{Y}_9$ 均输出 **1**，而不会出现 **0**，即拒绝伪码输入。

**表 6-22　译码器 CT74LS42 真值表**

| 十进制数 | 输入 | | | | 输出 | | | | | | | | | |
|---|---|---|---|---|---|---|---|---|---|---|---|---|---|---|
| | $A_3$ | $A_2$ | $A_1$ | $A_0$ | $\bar{Y}_9$ | $\bar{Y}_8$ | $\bar{Y}_7$ | $\bar{Y}_6$ | $\bar{Y}_5$ | $\bar{Y}_4$ | $\bar{Y}_3$ | $\bar{Y}_2$ | $\bar{Y}_1$ | $\bar{Y}_0$ |
| 0 | 0 | 0 | 0 | 0 | 1 | 1 | 1 | 1 | 1 | 1 | 1 | 1 | 1 | 0 |
| 1 | 0 | 0 | 0 | 1 | 1 | 1 | 1 | 1 | 1 | 1 | 1 | 1 | 0 | 1 |
| 2 | 0 | 0 | 1 | 0 | 1 | 1 | 1 | 1 | 1 | 1 | 1 | 0 | 1 | 1 |
| 3 | 0 | 0 | 1 | 1 | 1 | 1 | 1 | 1 | 1 | 1 | 0 | 1 | 1 | 1 |
| 4 | 0 | 1 | 0 | 0 | 1 | 1 | 1 | 1 | 1 | 0 | 1 | 1 | 1 | 1 |
| 5 | 0 | 1 | 0 | 1 | 1 | 1 | 1 | 1 | 0 | 1 | 1 | 1 | 1 | 1 |
| 6 | 0 | 1 | 1 | 0 | 1 | 1 | 1 | 0 | 1 | 1 | 1 | 1 | 1 | 1 |
| 7 | 0 | 1 | 1 | 1 | 1 | 1 | 0 | 1 | 1 | 1 | 1 | 1 | 1 | 1 |
| 8 | 1 | 0 | 0 | 0 | 1 | 0 | 1 | 1 | 1 | 1 | 1 | 1 | 1 | 1 |
| 9 | 1 | 0 | 0 | 1 | 0 | 1 | 1 | 1 | 1 | 1 | 1 | 1 | 1 | 1 |
| 伪码 | 1 | 0 | 1 | 0 | 1 | 1 | 1 | 1 | 1 | 1 | 1 | 1 | 1 | 1 |
| | 1 | 0 | 1 | 1 | 1 | 1 | 1 | 1 | 1 | 1 | 1 | 1 | 1 | 1 |
| | 1 | 1 | 0 | 0 | 1 | 1 | 1 | 1 | 1 | 1 | 1 | 1 | 1 | 1 |
| | 1 | 1 | 0 | 1 | 1 | 1 | 1 | 1 | 1 | 1 | 1 | 1 | 1 | 1 |
| | 1 | 1 | 1 | 0 | 1 | 1 | 1 | 1 | 1 | 1 | 1 | 1 | 1 | 1 |
| | 1 | 1 | 1 | 1 | 1 | 1 | 1 | 1 | 1 | 1 | 1 | 1 | 1 | 1 |

### 2.3.3　显示译码器

在数字计算系统及数字式测量仪表中，常需要将二进制代码译成十进制数字、文字或符号，并显示出来，能完成这种逻辑功能的电路称为显示译码器。

目前广泛应用于袖珍电子计算器、电子钟表及数字万用表等仪器设备上的显示器常采用分段式数码显示器，它是由多条发光的线段按一定的方式组合构成的。图 6-42 所示的七段数码显示字形管中，光段的排列形状为“日”字形，通常用 $a$、$b$、$c$、$d$、$e$、

$f$、$g$ 七个小写字母表示，DP 是小数点发光段。一定的发光线段组合，便能显示相应的十进制数字，如当 $a$、$b$、$c$、$d$、$g$ 线段亮而其他段不亮时，可显示数字“3”。分段显示器有荧光数码管、半导体数码管及液晶显示器等，虽然它们结构原理各异，但译码显示电路的原理是相同的。

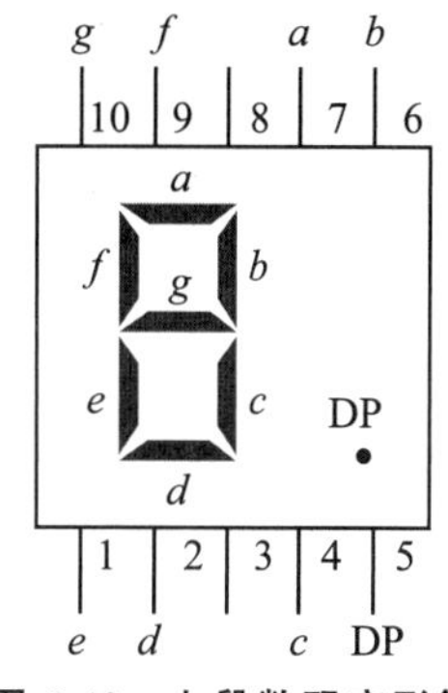

图 6-42　七段数码字形管

1. 荧光数码管显示器

荧光数码管是一种分段式电真空显示器件，其优点是清晰悦目、稳定可靠、视距较大、工作电压较低、电流小、寿命长，缺点是需要灯丝电源、强度差、安装不便。

2. 液晶显示器(简称 LCD)

电子手表、微型计算器等电子器件的数字显示部分常采用液晶分段数码显示器。它是利用液态晶体(简称液晶)的光学特性，即液晶透明度和颜色随电场、磁场、光的变化而变化制成的显示器。由于它具有工作电压低、耗电省、成本低、体积小等优点，获得了较广泛的应用。其缺点是显示不够清晰，工作温度范围较窄(−10℃～+60℃)。

3. 半导体数码管显示器(LED 数码管)

半导体数码管显示器是将发光二极管(发光段)布置成“日”字形状制成的。按照高低电平的不同驱动方式，半导体数码管显示器有共阳极接法(所有二极管阳极并接到电源)和共阴极接法(所有二极管阴极接地)，分别如图 6-43(a)(b)所示。译码器输出高电平驱动显示器时，需选用共阴极接法的半导体数码管；译码器输出低电平驱动显示器时，需选用共阳极接法。当两种接法中的某些二极管导通而发光时，则发光各段组成不同的数字及小数点，如图 6-44 所示。

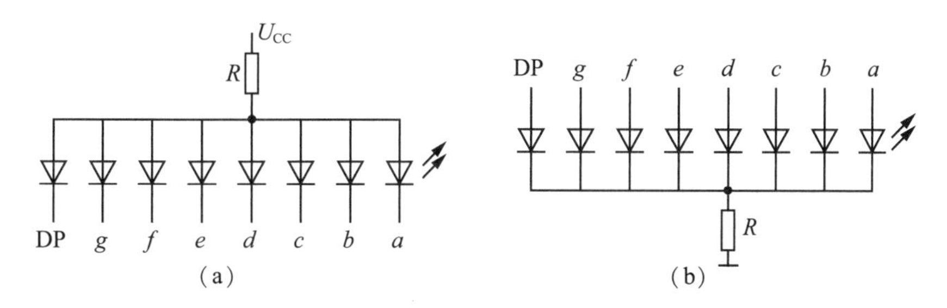

图 6-43　半导体 LED 数码管的内部接线图

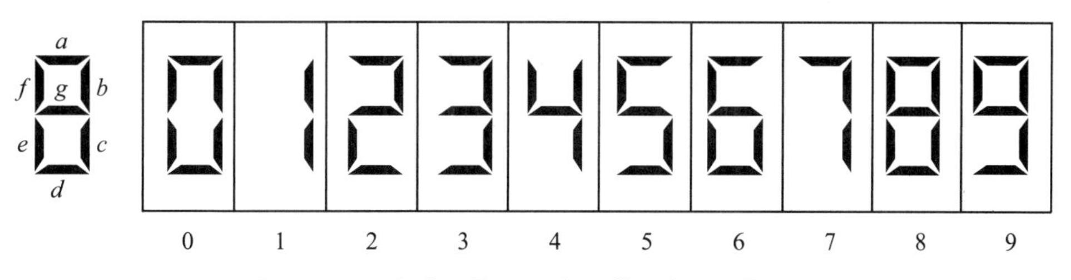

图 6-44　七段半导体 LED 数码管组合显示的数字

用七段数码管显示，需要BCD七段显示译码器与之配合。中规模BCD七段显示译码器的种类很多，这里介绍4线—7线译码器/驱动器CT74LS48，图6-45和表6-23分别为其引脚排列图和真值表。

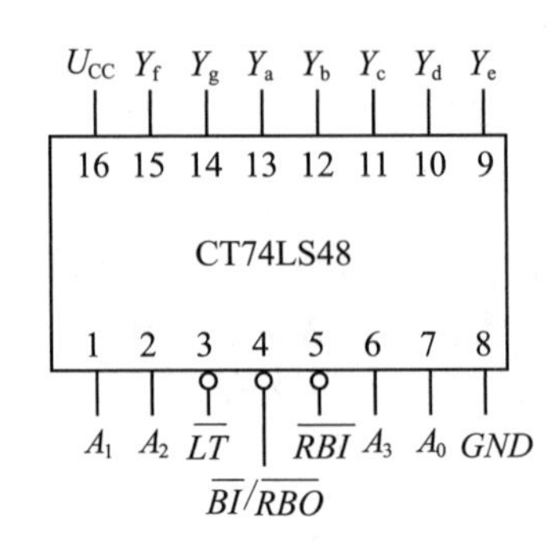


**图6-45　CT74LS48的引脚排列图**

**表6-23　CT74LS48真值表**

| 十进制数 | 输入 | | | | 输出 | | | | | | | 字形 |
|---|---|---|---|---|---|---|---|---|---|---|---|---|
| | $A_3$ | $A_2$ | $A_1$ | $A_0$ | $Y_a$ | $Y_b$ | $Y_c$ | $Y_d$ | $Y_e$ | $Y_f$ | $Y_g$ | |
| 0 | 0 | 0 | 0 | 0 | 1 | 1 | 1 | 1 | 1 | 1 | 0 | 0 |
| 1 | 0 | 0 | 0 | 1 | 0 | 1 | 1 | 0 | 0 | 0 | 0 | 1 |
| 2 | 0 | 0 | 1 | 0 | 1 | 1 | 0 | 1 | 1 | 0 | 1 | 2 |
| 3 | 0 | 0 | 1 | 1 | 1 | 1 | 1 | 1 | 0 | 0 | 1 | 3 |
| 4 | 0 | 1 | 0 | 0 | 0 | 1 | 1 | 0 | 0 | 1 | 1 | 4 |
| 5 | 0 | 1 | 0 | 1 | 1 | 0 | 1 | 1 | 0 | 1 | 1 | 5 |
| 6 | 0 | 1 | 1 | 0 | 1 | 0 | 1 | 1 | 1 | 1 | 1 | 6 |
| 7 | 0 | 1 | 1 | 1 | 1 | 1 | 1 | 0 | 0 | 0 | 0 | 7 |
| 8 | 1 | 0 | 0 | 0 | 1 | 1 | 1 | 1 | 1 | 1 | 1 | 8 |
| 9 | 1 | 0 | 0 | 1 | 1 | 1 | 1 | 1 | 0 | 1 | 1 | 9 |

$\overline{LT}$为灯测试输入。当$\overline{LT}=\mathbf{0}$且$\overline{BI}=\mathbf{1}$，无论$A_3\sim A_0$状态如何，输出$Y_a\sim Y_g$全部为高电平，七段管全部点亮，以此可以检测各段管的好坏。正常工作时$\overline{LT}=\mathbf{1}$。

$\overline{RBI}$为灭零输入。接收来自高位的灭零控制信号，当$\overline{RBI}=\mathbf{0}$、$\overline{LT}=\mathbf{1}$时，如果$A_3A_2A_1A_0=\mathbf{0000}$，则输出为**0**，而这个零不显示出来；如果高位不要求低位灭零，即$\overline{RBI}=\mathbf{1}$时，零就被显示出来。

$\overline{BI}/\overline{RBO}$为功能端口，可作为输入信号$\overline{BI}$端口或输出信号$\overline{RBO}$端口，它们是

“线与”关系。当 $\overline{BI}=\mathbf{0}$，无论其他端口输入如何，输出 $Y_a \sim Y_g$ 全部为低电平，显示器不显示，正常情况下 $\overline{BI}$ 必须接高或开路。$\overline{BI}$ 是级别最高的控制信号。

$\overline{RBO}$ 为灭零输出。主要用作灭零指示，当该片输入 $A_3A_2A_1A_0=\mathbf{0000}$，且熄灭时，$\overline{RBO}=\mathbf{0}$，将其引向低位的灭零输入 $\overline{RBI}$ 端，允许相邻低位灭零。反之，若 $\overline{RBO}=\mathbf{1}$，就说明本位处于显示状态，就不允许相邻低位灭零。

数字显示译码器 CT74LS48 是一种与共阴极 LED 数码管配合使用的集成译码器，连接方法如图 6-46 所示。它的功能是将输入的 4 位二进制代码转换成显示器所需要的七段驱动信号，以便显示器显示十进制形式的数字。

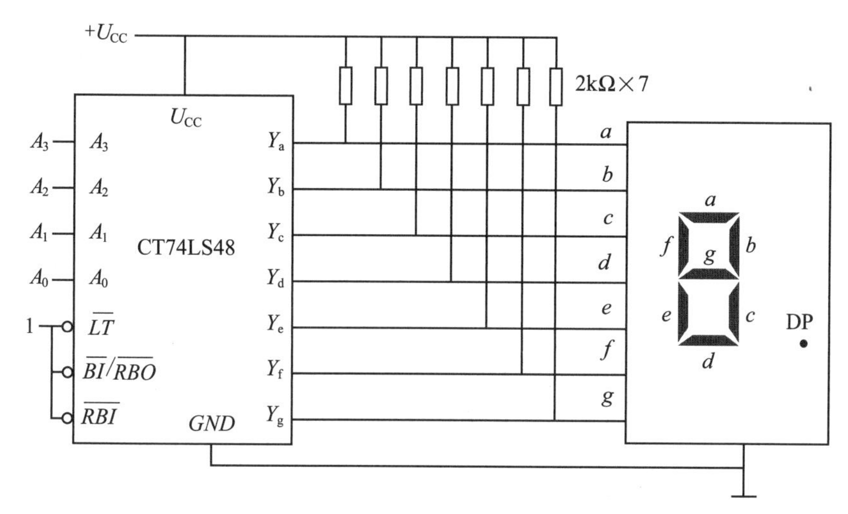


**图 6-46　CT74LS48 驱动数字显示器的连接方法**

# 模块 3　组合逻辑电路实训及操作

## 任务 3.1　集成逻辑门电路逻辑功能测试

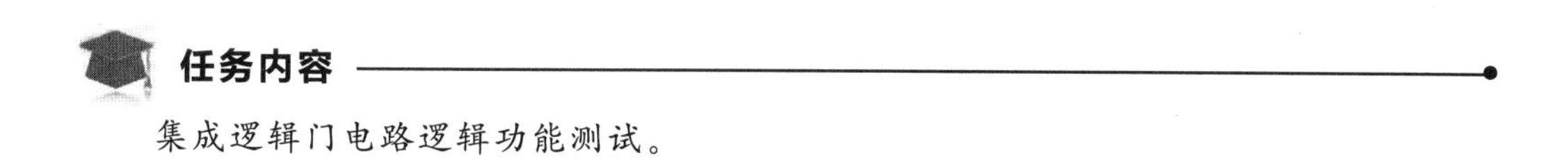

**任务内容**

集成逻辑门电路逻辑功能测试。

**任务目标**

1. 熟悉掌握与门、与非门和或门的外形结构、各引脚的功能。
2. 熟悉掌握与门、与非门和或门逻辑功能的测试方法及使用方法。

相关知识

### 3.1.1 实训器件

直流稳压电源、万用表、电阻、万能实验板、74LS00、74LS08、74LS32、发光二极管和导线若干等。

### 3.1.2 实训内容

1. 74LS00(与非门)、74LS02(或非门)、74LS86(异或门)的外形结构和管脚排列分别如图 6-47(a)(b)(c)所示。熟悉掌握与门、与非门和或门的外形结构、各引脚的功能。

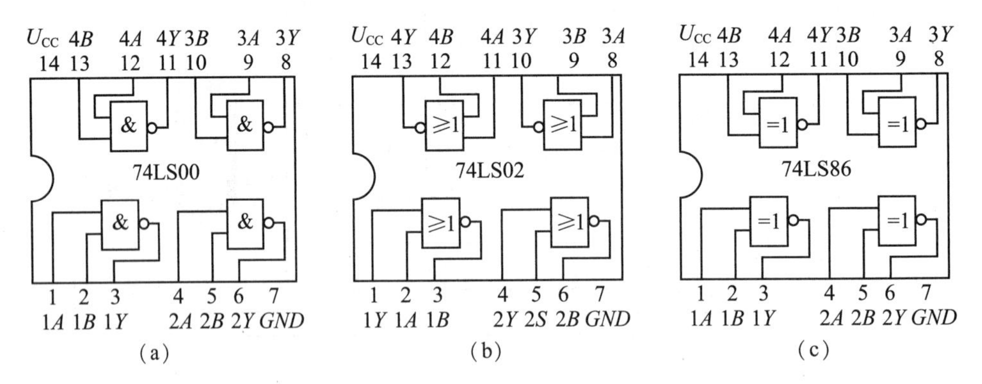


图 6-47　74LS00、74LS02 和 74LS86 的外形结构和管脚排列

2. 测试 74LS00、74LS08、74LS32 的逻辑功能

将集成块正确插入万能实验板的面板上，注意识别 1 脚位置，查管脚图，分清集成块的输入和输出端以及接地和电源端。各集成逻辑门的输出端接发光二极管，若输出为高电平，发光二极管发光，否则不发光。将所测得的数据做好记录，自己设计表格，画出各逻辑门电路的真值表。

### 3.1.3 实训注意事项

将集成块正确插入或拔出万能实验板的面板上应注意不能带电操作。

### 3.1.4 实训报告与思考题

1. 整理实验结果，并写出各逻辑门电路的逻辑表达式。
2. 归纳实训中所遇到的各种问题，小结实验心得体会。

## 任务 3.2　译码显示器逻辑功能测试

### 任务内容

译码显示器逻辑功能测试。

### 任务目标

1. 熟悉掌握 4 线—7 线译码器/驱动器 CT74LS48 的逻辑功能和使用。
2. 熟悉掌握半导体数码管显示器(LED 数码管)的使用方法。
3. 熟悉掌握中规模组合逻辑电路的应用。

### 相关知识

#### 3.2.1　实训器件

译码器/驱动器 CT74LS48、共阴极半导体数码管显示器(LED 数码管)、直流稳压电源、万用表、电阻、万能实验板、发光二极管和导线若干等。

#### 3.2.2　实训内容

1. 74LS48 芯片引脚排列图和真值表分别如图 6-45 和表 6-23 所示，熟悉掌握其逻辑功能和使用方法。
2. 选择并用万用表检测半导体数码管显示器(共阴极接法)。
3. 按图 6-46 所示逻辑电路图在万能实验板上接好逻辑电路。
4. 当 $A_3A_2A_1A_0$ 在 0000～1001 变化时，观察共阴极半导体数码管显示器(LED 数码管)的显示情况，自己设计表格并记录好实验结果。
5. 把实验结果与真值表相比较，看是否一样，若不一样，分析原因。

#### 3.2.3　实训注意事项

将集成块正确插入或拔出万能实验板的面板上应注意不能带电操作。

#### 3.2.4　实训报告与思考题

1. 把实验结果与 CT74LS48 真值表相比较，看是否一样，若不一样，分析原因。
2. 分析对复杂电路图如何逐步接线验证，总结遇到问题如何查找和排除的方法。
3. 归纳实训中所遇到的各种问题，小结实验心得体会。

## 习题

6-1　什么是数字信号？什么是模拟信号？

6-2　在数字逻辑电路中为什么采用二进制？它有哪些优点？

6-3　逻辑函数式有哪几种表示形式？

6-4　试说明集电极开路门的逻辑功能，它有什么特点和用途？

6-5　试说明三态门的逻辑功能，它有什么特点和用途？

6-6　试比较 TTL 门电路和 CMOS 门电路的主要优缺点，对它们的闲置输入端应如何处理？

6-7　将下列二进制数转换为十进制数。

(1)$(10010111)_2$　　(2)$(11001.011)_2$

(3)$(11110.110)_2$　　(4)$(100001101)_2$

6-8　将下列十进制数转换为二进制数。

(1)$(127)_{10}$　　(2)$(156)_{10}$

(3)$(45.378)_{10}$　　(4)$(25.7)_{10}$

6-9　将下列二进制数转换为八进制数和十六进制数。

(1)$(11001010)_2$　　(2)$(1010110)_2$

(3)$(110011.101)_2$　　(4)$(1110111.1101)_2$

6-10　将下列十六进制数转换为二进制数、八进制数和十进制数。

(1)$(FB)_{16}$　　(2)$(6DE)_{16}$

(3)$(8FE.FD)_{16}$　　(4)$(79A.4B)_{16}$

6-11　利用基本定律和常用公式证明下列恒等式。

(1)$AB+\bar{A}C+\bar{B}C=AB+C$

(2)$A\bar{B}+BD+CDE+\bar{A}D=A\bar{B}+D$

(3)$A\oplus B\oplus C=ABC+(A+B+C)\overline{AB+BC+AC}$

(4)$A\bar{B}\bar{C}+A\bar{B}C+AB\bar{C}=A\overline{BC}$

6-12　用代数法化简下列逻辑函数，并列出真值表和画出逻辑图。

(1)$Y=A\bar{B}+\bar{A}B+A$

(2)$Y=AB+A\bar{C}+BC+A+\bar{C}$

(3)$Y=AB+A\bar{C}+BCD+ABD$

(4)$Y=AC(\bar{C}D+\bar{A}B)+BC\overline{\overline{\bar{B}+AD}+CE}$

6-13　逻辑图如图 6-48(a)(b)所示，写出它们的逻辑表达式并化简，再列出真值表。

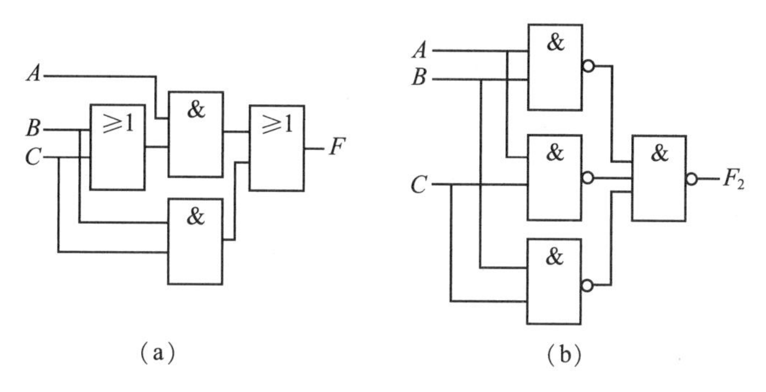


图 6-48 习题 6-13 的逻辑图

6-14 真值表如表 6-24 和表 6-25 所示，写出它们的逻辑表达式并化简，再画出逻辑图。

表 6-24 习题 6-14 的真值表

| A | B | C | Y |
|---|---|---|---|
| 0 | 0 | 0 | 0 |
| 0 | 0 | 1 | 0 |
| 0 | 1 | 0 | 0 |
| 0 | 1 | 1 | 1 |
| 1 | 0 | 0 | 1 |
| 1 | 0 | 1 | 0 |
| 1 | 1 | 0 | 1 |
| 1 | 1 | 1 | 1 |

表 6-25 习题 6-14 的真值表

| A | B | C | Y |
|---|---|---|---|
| 0 | 0 | 0 | 0 |
| 0 | 0 | 1 | 0 |
| 0 | 1 | 0 | 1 |
| 0 | 1 | 1 | 0 |
| 1 | 0 | 0 | 1 |
| 1 | 0 | 1 | 1 |
| 1 | 1 | 0 | 1 |
| 1 | 1 | 1 | 0 |

6-15 在图 6-49(a)(b)中，已知 $A$、$B$、$C$、$D$ 的波形如图(c)所示，试画出 $Y_1$ 和 $Y_2$ 的波形。

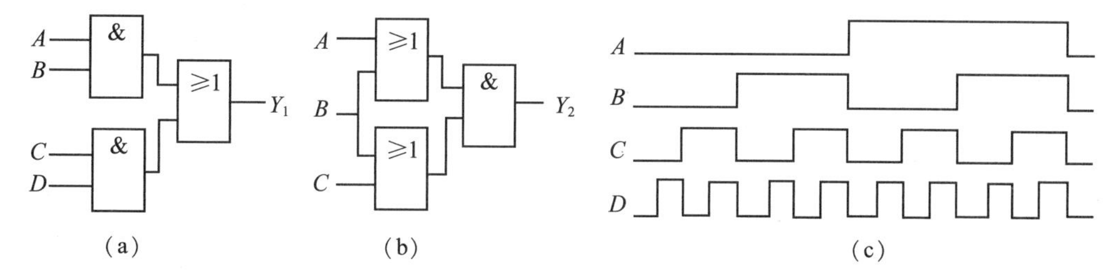


图 6-49 习题 6-15 图

6-16 分析如图 10-50 所示组合逻辑电路的逻辑功能。

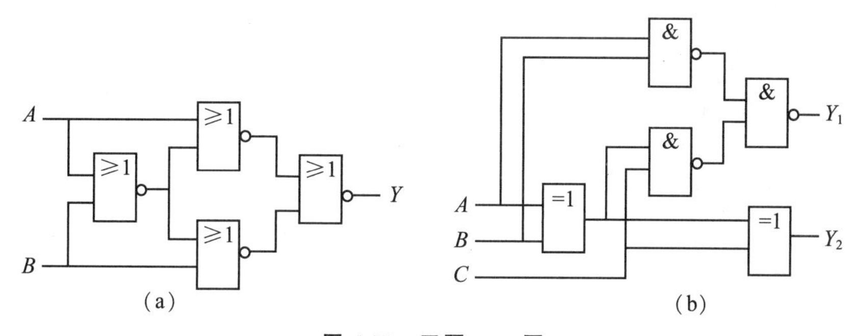


图 6-50 习题 6-16 图

6-17　分别用与非门设计一个能实现四变量多数表决器逻辑功能的组合逻辑电路。

6-18　分别用与非门设计一个能实现三变量一致逻辑功能的组合逻辑电路。

6-19　试设计一个故障指示器，要求如下：两台电动机同时工作时，绿灯亮；一台电动机发生故障时，黄灯亮；两台电动机同时发生故障时，红灯亮。

6-20　有3个班的学生上晚自习，大教室能容纳两个班学生，小教室能容纳一个班学生。试设计两个教室是否开灯的逻辑控制电路，要求如下：(1)一个班学生上晚自习，开小教室的灯；(2)两个班上晚自习，开大教室的灯；(3)三个班上晚自习，两个教室的灯都开。

6-21　试设计一个保密暗锁，当三个按键 $A$、$B$、$C$ 中，全部或 $AB$、$AC$ 有一组同时按下时，锁才能被打开；如果不符合此条件时，将产生报警信号。

6-22　设计一个监视交通信号灯工作状态的逻辑电路，在正常工作状态下，每时段红、绿、黄三个灯应有一个亮，如果都不亮或有两个亮，说明电路出故障。

6-23　有一水箱由大、小两台水泵 $M_L$ 和 $M_S$ 供水，如图6-51所示。水箱中设置了3个水位检测元件 $A$、$B$、$C$。当水面低于检测元件时，检测元件给出高电平；水面高于检测元件时，检测元件给出低电平。现要求当水位超出 $C$ 点时水泵停止工作；水位低于 $C$ 点而高于 $B$ 点时，由水泵 $M_S$ 单独工作；水位低于 $B$ 点而高于 $A$ 点时，由水泵 $M_L$ 单独工作；水位低于 $A$ 点时 $M_L$ 和 $M_S$ 同时工作。试用门电路设计一个控制两台水泵的逻辑电路，要求电路尽量简单。

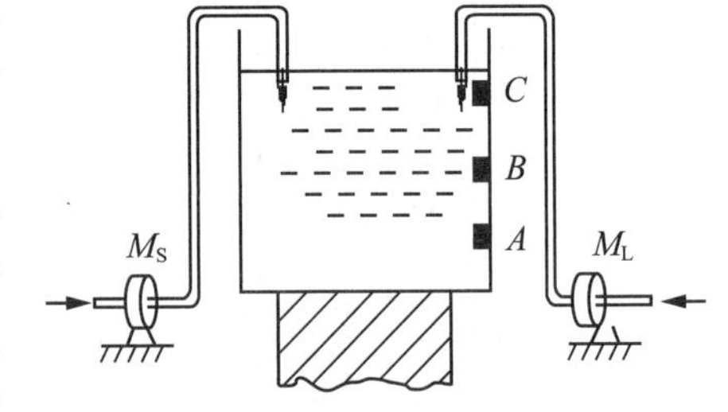

图6-51　习题6-23图

6-24　某技术培训班开设4门课程，其中 $A$ 为必修课，$B$、$C$、$D$ 为选修课，章程规定学员经考试后，必修课及格且有2门选修课及格方可获得结业证书。设计一个能判断合格者的逻辑电路，并画出电路图。

6-25　试用与非门设计一个3个输入端和1个输出端的判奇电路。它的逻辑功能为：3个输入信号中有奇数个输入为高电平时，输出为高电平，否则输出为低电平，试画出逻辑图。

## 塑人阅读

中国电子学学科和课程建设的
主要奠基人——童诗白

北斗女神——徐颖

二十大精神学习：
实施人才强国战略，
培育高素质技能人才队伍

# 第七部分　时序逻辑电路的分析及实践

## 模块 1　时序逻辑电路与触发器的认识

### 任务 1.1　时序逻辑电路概述

**任务内容**

时序逻辑电路概述。

**任务目标**

使学生对时序逻辑电路有较熟的了解。

**相关知识**

数字电路的两大基本类型是组合逻辑电路和时序逻辑电路。组合逻辑电路以门电路为基本逻辑单元，其输出变量的状态完全由当时的输入变量的组合状态来决定，而与电路原来的状态无关，即组合逻辑电路没有记忆功能。时序逻辑电路是以触发器为基本逻辑单元，触发器的输出变量的状态不仅与当时的输入变量的组合状态有关，而且还与电路原来的状态有关，即触发器具有记忆功能。图 7-1 所示为时序逻辑电路的结构框图。

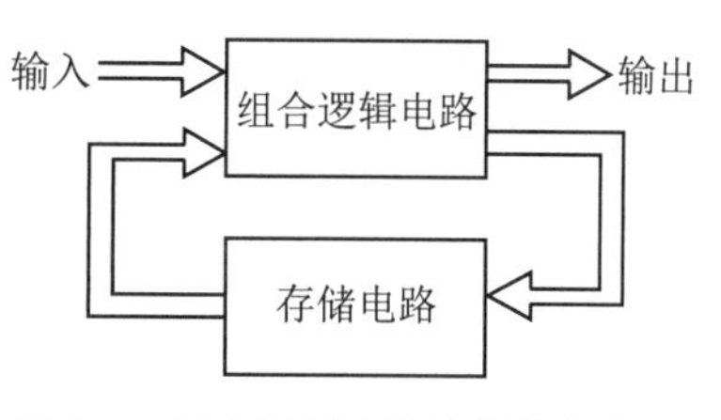


图 7-1　时序逻辑电路的结构框图

### 任务 1.2　触发器

触发器分类和基本 *RS* 触发器

**任务内容**

*RS* 触发器、*JK* 触发器、*D* 触发器、*T* 触发器和 *T′* 触发器。

**任务目标**

使学生对触发器有较熟的了解。

**相关知识**

触发器是最简单的一种时序数字电路，触发器具有存储作用，也是构成其他时序逻辑电路的重要组成部分。触发器按其稳定工作状态可分为双稳态触发器、单稳态触发器和多谐振荡器。双稳态触发器按其触发翻转是否受时钟脉冲 $CP$ 控制，可分为基本 $RS$ 触发器和钟控触发器。钟控触发器按其逻辑功能又可分为 $RS$ 触发器、$JK$ 触发器、$D$ 触发器、$T$ 触发器和 $T'$触发器；钟控触发器按其结构又可分为同步 $RS$ 触发器、主从型触发器和边沿型触发器。边沿型触发器又包括维持阻塞型触发器(上升沿触发)和下降沿触发的触发器。

## 1.2.1 *RS* 触发器

1. 基本 *RS* 触发器

基本 $RS$ 触发器的逻辑图如图 7-2(a)所示，是由两个与非门交叉连接而成。图 7-2(b)所示为它的逻辑符号。$\overline{S_D}$ 称为直接置位(或置 **1**)端，$\overline{R_D}$ 称为直接复位(或置 **0**)端，而图中输入端引线上靠近方框的小圆圈表示触发器的触发方式为电平触发，低电平 **0**(或负脉冲)有效。$Q$ 和 $\overline{Q}$ 是基本 $RS$ 触发器的两个互补输出端，它们的逻辑状态在正常条件下能保持相反。

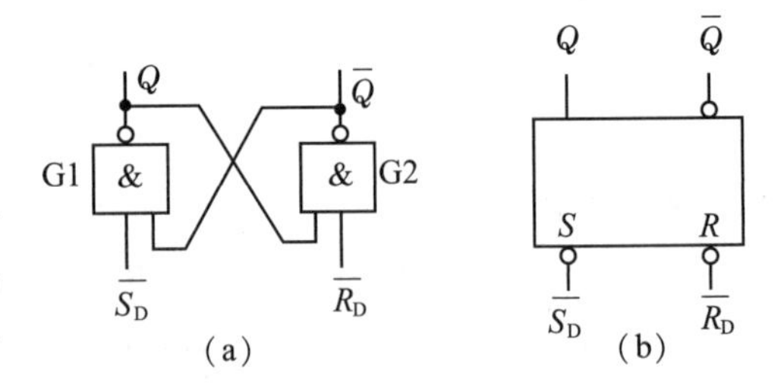


图 7-2 基本 *RS* 触发器的逻辑图和逻辑符号

(1)电路的特点。从基本 $RS$ 触发器的逻辑图可得，基本 $RS$ 触发器具有两个稳定状态：一个状态是 $Q=\mathbf{1}$、$\overline{Q}=\mathbf{0}$，称为触发器的 **1** 态(或置位状态)；一个状态是 $Q=\mathbf{0}$、$\overline{Q}=\mathbf{1}$，称为触发器的 **0** 态(或复位状态)。通过其逻辑功能分析可以看出，基本 $RS$ 触发器不但可直接置位($\overline{S}_D=\mathbf{0}$、$\overline{R}_D=\mathbf{1}$)和直接复位($\overline{R}_D=\mathbf{0}$、$\overline{S}_D=\mathbf{1}$)；而且还具有存储和记忆 **0**、**1** 两个信息(或数据)的功能。

(2)逻辑功能。由于有两个信号输入端，所以输入信号有四种不同的组合，下面分四种情况来分析基本 $RS$ 触发器的逻辑功能。

① $\overline{S}_D=\mathbf{1}$、$\overline{R}_D=\mathbf{1}$。设触发器原来的状态(称为原态)为 **1** 态，即 $Q=\mathbf{1}$，$\overline{Q}=\mathbf{0}$。此时与非门 G2 的输入端全为 **1**，所以其输出端 $\overline{Q}$ 变成 **0**。这时与非门 G1 有一个输入端为 **0**，所以其输出端 $Q$ 变成 **1**，即触发器保持原态不变，即为 **1** 态；同理，当触发器原态为 **0** 态时，触发器也保持原状态不变，即为 **0** 态。也就是说，当 $\overline{S}_D=\mathbf{1}$、$\overline{R}_D=\mathbf{1}$ 时，

触发器的状态将保持不变。因此触发器具有两个稳定状态，因而能用于记忆和存储 **0**、**1** 两个信息(或数据)。

② $\bar{S}_D=\mathbf{1}$、$\bar{R}_D=\mathbf{0}$。设触发器原态为 **1** 态，即 $Q=\mathbf{1}$、$\bar{Q}=\mathbf{0}$。此时 G2 门有一个输入端为 **0**，所以其输出端 $\bar{Q}$ 变成 **1**；这时与非门 G1 的输入端全为 **1**，所以其输出端 $Q$ 变成 **0**。同理，当触发器原态为 **0** 态时，触发器仍将保持原态不变，即也为 **0** 态。也就是说，令 $\bar{S}_D=\mathbf{1}$，在 $\bar{R}_D$ 端加低电平 **0** 或负脉冲后，触发器的状态将直接置 **0**(或复位)，故 $\bar{R}_D$ 称直接复位(或置 **0**)端。

③ $\bar{S}_D=\mathbf{0}$、$\bar{R}_D=\mathbf{1}$。设触发器原态为 **0** 态，即 $Q=\mathbf{0}$、$\bar{Q}=\mathbf{1}$。此时 G1 门有一个输入端为 **0**，所以其输出端 $Q$ 变成 **1**；这时 G2 门的输入端全为 **1**，所以其输出端 $\bar{Q}$ 变成 **0**。同理，当触发器原态为 **1** 态，触发器仍将保持原态不变，即也为 **1** 态。也就是说，令 $\bar{R}_D=\mathbf{1}$，在 $\bar{S}_D$ 端加低电平 **0** 或负脉冲后，触发器的状态将直接置 **1**(或置位)，故 $\bar{S}_D$ 称直接置位(或置 **1**)端。

④ $\bar{S}_D=\mathbf{0}$、$\bar{R}_D=\mathbf{0}$。两个与非门的输出端都为 **1**，即 $Q=\bar{Q}=\mathbf{1}$，这就与 $Q$ 和 $\bar{Q}$ 的状态应该相反的逻辑要求相矛盾，而且当负脉冲同时由 **0** 变 **1** 后，触发器的状态将不能确定，所以这种情况在使用时应予禁止。

从上面分析可得出基本 $RS$ 触发器的真值(或功能)表如表 7-1 所示。

**表 7-1 基本 *RS* 触发器的真值表**

| $\bar{S}_D$ | $\bar{R}_D$ | $Q$ | $\bar{Q}$ |
|---|---|---|---|
| 0 | 0 | 不定 | 不定 |
| 0 | 1 | 1 | 0 |
| 1 | 0 | 0 | 1 |
| 1 | 1 | 不变 | 不变 |

2. 同步 $RS$ 触发器

上面介绍的基本 $RS$ 触发器是各种双稳态触发器的共同部分，除此之外，触发器一般还具有控制电路部分，通过它把输入信号引导到基本 $RS$ 触发器。图 7-3(a)和图 7-3(b)所示分别为同步 $RS$ 触发器的逻辑图和逻辑符号。

(1)电路的特点。①与非门 G1 和 G2 构成基本 $RS$ 触发器，与非门 G3 和 G4 构成基本 $RS$ 触发器的控制电路。

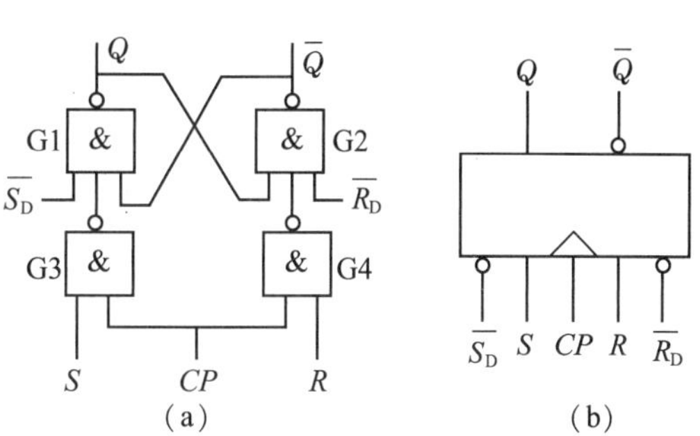


**图 7-3 同步 *RS* 触发器的逻辑图和逻辑符号**

②$R$ 和 $S$ 分别为它的置 **0** 和置 **1** 信号输入端，高电平 **1** 有效。$CP$ 是它的时钟脉冲输入端，决定触发器的翻转时刻。当 $CP=\mathbf{0}$ 时，不论 $R$ 和 $S$ 端的电平如何变化，G3 和 G4 门的输出均为 **1**，基本 $RS$ 触发器保持原状态不变。当 $CP=1$ 时，由 $R$ 和 $S$ 端的输入信号决定 G3 和 G4 门的输出状态，再进一步决定基本 $RS$ 触发器的状态。

③ $\bar{S}_D$ 和 $\bar{R}_D$ 为它的直接置位端和直接复位端，可不受时钟脉冲 $CP$ 的控制，直接对同步 $RS$ 触发器置位和复位。

(2)逻辑功能。

当 $CP=\mathbf{1}$ 时，$R$ 和 $S$ 的状态才起作用，下面就 $R$ 和 $S$ 的四种不同的组合状态来讨论当 $CP=1$ 时，同步 $RS$ 触发器的逻辑功能。

①$S=\mathbf{1}$、$R=\mathbf{0}$。设触发器原态为 **1** 态，即 $Q=\mathbf{1}$、$\bar{Q}=\mathbf{0}$。此时 G4 门有一个输入端为 **0**，所以其输出端变成 **1**，G3 门的输入端全为 **1**，所以其输出端变成 **0**，故基本 $RS$ 触发器置 **1**，即触发器仍将保持原态不变。同理，当触发器原态为 **0** 态时，触发器的状态将由 **0** 态变为 **1** 态。也就是说，在 $S=\mathbf{1}$、$R=\mathbf{0}$ 时，触发器的状态为 **1** 态。

②$S=\mathbf{0}$、$R=\mathbf{1}$。设触发器原态为 **0** 态，即 $Q=\mathbf{0}$、$\bar{Q}=\mathbf{1}$。此时 G3 门有一个输入端为 **0**，所以其输出端变成 **1**，G4 门的输入端全为 **1**，所以其输出端变成 **0**，故基本 $RS$ 触发器置 **0**，即触发器仍将保持原态不变。同理，当触发器原态为 **1** 态时，触发器的状态将由 **1** 态变为 **0** 态。也就是说，在 $S=\mathbf{0}$、$R=\mathbf{1}$ 时，触发器的状态为 **0** 态。

③$S=\mathbf{0}$、$R=\mathbf{0}$。此时 G3 门和 G4 门的均有一输入端为 **0**，所以其输出端均变成 **1**。即 G1 门和与 G2 门的输入端均变成 **1**，触发器保持原态不变。

④$S=\mathbf{1}$、$R=\mathbf{1}$。此时 G3 门和 G4 门的输入端全均为 **1**，所以其输出端均变成 **0**。即 G1 门和 G2 门的输出端均变成 **1**，即 $Q=\bar{Q}=\mathbf{1}$，这就与 $Q$ 和 $\bar{Q}$ 的状态应该相反的逻辑要求相矛盾，而且当正脉冲同时由 **1** 变 **0** 后，触发器的状态将不能确定，所以这种情况在使用时应予禁止。

从上面分析可得出同步 $RS$ 触发器的真值表如表 7-2 所示。其中 $Q^n$ 表示时钟脉冲来到之前触发器的输出状态，称为原态；$Q^{n+1}$ 表示时钟脉冲来到之后触发器的输出状态，称为次态。

**表 7-2　同步 *RS* 触发器的真值表**

| $S$ | $R$ | $Q^{n+1}$ |
|---|---|---|
| 0 | 0 | $Q^n$ |
| 0 | 1 | 0 |
| 1 | 0 | 1 |
| 1 | 1 | 不定 |

(3)特性方程。所谓的特性方程就是触发器的次态与原态及输入变量之间的逻辑关系，它是触发器逻辑功能的另一种表达形式。由同步 $RS$ 触发器的真值表可知，当 $R=S=\mathbf{1}$，其输出状态不定，故其约束条件为 $RS=\mathbf{0}$，即应排除 $R=S=\mathbf{1}$ 这种情况。所以同步 $RS$ 触发器的特性方程为

$$Q^{n+1}=S+\bar{R}Q^n \quad (RS=\mathbf{0}) \tag{7-1}$$

3. 计数式 $RS$ 触发器

若将同步 $RS$ 触发器的 $Q$ 端连到 $R$ 端，$\bar{Q}$ 端连到 $S$ 端，便可得计数式 $RS$ 触发器的逻辑图如图 7-4 所示。若在它的 $CP$ 端加上计数脉冲，则来一个计数脉冲，触发器就翻转一次，翻转的次数等于脉冲的数目，所以它具有计数功能。

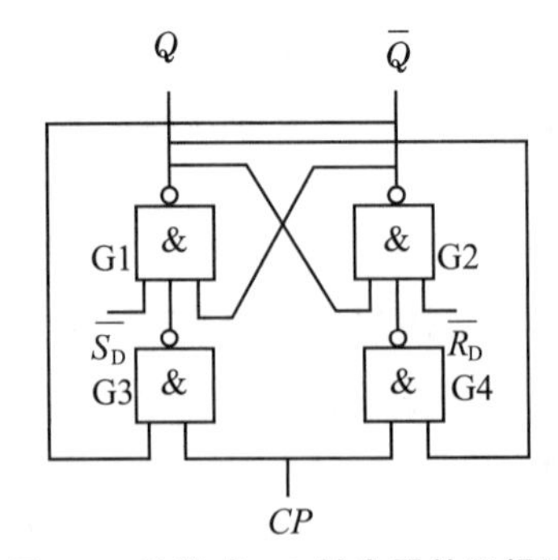

**图 7-4　计数式 *RS* 触发器的逻辑图**

(1)计数工作原理。当 $Q=\mathbf{0}$，$\bar{Q}=\mathbf{1}$ 时，在计数脉冲到来时，G3 门的两个输入端均为 **1**，它输出一个负脉冲，送到 G1 门的输入端，使触发器置 **1**，此

时 $Q=\mathbf{1}$，$\bar{Q}=\mathbf{0}$，即触发器发生翻转。当 $Q=\mathbf{1}$，$\bar{Q}=\mathbf{0}$ 时，在计数脉冲到来时，G4 门的两个输入端均为 **1**，它输出一个负脉冲，送到 G2 门的输入端，使触发器置 **0**，此时 $Q=\mathbf{0}$，$\bar{Q}=\mathbf{1}$，即触发器发生翻转。也就是说不管触发器原态是什么，只要来一个触发脉冲，触发器就翻转一次，实现计数功能。

(2)存在问题。若计数脉冲太宽，在触发器翻转之后，控制电路将失控，从而导致错误，产生空翻现象。为什么会产生这种情况呢？在 G3 门输出负脉冲时，G4 门是不应输出负脉冲的。但是，在触发器翻转之后，若计数脉冲的高电平没有及时降下来，这时 G4 门的输入端全为 **1**，使 G4 门输出负脉冲，促使触发器再次翻转，即产生不应有的新翻转。也就是在一个时钟脉冲 $CP$ 的作用下，触发器产生两次或多次翻转，即产生所谓的空翻现象，造成触发器动作混乱。

### 1.2.2 *JK* 触发器

为了克服空翻现象，我们介绍另一种触发器，它不但可以计数，而且能克服空翻现象，还有其他许多优点，它就是主从型 $JK$ 触发器。图 7-5(a)所示是主从型 $JK$ 触发器的逻辑图，它由主触发器和从触发器两部分组成，这两部分都是同步 $RS$ 触发器，且通过一个非门使主触发器和从触发器的时钟脉冲相位反相。图 7-5(b)所示是 $JK$ 触发器的逻辑符号。

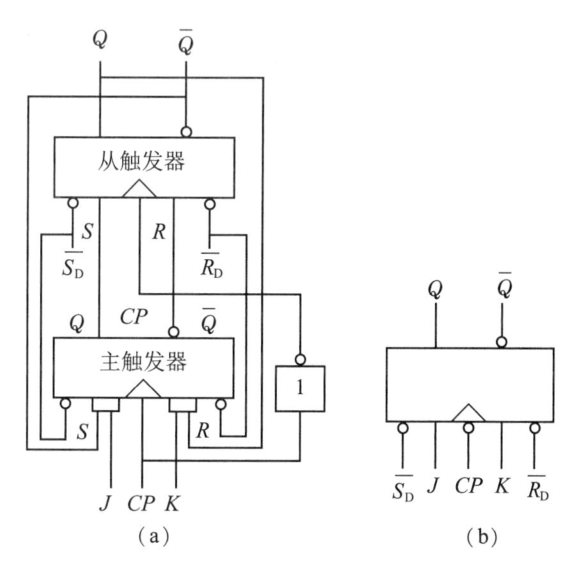


**图 7-5 主从型 *JK* 触发器的逻辑图和逻辑符号**

1. $JK$ 触发器的电路特点

(1)由图 7-5(a)所示的主从型 $JK$ 触发器的逻辑图可知，主触发器的 $S=J\bar{Q}$、$R=KQ$。触发器还可直接置位($\bar{S}_D=\mathbf{0}$)和复位($\bar{R}_D=\mathbf{0}$)。

(2)主从型 $JK$ 触发器的状态与从触发器的状态是相同的。

(3)在时钟脉冲来到之后，即 $CP=\mathbf{1}$ 时，非门输出为 **0**，故从触发器的状态不变。

此时主触发器的状态是什么，要看从触发器的状态以及 $J$ 和 $K$ 端所处的状态决定。当 $CP$ 从 **1** 变为 **0**，即 $CP=0$ 时，非门输出为 **1**，故主触发器的状态不变。此时从触发器的状态由主触发器的状态决定。

(4)从上面的特点可看出，主从型 $JK$ 触发器是不会发生空翻的。

2. $JK$ 触发器的逻辑功能

(1)$J=K=0$。设触发器原态为 **0**，即 $Q=0$、$\bar{Q}=1$。当 $CP=1$ 时，此时主触发器的 $S=R=0$，所以主触发器的状态保持不变。当 $CP$ 从 **1** 变为 **0**，即 $CP=0$ 时，由于主触发器的 $Q=0$、$\bar{Q}=1$，即从触发器的 $S=0$、$R=1$，所以从触发器的状态也保持不变，即触发器保持原态。同理，若触发器原态为 **1** 时，触发器也将保持原态不变。

(2)$J=K=1$。设触发器原态为 **0** 时，即 $Q=0$、$\bar{Q}=1$。当 $CP=1$ 时，此时主触发器 $S=1$、$R=0$，所以主触发器的状态翻转为 **1**，从触发器的状态保持不变。当 $CP$ 从 **1** 变为 **0**，即当$CP=0$ 时，主触发器的状态保持不变，而从触发器的状态与主触发器的状态相同，也就是说触发器发生翻转变为 **1**。同理，若触发器原态为 **1** 时，来一个脉冲，触发器发生翻转变为 **0**。所以，当$J=K=1$ 时，来一个脉冲，触发器就翻转一次，即触发器具有计数的功能。

(3)$J=1$，$K=0$。设触发器原态为 **0** 时，当 $CP=1$ 时，从触发器的状态保持不变，而主触发器由于其 $S=1$ 和 $R=0$，所以它的状态翻转为 **1**。当 $CP$ 从 **1** 变为 **0**，即当 $CP=0$ 时，主触发器的状态保持不变，而从触发器的状态与主触发器的状态相同，也就是说触发器发生翻转变为 **1**。同理，若触发器原态为 **1** 时，来一个脉冲，发器保持不变，即为 **1**。所以，当 $J=1$、$K=0$ 时，来一个脉冲，触发器的状态将与 $J$ 相同，即 $Q^{n+1}=J$。

(4)$J=0$，$K=1$。设触发器原态为 **0** 时，当 $CP=1$ 时，从触发器的状态保持不变，而主触发器由于其 $S=0$ 和 $R=0$，所以它的状态保持不变。当 $CP$ 从 **1** 变为 **0**，即当 $CP=0$ 时，主触发器的状态保持不变，而从触发器的状态与主触发器的状态相同，也就是说触发器保持不变，即 $Q=0$。同理，若触发器原态为 **1** 时，来一个脉冲，触发器变为 **0**。所以，当$J=0$、$K=1$ 时，来一个脉冲，触发器的状态将与 $J$ 相同，即 $Q^{n+1}=J$。

从上述分析可知，主触发器本身是一个同步 $RS$ 触发器，所以在 $CP=1$ 的全部时间里输入信号都将对主触器起控制作用，但由于 $Q$、$\bar{Q}$ 端接回到了输入门上，所以，在 $CP=1$ 期间，主触发器只翻转一次，一旦翻转了就不会翻回来。这时，主从型触发器把输入信号暂存在主触发器之中，为从触发器的翻转或不变作准备；当 $CP$ 下跳为 **0** 时，存储的信号起作用，使触发器翻转或不变。从上面的分析可得主从型 $JK$ 触发器的真值表如表 7-3 所示。

**表 7-3 $JK$ 触发器的真值表**

| $J$ | $K$ | $Q^{n+1}$ |
|---|---|---|
| 0 | 0 | $Q^n$ |
| 0 | 1 | 0 |
| 1 | 0 | 1 |
| 1 | 1 | $\bar{Q}^n$ |

3. $JK$ 触发器的特性方程

由主从型 $JK$ 触发器的真值表可知，主从型 $JK$ 触发器没有出现输出状态不定现象，故其没有约束条件。再分析其真值表且化简可得，主从型 $JK$ 触发器的特性方程为

$$Q^{n+1}=J\overline{Q^n}+\overline{K}Q^n \tag{7-2}$$

### 1.2.3 D 触发器

为了提高触发器的可靠性，增强抗干扰能力，希望触发器的次态仅仅取决于 $CP$ 信号下降沿(或上升沿)到达时刻输入信号的状态，而在此之前和之后输入状态的变化对触发器的次态没有影响，我们把这种触发器叫作边沿型触发器。$D$ 触发器的结构有多种类型，我国生产的主要是维持阻塞型 $D$ 触发器，它属于上升沿触发的边沿性触发器，它的作用主要是传输数据。图 7-6 所示是 $D$ 触发器的逻辑图。

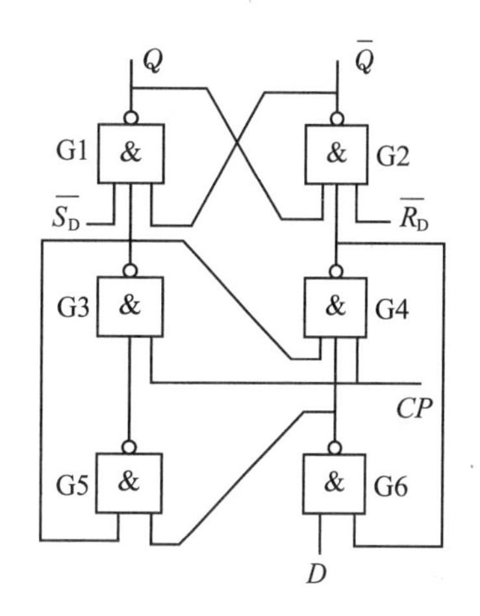


图 7-6 维持阻塞型 D 触发器的逻辑图

1. $D$ 触发器的电路特点

由图 7-6 所示的逻辑图可看出，它是由六个与非门组成，其中 G5 和 G6 组成数据输入电路，G3 和 G4 组成时钟控制电路，G1 和 G2 组成基本触发器。

2. $D$ 触发器的逻辑功能

(1)$D=\mathbf{0}$。当时钟脉冲到来之前，即 $CP=\mathbf{0}$ 时，G3、G4 和 G6 的输出均为 **1**，而 G5 输入全为 **1**，故输出为 **0**。此时触发器的状态不变。当时钟脉冲从 **0** 变 **1**，即 $CP=\mathbf{1}$ 时，G3、G5 和 G6 的输出保持原状态不变，而 G4 由于输入全 **1**，故输出为 **0**。这个负脉冲使 G2 输出为 **1**，再使 G1 输出为 **0**，即此时触发器处于 **0** 状态。同时，G4 的 **0** 输出信号反馈到 G6 的输入端，使在 $CP=1$ 时，不论 $D$ 作何变化，触发器保持 **0** 状态不变，不会发生空翻现象。

(2)$D=\mathbf{1}$。当时钟脉冲到来之前，即 $CP=\mathbf{0}$ 时，G3、G4 和 G5 的输出均为 **1**，而 G6 输入全为 **1**，故输出为 **0**。此时触发器的状态不变。当时钟脉冲从 **0** 变 **1**，即 $CP=\mathbf{1}$ 时，G4 和 G5 的输出保持原状态不变，而 G3 由于输入全 **1**，故输出为 **0**。这个负脉冲使 G1 输出为 **1**，再使 G2 输出为 **0**，即此时触发器处于 **1** 状态。同时，G3 的 **0** 输出信号反馈到 G4、G5 的输入端，使在 $CP=\mathbf{1}$ 时，不论 $D$ 作何变化，只能改变 G6 的输出状态，而其他门的输出状态均保持不变，即触发器保持 **1** 状态不变，不会发生空翻现象。

从上面的分析可知，维持阻塞型 $D$ 触发器具有在时钟脉冲上升沿触发的特点，即触发器的次态仅取决于 $CP$ 的上升沿到达时输入端 $D$ 的逻辑状态。其逻辑功能为触发器的状态随着输入端 $D$ 的状态而变化，但总比输入端 $D$ 的状态的变化晚一步，即某个

时钟脉冲来到之后触发器的状态和该时钟脉冲到来之前输入端 $D$ 的状态一样。所以它的真值表如表 7-4 所示，维持阻塞型 $D$ 触发器的逻辑符号如图 7-7 所示。

**表 7-4　$D$ 触发器的真值表**

| $D^n$ | $Q^{n+1}$ |
|---|---|
| 0 | 0 |
| 1 | 1 |

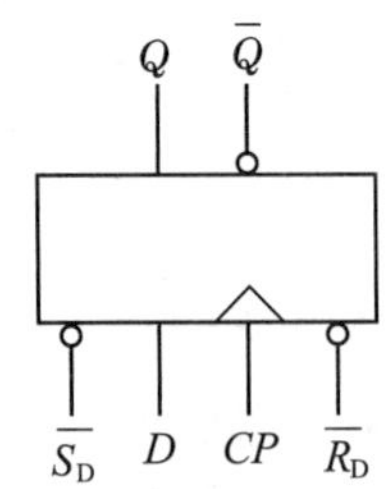


**图 7-7　$D$ 触发器的逻辑符号**

下降沿触发的边沿性 $D$ 触发器的逻辑功能与上升沿触发的边沿性 $D$ 触发器的逻辑功能基本相似，不同的是下降沿触发的边沿性 $D$ 触发器的次态仅取决于 $C$ 信号的下降沿到达时输入端 $D$ 的逻辑状态，其逻辑功能为触发器的状态随着输入端 $D$ 的状态而变化，但总比输入端 $D$ 的状态的变化晚一步，即某个时钟脉冲来到之后触发器的状态和该时钟脉冲到来之前输入端 $D$ 的状态一样。所以它的真值表和上升沿触发的边沿性触发器的真值表相同如表 7-4 所示。

3. $D$ 触发器的特性方程

维持阻塞型 $D$ 触发器不存在次态不定的问题，且次态 $Q^{n+1}$ 仅取决于控制输入端 $D$ 的状态，而与原状态无关，所以其特征方程为

$$Q^{n+1}=D \tag{7-3}$$

## 1.2.4　$T$ 和 $T'$ 触发器

1. $T$ 触发器

$T$ 触发器是数字电路逻辑设计中经常使用的一种触发器，但是一般不生产这种产品，因为它可以由主从 $JK$ 触发器或维持阻塞 $D$ 触发器转换得到(后面会讲到)，$T$ 触发器的逻辑符号如图 7-8 所示，其中(a)图为下降沿触发，(b)图为上升沿触发。状态表如表 7-5 所示。

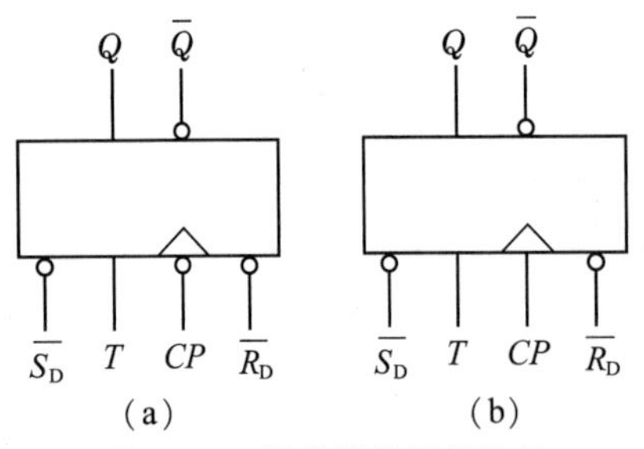


**图 7-8　$T$ 触发器的逻辑符号**

**表 7-5　$T$ 触发器的真值表**

| $T^n$ | $Q^{n+1}$ |
|---|---|
| 0 | $Q^n$ |
| 1 | $\overline{Q}^n$ |

从 $T$ 触发器的状态表可看出，当 $T=\mathbf{0}$ 时，在时钟脉冲 $CP$ 的作用下，其状态保持不变，即 $Q^{n+1}=Q^n$。当 $T=\mathbf{1}$ 时，在时钟脉冲 $CP$ 的作用下，其状态翻转，即

$Q^{n+1}=\bar{Q}^n$，所以，$T$ 触发器又称为受控计数触发器。其特性方程为

$$Q^{n+1}=T\bar{Q}^n+\bar{T}Q^n=T\oplus Q^n \tag{7-4}$$

2. $T'$触发器

$T'$触发器的逻辑功能是每来一个时钟脉冲 $CP$，触发器的状态就改变(或翻转)一次，所以 $T'$触发器就是当 $T=\mathbf{1}$ 时的 $T$ 触发器，它也是一个计数触发器。其特性方程为

$$Q^{n+1}=\bar{Q}^n \tag{7-5}$$

### 1.2.5 触发器的相互转换

目前市场上提供的集成触发器多为 $JK$ 触发器和 $D$ 触发器。当实际工作中需要用到其他逻辑功能的触发器时，可以根据实际需要在 $JK$ 触发器和 $D$ 触发器的基础上，通过适当连线和增加一些控制电路，转换成另一种触发器，这就是触发器逻辑功能的转换。

1. $JK$ 触发器转换成其他逻辑功能的触发器

(1)由 $JK$ 触发器转换成 $D$ 触发器。

$JK$ 触发器的特性方程为 $Q^{n+1}=J\bar{Q}^n+\bar{K}Q^n$。

$D$ 触发器的特征方程为 $Q^{n+1}=D=D(\bar{Q}^n+Q^n)=D\bar{Q}^n+DQ^n$。

将上面两式比较可得，令 $J=D$、$K=\bar{D}$，即完成 $JK$ 触发器向 $D$ 触发器的转换。逻辑电路如图 7-9(a)所示。

(2)由 $JK$ 触发器转换成 $T$ 触发器。$T$ 触发器的特性方程为

$$Q^{n+1}=T\bar{Q}^n+\bar{T}Q^n$$

所以，我们只要令 $T=J=K$，即完成 $JK$ 触发器向 $T$ 触发器的转换。逻辑电路如图 7-9(b)所示。

(3)由 $JK$ 触发器转换成 $T'$触发器。$T'$触发器的特征方程为

$$Q^{n+1}=\bar{Q}^n$$

所以，我们只要令 $J=K=1$，即完成 $JK$ 触发器向 $T'$触发器的转换。逻辑电路如图 7-9(c)所示。

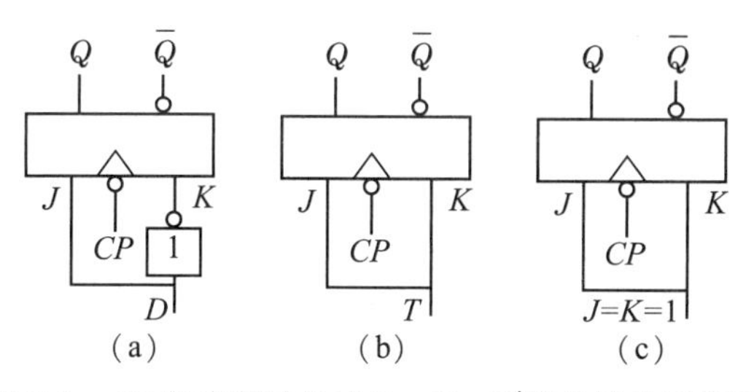


**图 7-9 $JK$ 触发器转换成 $D$、$T$、$T'$触发器的逻辑图**

2. $D$ 触发器转换成其他逻辑功能的触发器

(1)由 $D$ 触发器转换成 $JK$ 触发器。比较 $D$ 触发器和 $JK$ 触发器的特性方程可得

$D=J\overline{Q^n}+\overline{K}Q^n=\overline{\overline{J\overline{Q^n}}\cdot\overline{\overline{K}Q^n}}$。

由该方程可得它的逻辑电路图如图 7-10 所示。

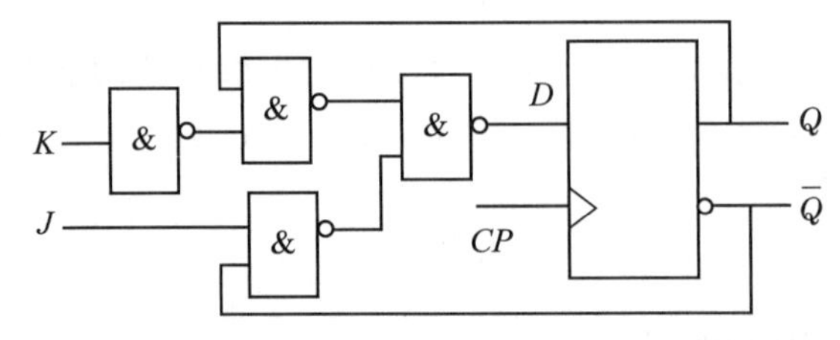


图 7-10　*D* 触发器转换成 *JK* 触发器的逻辑图

(2)由 $D$ 触发器转换成 $T$ 触发器。比较 $D$ 触发器和 $T$ 触发器的特性方程可得 $D=T\overline{Q}^n+\overline{T}Q^n=T\oplus Q^n$。

这个方程为一个异或关系式，由该方程可得它的逻辑电路图如图 7-11(a)所示。

(3)由 $D$ 触发器转换成 $T'$触发器。比较 $D$ 触发器和 $T'$触发器的特性方程可得$D=\overline{Q}^n$。所以，我们只要把 $D$ 触发器的输出端$\overline{Q}^n$ 与输入端 $D$ 连起来，就可把 $D$ 触发器转换成 $T'$触发器，它的逻辑电路图如图 7-11(b)所示。

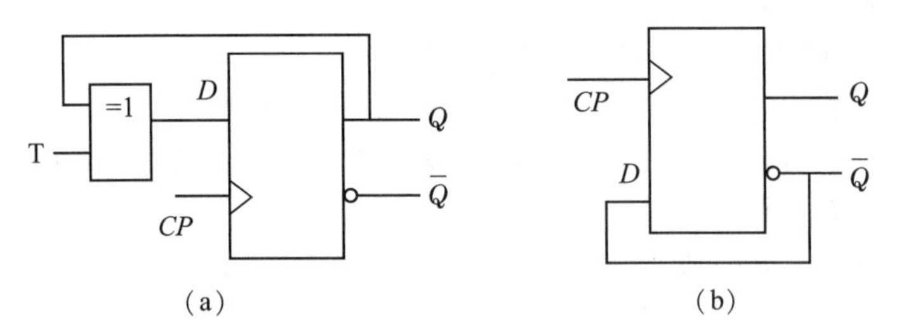


图 7-11　*D* 触发器转换成 *T* 和 *T'* 触发器的逻辑图

# 模块 2　时序逻辑电路及其应用

## 任务 2.1　寄存器及其应用

数据寄存器与右移位寄存器

### 任务内容

数码寄存器和移位寄存器。

### 任务目标

使学生对数码寄存器和移位寄存器有较熟的了解。

## 相关知识

### 2.1.1 寄存器的认识

寄存器是一种重要的数字逻辑单元，常用于接收、传递数码和指令等信息，暂时存放参与运算的数据和运算结果。由于一个触发器只有两种稳定状态，故只可存放一位二进制数码。若要存放 $N$ 位二进制数码，就需要 $N$ 个触发器。为了使寄存器能按照指令接收、存放、传送数码和信息，有时还需配备一些起控制作用的门电路。

把数码存放在寄存器的方式有并行和串行两种，并行方式就是各位数码分别从对应位输入端同时输入到寄存器中，串行方式就是数码从一个输入端逐位输入寄存器中。把数码从寄存器中取出的方式也有并行和串行两种，并行方式就是被取出的各位数码分别从对应位输出端同时输出，串行方式就是被取出的数码从一个输出端逐位输出。

寄存器由触发器构成，常分为数码寄存器和移位寄存器，两者的区别在于有无移位的功能。

### 2.1.2 数码寄存器

1. 数码寄存器电路组成

数码寄存器是最简单的存储器，只有接收、暂存数码和清除原有数码的功能。如图 7-12 所示为 $D$ 触发器组成的四位数据寄存器 CT74LS175 的逻辑电路图。图中四个 $D$ 触发器的时钟脉冲输入端连接在一起，为接收数码的控制端 $CP$。$d_3 \sim d_0$ 为寄存器的并行数码输入端，$Q_3 \sim Q_0$ 为数码并行输出端。各触发器的复位端也连接在一起，为寄存器的总清零端 $\bar{R}_D$，低电平有效。

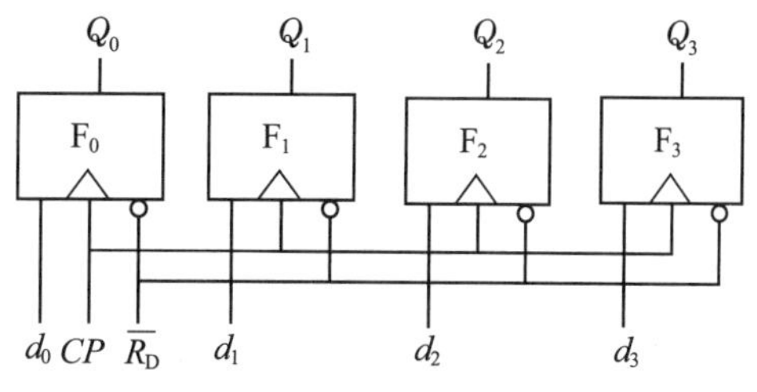


**图 7-12 D 触发器组成的四位数据寄存器的逻辑电路图**

2. 数码寄存器工作原理

(1)寄存数码前，令 $\bar{R}_D=\mathbf{0}$，则数码寄存器清零，它的状态 $Q_3Q_2Q_1Q_0=\mathbf{0000}$。

(2)寄存数码时，令 $\bar{R}_D=\mathbf{1}$，若存入的数码是 **1011**，令寄存器的输入 $d_3d_2d_1d_0=\mathbf{1011}$。因为 $D$ 触发器的逻辑功能是 $Q^{n+1}=D$，所以，在接收指令脉冲 $CP$ 的上升沿一到，它的状态 $Q_3Q_2Q_1Q_0=\mathbf{1011}$。

(3)只要使 $\bar{R}_D=\mathbf{1}$、$CP=\mathbf{0}$ 不变，寄存器就一直处于保持状态，完成了接收暂存数码的功能。

从上面分析可知，此数码寄存器在接收数码时，各位数码是同时输入的；将来输出数码时，也将是同时输出的，所以，我们把这种数码寄存器称为并行输入、并行输出数码寄存器。

### 2.1.3 移位寄存器

具有存放数码和使数码逐位左移或右移的逻辑电路称为移位寄存器。移位寄存器分为单向移位寄存器和双向移位寄存器。

1. 单向移位寄存器

单向移位寄存器，每输入一个移位脉冲，寄存器中的数码可向左或向右移一位。如图 7-13 所示为由 4 个边沿型 $D$ 触发器组成的 4 位右移位寄存器，4 个 $D$ 触发器共用一个脉冲信号，因此为同步时序逻辑电路。数码 $d_3d_2d_1d_0$ 由 $F_0$ 的 $D$ 端输入。下面讨论其工作原理。

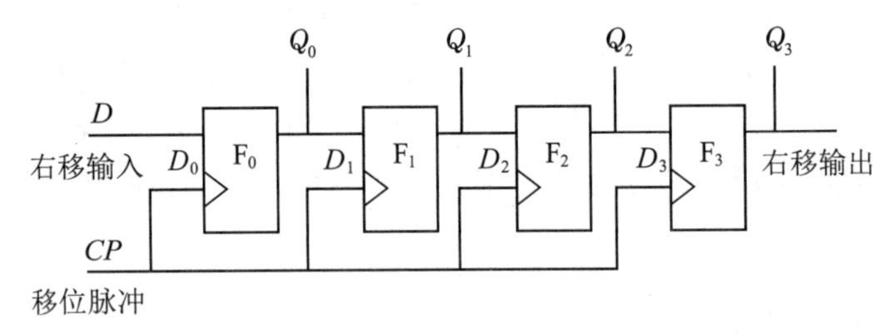


图 7-13　4 位单向右移位寄存器

设串行输入数码 $d_3d_2d_1d_0$=**1011**，$F_0$～$F_3$ 均为 **0** 状态。输入第一个数码 **1** 时(高位 $d_3$ 在前先输入)，这时 $D_0$=**1**、$D_1=Q_0$=**0**、$D_2=Q_1$=**0**、$D_3=Q_2$=**0**，在第 **1** 个移位脉冲信号 $CP$ 的上升沿作用下，$FF_0$ 由 **0** 状态翻转到 **1** 状态，第一位数码存入 $FF_0$，其原来的状态 $Q_0$=**0** 移入 $FF_1$ 中，数码向右移一位，同理 $F_1$、$F_2$ 和 $F_3$ 中的数码均依次向右移一位。此时，寄存器的状态为 $Q_3Q_2Q_1Q_0$=**0001**。当输入第二个数码 **0** 时，在第二个移位脉冲信号 $CP$ 上升沿的作用下，第二个数码 **0** 存入 $F_0$ 中，这时 $Q_0$=**0**，$F_0$ 中原来的数码 **1** 移入 $F_1$ 中，$Q_1$=**1**，同理 $Q_2=Q_3$=**0**，移位寄存器的数码又依次右移一位。这样，在 4 个移位脉冲的作用下，输入的四位串行数码 **1011** 全部存入寄存器中。其移位情况状态表如表 7-6 所示。移位寄存器中的数码可由 $Q_3$、$Q_2$、$Q_1$ 和 $Q_0$ 并行输出，也可从 $Q_3$ 串行输出，但需要继续输入 4 个移位脉冲信号才能从寄存器中取出存放的 4 位数码 **1011**。

表 7-6　4 位右移位寄存器状态表

| 移位脉冲 | 输入数据 | $Q_0$ | $Q_1$ | $Q_2$ | $Q_3$ |
|---|---|---|---|---|---|
| 0 | 0 | 0 | 0 | 0 | 0 |
| 1 | 1 | 1 | 0 | 0 | 0 |
| 2 | 0 | 0 | 1 | 0 | 0 |
| 3 | 1 | 1 | 0 | 1 | 0 |
| 4 | 1 | 1 | 1 | 0 | 1 |

如图 7-14 所示为由 4 个 $D$ 触发器组成的 4 位左移位寄存器，其工作原理和右移位寄存器基本相同，不同之处是低位 $d_0$ 在前先输入，这里不再赘述。

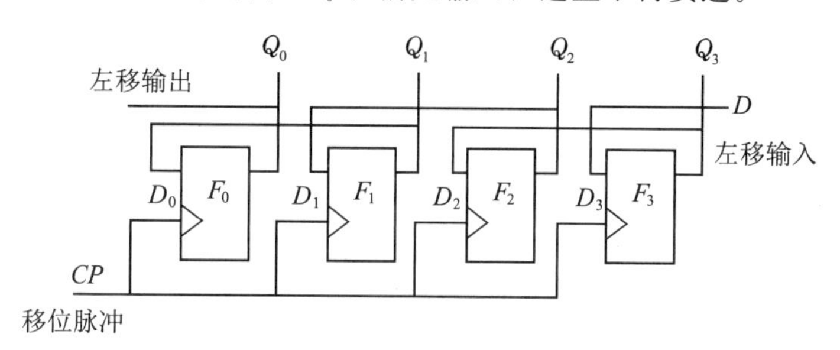


**图 7-14　4 位单向左移位寄存器**

2. 双向移位寄存器

若寄存器可按不同的控制信号，既能实现右移功能，又能实现左移功能，这种寄存器我们称为双向移位寄存器。集成四位双向移位寄存器 CT74LS194 具有并行输入、并行输出、串行输入和串行输出的功能，其逻辑符号和引脚排列图分别如图 7-15(a)(b)所示。图中 $\bar{R}_D$ 是清零端，当 $\bar{R}_D=\mathbf{0}$ 时，寄存器各输出端均为 **0** 态，当寄存器工作时，$\bar{R}_D=\mathbf{1}$，此时寄存器的工作方式由 $M_1$ 和 $M_0$($M_1$ 和 $M_0$ 为工作方式控制端)的状态决定。

当 $M_1M_0=\mathbf{00}$ 时，寄存器中存入的数据不变；当 $M_1M_0=\mathbf{01}$ 时，寄存器为右移工作方式，如图 7-15(c)所示，$D_{SR}$ 为右移串行输入端；当 $M_1M_0=\mathbf{10}$ 时，寄存器为左移工作方式，如图 7-15(d)所示，$D_{SL}$ 为左移串行输入端；当 $M_1M_0=\mathbf{11}$ 时，寄存器为并行输入方式，如图 7-15(e)所示，此时，在时钟脉冲 $CP$ 的作用下，寄存器将输入$D_3$～$D_0$ 的数据 $d_3$～$d_0$ 同时存入寄存器中。$Q_3$～$Q_0$ 是寄存器的输出端。表 7-7 所示是它的逻辑功能表。

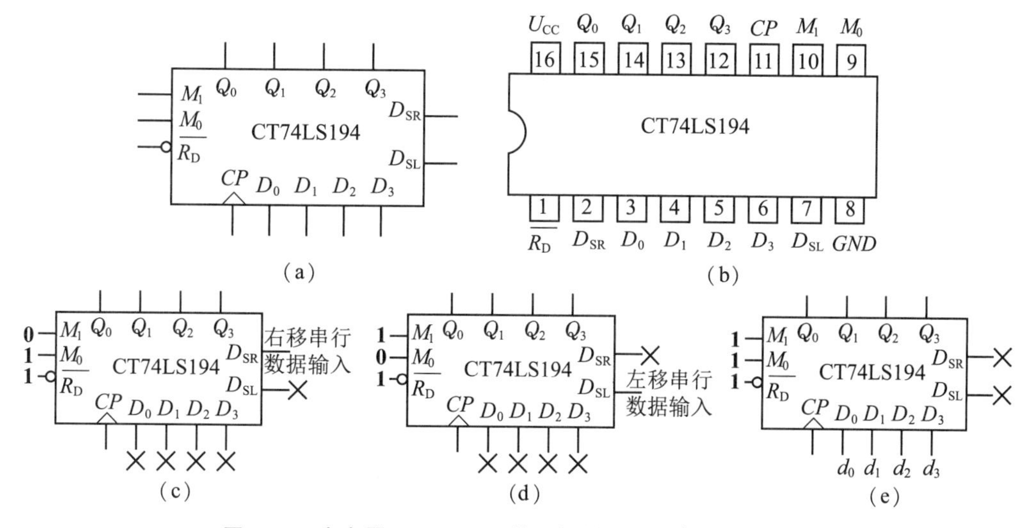


**图 7-15　寄存器 CT74LS194 的逻辑符号及工作方式接线图**

表 7-7　CT74LS194 的逻辑功能表

| 输入 | | | | | | | | | | 输出 | | | | 说明 |
|---|---|---|---|---|---|---|---|---|---|---|---|---|---|---|
| $\overline{R}_D$ | $M_1$ | $M_0$ | $CP$ | $D_{SL}$ | $D_{SR}$ | $D_0$ | $D_1$ | $D_2$ | $D_3$ | $Q_0$ | $Q_1$ | $Q_2$ | $Q_3$ | |
| **0** | × | × | × | × | × | × | × | × | × | **0** | **0** | **0** | **0** | 清　零 |
| **1** | × | × | **0** | × | × | × | × | × | × | 保持不变 | | | | |
| **1** | **1** | **1** | ↑ | × | × | $d_0$ | $d_1$ | $d_2$ | $d_3$ | $d_0$ | $d_1$ | $d_2$ | $d_3$ | 并行置数 |
| **1** | **0** | **1** | ↑ | × | **1** | × | × | × | × | **1** | $Q_0$ | $Q_1$ | $Q_2$ | 右移输入 **1** |
| **1** | **0** | **1** | ↑ | × | **0** | × | × | × | × | **0** | $Q_0$ | $Q_1$ | $Q_2$ | 右移输入 **0** |
| **1** | **1** | **0** | ↑ | **1** | × | × | × | × | × | $Q_1$ | $Q_2$ | $Q_3$ | **1** | 左移输入 **1** |
| **1** | **1** | **0** | ↑ | **0** | × | × | × | × | × | $Q_1$ | $Q_2$ | $Q_3$ | **0** | 左移输入 **0** |
| **1** | **0** | **0** | × | × | × | × | × | × | × | 保持不变 | | | | |

［**例 7-1**］如图 7-16 所示为由双向移位寄存器 CT74LS194 组成的扭环形计数器逻辑电路图，试分析其工作原理。

**解**：由图 7-16 可看出：它是将输出 $Q_2$ 和 $Q_3$ 的信号通过与非门加在右移串行数码输入端 $D_{SR}$ 上，即 $D_{SR}=\overline{Q_3Q_2}$，它说明在输出 $Q_2$ 和 $Q_3$ 中有 **0** 时，$D_{SR}=\mathbf{1}$；只有 $Q_2$ 和 $Q_3$ 同时为 **1** 时 $D_{SR}=\mathbf{0}$，这是 $D_{SR}$ 输入串行数码的根据。设双向移位寄存器 CT74LS194 的初始状态为 $Q_0Q_1Q_2Q_3=\mathbf{1000}$，清零端 $\overline{R}_D$ 为高电平 **1**，由于 $M_1M_0=\mathbf{01}$，因此，电路在计数脉冲 $CP$ 作用下，执行右移操作，状态表如表 7-8 所示。由该表可看出：图 7-16 所示电路输入 7 个计数脉冲时，电路返回初始状态 $Q_0Q_1Q_2Q_3=\mathbf{1000}$，所以为七进制扭环形计数器，也是一个七分频电路。扭环形计数器的优点是每次状态变化只有一个触发器翻转，扭环形计数器不存在竞争冒险现象，电路比较简单，它的主要缺点是电路状态利用率不高。

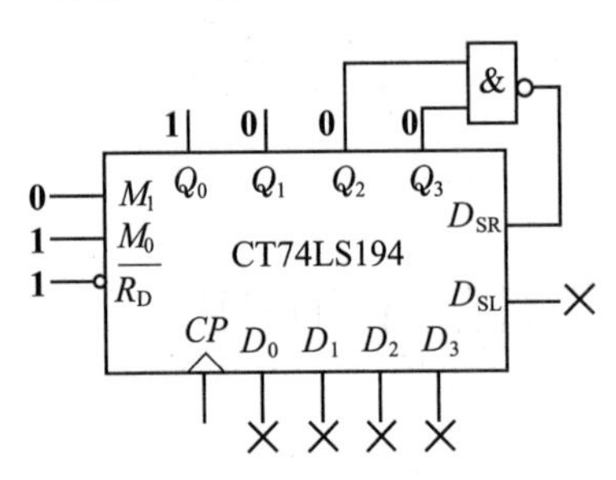


图 7-16　扭环形计数器逻辑电路图

表 7-8　例 7-1 扭环形计数器状态表

| $D_{SR}=\overline{Q_2Q_3}$ | $Q_0$ | $Q_1$ | $Q_2$ | $Q_3$ |
|---|---|---|---|---|
| 1 | 1 | 0 | 0 | 0 |
| 1 | 1 | 1 | 0 | 0 |
| 1 | 1 | 1 | 1 | 0 |
| 0 | 1 | 1 | 1 | 1 |
| 0 | 0 | 1 | 1 | 1 |
| 0 | 0 | 0 | 1 | 1 |
| 1 | 0 | 0 | 0 | 1 |
| 1 | 1 | 0 | 0 | 0 |

计数器与异步二进制计数器

同步十进制加法计算器

## 任务 2.2　计数器及其应用

**任务内容**

计数器的基本工作原理，中规模集成计数器及应用。

**任务目标**

使学生熟练掌握计数器的基本工作原理，中规模集成计数器及应用。

**相关知识**

### 2.2.1　计数器的认识

计数器是最常用的一种时序逻辑部件，它的基本功能是统计输入脉冲的个数。计数器所能统计的脉冲个数的最大值称为模，用 $N$ 表示。计数的种类很多，它可按下列方法来分类。

根据计数器的工作方式来分类，可分为同步和异步两大类。同步计数器的所有触发器共用一个时钟脉冲，此时钟脉冲也是被计数的输入脉冲，它的各级触发器的状态更新是同时发生的。而异步计数器只有部分触发器的触发信号是计数脉冲，另一部分触发器的触发信号是其他触发器的输出信号，所以它的各级触发器的状态更新不是同时发生的。

根据计数器的进位制数来分类，可分为二进制、非二进制等。

根据计数器的逻辑功能来分类，可分为加法计数器，减法计数器和可逆计数器等。加法计数器的状态变化与数的依次累加相对应，减法计数器的状态变化与数的依次递减相对应，可逆计数器不但能实现加法计数，而且能实现减法计数，它是由控制信号实现相应状态的累加或递减。

### 2.2.2　二进制计数器

1. 异步二进制加法计数器

由于不同的触发器，它们的特点不一样，所以用不同的触发器组成计数器时，它们的连线方式是不同的。根据异步计数器和二进制的特点，由 $JK$ 触发器组成的异步二进制加法计数器的逻辑图如图 7-17 所示。四个 $JK$ 触发器均接成计数式触发器(即 $T'$触发器)$F_3$～$F_0$ 都为下降沿触发，计数脉冲 $CP$ 只接在最低位触发器 $F_0$ 的触发端，其余触发器的触发端接前一位触发器的 $Q$ 端，总的输出脉冲(进位信号)$CO=Q_3Q_2Q_1Q_0$。其工作原理如下：

(1)令 $\bar{R}_D=\mathbf{0}$，此时 $Q_3Q_2Q_1Q_0=\mathbf{0000}$，加法计数过程中，$\bar{R}_D=1$。

(2)当输入第一个计数脉冲 $CP$ 后，$F_0$ 的状态由 **0** 翻转到 **1**。$Q_0$ 端输出正跳变，$F_1$ 不翻转，状态保持不变，此时 $F_2$、$F_3$ 的状态也保持不变。四个触发器的状态为 $Q_3Q_2Q_1Q_0=\mathbf{0001}$。

(3)当输入第二个计数脉冲 $CP$ 后，$F_0$ 的状态由 **1** 翻转到 **0**。$Q_0$ 端输出负跳变，$F_1$ 的状态由 **0** 翻转到 **1**，$Q_1$ 端输出正跳变，$F_2$ 不翻转，状态保持不变，此时 $F_3$ 的状态也保持不变。四个触发器的状态为 $Q_3Q_2Q_1Q_0=\mathbf{0010}$。

(4)当输入第三个计数脉冲 $CP$ 后，$F_0$ 的状态又由 **0** 翻转到 **1**。$Q_0$ 端输出正跳变，$F_1$ 不翻转，状态保持不变，此时 $F_2$、$F_3$ 的状态也保持不变。四个触发器的状态为 $Q_3Q_2Q_1Q_0=\mathbf{0011}$。

(5)当输入第四个计数脉冲 $CP$ 后，$F_0$ 的状态由 **1** 翻转到 **0**。$Q_0$ 端输出负跳变，$F_1$ 的状态由 **1** 翻转到 **0**，$Q_1$ 端输出负跳变，$F_2$ 的状态由 **0** 翻转到 **1**，此时 $Q_2$ 端输出正跳变，$F_3$ 不翻转，状态保持不变。四个触发器的状态为 $Q_3Q_2Q_1Q_0=\mathbf{0100}$。

(6)当连续输入计数脉冲 $CP$ 后，根据上述规律，只要低位触发器的状态由 **1** 翻转到 **0** 时，相邻高位触发器的状态便翻转，否则，相邻高位触发器的状态保持不变。由以上分析我们可得由 $JK$ 触发器组成的四位异步二进制计数器的时序图如图 7-18 所示。从时序图 7-18 可知，每输入 16 个计数脉冲 $CP$ 之后，计数器又开始了新的加法循环，所以，图 7-17 所示的逻辑图也为异步十六进制加法计数器。$Q_0$、$Q_1$、$Q_2$、$Q_3$ 端输出脉冲的频率分别为输入计数脉冲 $CP$ 频率的 $\frac{1}{2}$、$\frac{1}{4}$、$\frac{1}{8}$、$\frac{1}{16}$，故该计数器可作 2、4、8、16 分频器使用。

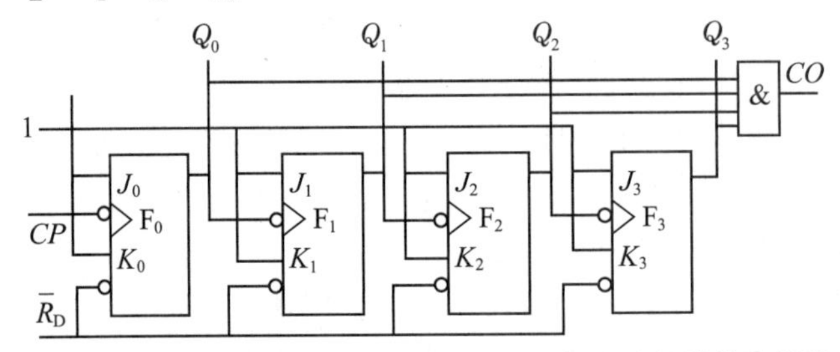


**图 7-17　由 $JK$ 触发器组成的异步二进制加法计数器的逻辑图**

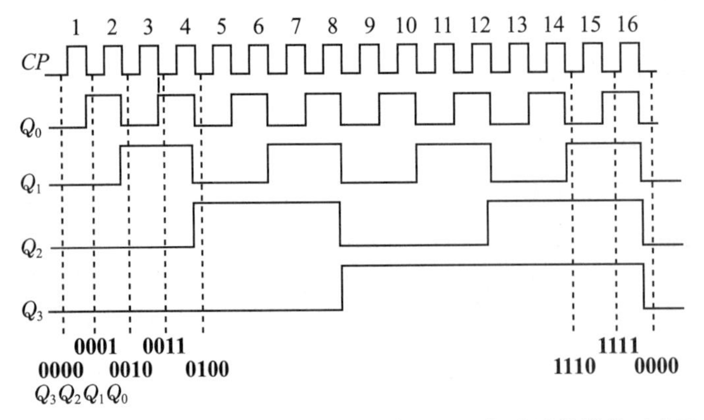


**图 7-18　由 $JK$ 触发器组成的四位异步二进制加法计数器的时序图**

2. 异步二进制减法计数器

与二进制加法计数器相反，计数器的计数值不是随着计数脉冲的输入递增，而是递减，这就是减法计数器的特点。根据异步计数器和二进制的特点，由 $JK$ 触发器组成的异步二进制减法计数器的逻辑图如图 7-19 所示。

与图 7-17 比较可知，只要把图 7-17 的异步二进制加法计数器的逻辑图中各触发器的输出端 $Q$ 改为 $\overline{Q}$ 端后，就成为异步二进制减法计数器的逻辑图，如图 7-19 所示。异步二进制减法计数器的工作原理与异步二进制加法计数器的工作原理相似，只要低位触发器的状态由 **0** 翻转到 **1**，即 $\overline{Q}$ 端由 **1** 翻转到 **0** 时，相邻高位触发器的状态便翻转，否则，相邻高位触发器的状态保持不变。四位异步二进制减法计数器的时序图如图 7-20 所示。从时序图 7-20 可知，每输入 16 个计数脉冲 $CP$ 之后，计数器又开始了新的减法循环，所以，图 7-19 所示的逻辑图也为异步十六进制减法计数器。

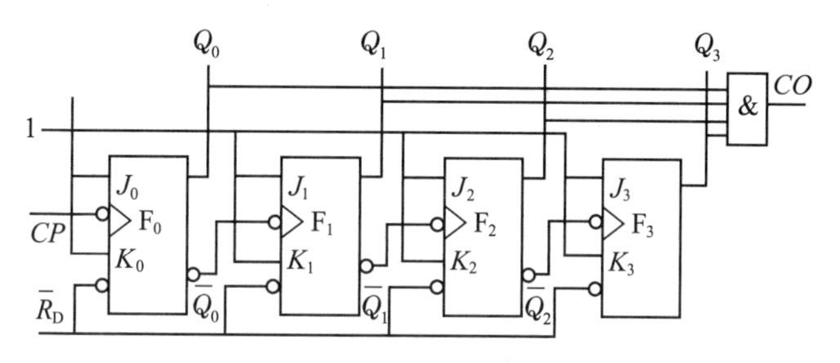


**图 7-19　由 *JK* 触发器组成的异步二进制减法计数器的逻辑图**

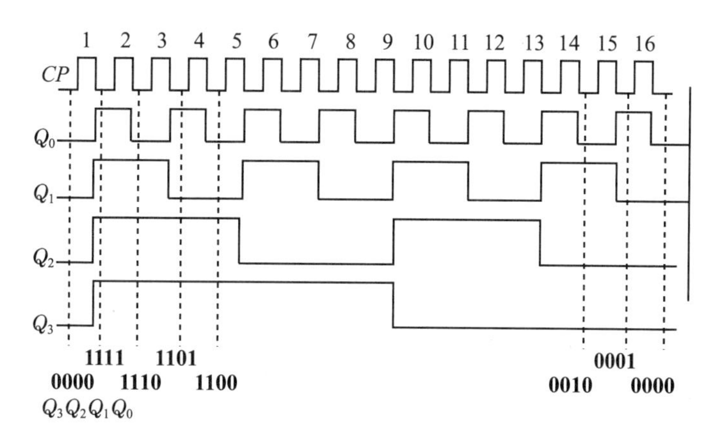


**图 7-20　由 JK 触发器组成的四位异步二进制减法计数器的时序图**

3. 同步二进制加法计数器

同步计数器各触发器是同时翻转的。因此，它的速度比异步计数器要快。根据同步计数器和二进制的特点，由 $JK$ 触发器组成的四位同步二进制加法计数器的逻辑图如图 7-21 所示。各个触发器均接成 $T$ 触发器，第 $n$ 位触发器输入端 $T_n=Q_{n-1}Q_{n-2}\cdots Q_1Q_0$，各个触发器的触发脉冲 $CP$ 输入端均连在一起，总的输出脉冲(进位信号)$CO=Q_3Q_2Q_1Q_0$。其工作原理如下。

(1)令 $\overline{R}_{D}=\mathbf{0}$，此时 $Q_3Q_2Q_1Q_0=\mathbf{0000}$，加法计数过程中，$\overline{R}_{D}=1$。

(2)$T_0=\mathbf{1}$，$T_1=Q_0$，$T_2=Q_1Q_0$，$T_3=Q_2Q_1Q_0$。

(3)当输入第一个计数脉冲 $CP$ 后，由于 $T_0=\mathbf{1}$、$T_1=T_2=T_3=\mathbf{0}$，故 $F_0$ 的状态由 **0** 翻转到 **1**，$F_1$、$F_2$、$F_3$ 不翻转，状态保持不变。四个触发器的状态为 $Q_3Q_2Q_1Q_0=$ **0001**。

(4)当输入第二个计数脉冲 $CP$ 后，由于 $T_0=T_1=\mathbf{1}$、$T_2=T_3=\mathbf{0}$，故 $F_0$ 的状态由 **1** 翻转到 **0**。$F_1$ 的状态由 **0** 翻转到 **1**，$F_2$、$F_3$ 不翻转，状态保持不变。四个触发器的状态为 $Q_3Q_2Q_1Q_0=$ **0010**。

(5)当输入第三个计数脉冲 $CP$ 后，由于 $T_0=\mathbf{1}$、$T_1=T_2=T_3=\mathbf{0}$，故 $F_0$ 的状态又由 **0** 翻转到 **1**，$F_1$、$F_2$、$F_3$ 不翻转，状态保持不变。故四个触发器的状态为 $Q_3Q_2Q_1Q_0=$ **0011**。

(6)当输入第四个计数脉冲 $CP$ 后，由于 $T_0=T_1=T_2=\mathbf{1}$、$T_3=\mathbf{0}$，故 $F_0$、$F_1$ 的状态由 **1** 翻转到 **0**，$F_2$ 的状态由 **0** 翻转到 **1**，$F_3$ 不翻转，状态保持不变。故四个触发器的状态为 $Q_3Q_2Q_1Q_0=$ **0100**。

(7)当连续输入计数脉冲 $CP$ 时，根据上述规律，只有第 $n$ 位触发器前面的各个触发器的状态均为 **1** 时，第 $n$ 位触发器的状态才会翻转，否则，第 $n$ 位触发器的状态将保持不变。由以上分析可得由 $JK$ 触发器组成的四位同步二进制加法计数器的时序图与四位异步二进制加法计数器的时序图 7-18 相同。同理，图 7-21 所示的逻辑图也为同步十六进制加法计数器的逻辑图。

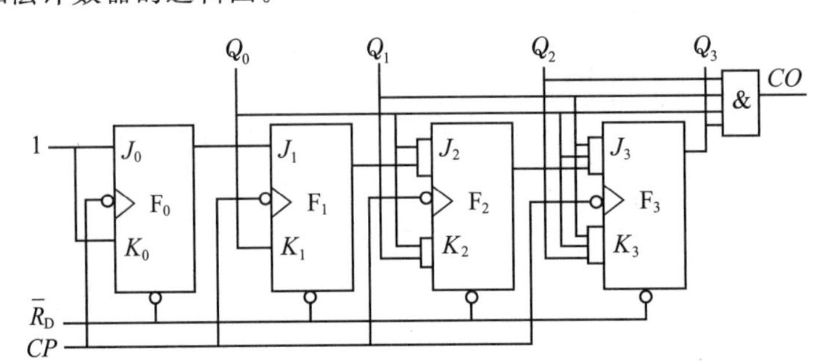


**图 7-21　*JK* 触发器组成的四位同步二进制加法计数器的逻辑图**

4. 同步二进制减法计数器

根据二进制减法规则可知，在从多位二进制数减 **1** 时，若第 $n$ 位以下各位全部为 **0**，则应向第 $n$ 位发出借位信号，使第 $n$ 位翻转，同时第 $n$ 位以下各位都由 **0** 变为 **1**。若用 $JK$ 触发器接成 $T$ 触发器的形式组成同步二进制减法计数器，则第 $n$ 位触发器输入端 $T_n=\overline{Q_{n-1}}\,\overline{Q_{n-2}}\cdots\overline{Q_1}\,\overline{Q_0}$，即只要把图 7-21 所示的四位同步二进制加法计数器的输出由 $Q$ 改为 $\overline{Q}$ 端后，就成了图 7-22 所示的同步二进制减法计数器。它的电路特点与同步二进制加法计数器相似，它的工作原理与异步二进制减法计数器相似，读者可自己分析。它的时序图与四位异步二进制减法计数器的时序图相同，如图 7-20 所示。同理，图 7-22 所示的逻辑图也为同步十六进制减法计数器的逻辑图。

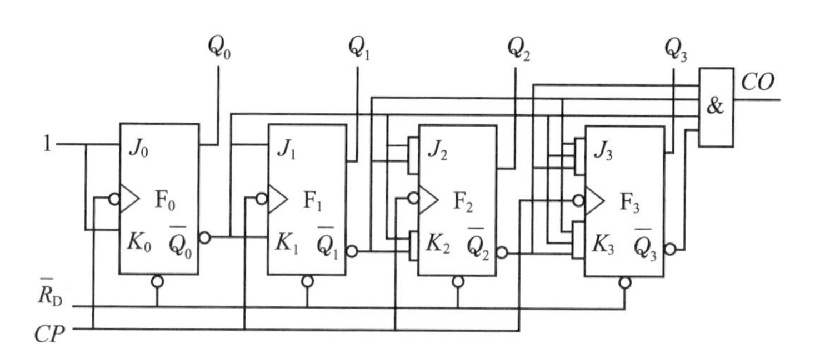


**图 7-22 *JK* 触发器组成的四位同步二进制减法计数器的逻辑图**

5. 二进制计数器的特点

通过对二进制计数器的分析可知，二进制计数器有如下特点：

(1)计数器不管由什么触发器组成，每位触发器本身均接成 $T$ 触发器形式。每输入 1 个计数脉冲，各触发器的状态均按递增(或递减)的顺序翻转或保持不变。

(2)一个触发器有两个状态，$N$ 个触发器组成 $N$ 位模为 $2^N$ 的二进制计数器，共有 $2^N$ 个状态。

(3)由二进制计数器的时序图可知，第 $N$ 个触发器输出脉冲频率是计数输入脉冲频率的 $2^N$ 分之一，即为 $2^N$ 分频器。所以，二进制计数器又可作为分频器用。

## 2.2.3 十进制计数器

1. 同步十进制加法计数器

二进制计数器的优点是逻辑电路简单，运算方便。但二进制数不符合我们的计数习惯，直接读数比较困难，为此，常采用十进制数计数器，按十进制数加法运算规律进行计数的电路称为十进制计数器。十进制数的每一位有十个数码，用一个具有十个稳定状态的器件来表示很困难，一般常用二进制数码来表示十进制数，即用四位二进制数来代表一位十进制数的数码，所以也称为二—十进制计数器。二—十进制的编码方式很多，这里主要介绍最常用的 8421BCD 编码方式构成的同步十进制加法计数器。

若还用 $JK$ 触发器组成同步二进制加法计数器，根据二—十进制计数器 8421BCD 编码方式的特点，由 $JK$ 触发器组成的同步十进制加法计数器的逻辑图如图 7-23 所示。各个触发器均接成 $T$ 触发器，各个触发器的输入 $T_0=\mathbf{1}$、$T_1=\overline{Q_3}Q_0$、$T_2=Q_1Q_0$、$T_3=Q_2Q_1Q_0+Q_3Q_0$，各个触发器的触发脉冲 $CP$ 输入端均连在一起，总的输出脉冲(进位信号)$CO=Q_3Q_0$。其工作原理如下。

(1)令 $\overline{R}_D=\mathbf{0}$，此时 $Q_3Q_2Q_1Q_0=\mathbf{0000}$，加法计数过程中，$\overline{R}_D=1$。

(2)当输入第一个计数脉冲 $CP$ 后，由于 $T_0=\mathbf{1}$、$T_1=T_2=T_3=\mathbf{0}$，四个触发器的状态为 $Q_3Q_2Q_1Q_0=\mathbf{0001}$。

(3)当输入第二个计数脉冲 $CP$ 后，由于 $T_0=T_1=\mathbf{1}$、$T_2=T_3=\mathbf{0}$，四个触发器的状态为 $Q_3Q_2Q_1Q_0=\mathbf{0010}$。

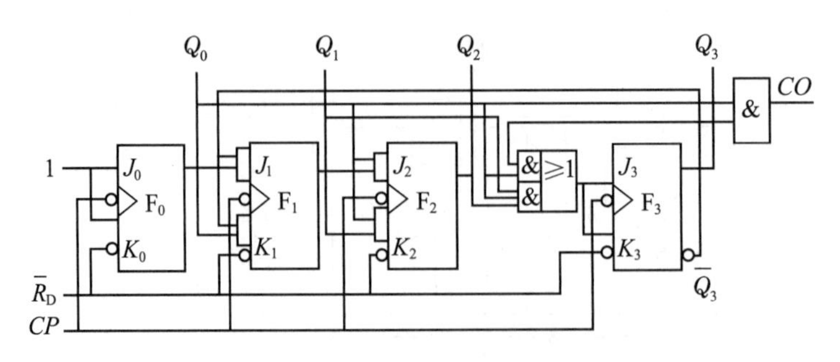


**图 7-23　由 *JK* 触发器组成的同步十进制加法计数器的逻辑图**

(4)当输入第三个计数脉冲 $CP$ 后，由于 $T_0=\mathbf{1}$、$T_1=T_2=T_3=\mathbf{0}$，四个触发器的状态为 $Q_3Q_2Q_1Q_0=\mathbf{0011}$。

(5)当连续输入计数脉冲 $CP$ 后，根据上述规律，各触发器的状态与同步二进制加法计数器一样，直到第九个计数脉冲到来后，四个触发器的状态为 $Q_3Q_2Q_1Q_0=\mathbf{1001}$。

(6)当第十个计数脉冲到来后，由于 $T_0=T_3=\mathbf{1}$、$T_1=T_2=\mathbf{0}$，四个触发器的状态为 $Q_3Q_2Q_1Q_0=\mathbf{0000}$。由以上分析我们可得由 $JK$ 触发器组成的同步十进制加法计数器的时序图如图 7-24 所示。

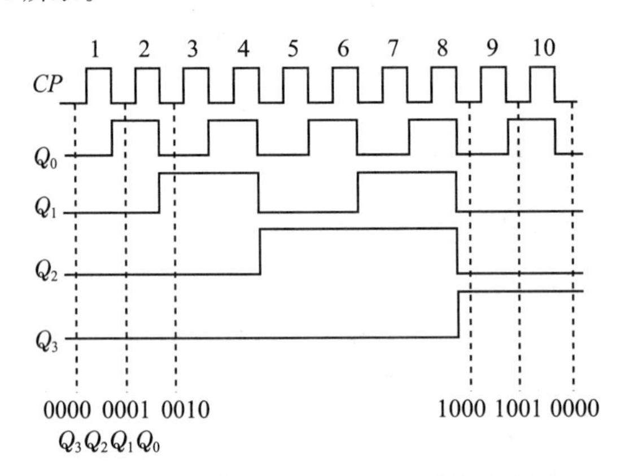


**图 7-24　同步十进制加法计数器的时序图**

若把多个一位十进制加法计数器互相连接，就可构成多位十进制加法计数器。此时个位计数器输出的进位信号就是十位计数器的输入信号，十位计数器输出的进位信号就是百位计数器的输入信号，依次类推。至于同步十进制减法计数器的分析方法与同步十进制加法计数器和同步二进制减法计数器的分析方法相似，这里就不多介绍。

2. 异步十进制加法计数器

如图 7-25 所示为由 4 个 $JK$ 触发器组成的 8421BCD 码异步十进制加法计数器，它是在四位异步二进制加法计数器的基础上经过适当修改获得的，它跳过了 **1010**～**1111** 六个状态，利用二进制数 **0000**～**1001** 前十个状态形成十进制计数有效循环，它的工作原理如下。

计数前，在电路的清零端 $\overline{R}_D$ 上加负脉冲清零，使电路处于 $Q_3Q_2Q_1Q_0=\mathbf{0000}$ 状

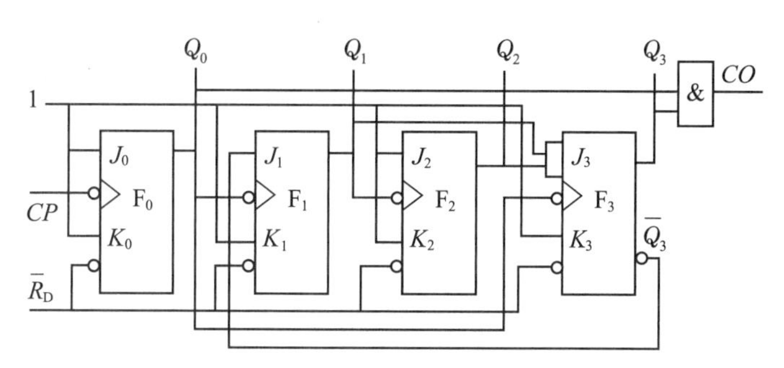


**图 7-25　由 *JK* 触发器组成的异步十进制加法计数器的逻辑图**

态。在加法计数过程中，$\overline{R}_D$ 为高电平。由图 7-25 可知，$F_1$ 的 $J_1=\overline{Q_3}$、$K_1=\mathbf{1}$，这时 $F_0$、$F_2$ 均为 $T'$ 触发器，而 $F_3$ 的 $J_3=Q_2Q_1$、$K_3=\mathbf{1}$。因此，输入前 8 个计数脉冲时，计数器按异步二进制加法计数器的计数规律进行计数。在输入第七个计数脉冲 $CP$ 时，计数器的状态为 $Q_3Q_2Q_1Q_0=\mathbf{0111}$。这时，$F_3$ 的 $J_3=Q_2Q_1=\mathbf{1}$、$K_3=\mathbf{1}$、$F_3$ 具备翻到 **1** 状态的条件。

输入第 8 个计数脉冲 $CP$ 时，$F_0$ 由 **1** 状态翻到 **0** 状态，$Q_0$ 输出负跃变，它一方面使 $F_3$ 由 **0** 状态翻到 **1** 状态；另一方面使 $F_1$ 由 **1** 状态翻到 **0** 状态，$F_2$ 也随之由 **1** 状态翻到 **0** 状态，计数器处于 $Q_3Q_2Q_1Q_0=\mathbf{1000}$ 状态。

输入第 9 个计数脉冲 $CP$ 时，$F_0$ 由 **0** 状态翻到 **1** 状态，$Q_0$ 输出正跃变，其他触发器的状态不变。计数器为 $Q_3Q_2Q_1Q_0=\mathbf{1001}$ 状态。这时，$F_3$ 的 $J_3=Q_2Q_1=\mathbf{1}$、$K_3=\mathbf{1}$，$F_3$ 具备翻到 **0** 状态的条件；$F_1$ 的 $J_1=\overline{Q_3}=\mathbf{0}$、$K_1=\mathbf{1}$，$F_1$ 具有保持 **0** 状态的功能。

输入第 10 个计数脉冲 $CP$ 时，$F_0$ 由 **1** 状态翻到 **0** 状态，$Q_0$ 输出负跃变，使 $F_3$ 由 **1** 状态翻到 **0** 状态，而 $F_1$ 和 $F_3$ 则保持 **0** 状态不变，使计数器由 **1001** 状态返回到 **0000** 状态，从而跳过了 **1010～1111** 六个状态，同时 $Q_3$ 输出一个负跃变的进位信号给高位计数器，从而实现了十进制加法计数。其时序图和同步十进制加法计数器的时序图一样，如图 7-24 所示。

异步十进制减法计数器的分析方法与异步十进制加法计数器和异步二进制减法计数器的分析方法相似，这里就不多介绍。

## 2.2.4　集成计数器简介及其应用

前面介绍的计数器是由若干触发器和门电路构成的，属于小规模时序电路。实际上已有中规模集成计数器，并逐步取代了由触发器组成的计数器，在简单小型数字系统中被广泛应用。中规模集成计数器的产品种类多，品种全，通用性强，应用十分广泛。它主要分异步计数器和同步计数器两大类。有二进制计数器、十进制计数器；有加法计数器、加/减法计数器(又称可逆计数器)。这些计数器通常具有计数、保持、预置数、清零(置 0)等多种功能，使用方便灵活。为了进一步提高读者正确选择和灵活使用中规模集成计数器的能力，达到举一反三的目的，下面举例介绍几种常用集成计数器的功能，如表 7-9 所示。若需要其他的任意进制计数器时，可用已有的计数器产品经

过外电路的不同连接来获得。这里主要介绍两种较为典型的集成计数器的功能和应用，以帮助读者提高借助产品手册上给出的功能表，正确而灵活地运用集成计数器的能力。

表 7-9　几种典型的集成计数器

| CP 脉冲方式 | 型号 | 计数模式 | 清零方式 | 预置数方式 |
|---|---|---|---|---|
| 同步 | CT74LS160 | 十进制加 | 异步(低电平) | 同步 |
| | CT74LS162 | 十进制加 | 同步(低电平) | 同步 |
| | CT74LS161 | 十六进制加 | 异步(低电平) | 同步 |
| | CT74LS163 | 十六进制加 | 同步(低电平) | 同步 |
| | CT74LS190 | 十进制加/减 | 无 | 异步 |
| | CT74LS191 | 十六进制加/减 | 无 | 异步 |
| 异步 | CT74LS290 | 二—五—十进制加 | 异步 | 异步 |
| | CT74LS197 | 二—八—十六进制加 | 异步 | 异步 |

1. 集成异步二—五—十进制计数器

图 7-26(a)(b)(c)所示分别为集成异步二—五—十进制计数器 CT74LS290 的逻辑图、逻辑符号图和引脚排列图，它的逻辑功能表如表 7-10 所示。各接线端的功能说明如下。

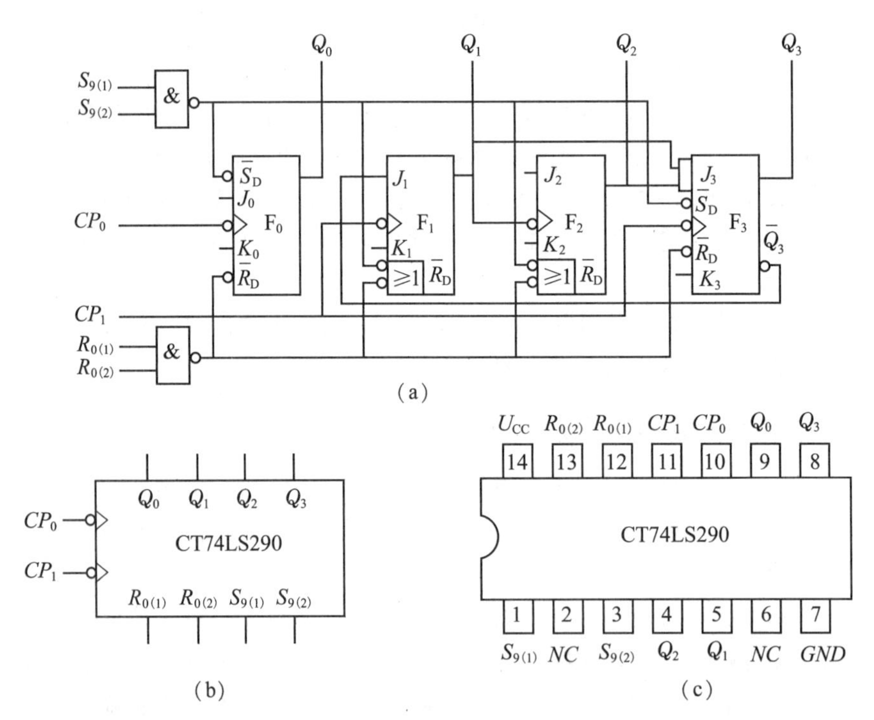


**图 7-26　CT74LS290 型计数器的逻辑图、逻辑符号图和管脚排列图**

(1)“×”表示任意数，即 **1** 或 **0** 均可以。

(2)$R_{0(1)}$ 和 $R_{0(2)}$ 是清零输入端，当两者都为 **1** 时，将四个触发器清零。

(3)$S_{9(1)}$ 和 $S_{9(2)}$ 是置"9"输入端，当两者都为 **1** 时，$Q_3Q_2Q_1Q_0=\mathbf{1001}$。

(4)计数脉冲由 $CP_0$ 输入，$Q_0$ 输出，$F_1$、$F_2$、$F_3$ 不起作用，为二进制计数器。

(5)计数脉冲由 $CP_1$ 输入，$Q_3$、$Q_2$、$Q_1$ 输出，$F_0$ 不起作用，为五进制计数器。

(6)若将 $Q_0$ 端与 $CP_1$ 端连接，计数脉冲由 $CP_0$ 输入，为 8421BCD 码十进制计数器。

**表 7-10　CT74LS290 型计数器的逻辑功能表**

| $R_{0(1)}$ | $R_{0(2)}$ | $S_{9(1)}$ | $S_{9(2)}$ | $Q_3$ | $Q_2$ | $Q_1$ | $Q_0$ | 说明 |
|---|---|---|---|---|---|---|---|---|
| **1** | **1** | **0** | × | **0** | **0** | **0** | **0** | 异步清零 |
| **1** | **1** | × | **0** | **0** | **0** | **0** | **0** | |
| × | × | **1** | **1** | **1** | **0** | **0** | **1** | 异步置 9 |
| × | **0** | × | **0** | 计数功能 | | | | 计数 |
| **0** | × | **0** | × | 计数功能 | | | | |
| **0** | × | × | **0** | 计数功能 | | | | |
| × | **0** | **0** | × | 计数功能 | | | | |

2. 集成同步十六进制计数器

图 7-27(a)(b)所示分别为集成同步十六进制计数器 CT74LS161(或 CT74LS163)的逻辑符号图和引脚排列图，它的逻辑功能表如表 7-11 所示。各接线端的功能说明如下。

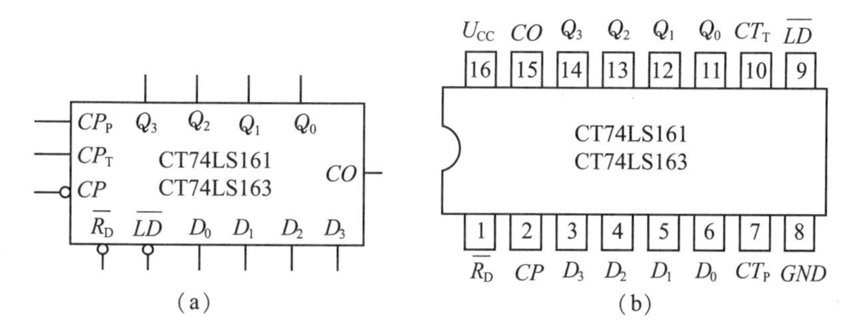


**图 7-27　CT74LS161 或 CT74LS163 的逻辑符号图和管脚排列图**

(1)"×"表示任意数，即"**1**"或"**0**"均可以。

(2) $\bar{R}_D$ 是异步清零输入端，当 $\bar{R}_D=\mathbf{0}$ 时，将四个触发器异步清零(不需要 $CP$ 信号)。

(3) 当 $\bar{R}_D=\mathbf{1}$、$\overline{LD}=\mathbf{0}$ 时，在 $CP$ 下降沿作用下，实现同步置数功能。即 $Q_3Q_2Q_1Q_0=d_3d_2d_1d_0$(由 $D_3\sim D_0$ 输入)。

(4)当 $\bar{R}_D=\overline{LD}=\mathbf{1}$ 时，且当计数控制端 $CT_T=CT_P=\mathbf{1}$，对计数脉冲 $CP$ 进行同步二进制计数。计数器的进位输出端 $CO=CT_T\cdot CT_P\cdot Q_3Q_2Q_1Q_0$。

(5)当 $\bar{R}_D=\overline{LD}=\mathbf{1}$ 时，且当两个计数控制端中只要有一个为零，即 $CT_T\cdot CT_P=\mathbf{0}$ 时，不管 $CP$ 如何，计数器中各触发器将保持原状态不变。

如 $CT_P=\mathbf{0}$、$CT_T=\times$，则 $CO=CT_T\cdot CT_P\cdot Q_3Q_2Q_1Q_0=\mathbf{0}$，电路各级触发器状态不变，进位输出信号 $CO$ 为低电平 **0**；如 $CT_P=\times$、$CT_T=\mathbf{0}$，则 $CO=\mathbf{0}$，电路各级触发器状态不变，进位输出信号为低电平 **0**。

**表 7-11　CT74LS161 型计数器的逻辑功能表**

| 输入 | | | | | | | | | 输出 | | | | | 说明 |
|---|---|---|---|---|---|---|---|---|---|---|---|---|---|---|
| $\bar{R}_D$ | $\overline{LD}$ | $CT_P$ | $CT_T$ | $CP$ | $D_3$ | $D_2$ | $D_1$ | $D_0$ | $Q_3$ | $Q_2$ | $Q_1$ | $Q_0$ | $CO$ | |
| **0** | × | × | × | × | × | × | × | × | **0** | **0** | **0** | **0** | **0** | 异步清零 |
| **1** | **0** | × | × | ↑ | $d_0$ | $d_1$ | $d_2$ | $d_3$ | $d_0$ | $d_1$ | $d_2$ | $d_3$ | | 同步置数 |
| **1** | **1** | **1** | **1** | ↑ | × | × | × | × | 计数 | | | | | $CO=Q_3Q_2Q_1Q_0$ |
| **1** | **1** | **0** | × | ↑ | × | × | × | × | 保持不变 | | | | **0** | |
| **1** | **1** | × | **0** | ↑ | × | × | × | × | 保持不变 | | | | **0** | |

CT74LS163 的逻辑符号图和 CT74LS161 的逻辑符号图相同，不同之处是 CT74LS163 为同步清零，这就是说，在同步清零控制端 $\bar{R}_D$ 为低电平时，这时计数器并不被清零，还需再输入一个计数脉冲 $CP$ 的上升沿后才能被清零，而 CT74LS161 则为异步清零，这是 CT74LS163 和 CT74LS161 的主要区别，它们的其他功能完全相同。

3. 集成计数器的应用

(1)反馈置零法构成任意进制计数器。这种方法是利用中规模集成计数器几乎都具有清零这一功能端来实现的。集成计数器的清零方式有异步清零(有短暂的过渡状态)和同步清零两种。异步清零与时钟脉冲 $CP$ 没有关系，只要异步清零输入端出现清零信号，计数器便立即被清零。所以，利用异步清零法获得 $N$ 进制计数器时，应在输入第 $N$ 个计数脉冲 $CP$ 后，通过控制电路产生一个清零信号加到异步清零输入端上，使计数器清零，从而实现 $N$ 进制计数。同步清零与异步清零不同，同步清零输入端获得清零信号后，计数器不能立即被清零，只是为清零创造了条件，还需要再输入一个计数脉冲 $CP$ 后，计数器才能被清零。所以，利用同步清零法获得 $N$ 进制计数器时，应在输入第 $N-1$ 个计数脉冲 $CP$ 后，同步清零输入端获得清零信号。这样，在输入第 $N$ 个计数脉冲 $CP$ 后，计数器才被清零，从而实现 $N$ 进制计数。

[**例 7-2**] 用反馈清零法将中规模 CT74LS290 型二—五—十进制计数器分别改接成六进制计数器和九进制计数器。

**解：**(1)因为 $N=6$，且 CT74LS290 采用异步清零，所以相应的反馈清零码应为 **0110**。根据 CT74LS290 型二—五—十进制计数器的逻辑功能可知，我们只要把它的 $Q_2$、$Q_1$ 端分别接在 $R_{0(1)}$ 和 $R_{0(2)}$ 上，且 $S_{9(1)}$ 和 $S_{9(2)}$ 同时接地，$Q_0$ 端接在 $CP_1$ 上，计数脉冲从 $CP_0$ 输入即可。它的逻辑图如图 7-28(a)所示。至于它的工作原理和时序图这里就不多介绍了。

(2)至于九进制计数器，因为 $N=9$，所以相应的反馈清零码应为 **1001**，所以只要把它的 $Q_3$、$Q_0$ 端分别接在 $R_{0(1)}$ 和 $R_{0(2)}$ 上，其余的连线和六进制相同，它的逻辑图如

图 7-28(b)所示。

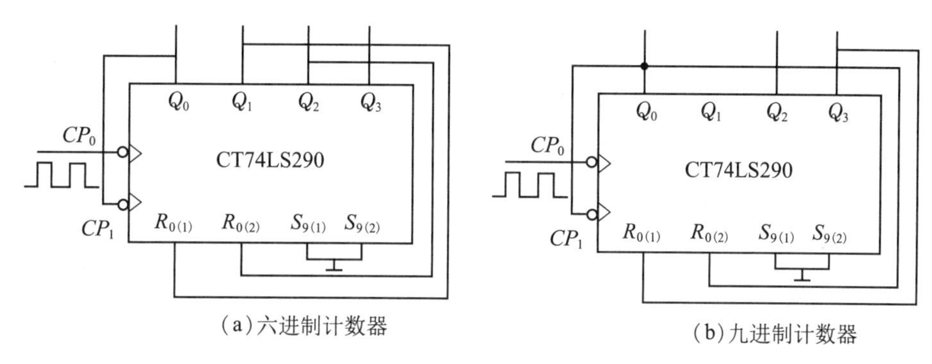


(a)六进制计数器

(b)九进制计数器

**图 7-28 用 CT74LS290 构成的六进制计数器和九进制计数器逻辑图**

(2)反馈置数法构成任意进制计数器。由于中规模同步计数器均具有并行输入控制端 $\overline{LD}$，利用计数器的置数功能也可获得 $N$ 进制计数器，但这时应先将计数器起始数据预先置入计数器。集成计数器的置数方式也有同步置数和异步置数两种，和异步置零相似，异步置数与时钟脉冲 $CP$ 没有关系，只要异步置数输入端出现置数信号，并行输入的数据便立即被置入计数器相应的触发器中。所以，利用异步置数法获得 $N$ 进制计数器时，应在输入第 $N$ 个计数脉冲 $CP$ 后，通过控制电路产生一个置数信号加到异步置数输入端上，使计数器返回到初始的预置数状态，从而实现 $N$ 进制计数器。由于同步置数输入端获得置数信号时，仍需再输入一个计数脉冲 $CP$ 才能将预置数置入计数器相应的触发器中。所以，利用同步置数法获得 $N$ 进制计数器时，应在输入第 $N-1$ 个计数脉冲 $CP$ 后，使同步置数输入端获得置数信号。这样，在输入第 $N$ 个计数脉冲 $CP$ 后，计数器返回到初始的预置数状态，从而实现 $N$ 进制计数。

[**例 7-3**] 用反馈置数法将中规模 CT74LS161 型四位二进制同步计数器改接成十进制计数器。

**解：**(方法一)利用计数器到达最大值的状态产生的进位信号作为反馈置数信号，就输入端的某一定值 $D_3D_2D_1D_0$(应为最小数)置入计数器，以实现循环加计数。根据 CT74LS161 型四位二进制同步计数器的同步置数特点，则 $N=15-D_3D_2D_1D_0+1$。因为 $N=10$，则 $D_3D_2D_1D_0=6(\mathbf{0110})$，所以其置入的数为 **0110**，它的逻辑图如图 7-29(a)所示。至于它的工作原理和时序图这里也就不多介绍了。

(方法二)假设 CT74LS161 的并行输入数据端均接入 **0011** 码，即 $D_3D_2D_1D_0=\mathbf{0011}$，相当十进制数的 3。因为要构成十进制计数器，所以 $N=10$，若反馈数码的十进制数用 $M$ 表示，则 $M=N+3-1=12$，即反馈数码为 **1100**。所以，采用与非门译码且经化简后可得 $\overline{LD}=\overline{Q_3Q_2}$，且同时令 $\bar{R}_D=CT_T=CT_P=\mathbf{1}$ 即可。它的逻辑图如图 7-29(b)所示。至于它的工作原理和时序图这里就不多介绍了。

(3)计数器位数的扩展。若一片计数器的位数不够用时，可以采用若干片串联起来，从而获得任意进制计数器。例如，把一个 $N_1$ 进制计数器和一个 $N_2$ 进制计数器串联起来就可构成 $N=N_1N_2$ 进制计数器，这种方法称为级联法。级联法有同步式连接

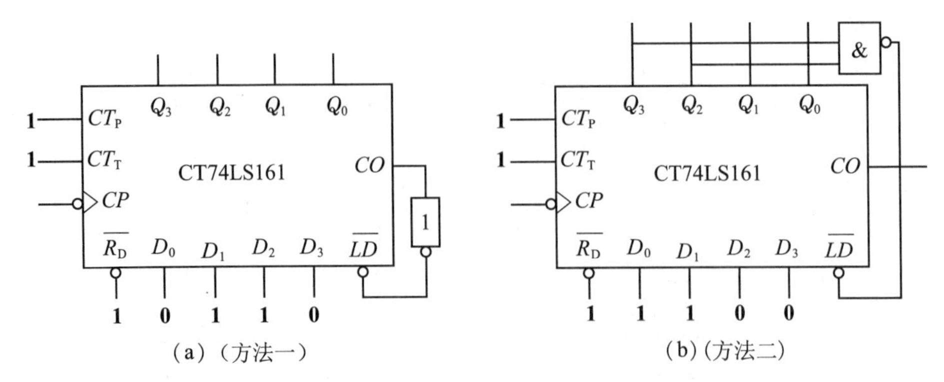


**图 7-29　用 CT74LS161 构成十进制计数器的逻辑图**

和异步式连接两种方法。在同步式连接中，计数脉冲同时加到各片上，低位片的进位输出作为高位片的片选信号或计数脉冲输入的选通信号。在异步式连接中，计数脉冲只加到最低位片上，低位片的进位输出作为高位片的计数脉冲输入信号。

［**例 7-4**］利用中规模 CT74LS290 型二—五—十进制计数器改接成六十进制计数器。

**解：** 六十进制计数器由两位组成，个位为十进制计数器，十位为六进制计数器，计数脉冲连接到个位的 $CP_0$ 端，而个位的最高位 $Q_3$ 连接到十位的 $CP_0$ 端。它的逻辑图如图 7-30 所示。

它的工作原理为：低位片(Ⅰ)十进制计数器经过 10 个脉冲循环一次，每当第 10 个脉冲来到后，它的最高位 $Q_3$ 由 **1** 变 **0**，产生一个负脉冲，使高位片(Ⅱ)六进制计数器计数。低位的十进制计数器经过第一次 10 个脉冲时，高位的六进制计数器计数为 **0001**；低位的十进制计数器经过第二次 10 个脉冲时，高位的六进制计数器计数为 **0010**；依此类推。当经过第 59 个脉冲时，低位的十进制计数器为 **1001**，高位的六进制计数器计数为 **0101**，经过第 60 个脉冲时，低位的十进制计数器为 **0000**，高位的六进制计数器计数为 **0110**，接着立即清零，使低位的十进制计数器和高位的六进制计数器计数都为 **0000**，即为六十进制计数器。至于它的时序图这里就不多介绍了。

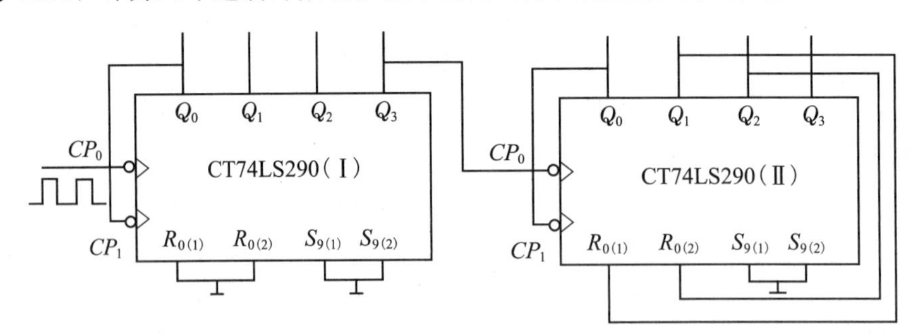


**图 7-30　用两片 CT74LS290 构成的六十进制计数器逻辑图**

［**例 7-5**］用集成 CT74LS161 型四位二进制同步计数器改接成同步一百进制计数器。

**解：** 因为 $M=100$，所以 $2^4<M<2^8$，即需要两片集成 CT74LS161 型四位二进制同步计数器。其多余的状态数为 156，相应的二进制为 **10011100**，所以可令高位片

(Ⅱ)的 $D_3D_2D_1D_0$=**1001**，低位片(Ⅰ)的 $D_3D_2D_1D_0$=**1100**。同时，因为只有当两片集成 CT74LS161 型四位二进制同步计数器的输出都为 **1** 时，高位片(Ⅱ)的进位输出 $CO$ 才为 1，所以，高位片(Ⅱ)的进位输出 $CO$ 经反相后送到两片集成 CT74LS161 型四位二进制同步计数器的 $\overline{LD}$，以构成同步置数的条件。它的逻辑图如图 7-31 所示。至于它的工作原理和时序图这里就不多介绍了。

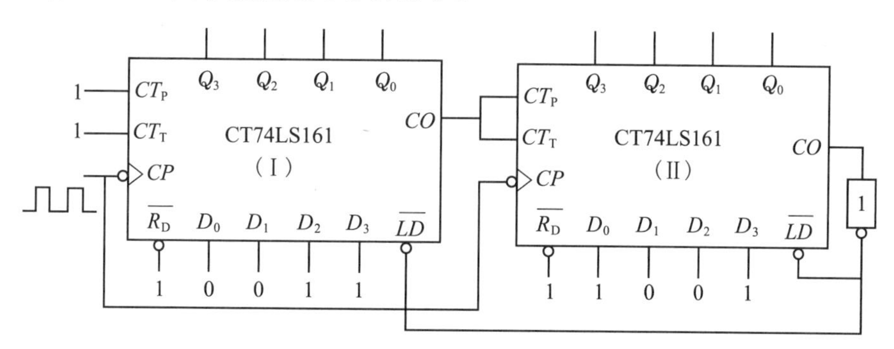


**图 7-31　用两片 CT74LS161 构成的同步一百进制计数器逻辑图**

［**例 7-6**］用两片 CT74LS163 的同步清零功能构成八十五进制计数器。

**解**：因为 $M=85$，所以 $2^4<M<2^8$，即需要两片集成 CT74LS163 型四位二进制同步计数器。再用同步反馈清零法构成八十五进制计数器。因为是同步清零，所以反馈的状态应是 85－1＝84，而 84 对应的二进制数为 **01010100**，所以，可令高位片(Ⅱ)的 $Q'_3Q'_2Q'_1Q'_0$=**0101**，低位片(Ⅰ)的 $Q_3Q_2Q_1Q_0$=**0100**。当计数器计到 84 时，计数器的状态为 $Q'_3Q'_2Q'_1Q'_0Q_3Q_2Q_1Q_0$=**01010100**，其反馈清零函数为 $\overline{R}_D=\overline{Q'_2Q'_0Q_2}$，这时，与非门输出低电平 **0**，在输入第 85 个计数脉冲 $CP$ 时，使两片 CT74LS163 同时被清零，从而实现八十五进制计数。它的逻辑图如图 7-32 所示。

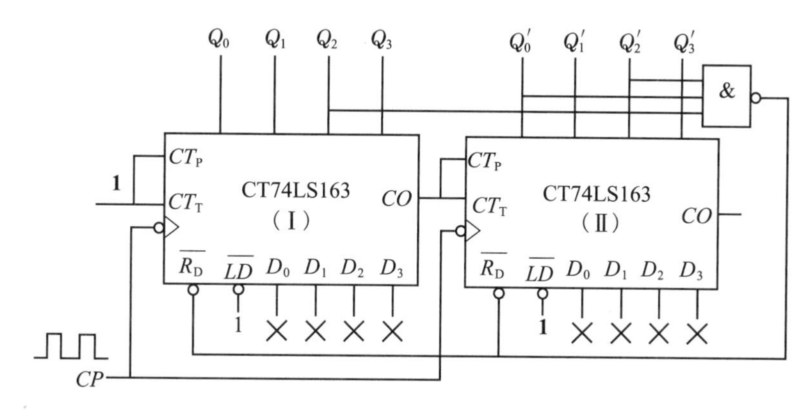


**图 7-32　用两片 CT74LS163 构成八十五进制计数器**

# 模块 3　555 集成定时器及其应用

555 定时器的工作原理

## 任务 3.1　555 集成定时器的认识

### 任务内容

555 集成定时器简介及工作原理。

### 任务目标

使学生对 555 集成定时器有较熟的了解。

### 相关知识

#### 3.1.1　555 集成定时器简介

555 集成定时器是将模拟和数字电路集成于一体的电子器件，是一种中规模集成时间基准电路。由于它电源范围宽，使用方便、灵活，带负载能力强，所以得到广泛的应用。若以 555 集成定时器为基础，再配合少量的其他电子元件，就可组成单稳态，多谐振荡器和施密特触发器等多种实用电路。

目前，市场上 555 集成定时器产品种类很多，型号各异。常用的 555 集成定时器有 TTL 型 5G555 集成定时器和 CMOS 型 CC7555 集成定时器，下面以 5G555 集成定时器为例介绍其工作原理和主要应用。其他产品的逻辑功能和外部引脚排列与它完全相同。

#### 3.1.2　555 集成定时器工作原理

1. 5G555 集成定时器的电路结构

5G555 集成定时器的电路结构原理图和外部引脚排列图分别如图 7-33(a)(b)所示。由它的电路原理图可知，它主要由比较器 $C_1$ 和 $C_2$、基本 $RS$ 触发器及放电三极管 VT 三部分组成。

(1)当电压控制端 $CO$ 悬空时，$U_{R1}=\frac{2}{3}U_{CC}$、$U_{R2}=\frac{1}{3}U_{CC}$；若电压控制端外接固定电压 $U_{CO}$ 时，则 $U_{R1}=U_{CO}$、$U_{R2}=\frac{1}{2}U_{CO}$。

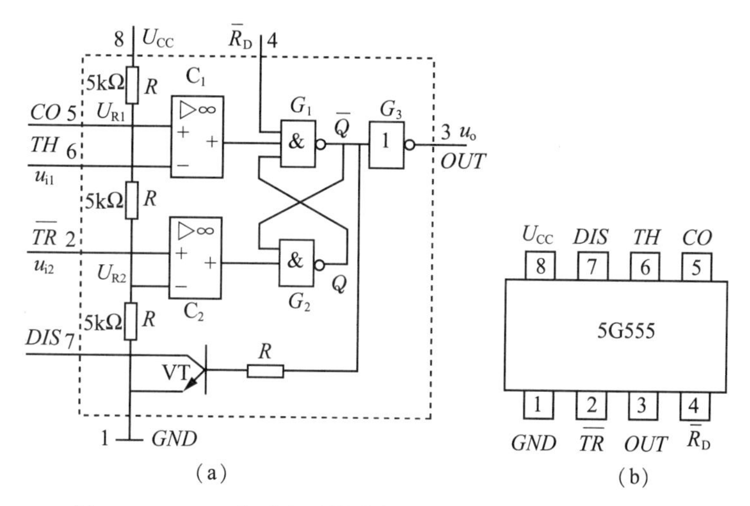


**图 7-33　5G555 集成定时器的电路原理图和外部引脚排列图**

(2)基本 $RS$ 触发器的输入信号是比较器的输出 $u_{C1}$ 和 $u_{C2}$，基本 $RS$ 触发器的 $Q$ 端为 5G555 定时器的输出端，用 $u_o$ 表示，$u_o$ 的高电平为电源电压的 90%。

(3)放电三极管 VT 的导通和截止由基本 $RS$ 触发器的 $\bar{Q}$ 端控制，VT 的集电极用 $DIS$ 表示，VT 的发射极接地。

(4) $\bar{R}_D$ 端是直接清零端，$U_{CC}$ 为电源电压 5～18V。

(5)$TH$(高触发端)是比较器 $C_1$ 的输入端，输入电压 $u_{i1}$；$\overline{TR}$(低触发端)是比较器 $C_2$ 的输入端，输入电压 $u_{i2}$。

2. 5G555 集成定时器的工作原理

(1)当 $\bar{R}_D=\mathbf{0}$ 时，基本 $RS$ 触发器置 **0**、$Q=\mathbf{0}$、$\bar{Q}=\mathbf{1}$，$u_o=\mathbf{0}$，放电三极管 VT 导通。

(2)当 $u_{i1}>U_{R1}$、$u_{i2}>U_{R2}$ 时，$u_{C1}=\mathbf{0}$、$u_{C2}=\mathbf{1}$，故基本 $RS$ 触发器置 **0**、$Q=\mathbf{0}$、$\bar{Q}=\mathbf{1}$、$u_o=\mathbf{0}$，放电三极管 VT 导通。

(3)当 $u_{i1}<U_{R1}$、$u_{i2}<U_{R2}$ 时，$u_{C1}=\mathbf{1}$、$u_{C2}=\mathbf{0}$，故基本 $RS$ 触发器置 **1**、$Q=\mathbf{1}$、$\bar{Q}=\mathbf{0}$、$u_o=\mathbf{1}$，放电三极管 VT 截止。

(4)当 $u_{i1}<U_{R1}$、$u_{i2}>U_{R2}$ 时，$u_{C1}=\mathbf{1}$、$u_{C2}=\mathbf{1}$，故基本 $RS$ 触发器保持原状态不变，$u_o$ 和放电三极管 VT 的状态也保持不变。

通过上述分析，我们可得 5G555 集成定时器的逻辑功能表如表 7-12 所示。

**表 7-12　5G555 集成定时器的逻辑功能表**

| 输　入 | | | 输　出 | |
|---|---|---|---|---|
| $u_{i1}$ | $u_{i2}$ | $\bar{R}_D$ | $Q$ | VT 的状态 |
| × | × | **0** | **0** | 导通状态 |
| $>\frac{2}{3}U_{CC}$ | $>\frac{1}{3}U_{CC}$ | **1** | **0** | 导通状态 |

续表

| 输　入 | | | 输　出 | |
|---|---|---|---|---|
| $<\frac{2}{3}U_{CC}$ | $>\frac{1}{3}U_{CC}$ | **1** | 保持不变 | 保持不变 |
| $<\frac{2}{3}U_{CC}$ | $<\frac{1}{3}U_{CC}$ | **1** | **1** | 截止状态 |

555 构成的单稳态触发器

## 任务 3.2　555 集成定时器及其应用

### 任务内容

由 555 集成定时器构成的施密特触发器、单稳态触发器和多谐振荡器。

### 任务目标

使学生熟练掌握灵活运用 555 集成定时器。

### 相关知识

#### 3.2.1　由 555 集成定时器构成的施密特触发器

施密特触发器也是脉冲数字电路中最常用的单元电路之一，它也有两个稳定状态。当它加触发电平后，电路也能从第一稳态翻转到第二稳态，再加触发电平，电路再从第二稳态重新回到第一稳态，但两次翻转所需的触发电平是不相同的，存在回差现象。施密特触发器的特性是输入信号 $u_i$ 在上升时的触发电压和下降时的触发电压的数值是不相同的，上升时的触发电压叫上阈值电压，用 $U_{T+}$ 表示，下降时的触发电压叫下阈值电压，用 $U_{T-}$ 表示。这也是施密特触发器和以前所讲的各种触发器的不同之处。

1. 电路结构

用 5G555 集成定时器构成的施密特触发器的接线图如图 7-34 所示，图中触发信号 $u_i$ 加在输入端（$TH$ 端和 $\overline{TR}$ 端连在一起，作为信号输入端），$u_o$ 为输出端，此时施密特触发器为一个反相输出的施密特触发器。电压控制端 $CO$ 不需要外接控制电压，为了防止干扰，提高参考电压的稳定性，一般通过 0.01μF 的电容接地，直接复位端 $\overline{R}_D$ 应为 **1**，可直接接电源 $U_{CC}$。

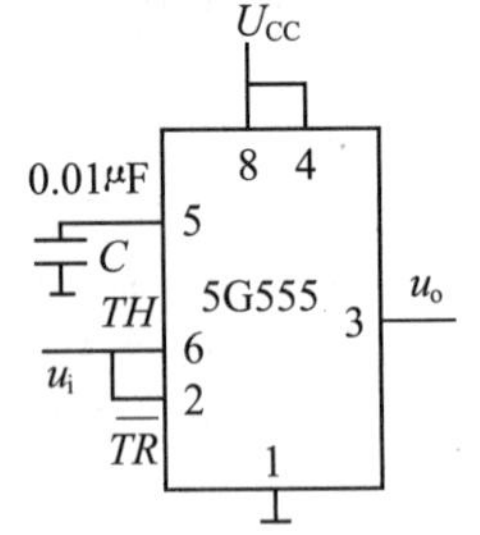


图 7-34　5G555 构成施密特触发器的接线图

2. 工作原理

(1)当 $u_i$ 从 **0** 开始逐渐升高，当 $u_i<\frac{1}{3}U_{CC}$ 时，$Q=\mathbf{1}$、$u_o=\mathbf{1}$。

(2)当触发信号 $u_i$ 升高到 $\frac{1}{3}U_{CC}<u_i<\frac{2}{3}U_{CC}$ 时，$Q$ 的状态保持不变，即 $Q=\mathbf{1}$、$u_o=\mathbf{1}$。

(3)当触发信号 $u_i$ 升高到 $u_i>\frac{2}{3}U_{CC}$ 时，$Q$ 的状态翻转，即 $Q=\mathbf{0}$、$u_o=\mathbf{0}$。

从上述分析可得，电路的上阈值电压为 $U_{T+}=\frac{2}{3}U_{CC}$。

(4)现在 $u_i$ 从高于 $\frac{2}{3}U_{CC}$ 处开始逐渐下降，当 $\frac{1}{3}U_{CC}<u_i<\frac{2}{3}U_{CC}$ 时，$Q$ 的状态保持不变，即 $Q=\mathbf{0}$、$u_o=\mathbf{0}$。

(5)当触发信号 $u_i<\frac{1}{3}U_{CC}$ 时，$Q$ 的状态翻转，即 $Q=\mathbf{1}$、$u_o=\mathbf{1}$。

从上述分析可得，电路的下阈值电压为 $U_{T-}=\frac{1}{3}U_{CC}$。

3. 回差电压

所谓回差电压，就是上阈值电压 $U_{T+}$ 与下阈值电压 $U_{T-}$ 之差，又叫做滞后电压，用 $\Delta U_T$ 表示。从上述分析可得，施密特触发器电路的回差电压 $\Delta U_T$ 为

$$\Delta U_T=U_{T+}-U_{T-}=\frac{2}{3}U_{CC}-\frac{1}{3}U_{CC}=\frac{1}{3}U_{CC} \tag{7-6}$$

若施密特触发器的电压控制端 $CO$ 接固定电压 $U_{CO}$ 时，$U_{T+}=U_{CO}$、$U_{T-}=\frac{1}{2}U_{CO}$，此时施密特触发器电路的回差电压 $\Delta U_T$ 则为

$$\Delta U_T=U_{T+}-U_{T-}=U_{CO}-\frac{1}{2}U_{CO}=\frac{1}{2}U_{CO} \tag{7-7}$$

根据上述分析，我们可得施密特触发器的工作波形图和传输特性曲线分别如图 7-35(a)(b)所示。

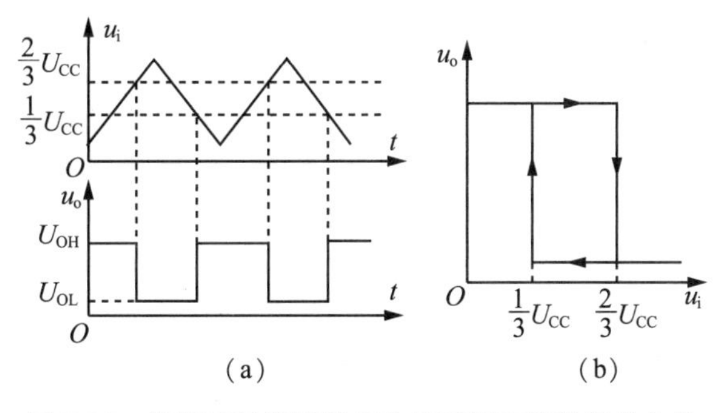


**图 7-35　施密特触发器的工作波形图和传输特性曲线**

4. 施密特触发器的应用

(1)波形变换。因为施密特触发器只有高、低两种状态，而且状态转换时输出波形边沿很陡，所以，利用施密特触发器可以把缓慢变化的电压信号，转换为比较理想的

矩形脉冲。图 7-36 所示为正弦波转换为矩形波的波形图。

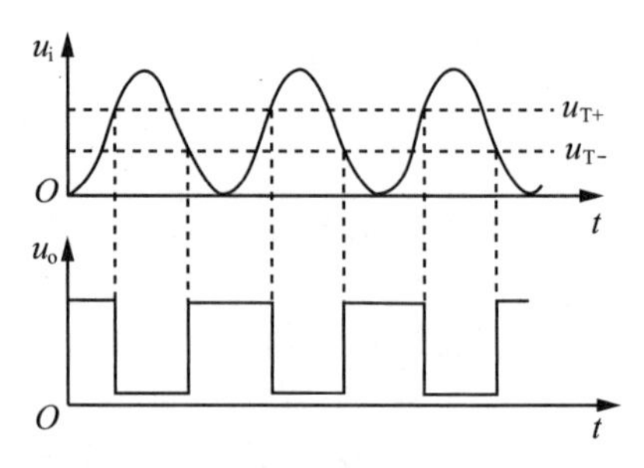

图 7-36 正弦波转换为矩形波的波形图

(2)脉冲整形。在数字系统中，矩形脉冲经传输后往往发生波形畸变。如图 7-37(a)所示，由于传输线路电容较大时，波形的上升沿和下降沿将明显变差。如图 7-37(b)所示，当传输线路较长，负载的阻抗与传输线路的阻抗不匹配时，波形的上升沿和下降沿将产生振荡现象。图 7-37(c)，当其他脉冲信号通过导线间的分布电容或电源叠加到矩形脉冲信号上时，会出现噪声。无论是哪一种情形都可以通过用施密特触发器整形而获得比较理想的矩形波，只是阈值电压 $U_{T+}$ 和 $U_{T-}$ 必须设置在可修复的范围之内。

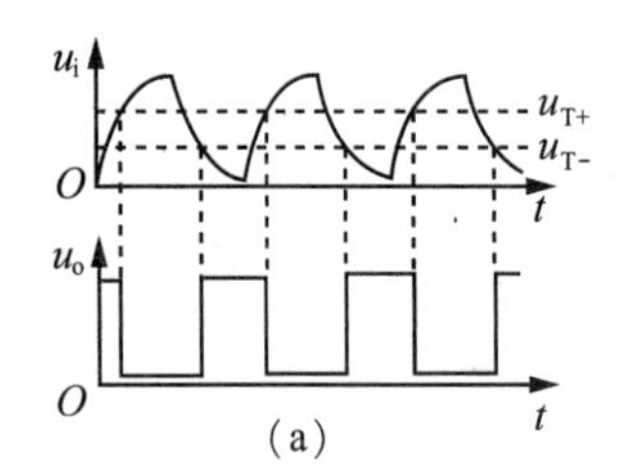

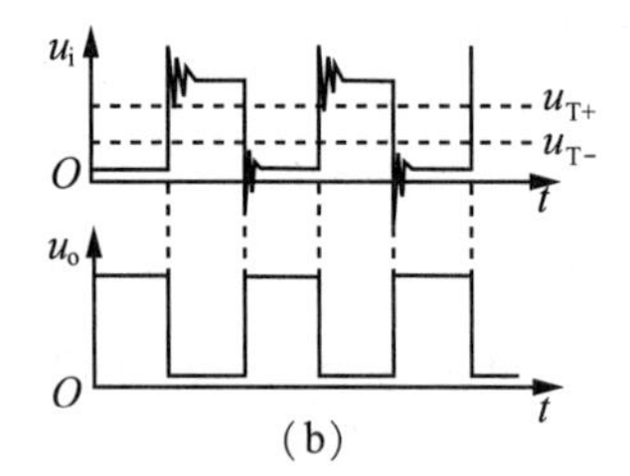

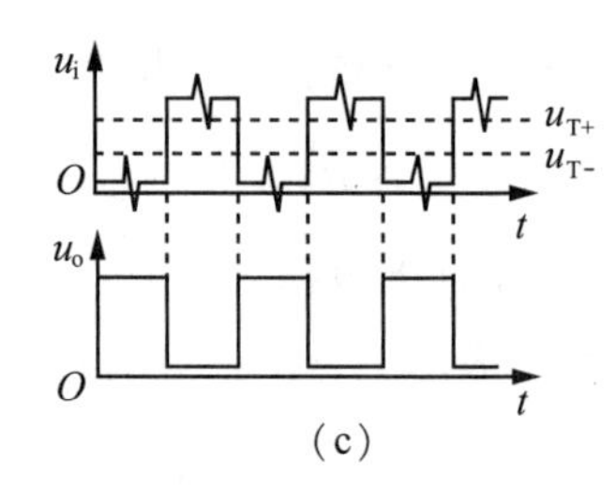

图 7-37 施密特触发器整形波形图

(3)幅度鉴别。利用施密特触发器可以鉴别输入脉冲信号的幅度大小。波形图如图 7-38 所示。从图 7-38 中可看出，只有输入脉冲信号的幅度大于上阈值电压 $U_{T+}$ 时(如图 7-38 中 $A$、$B$、$C$ 脉冲)，才能使施密特触发器翻转，从而有矩形脉冲信号输出，从而达到了鉴别输入信号幅度大小的目的。

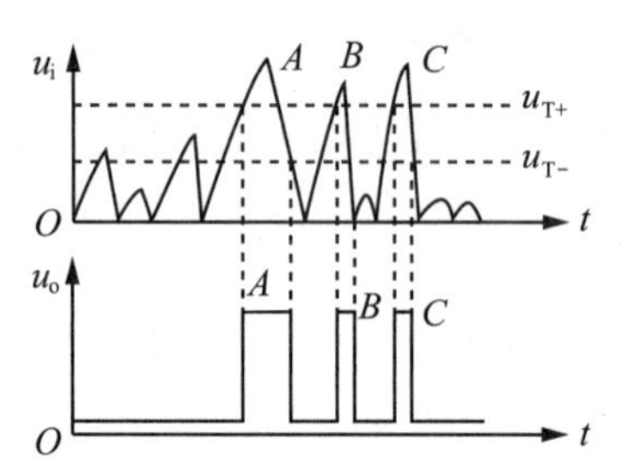

图 7-38 幅度鉴别输入和输出波形图

### 3.2.2 由 555 集成定时器构成的单稳态触发器

单稳态触发器是只有一个稳定状态的触发器，在未加触发信号之前，触发器已处于稳定状态，加触发信号之后，触发器翻转，但新的状态只能暂时保持(称为暂稳状态)，经过一定时间后自动翻转到原来的稳定状态。

1. 电路结构

用 5G555 集成定时器构成单稳态触发器的接线图如图 7-39 所示，图中 $R$ 和 $C$ 是定时元件，触发信号 $u_i$ 自 $\overline{TR}$ 端输入。

2. 工作原理

(1)当触发信号 $u_i$ 为 **1** 时，即 $u_i > \frac{1}{3}U_{CC}$，比较器 C2 输出 $u_{C2}=\mathbf{1}$。设原态 $Q=\mathbf{0}$，则 VT 导通，电容 $C$ 迅速放电，直到 $u_C \approx \mathbf{0}$，所以比较器 C1 的输出 $u_{C1}=\mathbf{1}$，触发器的状态保持不变，即 $Q=\mathbf{0}$。设原态 $Q=\mathbf{1}$，则 VT 截止，$U_{CC}$ 通过 $R$ 给 $C$ 充电，当 $u_C > \frac{2}{3}U_{CC}$，$u_{C1}=\mathbf{0}$，触发器的状态将翻转，即 $Q=\mathbf{0}$，此时 VT 导通，电容 $C$ 迅速放电，直到 $u_C \approx \mathbf{0}$，$u_{C1}=\mathbf{1}$，且 $Q=\mathbf{0}$。所以，当触发信号 $u_i$ 尚未输入时，$Q=\mathbf{0}$，$u_o$ 和 $u_C$ 也都为 **0**，这就是单稳态电路的稳定状态。

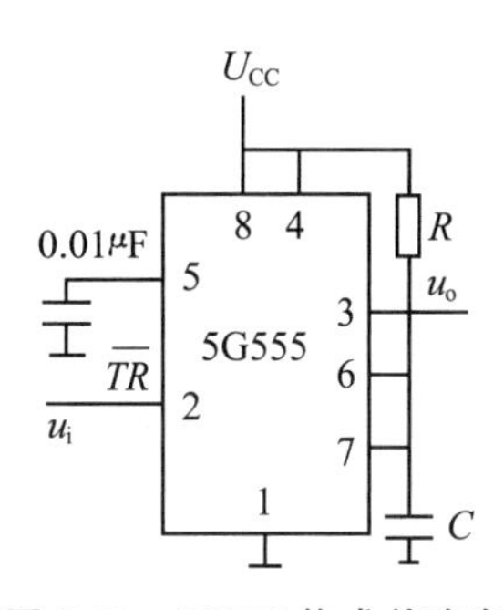


**图 7-39　5G555 构成单稳态触发器的接线图**

(2)当触发信号 $u_i$ 由 **1** 变为 **0** 瞬间，此时 $u_i < \frac{1}{3}U_{CC}$、$u_{C2}=\mathbf{0}$；同时，由于电容 $C$ 两端的电压不能突变，$u_C \approx \mathbf{0}$，则 $u_{C1}=\mathbf{1}$，所以 $Q$ 由 **0** 变为 **1**，$u_o$ 也由 **0** 变为 **1**，这就是电路进入暂稳状态。

(3)在 $Q=\mathbf{1}$ 期间，VT 截止，$U_{CC}$ 通过 $R$ 给 $C$ 充电，当 $u_C > \frac{2}{3}U_{CC}$、$u_{C1}=\mathbf{0}$，触发器的状态将翻转，即 $Q=\mathbf{0}$、$u_o=\mathbf{0}$，电路的暂稳状态结束，同时，VT 导通，电容 $C$ 迅速放电，直到 $u_C \approx \mathbf{0}$，且 $u_{C1}=\mathbf{1}$，电路返回稳定状态。

根据上述分析，我们可得单稳态电路的工作波形图如图 7-40 所示。

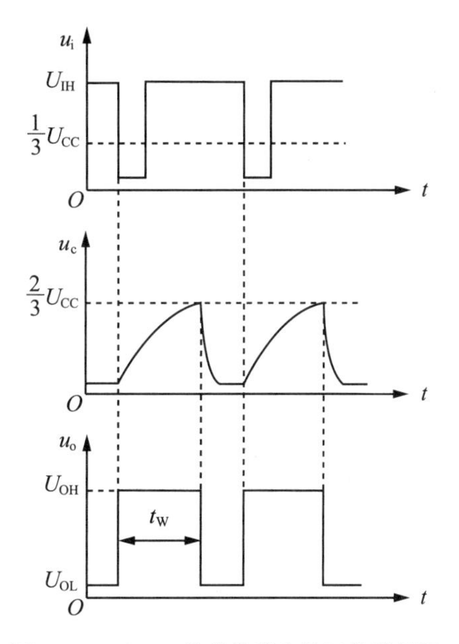


**图 7-40　5G555 构成单稳态的工作波形图**

3. 主要参数

单稳态电路的参数很多，这里我们只介绍它的输出脉冲宽度 $t_W$，单稳态电路的输出脉冲宽度为定时电容上电压 $u_C$ 由零充电到 $\frac{2}{3}U_{CC}$ 时所需要的时间。这个时间也是暂稳状态的持续时间。

$$t_W = RC\ln 3 \approx 1.1RC \tag{7-8}$$

4. 单稳态触发器的应用

(1)定时功能。产生一定宽度的矩形波，这个宽度即为定时的时间长短。由于单稳态触发器电路能够产生一定的脉冲宽度 $t_W$ 的矩形脉冲，利用这个脉冲可以控制电路(如继电器、门电路)在 $t_W$ 时间内动作或不动作，这就是其脉冲宽度的定时作用，图 7-41(a)(b)所示电路分别为逻辑电路图和波形图。当 $u'_o=\mathbf{1}$ 时，与门打开，此时 $u_o=u_F$；当 $u'_o=\mathbf{0}$ 时，与门关闭，$u_o=\mathbf{0}$ 为低电平。显然与门打开的时间是恒定不变的，也就是单稳态输出脉冲 $u_0$ 的宽度为 $t_W$，在 $t_W$ 时间内，信号 $u_F$ 才能通过与门输出。

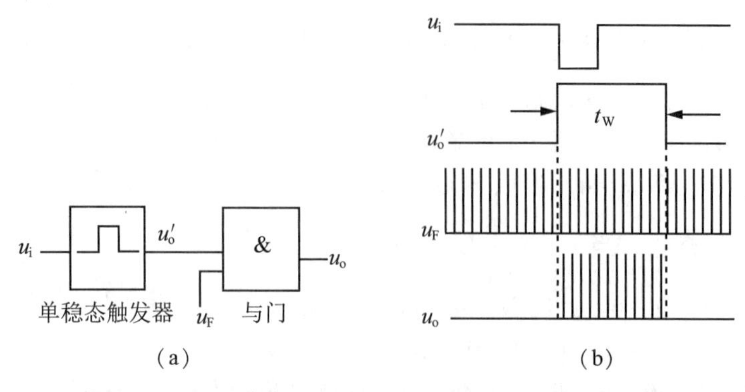


图 7-41　用做定时单稳态电路的逻辑电路图和波形图

(2)延时功能(脉冲展宽)。当脉冲宽度较窄时，可用单稳态触发器展宽。如图 7-42(a)(b)所示电路分别为逻辑电路图和波形图。将两个单稳态触发器级连起来构成长延时(实际上是脉冲展宽)电路。图中 $A_1$、$A_2$ 为用 555 集成定时器组成单稳态触发器。每个延时单元的延时输出接到下一级的输入端，并将两个输出端通过或门后输出，总得延时时间为 $t_W = t_{W1} + t_{W2}$。适当选择各级 $R$、$C$ 值或增加单稳态触发器的个数，就可以得到数分钟至数小时的延时。

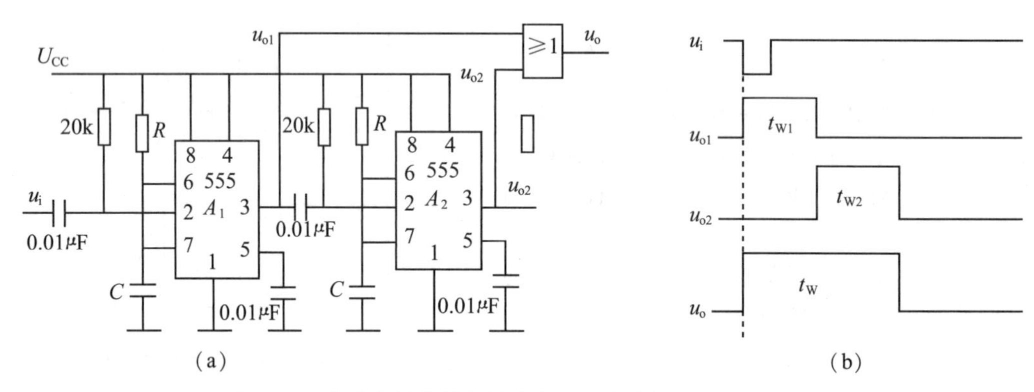


图 7-42　单稳态触发器级构成长延时电路原理图和波形图

(3)触摸定时。用 555 定时器构成的单稳态触发器，将引脚 2 作为一个触摸电极，只要用手触摸一下金属片，由于人体感应电压相当于在触发输入端(引脚 2)加入一个负脉冲，555 输出端输出高电平，驱动发光二极管发光(或驱动扬声器发声)。当暂稳态时间 $t_W$ 结束时，555 输出端恢复低电平，发光二极管熄灭。该电路可用于夜间定时照明，定时时间可由 $RC$ 参数调节，逻辑电路图如图 7-43 所示，其工作原理读者自己分析。

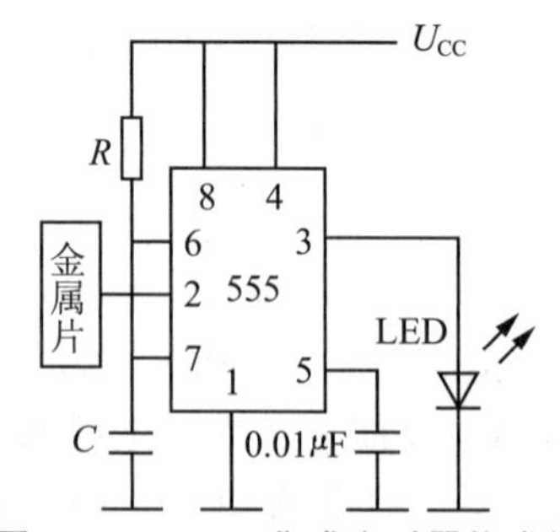


图 7-43　5G555 集成定时器构成的触摸定时逻辑电路图

### 3.2.3 由555集成定时器构成的多谐振荡器

双稳态触发器有两个稳定状态，单稳态电路只有一个稳定状态，它们正常工作时，都必须外加触发信号才能翻转。本节要讲的多谐振荡器，它没有稳定状态，只有两个暂稳状态，而且它正常工作时，不需要外加触发信号，就能输出一定频率的矩形脉冲(前已述，这种现象叫作自激振荡)。

1. 电路结构

用5G555构成的多谐振荡器的接线图如图7-44所示。它实际上是在5G555的施密特触发器电路的基础上，外接 $R_1$、$R_2$ 和 $C$ 的充、放电回路构成的。$TH$ 端和 $\overline{TR}$ 端连在一起为施密特触发器的输入端，输入电压为 $u_C$。二个阈值电压分别 $U_{T+}=\frac{2}{3}U_{CC}$ 和 $U_{T-}=\frac{1}{3}U_{CC}$，施密特触发器的输出就是多谐振荡器输出 $u_0$。

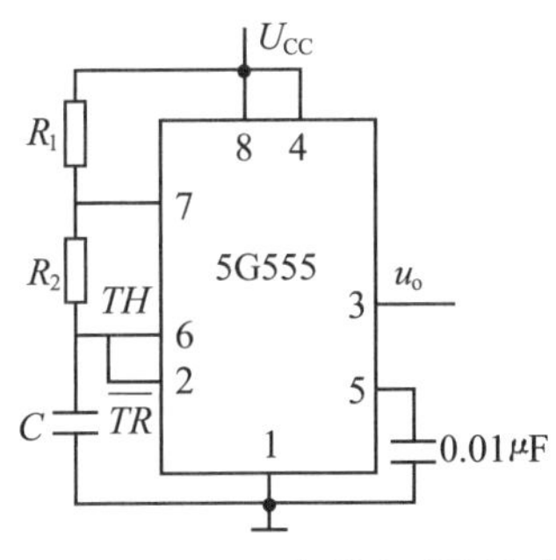


图7-44 5G555集成定时器构成多谐振荡器的接线图

2. 工作原理

(1)接通电源 $U_{CC}$ 瞬间，由于 $C$ 两端的电压不能突变，$u_C\approx\mathbf{0}$，电路输出 $u_o=\mathbf{1}$，电路进入暂稳态1。同时，因为 $Q=\mathbf{1}$，VT截止，电源 $U_{CC}$ 通过 $R_1$、$R_2$ 和 $C$ 到地的充电回路为 $C$ 充电。此后，$u_C$ 按指数规律增大，但只要 $u_C<U_{T+}$，电路输出将维持暂稳态1不变，即 $u_o=\mathbf{1}$。

(2)当 $u_C$ 增大到 $u_C=U_{T+}$，电路输出即由 $\mathbf{1}$ 翻转到 $\mathbf{0}$，$u_o=\mathbf{0}$，电路进入暂稳态2。同时，因为 $Q=\mathbf{0}$，VT导通，电容 $C$ 通过 $R_2$ 和VT到地的放电回路放电。此后，$u_C$ 按指数规律减小，但只要 $u_C>U_{T-}$，电路输出将维持暂稳态2不变，即 $u_o=\mathbf{0}$。

(3)当 $u_C$ 减小到 $u_C=U_{T-}$ 时，电路输出即由 $\mathbf{0}$ 再次翻转到 $\mathbf{1}$，此后循环重复上述过程，$u_o$ 输出为连续的一系列矩形脉冲。

多谐振荡器的工作波形图如图7-45所示。

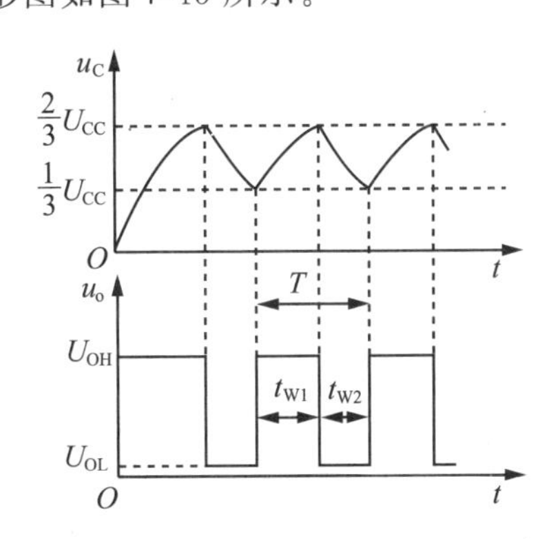


图7-45 5G555构成的多谐振荡器工作波形图

3. 主要参数

多谐振荡器电路的参数很多，这里主要介绍以下几个。

(1)暂稳态1的脉冲宽度$t_{W1}$，也就是$u_C$从$\frac{1}{3}U_{CC}$充电到$\frac{2}{3}U_{CC}$所需要的时间。

$$t_{W1} \approx (R_1+R_2)C\ln 2 = 0.7(R_1+R_2)C \tag{7-9}$$

(2)暂稳态2的脉冲宽度$t_{W2}$，也就是$u_C$从$\frac{2}{3}U_{CC}$放电到$\frac{1}{3}U_{CC}$所需要的时间。

$$t_{W2} \approx R_2C\ln 2 = 0.7R_2C \tag{7-10}$$

(3)振荡周期$T$，多谐振荡器每循环一次所需的时间。

$$T = t_{W1}+t_{W2} \approx 0.7(R_1+2R_2)C \tag{7-11}$$

(4)振荡频率$f$，多谐振荡器每秒循环的次数。

$$f = \frac{1}{T} = \frac{1.43}{(R_1+2R_2)C} \tag{7-12}$$

(5)输出波形的占空比$D$，也就是第一暂稳态的脉宽$t_{W1}$与振荡周期$T$的比。

$$D = \frac{t_{W1}}{T} = \frac{R_1+R_2}{R_1+2R_2} \tag{7-13}$$

4. 多谐振荡器器的作用

多谐振荡器一旦振荡起来后，两个暂稳状态就做交替变化，输出连续的矩形脉冲信号，由于矩形脉冲信号中除基波成分外，还包括许多高次谐波，所以我们称它为多谐振荡器，又称为无稳态振荡器。多谐振荡器的作用主要用来产生脉冲信号，主要用作信号源。因此，它常作为脉冲信号源。下面介绍一种利用5G555集成定时器构成多谐振荡器产生模拟声响电路的工作原理。

如图7-46(a)所示为一个由两个5G555集成定时器构成的模拟声响电路。调节定时元件$R_{11}$、$R_{12}$、$C_1$使第一个多谐振荡器输出的振荡频率为1Hz，调节定时元件$R_{21}$、$R_{22}$、$C_2$使第二个多谐振荡器输出的振荡频率为2kHz。由于低频振荡器的输出端3接至高频振荡器的复位端4，因此，当第一个多谐振荡器的输出电压$u_{o1}$为高电平时，第二个多谐振荡器就振荡，当第一个多谐振荡器的输出电压$u_{o1}$为低电平时，第二个多谐振荡器就停止振荡。从而使喇叭发出“呜……呜……呜……”的间隙声音。多谐振荡器的输出电压$u_{o1}$和$u_{o2}$的波形如图7-46(b)所示。

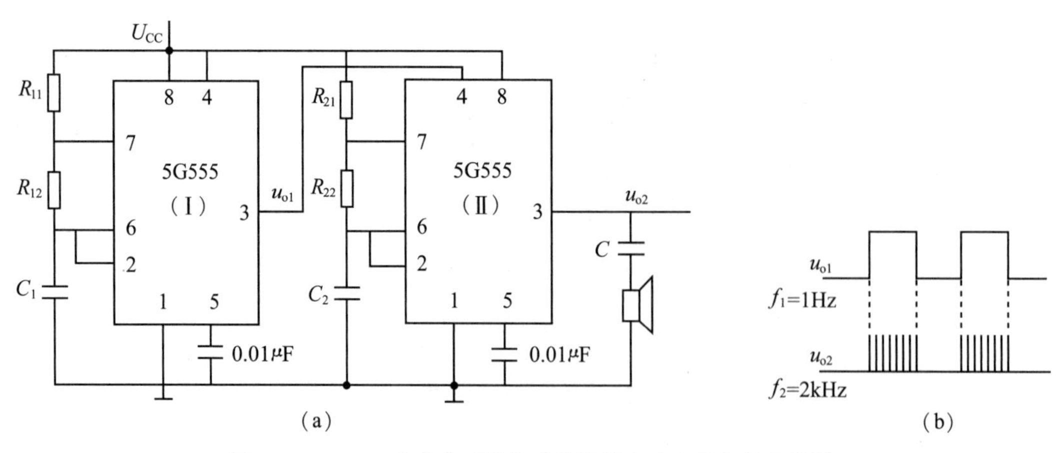


**图7-46 5G555集成定时器构成的模拟声响电路和输出波形**

# 模块 4　时序逻辑电路实训及操作

## 任务 4.1　用集成 CT74LS290 组成六十进制加法计数器

### 任务内容

用集成 CT74LS290 组成六十进制加法计数器。

### 任务目标

1. 熟悉掌握借助产品手册上给出的真值表，正确而灵活地运用集成计数器的能力。
2. 熟悉掌握常用中规模计数器 CT74LS290 的逻辑功能。
3. 熟悉掌握用集成 CT74LS290 组成六十进制加法计数器的工作原理及接线方法。
4. 进一步提高对有关仪器、仪表和实验设备的使用能力。

### 相关知识

#### 4.1.1　实训器件

集成计数器 74LS290、直流稳压电源、示波器、万用表、电阻、万能实验板、发光二极管和导线若干等。

#### 4.1.2　实训内容

1. 图 7-26 所示的 CT74LS290 型计数器的逻辑符号图和管脚排列图，画出用两片 CT74LS290 构成的六十进制计数器的接线逻辑图(可参考图 7-30 所示的逻辑电路图)，在万能实验板(或实验箱)上面接好实训逻辑电路图。

2. 建议使用 LED(八个发光二极管)接在二片 CT74LS290 的输出端，用以显示计数器的输出状态。

3. 依次加入单次脉冲，观察六十进制计数器各输出端的输出状态。

4. 根据 LED(发光二极管)的发光情况，分析六十进制加法计数器的工作原理。

5. 用双踪示波器观察和记录六十进制的输入脉冲波形和输出波形。

#### 4.1.3　实训注意事项

将集成块正确插入或拔出万能实验板的面板上应注意不能带电操作。

### 4.1.4 实训报告与思考题

1. 把实验结果与六十进制加法计数器的工作原理相比较，看是否一样，若不一样，分析原因。

2. 画出用 CT74LS290 构成二十四进制的接线逻辑图。

3. 总结加法计数器的设计方法和实验调试方法。

## 任务 4.2 555 集成定时器构成报警器的应用

**任务内容**

555 集成定时器构成报警器的应用。

**任务目标**

1. 熟悉掌握借助产品手册上给出的真值表，正确而灵活地运用 555 定时器的能力。
2. 熟悉掌握 555 定时器的外引脚排列图和逻辑功能表。
3. 熟悉掌握利用 555 定时器构成实用电路的使用能力。
4. 进一步提高对有关仪器、仪表和实验设备的使用能力。

**相关知识**

### 4.2.1 实训器件

万能实验板(或实验箱)、直流稳压电源、示波器、555 集成定时器、电阻、喇叭、电容、细铜丝和电子门铃等。

### 4.2.2 实训内容

1. 画出利用集成 555 定时器构成报警器电路的连线逻辑图，可参考习题 7-22 图 7-63 所示的逻辑电路。

2. 再根据连线逻辑图，在万能实验板(或实验箱)上接好实训逻辑电路。

3. 剪断细铜丝，观察逻辑电路是否报警与报警的过程。

4. 用双踪示波器观察和记录此逻辑电路的输入波形和输出波形。

5. 分析此电路的工作原理。

### 4.2.3 实训注意事项

将集成块正确插入或拔出万能实验板的面板上应注意不能带电操作。

### 4.2.4 实训报告与思考题

1. 报警电路属于哪种类型的触发器？画出它的输入波形和输出波形。其报警时间的长短是否可以改变？怎样改变？

2. 总结利用555定时器构成其他实用电路的设计方法和实验调试方法。

3. 归纳实训中所遇到的各种问题，小结实验心得体会。

## 任务4.3 555集成定时器构成简易触摸开关的应用

**任务内容**

555集成定时器构成简易触摸开关的应用。

**任务目标**

1. 熟悉掌握借助产品手册上给出的真值表，正确而灵活地运用555定时器的能力。
2. 熟悉掌握555定时器的外引脚排列图和逻辑功能表。
3. 熟悉掌握利用555定时器构成实用电路的使用能力。
4. 进一步提高对有关仪器、仪表和实验设备的使用能力。

**相关知识**

### 4.3.1 实训器件

万能实验板(或实验箱)、直流稳压电源、示波器、555集成定时器、电阻、发光二极管、电容、金属片等。

### 4.3.2 实训内容

1. 画出利用集成555定时器构成简易触摸开关电路的连线逻辑图，可参考图7-43所示的逻辑电路。

2. 再根据连线逻辑图，在万能实验板(或实验箱)上接好实训逻辑电路。

3. 用手触摸金属片，观察发光二极管是否发光和发光的过程。

4. 用双踪示波器观察和记录此逻辑电路的输入波形和输出波形。

5. 分析此电路的工作原理。

### 4.3.3 实训注意事项

将集成块正确插入或拔出万能实验板的面板上应注意不能带电操作。

### 4.3.4 实训报告与思考题

1. 简易触摸开关电路属于哪种类型的触发器？画出它的输入波形和输出波形。发光二极管发光时间的长短是否可以改变？怎样改变？

2. 总结利用555定时器构成其他实用电路的设计方法和实验调试方法。

3. 归纳实训中所遇到的各种问题，小结实验心得体会。

## 习题

7-1 已知基本 $RS$ 触发器的两输入端 $\overline{S}_D$ 和 $\overline{R}_D$ 的波形如图7-47所示，试画出当基本 $RS$ 触发器初始状态分别为 **0** 和 **1** 两种情况下，输出端 $Q$ 的波形图。

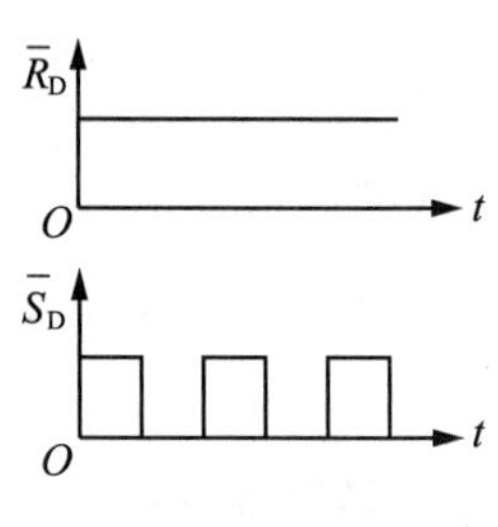

图7-47 习题7-1图

7-2 已知同步 $RS$ 触发器的初态为 **0**，$S$、$R$ 和 $CP$ 的波形如图7-48所示，试画出输出端 $Q$ 的波形图。

7-3 已知主从 $JK$ 触发器的输入端 $CP$、$J$ 和 $K$ 的波形如图7-49所示，试画出触发器初始状态分别为 **0** 时，输出端 $Q$ 的波形图。

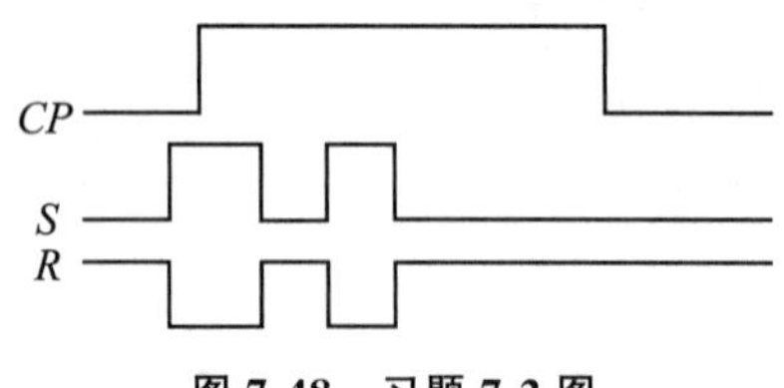

图7-48 习题7-2图

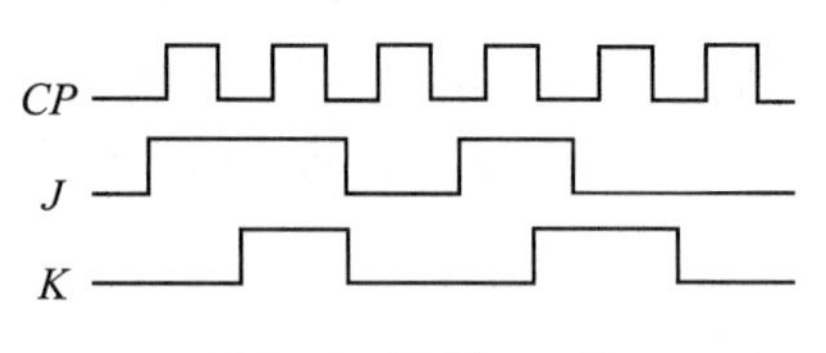

图7-49 习题7-3图

7-4 已知各触发器和它的输入脉冲 $CP$ 的波形如图7-50所示，当各触发器初始状态均为 **1** 时，试画出各触发器输出 $Q$ 端和 $\overline{Q}$ 端的波形。

7-5 已知如图7-51所示的主从 $JK$ 触发器和它的输入端 $CP$ 的波形图，当各触发器的初始状态均为 **1** 时，试画出输出端 $Q_1$ 和 $Q_2$ 的波形图？若时钟脉冲 $C$ 的频率为200Hz，试问 $Q_1$ 和 $Q_2$ 波形的频率各为多少？

7-6 逻辑电路图如图7-52(a)所示，输入信号 $CP$、$A$ 和 $B$ 的波形图如图7-52(b)所示的，设触发器的初始状态为 $Q=\mathbf{0}$。试写出它的特性方程，并画出输出 $Q$ 端的波形。

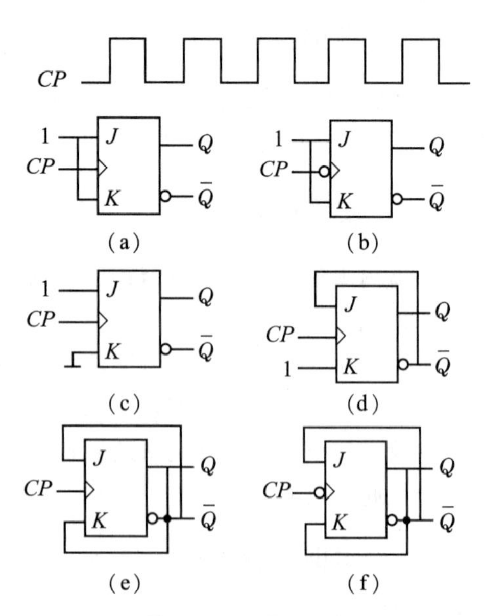

图7-50 习题7-4图

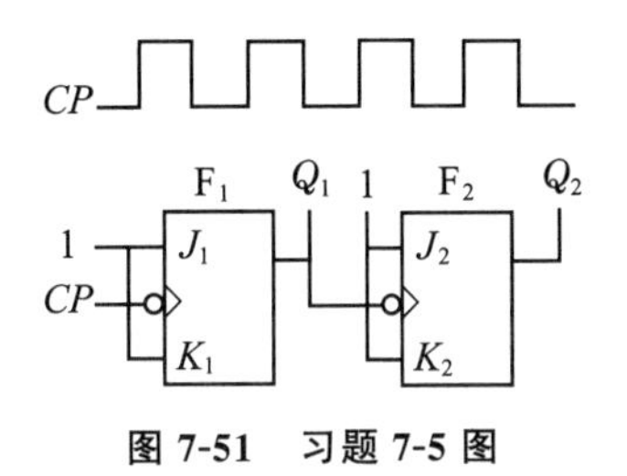


图 7-51　习题 7-5 图

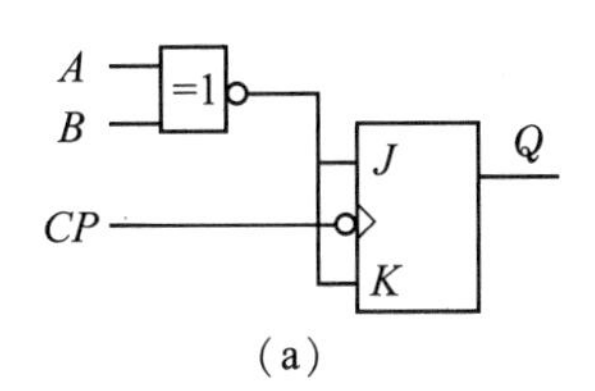


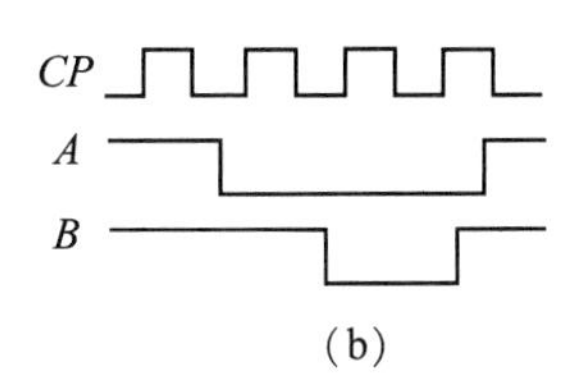


图 7-52　习题 7-6 图

7-7　已知维持阻塞 $D$ 触发器波形的输入 $CP$ 和 $D$ 的波形图如图 7-53 所示，设触发器的初始状态为 $Q=\mathbf{0}$。试画出输出端 $Q$ 和 $\overline{Q}$ 的波形。

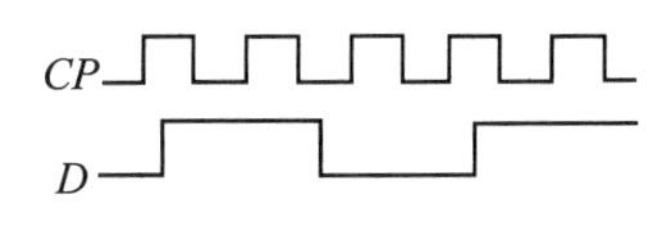


图 7-53　习题 7-7 图

7-8　如图 7-54(a)所示，$F_1$ 是 $D$ 触发器，$F_2$ 是 $JK$ 触发器，$CP$ 和 $A$ 的波形如图 7-54(b)所示，设各触发器的初始状态为 $Q=\mathbf{0}$，试画出输出端 $Q_1$ 和 $Q_2$ 的波形。

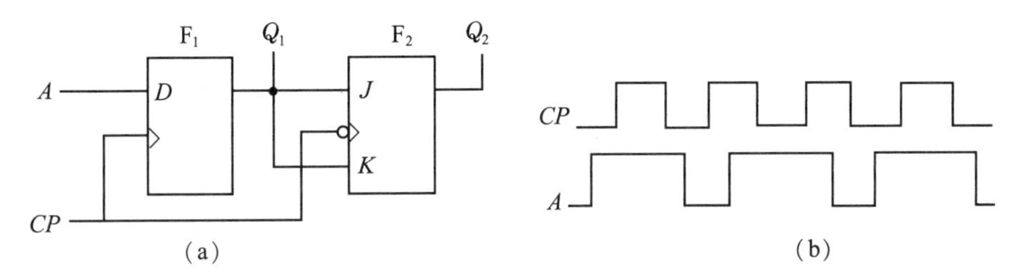


图 7-54　习题 7-8 图

7-9　分析如图 7-55 所示电路的逻辑功能，设各触发器的初始状态为 $Q=\mathbf{0}$，写出电路的输出方程和画出时序图。

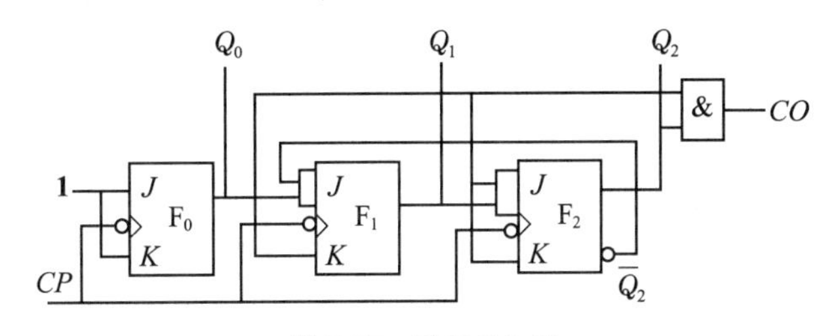


图 7-55　习题 7-9 图

7-10　分析如图 7-56 所示电路的逻辑功能，设各触发器的初始状态为 $Q=\mathbf{0}$，写出电路的输出方程和画出时序图。

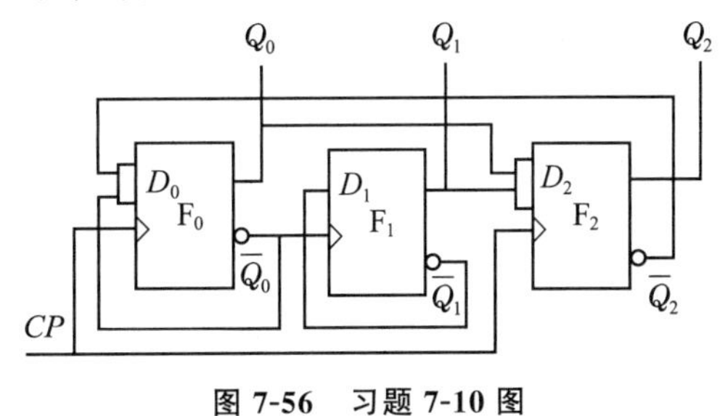


图 7-56　习题 7-10 图

7-11　分析如图7-57所示电路的逻辑功能，设各触发器的初始状态为$Q=\mathbf{0}$，写出电路的输出方程和画出时序图。

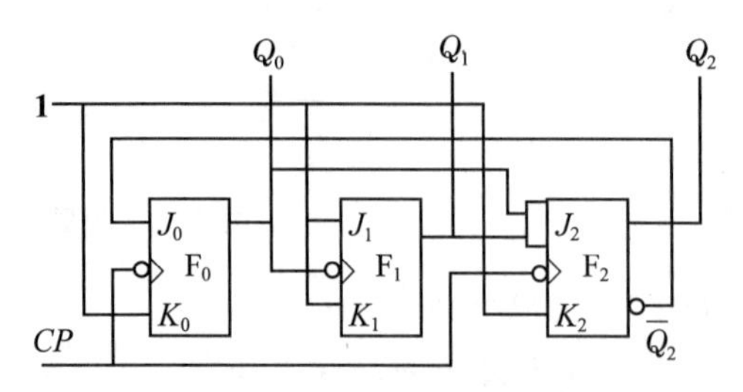


图7-57　习题7-11图

7-12　试用边沿$JK$触发器设计一个同步五进制加法计数器。

7-13　试用边沿$D$触发器设计一个同步十进制计数器。

7-14　试分别用以下集成计数器设计十二进制计数器。

(1)利用CT74LS161的异步清零功能。

(2)利用CT74LS161和CT74LS163的同步置数功能。

(3)利用CT74LS290的异步清零功能。

7-15　试分别用以下集成计数器设计二十四进制计数器。

(1)利用CT74LS161的异步清零功能。

(2)利用CT74LS163的同步清零功能。

(3)利用CT74LS161和CT74LS163的同步置数功能。

(4)利用CT74LS290的异步清零功能。

7-16　试用CT74LS290的异步清零功能构成下列计数器。

(1)二十四进制计数器；(2)六十进制计数器；(3)七十五进制计数器。

7-17　如图7-58所示，555集成定时器接成的施密特触发器电路，试求：

(1)当$U_{CC}=12V$，而且没有外接控制电压时，$U_{T+}$、$U_{T-}$及$\Delta U_T$值。

(2)当$U_{CC}=9V$，外接控制电压$U_{co}=5V$时，$U_{T+}$、$U_{T-}$及$\Delta U_T$值。

7-18　如图7-59所示，555集成定时器组成的单稳态触发器。已知$U_{CC}=10V$、$R=10k\Omega$、$C=0.01\mu F$，试求输出脉冲宽度$t_W$，并画出$u_I$、$u_C$、$u_o$的波形。

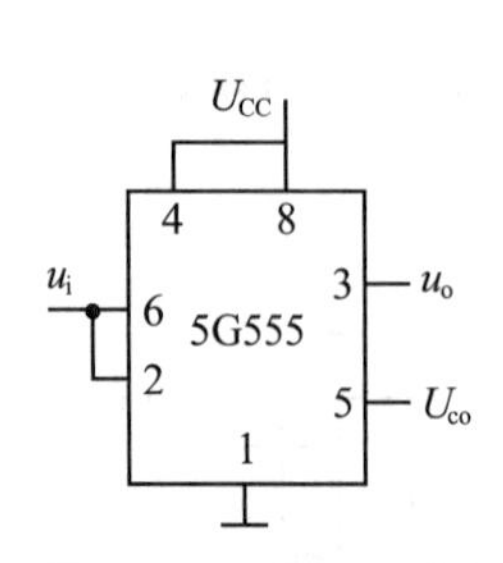


图7-58　习题7-17图

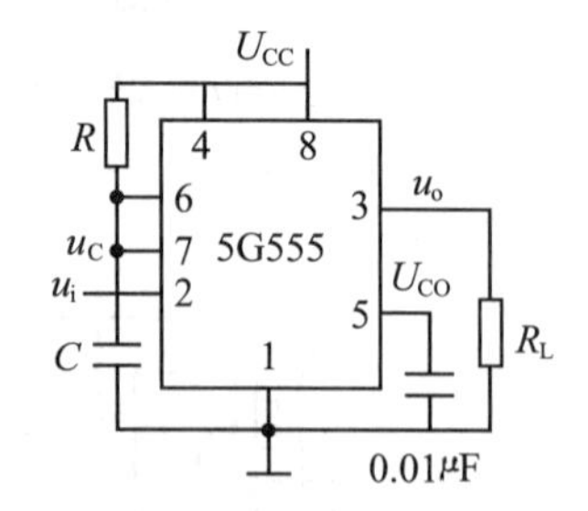


图7-59　习题7-18图

7-19　如图7-60所示，是用555集成定时器组成的开机延时电路，若给定$C=$

25μF、$R$=91kΩ，$U_{CC}$=12V，试计算常闭开关 S 断开以后经过多长时间 $u_o$ 才跃变为高电平。

7-20　如图 7-61 所示，555 集成定时器组成的多谐振荡器。已知 $U_{CC}$=10V、$R$=10kΩ、$C$=0.1μF，试求：(1)多谐振荡器的振荡频率；(2)画出 $u_C$ 和 $u_o$ 的波形。

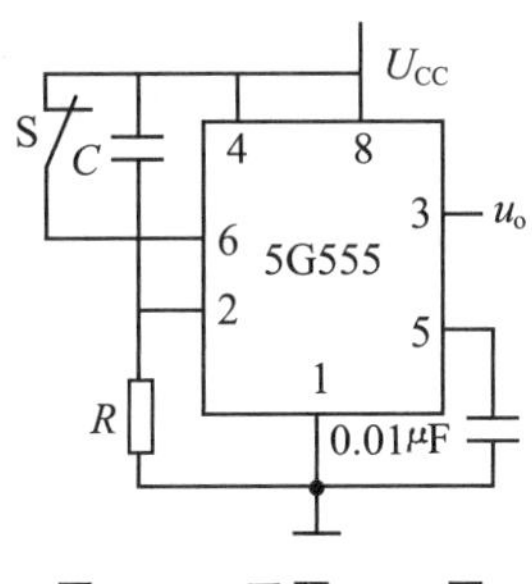


图 7-60　习题 7-19 图

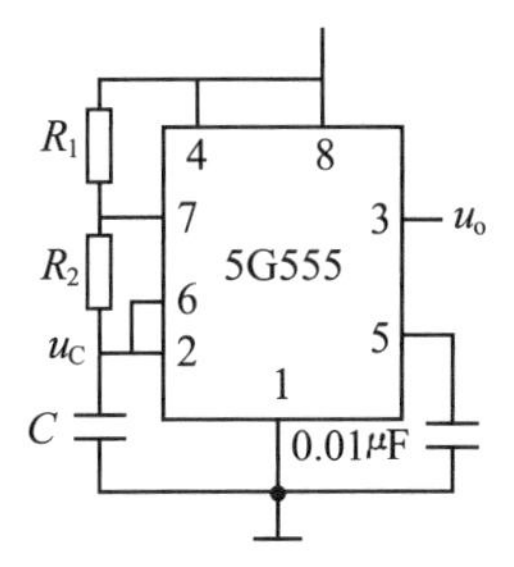


图 7-61　习题 7-20 图

7-21　如图 7-62 所示，555 集成定时器组成的占空比可调的多谐振荡器。试问：

(1)输出脉冲占空比 $D$ 由哪些元件确定？

(2)如要求 $D$=50%时，应如何选择电路的参数？

(3)写出电路振荡频率的计算公式。

7-22　如图 7-63 所示电路是一个防盗装置，A、B 两端用一细铜丝接通，将此铜丝置于盗窃者必经之处。当盗窃者将钢丝碰掉后，扬声器即发生报警声。试分析电路的工作原理。

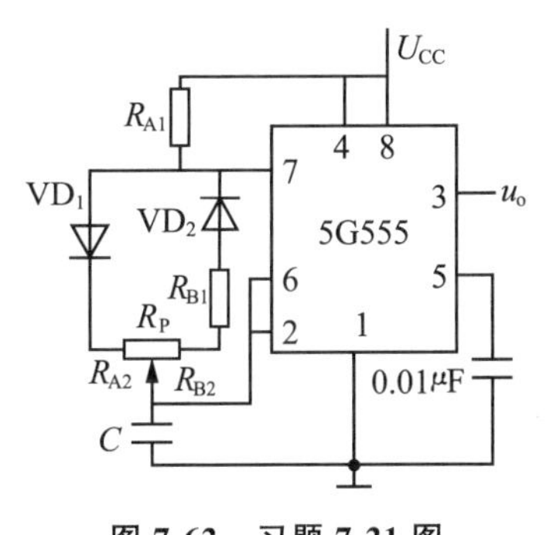


图 7-62　习题 7-21 图

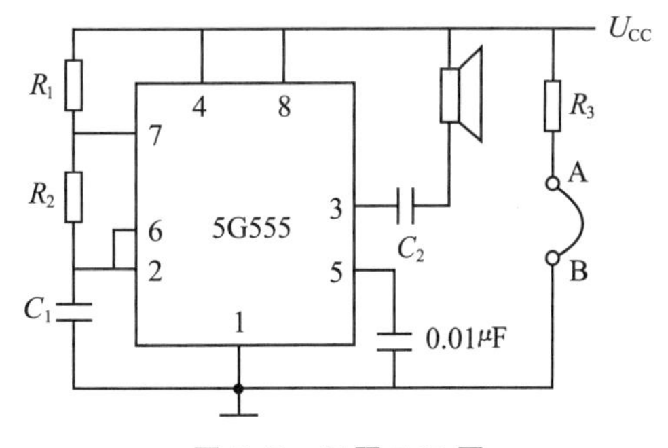


图 7-63　习题 7-22 图

7-23　如图 7-64 所示电路由 555 集成定时器组成简易延时门铃。试分析电路的工作原理。

7-24　如图 7-43 所示电路是一简易触摸开关电路，当手摸金属片时，发光二极管亮，经过一定时间，发光二极管灭，试分析其工作原理。

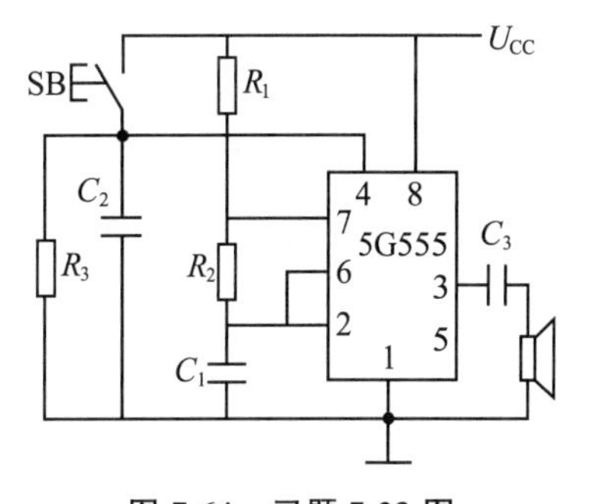


图 7-64　习题 7-23 图

## 塑人阅读

中国氢弹之父——于敏

“两弹一星”功勋奖章获得者——朱光亚

二十大精神学习：科技强军，建设现代化人民军队

# 主要参考文献

[1]秦曾煌主编. 电工学(第7版)[M]. 北京：高等教育出版社，2009

[2]蒋汉荣主编. 数字电子技术与逻辑设计[M]. 北京：北京交通大学出版社，2008

[3]刘陆平等主编. 电子技术与实训[M]. 北京：机械工业出版社，2012

[4]刘陆平等主编. 电工与电子技术[M]. 北京：北京师范大学出版社，2019

[5]张立生、刘陆平主编. 电工技术基础[M]. 北京：清华大学出版社，2005

[6]刘庆刚、晏建新主编. 电工电子产品制作与调试[M]. 北京：北京师范大学出版社,2018

[7]刘陆平主编. 电工技术与电子技术基础(第2版)教学辅导与习题解析[M]. 北京：清华大学出版社，2005

[8]张明金主编. 电工电子电路分析与实践[M]. 北京：北京师范大学出版社，2010

[9]刘陆平等主编. 电工技术[M]. 北京：北京师范大学出版社，2017

[10]王琳、程立新、郑春华主编. 电工电子技术[M]. 北京：北京理工大学出版社，2007